气候变化

（大学教材）

丁一汇 主编

气象出版社
China Meteorological Press

内容简介

　　本书是国内第一本专门为大学生编写的关于气候变化的教材。本书所选的内容不仅仅限于气候变化科学问题,还包括了与应对气候变化有关的适应、减排和国际制度及可持续发展等问题,具体内容包括气候系统、气候变化的事实、气候变化的原因、气候变化模拟与预估、气候变化的影响和适应、减缓气候变化、应对气候变化的国际制度以及气候变化与可持续发展。因而,本书不但适合自然科学专业的同学,也适合社会、经济、政治等人文科学的学生。

图书在版编目(CIP)数据

气候变化/丁一汇主编.—北京:气象出版社,2010.7
ISBN 978-7-5029-4736-1

Ⅰ.①气…　Ⅱ.①丁…　Ⅲ.①气候变化-高等学校-教材　Ⅳ.①P467

中国版本图书馆 CIP 数据核字(2010)第 125166 号

出版发行:气象出版社			
地　　址:北京市海淀区中关村南大街 46 号		邮政编码:100081	
总 编 室:010-68407112		发 行 部:010-68409198	
网　　址:http://www.cmp.cma.gov.cn		E-mail: qxcbs@263.net	
责任编辑:张　斌　郭彩丽		终　　审:章澄昌	
封面设计:博雅思企划		责任技编:吴庭芳	
印　　刷:北京奥鑫印刷厂			
开　　本:720 mm×960 mm　1/16		印　张:28	
字　　数:565 千字		彩　插:12	
版　　次:2010 年 7 月第 1 版		印　次:2010 年 7 月第 1 次印刷	
定　　价:50.00 元			

本书如存在文字不清、漏印以及缺页、倒页、脱页等,请与本社发行部联系调换

《气候变化》编委会

《气候变化》编写人员

第一章　王式功　兰州大学
　　　　龚道溢　北京师范大学
　　　　文小航　兰州大学
第二章　王绍武　北京大学
　　　　翟盘茂　中国气象科学研究院
　　　　唐国利　国家气候中心
　　　　何　勇　中国气象局科技与气候变化司
第三章　杨修群　南京大学
　　　　江志红　南京信息工程大学
　　　　缪启龙　南京信息工程大学
第四章　丁一汇　国家气候中心
　　　　王会军　中国科学院大气物理研究所
　　　　张　颖　中国科学院大气物理研究所
　　　　张　莉　国家气候中心
第五章　许吟隆　中国农业科学院农业环境与可持续发展研究所
　　　　潘学标　中国农业大学
　　　　刘春蓁　水利部水利信息中心
　　　　吴绍洪　中国科学院地理科学与资源研究所
　　　　朱建华　中国林业科学院森林生态环境与保护研究所
　　　　吴建国　中国环境科学研究院
　　　　杜　凌　中国海洋大学
　　　　周晓农　中国疾病预防控制中心寄生虫病预防控制所
第六章　陈文颖　清华大学
　　　　李　玉　中国农业科学院
　　　　王　灿　清华大学
　　　　牛玉静　清华大学
第七章　徐华清　国家发展和改革委员会
　　　　巢清尘　中国气象局科技与气候变化司
第八章　邹　骥　中国人民大学

思考题、阅读材料和名词术语由郭彩丽、张锦、张颖娴撰写。

前　言

目前国内外关于气候变化的专著已出版很多,但专门为大学学生使用的气候变化教科书却不多,比较有影响的是英国豪顿(John Houghton)教授编写的《全球变暖》(Global Warming)一书。这本书的中文版在2001年由气象出版社出版,出版后得到了广大读者的欢迎。国内大多数关于气候变化的图书主要是专著、评估报告和科普读物,还没有一本为大学生编写的教材供有关专业的学生阅读。

大学生的教育主要在于基础知识的教育,同时也要善于提出问题,让同学们思考,启发和培养他们独立思考和解决问题的能力。大学生的教育在某种意义上是对某一科学领域的启蒙教育,通过基础知识的学习引领他们向更高的学术阶梯攀登。基础打得越牢固,掌握的理论方法越熟练,将来越有可能取得重要的成果。基于此,中国气象局组织国内相关院校和研究院所的气候变化问题专家撰写了本书。为了使同学们能对气候变化基本问题有一个全面系统的了解,本书所选的内容不仅仅限于科学问题,还包括了与应对气候变化有关的适应、减排和国际制度及可持续发展等问题。因而,本书不但适合自然科学专业的同学,也适合社会、经济、政治等人文科学的学生。全书的选材以基础知识为主,对于目前尚有明显争论的问题一般不选入,这留待同学们以后去探讨。全书的论述力争通俗易懂,阐述深入浅出。

本书的出版得到了中国气象局领导和科技与气候变化司、气象出版社的大力支持,也得到了所有参与编写的教授和专家的热情协助。他们在百忙中认真编写了此书。气象出版社张斌和郭彩丽同志做了大量的编辑工作,在此代表编委会一并向他们表示衷心的感谢。另外,有一些图表是引自中国气象局国家气候中心等的统计结果和所制图表,文中未给出引用文献,我们也在此表示谢意。

　　气候变化问题是一门多学科、交叉性的问题,其中的事实、理论和方法又不断地完善和演变。由于我们的知识有限,书中不足和错误之处在所难免,敬请广大师生和读者指正。

丁一汇

2010 年 5 月

目　录

第 1 章　气候系统

气候系统是指由大气圈、水圈、冰雪圈、岩石圈(陆地表面)和生物圈五个部分及其相互作用而组成的高度复杂系统。气候系统内部在太阳辐射的作用下产生一系列的复杂过程,有连续的外界能量输入,且其各个组成部分之间通过物质和能量交换紧密地相互联系和影响着,所以气候系统是一个非线性的开放系统。气候系统的各个组成部分(子系统)也都是开放系统,因为大气圈、水圈、冰雪圈、岩石圈和生物圈内部及其之间普遍存在着能量、动量和物质的输送与交换过程。正是由于这些子系统之间复杂的物理、化学和生物作用,才形成了气候系统行为的多样性和复杂性。气候系统随时间演变的过程既受到自身内部动力学的制约,也受到外部强迫的影响。

从 20 世纪 70 年代开始,人们逐渐认识到,随着人类活动的不断增强,人类活动也已成为影响气候及其变化的重要因素。因此,气候变化是地球系统中各圈层以及人类活动相互联系、相互作用的结果,以自然因素为主的传统的气候学也逐渐拓展为以气候系统和人类系统为研究对象的现代气候学。

气候系统的五个圈层中,大气圈是气候变化的中心,它是最不稳定、变化最快的部分。大气圈不但受到其他四个圈层的直接作用与影响,而且与人类活动有最密切的关系。大气圈的状态和变化直接影响着人类的生存条件和各种活动,因此大气圈备受关注。

1.1　地球的大气

包围地球的空气称为大气。像鱼类生活在水中一样,我们人类生活在地球大气的底部,并且一刻也离不开大气。大气为地球上生命的繁衍提供了理想的环境,它的状态和变化,时时刻刻都影响到人类的生存与发展。

1.1.1　地球大气成分及其变化

地球大气现在的组成是 46 亿年前地球形成后逐渐演化而来的,是由具有不同物理性质的各种气体以及悬浮其中的不等量固态和液态小颗粒组成的,其主要成分为氮、氧、氩、二氧化碳和不到 0.04% 比例的微量气体。事实上现阶段大气成分基本上处于循环平衡状态。虽然随着自然条件的改变和人类活动的加剧,大气中二氧化碳含量在明显上升,一些有害成分也在逐渐增多,但是,从总体来看,大气成分还是相对稳定和平衡的。

1.1.1.1　工业革命前后(1750 年)大气成分变化

气象上通常称不含水汽和悬浮颗粒物的大气为干洁大气,简称干空气。在大气层中 $80\sim90$ km 以下,其干空气成分(除臭氧和一些污染气体外)的比例基本不变,可视为单一成分,其平均分子量为 28.966。组成干洁空气的所有成分在大气中均呈气体状态,不会发生相变。

在讨论大气组成时,人们习惯于将所有大气成分按其浓度分为三类:

(1)主要成分,其浓度在 1‰ 以上,它们是氮(N_2)、氧(O_2)和氩(Ar);

(2)微量成分,其浓度在 1 ppm~1‰ 之间,包括二氧化碳(CO_2)、甲烷(CH_4)、氦(He)、氖(Ne)、氪(Kr)等干空气成分及水汽;

(3)痕量成分,其浓度在 1 ppm 以下,主要有氢(H_2)、臭氧(O_3)、氙(Xe)、氧化亚氮(N_2O)、一氧化氮(NO)、二氧化氮(NO_2)、氨气(NH_3)、二氧化硫(SO_2)、一氧化碳(CO)等。此外,还有一些人为产生的污染气体,他们的浓度多为 ppt 量级。

表 1.1　干空气主要成分和痕量成分

气体	化学式	体积比
干燥空气在海平面的主要成分		
氮	N_2	78.084%
氧	O_2	20.942%
氩	Ar	0.934%
微量气体		
二氧化碳	CO_2	0.038%
氖	Ne	18.180 ppm
氦	He	5.240 ppm
甲烷	CH_4	1.760 ppm
氪	Kr	1.140 ppm
痕量气体		
氢	H_2	约 500 ppb
氧化亚氮	N_2O	317 ppb

续表

气体	化学式	体积比
一氧化碳	CO	50—200 ppb
氙	Xe	87 ppb
二氯二氟甲烷(CFC-12)	CCl_2F_2	535 ppt
三氯一氟化碳(CFC-11)	CCl_3F	226 ppt
二氯一氟甲烷(HCFC-22)	$CHClF_2$	160 ppt
四氯化碳	CCl_4	96 ppt
三氯三氟乙烷(CFC-113)	$C_2Cl_3F_3$	80 ppt
三氯甲烷	$CH_3\text{-}CCl_3$	25 ppt
二氯一氟乙烷(HCFC-141b)	$CCl_2F—CH_3$	17 ppt
二氟一氯乙烷(HCFC-142b)	$CClF_2—CH_3$	14 ppt
六氟化硫	SF_6	5 ppt
溴氯二氟甲烷	$CBrClF_2$	4 ppt
三氟一溴甲烷	$CBrF_3$	2.5 ppt

注：此表引自维基百科，http://zh.wikipedia.org/，2005 年。其中，ppm(百万分之一)表示某成分的体积份数为 10^{-6}，如 360 ppm 的意思就是，在每一百万个干燥空气分子中，有 360 个温室气体分子。此外，还有 ppb(十亿分之一)即 10^{-9}，ppt(一万亿分之一)即 10^{-12}，下同。

　　此外，由于自 1750 年以来人类活动的影响，全球大气中二氧化碳、甲烷和氧化亚氮(N_2O)浓度已明显增加，它们是人为排放的具有温室效应的气体，通常称之为温室气体，是大气中能产生温室效应的气体成分。温室气体的增加，加强了温室效应，被认为是造成全球变暖的主要原因。部分温室气体自然存在于大气中，另外一些是人为造成的。目前上述温室气体的浓度已经远远超出了根据冰芯记录得到的工业化前几千年甚至几十万年的浓度值。全球大气二氧化碳浓度的增加，主要由于矿物燃料使用、水泥生产和土地利用变化等人类活动，而甲烷和氧化亚氮浓度的变化则主要是由于农业。最近一万年((彩)图 1.1 中大图)和公元 1750 年(嵌入图)以来大气二氧化碳、甲烷和氧化亚氮浓度的变化的结果。该图中所示测量值分别源于冰芯(不同颜色的符号表示不同的研究结果)和大气样本(红线)。

1.1.1.2　人类活动引起的大气成分的变化

　　人类活动导致了四种主要气体的排放：二氧化碳(CO_2)、甲烷(CH_4)、氧化亚氮(N_2O)和卤烃(一组含氟、氯和溴的气体)，它们各自的浓度变化情况如下(图 1.2)。

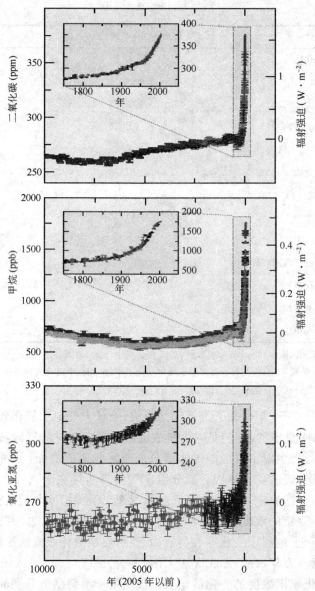

图 1.1　近万年从冰芯和现代测量资料中得到的温室气体浓度变化(IPCC 2007)

（1）二氧化碳

　　二氧化碳是最重要的人为温室气体。全球大气二氧化碳浓度已从工业化前的约
280 ppm，增加到了 2005 年的 379 ppm。2005 年大气二氧化碳浓度值已经远远超出
了根据冰芯记录得到的 65 万年以来浓度的自然变化范围(180～330 ppm)。尽管大
气中二氧化碳浓度的增长速率存在年际变率，在近 10 年中(1995—2005 年)平均每

年以 1.9 ppm 的速率增长,比有连续直接大气观测以来(1960—2005 年平均:每年 1.4 ppm)的平均增长速率更高。

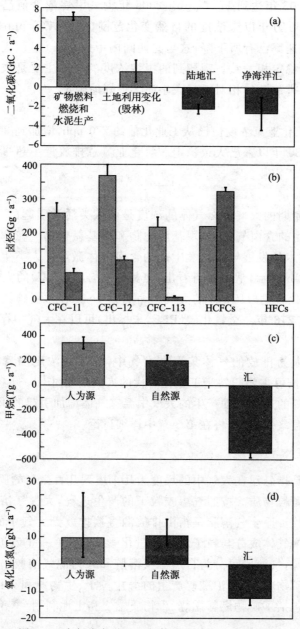

图 1.2 大气中各种温室气体浓度的变化及其贡献

在图(a)—(d)中,人为源用浅色表示,自然源和汇用深色表示。(IPCC 2007)

(2)甲烷

全球大气中甲烷浓度值已从工业化前约 715 ppb 增加到 20 世纪 90 年代初期的 1732 ppb,并在 2005 年达到 1774 ppb。2005 年大气甲烷浓度值已远远超出了根据冰芯记录得到的 65 万年以来浓度的自然变化范围(320～790 ppb)。自 20 世纪 90 年代以来,其增长速率已有所下降,这与此期间内甲烷总排放量(人为与自然排放源的总和)几乎趋于稳定相一致。观测到的甲烷浓度的增加主要是农业和矿物燃料的使用,但不同种类排放源的相对贡献大小尚未很好地确定。

(3)氧化亚氮

全球大气中氧化亚氮浓度值已从工业化前约 270 ppb,增加到 2005 年的319 ppb。其增长速率自 1980 年以来已大致稳定。氧化亚氮总排放量中超过三分之一是人为排放的,主要来自于农业。

(4)含卤气体

大多数长生命期的大气含卤气体的浓度是由人类活动引起的。在工业化以前,只有少量自然发生的含卤气体,如甲基溴化物和甲基氯化物。在 20 世纪的后 50 年里,化学合成新技术的发展导致化学生产的含卤气体激增。人类生产的主要含卤气体的排放如图 1.2b 所示,从此图可看出,氯氟碳化合物(CFC)的大气生命期为 45～100 年,氢氯氟碳化合物(HCFC)的大气生命期为 1～18 年,氢碳氟化合物(HFC)的大气生命期为 1～270 年。全氟化碳(PFC,未标出)可以在大气中存留数千年或数万年之久。

上述这几种人为排放的气体集聚在大气中,导致其浓度随着时间而增长。自 1750 年以来的增长可主要归咎于工业化时代的人类活动(图 1.3)。这种由矿物燃料燃烧和破坏森林等的人类活动产生的大气中温室气体增加引起的附加温室效应又称为增强或人为的温室效应,这将在第 3 章中详细讨论。

1.1.1.3　大气气溶胶

大气气溶胶是指悬浮在大气中的尺度为几十埃到几百微米的固态或液态颗粒而形成的一种大气颗粒物质。按照气溶胶粒子的产生过程,大气气溶胶可分为原生气溶胶和次生气溶胶。原生气溶胶是指由排放源直接排放到大气中的颗粒物;次生气溶胶是指在大气中气体成分与粒子之间通过化学反应(气—固反应)生成的颗粒物。按照气溶胶的来源,气溶胶可分为自然源气溶胶和人为源气溶胶。气溶胶的自然来源有风蚀产生的矿物粉尘、海浪破碎产生的海盐粒子、生物源和火山喷发物等;人为源的气溶胶主要包括了矿物燃料燃烧、生物质燃烧和土地利用/覆盖变化等。

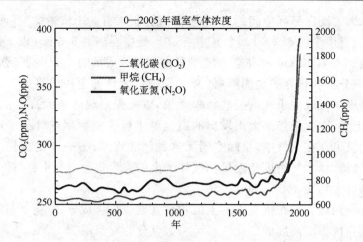

图 1.3　过去 2000 年中重要的长寿命温室气体在大气中的浓度变化(IPCC 2007)

　　大气气溶胶粒子的寿命通常约一周,对流层气溶胶的时空分布非常不一致,对全球特别是对区域气候可能具有重要的影响。和温室气体一样,大气气溶胶也是影响地气系统辐射强迫的重要因子。大气气溶胶可以散射和吸收大气中的太阳短波辐射和长波辐射,直接影响地气系统的辐射平衡,还可以作为凝结核改变云的辐射特性和云量与云的生命期,间接改变地气辐射平衡。在众多影响气候变化的因子中,大气气溶胶是最不确定的因素。气溶胶对气候变化的影响最早可以追溯到 20 世纪 60 年代,麦考密克和路德维格(McCormick and Ludwig)研究发现大气中气溶胶的增加可能会把更多的太阳光散射回太空,因而造成行星反照率的增加而使得地球变冷。气溶胶粒子通过反射和吸收大气中的太阳短波及红外辐射而直接影响辐射强迫,其中有些气溶胶(如黑碳气溶胶)引起正强迫,而有些(如硫酸盐气溶胶)则造成负强迫,但所有气溶胶粒子造成的综合辐射强迫总体上是负值,因而,也称其为"阳伞效应"。

　　工业革命后,由于人类活动开始造成大量温室气体和大气气溶胶粒子的排放,全球辐射平衡出现了变化,这种变化导致了地气系统辐射强迫的变化,其中,正强迫导致气候变暖,负强迫导致气候冷却。二氧化碳、甲烷和氧化亚氮增加所产生的辐射强迫总和为正(约 2.30 W·m^{-2}),工业化以来的辐射强迫增长率很可能在过去一万多年里是空前的(IPCC 2007)。虽然人类活动产生的大气气溶胶粒子的辐射强迫是负值,可以抵消一部分由于温室气体造成的正辐射强迫,但是人类活动净辐射强迫总量还是大的正值(约为 1.6 W·m^{-2})。

1.1.2　大气垂直结构

1.1.2.1　大气的垂直结构特征

　　地球大气的下边界是地表或海洋表面,但是地球大气的上边界却不像下边界那么明显,因为大气圈向星际空间的过渡是逐渐的,很难有一个清晰的"界面"将它们截然分开。大气总质量约 5.3×10^{15} t,其中有 50% 集中在离地 5.5 km 以下的低空大气层内,而离地 36~1000 km 的高空大气层只占大气总质量的 1%。到目前为止,人们只能通过物理分析和现有的观测资料,来大致确定大气的上边界高度。通常有两种方法:一种是根据大气中出现的某些物理现象,以极光出现的最大高度——1200 km作为大气的上界,因为极光是太阳发出的高速带电粒子使稀薄空气分子或原子激发出来的光,它只出现在大气中,星际空间无这种物理现象;另一种是根据大气密度随高度减小的规律,以大气密度接近星际气体密度的高度定为大气上界,按卫星资料观测推算,该高度大约为 2000~3000 km。

　　观测表明,地球大气在垂直方向上的物理性质(温度、成分、电荷、气压等)有显著差异,根据这些性质随高度的变化特征可将大气分为对流层、平流层、中间层、热层和散逸层五层(图 1.4)。

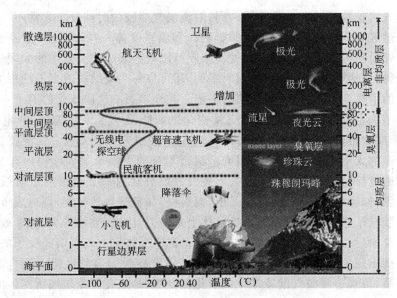

图 1.4　地球大气的垂直结构

[引自:http://www.kowoma.de/]

1.1.2.2　各层大气的基本特征及其变化

　　(1)对流层:对流层是大气的最低层,其下边界为陆地面或海洋面,其高度随纬度、季节等因素而变,在低纬地区平均为 17~18 km,中纬地区平均为 10~12 km,极地地区平均为 8~9 km。就其季节变化而言,夏季对流层高度大于冬季。同大气总体厚度相比,对流层是非常薄的,不及整个大气层厚度的 1%。对流层虽然薄,但是却集中了整个大气质量的 3/4 和几乎全部的水汽,主要大气现象都发生在这一层中。对流层的名称首先由法国的德·波尔特于 1908 年提出,其意思是说这里是空气对流的地方,空气得以充分混合。

对流层主要有四个特征:

①气温随高度增加而降低,其降低的速率随地区、时间和所在高度等因素而变。平均而言,每上升 100 m 约降低 0.65℃,这个气温降低速率称为(环境)气温递减率,通常用 γ 表示,即平均值 $\gamma = 0.65℃ \cdot (100 \text{ m})^{-1}$。当然,有时会在某些地区出现短暂的气温不随高度变化而变,甚至随高度增加而升高(称为逆温)的情况。对流层温度随高度递减的特征对于温室效应的产生是至关重要的。对流层顶的温度在低纬地区平均约 190 K,高纬地区平均约为 220 K。

②大气密度和水汽随高度迅速递减,对流层几乎集中了整个大气质量的 3/4 和水汽的 90%。

③有强烈的垂直运动。包括有规则的垂直对流运动和无规则的湍流运动,它们使空气中的动量、水汽、热量以及气溶胶等得以混合与交换。

④气象要素水平分布不均匀。由于对流层空气受到地表影响最大,因此,海陆分布、地形起伏等差异使对流层中的温度、湿度等气象要素的水平分布不均匀。

以上四个特点为云和降水的形成以及天气系统的发生、发展提供了有利条件,使得大气中所有重要的天气现象和过程几乎都发生在这一层。因此,对流层成为气象科学的主要研究对象。对流层在国外还被称为“天气层”。

对流层温度变率:

由探空和卫星观测资料对对流层中、低层温度进行的新的观测分析表明,二者之间的变暖率基本上是一致的,并且在各自的不确定性范围内与 1958—2005 年和 1979—2005 年之间的地表温度记录一致((彩)图 1.5)。

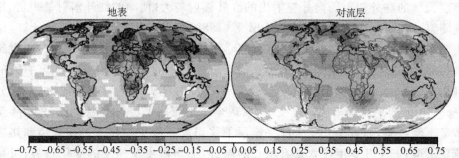

图 1.5　1979—2005 年全球地表温度(左)和卫星观测的对流层温度(右)的线性趋势分布。灰色表示资料不完整的区域(IPCC 2007)

（2）平流层：20 世纪初，由于探测技术的发展，人们发现了平流层。1901 年，法国科学家泰斯朗·德·博尔用气球携带自记气象仪探测高空大气，观测记录表明，在约 11 km 处，温度约为 −55℃，在此以上大气层里气温近于不变，据此，泰斯朗·德·博尔提出了大气分对流层和平流层两层的概念。

从 20 世纪 60 年代起，人们开始用气象卫星遥感探测平流层和中间层大气的密度、温度和湿度等。在大量观测资料的基础上，对平流层和中间层大气的辐射平衡和光化学作用等方面的理论研究取得了进一步的进展，平流层和中间层大气物理学也逐渐形成独立的分支学科。

平流层的主要特点：

①20 km 以下气温基本均匀（即随高度基本不变），从 20 km 到 55 km，温度很快升高，至平流层顶可达 270～290 K，这主要是由于臭氧吸收太阳辐射所致。臭氧层位于 10～50 km，在 15～30 km 臭氧浓度最高，30 km 以上臭氧浓度虽然减小，但这里的紫外辐射很强烈，所以温度随高度能迅速升高。

②平流层内气流稳定、对流微弱、水汽极少，因此大多数时间均为晴朗的天空，能见度好。平流层中的微尘比对流层中少得多，但当火山猛烈爆发时，火山灰可以到达平流层，影响其能见度和气温。有时对流层中发展旺盛的积雨云顶部（卷云）也可伸展到平流层下部，在高纬地区的日出前、日落后，会出现珠母云等天气现象。

平流层近百年来温度变率：

前面提到的全球温室气体增加影响全球变暖，主要是指地表温度和对流层气温由于温室气体对地面长波辐射的吸收而增温的现象；与此相反，在对流层以上的平流层，除了冬季出现的短时间的平流层爆发性增温以外，甚至包括中间层和热层的整个中层大气都出现全球性变冷（（彩）图 1.6a）。由于这些层次得到了更少的来自地表和下层大气的红外辐射而向外空射出的红外辐射较大，使净的红外辐射量为负，结果出现降温。Brasseur 等（1988）和 Brühl 等（1988）等曾分别利用模式进行计算，结果都表明温室气体的增加对整个平流层起降温作用，其中平流层顶的温度在 21 世纪末最大可降温 16～22 K。但是模式计算仍有较多的不确定因素没有考虑。中国的学者利用 NCEP/NCAR 再分析资料结合 HALOE 的臭氧和甲烷卫星观测资料，分析 100—50 hPa 的平流层下层温度变率，发现全球平流层下层大气温度自 1948 年至今总体呈下降趋势，而近十几年全球平流层下层温度下降更加显著。在低纬和热带的平流层下层，近十几年甲烷含量有增长的趋势，而与温度呈相反的变化趋势，可见甲烷作为一种温室气体，可能是平流层下层温度变率的一种重要因子。

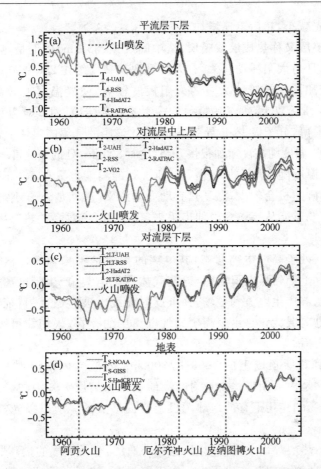

图 1.6 观测的地球表面气温(d)、对流层低层气温(c)、对流层
中高层气温(b)和平流层低层气温(a)的月平均距平(相对于 1979 至
1997 年的 7 月滑动平均值),虚线表示火山爆发时期。(IPCC 2007)

(3)中间层:自平流层顶部向上,气温再次随高度增加而迅速下降,至离地 80～85 km 处达到最低值(约为 160～190 K),这一范围的大气层称为中间层。造成气温随高度迅速下降的原因,一方面这一层中几乎没有臭氧;另一方面,氮和氧等气体能直接吸收的太阳辐射大部分已经被上层大气吸收掉了。

中间层内水汽含量极少,几乎没有云层出现,仅在高纬地区的 75～90 km 高度,夏季夜晚有时能看到一种薄而带银色的夜光云,但出现的机会极少。这种夜光云,有人认为是由极地细小的尘埃组成。在中间层 60～90 km 高度上,有一个只有白天才出现的电离层,叫做 D 层。

中间层的气流在冬季盛行西风,风速随高度上升而减小;夏季则以东风为主,风速随高度上升先减小,然后迅速增加。

(4)热层:热层又称热成层或暖层,从中间层顶(85 km)以上是热层,这一层没有明显的上界,而且与太阳活动有关,有人观测到其高度约在250~500 km。在这一层中,由于氧原子和氮原子吸收大量的太阳短波辐射,使气温再次升高,可达1000~2000 K。在100 km以上,大气热量的传输主要靠热传导,而非对流和湍流运动。由于热层内空气稀薄,分子极少,传导效率低,因此该层的气温能很快上升到几百度。当太阳活动加强时,温度随高度增加很快升高,这时500 km处的气温可增至2000 K;当太阳活动减弱时,温度随高度增加较慢,500 km处的温度也只有500 K。然而,由于大气稀薄,分子间碰撞机会较少,温度只有动力学意义(温度是分子、原子等运动速度的量度)。如果宇航员能从宇航仓内伸出手来,他也不会感觉到"热",因为热量还与分子的多少有关。

热层中空气处于高度电离状态,其电离的程度是不均匀的。据研究,高层大气(60 km以上)由于受到强太阳辐射,迫使气体原子电离,产生带电离子和自由电子,使高层大气中能够产生电流和磁场,并可反射无线电波,从这一特征来说,这种高层大气又被称为电离层。正是由于高层大气电离层的存在,人们才可以收听到很远地方的无线电台广播。

从80 km到暖层顶以上的1000~1200 km的范围内常出现一种大气光学现象——极光。它是由太阳喷焰中发射的高能微粒与高层大气中的分子相撞,使之电离,并在地球磁场的作用下移向地球两极上空而形成的。所以极光常出现在高纬度天空。

(5)散逸层:热层顶以上是散逸层,也称外逸层,它是大气的最高层。在这一层中气温很高,但随高度增加其变化很小。由于气温高,粒子运动速度快,而且这里的地心引力很小,因此,一些高速运动的空气质粒可以散逸到星际空间,这就是"散逸层"名称的由来。

1.1.3　大气运动及气候带分布

1.1.3.1　作用于大气的力

作用于大气的力共有五种,又可分为两类,一类是真实力:气压梯度力、地球引力、摩擦力;另一类是视示力:惯性离心力、科里奥利力(又称为地转偏向力)。

(1)气压梯度力:大气中任一微小的气块都被周围的大气包围着,因而气块的各个表面都受到周围气压的作用。当气压分布不均匀时,气块就会受到一种净压力的作用,作用于单位质量气块上的净压力称为气压梯度力,用三维微分算子符号表示则有:

$$-\frac{1}{\rho}\nabla_3 p \equiv -\frac{1}{\rho}\frac{\partial p}{\partial x}\vec{i} - \frac{1}{\rho}\frac{\partial p}{\partial y}\vec{j} - \frac{1}{\rho}\frac{\partial p}{\partial z}\vec{k} \tag{1.1}$$

（2）地球引力：牛顿万有引力定律说明，宇宙间任何两个物体之间都有引力，其大小与两物体的质量乘积成正比，与两物体之间的距离平方成反比。设 G 为引力常数，M 为地球质量，m 为空气块质量，那么地球对单位质量空气块的引力为：

$$\frac{F_g}{m} = -\frac{GM}{r_u^2}\left(\frac{\vec{r}}{r}\right) = \vec{g}^* \tag{1.2}$$

（3）摩擦力：大气是一种黏性流体，它同任何其他黏性流体一样都受内摩擦的影响。大气中的任一气块，当其与周围大气以不同的速度运动时，由于黏性作用，气块表面都与它周围的空气互相拖拉，即互相都受到黏滞力的作用。气块所受到的摩擦力可写为：

$$\vec{F} = \frac{1}{\rho}\left(\frac{\partial \vec{\tau}_x}{\partial x} + \frac{\partial \vec{\tau}_y}{\partial y} + \frac{\partial \vec{\tau}_z}{\partial z}\right) \tag{1.3}$$

（4）惯性离心力：在旋转坐标系中，空气受到向心力的作用，但不作加速运动，这违反了牛顿第二定律。为了解释这种现象，引入一个大小与向心力相等、方向相反的力，叫做惯性离心力。用数学表达式表示成：

$$C = \Omega^2 R \tag{1.4}$$

式中 Ω 是旋转角速度，R 是向径。g^* 加上单位质量受到的惯性离心力即为通常所称的重力。

（5）科里奥利力：对于相对于旋转坐标系处于静止状态的空气块，只要在作用力中包括惯性离心力，就可以在旋转坐标系中应用牛顿第二运动定律。但当空气块相对旋转坐标系以 V_3 运动时，除了需要引入惯性离心力外，还需要引入另一种视示力，即科里奥利力（气象上一般称为地转偏向力），才能应用牛顿第二运动定律来描述旋转坐标系中的相对运动。其数学表达式为：

$$A = -2\vec{\Omega} \times \vec{V}_3 \tag{1.5}$$

1.1.3.2　控制大气环流的基本因子

大气环流主要受太阳辐射、地球自转、摩擦作用和地球表面的不均匀性（海陆分布和地形）等因素的影响，其中太阳辐射是大气环流形成的根本能量来源。

（1）太阳辐射：太阳辐射是大气运动的根本能量来源，其能量转换直接驱动了发生在地球表面的各种大气过程，太阳辐射的变化可改变到达大气顶层的能量，并通过影响物理气候系统的能量收支平衡导致气候变化。

（2）地球自转：因为地球不停地自西向东绕着地轴自转，因此大规模的空气运动必然受到地转偏向力的作用。地转偏向力迫使空气运动的方向偏离气压梯度力的方向，在北半球使其向右偏，而在南半球则使其向左偏，由此与气压梯度力共同作用形成了全球以纬向气流为主的大气环流特征,并形成了三个主要风带:低纬东风带、中高纬西风带和极地低空的东风带。气压带和风带主要影响了水循环(包括降水、河流与湖泊、全球洋流),而它们又与水循环共同影响了全球各地的气候。

(3)海陆分布:在地表均匀的假定下,全球平均纬向环流都具有环绕纬圈的带状分布特征。实际上,地表性质的不均匀会使沿纬圈环流的带状特征受到很大的破坏,对大气环流影响最大的是海陆间的热力差异和高大地形的作用。海洋和陆地的热力性质差异很大,夏季陆地相对于大气成为热源,而海洋成为冷源;相反,冬季陆地相对于大气成为冷源,而海洋则成为热源。这种冷热源分布及其季节性变化直接影响海陆间的气压分布,从而导致全球大气环流型态更为复杂。季风环流是大尺度海陆热力差异的产物。

(4)地形影响:地形起伏对大气环流的影响是相当显著的,尤其是高大山脉和大范围的高原地形的影响更为明显。地形因子对大气环流的作用包括动力作用和热力作用。动力作用使气流到达大范围的高原或山脉时产生绕行、分支或爬越,同时使气流的速度发生变化,在迎风坡和背风坡易形成弱风区;热力作用则反映在大地形对大气环流有明显的加热或冷却作用。例如青藏高原夏季对大气有很强的加热作用,是个热源;由于加热作用使近地层形成热低压,产生较强的辐合上升气流,从而使对流层上部形成暖高压(青藏高压);由此形成的季风环流对东亚的天气气候产生明显的影响,也是区域气候形成的一个重要原因。

1.1.3.3　大气环流的基本型态及其形成过程

(1)经向环流

经圈环流是指沿经圈和垂直方向上,由风速的平均南北分量和垂直分量构成的平均环流圈。由图1.7可知,在南、北半球上各有三个经向环流圈,即低纬度环流圈(哈得来环流圈)、中纬度环流圈(费雷尔环流圈)和高纬环流圈(极地环流圈)。众所周知,赤道地区的大气因太阳辐射有净收入而被加热,空气膨胀、密度减小受到浮力而上升,在赤道上空形成气压高于极地上空的暖高压区,产生指向两极的气压梯度,在气压梯度力的作用下,使得赤道上空的空气向两极地区方向运动,以北半球为例,在地转偏向力的作用下使空气运动方向向右偏,约在北纬30°附近气压梯度力与地转偏向力达到平衡,空气运动方向转为自西向东,使得来自低纬地区的气流在此纬度带辐合,空气质量堆积,产生下沉运动。下沉的空气在低空又分别向南和向北辐散地流去,其中流向赤道的那支气流和上层由赤道流向副热带的那支气流,在赤道和副热带地区之间构成一个闭合的环流圈,称之为低纬度环流圈或哈得来环流圈。相反,极地地区由于太阳净辐射的亏损,空气冷、密度大,在重力作用下形成下沉气流。极地地区气压随高度的递减率要比低纬度地区大得多,于是高层产生自低纬指向极地的气压梯度,而低层则有自极地指向低纬度的气压梯度。在气压梯度力的作用下自极地高空下沉的气流在低空向较低纬度流去,因受地转偏向力的作用,逐渐变成东北风,大约在副极地地区与来自副热带地区下沉辐散而向北运动的西南气流相遇,辐合上升,在高空又分成两支分别向南、向北运动,其中向北运动的一支气流与低空由极地流向副极地地区的气流构成了另一个直接环流圈,称之为高纬环流圈或极地环流圈。而由副极地地区高空向南运动的那一支气流与来自副热带低空向北运动的气流,在哈得来环流圈和极地环流圈之间的中纬度地区形成一个与直接环流方向相反的间接环流圈,被称为中纬度环流圈或费雷尔环流圈。

与北半球相对称的南半球的三个环流圈的形成过程与北半球的完全相同。经向三圈环流理论是由芝加哥学派的奠基人罗斯贝(Rossby)提出的,所以也称其为罗斯贝三圈经向环流模式。

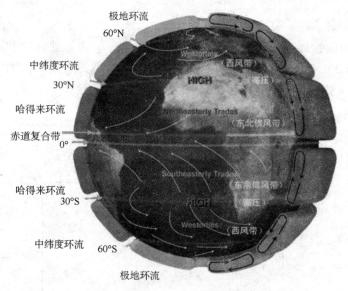

图 1.7　全球大气环流示意图
[引自维基百科 http://zh.wikipedia.org/]

(2)纬向环流

从图 1.7 还可看出,与经向三圈环流相对应,在纬圈方向上也有三个风带,即低纬东风带、中高纬西风带和极地低空东风带,这些风带常被称之为行星风带。纬向东、西风带和经向三圈环流的共同作用,造成某些地方空气质量的辐合和另一些地区空气质量的辐散,使一些地区的高压带和另一些地区的低压带得以维持。结果,全球海平面气压分布在热力和动力因子的作用下呈现出规则的气压带。另一类比较著名的纬向环流是"沃克环流",是由英国气象学家沃克(Walker)首先发现的,是热带赤道太平洋地区海—气相互作用而形成的。它是指在正常情况下较干燥的空气在赤道东太平洋较冷的洋面上空下沉,然后沿赤道信风带向西运动,当此信风气流到达赤道西太平洋时,受到该区较暖洋面的加热而辐合上升,在高空又向东运行,如此形成了一个封闭的"沃克环流"。它对太平洋东西两岸的气候调节有重要作用。如果赤道东太平洋地区洋面的温度异常升高,就会在此产生较暖且湿润的上升气流,从而削弱"沃克环流",同时美洲中部一带会气温上升、暴雨成灾,这就是著名的"厄尔尼诺"现象。

1.1.3.4　气候的形成及气候带划分

(1)气候的形成

影响气候形成的主要因素有太阳辐射、大气环流和下垫面状况;随着工业化的发展和人口的增多,人类的活动在许多方面也逐渐对气候产生了的影响,成为气候形成的因素之一。

①太阳辐射

太阳辐射能是地面能量的主要来源,也是大气中一切物理现象和物理过程的基本原动力,因此太阳辐射是气候形成的首要因素。由于到达地球表面的太阳辐射能量是随纬度和季节而变化的,所以形成了气候的南北差异和季节交替。图1.8是地球大气上界地气系统辐射收支量的年平均值随纬度的分布,不难看出,地球—大气系统吸收太阳辐射在赤道附近呈现极大值,并向两极迅速递减。然而,大气—海洋—地球系统向宇宙空间辐射的平均红外辐射能随纬度变化比前者小得多,赤道仅略高于

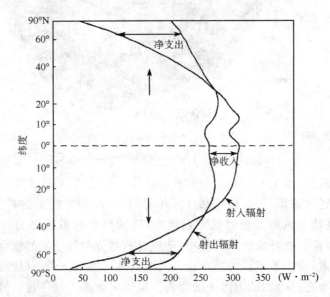

图 1.8　地—气系统的太阳短波射入辐射和长波辐射通量随纬度的变化(Peixoto 等 1992)

两极,这是因为大气向外辐射大部分来自水汽层顶部,在低纬度水汽层顶很高,低纬的水汽层顶处温度比高纬度的水汽层顶温度高得不多。这种辐射能收支分布导致低纬度能量有盈余,而高纬度能量有亏欠。因而就全球平均而言,低纬地区气候炎热,高纬地区寒冷。并且这种净辐射收支的纬度间差异,导致了大气和海洋从低纬向高纬的热量输送,以使地气系统维持辐射平衡,使低纬地区不至于太热,高纬地区不至于太冷,由此也导致了大气环流和海洋环流的形成。

②大气环流

大气环流也是影响气候形成的重要因素,如上节所述,它可以促进热量的交换,使高低纬度之间的温差得以缓和(高纬升温,低纬降温),见表1.2;也可以进行水汽的输送,使高低纬和海陆之间的水分得以循环。

表1.2 地球不同纬度上辐射差额温度与实际温度的比较 (单位:℃)

纬度	0°	10°	20°	30°	40°	50°	60°	70°	80°	90°
辐射差额温度(不流动大气)	39	36	32	22	8	−6	−20	−32	−41	−44
观测值(流动大气)	26	27	25	20	14	6	−1	−9	−18	−22
温度差值	−13	−9	−7	−2	+6	+12	+19	+23	+23	+22

一方面,即使同一地区,由于受不同环流条件的影响,也会出现截然不同的气候状况,特别是季风气候区更是如此。例如:我国江淮地区冬半年受冬季风(偏北风)的影响,气候寒冷干燥;而在夏半年受夏季风(偏南风)的影响,气候湿热多雨。另一方面,同一种环流由于受不同地区海陆分布的影响,也会形成不同的气候状况。例如:北半球低纬度地区,大陆东部(如我国东南沿海地区)受东北信风的影响,风从海洋吹来,降水量大;而大陆西部(如北非撒哈拉地区)受东北信风影响,风从陆地吹来,降水稀少。大陆的东部和西部,虽然纬度相近,并且都邻近海洋,但因大气环流的性质不同,所形成的气候大不相同。由此可见,大气环流对气候的影响是多么重要。

大气环流既有稳定性又有易变性。在稳定的大气环流作用下,气候也趋于正常状态,对农业生产较为有利;在大气环流异常的情况下,就会形成气候异常现象(如干旱、洪涝等),并可引起连锁反应,会造成诸多方面的不利影响。

③下垫面状况

下垫面状况主要包括海陆、洋流、地形、植被、土壤、冰雪等类型。下垫面是大气中热量和水分的主要来源,它不仅可以影响辐射过程,还可决定气团的物理性质等,同时还可通过地表反照率的差异和变化影响辐射过程。所以,下垫面也是气候形成的一个重要因素。

海陆分布对气候产生明显的影响,由于海陆间热力特性的不同,使温度的变化程度不同,以致形成不同的气候类型。通常海洋上温度日、年较差比陆地上的小,极值出现的时间比陆地上的迟。夏季大陆为热源,海洋为冷源,冬季则相反,因而由此造成冬、夏大气环流型的明显差异。大陆上春温高于秋温,海洋上则秋温高于春温。由于大气中的水分主要来源于下垫面的蒸发,海陆之间蒸发的不同造成其上空水汽含量不同和降水状况的差异。

海洋中存在着大规模、长时期、稳定移动的水流,称之为洋流。洋流可分为暖洋流和冷洋流两种。暖洋流多从低纬度流向高纬度,而冷洋流则多从高纬度流向低纬度,它使高低纬度之间的海温差得以缓和,同样也间接地缓和了高低纬度之间的气温差,因而洋流对气候的形成与变化产生重要影响。洋流通常都有较稳定的分布状况和变化特征,一旦洋流突然变异则会造成大范围的气候异常,形成区域性的干旱、洪涝、高温、冷害等气象灾害。北大西洋温盐环流的变化是一个最明显的例子。

地形对气候的影响也是非常明显的。由于地形是多种多样的,包括高山、高原、丘陵、盆地、峡谷等,因而对当地气候的影响是极其复杂的,它既可形成其本身独特的气候特点,又可改变邻近地区的气候状况,以致对相关的辐射、温度、湿度、降水、风等多种气候要素产生影响。地形通过抬升和非均匀加热作用对局地环流产生影响,从而又影响当地的天气与气候。

④人类活动

人类活动对气候的影响也是多方面的,其影响的性质和程度又因社会制度和发展水平不同而有差别,但其影响途径可归纳为下垫面性质的改变、大气成分的变化和人为热量释放等。特别是自工业革命以来,随着世界工业的飞速发展和人口的急剧增长,CO_2 等温室气体排放量的增多,加剧了全球气候变暖的程度。此外,人类在生产和生活过程中向大气中释放大量的热量,可直接增暖大气,尤其是在工业区和大都市,局地的增温作用更加显著,由此产生"城市热岛效应",导致夏季高温热浪天气频繁出现。

总之,上述诸多影响因素的共同作用,形成了地球上不同的气候、气候带,显示出不同的区域气候特征。

(2)气候带与气候型的划分

如上所述,气候的形成和变化是多种因素共同作用、综合影响的。由于纬度的高低、环流的不同、地形的差异等,世界范围内气候多种多样、错综复杂,以至于几乎找不到气候完全相同的两个地方。但是,人们为了便于认识、比较和研究,不得不对其进行概括和简化。于是就对气候形成的主要因素和分布的基本特点进行分析,舍其小异,取其大同,根据气候的相似性,把世界气候划分成若干气候带和气候型。

①气候带的划分

气候带是根据气候成因或多种气候要素(其中最主要的是太阳辐射)的相似性而划分与纬度大致平行的带状气候区域。人们从低纬到高纬按顺序将全球划分为十一个气候带,每个半球为五个半气候带,即赤道气候带、热带气候带、副热带气候带、暖温带气候带、冷温带气候带和极地气候带。

赤道气候带：赤道气候带位于 10°S—10°N 之间的赤道无风带,我国 10°N 以南的南海诸岛位于赤道气候带内。赤道气候带终年高温,很少变化,年平均气温在 25～28℃之间,最冷月平均气温在 18℃以上,春分、秋分之后各有一高点,冬至、夏至之后各有一低点。气温年较差小于日较差,年较差一般在 3℃以下,而日较差可达到 6～12℃。赤道气候带全年雨量丰沛,分布均匀,无明显的干燥季节,年降水量一般在 2000 mm 或更多。赤道气候带内以辐合上升气流为主,空气湿而不稳定,多雷阵雨,一天中降水时间多发生在午后至子夜。

热带气候带：热带气候带位于南北纬度 10°到回归线(23.5°)之间。我国从台湾省台中到广东汕头、广州、广西南宁一线以南地区,至赤道气候带北界属热带气候带。热带气候带因太阳高度角终年较高,温度接近赤道气候带,最热月平均气温可高达 32℃以上,最冷月 20℃左右,冷季里也可见霜。因受副热带高压带和信风带的交替控制,气温年、日较差大于赤道气候带,在 5～15℃之间,一年可分热季、雨季和凉季。年降水量在 1000～1500 mm 之间,越靠近赤道雨季越长,雨量也越大,但年际变化超过赤道气候带,故易出现旱涝。

副热带气候带：副热带气候带位于回归线与纬度 33°之间。由于受副热带高压下沉气流的控制和信风带盛行陆风的影响,温度高、降水少,以致许多地区都形成沙漠。世界上的大沙漠都在副热带,如北非的撒哈拉沙漠、西南亚的阿拉伯沙漠及南非西北部的卡拉哈里沙漠、澳大利亚西部的维多利亚沙漠等。不过,在副热带大陆的东西两边,由于盛行风性质的不同,气候状况也明显不同。东边受海洋气流影响较湿润,如我国淮河、秦岭以南的副热带地区就处于亚洲大陆东部的湿润区;西部受陆地气流影响较干燥。副热带气候带气温较高,但年、日较差大。年较差一般在 15℃以上,沙漠和草原可达 20℃以上,而日较差比年较差更大。该气候带中空气十分干燥,沙漠地区年降水量大多在 100 mm 以下,而蒸发量却远远大于降水量,所以相对湿度很小,空气干热。

暖温带气候带：暖温带气候带位于纬度 33°—45°之间。这里夏季处在副热带高压的控制下,具有副热带气候特征,冬季在盛行西风的控制下,具有冷温带气候特征。另外,由于海陆位置的不同,使得暖温带大陆西部海岸具有夏干冬湿的特点,大陆东部海岸却具有夏季湿热、冬季干冷的季风气候特点。暖温带大陆西部海岸最冷月平均气温常在 5～10℃之间,最热月则在 20～28℃之间,平均年较差 15℃左右;气温日较差夏季常在 12℃以上,冬季在 8℃以上。年雨量并不太多,约 350～900 mm。暖温带大陆东部海岸冬季平均气温比西岸低,最冷月平均气温在 0℃以下,且天气变化频繁。当寒潮暴发时,一天内气温可下降 15～20℃。夏季气温在 25～30℃之间,盛夏的高温可达 32℃以上,有时甚至可超过 40℃。暖温带大陆东部海岸的降水相当丰沛,年降水量大致都在 600～1500 mm 之间,降水多集中在夏季。

冷温带气候带:冷温带气候带处于纬度 45°至极圈(66.5°)的盛行西风带。冷温带大陆西部海岸常年受向岸西风和暖洋流的影响,具有海洋性气候特点;大陆东岸冬季则受干冷的离岸风影响,具有显著的大陆性气候特点。我国新疆、内蒙古和黑龙江的北部地区属此类气候。在冷温带大陆西岸,夏季不热,冬季温和,气温年较差小。在冷温带大陆东岸,夏季炎热,冬季严寒,气温年、日较差均大,夏季的 7 月平均气温在 25℃ 以上,平均最高达 26～32℃,冬季平均多在 0℃ 以下。

极地气候带:极地气候带一般位于极圈之内,其范围可因海陆分布而不同。在北半球极地海洋上可偏南 10 个纬度;在南极圈内因陆地面积小,其界限可扩大到 45°～50°S 之间。极地气候带最热月平均气温在 10℃ 以下。其中,最热月平均气温在 0～10℃ 的地区可生长苔原植物,故称为苔原气候;不足 0℃ 的地区为冻原气候。极地气候带中,极圈以内夏季可全天有日照,出现极昼;冬季却全天无日照,呈现极夜现象。

(2)气候型

气候型是根据气候的基本特征划分的气候类型。在同一个气候带里,常由于地理环境或环流性质的不同,出现不同的气候型;相反,在不同的气候带里,由于地理环境或环流性质近似,也可出现同类的气候型。一般将全球气候划分为:海洋性气候、大陆性气候、季风气候、地中海气候、高山气候和高原气候、草原气候(半干旱大陆性气候)、沙漠气候(极端干旱大陆性气候)等主要气候类型。

1.2　气候系统的组成及各圈层间的相互作用

从 20 世纪 70 年代起,人们在认识气候形成方面有了一个新的飞跃,即认识到气候变化不仅仅是由地球大气内部的热力和动力过程所产生,而是包括了大气圈、水圈、冰雪圈、岩石圈(陆地)和生物圈所构成的地球系统中各圈层(也包括人类活动)间相互作用的结果,以此产生的气候变化被称为耦合变率。

1.2.1　气候系统的组成

气候系统是由大气圈、水圈、冰雪圈、岩石圈(陆地)和生物圈五个主要部分组成的。太阳辐射是气候系统的主要能量来源。在太阳辐射的作用下,气候系统内部产生一系列的复杂相互作用过程,各个组成部分之间,通过物质交换和能量交换,紧密地联结成一个如图 1.9 所示的开放系统。

如上节所述,大气圈是气候系统中最容易变化的部分。水圈中海洋占地球表面面积的 71% 左右,它能吸收到达地表的大部分太阳辐射能,海水又具有很大的热容,所以它是气候系统中一个巨大的能量储存库。陆地表面(岩石圈)具有不同的海拔高

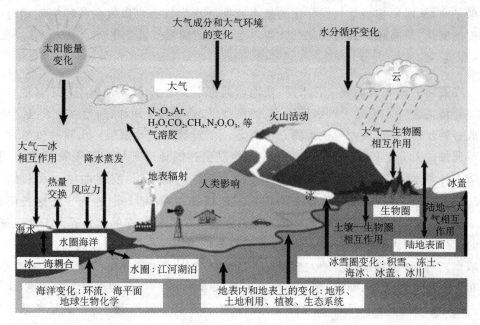

图 1.9 气候系统各组成部分、其过程和相互影响示意图(IPCC 2007)

度、地形、岩石、沉积物和土壤,以及河、湖、地下水等,其中河、湖、地下水又是水分循环中的重要组成部分,它们也是气候系统中容易变化的部分。冰雪覆盖层(冰雪圈)包括大陆冰原、高山冰川、海冰和地面雪被等;其中,雪被和海冰有很明显的季节变化,冰川和冰原的变化要缓慢得多。冰川和冰原的体积变化与海平面的变化有密切的联系;冰雪具有很大的反照率,在气候系统中,它是一个致冷因素。生物圈指的是陆地上和海洋中的植物以及生存在大气、海洋和陆地的各种动物。生物对于大气和海洋的二氧化碳平衡、气溶胶的产生以及其他气体成分和盐类等有关的化学平衡都有很重要的作用。由于动物需要得到适当的食物和栖息地,所以动物群体的变化,也反映了气候的变化。

1.2.2 气候系统各圈层的基本特征

1.2.2.1 大气圈

前文已经说明,大气圈是包围地球整个空气层的总称,它的厚度有 2000～3000 km,总质量为 5.2×10^{15} 吨。按照大气物理性质的不同,自下而上可以分成对流层、平流层、中间层、热层和散逸层。大气圈由氮、氢、氧等多种气体混合组成,位于其他四大圈层之上。由图 1.9 可见,它与其他四个圈层都有明显的相互作用,尤其是水圈(主要是海洋)与生物圈的作用更为重要。大气圈中大气成分的变化影响着全球辐射平衡,从而影响全球气候变化的基本特征。在大气圈可以发生各种空间和时间尺度的变化,从高频的天气变化到百年以上尺度的缓慢气候变化。

1.2.2.2 水圈

在固体的地壳表面镶嵌着水圈,使地球上有丰富的水,这是地球不同于其他行星的主要特征之一。地球上的水呈固态、液态和气态,分布于海洋、陆地以及大气之中,形成各种水体,并且共同组成水圈。水圈是一个连续不规则圈层。水圈的质量只占地球质量的万分之四,但是水圈却在人类赖以生存的地理环境中起着重要的作用。地球上各种水体中,海洋水是最主要的,约为 13.38 亿 km³,它占地球上水总储量(13.86 亿 km³)的 96.5%,海洋表面积约占地球表面积的 71%,相当于陆地表面积的 2.45 倍。海洋的分布在南北半球是不对称的。南半球海洋的面积远大于北半球。同时,北极是由大陆包围着的北冰洋,而南极是广大海洋包围的南极大陆。由于海水是咸水,当前科学技术还不能大规模进行淡化使之用于生产和生活,所以作为淡水,分布于陆地上的河流、湖泊、冰川和地下水等水体是生产、生活用水的主要来源,这些水占地球上水储量的 3.5%,但实际上可利用的只是其中的一小部分。如果考虑现有的经济、技术能力,扣除无法取用的冰川和高山顶上的冰雪储量,理论上可以开发利用的淡水不到地球总水量的 1%。实际上,人类可以利用的淡水量远低于此理论值,主要是因为在总降水量中,有些是落在无人居住的地区如高原、海洋和南极洲,或者降水集中于很短的时间内,由于缺乏有效的水利工程措施,这些淡水很快地流入海洋之中。

水循环把水圈中的所有水联系在一起,并且与大气圈、冰雪圈和生物圈有明显的相互作用。它本身主要涉及相变的质量输送过程,但在相互作用过程中,涉及一系列物理、化学和生物过程(图 1.10)。水循环对人类生存和人类社会的生产、生活过程

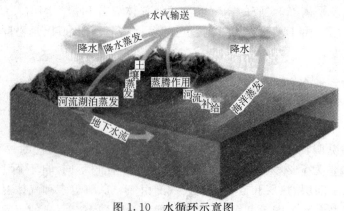

图 1.10　水循环示意图

[引自中国数字科技馆 http://amuseum.cdstm.cn/]

都有极其重要的意义。一方面,由于水循环的存在,人类赖以生存的水得到不断更新,成为一种可重复利用的再生性资源;另一方面,水循环也使各个地区的气温、湿度等不断得到调整,调节着区域和局地的气候状况。

1.2.2.3　冰雪圈

冰雪圈包括大陆冰原、高山冰川、海冰和地面雪盖等(表 1.3)。目前全球陆地约有10.6%被冰雪所覆盖。海冰的面积比陆冰的面积要大,但是由于世界海洋面积广阔,海冰仅占海洋面积的 6.7%。陆地雪盖有季节性的变化,海冰也有季节性到几十年际的变化,而大陆冰原和冰川的变化要缓慢得多,其体积和范围显示出重大变化的周期在几百年甚至几百万年。冰川和冰原的体积变化与海平面高度的变化有很大关系。

表 1.3　现代地球冰雪圈

组成	面积 ($10^6 km^2$)	占地球面积(%)			存留时间 (年)
		全球	陆地	海洋	
大陆雪盖	23.7	4.7	15.9		$10^{-2}\sim10^1$
海冰	24.4	4.8		6.7	$10^{-2}\sim10^1$
大陆冰川	15.4	3.0	10.3		$10^3\sim10^5$
山岳冰川	0.5	0.0	0.3		$10^1\sim10^3$
永冻土	32.0	6.2	21.5		$10^1\sim10^3$

由于冰雪对太阳辐射的反射率很大,而在冰雪覆盖下,地表(包括海洋和陆地)与大气间的热量交换被阻止,因此冰雪对地表热量平衡有很大影响。

据分析,目前大陆冰盖与冰川所含淡水约占地球上淡水总量的 85%,大气中的水汽只占 0.05%,可见冰雪圈在气候系统水分平衡中的重要作用。这个水量从气候变化角度来看也是可观的。地球上现存的大陆冰盖有南极冰盖和格陵兰冰盖((彩)图 1.11),这两大冰盖约占全球冰川总面积的 97%,总冰量的 99%。南极冰盖总面积为 $13.98\times10^6 km^2$,占全球冰川总面积的 86%,总储水量为 $21.60\times10^6 km^3$,占全球冰川总储水量的 90%。南极冰盖的平均厚度约为 2000~2500 m,已知最大厚度为4267 m。若整个南极冰盖融化,将使全球海平面上升约 61 m,即使扣除南极大陆的均衡恢复,海平面也要上升约 40 m。有关研究表明,在大间冰期,全球无永久冰雪覆盖,那时的海平面可能比现在高 80 m。而在第四纪冰河期,海平面比现代低 80~100 m。显然,冰雪圈的变化是地球环境变化的一个重要因素,海平面的上升与冰雪圈有着密切关系。

观测表明,全球尺度的冰雪量正在减少,特别是自 1980 年以来,总量一直在加速减少。大多数高山冰川面积愈来愈小,春季积雪提前退缩。北极的海冰各个季节都在退缩,夏季尤为显著。有报告称常年冻土层、季节性冻土层与河湖冰均在减少。格

图 1.11　风云一号极轨气象卫星监测的南极冰盖图像

［引自中华人民共和国政府网站：http://www.gov.cn/ztzl/fyeh/］

陵兰和南极西部冰盖的一些重要沿海地区以及南极半岛的冰川正在变薄,造成海平面上升(图 1.12)。冰川、冰帽和冰盖融化对海平面上升的总贡献估计在 1993—2003 年期间每年上升了 1.2±0.4 mm。但也应指出,在有些地区(如南极冰盖)冰雪量还有所增加或变化不大,这主要与大气或海洋过程的反馈过程有关。

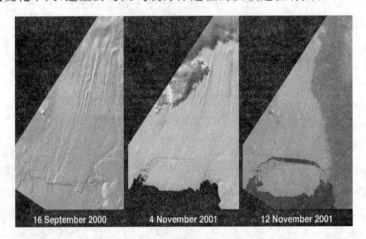

图 1.12　南极洲 Lower Pine 岛冰山消融情况(面积大约与多米尼加

的加勒比岛类似,42 km×17 km)

［引自 NASA 图片 http://www.nasa.gov/］

　　直到气象卫星发射成功之后，人类才有可能对半球尺度的积雪范围及多年变化情况进行观测。观测表明，自 1996 年以来北半球春季积雪面积每十年约减少了 2%，但秋季或初冬没有多大变化。在许多地方，尽管降水增加，但春季仍发生积雪减少的情况。卫星资料尚无法对河湖的结冰情况或是季节性或常年冻土层进行类似可靠的测量。然而目前已有许多局地和区域的报告发表，总体上似乎揭示了常年冻土层变薄，夏季解冻的常年冻土层厚度增加，冬季季节性冻土层的厚度减小，常年冻土层的地域范围缩小，季节性河冰和湖冰的结冻期缩短。

　　上述观测事实说明，由于气候变化而引起的温度升高是造成这些变化的主要原因。

1.2.2.4　岩石圈（陆面）

　　岩石圈是指地壳和上地幔顶部的坚硬岩石组成的地球外壳，其厚度从不足 50 km 到 125 km 以上，平均约为 75 km。岩石圈之下为软流圈，软流圈处于接近岩石熔点温度（约 1400℃）下的软弱状态中，坚硬的岩石圈有可能在软而可塑的软流圈上产生整体移动（滑动）（图 1.13）。由于岩石圈的厚度差异很大，陆地部分厚，海洋部分薄，薄弱岩石圈很容易产生破裂，而厚的岩石圈则趋于结合到一起，从而形成一些岩石板块及其运动。岩石圈变化的时间尺度甚长，其中如山脉形成的时间尺度约为 $10^5 \sim 10^8$ 年，大陆漂移的时间尺度约为 $10^6 \sim 10^9$ 年，而陆块位置和高度变化的时间尺度则更在 10^9 年以上。

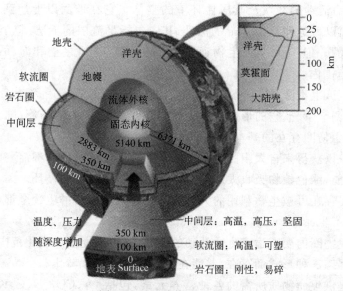

图 1.13　地球构造示意图

[引自 http://www.oso.tamucc.edu]

岩石圈一方面为人们提供石油、天然气、煤炭、铀矿等能源,各种金属和非金属矿藏以及地下水资源;另一方面也常给人类带来自然灾害,如地震、火山爆发、山崩、地滑(滑坡、泥石流等)、流水对地面的侵蚀、沙漠化、地面沉降等自然灾害。岩石会受大气、水和生物等因素影响而产生机械的和化学的风化作用,使岩石破碎和形成土壤,化学成分和矿物成分发生改变,其中气候和地形条件是影响岩石分化的重要因子。岩石圈受大气过程的影响会形成覆盖层(雨水和冰雪)。

岩石圈这些特征对地质时期的气候变化是有巨大影响的,地质构造的变化是地质年代气候变化的一个主要驱动力,但对近代在季节、年际、十年际乃至百年际的气候变化中是可以忽略的。在上述近代气候变化的时间尺度内,除火山爆发外,对大气的作用主要还是发生在陆地表面,因此在气候系统中也常采用陆面一词。陆地表面具有不同的海拔高度和起伏形势,可分为山地、高原、平原、丘陵和盆地等类型。它们以不同的规模错综分布在各大洲,构成崎岖复杂的下垫面。在此下垫面上又因岩石、沉积物和土壤等性质的不同,其对气候的影响更是复杂多样。

1.2.2.5　生物圈

生物圈是地球上出现并感受到生命活动影响的地区,是地球特有的圈层。它也是人类诞生和生存的空间。所以说生物圈是地球上最大的生态系统。

生物圈的概念是由奥地利地质学家休斯(E. Suess)在 1375 年首次提出的,是指地球上有生命活动的领域及其居住环境的整体。它在地面以上达到大致 23 km 的高度,在地面以下延伸至 10 km 的深处,其中包括平流层的下层、整个对流层以及沉积岩圈和水圈。但绝大多数生物通常生存于地球陆地之上和海洋表面之下各约 100 m 厚的范围内。

由此可见,生物圈是一个复杂的、全球性的开放系统,是一个生命物质与非生命物质的自我调节系统,它的形成是生物界与水圈、大气圈及岩石圈(陆面)长期相互作用的结果。生物圈存在的基本条件是:

第一,可以获得来自太阳的充足光能。因为一切生命活动都需要能量,而其基本来源是太阳能,绿色植物吸收太阳能合成有机物而进入生物循环。

第二,要存在可被生物利用的大量液态水。几乎所有的生物全都含有大量水分,没有水就没有生命。

第三,生物圈内要有适宜生命活动的温度条件,在此温度变化范围内的物质以气态、液态和固态三种形式而存在,并能在一定条件下相互转化。

第四,提供生命物质所需的各种营养元素,包括 O_2、CO_2、N、C、K、Ca、Fe、S 等,它们是生命物质的组成或中介。

总之,地球上有生命存在的地方均属生物圈。生物的生命活动促进了能量转化和物质循环,并引起生物的生命活动发生变化。生物要从环境中取得必需的能量和物质,就得适应环境,环境发生了变化,又反过来推动生物的适应性和进化,这种连环作用促进了整个生物界持续不断的变化。

生物圈主要由生命物质、生物生成性物质和生物惰性物质三部分组成。生命物质又称活质,是生物有机体的总和;生物生成性物质是由生命物质所组成的有机矿物质相互作用的生成物,如煤、石油、泥炭和土壤腐殖质等构成;生物惰性物质是指大气低层的气体、沉积岩、黏土矿物和水。

生物圈的各个部分变化的时间尺度有显著差异,但它们对气候的变化都很敏感,而且反过来又影响气候。生物对于大气和海洋的二氧化碳平衡、气溶胶粒子的产生以及其他与气体成分和盐类物质有关的化学平衡等都有很重要的作用。植物自然变化的时间尺度为一个季度到数千年不等,而植物又反过来影响地面的粗糙度、反射率以及蒸发、蒸腾和地下水循环。由于动物需要得到适当的食物和栖息地,所以动物群体的变化也反映了植物和气候的变化。人类活动既受气候的影响,又通过诸如农牧业、工业生产及城市建设等过程,不断改变土地、水等的利用和植被状况,从而改变地表的物理特性以及地表与大气之间的物质和能量交换,对气候产生影响。

总之,气候系统是非常复杂的,它的每一个组成部分都具有十分复杂的物理性质,并通过各种各样的物理过程、化学过程甚至生物过程同其他部分联系起来,共同决定各地区以及全球的气候及其变化特征。

1.2.3　气候系统的属性与特性

1.2.3.1　气候系统的基本属性

气候系统的基本属性大致可以概括为以下四个方面:

(1)热力属性,包括空气、水、冰和陆地的温度;

(2)动力属性,包括风、洋流以及与之相联系的垂直运动和冰体移动;

(3)水分属性,包括空气湿度、云量以及云中含水量、降水量、土壤湿度、河湖水位、冰雪范围和储量等;

(4)静力属性,包括大气和海水的密度和压强、大气的组成成分、大洋盐度及气候系统的几何边界和物理常数等。

这些属性在一定的外因条件下通过气候系统内部的物理过程(也有化学过程和生物过程)而互相关联着,并在不同时间尺度内变化着(李晓东 1997)。

如表 1.4 所示,气候系统各组成部分的属性也有明显的差异。空气具有最小的密度、热容、热传导率和热传导能力,但却具有最大的热扩散率和穿透深度。水具有最大的比热容、热容和热传导能力,但具有最小的穿透深度。顺便指出,这里的热扩散率和热传导能力是对于静态的空气和水而言的,对于运动着的空气和水来说,其热扩散率和热传导能力分别要比表中的数字大 4 个和 2 个量级以上,这是由于湍流扰动混合的垂直热输送比分子传导要有效得多。冰雪的密度和热容比水要小,但却远远比空气大。土壤(以黏土为例)具有最大的密度、最小的比热容和较小的穿透深度,其热传导率和传导能力不到水的一半。值得注意的是,冰雪圈具有大的反照率,而水圈的主体海洋的反照率较小。

表 1.4　气候系统各组成部分的属性差异

圈层代表物质	单位	大气圈空气	水圈水	冰雪圈冰、雪		陆地表面 黏土	生物圈 森林
密度	$10^3 kg \cdot m^{-3}$	0.0012	1.00	0.92	0.10	1.60	
比热容	$10^3 J \cdot kg^{-1} \cdot K^{-1}$	1.00	4.19	2.10	2.09	0.89	
热容	$10^6 J \cdot m^{-3} \cdot K^{-1}$	0.0012	4.19	1.93	0.21	1.42	
热传导率	$W \cdot m^{-1} \cdot K^{-1}$	0.026	0.58	2.24	0.08	0.25	
热扩散	$10^{-6} m^2 \cdot s^{-1}$	21.5	0.14	1.16	0.38	0.18	
热传导能力	$10^3 J \cdot m^{-2} \cdot K^{-1} \cdot s^{-1/2}$	0.006	1.57	2.08	0.13	0.60	
日穿透深度	m	2.3	0.2	0.5	0.3	0.2	
年穿透深度	m	44	3.6	10.2	6.0	3.9	
反照率	%	-27	$2-10$	-70	$84-95$	>20	<20
连续性		好	好				
可压缩性		较强	较弱	弱	弱		
黏性		小	较大	大	大		
流动性		好	好	差	差		

引自 Peixoto et al.,1992

1.2.3.2　气候系统的基本特性

(1)气候系统的复杂性

气候系统是一个庞大的、非线性的、开放的复杂系统,它不仅包括了若干个子系统,而且这些子系统又各自包含有许多更小的二级子系统,具有复杂的多极结构。虽然地球气候系统与外部空间的物质交换微乎其微,但它与外部空间的能量交换是非常可观的,如它吸收太阳辐射的同时又向外空间放射长波辐射。所以,从热力学系统分类的观点来看,气候系统是一个开放系统。它既有能量的不断耗散,又有一些相对稳定的周期性变化,还具有某些随机扰动的性质。

无论从气候系统物理量的空间分布和时间变化,还是从气候系统中发生的过程类型来说,都反映出了它的复杂性,即从气候系统的低层到高层、从极地到赤道、从海洋到陆地,气候要素都呈现出各种各样的复杂变化。正因为如此,才导致了各类输送和交换过程的多样性。从气候系统随时间的演变看,其复杂性表现得更为突出:既有相对缓慢稳定的趋势变化,又有剧烈的突变现象;既有相对规则的周期性变化,也有随机性的不规则变化。

气候系统中发生的某些重要过程也表现出其复杂性。这些重要过程至少可分为三大类:物理过程、化学过程、生物过程。例如辐射传输和热量输送,云辐射过程,陆面、海洋和冰雪圈过程,水分、碳、硫等重要的物质循环过程,等等。即使对于这些过程中的某一个,甚至某个过程的某些环节,也都是极其复杂的。

(2)气候系统具有稳定与可变的二重性

气候系统的稳定性是气候系统演变过程中的重要特性。地球气候历经几十亿年的演化至今,尽管呈现千变万化,但就宏观上而言它仍处于一种相对稳定的变化之中。也就是说地球气候既没有无休止地热下去,也没有无限地冷下去,而是在某一平衡态处振荡,如温度和湿度都有其变化的上界和下界就是最好的例证。气候系统的相对稳定性主要受两个因素的制约:一个是能量收支方面的外部因素,一个是气候系统内部的性质。然而,世界上的万事万物其稳定性是相对的,变化却是永恒的,气候系统也不例外。气候系统的可变性往往表现在由一种稳定的气候状态向另一种稳定的气候状态的转化。即使在一般认为气候比较稳定的地质年代,地球气候也经历着重大的气候状态变化,所谓几亿年前"冰球"与"水圈"的转化就是一个明显的例子。但在这个转化过程中,气候系统的不同组成部分及其相互作用都具有不同的时间尺度:大气圈内部变化的时间尺度约为 $10^0 \sim 10^2$ 年;大气和海洋相互作用的时间尺度约为 $10^0 \sim 10^4$ 年;大气—海洋—冰雪圈的相互作用的时间尺度约为 $10^0 \sim 10^6$ 年;而大气—海洋—冰雪圈—生物圈—岩石圈相互作用的时间尺度约为 $10^0 \sim 10^9$ 年。

(3)气候系统的可预报性

研究气候系统的目的之一就是认识其变化规律,更好地预测未来的气候变化。Lorenz(1967)曾把气候预测分为两类:第一类是与时间有关的,即习惯上的气候可预测性问题;第二类是与时间无关的非线性的,即气候变化的不确定性问题。这里我们只考虑第一类预报问题。

正如在数值天气预报中被证实的,尽管用于天气预报的方程对应一个确定论系统(所有参数和方程形式都是确定的),但初值的不确定性在一定时间后转变为状态的不确定性(即演变结果为不断发散的),即确定论系统具有内在的随机性,这是由大气的混沌性质所决定的。当天气预报中初始场的不确定性使逐日预报的误差达到与自然变率相当时,逐日预报就失去意义了,这个时刻称为可预报性上限,即逐日预报所可能达到的理论上限。一般认为逐日天气预报的上限在 2~3 周之间。

类似于天气预报,气候系统也存在可预报性问题,如近年来一直在尝试进行的月、季尺度的短期气候预测问题就是一个例子。据信在理想条件下做出3～4个季度的短期气候预测也是可能的,其理由是行星波的可预报性较大,同时对大气长期变化有重要影响的下垫面(尤其是海洋)异常有较大的持续性,它们可通过与大气的耦合过程提供一种强迫气候信号。因而,气候系统的可预报性与外部强迫及内部过程的特性有关。短期气候预测既受热流入量的影响(太阳辐射的季节变化),又受系统内耦合反馈的影响。气候系统的可预报性还具有对所考虑时空尺度的依赖性,因为气候本身从某种意义上讲具有统计性和概率性。但这并不意味着气候系统的未来状态就是完全不可预报的。在许多情况下,气候系统的变化及其结果是可以预报的。例如,目前每天的天气预报都是比较成功的,只是其可预报性有一个极限,大约2周左右。对于气候系统也是一样,虽然它也是高度非线性的,还有相当大的部分是不可预报的,必须用其他方法如统计方法、经验方法来解决,但是可以近似地将其处理为对外界强迫的准线性响应问题,因而气候系统的变化仍然具有可预报性。这也说明了,即使天气预报只有几天到两周的预报能力,气候预测可以达到月、季、年际,甚至几十年到上百年的时间长度。

1.2.4 气候系统各圈层间的相互作用

气候系统的各圈层不是独立存在的,它们之间发生着明显的相互作用,这种相互作用不但有物理的、化学的和生物的,同时还具有不同的时间与空间尺度,从而使气候系统成为一个非常复杂的系统。如前所述,气候系统的各圈层虽然在组成、物理与化学特征、结构和状态上有明显的差别,但它们都是通过质量、热量和动量通量相互联系在一起,因而这些圈层是一个开放的相互联系的系统。在气候系统各圈层的相互作用中,最重要的是陆—气相互作用、海—气相互作用等(丁一汇 2003)。

1.2.4.1 陆气相互作用

陆地约占地球表面的三分之一,同海洋一样,它也是气候系统的重要组成部分。尤其是人类就生活在大陆上,地面状况和气候变化直接影响着人类的生存环境和各种活动,特别是农业生产和交通运输等。同时,人类活动所造成的陆地表面状况的改变,反过来又引起了局部地区乃至大范围的气候变化。近些年来的一系列观测资料已经充分说明,大面积砍伐森林、在半干旱荒漠草原区的大面积垦荒种植等已经破坏了地球表面的生态平衡,造成了难以逆转的自然环境恶化,由此也导致了区域气候的异常变化。因此,发生在陆地表面的各种过程与气候的相互作用,也逐渐成为地球与环境科学领域的研究热点之一。

陆面过程主要包括地面上的热力过程(包括辐射及热交换过程)、动量交换过程

（例如摩擦及植被的阻挡等）、水文过程（包括降水、蒸发和蒸腾、径流等）、地表与大气间的物质交换过程以及地表以下的热量和水分输送过程。这一系列过程一方面受到大气环流和气候的影响，同时又对大气运动和气候变化有重要的反馈作用。

人们虽然早就认识到不同的地表状况与不同的气候类型有关，但探讨地表过程与不同时间尺度气候变化间的相互作用和影响，还只是近些年的事情，其中的一些定量关系以及过程的参数化都还不是很清楚，有待于相关野外观测试验和数值模拟的深入研究。因此，在世界气候研究计划中，"陆面过程和气候研究计划"（RPLSP）及"水文大气野外试验计划"（HAPEX）都是在野外观测试验的基础上，研究如何在气候模式中对陆面过程进行参数化的方法。

（1）地表反照率与辐射平衡

不同地表状况的反照率有很大的差异。例如，雪面反照率为 60%～90%，平整耕地的反照率为 15%～30%，有植被的地面反照率为 10%～20%。由于反照率的不同，使得地面获得的太阳辐射也不同，因此地面辐射平衡受到影响，相关地区的气候也将发生变化。

利用 NCAR 大气环流模式所进行的改变北非地面反照率的数值模拟试验表明，将 7.5°N 以北的整个北非地区的地面反照率全改为 0.45；而控制试验中该区域的地面反照率有不同分布，撒哈拉北部为 0.35，南部边界区为 0.08。数值试验积分了 120 天，最后发现地面反照率的改变造成了各种气象要素极为显著的异常，不仅在反照率改变的地区内有异常，而且在反照率改变的区域之外，尤其是在其南面的广大区域也有明显的异常发生。其次，北非地面反照率的增加造成了降水率约减少了 4 mm/d，地面温度降低了约 0.2℃。这个数值模拟试验再一次表明，地面反照率的增加对区域大气环流和气候变化都有很重要的影响，而且这种影响是多方面的。

（2）土壤温度与湿度

不同的气候带和不同的气候时段，相应的都有土壤温度和湿度分布的不同特征，因此也可以说土壤的温度和湿度是气候状态的属性之一。然而有关研究已清楚表明，土壤的温度和湿度又对气候有显著的反馈作用。土壤的热容比空气的大得多，土壤的热状况及其变化将对大气陆面下边界条件起重要作用。土壤湿度会改变地表的蒸发，从而会影响地—气间的水分交换以及大气中的潜热释放。这些过程同大气运动相互影响，对气候变化造成一定的反馈。

例如，通过分析土壤的温度与降水量的关系，发现深层土壤（0.8～3.2 m）的温度与相应地区或邻近地区的后期降水量有统计相关性。土壤温度若偏高，后期降水量就偏多；反之亦然。而且较深层的土壤温度所反映的降水量的滞后时间较长。

土壤湿度除了会直接影响地—气间的潜热通量之外，还对辐射、感热通量及大气的稳定度造成影响。一般说来，土壤湿度偏低会使地面温度增加，射出长波辐射也增加。但同时,比较干的土壤其反照率较大,又会导致地面吸收的太阳辐射减小,这样,地面失去的热量比较多,地面温度又将降低。这里虽然存在着自反馈过程,但土壤湿度的影响是很明显的。此外,土壤湿度又直接与蒸发相联系,较潮湿的土壤有利于增加近地面大气的蒸发,使其含水量增加,大气不稳定性增加,有利于对流性降水的发生。

（3）植被

陆地表面大部分由各类植被所覆盖,不同的植被有其自身的物理和生物特性,从而使地表过程变得更为复杂,但概括起来可以用图1.14来示意说明有植被时的地面过程。当降水落到植被表面时,一部分可被植被表面截留,然后再蒸发到大气中,其余部分滴落到地面后,部分渗入土壤,部分成为径流;渗入土壤的水分还可以有部分渗透到更深层而成为地下水。植物的根可以将土壤中的水吸到茎和叶上,通过蒸腾作用还会有一部分回到大气中。另外,植物冠层的反射和散射作用对大气及地面的辐射过程也有极明显的影响。因此,如何合理地描述大气与植被、植被与土壤之间的水分和热量交换以及植被的物理和生物特征,是极为重要的。

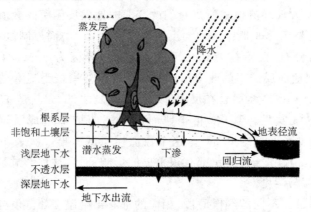

图 1.14　有植被时地面过程示意图

热带雨林是气候系统的重要组成部分,因此,热带森林被大量砍伐而对气候造成的影响已引起科学家的广泛重视。砍伐森林严重影响了植被状况,不仅改变了地面反照率,而且改变了地面的水文条件和地表粗糙度以及对 CO_2 的吸收作用等,造成地面的热量通量和动量通量的异常,直接引起气候的变化。

1.2.4.2　海气相互作用

海洋是全球气候系统的重要组成部分,其对大气运动和气候变化的影响,可归纳为四个方面:

第一,海—气相互作用对地球大气系统热力平衡具有重要影响。地球表面

70.8%为海洋所覆盖,全球海洋吸收的太阳辐射约占进入地球大气顶的太阳辐射总量的 70%左右,其中的 85%左右被储存在海洋表层(混合层)中。以后这些被储存的热量将以潜热、长波辐射和感热交换的形式被输送给大气,驱动大气的运动。因此,海洋热状况的变化,将对大气运动的能量供给产生重要影响。

海洋环流在地球大气系统的能量输送和平衡中发挥着重要作用。在地球大气系统中,低纬地区获得的净辐射能要多于高纬地区。因此,为保持全球的能量平衡,必须有能量从低纬地区向高纬地区输送。直到 20 世纪 70 年代初期,人们还一直认为这种热量输送主要由大气过程来完成。后来,随着海洋观测试验和海气相互作用研究的深入,得到海洋与大气在热量的经向输送中都起着重要的作用。对于地球大气的热量平衡来讲,在中低纬度,主要由海洋环流把低纬度的多余热量向较高纬度输送,到了中纬度,通过海—气间的强烈热交换,把相当多的热量输送给大气,再由大气环流的特定形式和活动将能量向更高纬度输送。因此,海洋对热量的经向输送的强度和位置变化,将对全球气候产生重要影响。

第二,海洋能够对全球水汽循环产生重要影响。海洋包容了全球几乎所有的液态水(97%),大气中的水汽含量只占总水量的 0.001%,陆地上的水含量也不到海洋水含量的 1/30,只是由于陆表水循环对人类活动特别是农业生产有着重要的影响,因而过去人们关于水循环的讨论多集中在和陆表过程相联系的这一相当小的部分。据估计,全球蒸发的 86%、全球降水的 78%是集中在海洋上的。海洋作为水汽之源,其蒸发和降水状况只要有微小变化,就足以引起相对较小的陆表水循环的剧烈变化。例如,如果降到大西洋的雨水有不到 1%集中到中美洲,则密西西比河的水流量将增加 1 倍。

第三,海洋对大气运动具有重要的调节作用。海水具有巨大的热惯性。海水比空气和土壤的比热容要大得多,1 g 海水升温 1℃所需要的热量为 3.9 J,此热量可使同质量的土壤升温 1.9℃,可使同质量的空气升温 3.9℃。因此、海洋比陆地特别是比空气具有更大的热惯性,是一巨大的热量存储器。同海洋的热力学和动力学惯性相联系,海洋的运动和变化具有明显的缓慢性和持续性。海洋的这一特性,一方面使其具有较强的"记忆"能力,可以通过海—气相互作用,把大气的变化信息储存于海洋中,然后再对大气运动产生作用;另一方面,海洋的热惯性使得海洋状况的变化具有滞后效应。例如,海洋对太阳辐射季节变化的响应比陆地要滞后 1 个月左右,表层海温的变化滞后于太阳辐射季节循环约 6 周左右。另外,由于海洋尤其是热带海洋低频的慢过程,通过海—气相互作用或耦合作用,还可以使较高频率的大气变化减慢,使其频率变低后再作用于大气,在净效果上,相当于大气中的较高频变化转化成为较低频的变化。

第四,海洋对温室效应具有缓解作用。海洋对辐射强迫的响应是缓慢的,可以长达几年到几十年。海洋的这种缓慢响应反映了气候系统的惯性特征,因而它在一定程度上对增温有缓解作用。另一方面,由海洋尤其是热带海洋蒸发和增温作用产生的热带对流层上层的水汽含量增加,可以通过水汽递减率反馈抑制进一步影响大气的增温。另外,海洋通过碳循环还可以影响海洋对大气中 CO_2 的吸收,从而对增温产生明显的反馈作用。

综上所述,海洋对全球气候变化具有重要影响。尽管如此,人类对于海洋的认识还很不足,原因之一是海洋观测资料的欠缺。浩瀚的海洋广阔无垠,在海洋上建立固定的观测站是一项极度困难而又耗资巨大的事情。迄今为止,人们对海洋以及海洋上的大气状况的了解,比起陆地上要差得多。卫星和其他遥感技术的发展,为改善海洋上的观测状况提供了十分有力的工具。近年来,国际科学界相继联合开展了一系列大型的海洋观测活动,其中比较有代表性的是 TOGA(热带海洋全球大气试验)计划和WOCE(世界大洋环流试验)计划。通过这些海洋观测试验活动和有关海气相互作用过程的研究,人类对于海—气相互作用特别是热带海洋与全球大气和气候变化关系的理解,有了很多新的认识,揭露出许多重要的观测事实,为开展气候预测奠定了坚实基础。

(1)大洋环流的成因

海流是海洋中发生的一种有相对稳定速度的非周期性流动(图 1.15)。从动力学的角度,海流受两种作用力的影响:一是原生力,它是引起海水运动的本质原因,并决定着海水的流速;二是二级力,它能够影响海流的方向及其流系特性。原生力包括风应力、密度梯度力以及热力膨胀与收缩,二级力包括因地球自转产生的科氏力、重力、摩擦力和海盆地形的作用等。

在实际工作中,人们多根据原生力将海流形成的主要原因归结为两种:一种是受海面风应力的作用,因动力原因产生的海流,被称作风生海流;在大洋区域因盛行风而产生的海流,具有独立的体系,称之为风生环流;另一种是由于海面受热冷却不均、蒸发降水不匀所产生的温度和盐度变化,导致密度分布不均匀形成的热力学海流,被称作温盐环流(THC)((彩)图 1.16)。温盐环流是驱动形成深海洋流的主要过程。暖水通常要比冷水的密度低;而盐度越高,海水的密度就越大。在温度降到冻结点$-2℃$左右之前,海水的密度会随着温度的降低而增加。此外,表层海水的盐度会由于蒸发而增加,但却会由于降水或河流径流入海以及冰盖消融导致的淡水增加而降低。来自海表的风应力、热通量和淡水通量强迫是大洋环流形成的根本原因。

(2)大洋环流的热量输送

在地球气候系统中,低纬地区获得的净热量要多于高纬地区,因此,为保持全球的能量平衡,必须有能量从低纬地区向高纬地区输送。这种极向的热量输送,前面已经指出,是由大气和海洋来共同完成的。大气和海洋热输送的途径不同。在海洋中由于存在侧边界,极向热输送主要是通过经向环流[包括位于风生涡旋下面的较浅的埃克曼环流和深层的温盐流(THC)]实现的。而低纬大气的极向热输送主要是通过哈得来环流完成的。

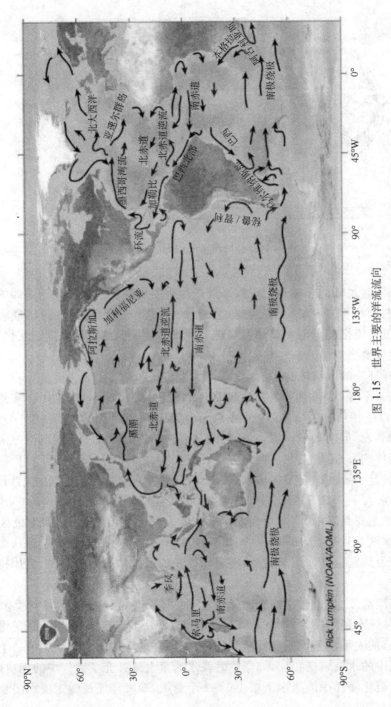

图 1.15　世界主要的洋流流向

[NOAA 地图：U.S.National Oceanic and Atmospheric Administration. http://www.cdc.noaa.gov/]

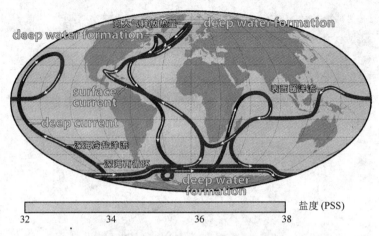

图 1.16　全球温盐流(THC)传送带

[NASA 图片. Minor modifications by Robert A. Rohde. http://www.nasa.gov/]

海洋环流通过极向热输送对气候系统产生重要影响。海洋环流把低纬的热量向高纬输送,在大约 40°~50°N 附近,通过强烈的海气热交换,把大量的热量输送给大气,再由大气环流把能量向更高纬度输送。所以海洋经向热输送强度的变化,将对全球气候产生重要影响。

(3)大洋环流的水汽输送

根据周天军等(1999)的研究,全球海—气间的水分交换(即蒸发量减去降水量 E-P)具有以下特点:(Ⅰ)在热带的赤道辐合带(ITCZ)内降水大于蒸发;(Ⅱ)副热带有过量的蒸发,但南太平洋辐合带例外,在那里从赤道西太平洋向东南方向有一条净降水带延伸;(Ⅲ)沿着东北—西南方向,穿过北大西洋副热带涡旋 E-P 有减小的趋势,湾流区是主要的净蒸发区域;(Ⅳ)E-P 的水平梯度很大,例如在大西洋30°W,5°N处净降水大于 1 m/a,但向极地方向延伸 10°,净蒸发超过 1.4 m/a;(Ⅴ)副极地纬度,盛行的主要是降水,降水量在北太平洋要大于北大西洋;(Ⅵ)因为极区空气很冷,大气中水汽含量很低,所以高纬水循环振幅减小,此时结冰、融化过程和海冰输送在水循环中发挥着重要作用。另外,在北印度洋的阿拉伯海盛行蒸发,孟加拉湾盛行降水。

中纬有净蒸发、热带和高纬有净降水这一总体形势,意味着大洋中海盆间存在水输送,海洋输送水到蒸发区,同时从降水区带走水,从而避免局地海平面变化。当前全球大洋中,从太平洋到大西洋有淡水循环过程,它是全球淡水收支中的一个关键分量。与大气中的水汽输送相比,海洋中的淡水通量大致补充了大气中的相应通量,经向河流输送要比海洋中的淡水通量小 1~2 个量级,即海洋通过输送淡水闭合了地球系统的水循环。

(4)海流异常与 ENSO 事件

在年际时间尺度上最强的自然气候振荡就是厄尔尼诺—南方涛动(ENSO)现象。厄尔尼诺(E1 Nino)(源自西班牙语,意为"男孩"或"圣婴")用来描述横跨赤道中东太平洋海洋表面持续 3 个季节或更长时间的大范围的变暖。当这一地区的海表温度转变成比正常值偏低时,就称之为拉尼娜(La Nina)。南方涛动通常是用南太平洋的塔希提岛和澳大利亚北部的达尔文站两个观测点的平均气压距平的月际或季节振荡来定义的(即南方涛动指数,SOI)。南方涛动和厄尔尼诺彼此是紧密联系在一起的,因而统称为厄尔尼诺—南方涛动(ENSO)现象,它是大尺度海气相互作用的表现。ENSO 起源于热带太平洋,但它却影响了世界上许多地方的气候状况。这种地表气压的大尺度分布在两种极端状态之间呈现"跷跷板"式的变化:一种极端情形是印度尼西亚和澳大利亚北部的海平面气压高于正常值,而东太平洋大部分地区的海平面气压则低于正常值(SOI 为负值);另一种极端情形则相反。

在赤道太平洋上,大气和海洋通过热量、水汽和动量在分界面上的相互交换而耦合在一起。信风(赤道辐合带两侧的偏东风)把温暖的表层海水向西吹送,既加深了赤道西太平洋的温跃层,又为亚洲及印度尼西亚群岛上空气的对流和上升提供了能量。高空气流返回到东太平洋上空下沉,这样就完成了一个纬向循环,叫作沃克环流。在厄尔尼诺事件中((彩)图 1.17a),信风减弱,对流中心和降雨区东移,赤道东太平洋海面温度升高,温跃层的倾斜度减小。在拉尼娜条件下((彩)图 1.17c),信风增强,对流活动稳定在亚洲和印度尼西亚群岛上空,中东太平洋的海面温度降低。增强的信风加深了西太平洋的温跃层,但却引起东太平洋深层的冷水上涌增强,温跃层上升到海洋表层。正常情况((彩)1.17b)则介于厄尔尼诺和拉尼娜状态之间。

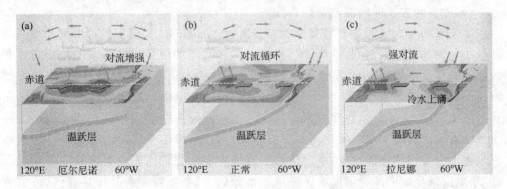

图 1.17　厄尔尼诺(a)—正常状态(b)—拉尼娜(c)出现时的赤道太平洋海洋大气状况的概略图

ENSO 主导着热带太平洋地区的气候变化,但是在热带的其他地区也有证据显示出存在类似的纬向型的海—气耦合现象。最近的研究表明,在大西洋和印度洋上的变化方式可能是相似的,这些热带海洋海面温度(SST)的分布,无论在强度还是在全球的影响尺度上与太平洋 ENSO 都不完全相同。热带太平洋的宽度是大西洋或者印度洋的两倍多,存在更多较大的异常区域和更大的地理位移,因此太平洋的影响程度就大得多。相比之下,其他海域在赤道地区的气候变化型对全球气候的影响就小得多,但无论如何,它们都是气候变化的重要组成部分,如热带印度洋的偶极子型(IOD)。

1.2.4.3　冰雪圈与大气相互作用

冰雪覆盖是气候系统的冷源,它不仅使冰雪覆盖地区的气温降低,而且通过大气环流的作用,可使远方的气温下降。冰雪覆盖面积的季节变化,使全球的平均气温也发生相应的季节变化,如全球平均的 1 月气温远低于 7 月。但根据现代的日地距离来看,1 月接近近日点,1 月的天文辐射量却比 7 月约高 7%。全球平均气温 1 月远低于 7 月,显然与 1 月全球冰雪覆盖面积较大有关。因此,南、北两半球各自的月平均气温均与冰雪覆盖面积呈反相关关系,冰雪面积大,平均气温则低。

冰雪表面的致冷效应是由于下列因素造成的:

(1)冰雪表面的辐射性质

冰雪表面对太阳辐射的反照率甚大,一般新雪或紧密而干洁的雪面反照率可达86%~95%;而有空隙、带灰色的湿雪反照率可降至 45% 左右。大陆冰原的反照率与雪面相似。海冰表面反照率约在 40%~65%,由于地面有大范围的冰雪覆盖,导致地球上损失大量辐射能。

地面对长波辐射多为灰体,而雪盖几乎与黑体相似,其长波辐射能力很强,这就使得雪盖表面的辐射亏损进一步加大,使雪面越易变冷。

(2)冰雪与大气间的能量交换特性

冰雪表面与大气间的能量交换能力很微弱。冰雪对太阳辐射的透射率和导热率都很小。当冰雪厚度达到 50 cm 时,地表与大气之间的热量交换基本上被切断。北极海冰的厚度平均为 3 m,南极海冰的厚度为 1 m,大陆冰原的厚度更大,因此大气就得不到地表的热量输送。特别是海冰的隔离效应,有效地削弱海洋向大气的感热和潜热输送,这又是一个致冷因素。

冰雪表面的饱和水汽压比同温度的水面低,冰雪供给空气的水分甚少。相反冰雪表面上空常出现逆温现象,水汽压的垂直梯度亦往往是冰雪表面比低空空气层还低,于是空气反而向冰雪表面输送热量和水分(水汽在冰雪表面凝华)。所以冰雪覆盖不仅有使空气致冷的作用,还有致干的作用。冰雪表面上空大气逆辐射微弱,冰雪表面上辐射失热更难以得到补偿。

此外,当太阳高度角增大、太阳辐射增强时,融冰化雪还需消耗大量热能。在春季无风天气条件下,融雪地区的气温往往比附近无积雪覆盖区的气温低数十摄氏度。

综合上述诸因素的作用,冰雪表面使气温降低的效应是十分显著的。而气温降低又有利于冰雪面积的扩大和持久,冰雪和气温之间有明显的负反馈关系。这种辐射—冰雪反馈机制是冰雪致冷的一个重要因素。

1.2.4.4　生态系统对气候的适应及其相互作用

生态系统(ecosystem)是英国生态学家坦斯利(A. G. Tansley,1871—1955)在1935年提出的。它指在一定的空间内生物成分和非生物成分通过物质循环和能量流动相互作用、相互依存而构成的一个生态学功能单位。它把生物及其非生物环境看成是互相影响、彼此依存的统一整体。生态系统的物质循环(circulation of materials)又称为生物地球化学循环(biogeochemical cycle),是指地球上各种化学元素从周围的环境到生物体再从生物体回到周围环境的周期性循环。能量流动和物质循环是生态系统的两个基本过程,它们使生态系统各个营养级之间和各种组成成分之间形成一个完整的功能系统。但是能量流动和物质循环的性质不同,能量流经生态系统最终以热的形式消散,能量流动是单方向的,因此生态系统必须不断地从外界获得能量;而物质的流动是循环式的,各种物质都能以可被植物利用的形式重返环境。同时两者又是密切相关不可分割的。

(1)气候与生物多样性的相互关系

近6亿多年以来,各种水生和陆生生物的种类,包括细菌、藻类、真菌、原生生物、植物和动物都大大增加。尽管在不同的地质历史时期出现了几次生物大灭绝,但是物种的数量还是增加到了现在的水平。目前,有数百万种生物共同生活在地球上。然而当前的人类活动(包括环境的各种改变,而气候变化仅仅是其中的一个方面)正威胁着生物多样性。

所有的自然生态环境都受到气候的控制,大多数生命形式都不断进化以便在其正常生活环境的特定气候条件下生存下来。随着气候条件随时间不断变化,物种也不断地适应、迁徙或者灭绝。通常,动物的适应能力比植物更强,因为它们更易于迁移到新的、气候更适宜的地区生存。

海洋中也存在着同样的胁迫。通常和厄尔尼诺事件相联系的海面温度异常升高对整个热带的珊瑚礁造成了普遍的危害。在北大西洋,海面温度的变化对南、北边缘地带的鳕鱼种群波动产生了重大影响。拉布拉多海盆和纽芬兰海盆附近的冷水域,由于受北大西洋涛动正相位的影响,在20世纪80年代末和90年代出现低温,鳕鱼储量急剧下降。而相反情况下,北海的升温及过度捕捞也已使那里的鳕鱼储量自1988年以来急剧减少。

生物多样性,即生命的种类,在全球的分布是不均匀的。有些地方生活着各种各样的生物(如一些多雨的热带森林和珊瑚礁),有些地方却毫无生机(如一些沙漠和极区),而大部分地区介于两者之间。生物多样性的全球分布取决于很多因素,其中许多都与气候有关。一般来说,生物多样性在最温暖的热带最丰富,在最寒冷的高纬地区最稀少,低纬多而高山少,多雨地区多而干旱地区少。全球许多区域已经被划为保护生物多样性的"热点"地区,这些地区拥有大量的地方性物种,且这些物种的数目正在急剧减少。符合上述标准的 25 个陆地区域仅占全球陆地面积的 1.4%,但这里却拥有 44% 的全球植物种和 35% 的四大脊椎动物种(即鸟类、哺乳动物、爬行动物和两栖动物)。其中,15 个热点区域出现在热带森林,5 个热点区域出现在地中海气候带,9 个热点区域出现在群岛;全世界最脆弱的生物多样性区域中有 16 个是在热带。

确定这些热点地区非常重要,它使得保护规划的制订者能将精力都集中到那些最需要、最有可能受益的地区。这样,就有可能提前制订出一个系统计划以减缓任何大规模的生物灭绝,其中有一些可能是人类活动造成的气候变化所致。有很多物种都深受人类发展活动的威胁,因此,不适当的人为活动将对热点地区的生物多样性起到破坏作用。

(2)生态系统中的各种反馈

气候和大气变化对生态系统第一位的直接影响是对其初级生产力的影响。初级生产力是指植物通过光合作用生产的生物量。初级生产力的变化将改变植物与植物的竞争以及动物种群之间对变化的响应,并造成能量流和养分循环的物理反馈。许多植物和动物将独立于整个生态系统进行响应,而生态系统则缓慢地改变其形式。若生态系统的反照率发生变化,这将对大气产生直接反馈(如森林砍伐引起的后果)。一方面,温度升高将增加生态系统的呼吸率,使它向大气释放更多的 CO_2,这反过来通过温室效应又将使温度升高。在特定环境下,较干的气候条件降低植物的生产力,减小植被覆盖,增加土壤腐蚀和养分损失,从而进一步抑制植物生长。另一方面,大气 CO_2 水平提高将加强光合作用和提高生产力,增加根部的碳供给,提高根菌的活动能力,增加氮的固化作用,从而有利于植物生长。

(3)生态系统对气候的响应

一个生态系统对温度上升、降水增加或减少、CO_2 浓度增加、酸沉降或其他环境影响的响应可以十分不同于另一种生态系统的响应。例如,北极冻原植物的响应十分不同于地中海地区浓密常绿阔叶灌木丛生态系统、北方森林或热带雨林的响应。受温度或降水限制条件强烈影响的地方,其生态系统的结构和组成的变化一般说来是最为显著的。用大气环流模式对欧洲气候的预测表明,尽管冬季降水将增加,地中海正常的夏季干旱将扩展。较长时间的夏季干旱常常使物种的组成发生变化,并在一定程度上导致植被缩小,从而有可能进一步减少可获得的土壤水分。植被由于人为因素和罕见的极端天气气候事件引起的变化大于响应平均条件变化引起的变化。例如澳大利亚由于过度放牧和 ENSO 事件引起植被变化的例子:在 1876—1878 年严重的 ENSO 事件之后,由于雨量增加加上过度放牧和人类抑制野火,在原来的草地上使针叶树(Callitris glaucophylla)矮丛得到发展。在美洲西部也可找到许多这样的例子,在那里过度放牧加上干旱造成灌木超过了草地。例如,在美国新墨西哥州南部约纳达(Jornada)试验区,根据 1858 年的测量,在 58000 公顷的沙化草地上有 60% 的面积是没有灌木的,仅 5% 的面积长有牧豆树(一种饲料),其余 35% 的面积长有稀疏灌木。到 1963 年,有 73% 的面积长满牧豆树和矮灌木组成的植物群体。研究植物对高 CO_2 水平响应的科学家们发现,木质植物(如牧豆树)比暖季饲料草长得更大更壮,所以在竞争中可以超过后者。

降水的季节性变化对许多生态系统是至关重要的。这种季节性变化可使植被组成迅速改变,并导致动物群体的相应迁移。例如,非洲塞伦盖提(Screngeti)平原雨量的变化可使野生哺乳兽群作出迅速响应,这类兽群或迁移至附近区域,或迁进正在变干的水穴,结果造成多种哺乳动物大量死亡。

实验证明在 CO_2 高浓度的环境下,植物会生长得更快速和高大。但是,全球变暖的结果会影响大气环流,继而改变全球的雨量分布及各大洲表面土壤的含水量。由于未能清楚了解全球变暖对各地区域性气候的影响,以致对植物生态环境所产生的转变亦未能确定。全球变暖还会对海洋生态产生影响,沿岸沼泽地区消失肯定会令鱼类尤其是贝壳类的数量减少。河口水质变咸可能会减少淡水鱼的品种和数目,相反该地区海洋鱼类的品种也可能相对增多。

1.3　气候变化及其时间尺度

1.3.1　天气与气候

日常生活中,人们常将气候和天气混淆。天气(weather)是一定区域短时段内的大气状态(如冷暖、风雨、干湿、阴晴等)及其变化的总称。气候(climate)的科学定义是任何一个地方天气要素(包括气温、气压、降水等)的多年平均值。当然,这不仅仅只是这些要素本身的平均状况,而且还包括其变化幅度或距平的高阶矩统计量(如二阶矩标准差、三阶矩偏度系数以及极端值等)。不同的领域关心的统计量和要素是不同的,如对旅游,就很关心目的城市该月常年月平均气温和降水量以及相对湿度;防洪工程进行设计时,就不仅要考虑多年平均降水总量,还要考虑暴雨频次和强度。建筑公司修建房子时如果想安装太阳能热水器,就要考虑日照时数和太阳高度的状况及其变化。这些都属于气候的范畴。

16 世纪到 19 世纪的几百年时间里,常用气象观测仪器相继发明。当然最早人们认识气候从关心居住的城镇或乡村开始,观测也主要是个人业余行为,所用的仪器、观测方法、使用的标准等都不尽相同。如温度的刻度就有非常多的体系,其中1714 年德国物理学家 Daniel Fahrenheit 提出的华氏刻度,1742 年 Anders Celsius 发明的摄氏刻度体系,后来成为应用最广泛的两个温度标准。现在的标准刻度是绝对温度体系即 Kelvin 刻度。1873 年召开了第一届国际气象会议,随后 1878 年正式成立国际气象组织(IMO,世界气象组织的前身)。国际间开始注意统一气象观测规范。

随着规范、系统的观测资料年限的增加,人们才有可能同时给出不同地区多年平均的气温、降水量等的统计特征分布。当时人们根据气候要素本身的特点以及资料的可获得性,多取 30 年为统计时段。不同台站和地区基于相同时段得到的统计特征才有可比性。图 1.18 是北京的例子,为 1961—1990 年 30 年平均各月平均气温和降水量。当然统计的标准时段也是经历了多次变化,通常是每隔 10 年就变化一次,20世纪 80 年代多用 1951—1980 年,90 年代则改为 1961—1990 年。这样做的目的是反映不同时代最新的气候状况。目前世界气象组织(WMO)建议的最新气候基准时段为 1971—2000 年。

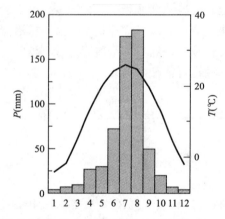

图 1.18　北京各月气温(T,曲线)和降水量(P,柱状)(取 1961—1990 年平均)

1.3.2　气候变化

如果对于某一个气候变量,其统计参数如平均值、方差等不随时间而改变,称为平稳气候(stationarity),否则叫非平稳气候(non-stationarity)。如地中海相隔的北非地区和欧洲,这两个地区降水表现出截然不同的特征,前者是典型的非平稳性,后者则表现出明显的平稳性。平稳性是一个很重要的概念,原则上只有当气候是平稳的,用统计方法得到的特征及气候子系统之间的关系才能适用于过去气候历史及未来预测。但是,实际上气候总是或多或少表现出一定的非平稳性,这也是造成气候研究及应用困难性的一个重要原因。因为不管是区域还是全球的气候,严格意义上说总是处于不断的变化之中。地球气候系统是一个非常复杂的系统,包括大气圈、海洋、冰雪圈、生物圈、陆地表面等子系统。各个子系统内部的变化、各子系统之间的相互作用以及外部因子的影响(包括人类活动、太阳活动、火山喷发等),都可导致气候发生变化。

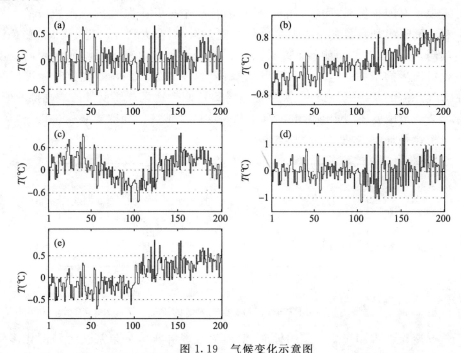

图 1.19　气候变化示意图

(a)准平稳时间序列;(b)趋势变化;(c)准周期变化;(d)方差变化;(e)跃变

　　气候变化有多种表现形式,涵盖所有时间尺度的变率。图 1.19 给出了气候变化和变率的简单示意图。其中图 1.19(a)是气温的平稳时间序列,各个不同时段的平均值没有明显差别。围绕平均值的波动为变率(variability),某一特定频率的变率,其强弱可由其对应的方差大小表征。图 1.19(b)中气温主要特征是长期趋势变化(secular trend);图 1.19(c)中气候有准周期的变化;图 1.19(d)中气候前后两个时段的方差有显著的变化;图 1.19(e)中气候在序列中段发生了明显的跃变(jump-like change),如果跃变的前后气候分别属于不同的气候平衡态,则称为气候突变(abrupt change)。气候变化可以是上述特征中的某一种,也可能是其中几种变化类型的组合。其中人们常关心的是气候的年际变化、年代际变化及长期趋势。图 1.20 是中国年平均气温距平的时间序列,很明显可以看出气温除了年与年之间的振动外,还有缓慢的波动。1880—1909 年平均,距平值是−0.30℃,同样取 30 年,1920—1949 年平均则为＋0.44℃。此外,温度还有显著的增加趋势,整个时间序列估计的线性趋势是＋0.57℃/100 a。区域的气候变化也不是孤立的,而是与其他地方的气候状况有密切的联系。南、北半球及全球平均气温与中国气温变化特征相比有很大的相似性。因此,总体看来中国温度变化与北半球和全球气候的大背景是一致的。区域之间的气候联系常存在内在联系。而很多时候区域之间的统计关系有很高的显著水平,但是并不表示有因果关系,而很可能是另外的某一个或几个其他的原因造成的。例如澳大利亚的干旱和秘鲁的洪涝有很好的对应关系,当澳大利亚出现干旱时,秘鲁容易出现洪涝,但是二者之间就不是因果关系。它们都是赤道东太平洋海水表面温度异常变化所产生的结果。当海水温度显著偏高时(即出现 El Nino 现象时),可以影响热带大气环流的状态,异常的沃克环流是导致这两个地区气候反常的最直接的原因。实际上全球范围受 El Nino 影响的远不只是这两个地区。全球气候变化特征以及区域响应机制是理解区域气候变化的基础。

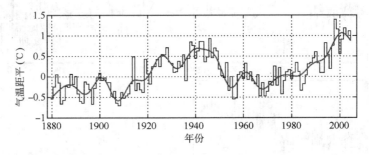

图 1.20　中国平均气温(对 1961—1970 年气候值的距平)(Wang and Gong 2000)

气候变化如果超过了一定的标准,就称为气候异常。如果某一年温度比多年平均温度偏高,其距平值超过 95％信度水平阈值,则可以称这年气温异常偏高。由于气候变化,气候异常事件的出现概率也会随时间改变。气候变化影响异常事件频率的方式主要有两种,一是平均值的变化,二是方差的变化。如果两者都发生变化,就有可能出现不同的组合。例如,北京 1971—2000 年 6—8 月份日气温的平均值是25.16℃,标准差(σ)为 2.58℃,因为气温接近正态分布,所以以 95％信度为标准,则日气温异常偏高的阈值是 29.4℃,即比平均值偏高约 4.25℃;而日气温异常偏低的阈值是 20.9℃,即比平均值偏低约 4.25℃,这个偏差相当于 1.65 倍标准差。如果气候变暖 0.5℃,那么异常高温日数的出现频率会增加 2.3％,同时异常低温日数的频率会下降 1.8％。如果平均气温不变,而日与日之间气温波动更强,即标准差增加0.5℃的情况下,异常高温事件和异常低温事件的频率都要增加约 3.4％。如果气温平均值升高 0.5℃的同时标准差减少 0.5℃,则异常低温的频次减少 3.9％,同时高温频次下降 1.4％(图 1.21)。其中以平均气温下降和标准差增加这种组合造成的异常低温事件的频次上升最多,可达 6.2%;以平均气温上升和标准差增加这种组合造成的异常高温事件的频次上升最多,也可达 6.2%。当然,异常与否的标准是人为制订的,也是可以不同的。如我国常用 2 倍 σ 作为指标,如果某月的平均气温距平超过 +2σ,则为异常偏高,反之如果距平低于 −2σ,则为异常偏低。如果用这个标准来判断我国平均气温的变化(图 1.20),则从 1880 年到 2005 年期间有 1998 年、1999 年、2002 年和 2004 年气温距平超过 +2σ。因此可以认为异常偏暖的标准。低于 −2σ 的距平没有出现。如果改为低于 −1.65σ,则 1884 年、1897 年及 1908 年达到标准。

　　一些气候变量并不服从正态分布,如降水量(特别是日和月降水量)常服从 Gamma 分布。对这些变量如果能估计出相关的统计分布参数,或者转换成正态分布,也可以用类似的方法来判断某一事件是否异常及估计异常或极端事件的频次。

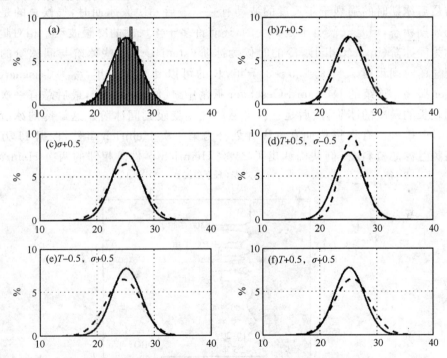

图 1.21　平均值变化和方差变化对北京日气温极值的影响

　　(a)北京 1971—2000 年 6—8 月日平均气温的频次统计;(b)平均气温上升 0.5℃;(c)标准差增加 0.5℃;(d)平均气温上升 0.5℃,同时标准差减小 0.5℃;(e)平均气温下降 0.5℃,同时标准差增加 0.5℃;(f)平均气温上升 0.5℃,同时标准差增加 0.5℃。实线为变化前频次分布,虚线为变化后频次分布)

1.3.3　气候变化的时间尺度和原因

　　气候变化的时间尺度涵盖了非常宽的频谱范围。图 1.22 列出了各种不同尺度周期、或者准周期变化的相对方差,以表示其相对贡献和重要性的大小。这些不同周期的峰值,都有对应的实际天气、气候过程或者现象。在所有的峰值中,规则的年和天变化信号最强。3～7 天的峰值对应的是典型的天气尺度,中纬度的天气过程以3～7 天最为典型。30～60 天是季节内尺度,有时也称大气低频振荡(LFO),以热带地区最显著。年际尺度上以准 2 年振荡(QBO 或 TBO)及 4～7 年的 ENSO 信号为主。年代际尺度上的准周期变化主要包括 10～20 年及 25～35 年两种,可能与太阳活动及气候系统内部的过程有关。从中世纪暖期、小冰期到现代气候变暖,反映的就是世纪尺度的波动,因此有 100～400 年的峰值。2～2.5 千年及 6～7 千年的峰值主要与最后冰期时的强烈千年尺度的波动有关。最后一次大冰期时,气候总的是处于冷的冰期状态,但是气候也不是不变的,还有许多千年尺度的冷暖波动。相对暖的时候称为间冰阶(interstadial),冷的时候为冰阶(stadial)。这些冰阶与间冰阶的波动最明显的时间尺度大约是 1.5～3 千年,长的可以到 4.5 千年,称为 Dasgaard-Oeschger 振荡。连续的 Dasgaard-Oeschger 振荡中,气候逐渐变冷,最后总有一次持续时间较长的最冷的冰阶,然后是一次突然的气候变暖到间冰阶。这最冷的冰阶就称 Heinrich 事件。有人将新仙女木事件划分为第一次 Heinrich 事件,根据 11 万年长的格陵兰冰芯资料,人们共确认出了 24 次 Heinrich 事件。相邻的两次 Heinrich 事

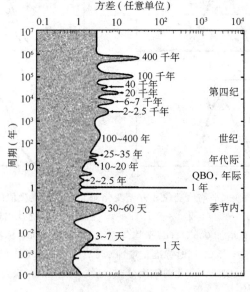

图 1.22　气候变化的能量谱(Plaut 等 1995)

件之间就称为一次 Bond 循环,周期大约在 7 千年到 1 万年。目前的研究表明,Das-gaard-Oeschger 振荡及 Bond 循环很可能与北大西洋温盐环流的变化有关。万年时间尺度上的周期主要与地球轨道要素的变化有关,可以用 Milankovitch 理论解释。

气候系统内部子系统之间的相互作用和反馈,是形成年际、年代际、世纪以及千年尺度变率的重要原因。例如大气圈的变化可以影响大气中的水汽、冰雪、温度垂直分布、云的分布等,而这些要素的变化又可以反过来影响气候。如果是正反馈过程,气候变化的信号会放大;反之,如果是负反馈过程,则使气候变化强度减弱。反馈过程主要有下列几种(Hartmann 1994),它们在观测和模拟中都有清楚的表现(参看第 4 章):

(1)大气的水汽反馈。温度增加使蒸发加强,致使大气中水汽量增加,增加的水汽将产生更强的温室效应。计算表明,CO_2 加倍可使大气中的水汽增加 13%,因此它将使由于 CO_2 加倍引起的全球平均温度升高提升 60%。

(2)大气温度结构(温度递减率)反馈。尤其是大气中水汽含量改变后,大气温度结构将发生变化,从而影响大气长波向外空的辐射量和温室效应。这种对地表温度的反馈是负的。因为这种反馈主要也是由水汽含量的改变引起的,所以有时也被归于水汽反馈一类,可称水汽—温度递减率反馈。

(3)冰雪反照率反馈。冰和雪的表面是太阳辐射的强烈反射体,反照率即是这种反射能力的度量。如果具有低反照率的海面(反照率为 0.1)或陆面(反照率为 0.3)被高反照率的海冰或冰雪(反照率>0.6)所覆盖,地表所吸收的太阳辐射将不到原来的一半,因而地表进一步变冷;反之亦然。这是冰雪反照率的正反馈过程,它会使 CO_2 加倍产生的增温再增加 20%。

(4)云的反馈。云对辐射有强烈的吸收、反射或放射作用,称作云反馈。云的反馈作用十分复杂,其反馈强度和符号决定于云的具体种类、云的高度、光学性质等,但基本上可以分为两类作用。云对太阳辐射可以产生反射作用,将其中入射到云表面的一部分辐射反射回太空,减少气候系统获得的总入射能量,因而具有降温作用。另一方面云能吸收云下地表和大气放射的长波辐射,同时其自身也放射热辐射,与温室气体的作用一样,能减少地面向空间的热量损失,从而使云下大气层温度增加。高层的云主要由冰晶组成,总体效果以增温为主。低空层的云由水滴或水冰混合组成,整体效果以降温为主。

除此之外,气候系统中还存在其他许多类型的反馈过程,包括各个子系统之间的相互作用如海洋与大气之间反馈、植被变化引起的生物化学反馈等等。Charney 曾根据理论分析指出干旱、半干旱地区的荒漠化,可以通过增加反照率使得区域气温下降—降水减少—再加剧干旱,这是一个正反馈过程。

外部的强迫也是造成气候系统年代际到万年尺度变化的重要原因(表 1.5)。例如四万年和十万年冰期、间冰期循环,就主要与地球轨道要素的变化导致地球接收的太阳辐射总量及其分配的万年尺度周期有关。近百年来日益加强的人类活动,通过排放大量的温室气体和气溶胶以及土地利用/覆被变化(LUCC)等方式,对气候的影响越来越引起人们的重视。根据 IPCC 评估报告的结果,1950 年代以来全球气温的显著变暖很可能与人类活动有关。

表 1.5　不同气候影响因子及其时间尺度

影响因子	时间尺度
人类导致的地表覆盖的变化	$10^0 \sim 10^2$ 年
人类导致的大气成分的变化	$10^0 \sim 10^2$ 年
火山活动	$10^0 \sim 10^3$ 年
太阳活动	$10^1 \sim 10^3$ 年
海洋—大气相互作用	$10^0 \sim 10^5$ 年
地球轨道参数变化	$10^4 \sim 10^5$ 年
地壳板块运动	$10^5 \sim 10^8$ 年

气候系统的任何内部或者外部因子的改变,导致地气系统能量平衡相应的变化,那么这个变化因子就可以定义为气候强迫(climate forcing)。例如,太阳辐射的增加就是一个正强迫,其效果是可以导致地球温度的上升。相反的例子是强烈的火山活动可以向大气喷发大量的火山灰尘,导致地面接收的太阳辐射减少,即所谓的"阳伞效应",其总效果是使地球降温。因此火山喷发产生的气溶胶是负强迫。上述两个例子都是自然强迫因子。此外人类活动导致的气候强迫因子及其气候影响也是不容忽视的,如矿物燃料消耗时产生的气体和气溶胶、土地利用方式的改变等都是重要的气候强迫,也是当前气候变化研究的重要内容。这些问题后面几章还要详细讨论。

气候强迫通常用对气候系统造成的辐射能量扰动或者变化来表示,单位是 $W \cdot m^{-2}$。有些强迫如温室气体在全球大气中浓度的地理分布是很均匀的,而有些强迫如火山喷发的火山灰尘可能并不是全球性的,造成的气温变化在各地也不是均匀分布的。但是分析单个强迫因子的气候强迫值的大小,可以了解其在气候过程和气候变化中的相对重要性。例如自 1750 年到 2000 年,大气中二氧化碳的浓度增加了 31%,其气候强迫是 1.46 $W \cdot m^{-2}$;甲烷增加了 151%,其气候强迫为 0.34 $W \cdot m^{-2}$。因此,可以判断过去二百多年间,二氧化碳对气候影响应该比甲烷更重要。

气候强迫造成的后果常用其引起的全球平均温度的变化来表示,一定量的气候强迫造成气温变化,经过一定的时间之后气候系统达到新的平衡,这时的全球平均平衡温度变化量就定义为气候敏感性。如地球大气 CO_2 浓度加倍后全球平均温度的增加量,就是气候对二氧化碳的敏感性。据估计如果不考虑相应的气候反馈过程,二氧化碳加倍相当于 $+4$ $W \cdot m^{-2}$ 的辐射强迫,其造成的全球气温变化量是 $+1.2℃$。不过,更加真实的情况还应该考虑相应的气候反馈:当气温增暖时将导致大气水汽增加,水汽是一种温室气体,会进一步使大气升温;云量也会有变化,低云的增加使温度下降;海冰面积会减少,海洋会接受更多的太阳辐射,等等,可见这些过程会反过来影响气温。目前的估计是如果包括主要的反馈过程的话,二氧化碳加倍全球温度的增加量将会达到+2.5℃。比较最后大冰期(2 万年前)和现代气候状况的差异,估计出的气候敏感性大约是+3℃。古气候证据表明气候敏感性可能要比上述估计值要大一些。不过真正的气候敏感性还有待对气候反馈过程的更深入的研究,特别是水汽和云量的变化这两种最重要的气候反馈过程。对气候敏感性的估计主要基于气候模式模拟,而目前气候模式对云的模拟能力还很弱,这也是气候敏感性估计中最大的不确定性因素。我们将在第 3 章详细说明这个问题。

1.4 气候系统观测

气候变化是由构成气候系统的大气圈、水圈、冰雪圈、岩石圈(陆地表面)和生物圈各组成部分及其之间相互作用的综合反映。因此,加强对构成气候系统的各组成部分的综合观测,是深化认识和理解气候系统及其变化的基础,也是提高气候预测、应对气候变化和防灾减灾能力的迫切需求。

1.4.1 大气探测发展概况

大气圈是气候系统中最容易变化的部分,也是人类最先开始认识的圈层之一。大气探测是气候系统观测的基础和中心,它对于认识和研究气候变化尤为重要。

大气探测的发展经历了几个重要的阶段,初始阶段(第一阶段)是一系列定量测量地面气象要素仪器的出现,其标志性仪器为 1643 年托里拆利发明的水银气压表,因为气压要素是分析地面天气系统最重要的参数之一。在气压表出现前后,一系列测量地面气象要素的仪器已经开始应用,例如玻璃液体温度表、雨量器、毛发湿度表、风杯风速计以及黑白球日射表,等等。1802 年拉马契克进行了云状分类,逐步发展了现今使用的云与天气现象的目测内容。

在时间和地域上同步和连续的观测结果,对于天气预报的制作具有重要的意义。由于电报的发明,人们提出了建立气象台站网的要求,第一个气象台站网是由拉马契克在欧洲建立的(1902—1915 年)。从 1643 年到 20 世纪初的 200 多年里,是地面气象观测发展并趋于成熟的阶段。

20 世纪 20 年代以后,随着无线电技术的发展,法国、前苏联、德国和芬兰开始研制无线电探空仪,发展了高空风探测技术,并在 30 年代投入了业务性高空观测,绘制了最早的高空气象图。由此,大气探测进入了第二阶段,它从地面气象观测的二维空间扩展到了更广阔的三维空间。40 年代开始,探测高度从对流层顶部、平流层底部扩展到二三十千米高度,而气象火箭探测的应用,进一步把探测高度提高到 60～80 km。

大气探测的第三阶段是大气遥感系统的发展,1941—1942 年开始应用专门的云雨测量雷达,1960 年 4 月美国发射第一颗气象卫星泰罗斯-1 号获得了最早的气象卫星云图。大气遥感技术不但扩展了大气探测的范围,也提高了大气过程探测的连续性。一颗极轨气象卫星每 12 小时就给出一次全球气象观测资料,一台气象雷达可以对数百千米范围内的雷暴云雨系统分布及其结构进行连续性观测。

以 20 世纪 60 年代初声雷达的研制为标志,各种类型的遥感设备相继研制和试验成功,如激光雷达、风廓线雷达、微波辐射计等,90 年代以来在一些中、小尺度试验探测网上运行,都有了较好的效果。在这个时期,世界各国广泛地建立了许多地面自动观测气象台站网,即使在荒芜的地区和严酷的气候条件下,也能保证测站稳定可靠地运行。这些自动气象台站系统还包括许多以往必须依赖于目测的项目,例如能见度和降水性质的鉴别等。一些遥感系统也加入到大气探测的日常观测,例如带 RASS(Radio Acoustic Sounding System)系统的风、温廓线雷达,它能以很高的时间密度发送风、温度垂直探测资料,具有较高的精确度和代表性,成为一些中、小尺度天气监测网中的重要设备。另外,探空仪改型换代、数字化信号传输以及 GPS 探空系统的引入,也在高智能化的条件下实施探空仪的施放和数据采集,一个崭新的现代大气探测系统正在诞生,将为气象服务水平的不断提高和气候变化研究的深化提供强有力支撑。

1.4.2　早期的气候系统观测

在气候系统观测中,较为系统的气象观测有长期的历史背景,这可以追溯到 100 多年以前,当时世界上许多地方,尤其是欧洲和北美洲,已经建立起一些气象站,并开始进行气象观测。这些气象记录不仅可以提供局部地区的天气气候信息,而且可以使人们对不同地区的天气气候状况进行对比。

1.4.2.1　早期陆地观测

现代天气和气候观测站网是构建在 19 世纪后半叶建立的观测网之上的,当时政府意识到绘制天气图能够提供十分有价值的天气和气候信息,特别是对制定农业政策和保证航海安全等至关重要。后来高空观测为保证航空安全起了重要作用。在许多情况下,气象观测数据信息编码被快速地送达总部并用于国际交流。同时观测站把每天定时的系统观测数据都记录在观测笔记本上,然后定期送交总部进行整编和气候统计分析。到了 20 世纪中叶,尽管还存在大量的观测空白地区,但在南、北两半球已经建起了相当规模的地面和高空气象观测网,它们提供的地面和高空资料不但为天气和气候分析与预报提供了基本资料,也为气候研究提供了宝贵的数据。

1.4.2.2　早期海洋观测

虽然从 19 世纪中叶开始,在世界许多地方一些船舶已经开始进行系统的气象观测了,但是对这些数据进行收集和严格的分析比在陆地固定站点要复杂得多。尽管如此,这种观测已为人们了解海上多变的天气状况提供了许多指导和帮助。信息收集包括气温和海面温度、气压、风速、风向、浪高、海冰范围和能见度。后来利用商船队也进行海面温度和盐分的观测。世界气象组织志愿观测船计划所取得的资料加强了海运业务预报能力,这些资料也是进行气候系统研究的基础资料。目前在全世界大约有 6700 艘商船参加了这个计划。海流的观测主要是通过一些专门的海洋观测试验进行的。另外,在沿海及岛屿地区建立的验潮站也为海洋观测提供了长期的海平面高度的记录,对于某些欧洲的台站,可追溯到 200 多年以前。所有这些信息最初是用来加强航海安全的,但是后来却成了研究气候系统的无价之宝。

1.4.3　卫星遥感观测技术的发展

1960 年 4 月随着第一颗气象卫星升空,世界气象观测又向前迈进了一大步。在随后的几年里,极轨卫星可以提供每日的全球气象状况,而静止卫星(地球同步卫星)至少每 30 分钟就向地面发送全圆面图片资料。例如,美国国家海洋和大气局(NO-AA)的标准极轨卫星,在大约 850 km 的高度上运转,它能够区分大约 1 km 分辨率内发出的辐射,并能绘出高分辨率的图片。而地球静止卫星距地大约 36000 km,目前对可见光辐射的分辨率约为 3 km,对红外辐射的分辨率为 8 km。现在,卫星能够对气候系统的大量不同特征进行观测,包括陆地、海洋表面以及整个大气层不同高度的温度。气象卫星可以对从极地冰和雪的范围变化、海洋风速和波浪情况以及从极地到赤道的植被状况进行日常观测,甚至还可以用于全球污染和臭氧层变化等方面的监测。因而,气象卫星的出现使我们有可能从一个全新的视角了解我们所居住的星球的气候变化。

有许多卫星仪器可以用来观测降水,尤其是热带地区的降水。如热带测雨卫星TRMM 是 1997 年秋季开始由美国国家航空航天局(NASA)和日本国家空间开发局(NASDA)共同运作的。该观测系统将雷达和微波辐射计联合起来,为热带降水气候学提供了许多新资料。

在卫星上安装的雷达高度计可以测量海洋表面的浪高和海平面高度,该装置与地基雷达的工作原理相同,是通过从海洋表面反射回来的信号形状进行观测。假如海洋表面是平坦的,那么反射回来的信号具有清晰的边界,而且大部分能量被反射回卫星上。相反,如果海面上波浪很高,由于到达波浪的位置不同,反射辐射穿越的距离亦不同,波浪越高,反射的信号越模糊。雷达高度计的精度小于半米,这一精度可与观测船测得的波浪特征相媲美。与 100 多年以来通过艰辛劳动从观测船上得到的数据相比,最新的卫星观测可以进行全球观测,从而大大增加了观测数据总量。雷达高度计也可以用来精确观测海平面高度。洋面的倾斜程度与其下水流的速度和方向有关,科学家已经能够利用海平面状况的观测数据对主要洋流的强度进行校正。跨赤道太平洋的海平面受 ENSO 的影响较大,卫星观测也有助于对厄尔尼诺事件的发展及其确定的海洋天气气候状况提供早期预警((彩)图 1.23)。

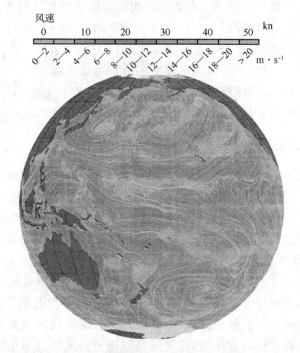

图 1.23　1999 年 10 月 1 日星载海风散射仪监测到的太平洋海面风暴图像

　　卫星对监测环境的诸多方面都起了关键性的作用。例如,星载光谱仪已经发展到可以观测大气垂直方向上的臭氧总量和污染物总量。臭氧总量成像光谱仪(TOMS)可以根据臭氧的辐射性质,通过测量地球大气顶的入射太阳辐射和后向散射辐射强度而详细地绘出全球臭氧总量的分布((彩)图 1.24)。这些数据是有效监测南半球春季南极上空臭氧洞的范围和强度的基础。此外,TOMS 还能够测量火山爆发释放的二氧化硫以及探测其他大气污染物。

　　气象卫星还可以用来监测全球植被覆盖的季节变化状况。植物反射可见光和发射红外辐射的比率会随植物生长繁茂程度的变化而变化,而且与裸露的地表明显不同。植被在低于正常生长活动时则可辨识出早期的干旱以及之后将要面临的更严重的可能灾害((彩)图 1.25)。

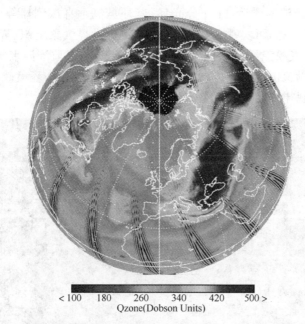

< 100　180　　260　　340　　420　　500 >
Qzone(Dobson Units)

图 1.24　由 Aura 卫星携带的臭氧观测仪测得的北半球 2005 年 3 月 11 日大气臭氧总量
[引自 NASA 图片 http://www.nasa.gov/]

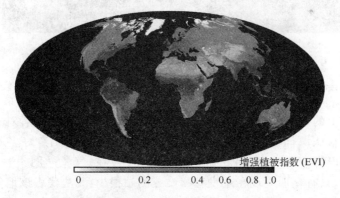

增强植被指数 (EVI)

0　　　0.2　　　0.4　0.6　0.8　1.0

图 1.25　卫星观测的全球地表绿叶植物分布
[引自 NASA 图片 http://www.nasa.gov/]

从 1988 年开始,我国已经发射了 4 颗风云一号(FY-1)卫星(FY-1A/1B 为试验卫星,FY-1C/1D 为业务卫星);4 颗风云二号(FY-2A/B/C/D)卫星,FY-2 卫星装有多通道扫描辐射计和云图转发等有效载荷,可获取有关可见光云图、昼夜红外和水汽云图;播发展宽数字图像、低分辨率云图和 S 波段天气图,获取气象、海洋、水文数据收集平台的观测数据。2008 年 5 月发射成功的中国第二代极轨气象卫星风云三号(FY-3),新增加了微波辐射计、红外分光计、紫外臭氧垂直探测器等许多设备,观测精度和功能大幅度提高,可实现全球、全天候探测。世界气象组织(WMO)已将其纳入新一代世界极轨气象卫星网。我国发射的气象卫星将在监测温带气旋和热带气旋(如图 1.26 所示)以及由此而造成的大范围的自然灾害和生态环境破坏,研究全球环境变化、气候变化规律和减灾防灾等方面都发挥重要作用。

风云二号静止气象卫星监测图像

图 1.26　风云二号(FY-2)静止卫星监测图像

1.4.4　全球气候综合观测系统的建立

尽管历史上的观测网络和近年来的技术进步已经使气候工作者对气候系统及其过程有了许多新认识,但人类在建立完备的全球观测网方面仍有许多不足。著名的英国气象学家巴肯(Alexander Buchan)早在 1899 年在《气象学图集》一书的引言中就写道:"显然,只有在那些现在还没有测站或测站很少,无法代表该地气象条件的所有地区都建立起观测网络时,气象学才会更好地为人类造福。"在 21 世纪初的今天,许多发展中国家的气象部门仍然面临着应对这一挑战的困难。

任何国家都不能只基于自身的站网和资料来解决气候与气候变化问题。要得到完整的全球资料和图像,必须把各国的资料统一到全球背景下,这就需要国际社会的齐心合作。国际间的资料交换为全球气象学发展和气候变化研究奠定了基础。每一个为了共同的利益而提交各自观测资料的国家,都正在成为这种全球共享机制的组成部分。基于此,近 20 年内实施了两方面的全球气候系统观测计划。

1.4.4.1　全球气候观测系统(GCOS)

1990 年,在日内瓦召开的第二次世界气候大会上,各国科学家提出了制定"全球气候观测系统(Global Climate Observing System-GCOS)计划"的建议。1992 年,世界气象组织(WMO)、联合国教科文组织(UNESCO)的政府间海洋委员会(IOC)、国际科学联盟理事会(ICSU)、联合国环境规划署(UNEP)共同发起了"全球气候观测系统(GCOS)计划",其基本思路是:在统一的发展计划和技术规范的指导下,对世界上现有的地球环境方面的观测系统进行必要的改进、补充和整合,以便为正确认识气候变化及其影响,以及气候变化中自然因素与人类活动的作用等提供所需的高质量、连续、均一的各类观测资料。其目标是通过制订发展计划、提供技术帮助和政策指导等手段,在各种国际观测计划和各国观测系统之间建立起协调机制,最后发展成为一个业务化的观测系统,使其能够提供监测气候系统所需的综合观测资料。

目前建立的全球气候观测系统,其观测的基本气候变量主要包括大气部分的底层、高层大气、大气成分;海洋部分的海表、海面以下以及陆地部分的河流流量、湖水水位、冰雪、冻土等 44 种观测项目或基本气候变量(表 1.6)。

表 1.6　全球观测系统基本气候变量

领域	基本气候变量
大气(陆地、海洋和冰面以上)	地面:气温、降水、气压、地表辐射平衡、风速、风向、水汽
	高层大气:地球辐射收支(包括太阳辐照度)、高层大气观测(包括 MSU 辐射)风速和风向、水汽、云特征
	大气成分:CO_2、CH_4、O_3、其他长生命期温室气体、气溶胶特征
海洋	海面:海面温度、海面盐分、海平面高度、海况、海水、洋流、海色(反应生物活动)、CO_2 分压
	海面以下:温度、盐分、洋流、营养盐、碳、海洋示踪物、浮游生物
陆地	陆地领域:河流流量、水使用、地下水、湖水水位、积雪、冰川和冰盖、永冻土、季节性冻土、反照率、陆地覆盖(包括植被类型)、光合有效辐射吸收系数(FAPAR)、叶面积指数(LAI)、生物量、火干扰

与以往的观测计划相比,该项观测计划有以下特点:①加强了陆地和海洋近地表参数、辐射参数、陆气与海气界面的相关通量和交换(如热量和水汽)及高层大气观测;加强与大气能量平衡分量有关的要素(包括地面温度、湿度和风速及其随高度的变化、云)的观测。陆地近地表参数包括地表粗糙度、土壤湿度、地表反照率、蒸发量,海洋表面参数包括表面温度和盐度、海洋表层热力结构和近水面风速、海气通量及深水海洋的动力学和特征参数,辐射参数包括太阳辐射、射出长波辐射、地表反照率等。

②加强区域大气成分的观测,主要包括水汽、CO_2、CH_4、N_2O、O_3 及气溶胶等。③加强水循环和碳循环观测,测量与生态特征相关的碳源和碳汇的参数、碳含量时空分布、海陆间的碳分配及各种碳汇的作用,建立可靠的陆地生态碳计量方法。④加强卫星的规范化连续观测,获取卫星观测有关信息:全球辐射特性、海洋特征、海气边界特征、大气动力学特征、大气成分、陆气边界特征、陆地生物圈特征。⑤加强有关土壤、植被以及土地利用的观测,并对植被生产力以及影响未来土地利用方式的社会经济因素进行监测。开展有关冰川、冰盖和冻土变化的观测。

GCOS 站网是在世界天气监视网(WWW)的基础上建立的,但在世界上有些地区,还没有所需要的高质量的观测站,或者政府很难维持这些观测站。这也意味着,现有的任何一个观测系统都不可能提供气候及气候变化研究需要的全部信息,必须建立一个综合的气候观测系统。

GCOS 地面站网(GSN)和高空站网(GUAN)(图 1.27)对监测全球尺度的气候变化来说至关重要,它们获得的观测资料可用于气候变化检测和成因研究、评估气候变化影响,并对基础研究提供支持,以提高对气候系统变化的科学认知、模拟和预估水平。因此,进行全球范围内的观测是 GSN 和 GUAN 管理的一个重要部分。

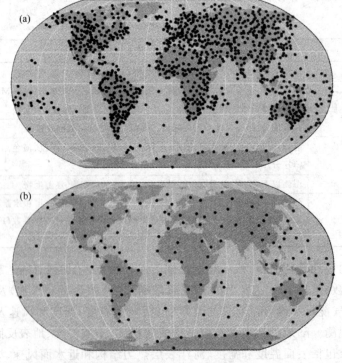

图 1.27　(a)全球气候观测系统地面网络(GSN)和(b)高空网络(GUAN)

1.4.4.2　全球综合地球观测系统(GEOSS)

2003 年 7 月 31 日第一次世界地球观测峰会在美国华盛顿特区召开,会上提出并建立了政府间地球观测特别工作组,其主要目标是制定和实施全球综合地球观测系统(Global Earth Observation System of Systems,GEOSS)计划,建立一个综合、协调和可持续的全球地球观测系统,更好地认识地球系统,包括天气、气候、海洋、大气、水、陆地、地球动力学、自然资源、生态系统以及自然和人类活动引起的灾害等。

GEOSS 追求的目标是包括世界上所有的国家,以及涵盖地基观测、空基观测和天基观测,而且还包括地球上所有海洋、冰雪圈、陆地、固体地球和生物圈等整个气候系统的综合观测以及资料共享、存储、标准化处理、分析和预报系统。GEOSS 的气候分支推动和支持了现有 GCOS 的实施,具体体现在实现涉及大气、海洋和陆地领域的 5 个观测系统(WMO/GOS—全球观测系统;WMO/GAW—全球大气观测系统;WHYCOS—世界水文循环观测系统;GOOS—全球海洋观测系统;GTOS—全球陆地观测系统)的实际需求。同时,GEOSS 能充分利用 WMO 的授权技术、世界气候研究计划(WCRP)的成果和科学指导。

1.4.5　中国气候观测系统(CCOS)的建立

中国气候观测系统实施方案总体设计目标与"全球气候观测系统(GCOS)计划"一致,并力求符合我国社会、经济发展与国家公共安全的重大需求。它的科学目标是:①气候系统诊断分析研究,即研究气候系统及其各圈层之间的相互关系,描述包括气候变化和极端气候事件在内的气候系统时空特征及其物理、化学和生物等过程;②气候系统数值模式参数化方案设计及验证模拟,提高短期气候预测模式及其预测能力(特别是月、季、年、年际气候预测);③开展气候变率和气候变化影响评估,理解和量化气候变暖引起的地球环境变化以及人类活动对气候变化的影响;④确定气候强迫和响应机制,包括温室气体浓度变化和其他人为因素改变的气候效应,检测气候变化,确定变化的速率以及气候变化发生的机制(人类影响等);⑤为我国环境研究尤其是水环境质量演变和生态系统变化提供基础资料和背景数据库。

1.4.6　历史时期气候序列资料的重建

1.4.6.1　年轮气候学方法

年轮气候学是根据树木年轮的变化推论过去气候及其变化的一门学科。除热带地区外,气候有明显年变化的地区,树木一般每年形成一个生长轮,即年轮。年轮宽度和气候条件有十分密切的关系,在温暖湿润的年份,树木生长快,年轮宽度大;在寒冷干旱的年份,树木生长慢,年轮宽度小。因此测定树木年轮宽度的差异,可以获得过去气候变化的信息,推论出某些气候要素的变化状况,以此弥补历史气候资料的不足。除了年轮宽度外,气候还与植物组织结构有密切关系,也可作为推论过去气候的依据。

20世纪初,美国人道格拉斯最早论证了大约500年之久的年轮宽度变化和实际降水量之间的关系,并在30年代创建了专门研究树木年轮的实验室。此后,许多年轮气候学家对年轮形成的生理过程与气候的关系作了深入剖析,对样本树种的选择和年轮序列的统计分析等有了新的认识,逐步建立了年轮气候学的基本原理和分析方法。

在选取样本时,必须选择生长条件最受某气候要素(温度或降水)限制的树木。例如生长在高纬度或高寒山区森林接近消失处(上界)的树木,由于受到热资源不足的限制,常能很好地反映出冷暖的变化;干旱、半干旱地区,由森林向草原或荒漠过渡的林缘树木,则由于受到雨量不足的限制,常能反映干湿的变化。在实际应用中,常在同一地点选取许多重复的样本,互相对比,交叉确定年份,以消除非气候因子的影响。

此外,对年轮宽度变化还应进行必要的生长量等方面的订正,并用已有的各项资料检验,才能得到真正表征气候变化的年轮指数序列。这种序列可以反映大尺度的气候变化。如:美国人拉马奇在加利福尼亚惠特尼山树线上界附近所取的年轮序列,和欧洲气温变化趋势是一致的。20世纪70年代初,美国人弗里茨还根据年轮宽度变化和气压距平场的关系,绘制出1700年以来北半球西半部每十年平均的环流图。

中国自20世纪30年代开始研究年轮气候学,认识到华北和西北广大地区的年轮宽度变异可以作为分析历史时期气候变化的资料,尤其是用它表征降水变化方面很有价值。20世纪70年代后半期,北方的许多省和青藏高原等地都广泛开展了这项工作,如利用青海省境内不同区域的3条树木年轮资料重建了青海省1479—1991年共513年的夏半年降水序列,利用26个站加权平均计算的降水资料与51个树轮年表进行相关普查,并利用回归方法筛选出3条树轮年表建立了夏半年的降水序列。这些长达数百年的序列气候资料,为认识现代小冰期(约1430—1850年)以来气候变化的史实提供了更多的依据。

1.4.6.2　历史文献方法

根据我国历史文献记载,定量恢复历史时期旱涝分布状况,已经建立起一套重建温湿状况的方法(张德二等2005)。例如,利用清代宫廷档案"晴雨录"记录的南京、苏州和杭州的逐日天气,复原了18世纪上述三地的年、季和月降水量序列,将逐日降水时数和降水类型转换成7级降水日数,用逐步回归推算月降水量的方法,重建了长江下游地区18世纪典型多雨、少雨年份的降水量值。其中日降水量的7级划分方法:1级为0.1—2.0 mm/d,2级为2.1—5.0 mm/d,3级为5.1—10.0 mm/d,4级为

10.1—25.0 mm/d，5 级为 25.1—50.0 mm/d，6 级为 50.1—100.0 mm/d，7 级为 >100 mm/d。王绍武等(2000)利用近 30 多年公布的 15 种经过整编的旱涝记载，对 1880—1998 年我国年降水量进行了详细研究，其中，月或季降水量级别均分为 5 级：1 级为涝，2 级为偏涝，3 级为正常，4 级为偏旱，5 级为旱。月降水等级图主要考虑概率分布划级，即 1 级与 5 级的概率为 1/8，其余 3 级的概率为 1/4。该等级已经应用于《中国近五百年旱涝分布图集》绘制，对过去 500 年来降水的重建也用以上标准(张德二等 2005，王绍武等 2000，袁玉江等 2001)。

1.4.6.3 冰芯沉积方法

冰芯能够划分出每一个年层的厚度，冰芯年层的积累量可以代表冰川的年降水量。对于冰芯中的年层而言，它都在后来所降新雪的压实作用下不断进行密实化而变成冰，而在成冰后就无疑遵从冰川的可塑变形特征，即垂直的压缩引起水平方向的扩展。因此，年层在可塑变形特征下，随深度的增加而越变越薄。近年来，通过研究提出了各种不同的校正模型，主要有 Nye 模型、Reeh 模型、Whillans 模型和 Raymond 模型(姚檀栋等 1996，1999)。

Nye(1963)首先提出了一种校正方法，假设：①冰川底部与基岩冻结在一起；②冰川中沿任一垂线上的垂直应变率在任一时刻是相同的，亦即任意年层的应变量等于该年层以下冰川的总应变量

$$\lambda_i / \lambda_0 = \frac{Y}{H} \tag{1.6}$$

式中 λ_i 是冰芯中第 i 层厚度；λ_0 是校正后的厚度值；Y 是第 i 层冰距底部的距离，H 是冰川厚度，单位均采用冰当量进行计算。

Reeh(1987)将年层厚度记录、冰川上游流线方向上的积累以及冰川自沉积以来的总应变量等 3 方面进行校正后，把格陵兰三个孔的冰芯年层厚度转化为积累量，其中最长的积累量记录是 1426 个积累年。

Whillans(1979)根据设立在南极伯德站应变网的资料，在建立冰川流动模式的时候，也推导出一个由冰芯年层厚度转化为过去积累的校正公式：

$$\lambda_i = \lambda_0 \exp \int_{t_0}^{t_i} e(t) \mathrm{d}t, \tag{1.7}$$

式中 $e(t)$ 是冰川随时间变化的垂直应变率；t_i 和 t_0 是 λ_i 和 λ_0 对应的时间。

Raymond(1983)分析冰岭附近的变形时也给出了一个冰川表面垂直沉积速度和冰芯中第 i 层垂直速率的关系，据此亦可进行年层厚度计算：

$$\lambda_i = \lambda_0 \frac{V}{V_s} = \lambda_0 \left\{ 1 - \left(1 - \frac{y}{H} \right) \left[1 + \frac{1}{n+1} - \frac{1}{n+1} \left(1 - \frac{y}{H} \right)^{n+1} \right] \right\} \tag{1.8}$$

这里 n 是流动定律指数。

　　根据古里雅冰芯层状序列的变化,可以选取更适合实际情况的校正模型,按照冰芯年层分析和时间模型的分析比较,可以肯定地讲,据流动模型建立的积累量的变化反映了降水量的变化,求算净积累以及年层厚度变化趋势(姚檀栋等 1999):

$$\lambda_i = \lambda_0 \left(1 - \frac{Y}{H} \right)^{p+1} \tag{1.9}$$

由方程(1.9)求算出古里雅冰帽 309 m 冰芯 400 多年来的降水量。

思考题

1. 什么是气候系统? 它主要由哪几部分组成?
2. 地球大气包含哪些成分? 人类活动对大气成分产生了什么影响?
3. 影响气候形成的主要因素有哪些? 它们各自对气候形成起什么作用?
4. 气候系统各圈层有哪些基本特征?
5. 气候系统的基本特性是什么?
6. 气候系统各圈层间的相互作用主要表现在哪几方面?
7. 气候变化有哪些表现形式?
8. 以大气探测为代表的地气系统观测经历了哪几个发展阶段?
9. 以卫星遥感探测技术为代表的现代气候系统观测具有哪些特点? 前景如何?

参考文献

丁一汇,张锦,徐影等. 2003. 气候系统的演变及其预测. 北京:气象出版社.

李晓东. 1997. 气候物理学引论. 北京:气象出版社.

王绍武,龚道溢,叶瑾琳,等. 2000. 1880 年以来中国东部四季降水量序列及其变率. 地理学报,55(3):281-293.

姚檀栋,焦克勤,杨梅学. 1999. 古里雅冰芯中过去 400a 降水变化研究. 自然科学进展,9(12 期增刊):1161-1165.

姚檀栋,秦大河,田立德,等. 1996. 青藏高原 2 ka 来温度与降水变化——古里雅冰芯记录. 中国科学(D 辑),26(4):348-353.

袁玉江,李江风,胡汝骥,等. 2001. 用树木年轮重建天山中部近 350 a 来的降水量. 冰川冻土,23(1):34-40.

张德二,刘月巍,梁有叶,等. 2005. 18 世纪南京、苏州和杭州年、季降水量序列的复原研究. 第四纪研究,25(2):121-128.

政府间气候变化专门委员会第四次评估报告第一工作组报告,Solomon, S. , D. Qin, M. Manning, Z. Chen, M. Marquis, K. B. Averyt, M. Tignor 和 H. L. Miller,等. 2007. 气候变化 2007——自

然科学基础. 英国剑桥, 剑桥大学出版社.

周天军, 张学洪, 王绍武. 1999, 全球水循环的海洋分量研究. 气象学报, 57(3): 265-282.

Brasseur G, Hitchman M H, Simon P C, et al. 1988. Ozone reductionsin the 1980's: A model simulation of anthropogenic and solar per2turbations. Geophys. Res. Lett. 15: 1361-1364.

Bruhl C, Crutzen P J. 1988. Scenarios of possible changes in atmospheric temperatures and ozone concentrations due to man's activities, estimated with a one-dimensional coupled photochemical climate model. Climate Dynamics. 2: 173-203.

Hartmann D. L. 1994. Global Physical Climatology. Academic Press, p412.

Lorenz E N. 1967. The Nature and Theory of the General Circulation of the Atmosphere. Geneva: World Meteorological Organization. 161 pp.

Nye J F. 1963. Correction factor for accumulation measured by the thickness of the annual layers in ice sheet. Journal of Glaciology, 4(36): 785-788.

Peixoto J P, Oort A H. 1992. Physics of Climate. New York: American Institute of Physica.

Plaut G., Ghil M., Vautard R. 1995. Interannual and interdecadal variability in 335 years of central England temperature. *Science*, 268: 710-713.

Raymond G F. 1983. Deformation in the vicinity of ice divides. Journal of Glaciology, 29: 357-373.

Reeh N, Hammer C U, Thomsen H H, et al. 1987. Use of trace constituents to test flow models for ice sheets and ice caps. In Symposium on the Physical Basis of Ice Sheet Modelling. Vancouver, British Columbia, Canada, Proceedings: IASH Publication, 170: 299-310.

Whillans I M. 1979. Ice flow along the Byrd Station strain network, Antarctica. Journal of Glaciology, 24(90): 15-28.

第2章 气候变化的事实

20 世纪以来,特别是 1979 年以来的全球气候变暖无疑是当前国内外广泛关注的热门问题。而且,大部分科学家都同意,这个变暖主要是由于人类活动造成温室气体排放增加使温室效应加剧的结果。这就意味着人类至少在可预见的将来都要面对气候变暖这个事实。所以,现在谈到气候变化,在不少情况下就指的是现代的气候变暖。但是,我们不能忘记,温室气体排放的加剧不过是 20 世纪的事,充其量可以推到工业化前后(大约公元 1750 年)。而在此之前,气候变化主要是自然原因造成的。何况,即使现代也不能完全忽视自然原因造成的气候变化。所以,本章 2.1 节介绍过去的气候;2.2 节讨论近百年气候变化,重点是变暖趋势;2.3 节讲述气候系统的变化,包括地球各圈层的变化;2.4 节讨论中国的气候变化、变暖趋势和季风变化,这是中心问题;2.5 节分析极端气候事件,这是当前国内外气候变化研究中广为关注的问题。

2.1 过去的气候

自地球形成以来,地球上的气候就没有停止过变化。因此,我们必须充分了解地球气候变化的历史。特别是当我们要对未来整个 21 世纪或更长时期的气候变化进行预估时,这种回顾就愈发显得重要。为了节省篇幅,也为了更有现实意义,我们不准备谈得过远。这里可以从大约 250 万年前第四纪开始讲起。如果把地球历史比作 1 天,则第四纪相当于不到 1 分钟。但是,这段时间对人类太重要了,不仅人类成长,而且在最后的 1 万年发展了文明。现代社会的一切物质文明、社会发展、科学技术都是在这个基础上发展起来的。同时第四纪在地球历史上是一个有鲜明气候特征的时期,这时海陆的分布、西藏高原的隆起均逐步接近现代的格局。因此,研究这段时期的古气候有很大的现实意义。

2.1.1 冰期—间冰期旋回

第四纪气候变化的特点是冰期—间冰期旋回。图 2.1 给出南极东方站冰芯所揭示的近 40 万年温度变化(图 2.1 中间红色曲线)。这里是相对现代的温度变化,可见间冰期有时可能比现代高 2～4℃,而冰期则最低可能比现代低 8℃。因此,概括地说,南极地区冰期—间冰期旋回的温度振幅约为 10～12℃。全球平均温度特别是低纬地区温度变化的振幅可能低于这个值,而高纬有的地区如格陵兰则可能高于这个值。从南极冰芯记录来看近 40 万年来 10 万年左右的旋回十分突出。最近南极冰芯资料表明(EPICA Community Members 2004),这种趋势可向前延伸到大约 70 万年前。但是,再向前旋回的长度则有显著的不同。中国黄土的纪录(Ding 等 2002)证明大约 80 万年到 160 万年前 4.1 万年旋回最突出,160 万年前到 250 万年前仍然是 4.1 万年旋回占优势,但同时有 40 万年周期。深海沉积 $\delta^{18}O$ 的分析也得到了与黄土相同的结论。

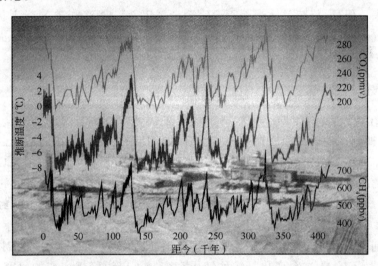

图 2.1 南极东方站冰芯近 42 万年 CO_2 浓度(上)、温度(中)
及甲烷(下)变化曲线(Petit 等 1999)

大多数科学家公认第四纪冰期—间冰期旋回的成因是地球轨道要素的周期性变化,有时根据作者的名字也称为米兰科维奇周期。这包括 3 种周期,即地轴倾斜度 4.1 万年周期、地球轨道偏心率 40 万年和 10 万年周期及岁差 1.9 万年和 2.3 万年周期。事实证明,10 万年周期及 4.1 万年周期是第四纪气候变化的主旋律。特别是 10 万年周期是距我们最近的 42 万年的主要特征。除了距今 1.15 万年至今是间冰期气候温暖外,12～13 万年前、24 万年前、32～33 万年前及 41～42 万年前均为间冰期。但是从图 2.1 也可以看出,间冰期的长短并不固定,24 万年前的间冰期最短可能只有几千年,而 41～42 万年前的间冰期可能长达 2.8 万年。不过一般讲间冰期只占冰期—间冰期旋回长度的 20% 左右。研究表明,冰期形成的主要原因为北半球高纬夏季接受太阳辐射少。因此,考虑地球轨道要素可以了解不同纬度不同季节接受太阳辐射的变化。根据计算,虽然目前间冰期已经持续了 1 万年左右,但是,未来 3 万年不大可能进入冰期(Jansen 等 2007)。

不过,目前大气 CO_2 浓度已经增加了约 30%,不但不可能回落,可以肯定的是还要继续增加。人类可能采取的措施不过是在一定程度上放慢 CO_2 及其他温室气体的增加速度。因此,在 21 世纪某个时间大气中 CO_2 浓度会比工业化前加倍是无可怀疑的。况且,就算有一天人类不再向大气中排放更多的温室气体,要从大气中清除这些已经大量增加的温室气体也不是几年、几十年能完成的。有人认为这种影响可能要持续到千年以上。因此,在可预见的将来,温室效应的加剧还要继续,气候也会继续变暖。所以,有的作者提出至少格陵兰冰盖可能完全消融,这显然会推迟下一个冰期的到来。但是,格陵兰冰盖是否会完全消融以及何时消融,在科学上仍有很大争议。未来气候变暖的幅度则决定于 CO_2 等温室气体减排的国际协议的执行和新协议的制定。

2.1.2 气候突变

从图 2.1 可见,占冰期—间冰期旋回长度约 80% 的冰期也不是一个稳定的冷期,从间冰期到冰期的最冷时期是逐步发展的。如最近的一个冰期最冷的时间出现在 2.1 万年前称为末次冰期冰盛期(LGM)。从图 2.1 还可以看到,在 LGM 之后到进入现代的间冰期之前有一个十分短暂但是激烈的变化,这就是著名的新仙女木(YD)事件。大约 1.25 万年前,在气候回暖的过程中,温度又突然下降,经历了大约 1 千年的寒冷气候,以后温度迅速上升。温度下降及回升均发生在几十年内,有的地区可能不到十年。但是,YD 事件温度变化的幅度最大可达冰期—间冰期旋回的 3/4。因此,人们认为这个变化是一种气候突变。可以说气候突变的研究,就是从分析 YD 事件开始的。1985 年 10 月 16—22 日在法国召开了气候突变研讨会,YD 事件就是研究的焦点。

1988 年 Heinrich 指出,在北大西洋深海沉积物中保存着若干陆源浮冰碎屑(IRD)层,这表明在末次冰期内曾发生过多次向大洋中倾泻 IRD 的事件。后来 Bond 等(1997)在北大西洋其他钻孔中也发现了类似的沉积,并证明这时伴有海温和盐度的降低,同时命名为海因里希(H)事件。对 H 事件进行综合研究表明,大量的 IRD 从劳伦泰冰盖及斯堪的纳维亚冰盖排放到北大西洋,在 40°—55°N 形成一个 IRD 带,冷水团可向南到达葡萄牙沿岸,地中海表层水温下降 5~8℃,欧洲大陆植被改变。亚洲 H 事件的证据是中国黄土颗粒增大,表明风速加大,干旱严重。北美太平洋沿岸最大的冰进几乎完全与 H 事件出现时间一致。北美东岸孢粉资料显示,在 5 次北大西洋出现 H 事件时为寒冷期。H 事件时西北非 SST 有 2~4℃ 的短时期冷却;巴基斯坦、孟加拉湾在 H 事件时也有干旱的迹象。甚至南半球也有反映,H 事件时智利与新西兰有冰进。根据大多数作者的意见,末次冰期的后半段共出现 5 次 H 事件,分别发生于 4.3 万年前、3.5 万年前、2.8 万年前、2.1 万年前及 1.5 万年前,分别用 H_5,H_4,…,H_1 表示。有的作者认为 YD 事件的性质也属于 H 事件,标号为 H,H 事件之间的间距平均为 7 千年。

20 世纪 70 年代已经有人指出千年尺度气候变率的重要性。90 年代更长的高分辨率资料如格陵兰冰芯进一步证实了这种气候振荡的重要性。后来就以作者的名字命名为 Dansgaard/Oeschger 循环,简称 D/O 循环或 D/O 振荡。1998 年 6 月 14—18 日美国地球物理协会组织了一次学术讨论会并在其会刊《Geophysical Mongraph Series》上出版了一本专集,题为"千年尺度气候变化机制"以纪念 Oeschger(Alley 等 1999)。D/O 振荡出现的时间韵律为 1470 年,所以有时也称为千年尺度气候变率。D/O 振荡的暖期称为间冰阶,冷期为冰阶。每个振荡均从快速变暖开始,在格陵兰可能在几十年内温度上升 5～10℃,暖期维持短暂的几百年,然后迅速进入冰阶。从约 1.5 万年前,即距今最近的 1 个间冰阶博令(Bolling)开始,到 6 万年前共有 17 个间冰阶,这些间冰阶均出现在距博令事件 1470 年的 1～3 倍时间,所以说 D/O 振荡的基本韵律为 1470 年。H 事件与 D/O 振荡的关系如图 2.2 所示。对比图 2.1,图 2.2 为一个理想的 6 千年的片断。图 2.2(a)给出北大西洋三种模态,即冰期、现代(相当间冰期)及 H 事件时的模态。作为全球温盐环流的一部分,北大西洋翻转流现代最强,在北海及北大西洋北部有两个深水形成区。冰期时,北海深水形成关闭,北大西洋翻转流减弱。H 事件时,可能北海及北大西洋两个深水形成均关闭,翻转流仅限于海洋上层并向南退缩,这时北大西洋翻转流极度减弱。研究表明,北大西洋劳伦泰冰盖和斯堪的纳维亚冰盖发展,大量冰山倾泻到北大西洋,融冰形成的淡水浮在海洋表层,因此造成深水形成关闭。这可能是形成 D/O 振荡及 H 事件的原因。图 2.2(b)显示 6 千年中如何由几次 D/O 振荡发展成一次 H 事件,以及 H 事件后的迅速回暖。

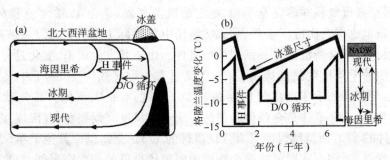

图 2.2　H 事件,D/O 循环关系示意图(a)及温盐环流的三种模态(b)(Alley 等 1999)

2.1.3　全新世气候

　　YD 事件出现于 12.5～11.5 kaBP（千年以前，下同）。YD 事件结束标志着间冰期开始。现在的间冰期称为全新世，开始于 11.5 kaBP。全新世的气候特征是间冰期的特征，即总的讲气候暖湿，北半球劳伦泰冰盖与斯堪的纳维亚冰盖消融，仅保留格陵兰冰盖和各地的高山冰川。这大约与地球轨道要素的 10 万年周期有关。但是，这时长度在 2 万年左右的岁差开始发挥作用。全新世开始，北半球高纬夏季接受到的太阳辐射多，冬季接受到的太阳辐射少。早全新世 10～8 kaBP 北大西洋及邻近的极区温度较现代高 2℃ 以上。这里现代指工业化之前，即由于人类活动使温室效应加剧造成 20 世纪气候变暖之前。北半球中、高纬从早、中全新世到晚全新世温度下降。靠近冰盖的北欧及北美温度变化稍有滞后，北欧及北美西北部最暖出现在 7～5 kaBP，比现代高 0.5℃ 到 2.0℃。早全新世北半球的温带森林普遍向北扩展。施雅风等（1992）指出全新世中国的大暖期出现在 8.5～3.0 kaBP，王绍武等（2000）根据这份资料计算了中国的平均温度，指出在 7.5 kaBP 及 6.0 kaBP 约比现代高 2℃。这同北半球的情况大体上一致，但是，比北美及欧洲部分地区全新世最高温度出现的时间要晚；最暖在中全新世而不是在早全新世。

　　全新世气候的另一个特点是亚非季风区早全新世气候湿润。最突出的是非洲，大约直到金字塔时期（4.5 kaBP），撒哈拉还不是像现在这样极端干旱的瀚海，陆地上有湖泊、植被，许多地区为萨瓦纳气候［或热带（副热带）草原气候］，被称为绿色的撒哈拉。大量的古气候研究证明不仅非洲，从阿拉伯半岛到孟加拉湾早全新世气候湿润，并指出这时西南季风强盛。中国早全新世大约（11.0～8.0 kaBP）气候湿润。大部分科学家认为这与地球轨道要素的岁差变化有关。早全新世北半球夏季接受太阳辐射多，加强了海陆热力对比使夏季风增强，因此亚非季风区降水丰沛、气候湿润。有证据表明南美赤道辐合带（ITCZ）在早全新世也北抬，可以作为这种理论的一个旁证。

　　但是，全新世气候并非完全平和、稳定的暖湿气候，早在 1992 年施雅风、孔昭宸就指出全新世也有几次冷干事件。1990 年代中期国际上陆续发表了一些高分辨率的代用资料，证明全新世也有一系列的冷事件。由于其发生频率、变化过程及形成原因与冰期中的千年尺度气候振荡类似，因此也有人称气候突变，或千年尺度气候振荡。但是，全新世的千年尺度气候振荡与 D/O 振荡有很大不同。首先就是振幅不同。公认 8.2 kaBP 事件是全新世最强的一次千年尺度气候振荡，其温度变化大约只有 YD 事件的 1/3，而持续时间只有 YD 事件的 1/5。全新世中其他千年尺度气候振荡的幅度就更小，如小冰期可能是全新世中距现代最近的一次冷事件，温度变化的幅度不到 YD 事件的 1/5。小冰期的 3 个冷期，每个持续不到 100 年，只有 YD 事件的

1/10。另外,从成因来看也有不同。虽然有证据表明,8.2 kaBP 事件也是由于劳伦泰冰盖融冰淡水向北大西洋倾泻而形成,但是淡水量要小,而且也只有一个深水下沉关闭。其他全新世的冷事件则缺少研究,或未找到与之相对应的融冰淡水湖崩坝的证据。因此,有人认为全新世千年尺度气候振荡与太阳活动的变化有关。

不过,目前有充分的证据表明,全新世北大西洋确实发生了 8 次冷事件,时间在 1.4,2.8,4.3,5.9,8.2,9.5,10.3 及 11.1 kaBP,编号由近及远从 1 到 8(Bond 等 1997)。后来发现小冰期气候特征与之类似,编号为 0. 这样全新世就有 9 次冷事件,平均时间间隔略低于冰期。况且,由于冰期气候以冷为主,所以是用间冰阶来计算 D/O 振荡。全新世气候以暖为主,因此,用冷事件来表征千年尺度气候振荡。有时为了简便,也为了目标明确,就称为冷事件,也有人称为气候突变或快速气候变化。

冷事件指的是北大西洋。但是,人们已经发现了许多证据,证明发生冷事件时,北半球不少地区的气候均有反映,特别是亚非季风区夏季降水减少。近来有人提出,到 2020 年可能发生气候突变。分析表明,这种可能性不大。但是,对气候突变或快速气候变化的研究仍需要加强则是无可怀疑的。

2.1.4 近千年气候变化

近千年中包括两个气候变化的重要时期,即中世纪暖期(AD 900—1300)及小冰期(AD 1550—1850)。中世纪暖期全球的温度可能与 20 世纪后期相当,小冰期则要低 1℃左右。这两个时期均发生在工业化(AD 1750)之前。因此,应该主要是由自然原因生成的。研究这两个时期气候变化及形成机制,无疑对判断当前气候变暖中人类活动的影响有重要意义,因此也是气候变化研究的热门问题。不过进入 21 世纪,近千年温度变化引起了国际上广泛讨论,争议的焦点是近千年全球平均温度变化的特征类似于"曲棍球杆"还是"湿面条"。

Mann 于 1998 年建立了近千年全球平均温度曲线,并被 IPCC 第三次评估报告引用(Folland 等 2001)。这条曲线((彩)图 2.3)显示,从 1000 年到 1900 年温度呈缓慢下降,中间波动不大,然后迅速上升。由于样子很像一个"曲棍球杆",所以有的作者用来形容 Mann 等的曲线。IPCC 第三次评估报告根据这条曲线得到了 3 点结论:①20 世纪的变暖可能是近千年来最强的;②1990 年代可能是近千年最暖的 10 年;③1998 年是近千年来最暖的 1 年。后两点结论的依据是不够充分的。因为许多古气候资料时间分辨率不够高,重建年平均温度的不确定性较大,所以,后来 Mann 等也未继续坚持。争议主要是 20 世纪变暖是否是近千年来最强的。为什么要强调 20 世纪的变暖是近千年来最强的? 一个潜台词就是,由于近千年来只有 20 世纪气候受到温室效应加剧的影响。如果 20 世纪变暖是近千年来前所未有的,则这可能意味着 20 世纪变暖是人类活动造成的温室效应加剧的结果。

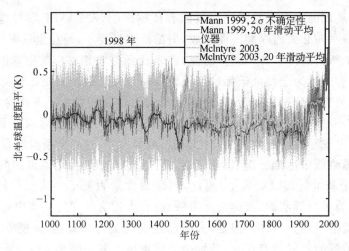

图 2.3　Mann 等建立的近千年北半球平均温度距平(对 1971—2000 年平均)

(Folland 等 2001)

　　但是,究竟近千年的温度变化是不是一个"曲棍球杆"是有争议的。有人认为是
"湿面条",这就是说在过去千年中的前 900 年温度也有较大的起伏。当然,不同作者
建立的全球或北半球平均温度曲线,彼此间也有差异,但是大多数仍然显示出中世纪
暖期和小冰期。因此,从形象上看温度变化曲线可能更接近"湿面条"。不过这并不
影响对 20 世纪变暖成因的评价。比较不同作者提供曲线的低频变化部分,发现各序
列之间有较高的相关。IPCC 第四次评估报告(Jansen 等 2007)在分析比较了各种千
年温度重建之后得到两点结论:①大部分曲线显示出比第 3 次评估报告所给出的
Mann 等曲线振幅要大;②20 世纪仍可认为是近 1300 年来最暖的时期。

　　实际上对中世纪暖期温度的估计非常重要,因为这可能是近千年中唯一可能与
20 世纪暖期相比较的一段时期。IPCC 第四次评估报告专门为中世纪暖期设了知识
窗,指出最早 Lamb 于 1982 年把 AD 1000—1200 定义为中世纪暖期。但是应用的
资料以欧洲为主,且包括许多不定量的记录。同时不同地区中世纪暖期出现时间可
能不同,有的地区早,有的地区晚。目前国际上一些作者倾向于把 AD 900—1300 视
为中世纪暖期。不过由于地区之间差异很大,很难定量地给出中世纪暖期的强度。
王绍武等(2005)曾利用全球 30 个站给出近千年温度随时间及纬度的变化((彩)图
2.4),亦可以看出中世纪不像 20 世纪后 1/4 从南到北形成全球性的变暖,而是区域
性的变暖。因此可以支持这个观点:尽管中世纪可能也是近千年中一个相对温暖的
时期,但是可能并没有在某一个时间覆盖全球。因此,无论北半球或全球变暖的强度
远不如 20 世纪。换句话说:20 世纪仍是近千年来最暖的时期。不过 20 世纪变暖并
不是从世纪初就很激烈,最强变暖发生在 20 世纪最后 1/4。这是我们在评价 20 世

纪气候变暖时需要注意的。

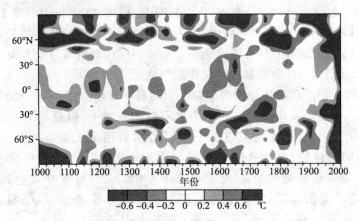

图 2.4　近千年气温随纬度和时间和变化(王绍武等 2005)

2.2　近百年全球气候变化

如上节所述,当前我们正处于气候温暖的全新世中,在可预见的将来,例如数百年内,也不可能进入下一次冰期。但是,有一个与过去几百年乃至几千年或更长时期不同的是,人类活动开始对气候产生影响。虽然一般认为工业化之后人类活动影响逐渐显著,但是对此是有争议的。因为 19 世纪中期可能处于小冰期中的最后一个冷期,所以从那时开始的增温可能包含自然因素的影响在内。争议较少的是 20 世纪的气候变暖,特别是 20 世纪后 1/4 的变暖。目前,大多数作者认为 20 世纪的变暖确实可能与人类活动的影响即温室效应的加剧有关。因此,研究近百年气候变化,中心问题就是对气候变暖的评估以及归因分析。

2.2.1　全球平均温度序列

为了对全球而不是某一个地区的气候变暖速率作出评估,就需要建立一个对全球有代表性的温度序列。然而,恰恰是建立这样的序列是对气候变化研究的重大挑战。其原因主要来自 4 个方面:①资料覆盖面不完整;②观测方法改变造成序列不均匀性;③计算全球平均的方法不同;④计算距平采用的标准值不同。

20 世纪的气候变暖主要集中在两段时期:1910—1940 年(主要在 1920—1930 年)和最近 30 年(1979—2008 年)。由于第二次世界大战,科学家无暇顾及科学问题,所以 1920 年代的变暖并未立即引起注意,直到第二次世界大战之后才根据有限的观测资料提出气候变暖的问题。而实际上当时已处于 20 世纪第一次变暖之后的温度下降过程中。1960 年代初第一次用当时能收集到的 100 余个测站记录给出北半球 5 年平均温度对 1880—1884 年平均的偏差,指出 20 世纪中温度上升 0.5℃以上。实际上这还算不上半球平均温度,因为原始资料只是按 30°纬度 1 个带计算,然后再合为半球,而且基本上只有陆地测站。后来一些作者沿着这个方向继续工作,测站也增加到 200 个以上,但是基本情况并未改变。

　　1970 年代中期苏联的地球物理观象总台的科学家绘制了一套 1881 年以来北半球地面气温距平图。选用的台站在早期也不过 200 多个,但是在 1950 年代就上升到 3000 个以上。计算月平均温度距平,填图,然后用手工描绘等距平线,按 5°纬度×10°经度间距读数,再计算纬度带平均及北半球(17.5°—87.5°N)平均。这份资料证明 1940 年前后温度最高,极区(72.5°—87.5°N)温度升幅达到 2.4℃。这个序列有两个明显的缺陷:①格点温度距平的生成不完全客观;②每个站求距平时,所采用的标准值的年份不同。后来,改为客观插值,并用统一的时间平均作"标准值"求距平,这就是现在经常采用 Vinnikov 名字的俄罗斯温度序列。这个序列只有北半球。

　　1980 年代初,鉴于缺少一个能代表全球的、统计分析方法严格的温度序列,英国科学家 Jones 等用插值方法计算了每 5°纬度×10°经度格点上的温度。计算方法是对每个格点使用 6 个与格点相距 300 海里①以内的测站按距离加权内插。如果距网格点 30 海里内恰好有一个测站,则直接应用这个测站的温度作为格点值。这样如果资料完整则半球应该有 649 个格点(极地只有 1 个格点)。但是,大洋上空缺较多,近期一般也只有 80%左右的格点有温度观测,早期甚至只有 15%～20%的格点有观测。这份资料的优点是客观,而且在处理资料时去掉了城市热岛效应强烈的站,对海表温度(SST)的观测也做了订正。因为早期采用木桶打水到甲板上观测,这样水温由于蒸发而降低,后来采用虹吸式,避免了这个影响,但也就造成了序列的不均匀性。由于作者对温度序列作了细致的分析,所以这是目前公认最好的代表全球的温度序列。这个序列是把地面气温,即百叶箱观测的气温与海表温度合成为全球平均温度,而且随时调整计算距平所应用的"标准值"的时间:最早用 1951—1980 年,后来改为 1961—1990 年,现在用 1971—2000 年,并准备在 2010 年之后用 1981—2010 年。图 2.5 给出 Jones 序列的北半球(实线)及全球(虚线)温度距平(对 1971—2000 年平均)序列。目前,无论 IPCC 报告还是美国气候预报中心(CPC)的气候公报,均只提供这一个序列。

　　美国 Hansen 等在 1980 年代中期也建立了自己的全球温度序列。他们的计算方法比较复杂。先把全球分为面积相同的 80 个区,每个区可分为 100 个小区。先对

---

① 1 海里＝1852 m。

每个小区按序列的长短,从最长的序列开始,逐次把本小区的站同化为一个序列。然后,再合为大区。全球如果每个小区有 1 个站就要有 8000 个站,而实际上经常应用的陆地测站在 2000～3000 个之间,所以仍然有许多空白。结果有的大区可能只有少数小区有记录,有的大区则有很多小区有记录,再把大区合并为北半球或全球就会强调那些有记录小区较少的大区中小区的作用,也会造成序列不均匀性。

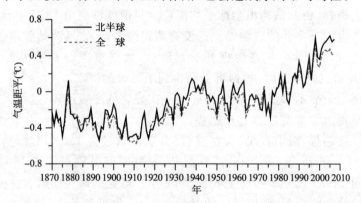

图 2.5　北半球和全球平均温度距平(对 1971—2000 年平均)

此外,用不同资料、不同方法建立北半球或全球平均温度序列作者甚多,据统计约有 30 人以上。例如,有人曾经用最优插值法计算了网格点上的温度距平,0°—80°N 每 10°纬度 30°经度一个格点。但是得到的序列距平值显然小于其他序列,这大约是插值时应用了距格点较远的站,而插值时距平与距离成反比的缘故。因此,选取一个适当的插值方法,不仅要考虑统计上的严格,还要考虑气候特点。所以,综合考虑资料覆盖面、观测方法、统计方法及使用的标准值 4 个方面,Jones 的序列最好。当然 Jones 的序列也依然存在一定问题,最主要的就是覆盖面不完整,而且前后不一致。19 世纪中期只有 100～200 个站有观测,而 20 世纪中期之后增加了 10 倍以上。尽管计算的格点温度数量不会差 10 倍,但是覆盖面 20％与 80％还是有本质不同的。此外,有的格点计算温度时用的观测站多,有的只有少数站,平均值的标准差显然不同,这也会造成序列的不均匀性。

然而,观测站的前后不均匀问题是无法解决的。所以,唯一的途径就是使用代用资料。不过,代用资料如树木年轮、冰芯,时间分辨率均达不到月,而且有季节性偏爱,树木年轮偏向反映夏半年,冰芯则偏向冬半年。所以,现在还没有什么方法可以用代用资料把近百年月平均温度序列补足。代用资料至多只能提供年的温度信息。

2.2.2　气候变暖趋势

　　观测到的气候系统演化事实是气候变化科学的基础。科学界对全球变暖问题的关注在很大程度上起因于对地球表面温度等气候要素变化的分析。为了研究全球温度,主要是利用分布于全球陆地各区域的数千个测站的温度资料和海洋船舶采集的海表温度观测资料,由此估算出全球平均温度。目前能够使用 1850 年至今的观测数据,不过在 19 世纪下半叶的观测站点远没有覆盖到全球,之后测站数量逐渐增加,覆盖范围不断扩大,自 1957 年在南极开始观测后,数据覆盖面有了很大改善。而在1980 年前后开始卫星观测后,数据覆盖面得到了极大的提高。

　　仪器观测记录显示,地球气候正在经历一次显著的变暖过程,过去 157 年以来全球表面温度呈现出非常明显的上升趋势。(彩)图 2.6 给出了 1850—2005 年全球温度变化及其线性趋势,图中直线(从左至右)分别表示过去 150 年(红色)、100 年(紫色)、50 年(橙色)和 25 年(黄色)的线性趋势,这些时间分别对应于 1856—2005 年、1906—2005 年、1956—2005 年和 1981—2005 年。可见地球气候确实在变暖,而且从各时期的线性趋势拟合看,距离最近的时间越短,倾斜度就越大,这表明温度正在加速上升。种种迹象表明,目前正在经历的变暖可能是近千年中地表增温速率最大的一段时期。此外,海洋温度上升、海平面升高、冰川融化、北极海冰减少和北半球积雪减少等现象也证实了全球变暖。

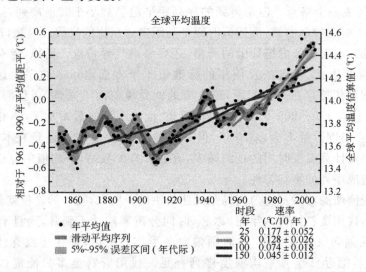

图 2.6　1850—2005 年全球年平均温度(黑点)变化及线性趋势(引自 IPCC 2007)

　　据 IPCC 第四次评估报告(2007),近 100 年全球平均地表气温上升速率为 0.74±0.18℃(1906—2005 年),这个数字大于第三次评估报告(2001)时给出的 0.6±0.2℃

(1901—2000 年),这主要是由于增加了几个暖年。而增温迅速的近 50 年变暖速率为 $0.13\pm0.03℃/10$ 年,几乎是近 100 年的两倍。就全球平均而言,从 1850 年到大约 1915 年,除了与自然变率相联系的温度起伏外,总体没有出现很大的温度变化,但这或许部分是由于数据采集十分有限的结果。20 世纪以来的增温有两个阶段,首先是 1910 年代到 1940 年代的第一次升温期,幅度为 $0.35℃$,之后是降温期;从 1970 年代至今是增温更强的第二次升温期,幅度达到 $0.55℃$。在过去的 25 年里,升温呈现加速,而在过去的 12 年(1995—2006 年)中有 11 个年份位居有记录以来最暖的 12 个年份之列。这其中,2005 年和 1998 年是 1850 年以来全球地表温度记录中最暖的两年,它们之间在统计上难分伯仲。1998 年地表温度的加强是由于 1997—1998 年的厄尔尼诺事件,但如此强的异常现象在 2005 年并未出现。

有观测资料显示了世界上许多区域温度极值的长期变化趋势,这些记录显示自 1950 年代以来寒冷日数减少,而炎热日数增多,如在北美洲、南美洲南部部分地区、非洲南部和澳大利亚等地。而在南、北半球的大多数中纬度和高纬度地区,无霜季节都变长了。此外,随着地表温度上升,河流、湖泊的封冻期缩短了。在 20 世纪,几乎全世界都出现了冰川质量和面积减少的现象:格陵兰冰盖融化的现象最近越来越明显;在北半球的许多地方,积雪减少了;北极海冰的厚度和面积都减少了;海洋在变暖,由于海洋热膨胀和陆地冰的融化,海平面在上升。

除了上述地球表面的增温以外,从 1958 年以来,利用探空气球也实现了对地表以上不同高度层气温的观测,而从 1979 年起又开始获得卫星微波探测数据。就 20 世纪 50 年代末以来的全球观测来看,最近的数据集显示对流层的温度变化趋势与地表基本一致,其增温速度稍快于地表。1979 年以来,由卫星微波探空仪得到的对流层温度变暖率为 $0.12\sim0.19℃/10$ 年,而不同资料集得到的全球地表变暖率范围是 $0.16\sim0.18℃/10$ 年;然而由探空、卫星和再分析资料对平流层温度的估计都是显著降温,即 1979 年以来每 10 年变冷 $0.3\sim0.6℃$。这与物理学上的推断和大多数模式模拟结果一致,它们显示了温室气体浓度增加在对流层增温和平流层降温过程中所起的作用;臭氧减少也对平流层降温起了很大作用。由于平流层的变暖事件与主要的火山爆发事件有关,因此变冷的趋势并不是不变的。

在分析中使用的观测资料均经过质量和均一性检查并校正可能的偏差。城市热岛效应的影响仅局限在一定的空间范围内,而且通过尽量在全球温度数据中剔除受影响的站点以及通过增大误差范围,这种局地效应已被考虑。就半球和大陆尺度而言,最近的研究证实城市化和土地利用变化的影响在陆地上不到 $0.006℃/10$ 年,在海洋上为 0,因而对全球温度记录的影响是可以忽略的。

尽管现在气候变暖已成为国内外气候研究的核心问题,但是却仍然有一些科学家对气候变暖这个议题提出挑战,甚至怀疑全球气候根本就没有变暖。Singer

(1999)就是持这种观点的科学家的代表性人物。他的论点主要有 5 个方面:①目前气候没有变暖;②还不能肯定人类活动对气候变暖有多大贡献;③对未来气候变暖的预测有很大不确定性;④即使气候变暖也是利多害少;⑤《京都议定书》意义不大。这里最关键的还是第一个问题。Singer 的根据有 3 个:①1880—1940 年全球气温确有上升,但这是小冰期长期持续寒冷之后的回暖;②1940—1975 年气温下降,而这时正是第二次世界大战及战后大气中 CO_2 浓度迅速增加的时期;③1979 年之后地面气温确有上升,但对流层气温无明显上升趋势。前两点是有一定道理的,问题是第三点。最新的观测已证明对流层气温亦有上升趋势,而且海水温度、大陆雪盖、海冰、永冻土、山岳冰川、陆地钻孔温度均证明 20 世纪气候有明显变暖。因此,现在已经不再把气候变暖认为只是大气的特征,而是气候系统的特征。当然,自然气候变率,即小冰期以来的气候回暖究竟在全球变暖中占有多大比重、未来气候变暖的速度的预测都是需要进一步研究的问题。不过 20 世纪气候确实是变暖了,这几乎已经可以认为是不争的事实。

2.2.3　气候变暖的地理分布和季节性

地球气候在过去的 100 多年里显著地变暖了,这是一个平均状况。实际上由于大气环流的变异与调整以及不同下垫面及地形的影响,在不同的纬度和区域这种变暖存在着很大的差异,而且不同季节的温度变化特点也不完全一致。(彩)图 2.7 是1901—2005 年和 1979—2005 年的全球地表年平均气温变化趋势的空间分布。可见,虽然全球陆地和海洋的绝大部分地区都呈一致的变暖趋势,但变暖速率有较大不同,主要是较高纬度地区明显高于较低纬度地区并且陆地表面温度的变暖速率快于海洋表面的变暖速率。近 100 年来,增温最强的是亚洲大陆腹地和北美洲北部以及南半球某些海洋区域和巴西东南部,而北极平均温度几乎以两倍于其他地区的速率升高。不过,北极温度具有很高的变率。在 1925—1945 年期间也观测到一个较长的暖期,该时段内北极变暖幅度几乎和现在一样。但是由于那次变暖范围不是全球性

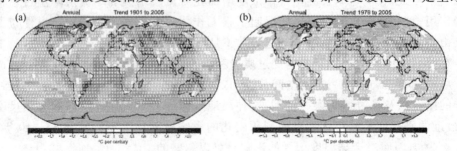

图 2.7　全球地表年平均气温变化趋势的空间分布(引自 IPCC 2007)
(a)1901—2005 年,(b)1979—2005 年

的,所以增温区的地理分布和近年来的不一样。近 30 年来全球大范围增温,最大增温幅度出现在北半球高纬地区。另一方面,已有的长时间记录表明,无论在南半球还是在北半球,陆地表面温度的变暖速率都比海洋快,特别是 1970 年代以来。近 20 年来陆地和海洋的增温速率分别为 0.27℃/10 年和 0.13℃/10 年。除全球大部分地区变暖以外,1901 年以来,也有少数区域的平均温度表现为下降趋势,其中最主要的降温区位于北大西洋北部附近。

　　20 世纪 70 年代末以来,全球地表冬季平均温度升高最为显著,特别是北半球中高纬地区更为明显,其次是春季;而秋季和夏季的增温相对较弱。但是,无论是哪个季节,全球绝大部分区域都以增温为主,其中各季节增温最强的区域不同,如冬季出现于北美西部、欧洲北部和中国;春季出现于欧洲及亚洲北部和东部;夏季出现于欧洲和北非;秋季出现于北美北部、格陵兰和亚洲东部。然而较弱的降温也影响到一些区域,特别是春季时南半球中纬度海洋和加拿大东部,这些区域的降温可能与加强的北大西洋涛动(NAO)有关。

2.2.4　全球陆地降水变化

　　准确估计近百年来的全球平均降水量变化趋势非常困难,一方面因为降水的空间变率远远大于气温,另一方面也因为海洋上的降水观测资料非常少,目前还无法估计全球海洋平均降水变化趋势,因而也难以估计全球平均的降水量变化趋势。所以本小节主要讨论全球陆地的降水量变化。目前最长的全球陆地平均降水量序列是美国的 GHCN 序列(1900—2005 年)和英国的 CRU 序列(1901—2002 年)(见图 2.8)。

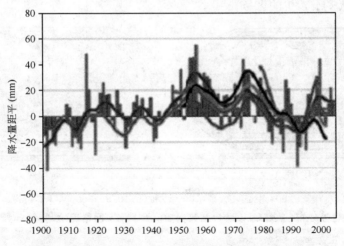

图 2.8　1900—2005 年全球陆地平均年降水量距平变化

(相对于 1961—1990 年的平均值;引自 IPCC 2007)

由这两个序列得到的结果表明,近百年来全球陆地平均降水量没有统计意义上的显著趋势性变化,但是具有显著的年际振荡和明显的阶段性。从 20 世纪 50 年代之前开始降水量以正距平为主,到 80 年代后期至 90 年代早期转为负距平,然后又出现了回升。

虽然平均降水量序列反映了全球陆地总的降水变化,但实际降水的区域差异很大。有研究表明,20 世纪全球陆地上的降水略微增加(Hulme 等 1998)。在北半球中高纬度大陆地区降水的增多明显,北纬 30°—85°陆地地区降水量平均增幅达7%～12%,且以秋冬季节最为显著。北美洲大部分地区 20 世纪降水增幅为 5%～10% 左右;欧洲北部地区在 20 世纪后半叶降水明显增多;1891 年以来,前苏联东经 90°以西地区降水增加了 5% 左右。但是,在北半球的副热带陆地地区,年降水量却明显减少了,这在非洲北部表现得特别明显。20 世纪南半球南纬 0°—55°大陆区域的降水增加了 2% 左右。(彩)图 2.9 给出了 1901—2005 年和 1979—2005 年的降水量变化趋势(%/100 年或 10 年)的地理分布情况,可见在一些区域观测到明显的长期趋势。在北美的大部分区域,特别是加拿大的中高纬度地区,105 年间年降水量趋于增加。不过相反的情况出现在美国西南部、墨西哥西北部和下加利福尼亚半岛,那里的年降水量减少了 1%～2%/10 年。在南美大陆,亚马孙河流域和大陆东南部趋于湿润,而智利和大陆西海岸的部分地区年降水量则趋于减少,降水量减少最显著的区域在西非和撒赫勒地区。自 1901 年以来,南非的变干趋势也非常明显。1901—2005 年,印度西北部的降水增加速率在 20%/100 年以上,但是同一区域的年降水量 1979—2005 年间则表现为明显的下降;澳大利亚西北部的降水呈增加趋势;在欧亚大陆,降水增加的区域多于减少的区域。

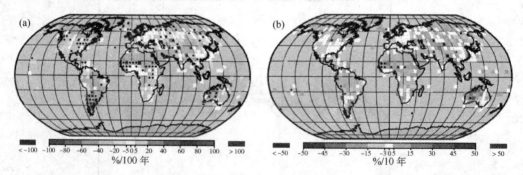

图 2.9 (a)1901—2005 年(单位:%/100 年)和(b)1979—2005 年(单位:%/10 年)陆地年降水量的线性趋势分布(应用 GHCN 台站数据插值到 5°×5°网格后绘制,引自 IPCC 2007)

2.3　全球气候系统变化

2.3.1　海洋变化

海洋在全球气候以及气候变化中扮演着非常重要的角色。海洋与大气间的物质、能量以及动量的交换受到大气圈的影响,同时海洋也影响着大气的变化。全球海洋的热容比大气的热容高 1000 倍以上,1960 年以来海洋净的热吸收大约是大气的 20 倍。储存于海洋上层的热量对气候变化的影响巨大,尤其是在季节及年代际尺度的变化上,洋流对热量、淡水的输送给区域气候变化和大尺度的温盐环流对全球气候变化都造成重要的影响。

海洋生物的生长依赖于海水的生物地球化学特性,同时也受到海水物理特征以及洋流变化的影响。海洋生物地球化学的变化可以通过 CO_2 等辐射活跃气体的吸收和释放直接对地球系统产生反馈作用。海平面的变化对人类社会影响很大,其变化也与洋流的变化密切相关。在深层海水以及在那些短期变率很小、信噪比很高区域中温度和盐度变化对于检测全球气候变化很有意义。

大范围的三维海洋环流为热量、淡水和海水中的溶解 CO_2 等气体从海洋表层运输到深层提供了通道,同时也阻隔了它们与大气的相互作用。海洋中热量储存以及盐度分布的变化引起的海洋膨胀和收缩可以导致区域以及全球海平面的变化。海洋变化具有很宽的时间尺度,包括了从季节尺度到年代际尺度再到世纪或更长的时间尺度。气候变率的主要模态则包括了厄尔尼诺—南方涛动(ENSO)、太平洋年代际振荡(PDO)、与北大西洋涛动(NAO)和北极涛动(AO)有关的北半球环状模态(NAM)以及南半球环状模态(SAM)等。海洋的强迫经常与这些模态有关,这些模态通过风的分布变化以及海表层盐度的变化引发海洋环流变化。

2.3.1.1　海洋热容及环流的变化

全球海洋自 1955 年以来明显变暖,同期地球气候系统能量变化的 80% 可以归结于海洋的变暖。1961—2003 年全球 0—3000 m 的海洋层已经吸收了大约 14.2×10^{22} J 的热量,等于平均加热率为 0.2 W·m^{-2}(地球表面的平均面积)。1993—2003 年,在较浅的 0—700 m 海洋层的相对变暖率要高些,大约为 0.5 ± 0.18 W·m^{-2}。相对于 1961—2003 年,1993—2003 年全球海洋的变暖速率较高,但是在 2004 年及 2005 年,与 2003 年相比出现了变冷的情况((彩)图 2.10)。当前的变暖趋势已经遍及了全球海洋 700 m 以上的海洋层,北纬 45°以南的大西洋已经变暖,北大西洋深层翻转环流圈的产生导致了在大西洋洋盆地区的变暖深度已经超过了太平洋、印度洋以及南大洋。还没有证据表明南半球的翻转环流也发生了变化,但是南大洋对于全球海洋的变暖有着直接的贡献。在副热带纬度至少地中海及日本海/东中国海在变暖。尽管海洋出现了全球性的变暖,特别是年代际尺度上,但是有些区域还存在变冷的现象,北大西洋部分地区、北太平洋以及赤道太平洋在过去 50 年都出现了变冷。

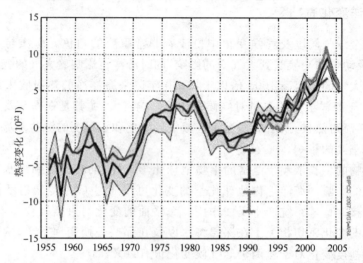

图 2.10　全球海洋热容时间序列,处于 0—700 m 层面。三条彩色线是对海洋资料的独立分析。黑色曲线和红色曲线表示其 1961—1990 年平均值的偏差,较短的绿色曲线表示 1993—2003 年这段时期黑色曲线平均值的偏差。黑色曲线 90% 的不确定性范围由灰色遮蔽部分表示,对于其他两条曲线由误差柱表现(IPCC 2007)

2.3.1.2　海洋生物地球化学及盐度的变化

海洋由于吸收了 1750 年以来人类排放的二氧化碳,海洋的平均 pH 值下降了 0.1 个单位。海洋吸收的 CO_2 改变了海水的化学平衡,溶解于海水中的 CO_2 形成了弱酸,因此随着溶解 CO_2 的增加,pH 值就相应降低(海洋就变得更酸)。海洋 pH 值的变化也可以通过估算海水对人为排放的碳的吸收总量以及简单的模式计算得到。通过海洋相关测站的 pH 值的观测显示,过去 20 年海水 pH 值呈现减小的趋势,速率大约为每 10 年减小 0.02 个 pH 值单位。海水 pH 值的减小降低了海洋碳酸钙的溶解深度。表层海水 pH 值的降低以及温度的升高将减小海洋对 CO_2 的缓冲容量以及海洋吸收过量大气 CO_2 的速率。

大量的证据表明,在几乎所有的海洋,海水盐度在过去 50 年发生了变化,海水盐度的变化隐含着这些海洋的水循环也发生了变化。在南北半球的高纬度地区,表层海水随着降水的增加而变淡,此外,更多的地表径流的流入、冰的融化以及经向翻转环流也对海水变淡有相应的作用。在南北半球副热带地区近表层 500 m 的海水盐度也呈现增加的特征,这与地球水循环的变化,特别是降水的变化以及从低纬度向高纬度、从大西洋到太平洋的水输送的变化相一致。

2.3.1.3 海平面的变化

验潮站的资料显示,1961—2003 年全球海平面上升了 1.8 ± 0.5 mm · a^{-1},热膨胀对海平面升高的贡献达 0.42 ± 0.12 mm · a^{-1}。1993—2003 年基于 TOPEX/Poseidon 卫星高度计测量到的海平面上升速率为 3.1 ± 0.7 mm · a^{-1}((彩)图 2.11),来自冰川、冰帽以及冰盖的贡献达 0.7 ± 0.5 mm · a^{-1}。近期观测到的海平面升高速率与气候变化对海平面升高的贡献(2.8 ± 0.7 mm · a^{-1})非常接近,其中热膨胀的贡献为 1.6 ± 0.5 mm · a^{-1},陆地冰变化的贡献达 1.2 ± 0.4 mm · a^{-1}。但是 1993—2003 年海平面上升速率高于 1961—2003 年的速率是反映了年代际的变率还是更长期的增加趋势的一部分还不清楚。验潮站的资料显示,1950 年以来,1993—2003 年期间海平面的上升速率要比其他年代的海平面上升速率快。基于验潮站以及其他地质资料有非常高的可信度,这反映出从 19 世纪中叶至 20 世纪中叶全球海平面是在加速上升的;地质观测资料显示在过去 2000 年海平面变化非常小,平均变化为 $0.0\sim$ 0.2 mm · a^{-1};来自代用资料建立的海平面指标显示从公元 1 世纪至公元 1900 年期间年海平面波动的范围不超过 0.25 mm。现有的资料表明,现代海平面的升高开始于 19 世纪中叶至 20 世纪中叶之间。1993 年以来,精确的卫星观测为全球海平面变化的区域变率提供了非常可靠的证据。在某些地区,1993—2003 年海平面升高的速

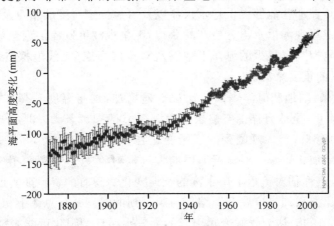

图 2.11 全球平均海平面相对于 1961—1990 年时段的平均值的变化值,根据自 1870 年以来重建的海平面场(红色)、自 1950 年以来的验潮站测量结果(蓝色)和自 1992 年以来卫星观测结果(黑色)。误差柱在 90% 的信度区间内(IPCC 2007)

率要高于全球平均值好几倍,但是在另外一些地区海平面是在下降的。1992 年以来海平面上升的最大区域出现在西太平洋和东印度洋。在过去 10 年大西洋的所有区域海平面都是上升的,但是在东太平洋和西印度洋海平面是下降的。区域海平面的时空变化部分受海气耦合变率模态的影响,包括 ENSO 和 NAO。1992 年以来观测到的海平面变化的模态与通过海温计算出的热膨胀的模态相似,但是有别于过去 50 年热膨胀的模态,显示了区域年代际变率对海平面变化的重要性。

2.3.2　大气水汽的变化

在全球变化背景下水循环发生了显著变化,并将继续发生较强的变化。这就必然影响全球和不同地区的水分变化和水分循环,从而影响区域气候变化。

大气水汽是一个十分关键的气候变量。在对流层底层,水汽通过凝结形成大气降水产生的潜热给对流层进行非绝热加热。水蒸气也是大气中重要的温室气体,其贡献占晴空中自然温室效应气体总贡献的 60%,水汽在模式预估未来气候变化中具有最大的正反馈效应。19 世纪后期以来,陆地水汽就开始得到了测量,但是直到 20 世纪 50 年代水汽数据才被汇集起来为气候研究所用。地表水汽的含量通常通过水汽压、露点温度或比湿的指标被反映出来,通过物理关系它们之间可以互相转换。20 世纪 40 年代中期以来无线电探空仪网站为长期大气水汽测量提供了条件。但是早期的无线电探空仪传感器存在很大的误差,特别是在对流层上部;而仪器的更换也导致了这些长期观测数据的不连续性和可比较性。因此,大多数无线电探空仪的湿度变化分析主要是在那些能够提供稳定仪器以及可靠探空湿度的站点及时期。水汽信息还可以通过卫星观测以及再分析产品获得,卫星观测可以提供近全球的覆盖信息,同时也是无线电探空仪很少的海洋上空以及对流层高层(无线电探空仪的传感器不可靠)有关资料的重要来源。

1976 年以来,陆地和海洋表面的比湿普遍增加,这与温度升高有密切关系。从 1988 年至 2004 年,全球海洋上空整层水汽以每 10 年 1.2%±0.3%(95% 的信度)的速度增长((彩)图 2.12)。观测到的区域变化在分布模态和大小与海表温度的变化及水汽混合比增加相一致。对流层上层的大气辐射收支十分重要,由于仪器测量的局限性,目前很难评估对流层上层水汽的长期变化。现有的资料证实近 20 年来全球对流层上层的比湿增加。这些观测结果与观测到的温度升高总体上相一致。

Trenberth(1998)认为气候变暖引起的大气水循环的强化可能表现为两个方面,其一是通过大气水汽含量的增加将可能使得降水强度增加,另一个方面可能会通过环流的改变影响大气水汽通量。

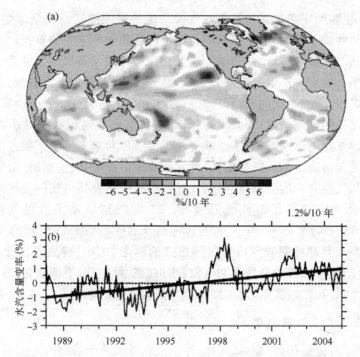

图 2.12　（a）1988—2004 年海洋上空水汽含量变化（%/10 年）以及（b）1988—
2004 年逐月海洋上空水汽含量的变率（1988 年至 2004 年平均值）（IPCC 2007）

　　在水循环研究方面,通过国际地圈—生物圈计划（IGBP）和全球能量与水平衡试验（GEWEX）计划的实施,国际上对于陆地水文过程及其大气过程研究取得了许多进展。从国际上与全球变化有关的水循环研究来看,主要研究集中在降水、蒸发、土壤含水量、径流等陆地水文过程的变化。我国过去有关水循环许多研究围绕气候平均状况或年际变化进行,近年来又涌现了许多水汽的诊断研究工作,对了解基本气候状况和气候的年际变化作出了贡献,但对一些关键水循环过程长期变化研究明显不足。大气水分循环过程与陆地水文过程直接相关,而且与全球变化紧密联系,对水分循环的物理过程变化正确认识是研究全球环境问题的关键和基础。

2.3.3　冰冻圈的变化

　　冰冻圈是指地球表面的水以固态形式存在的部分,包括所有种类的冰、雪和冻土,如冰川（包括山地冰川、冰帽、极地冰盖、冰架等）、积雪、冻土（多年冻土和季节冻土）、海冰、河冰、湖冰等。研究冰冻圈各组成部分的各种特性、生消过程、演化机理、古环境记录、与其他圈层相互作用以及对人类社会的影响等均属于冰冻圈科学的范畴。冰冻圈由于对气候的高度敏感性和重要的反馈作用而与大气圈、水圈、岩石圈

（陆地表层）、生物圈一起被认为是影响气候系统的五大圈层。在全球变暖导致冰冻圈加速萎缩的背景下，国际上冰冻圈的研究也已受到前所未有的重视，成为气候系统研究中最活跃的领域之一，也是当前全球变化和可持续发展研究领域关注的热点。

过去的半个世纪，国际冰冻圈研究在如下领域获得了较大进展：大尺度冰川（盖）、积雪、海冰、冻土变化的监测与归因；雪冰下垫面与大气相互作用模拟；冰川/盖与海平面变化的测算与模拟；环北极地区冻土/积雪水文过程与北极系统变化；南北极海冰与气候变化的诊断与模拟；全球变暖现实条件和未来情景下的冰川动力学（包括西南极冰盖和格陵兰冰盖的稳定性）及其影响评估；冰川快速崩解（融化）与大洋传输带停滞以及气候突变的关系；长序列江/河/湖冰变化及其对气候变化的响应；冰芯及其他寒区介质中的气候与环境记录等。21世纪初启动了世界气候研究计划（WCRP）新的核心计划之——气候与冰冻圈计划（Climate and Cryosphere，CliC），CliC计划的启动是冰冻圈研究成为国际热点的标志。CliC确立了国际冰冻圈研究的四大领域：陆地冰冻圈与寒区水文气象、冰川（盖、帽）与海平面变化、海洋冰冻圈与高纬海洋/大气相互作用关系、冰冻圈与全球气候变化的联系。

2.3.3.1　陆地冰冻圈的变化

陆地冰冻圈（包括积雪、湖冰、河冰、冰川/盖、季节冻土、多年冻土）在气候系统的不同时间尺度上（日、季、年际、十年际、百年际）均产生重要作用。这些作用主要通过影响地球表面能量、水分循环过程，比如影响辐射平衡过程（如雪冰反照率反馈机制）、热调整、水汽、陆地海洋气体和其他物质通量交换。雪冰作为水循环过程中水的储备形式影响径流（主要在冻土地带）等。其次，以天然气水合物和冻结态有机物形式存在的温室气体（CO_2，CH_4）的变化影响到碳循环，因而也影响到气候系统。陆地冰冻圈对理解、预测气候系统至关重要，尤其对中、高纬度地区以及高海拔地区。因此需对冰冻圈关键过程在空间上高覆盖度、时间上高分辨率地进行持续监测。雪冰储量和范围变化会引起水循环的巨大变化，进而产生一系列经济社会后果。所以，迫切需要就陆地冰冻圈对地面和大气的影响与反馈机制进行研究以提高气候预测能力。陆地冰冻圈在气候模式中的影响因子包括陆地雪盖、冻土（包括永久冻土）、湖（河）冰以及冰川。陆地冰冻圈关键问题主要包括：十年至百年尺度上陆地冰冻圈变化的形式、幅度及其变率以及与之相关的水循环的变化。

20世纪20年代早期以来，特别是20世纪70年代晚期，北半球积雪覆盖面积在春季（图2.13）以及夏季显著减小。卫星观测显示，1966—2005年北半球积雪覆盖除了11月和12月外每个月都减少，80年代后期年均积雪覆盖减少了5%。但是在南半球积雪在过去40年极少的长期记录或指标显示了积雪覆盖减小或不变的特征。基于山地雪水当量以及积雪深度的资料显示在全球范围内的一些地区山地积雪出现了减少。山地积雪对于微小的温度变化很敏感,特别是在温带气候区,从雨到雪转变一般与结冰层的高度有密切关系。在北美西部以及瑞士阿尔卑斯山地区的山地积雪的减少在较低、较暖的海拔高度上是最大的,瑞士阿尔卑斯山地区以及澳大利亚东南积雪深度也已减小。在安第斯山脉直接的积雪厚度观测非常少,无法判定该地区的雪深变化,但是温度的观测显示在南美洲积雪出现的高度可能已经升高了。

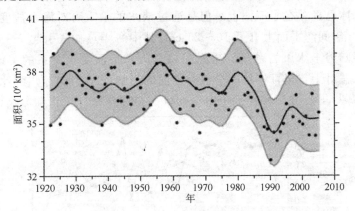

图 2.13　北半球 3—4 月积雪面积变化趋势(IPCC 2007)

　　在最近几十年多年冻土和季节冻土在大多数地区都发生了变化。多年冻土状态的变化能改变河流径流、水资源供给、碳交换以及地表景观的稳定性,还能造成基础设施的破坏。已经有报道显示 20 世纪 80 年代以来阿拉斯加北部多年冻土层的上部温度增加了 3℃;在加拿大北极地区、西伯利亚、青藏高原以及欧洲,多年冻土层出现不同幅度的变暖;阿拉斯加以及青藏高原的多年冻土底部出现了 0.04 m·a⁻¹ 及 0.02 m·a⁻¹ 的融化。北半球季节性冻土最大覆盖面积自 20 世纪下半叶后期以来减小 7%左右,在春季下降幅度达 15%。20 世纪中叶以来欧亚大陆最大冻土深度也下降了 0.3 m,从 1956 年到 1990 年俄罗斯北极地区季节性的最大融化深度增加了 0.2 m。过去 150 年以来北半球河冰及湖冰的变化趋势显示封冻期比平均推迟了 5.8±1.9 天/百年,解冻期提前了 6.5±1.4 天/百年。但是在某些地区则表现了相反的趋势,表明了河冰和湖冰变化的空间的变率。

2.3.3.2　海洋冰冻圈的变化

　　海冰约占全球海洋表面的 10%,极大地影响着海洋与大气之间的物质、能量过程,主要改变表面辐射平衡以及海洋/大气间动能、热能和物质交换。近海冰大气层温度大大低于海冰下的海水温度。海冰冻结会析出卤水使得海洋表面混合层加厚;反之,海冰融化产生含盐度较小的水体使混合层进一步分层。通过这些过程,海冰在全球热量平衡、全球温盐环流等方面起着重要作用。气候变化导致的海冰退缩产生全球尺度的气候影响,其反馈过程进一步加大气候变化。

　　基于卫星观测资料显示,1978 年以来北极海冰的范围收缩了 2.7%±0.6%/10 年,夏季海冰面积收缩了 7.4%±2.4%/10 年,比冬季要大;在此期间对南极也进行了相似的卫星观测,结果显示南极海冰的年际变率要比北极的大一些,但是变化趋势却不同(图 2.14)。与大陆冰帽或冰川变化不同,海冰变化不直接对海平面变化产生贡献(因为海冰已经浮在了海面上),但是通过淡水的输入可对海水盐度的变化有影响。过去 100 年间海平面上升了 10~25 cm,其中海洋热膨胀引起 2~7 cm 的上升量,其余主要归因于冰川的融化。冰冻圈与全球海平面变化关系的关键问题是:冰川、冰帽和冰盖对十年至百年尺度全球海平面的影响。20 世纪冰川和冰帽经历了大范围的物质损失,导致了海平面的上升。1961—2003 年全球冰川和冰帽(不包括格陵

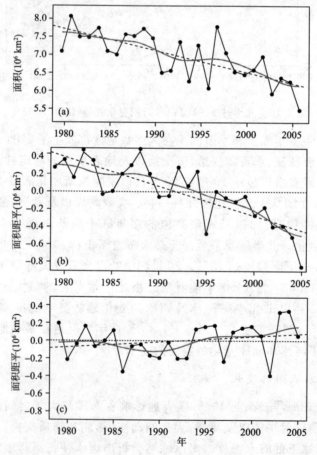

图 2.14　1979—2005 年北极最小海冰面积(a);北极海冰面积距平
(b);南极海冰面积距平(c)。(曲线表示 10 年变化)(IPCC 2007)

兰和南极冰盖周边的冰川)的物质损失估计相当于海平面上升了 0.50 ± 0.18 mm・a^{-1}，
1991—2003 年为 0.77 ± 0.22 mm・a^{-1}。20 世纪后期冰川的减少可能对应于 20 世
纪 70 年代后期的全球变暖。

2.3.4　植被变化

　　气候与植被处于一种动态平衡中，一旦植被(气候)发生变化，气候(植被)必然随
之发生响应。植被覆盖的变化可以改变地表反照率、粗糙度高度、土壤湿度等地表属
性，从而对陆气间的交换产生重要影响。植被覆盖变化主要通过陆气间的能量、水分
和动量交换来影响气候变化。植被相对于裸土有较低的反照率，从而使植被吸收的
热量比裸土多；同时植被覆盖区域和裸土覆盖区域与大气的感热、潜热交换也有很大
差异。植被可以滞留和截留 10%～40% 的降水并再次蒸发，减少了到达地面的降
水，增加向大气的水汽输送，加快水循环。植被还具有较高的粗糙度高度，能够对低
层大气运动产生较大阻力；同时较高的粗糙度能够增加湍流通量，有助于向大气的能
量和水汽输送。植被覆盖的变化主要受到温度、降水和辐射等气候因子的影响。在
热带湿润地区，温度和降水条件一般都适宜植被生长，但由于地面较强的加热使得对
流云较多，到达地面太阳辐射差异较大，因此到达地面的辐射是影响热带地区植被生
长的主要因子。在干旱半干旱地区，由于水分缺乏，降水为影响植被生长的主要气候
因子。在高纬地区，由于温度常年偏低，温度是影响植被生长的主要因子。另外，地
表植被的变化可以通过改变蒸发和感热、潜热而改变地表能量及湿度平衡，就像影响
温度一样直接影响大气降水和环流。人类活动造成土地利用以及地表植被的变化也
可以通过一定的机制改变气候，包括对地球系统辐射收支的改变以及其他过程的
改变。

2.3.4.1　气候变化对植被的影响

　　气候对植被的影响研究早在 20 世纪 30 年代就开始了，Koppen 提出了将气候区
与植物生长或植被类型相关联的气候分类方案。这些研究尽管停留在定性研究阶
段，但其关于植物与气候关系的概念和定量分析的标准及系统，为定量研究气候与植
被关系提供了理论和方法。20 世纪 80 年代以来，随着人们对陆地生态和气候变化
的重视，在全球不同气候区对代表性植被进行了大规模的国际间合作的陆地过程观
测研究，包括法国中部开展的 HAPEX/MOBILHY 计划(中尺度森林、农田、草原等
复杂植被下垫面)，美国堪萨斯草原开展的 FIFE 试验(15 km 人工草场)，中国和日
本在甘肃黑河流域进行的 HEIFE 实验(戈壁、绿洲、沙漠等复杂下垫面)，欧洲共同
体进行的沙漠化威胁地区试验(EFEDA)。据不完全统计这类试验有 40 多个，其基
本目标是：对代表性的生物、地理、气候区域的陆地过程和参数化方法与精度进行改

进；发展和验证卫星遥感提取地表感热、潜热和辐射通量的方法。

2.3.4.2　植被变化对气候的反馈作用

　　Charney 首次研究了在沙漠边缘植被变化对气候的潜在影响，发现北非附近地表反照率增加直接影响着地表能量平衡，在半干旱地区，引起大气辐射冷却和补偿性下沉的增加，因此抑制了降水的发展。其后，大量的研究指出，土地荒漠化导致较高的地表反照率、较小的土壤水分含量及较低的地表粗糙度使降水减少，植被和土壤进一步恶化，加速了荒漠化进程，形成一系列的正反馈。植被退化不仅对荒漠化地区的气候造成了很大的影响，改变了地表温度，减少了降水、蒸发和土壤湿度，其影响还可扩展到其外围地区。荒漠化区域邻近地区的海陆分布决定着气候对沙漠化的敏感性，而且局地气候主要通过水汽通量辐合的改变而发生响应。在大多数地区由于地表吸收的短波辐射减少，地表温度有所下降，但部分地区（尤其是非洲撒哈拉地区）由于土壤水分含量及潜热通量的减少使地表温度有所上升。降水也并不是在所有荒漠化地区都有显著的减少，就年平均而言，降水在不同的季风区也有不同的响应。植被退化对气候的影响随着退化区域的不同有较大的时空差异，就非洲来说，北非的降水对荒漠化的敏感性远大于南非，而亚洲、澳大利亚等地由于荒漠化引起的降水减少只在夏季较为明显。比较研究指出，非洲萨赫勒地区对植被退化最敏感，而且数值模拟的降水减少与近几十年来观测结果一致，说明这种变化确实是由于植被退化所致。

　　模式模拟的研究显示，与潜在自然植被相比，过去热带地区毁林将导致大约 0.2℃ 的区域增温。地表植被的变化将改变全球大气环流，进而影响遥远地区的区域气候。1750 年以后全球地表植被的变化主要表现在中纬度地区的毁林活动，人类造成的地表植被的变化对温度的影响主要体现在冬春季地表反照率的增加（变冷）以及在夏季和热带地区蒸发的减小（变暖）。对毁林造成的全球气温的变化范围在 0.01～ −0.25℃。有人进一步从观测上证明，热带森林的砍伐减少了表层水汽通量，而且这种土地利用变化将使得亚马孙地区旱季延长。也有研究发现植被退化区湿润季节降水增多，而与森林地区相比，退化区干旱季节降水减少。

　　浓密或高大植被覆盖的地表通常要比稀疏或短小植被覆盖的地表暗。稀疏植被覆盖的地表，其净反照率还依赖于下垫面的反照率，特别是下垫面为积雪或浅色土壤时。苔原大面积转化为灌木，这可能与过去几十年气温变暖有关。新的卫星资料表明，在小区尺度上，辐射的非均匀性在测定反照率和用于光合作用的短波辐射上是很重要的，而且结合这一新资料的合适的概念模型也日趋成熟。

2.4　近百年中国气候变化

近百年全球气候发生了激烈的变化,最主要的特征就是全球变暖。中国的气候发生了什么样的变化,与全球的变化有何异同,是我们最关心的问题。可惜,中国的观测记录受战争和动乱的影响残缺不全,直到 1951 年才有了大体上覆盖全国的温度降水序列。但是,只有 50 年左右的序列,不足以研究气候变化,因此不少作者收集了能够找到的所有观测记录,并设法构建一个中国的序列。另外一些作者则利用中国丰富的史料插补空缺。本节说明这方面的最新成果。

2.4.1　中国温度变化

研究全国或某一区域温度的变化,首先要建立较为均匀的温度序列。然而,对于中国的百年尺度,这是一个难度十分大的课题。中国近代开始使用仪器进行连续、系统的气象观测不仅晚于欧洲,也晚于北美等地。事实上,中国使用仪器进行气象观测的起步是比较早的。据文献资料记载,1698—1699 年在福建厦门开始有气温、气压、风和天气现象等气象要素观测,但至今未发现有观测记录。现存最早的器测记录始于北京 1743 年,然而比较连续的温度观测开始于 1841 年北京俄国大使馆,但后来就中断了,而且站址多次变迁。借 1873 年国际气象组织成立于世界范围普建一些台站的时机,由法国天主教会建立了徐家汇上海气象台,这也是迄今中国唯一连续性最好、记录最长的温度观测。19 世纪的气象站大多由外国建立,因此多分布于中国沿海地区。而且,20 世纪之前到 20 世纪初大约只有 10 个站左右。1920 年代到 1930 年代由中国各级政府机构建立了七百余个气象台,但是同时有观测记录的站大体有一百多个,而有连续记录的不过几十个台。直到 1950 年之后大多数气象台才保持了完整的记录,并在 1950 年代初逐步建立一批新的气象台,填补了中国西部及其他缺测地区的空白。由此可见,资料覆盖面不完整是建立近百年中国温度序列的一个难题。其次,是资料的不均匀性,这包括观测时间的不同以及观测规范和观测环境的变化,后者包括站址迁移及城市热岛效应。但是,可惜至今仍然没有一份经过仔细的质量控制检验的百年温度序列可以应用,因此也是一个至今未能很好解决的问题。

为了克服资料覆盖面不完整以及观测多次中断的影响,中国气象科学研究院天气气候所、中央气象台(1984)绘制了中国温度等级图。对每个站不分年代对 12 个月份分别划定温度等级,按温度值由高到低排列,前 12.5% 为 1 级,以后各 25% 为 2 级、3 级、4 级,最后 12.5% 为 5 级。由于确定等级的方法避免了应用标准值(normal)来计算距平,也便于各站之间插补及取平均,由此绘制了 1910—1950 年 137 个站的温度等级图。这份等级图第一次为分析中国范围的温度变化提供了可能,张先恭等给出每 5 年中国平均温度级别,指出 1910—1974 年中国温度变化与北半球平均有很大的一致性。

1998 年王绍武等先建立全国 10 个区的温度序列,再加权平均得到中国平均温度序列。10 个区中包括新疆、西藏、台湾,做到了覆盖完整。各区序列的缺测用冰芯 $\delta^{18}O$、树木年轮、史料插补;每个区用 5 个代表站,凡是早期只有 1 个站的时期对其标准差按比例减小;区域之间的界限根据 $1° \times 1°$(经度×纬度)温度与各区代表站的相关来确定。这是第一次能有一个覆盖面完整的序列(以下简称 W 序列)。这个序列的优点是覆盖面完整,各区均用 5 个站平均,一定程度上保证了序列的均一性。对 1951 年之后的序列与 $1° \times 1°$(经度×纬度)格点平均气温序列相关系数高达 0.99,证明分 10 个区每个区用 5 个站平均的方法有较好的代表性。但是,这并不能说明 1951 年之前代用资料的精度,而代用资料的使用可能会带来一定程度的不确定性。

1995 年林学椿等利用中国 711 个站月平均温度观测资料,以年代较长的测站为代表站,计算各代表站与全国其他测站的相关系数,按照一定的信度水平(>99%)同时考虑测站分布的疏密情况,将全国划分为 10 个区,在先计算各区平均序列基础上求全国平均,建立了 1873 年以来的中国温度序列(以下简称 L 序列)。这个序列未应用任何代用资料,因此也就不存在代用资料带来的不确定性。但是,仍存在资料覆盖面不全的影响,1930 年代之前中国西部的一些区没有观测记录。

2005 年唐国利等采用温度观测资料中的最高温度和最低温度的平均代表月平均温度,计算 $5° \times 5°$(经度×纬度)格点的温度距平,然后用面积加权得到中国温度序列(以下简称 T 序列),这个序列的特点是采用最高与最低温度平均,一定程度上克服了不同测站观测时间不同而造成的不均一性。由于资料的限制,T 序列早期网格覆盖也受到影响,在 20 世纪以前有 4～6 个网格,在 20 世纪前 20 年有 7～24 个网格,以后直到 1950 年为 25～38 个,1951 年后增加到 43 个。与 L 序列相同,也存在资料覆盖面早期小后期大的不均一性。

2005 年 CRU(英国东安吉利亚大学气候研究室)释放了经过整理的高分辨率陆地地表温度资料集(以此得到的中国平均温度序列简称 C 序列),分辨率达到 $0.5° \times 0.5°$(经度×纬度),时间开始于 1901 年。闻新宇等(2006)从这个序列中抽出中国 10 个区的记录,构成 10 个区的序列,与 W 序列比较,100 年的相关系数台湾最高达 0.98,其次东北为 0.93,华北、华东、华南、华中、西南及西北 6 个区相关系数在 0.77 到 0.87 之间,只有新疆为 0.59,西藏为 0.49。中国平均的年平均气温,C 序列与 W 序列的相关系数达到 0.84。C 序列是资料覆盖面最完整的序列,而且缺测一律用邻近台站观测温度内插,所以不存在资料覆盖面和代用资料的误差。C 序列的主要问题可能是在 20 世纪前半期、中国西部几乎完全没有温度观测,用相距过远的站内插,无疑会大为减少温度距平的振幅,甚至可能有距平符号的误差。

　　(彩)图 2.15 给出这 4 个序列,根据最新资料及各序列原始定义,序列均延长到 2007 年。可见在 1951 年之后 4 个序列几乎完全吻合。差别最大的是 1920—1945 年,特别是 1920 年代 W 序列及 L 序列比 T 序列及 C 序列明显偏高。T 序列采用了最高与最低温度,而 W 序列及 L 序列用月平均温度。当时不少台站采用每月 3 次观测求月平均,也许这是造成差异的原因之一。

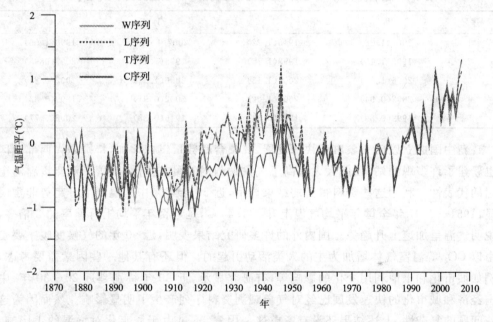

图 2.15　1873—2007 年中国年平均温度距平(相对于 1971—2000 年平均)

　　据计算,4 个序列之间的相关系数很高,与其余 3 个序列相关最高的是 T 序列。表 2.1 为近百年变暖速率。为了与 IPCC 第四次评估报告比较,时间取 1906—2005 年。各序列给出的变暖速率在 0.34～1.20℃/100 a 之间,平均为 0.73℃/100 a,可见无论哪个序列都指示出中国温度是显著上升的。在过去的 100 年中有两段明显的增温期,分别出现于 20 世纪 20—40 年代和 80 年代中期以后,其中 90 年代和 40 年代分别比多年平均值偏高 0.37℃和 0.36℃,其他时期则以偏凉为主。两个明显的偏凉时期是 20 世纪 10—20 年代和 50—60 年代,早期的偏凉程度尤其突出(图 2.15)。表 2.2 列出各序列近百年的 5 个最暖年,可见除 1946 年以外,其他年份均出现于 20 世纪 90 年代以后,其中 2007 年、1998 年和 2006 年是最暖的 3 年。

表 2.1   中国年平均温度变暖速率(℃/100 a)

序列	1906—2005 年	1908—2007 年
W	0.53	0.59
L	0.34	0.42
T	0.86	0.96
C	1.20	1.27

表 2.2   近百年(1906 年以来)温度距平最高的 5 年及温度距平(单位:℃)

序号	W	L	T	C
1	2007(1.28)	1946(1.22)	2007(1.31))	1998(1.05)
2	1998(1.15)	1998(1.15)	1998(1.16)	2007(0.93)
3	2006(1.10)	2007(1.13)	2006(1.08)	2002(0.89)
4	2002(0.94)	2006(1.02)	2002(0.91)	1999(0.83)
5	1999(0.89)	1999(0.84)	1946(0.88)	2006(0.77)

新中国成立以后气象事业快速发展,气象台站数量迅速增加,特别是在西部地区也新建了许多观测站,因此大大提高了气象观测网的覆盖范围,改善了观测资料对全国的代表性。利用这些资料得到的结果显示,近 50 余年来中国温度上升趋势非常明显,1951—2007 年全国年平均气温上升了 1.44℃,是近百年平均上升速率的 3 倍多,说明气温呈加速上升趋势。国内外的许多研究结果表明,近 50 年的气候变暖主要是由以 CO_2 等温室气体增加为主的人类活动引起的。但还有其他一些因素需要考虑,例如城市化和土地利用变化的影响等,有研究显示,近 50 年特别是近 20～30 年,中国经济和城市化的快速发展已经对气象观测资料序列产生了明显影响。然而因为这一问题的复杂性,上述结果还没有考虑这一因素,不过由于城市化对增温的正影响,中国的实际变暖程度应小于上面给出的数字。

2.4.2   变暖的地理分布和季节性

近 100 年来,中国的气候与全球和北半球的变化大体一致,都呈现出非常明显的变暖趋势。当然这种一致性主要是指全国范围的年平均气温变化,事实上变暖趋势还存在着明显的区域性和季节性差异。20 世纪 90 年代,我国的许多气候工作者曾对变暖的地理特征或季节变化进行研究和讨论。他们的研究结果表明:东北、新疆、西藏、西北、华北以及华东和台湾的变暖趋势比较明显,而华南和西南的增暖较弱,华中区域与全国大多数地区相反呈现微弱变凉趋势。利用最新资料将序列更新到 2007 年,表 2.3 列出了各区域不同时段的增温速率。可见各区域均为增温趋势且增温幅度普遍更大,其中增温最显著的是东北、新疆、西北、华北、华东以及台湾。不过时段不同增温速率也不同,如果与 IPCC 第四次评估报告一致取 1906—2005 年,则东北、新疆和台湾有更高的增温速率,但西南、华南、华中及西藏则呈不同程度的下降趋势。

表 2.3　中国 10 个区不同时段气温线性趋势(单位:℃/100 a)

时段	东北	华北	华东	华南	台湾	华中	西南	西北	新疆	西藏
1906—2005 年	1.70	0.50	0.61	−0.12	1.08	−0.12	−0.45	0.31	1.51	−0.08
1880—1984 年	0.54	0.09	0.55	0.10	1.02	0.03	0.26	0.26	0.84	0.36
1880—1996 年	0.85	0.23	0.54	0.10	1.01	−0.02	0.13	0.32	0.84	0.37
1880—2007 年	1.18	0.62	0.90	0.32	0.99	0.30	0.23	0.61	1.18	0.44

　　全球和半球的观测事实分析表明:气候变暖有明显的纬度差异(IPCC 第三、第四次评估报告),这种差异主要表现为高纬度地区的增暖幅度大于低纬度地区。分析中国近百年的年温度变化也同样可以发现这种地理分布特征。按照 30°N 以南、30—40N° 和 40N° 以北三个纬度带考察,图 2.16 给出 1905—2007 年中国各纬度带的平均温度变化曲线及线性趋势。可见,虽然各纬度带均呈上升趋势,但差异也非常明显,其变暖趋势随纬度增高而愈加明显。计算表明,由低到高三个纬度带的温度变化速率分别为 0.34℃/100 a,0.75℃/100 a 和 2.02℃/100 a。可见其差异十分显著,其中中间纬度带比低纬度的 30°N 以南地区增温幅度高 0.41℃/100 a,而 40N° 以北的较高纬度区域又比中间纬度带高 1.27℃/100 a,并且高纬度带的变暖速率是较低纬度带的近 6 倍。当然,由于早期西部地区资料不足,上述结果主要反映中国东部的情况。

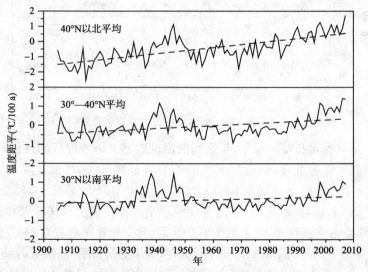

图 2.16　1905—2007 年中国近百年各纬度带温度变化(相对于 1971—2000 年平均)

　　1951 年以来,由于资料覆盖面的提高使得有可能对温度变化趋势的地理分布特征进行更为详尽的分析。图 2.17 给出了利用 900 余个温度测站按 2°×2°网格区计算的 1951—2005 年中国年平均气温变化速率的空间分布。可以看到,全国大部分地区均呈增温趋势,其中增温最显著的区域主要在北方,特别是 34°N 以北的大部分地区。在此区域内,增温速率普遍在 0.30℃/10 a 以上,其中华北北部、内蒙古中部和东部、东北北部、新疆北部以及青海东北部和甘肃中部等地增温尤为显著,增温速率达到 0.40~0.60℃/10 a。34°N 以南区域,大部分地区也有不同程度的增温,其中黄淮和江淮地区增温率一般为 0.2~0.3℃/10 a;华南大部地区增温略高,增温速率一般为 0.3℃/10 a,个别区域达到 0.4℃/10 a;长江以南其他地区增温一般在 0.1~0.2℃/10 a 之间;此外青藏高原增温也相对较快,增温速率为 0.2~0.5℃/10 a。除增温显著或比较明显的区域外,增温最小的区域主要集中在中国的西南部包括云南东部、贵州大部、四川东部和重庆等地区,而这一区域在 21 世纪初期以前甚至表现为降温趋势。

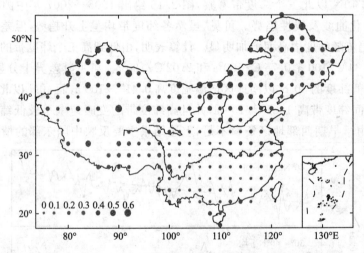

图 2.17　1951—2005 年中国年平均气温变化趋势(℃/10 a)

　　表 2.4 是中国年和各季每 10 年平均的温度距平及一些时段的线性趋势。可见,虽然年平均温度显著上升,但温度变化的季节特征明显,其增温速率明显更高,冬、春、秋三季温度上升速率分别为 1.91℃/100 a、1.55℃/100 a 和 0.58℃/100 a,增温幅度分别达 2.16,1.48 和 1.23℃,这也说明年平均温度的上升主要是由上述三季引起,其中特别是冬季和春季;增温最少的是夏季,其变化速率只有 0.06℃/100 a。从变暖的季节特征看,1940 年代和 1990 年代虽然都是温度偏高期,但前者的最大距平值出现在夏季,且各季的增温差相对较小,而后者则出现于冬季,且各季的增温差相对较大。

表 2.4　中国各季每 10 年平均的温度距平(相对于 1971—2000 年;单位:℃)

及 1905—2007 年的变暖速率(℃/10 a)

时间	1910s	1920s	1930s	1940s	1950s	1960s	1970s	1980s	1990s	2000s (2001—2007)	1905—2007 年线性趋势	1951—2007 年线性趋势
冬季	−1.50	−1.11	−0.62	0.04	−0.74	−0.91	−0.47	−0.11	0.57	0.96	0.191	0.379
春季	−1.18	−0.59	−0.33	0.41	−0.57	−0.28	−0.25	−0.12	0.38	0.94	0.155	0.259
夏季	−0.07	0.07	0.44	0.68	−0.06	−0.21	−0.22	−0.06	0.28	0.73	0.006	0.144
秋季	−0.53	−0.31	0.29	0.35	−0.23	−0.39	−0.21	−0.09	0.28	0.91	0.068	0.215
年	−0.79	−0.47	−0.02	0.36	−0.41	−0.45	−0.29	−0.08	0.37	0.89	0.104	0.253

2.4.3　中国降水量变化

中国气候深受季风影响,冬季冷干,夏季暖湿,降水量自东南沿海向西北内陆逐渐减少。台湾、海南岛高山区年降水量在 2000 mm 以上,东南沿海大部地区在1500～2000 mm 之间;长江流域年降水量在 1200～1500 mm;华北地区在 600 mm 左右。400 mm 年降水量线从内蒙古东部向西南穿过河套到青藏高原东部,大体上把中国分为东南及西北两部分,东南湿润,西北干旱。塔里木盆地年降水量不足 100 mm,中心地区在 10 mm 以下,接近终年无雨。

全年降水量主要集中于夏季,夏季降水量在内蒙古东部及东北三省占全年50%～75%,西部大部分地区在 50%以上,高原西部达到 70%～80%。只有江南降水量的季节分配比较均匀,春、夏、秋、冬四季各占 40%～45%,25%～30%,10% 及10%～15%。因此,研究中国降水量变化,往往把夏季放在重要地位。大多数情况下,夏季降水量的异常决定了全年的旱涝基本特征,特别是洪涝的基本特征。但是连续几个季的干旱,则可能使灾害加重。

研究近百年中国降水量的变化,面临的最大困难与研究温度变化相同,即观测资料的不足。从 1951 年开始有了国家气候中心整编的 160 个站月降水量序列。1951年之前则仅有国家气候中心前身中央气象台长期预报科与中央气象局气象科学研究所共同绘制的月降水量等级图。同气温等级图一样,这是按每一个站每一个月历年记录,根据数据大小排序,前 1/8 及末 1/8 频率为 1 级与 5 级,中间各 1/4 为 2 级、3级、4 级。这有利于克服资料中断及不同测站缺测年份不同、序列长短不一的缺陷。这份降水量等级图与温度等级图在建立我国长期预报(即现在的气候预测)业务中起了重要的作用。但是,等级比较粗略。王绍武等(2000a)建立了中国东部 35 个站的季降水量距平序列,代用资料是史料。由于史料不可能详细到月,所以只建立了四季的降水量距平。分析表明,尽管只用 35 个站,对中国东部还是有较好的代表性。根据 1951—1990 年 40 年的资料,35 个站平均年降水量与 384 个站平均年降水量的相

关系数达到 0.84。可见用 35 个站,有能力反映大尺度降水异常。近来又把降水量
序列扩展到中国东部 71 个站,这样就有了一个较好的中国东部近百年降水量序
列。图 2.18 给出 1880—1998 年中国东部平均四季及年降水量变化曲线。从图
2.18 可以看出,中国东部的降水量变化没有像温度一样的长期变化趋势,但是年
代际变化则比较明显。功率谱分析表明 26.7 年的周期有一定显著性,这说明至少
目前还无法判断随着全球气候变暖中国东部的降水量是增加了还是减少了,因为
降水量与温度变化的规律完全不同。就降水量本身的变化而言,夏、秋两季的变化
与全年的变化较为一致。冬、春季降水量变化的幅度较小。从年降水量来看 1880 s、
1910 s、1930 s、1950 s、1970 s 及 1990 s 较多。这也同功率谱分析的结果一致。

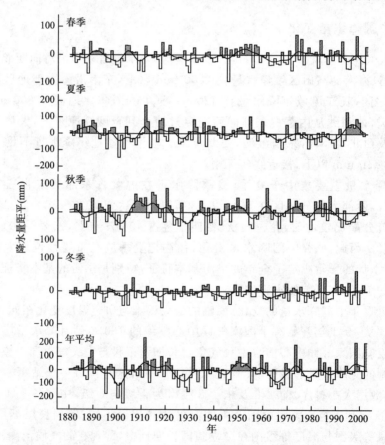

图 2.18　1880—1998 年中国东部四季及年降水量距平

但是,中国降水量异常的空间分布比较复杂,即使东部地区,几乎也很少有全国
一致多雨的年。因此,国家气候中心在做气候预测时,把夏季的雨带分为三类:Ⅰ类
华北多雨,Ⅱ类长江与黄河之间多雨,Ⅲ类长江及其以南地区多雨。后来有人建议把

Ⅲ类再分为长江多雨与江南多雨两类。但是,也有全国大部地区少雨以及江南(或华南)与华北两个雨带的形势。所以,就中国东部夏季降水量异常而言,可分为5～6种类型。因此,不同地区降水量的年代际变化是不同的(表2.5)。即从华北、长江中下游、华南及中国西部来看,只有1990 s几个区降水量均较多,所以这也是近百年来最为湿润的一个10年。施雅风等曾提出中国西部气候转型问题。当然,从降水量的绝对值来看,即使增加20％以上的降水量,西北也仍然大部属于干旱气候。但是,是否这个变湿与全球气候变暖有关是一个值得注意的问题。

表 2.5　近百年中国不同地区降水量最多的年代

地区	年代				
华北	1880 s	1890 s	1950 s	1990 s	
长江中下游	1880 s	1910 s	1950 s	1980 s	1990 s
华南	1910 s	1950 s	1990 s		
西部	1890 s	1990 s			

2.4.4　东亚季风变化

东亚是世界上著名的季风区。中国气候深受季风影响,特别是中国东部冷、暖、旱、涝均取决于冬、夏季风的活动。根据过去的研究,中国东部可以分为7个自然季节。秋季(9月3日—10月22日)冬季风从北向南迅速推进,中国东部气温下降,降水量减少;但是,这时中国西南季风依然活跃,因此仍维持较高的降水量;而华南正是台风季带来大风、暴雨。初冬(10月23日—12月1日)夏季风退出大陆,冬季风逐渐增强,降水量进一步减少;这时冬季风的前沿极锋停滞在华南,雨量不大,但是雨日较多。隆冬(12月2日—3月1日),这是冬季风最盛的时期,整个中国东部气候冷干。晚冬(3月2日—4月10日)冬季风显著减弱,降水量有所增加。从9月到4月7个多月时间中国东部的气候均由冬季风主宰。春季(4月11日—6月9日)夏季风开始活跃,5月中旬南海季风爆发,华南雨季开始。初夏(6月10日—7月14日)夏季风前沿到达长江中下游,梅雨季节开始;有的长江大水年季节提前,并延续到8月。盛夏(7月15日—9月2日)夏季风前沿向北推进到华北及内蒙古东部,中国北部地区先后进入雨季;这时因为整个气候系统北移,副热带高压南侧的热带辐合带(ITCZ)北移,台风开始影响华南。有的年份这种形势持续,造成中国东部两个雨带。

东亚夏季风在中国东部的活跃时期不过4个月左右,但是却往往造成大旱大涝,其主要原因就是夏季风自南向北的推进不是均匀的,而是跳跃式的(表2.6)。5月中旬南海季风爆发,副热带高压脊线越过15°N,华南雨季开始。6月中旬夏季风再次跳跃越过20°N,长江中下游梅雨开始。7月中旬夏季风第三次跳跃越过25°N,华北雨季开始。8月中旬有的年份夏季风继续向北推进,内蒙古中部多雨。有的年份夏季风减弱南退,在华西造成连阴雨,因此8月中旬之后的雨带是不稳定的。但是,较多的年份季风南撤,副热带高压脊线亦南移到25°N以南,华北雨季结束。

东亚夏季风与南亚季风不同,它们是亚非季风系统的两个子系统。东亚夏季风主要影响中国东部的气候,而南亚夏季风影响印度半岛的气候,但是也向东延伸,影响到中国西南及部分华南的气候。这两个子系统的活动特征也有根本不同。南亚季风一旦爆发,即持续向北推进,一般在6月第1候在印度半岛南端爆发,经过20多天6月第6候到达半岛北部。除了季风中断之外大多数情况不在中间停滞。而东亚夏季风,如上所述,从开始爆发到梅雨开始及华北雨季开始,共有3次跳跃式发展,有时在其中一个地区长期停滞,即造成洪涝。如1954年、1998年都是5月就开始梅雨,中间虽有几次中断,但雨带始终未按季风规律进一步北抬,这样一直持续到8月,即所谓一度梅、二度梅、三度梅等造成长江中下游特大洪水。也有的年份雨带从华南到江南一下跳过长江流域,造成空梅,如1958年就是这样。这表明东亚夏季风的活动远较南亚季风复杂。

表 2.6 中国东部夏季雨带的季节性跳跃(林之光,1987)

时间	雨带位置	10天雨量(占全年%)	副热带高压纬度
5月中旬—6月上旬	华南	6%～8%	16.5°N
6月中旬—7月上旬	长江、淮河	10%～11%	23.5°N
7月中旬—8月上旬	华北	10%～12%	26.0°N～28.0°N
8月中旬—9月上旬		4%～5%	24.0°N

要具体研究季风与气候的关系,就需要定义一个季风指数。由于夏季风活动复杂,因此不同作者定义的夏季风指数也多种多样。夏季风指数大体上可以分为两类。一类考虑夏季风形成的原因来定义指数,例如,根据海陆温差或东亚(10°—60°N,160°—110°E)海陆气压差作为描述季风的指数。图2.19给出根据郭其蕴(2004)用海陆气压差定义的夏季风指数与夏季(6—8月)降水量和气温的相关系数分布,华北为正相关,其中最大正相关系数达到0.4;而长江中下游为负相关。这同竺可桢经典的季风概念是一致的。竺可桢早在1930年代就指出上海东南风强,北京降水量增加。所以,根据这样的夏季风定义,季风弱时长江中下游降水多,如1954年、1998年都是副热带高压明显偏南的年份,长江流域发生特大洪水。

另一类夏季风指数则专用某一要素或两个地区要素的差来定义,例如用10°—25°N,100°—125°E $V_{850}-V_{200}$ 作为指数。这是参照南亚季风得到的指数,因为用10°—30°N,70°—110°E $V_{850}-V_{200}$ 作为指数与印度夏季风降水有较高的相关。对东亚季风来讲用经向风的差与长江中下游降水则有明显的正相关(相关系数0.36)。

这明确显示出两种定义的差别。郭其蕴的定义是气压差愈大,表示南风愈强。因此,夏季风的前沿降水量最多(图 2.19)。但是,这时由于强夏季风越过长江流域,所以长江中下游降水量反而要少。根据这个定义,低层南风强、高层北风强指数为正。这实际反映了低纬大气环流条件。夏季亚洲大陆南部(10°—20°N)在对流层上层有一支强大的东风急流。我国东部正处于急流入口处,那里应该有强烈的反环流,即急流右侧(北部)为上升气流,左侧(南部)为下沉气流。低层南风、高层北风说明反环流增强,所以处于急流入口右侧的中国南方应该多雨。显然,这样定义的夏季风指数与根据海平面气压定义的夏季风指数反映了不同大气环流机制。因此,在讨论夏季风与中国气候的关系时,首先要了解夏季风是如何定义的,否则就会发现有人认为夏季风强华北多雨、长江干旱,而有的人则认为夏季风强时长江中下游多雨。

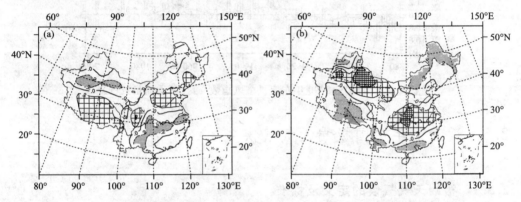

图 2.19　东亚夏季风指数与中国夏季降水量(a)和温度(b)的相关系数分布

冬季风与中国气候的关系就比较简单了。一般都采用郭其蕴根据东亚(10°—60°N,110°—160°E)海平面气压差定义的冬季风指数来表征冬季风的强度。分析表明冬季风强时降水量减少,但气温下降则更明显(图 2.20)。

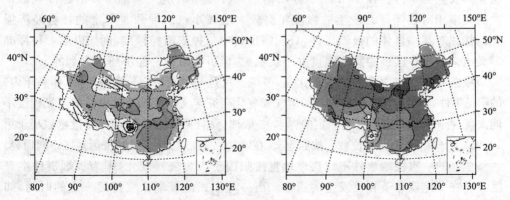

图 2.20　东亚冬季风指数与中国冬季降水量(a)和温度(b)的相关系数

　　图 2.21 给出 1881—2000 年东亚夏季风指数与冬季风指数。可见这 120 年大体上可以分为 4 段时间:1881—1910 年冬夏季风均较弱;1911—1940 年夏季风明显增强,是 20 世纪夏季风最强的时期;1941—1970 年又处于过渡时期,冬、夏季风先后减弱;1971—2000 年最后 30 年则冬、夏季风均处于减弱时期。

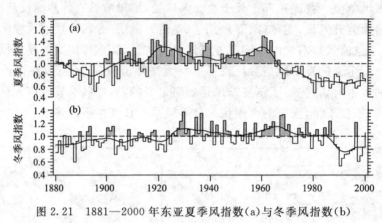

图 2.21　1881—2000 年东亚夏季风指数(a)与冬季风指数(b)

2.5　近五十年中国极端天气气候

2.5.1　极端天气气候的定义及标准

　　Easterling 等将极端天气气候事件归为两类:一类是基于简单的气候统计学的小概率事件,如每年都发生的非常高或非常低的逐日温度、非常强或非常弱的逐日或逐月降水量;另一类是更为复合性的极端事件,如干旱、洪涝、飓风等在特定区域并非每年都发生的事件。而 Beniston 等归纳了三种常用的定义极端事件的标准:(1)发生的频率相对较低;(2)发生的强度相对较大或较小;(3)导致了严重的社会经济损失。往往对某一具体的极端事件,只能满足其中一种或两种标准,例如以第一种标准定义出来的干旱区极端降水强度并不会很大,但可能对社会经济还是有利的。

　　根据 IPCC 第四次评估报告的定义,极端天气是一种在特定地区和时间(如一年内)的罕见事件。"罕见"的定义有多种,但气候变化研究定义的极端天气事件的罕见程度不能太高,否则无法保证每年有一定的样本,一般选择相当于观测到的概率密度函数小于第 10 个或大于第 90 个百分位数。按照定义,在绝对意义上,极端天气特征因地区不同而异。

　　单一的一次极端事件不能简单地直接归因于人为气候变化,因为极端事件本身就具有在一定概率下自然发生的属性。当一种形式的极端天气持续一定的时间,如某个季节,它可归类于一个极端气候事件,特别是如果该事件产生一个平均值的极值或总极值。从这样的定义来看,极端天气事件的特征是随地点而变的。极端气候事件就是在给定时期内,大量极端天气事件的平均状况,这种平均状态相对于该类天气现象的气候平均态也是极端的。

　　图 2.22(a)是气候平均状态的变化给极端事件造成的影响,以某一地区多年以来的温度为例,在多年的平均条件下呈现正态分布,即该地区的天气在平均温度处出现的概率最大,偏冷和偏热的天气出现的概率较小,极冷或极热的天气出现的可能性很小甚至没有。若气候变暖,气温平均值增加了某一数值(水平箭头向右移动),这时偏热天气出现的概率将明显增加,甚至原本极少可能出现的极热天气现在也可能出现了;相反,偏冷天气出现的概率将进一步减少。图 2.22(b)则说明平均值不变,但变率增加后,会造成更多的偏冷或偏热天气以及更多的极热或极冷天气。简单地说,气候平均值的明显变化,变率不变的话,会导致极端天气气候事件的增多;气候平均值不变,变率增加的话,也会导致极端天气气候事件的增多;在平均值和变率同时变化的情况下,极端天气气候事件如何变化显得更为复杂。

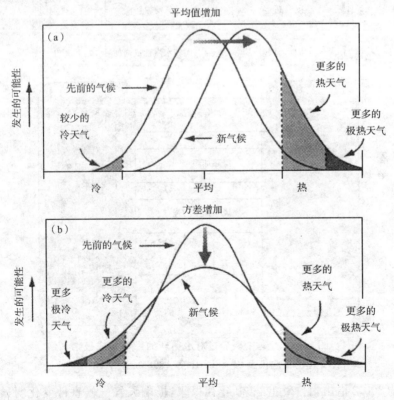

图 2.22　气候变化与气候平均值(a)和变化幅度(b)变化之间的关系

横坐标代表温度,纵坐标代表出现概率(IPCC 2007)

　　Trenberth 等(1998)指出,地面温度的升高会使地表蒸发加剧,使得大气保持水分的能力增强,这意味着大气中水分可能增长。地面蒸发能力增强,将使干旱更易发生,同时为了与蒸发相平衡,降水也将增长,易于发生洪涝灾害。研究表明,气候的变化还会影响大气中的水分含量,继而影响大气的特性,对中小尺度的极端天气气候事件产生影响。图 2.23 就很好地表明了由于气候变暖,经过一系列的相互作用,给极端天气气候事件的变化带来的影响。

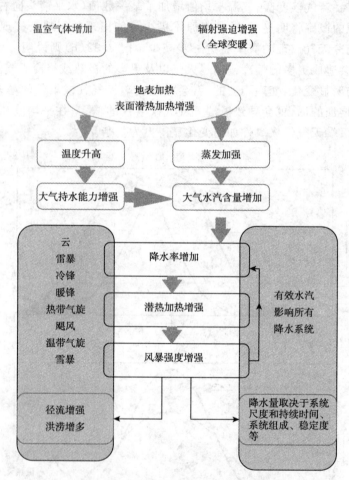

图 2.23　全球变暖通过对水循环的影响造成极端气候
事件变化的概念模型(Trenberth 等 1998)

　　IPCC(2007)指出,自 20 世纪 70 年代以来,极端天气气候事件变化明显,在更大范围,尤其是在热带和副热带地区,与温度升高和降水减少有关的变干趋势增加,促成了干旱的强度更强、持续时间更长，大多数陆地上的强降水事件发生频率也有所增加；冷昼、冷夜和霜冻发生频率在减少，而热昼、热夜和热浪的发生频率增加等（表2.7）。

表 2.7　20 世纪后期极端天气气候事件变化趋势及可能性（摘自 IPCC,2007）

现象和变化趋势	20 世纪后期出现变化趋势的可能性（代表 1960 年之后）
多数大陆地区冷昼/冷夜更少	很可能
多数大陆地区热昼/热夜更多	很可能
多数大陆地区暖事件和热浪发生频率增加	可能
多数地区强降水事件发生频率（或强降水占总降水的比例）增加	可能
自 20 世纪 70 年代以来许多地区受干旱影响范围增加	可能
强热带气旋活动增加	自 1970 年以来某些地区可能
由极高海平面所引发的事件增多（不含海啸）	可能

我国极易受到极端天气和气候事件的影响。在全球气候变暖的大背景下，我国的极端天气气候事件，如极端高低温事件、强降水事件、冰冻、积雪和沙尘暴等，也都发生了一些变化。

2.5.2　极端温度

在全球气候增暖的背景下，近 50 年中国的区域极端最高气温有一些变化：黄河下游、江淮流域和四川盆地在夏季有显著的下降趋势；而西北西部和青藏高原南部出现显著上升趋势；其余地区变化不明显。另外，冬、春、秋季北方地区均有明显的上升趋势；南方地区四季变化趋势不明显。在东部，日最高气温高于某一界限的高温日数明显减少。

就全国平均而言，近 40～50 年，日最高气温大于 35℃ 的高温日数没有发现显著的增加趋势。中国夏季高温日数的演变情况如图 2.24，20 世纪 60 年代到 70 年代初期高温日数较多，70 年代中期到 80 年代中期高温较少，90 年代以后高温日数又有增加的趋势。此外，全国平均的热日和暖夜频率增加明显。

我国的极端最低气温在近 40～50 年期间则呈明显上升趋势，其中以冬季、秋季和春季上升幅度较大。我国冬季极端最低温度的升高趋势比平均最低温度的升高趋势更为显著，而平均温度的增温趋势小于极端最低和平均最低温度的增温趋势。相对于极端最高温度，各季节极端最低气温的变化幅度均大于极端最高温度。

与极端最低温度相关的天气气候事件也有显著变化。自 20 世纪 50 年代开始，全国大范围的寒潮活动逐渐减弱，尤其是在 80 年代到 90 年代初，寒潮影响尤其微弱。大部分地区的低温日数也趋于减少。我国日最低气温小于 0℃ 的霜冻日数减少

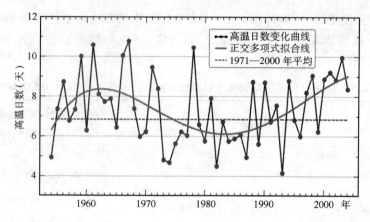

图 2.24　中国夏季高温（日最高气温≥35℃）日数变化

也较显著,并以 80 年代中期以后减少最快(图 2.25)。此外,全国平均的冷日和冷夜频率亦减少明显。可以说在最近的 40～50 年间,我国与温度相关的极端事件强度和发生频率一般呈降低趋势或稳定态势,与低温有关的极端事件强度和频率明显减弱,而与高温相关的极端事件强度和频率没有明显增强。

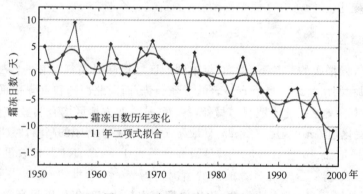

图 2.25　全国年霜冻日数变化

2.5.3　极端降水

在气候变暖的背景下,对于北半球中高纬度近几十年里降水量增加的地区,很可能大雨和极端降水事件也趋于增多。但是,由于降水量和降水频率之间的复杂关系,使得由这二者变化引起的降水强度变化较为复杂。

极端强降水事件对总降水量有很重要的影响。在我国,除青藏高原以外,最强的 5％ 的日降水事件的降水量和可以占到总降水量的 30％～40％。降水量增加的区域极端强降水事件发生的频率也趋于增加。强度不变的情况下,降水量增加,极端强降水事件发生的频率就会增加;而在降水日数不减少的情况下,降水量增加会导致降水强度增强,引起更多的极端强降水事件。

研究表明,在过去几十年中,中国大范围明显的降水增长趋势的地区主要在西部,特别是西北。但是,中国东部季风区的降水变化趋势区域性差异较大,长江流域降水趋于增多,东北东部、华北地区到四川盆地东部降水趋于减少。

从 20 世纪 80 年代以来,我国长江流域频繁发生洪水,而北方却发生持久、严重的干旱。虽然全国总降水量变化趋势不明显,但从区域性变化上看,长江流域的降水有增加趋势,华北地区的降水有减少趋势,同时雨日也显著减少,这意味着我国的降水强度可能增强,干旱与洪涝将同时趋于增多。

有分析指出,由于降水量具有显著的年际变化,因此在长期变化中不同研究时段会有不同的结果。对于我国华北在降水递增时期(1926—1959 年)和递减时期(1960—1992 年)日降水量≥5.0 mm 和≥25.0 mm 的日数分布没有显著差异,主要差异在极端降水的量值上。

图 2.26 是全国平均强降水(以单站 1961—1990 年中最强的 5% 的日降水量为阈值)日数距平的年际变化图,可以看出,1957—2003 年极端强降水日数是增加的。研究认为,我国的极端强降水平均强度和极端降水值都有增强的趋势,极端强降水事件也趋于增多,尤其在 20 世纪 90 年代,极端强降水量占总降水量的比例趋于增大。华北地区极端强降水值和极端强降水平均强度趋于减弱,极端强降水事件频数明显趋于减少,但极端强降水量占总降水量的比例仍有所增加。西北西部极端强降水值和极端强降水强度未发生明显变化,但极端强降水事件趋于频繁。长江及长江以南地区极端强降水事件趋强、趋多。年极端强降水日数表现为我国东北和华北以及四川盆地为减小趋势,其中华北和四川盆地下降趋势尤其显著;西部地区和长江中下游一直到华南都表现出增加趋势。由此看来,我国极端强降水事件的变化是十分复杂的。在过去 50 年中我国夏半年极端强降水事件增加的趋势虽然在西北、长江流域等地都有出现,但只有在长江中下游地区才出现了显著的增加趋势,这种趋势与长江流域 20 世纪 80 年代以来洪涝增加的趋势相一致((彩)图 2.27)。

我国大雨到暴雨、暴雨日数均为由南向北逐渐减少,其变异系数由南向北递增,暴雨变异系数的南北变化是大—暴雨的 5 倍。20 世纪 80 年代后,我国东部除华北地区外,暴雨极端事件表现出日数增多、强度增大的趋势,尤其是在华南、江南地区。80 年代后我国暴雨极端事件异常年份出现频数及强度异常年变化不明显,但各区差别较大。江南、华北和东北地区暴雨频数异常年增多,强度加强。同时,大—暴雨频数存在 10 年左右的周期。

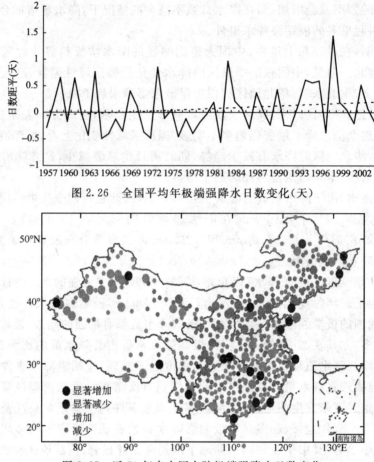

图 2.26　全国平均年极端强降水日数变化(天)

图 2.27　近 50 年来中国大陆极端强降水日数变化

2.5.4　大风

　　大风(风速>17.2 m/s)往往与地形有关,中国有三个大风多发区:一是青藏高原大部,年大风日数多达 75 天以上,是中国范围最大的大风日数高值区;二是内蒙古中北部地区和新疆西北地 1 区,年大风日数在 50 天以上;三是东南沿海及其岛屿,年大风日数在 50 天以上。此外,山地隘口及孤立山峰处也是大风日数多发区。

　　根据 1950—1970 年我国 700 多个气象台站年最大风速资料,得到:(1)东南沿海为我国在陆上最大风速区,风速从沿海向内陆递减很快,梯度大,这和台风登陆后的锐减有关;(2)三北地区之北部为次大风速区,主要是强冷空气入侵造成大风,由于气团变性风速渐减;(3)青藏高原为风速较大区,主要是海拔较高所致;(4)云贵高原和长江中下游风速较小,特别是在四川中部、贵州、湘西、鄂西为风速最小区,因为冷空气到此已是强弩之末,夏季台风到此也大为填塞或者变为气旋,再加之高空在冬半年又处于南北急流的死水区内,故相对为最小风速区域;(5)台湾省、海南省和沿海诸岛屿自成一区。台湾省是我国风速最大的地方,而沿海岛屿及南海诸岛屿,风速也较大,但南沙群岛及其他群岛风速要小些。此外,地方性大风在一定地形条件下结合有利的大型天气过程,也能造成较大的风速,如乌鲁木齐的东南大风、阿拉山口的西北大风、安西的偏东大风、大理的雪风、渤海湾的偏东风、喀什的下滑风以及康定、小金一带偏东大风等。

1961—2005 年期间,中国年大风频次平均值为 13983 站日,平均每站年大风日数为 20 天;1996 年出现大风频次最多,为 21377 站日;1997 年最少,仅为 8715 站日。20 世纪 90 年代以来中国年大风频次呈明显减少趋势。有研究表明(王遵娅等 2005),这种风速的减小开始更早在 20 世纪六七十年代。

2.5.5　低温

2008 年 1—2 月,中国发生了大范围的低温雨雪冰冻灾害,造成了极大的损失。这次罕见的雨雪冰冻灾害是典型的极端天气气候事件造成的,最主要的特点是范围广、强度大、持续时间长。

有研究表明(表 2.8),我国冷冬集中于 19 世纪末到 20 世纪初。1977 年之后再未出现极端寒冷的冬季,1984 年仅为一般冷冬年,气温距平(ΔT)为 $-1.5℃$,刚达到冷冬的标准,而且西北、新疆寒冷的程度不及 2008 年。但是分析 2008 年冬季的情况可知,寒冷的程度并达不到寒冬的标准。在过去寒冬年出现了海水冻结、太湖及洞庭湖结冰的现象,估计那时区域气温距平在 $-3\sim-5℃$。而在 2008 年冬季,太湖、洞庭湖均未结冰,寒冷达不到 1955 年及 1977 年寒冬的程度。

表 2.8　1880—2007 年中国东部的寒冬($\Delta T\leqslant-2.5℃$)及
冷冬($\Delta T\leqslant-1.5℃$)年份

年代	冷冬年份
1880 s	1881,1882,1883,1885*,1886,1887,1888,1889
1890 s	1893*,1894*,1896,1897
1900 s	1900,1901,1906,1908
1910 s	1910,1911,1913,1915,1917,1918
1920 s	1920,1927
1930 s	1930,1931,1936*
1940 s	1941*,1947
1950 s	1953,1955*,1957*
1960 s	1964,1967,1968*,1969
1970 s	1977*
1980 s	1984

*:表示该年份中国东部达到寒冬年标准(距平按 1971—2000 年 30 年平均计算)

目前有学者认为,2008年1月10日至2月初的这次低温雨雪冰冻灾害与拉尼娜事件造成的大气环流异常有关。在这段时间内,乌拉尔山地区环流场异常偏高,中亚至蒙古国西部直到俄罗斯远东地区偏低,这种环流异常型持续日数达20天以上,为1951年以来该环流型持续日数最长的一次,非常有利于冷空气不断分裂南下,自西北方向沿河西走廊南下入侵我国。另外同期,西太平洋副热带高压异常偏北,青藏高原南缘的南支槽也异常稳定活跃,这些形势有利于暖湿气流不断向我国输送,为长江中下游及其南部地区出现强雨雪天气提供了更加充足的水汽来源。由于逆温层不断加强并长时间维持导致了冻雨持续出现。

2.5.6　积雪

积雪是气候系统中的一个重要而活跃的组成部分。积雪影响热量循环和水循环。积雪有着明显的季节变化,雪盖在最盛期可达到陆地面积的40%。雪的反照率相对于地表各种自然物质是非常高的,新雪的反照率高达0.9以上,陈雪的反照率也在0.4以上,因此积雪能够反射大量到达地表的太阳短波辐射,进而影响着地表的热量收入状况。同时,雪作为热的不良导体,大大减小了地表与大气之间的热交换。积雪异常可以引起下垫面能量和水分的异常,同时改变地表与大气之间的热量和水分交换,从而对气候及大气环流的变化产生重要的影响。当然,气候和大气环流的异常可以通过温度及降水影响积雪量。已有的研究表明,积雪异常的气候效应主要体现在太阳辐射的反照率效应、水分效应、保温效应和雪盖异常引起大气环流异常的遥相关等诸多方面。

许多学者的研究表明,北半球积雪特别是青藏高原雪盖对中国的降水、大气环流、气温均产生深刻的影响。此外,中国西部和北部冬春季节雪灾发生频繁,严重影响了当地的人民生活和经济发展,因而目前国内对积雪研究是比较多的。

中国降雪日数分布具有高山多、平原少、北方多、南方少的特点。青藏高原、东北北部和东部及内蒙古东部、新疆北部山区为降雪多发区,年降雪日数50～100天,其中青藏高原中东部及内蒙古大兴安岭地区、新疆天山山区在100天以上。东北西部和南部、华北北部和西部、西北东部等地为降雪多发区,年降雪日数20～50天;华北平原至南岭以北广大地区及内蒙古西部、新疆南部、青海西北部年降雪日数为5～20天;华南及四川盆地、云南等地为降雪少发区,年降雪日数不足5天,其中华南南部及云南南部全年无降雪。

我国青藏高原积雪的分布特征主要受寒潮入侵路径以及水汽输送方向的影响。同时,高原积雪季节变化明显,从2000—2005年青藏高原以8天为一个时段积雪面积平均值变化序列可看出(图2.28):青藏高原积雪的主要增长期集中在当年10月到翌年5月,而且积累过程并不是持续增加;积雪面积的最大值出现在春季而不是冬季。高原积雪建立迅速,持续的时间长,消退过程缓慢。青藏高原积雪主要受降雪和气温年内分配的影响。这里早春季降雪较多,而且 3 月份平均气温偏低,为积雪的继续增加创造了条件。冬季由于升华、风吹雪而导致积雪再分布,会有大量积雪损失掉,这可能是春季积雪面积大于冬季的原因。

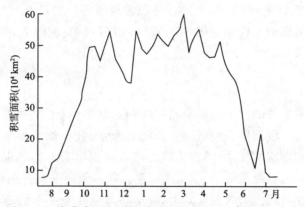

图 2.28　青藏高原积雪的季节变化序列(王叶堂等 2007)

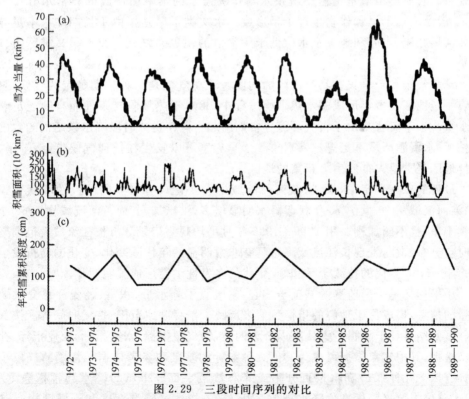

图 2.29　三段时间序列的对比

(a)用 10 年 SMMR 6 天雪深资料画出的图,(b)NOAA 卫星资料积雪区域变化图,(c)青海—西藏地区 60 个地面站每年收集的雪深资料

通过综合地面站观测资料、SMMR 和 NOAA 卫星资料,绘出了三张反映青藏高原积雪年际变化的图。从图 2.29 可以看出:虽然青藏高原的地面站资料不能很好地反映出真实的积雪变化,但是我们还是可以看出年际差异,如 1977—1978 年和 1988—1989 年积雪较多,而 1984—1985 年积雪较薄等。实际上,青藏高原冬春积雪日和深度也具有明显的年代际变化,如 1978 年以后到 20 世纪末,是多雪期(Ding 等 2008)。

2.5.7　干旱

干旱是由许多复杂的因子与环境相互作用的结果,它不仅与降水量的多少和分配有关,还与地形、土壤性质、水利设施、作物需水量、社会供求等多种因子有关。由于干旱的成因及其影响的复杂性,在不同的领域对干旱有不同的定义。干旱可以分为三类:气象类干旱、农业类干旱、水文类干旱。气象干旱是指在相对广阔的地区,长期无降水或降水异常偏少的气候背景下,降水与蒸散收支不平衡造成的异常水分短缺现象。农业类干旱是指由土壤供水与作物需水的不平衡造成的异常水分短缺现象,一般由土壤干旱和作物生理干旱形成。水文类干旱是指由于长期降水不足导致诸如河川径流、水库和地下水水位低于正常值的现象。以上三类干旱又统称为自然干旱。

干旱气候和干旱灾害具有不同的内涵。干旱气候是一种长期稳定的气候现象,代表一定地区在多年形成的水热平衡过程中,相对于热量收支条件而言缺乏足够的降水量。干旱灾害是由于大气环流异常而引起一些年份或时段降水缺乏而导致的植物枯死、水资源严重不足等灾害现象。干旱灾害可以发生在任何气候带上,干旱、半干旱地区是干旱灾害发生最频繁的地区。

最近的二三十年中,长江、黄河两流域旱涝变化具有明显的阶段性和跃变。长江、淮河流域从 20 世纪 70 年代起降水明显增多,洪涝加剧;而黄河流域从 1965 年起连续干旱,且不断加剧。用 1958—1999 年月平均观测记录分析长江流域大范围旱涝的时空分布特征,发现长江流域降水具有非常明显的年代际变化,变化的转折发生于 70 年代末,60 年代的持续干旱和 90 年代的多发性洪涝形成鲜明对比。

干旱指标是干旱监测的基础与核心,它吸收了降水量、积雪、径流和水分供缺等大量的信息,形成易于理解的指标数值来反映干旱程度或范围、持续时间等。按其影响领域归纳各种干旱指标大致可以分为四类,即气象指标、水文指标、农业指标、社会经济指标,其中气象指标可成为其他三种指标的基础和参考依据。常用的气象干旱指标有以下几种:(1)降水量百分率或降水量距平百分率;(2)降水异常指数 RAI;(3)十分位指数;(4)标准化降水指数 SPI;(5)Z 指数;(6)湿润度和干燥度指标;(7)干旱面积指数 DAI;(8)Palmer 干旱指数(PDSI);(9)C_i 综合干旱指数等。其中,前五种指标只考虑了降水量。

　　图 2.30 显示了利用 PDSI 指数计算的全国干旱面积的历年变化图,PDSI 指数小于 -1.0,-2.0 和 -3.0 的等级分别可以反映轻旱、中旱和重旱的变化。在近半个多世纪中,我国发生较大范围的干旱时期主要出现在 1960 年代、1970 年代后期至 1980 年代前期以及 1990 年代后期至 21 世纪初。其中最为严重的干旱出现在 1979 年,干旱面积超过了 50%。从趋势变化看,全国年干旱面积在近 53 年中略有增加(表 2.9),增加幅度为 0.25%/10 年。1990 年代后期至 21 世纪初,我国进入了一个相对干旱时期,1997—2003 年的干旱面积达 40% 左右。不同程度的干旱面积在近半个多世纪中具有非常相似的变化特征,峰值主要出现在 1960 年代和 1970 年代后期。虽然不同程度的干旱影响面积在近 53 年中都没有出现明显的增加或减少的长期趋势(表 2.9),但值得注意的是,严重干旱的影响范围在 1990 年代后期开始有明显的上升趋势,除去遭受严重洪水的 1998 年外,1997 年,1999—2003 年严重干旱面积均达到或超过了 7%,但没有超过 1960 年代和 1970 年代的几个大旱年的干旱面积(图 2.30(c))。

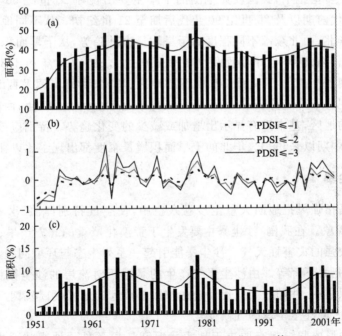

图 2.30　1951—2003 年全国干旱面积变化(Zou 等 2005)

　　(a)全国干旱面积百分率(PDSI≤-1.0,柱状)变化,曲线为 11 点二项式滤波;(b)不同程度干旱面积(PDSI≤-1.0,PDSI≤-2.0 和 PDSI≤-3.0)与其多年平均值(1971—2000 年)相比的历年变化曲线;(c)全国严重干旱面积百分率(PDSI≤-3.0,柱状)变化,曲线为 11 点二项式滤波

表 2.9　1951—2003 年不同地区干旱面积变化趋势(1%/10 a)

下划线表示达到 α＝0.05 显著性水平(Zou 等 2005)

地区	趋势(1%/10 a)		
	PDSI≤−1.0	PDSI≤−2.0	PDSI≤−3.0
东北	4.88	2.86	0.70
华北	<u>4.39</u>	<u>3.00</u>	0.85
西北东部	<u>2.45</u>	1.45	0.35
西北西部	−2.91	−2.38	−1.07
长江中下游	−1.36	−1.03	−0.22
华南	−2.06	−1.60	−0.30
西南	−0.27	0.03	0.24
青藏高原	−2.60	−1.84	−0.83
全国	0.25	0.14	0.02

在近半个多世纪中,我国较大范围的干旱主要出现在 20 世纪 60 年代、70 年代后期至 80 年代前期以及 20 世纪 90 年代后期至 21 世纪初。从不同地区来看,50 多年来,东北、华北、西北东部不同程度的干旱均呈上升趋势,从干旱面积变化(表 2.9)趋势可以看出,东北、华北干旱面积增长率分别达 4.88%/10 年和 4.39%/10 年,西北东部也达到了 2.45%/年;而长江中下游地区、华南、青藏高原及西北地区西部干旱面积则表现为下降趋势,干旱面积平均减少率达 1%～3%/10 年;西南地区是干旱面积最稳定的地区,基本没有显示出增加或减少的变化趋势。特别应该指出的是,20 世纪 90 年代中期以来,东北、华北的干旱面积增长幅度都出现了比以往加快的迹象。

2.5.8　沙尘暴

沙尘暴是指强风把地面大量尘沙卷入空中,使空气特别浑浊、水平能见度低于 1 km 的天气现象。在我国,沙尘暴主要发生于荒漠化严重的北方干旱、半干旱地区,是一种危害较强的灾害性天气。沙尘暴能引起一系列生态与环境问题,如荒漠化、空气污染、土壤肥力下降等。由沙尘天气产生的悬浮于对流层的沙尘微粒是大气气溶胶的重要来源之一,并随着大气运动输送扩散至很远的地区,引起辐射平衡过程的变化,进而引起区域甚至全球的气候变化。

沙尘暴的形成归结起来取决于地表状况和气象条件。地表状况主要指地表性质、土壤含水量、植被覆盖等,气象条件就是气候异常、强冷空气活动、大气不稳定等。干旱造成土壤严重失水,荒漠化加剧,为沙尘暴发生提供更加充足的沙尘源;而在干旱地区或者发生严重干旱的区域,一旦有强冷空气活动出现地面大风,就容易引发沙尘暴。反过来,沙尘暴释放的沙尘气溶胶的气候效应,以及风蚀造成地表覆盖变化而引起地—气间能量交换发生变化这两种作用,又都将对干旱的发生发展产生影响。

图 2.31 是 1961—2007 年我国北方地区春季沙尘日数的变化曲线。总体来看,1961—2007 年,我国沙尘日数总体呈明显的下降趋势,但在 20 世纪 90 年代末至 21 世纪初的几年有明显的增多,其后又减少。从近 50 多年全国沙尘暴发生的范围变化来看,近半个世纪以来,我国沙尘暴影响范围也总体呈减小趋势。虽然过去半个世纪我国北方大部分地区沙尘暴呈减少趋势,但青海省西北部和东南的部分地区以及内蒙古的锡林浩特沙尘暴有增加的趋势。我国北方的典型强沙尘暴事件近半个世纪也呈波动减少趋势,20 世纪 50 年代强沙尘暴较为频繁,90 年代相对较少,但是近期又有相对增多趋势。

在全球变暖气候背景下,无论是沙尘暴还是强沙尘暴事件均呈显著的减少趋势。我国春季沙尘频次与同期地面平均风速之间存在显著的统计关系,近地面风速大小对沙尘天气发生频次有显著影响,平均风速越大,沙尘天气发生频次越高。值得注意的是,1997 年以后沙尘频次有所上升,相应的地面风速也有所增大。需要指出的是,最近几年我国北方沙尘暴频繁发生的原因可能也与 1997 年以后持续干旱的影响有关。

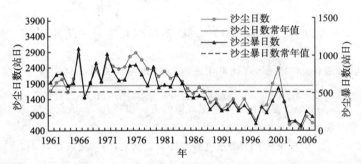

图 2.31　1961—2007 年春季北方地区沙尘(扬沙、沙尘暴、强沙尘暴)日数
和沙尘暴(沙尘暴、强沙尘暴)日数历年变化

随着人们对气候变化认识的深入,越来越多的科学家开始关注极端天气气候事件的变化。而平均气候的微小变化可能会对极端事件的时间和空间分布以及强度的概率分布产生重大影响。

极端气候事件的发生常常具有明显的年际和年代际变化特征。从全世界范围来看,20 世纪 70 年代以来,严重干旱和雨涝事件明显增加。但需要指出的是,严重干旱和雨涝还受到 ENSO 事件的影响,尤其在热带和副热带地区。我国气候还非常明显地受到东亚季风的影响,季风的强弱和进退与极端气候事件的发生规律紧密相关。ENSO、季风、全球变暖等影响常常交织在一起,而且全球变暖也会影响季风系统甚至 ENSO 的强度与频率。

思考题

1. 当前地球气候处于一个什么阶段,是在冰期中还是在间冰期中?
2. 20 世纪是近千年来最暖的世纪吗? 确定这一点有什么意义?
3. 近百年全球平均温度上升了多少? 这是怎样推算出来的?
4. 近百年全球陆地降水量是增加了还是减少了?
5. 近百年全球海洋有什么变化?
6. 近百年全球冰雪圈有什么变化?
7. 近百年中国温度上升了多少?
8. 近百年东亚季风有什么变化?
9. 近 50 年来中国极端气候事件有没有增加的趋势?
10. 近年来热带气旋的强度有增加的趋势吗?

参考文献

郭其蕴,蔡静宁,邵雪梅,等.2004. 1873—2000 年东亚夏季风变化的研究. 大气科学,28:
　　206-215.

林学椿,于淑秋,唐国利.2005. 北京城市化进程与热岛强度关系研究. 自然科学进展,15(7):
　　882-886.

林之光.1987. 我国东部地区夏季风雨带进退规律的进一步研究. //国家气象局气象科学研究院.
　　气象科学技术集刊(10). 北京:气象出版社,24-31.

施雅风,孔昭宸.1992. 中国全新世大暖期气候与环境. 北京:海洋出版社,1-212.

唐国利,任国玉.2005. 近百年中国地表气温变化趋势的再分析. 气候与环境研究,10:791-798.

王绍武,龚道溢,叶瑾琳. 等.2000a. 1880 年以来中国东部四季降水量序列及其变率. 地理学报,
　　55:281-293.

王绍武,龚道溢.2000b. 全新世几个特征时期的中国气温. 自然科学进展,10:325-332.

王绍武,罗勇,赵宗慈,等. 2005. 关于气候变暖的争议. 自然科学进展,15(8):917-922.

王叶堂,何勇,等. 2007. 2000—2005 年青藏高原积雪时空变化分析. 冰川冻土,29(6):855-861.

闻新宇,王绍武,朱锦红,等.2006.英国 CRU 高分辨率格点资料揭示的 20 世纪中国气候变化. 大
　　气科学,30:894-904.

中国气象科学研究院天气气候所,中央气象台. 1984. 中国气温等级图(1911—1980). 北京:气象
　　出版社,443.

Alley RB, Clark PU, Keigwin L D, et al. 1999. Making sence of millennial-scale climate
　　change. Geophysical Monograph,112:386-394.

Bond G,Showers W,Chesby M,et al. 1997.　A pervasive millennial-scale cycle in North Atlantic Holocene and glacial climates. Science,278:1257-1266.

Ding Z L,Derbyshire E,Yang S L,et al. 2002.　Stacked 2. 6Ma grain size record from Chinese loess based on five sections and correlation with the deep-sea δ^{18} O record. Paleoceanography. 17, 1033,doi:10,1029/2001PA 000725.

EPICA Community Members. 2004.　Eight glacial cycles from an Antarctic ice core. Nature,429: 623-628.

Folland C K,Karl T R,Christy J R,et al. 2001.　Observed climate variability and change. In:Houghton J T,Ding Y. Griggs D J,et al. eds. Climate Change 2001:The Scientific Basis. Cambridge: Cambridge University Press,99-181.

Hulme,M. ,T. J. Osborn and T. C. Johns,1998:Precipitation sensitivity to global warming:Comparison of observations with HadCM2 simulations. *Geophys. Res. Lett.* ,25,3379-3382.

IPCC. 2007.　Climate Change 2007:The Physical science Basis. Contribution of Working Group 1 to the Fourth Assessment Report of the Intergovernmental Panel on Climate Change. Solomon S, Qin D,Manning M,et al. (eds). Cambridge,Cambridge:University Press,235-335.

Jansen E,Overpeck J,Briffa K R,et al. 2007.　Palaeoclimate. In:Climate Change 2007:The Physical Science Basis. Contribution of Working Group I to the Fourth Assessment Report of the Intergovernmental Panel on climate Change. Solomon S,Qin D,Manning M,et al. (eds). Cambridge: Cambridge University Press,433-497.

Petit J R,Jouzel J,Raynand D,et al. 1999.　420 000 years of climate and atmospheric history revealed by the Vostok deep Antarctic ice core. Nature,399:429-436.

Singer S F. 1999.　Human contribution on climate change questionable. EOS, 80(16):183.

Trenberth K E. 1998.　Atmospheric moisture residence times and cycling:Implications for rainfall rates with climate change. Clim. Change,39:667-694.

Zou X K, P M Zhai and Q Zhang: 2005.　Variations in droughts over China: 1951—2003. Geophys. Res. Lett. ,32,L04707,doi:10. 1029/2004GL021853.

第3章 气候变化的原因

在第 1 章已经指出,根据时间尺度长短不同,气候变化包括季节、年际、年代际、世纪以及更长的多种时间尺度的变化,引起这些不同时间尺度气候变化的原因可能不同,常常十分复杂,不仅与气候系统外强迫因子的变化有关,还涉及气候系统内部的变化与复杂的反馈过程。气候系统中存在两种反馈机制,一种是能使整个系统恢复到平衡状态的负反馈机制,另一种是使整个系统偏离平衡状态的正反馈机制。气候系统在较长时期内主要是负反馈机制控制,从而使整个地球气候在相当长的时期内处于相对稳定的状态;而在某一发展阶段或某一局部区域,正反馈机制可能占优势,从而导致某一时期或某一局部区域气候发生某种趋势性变化。虽然不同时间尺度气候变化的产生原因是不同的,但从根本上来说,造成气候变化的原因有两种:(1)自然的原因,即太阳辐射变化、火山活动等自然外强迫和气候系统内部各子系统相互作用产生的单一或耦合气候变化;(2)人类活动的强迫,即人类造成的温室气体和气溶胶等排放、土地利用、植被破坏等造成的气候变化。目前,在大多数情况下(如IPCC),气候变化是指由上述两种原因造成的气候变化,但 IPCC 科学评估报告近年来指出,人类活动尤其是工业化以来向大气中排放的温室气体增加对 20 世纪全球气候变化(尤其是近 50 年的气候变化)产生了明显的影响,因此受到了更大的关注,《联合国气候变化框架公约》(UNFCCC)完全是针对人类活动引起的气候变化的。本章将从自然和人类活动两方面介绍气候变异或气候变化的主要原因。

3.1 气候平衡态、敏感性和反馈效应

3.1.1 气候平衡态

气候系统的平均状态主要由太阳辐射、地球自转率及自转特征、大气成分、大气与地球系统中能影响地表质量、能量及动量通量的其他圈层的相互作用共同决定。全球平均地表气温为 14~15℃(288 K),而地球相当黑体温度为 255 K,此即为地球温度的平衡值。当全球平均穿过大气顶部的净辐射(向下的太阳短波辐射通量和向

上的地气系统长波辐射通量之和)和地球表面净能量通量(即短波辐射通量、长波辐射通量、潜热通量及感热通量之和)均为 0 时,地球温度才能达到平衡值。此即气候平衡态。

(彩)图 3.1 给出了全球能量平衡分布。由图可见,经大气顶部入射的 100 单位太阳辐射相当于 342 W·m^{-2} 的能量通量。在这 100 单位的能量中,平流层 O_3 吸收 3 单位,对流层水汽及云吸收 17 单位。反射回太空的能量总共为 30 单位,其中云和气溶胶反射 20 单位,空气分子反射 6 单位,地球表面反射 4 单位。反射的总量(每100 单位的入射辐射中有 30 单位被反射)即为地球的反照率。剩下的 50 单位即为被地表吸收的净向下短波辐射。

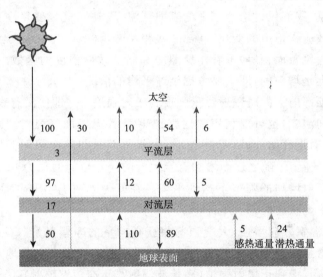

图 3.1　全球能量平衡

黑色箭头代表短波辐射;红色箭头代表长波辐射;蓝色箭头代表(非辐射性)感热和潜热通量。地表、对流层、平流层的入射与辐射的能量之和均为零[引自 Dennis L. Hartmann,Global Physical Climatology,P. 28(1994 年版)]

地气系统的长波辐射、潜热及感热通量的能量分配如(彩)图 3.1 中的红色、蓝色箭头所示。地表向上发射 110 单位长波辐射,大气中的云及温室气体向下发射 89 单位长波辐射。地表的向上长波辐射与大气中的云及温室气体的向下长波辐射的差异即为地表净向上长波辐射。该地表净向上长波辐射仅有 21 单位。如果温室效应不存在,即大气中的向下长波辐射为 0,那么太阳辐射影响下的地球表面将处于温度近于地球相当黑体温度($T_E=255$ K)的平衡状态,而地表的潜热和感热通量也将比观测到的小得多。但实际上,地球表面气温比地球相当黑体温度高 33 K,这主要是温室气体的温室效应造成的。

3.1.2　气候敏感性

当上述的气候平衡条件不能满足时(例如,太阳辐射增加或者温室气体增加导致地气系统向外的长波辐射减少),地球温度将会改变,直到平衡达到时温度才能稳定下来。例如,如果大气顶部的净辐射不为零且是向下的,则在地球向外长波辐射增大到足以能消除非平衡状态之前,地球的相当黑体温度则会一直升高。

为了确定全球气候对特定外强迫响应的具体大小,在有关气候变化的数学物理模型中必须考虑气候的反馈效应及敏感性,这样的模型才能描述出微小(或缓变)的气候外强迫产生的剧烈气候变化。

为简便起见,我们仅讨论全球平均表面气温 T_s 这一气候变量在太阳辐射、行星反照率及温室效应强迫下的变化,其他一些相关变量(如大气中水汽含量、臭氧浓度、云量及地面冰雪覆盖面积等)可看作反照率和温室效应强度的函数。我们假定强迫及响应在空间上是均一的,即主要考虑全球平均的情况。

定义大气顶部向下的净辐射通量强度为辐射强迫 F。即使没有表面气温或垂直温度廓线的时间演变,也可以利用辐射强迫 F 计算出表面气温对辐射强迫的响应。例如,当太阳辐射强度增加 dS 个单位时,大气顶部最初的净辐射为向下辐射,且值为 dS。而表面气温 T_s 随之逐渐增加直至大气的向外辐射通量为 dS。此时,可称地球系统在太阳辐射增加的强迫下达到平衡。在值为 dS 的太阳辐射强迫下,当地球系统达到新的平衡状态时,T_s 升高 dT_s。

类似地,当温室效应增强,大气顶部将获得向下的净辐射量(dG)。该净辐射量等于温室效应增强所减少的大气向上长波辐射量。这同样会引起地球系统(大气顶部)的辐射不平衡,得到正辐射强迫(净长波辐射小于净短波辐射),类似,地球表面气温 T_s 在温室效应增强 dG 的强迫下也会相应升高 dT_s,以放射出更多的长波辐射去平衡短波辐射。上面两种情形都会造成气候变暖。

给定辐射强迫 F,它能造成多大程度的地表气温 T_s 变化被定义为气候敏感性。T_s 对辐射强迫 F 的敏感性可用敏感性因子 $\lambda = dT_s/dF$ 表示。它表征在同一辐射强迫作用下气候系统中全球平均地表气温 T_s 的变化量。变化量愈大,气候敏感性愈大,气候变暖也愈明显,因而气候敏感性是气候变化研究中一个非常重要的量。这个量既可据气候的观测记录估算,也可据气候模式估算。据此定义,气候敏感性与许多相关变量 y_i(如水汽含量、冰雪覆盖面积、云量等)的存在与变化(也即气候反馈)对 T_s 的影响有关。因而,为了更清楚地了解决定气候敏感性的因子和过程,可把上述气候敏感性的计算公式展开为如下公式,该公式可将各种变量对气候敏感性的影响一一表征出来(Wallace and Hobbs 2008)。

$$\lambda = \frac{\mathrm{d}T_s}{\mathrm{d}F} = \frac{\partial T_s}{\partial F} + \sum_i \frac{\partial T_s}{\partial y_i} \frac{\mathrm{d}y_i}{\mathrm{d}F} \tag{3.1}$$

其中，$\partial T_s/\partial F$ 为不存在相关变量影响（气候反馈）情况下的气候敏感性 λ_0。可进一步证明得到：

$$\lambda_0 \equiv \frac{\partial T_s}{\partial F} \approx \frac{\mathrm{d}T_E}{\mathrm{d}F} \tag{3.2}$$

根据上式可以计算出地球相当黑体温度 T_E 对大气顶部太阳辐射 F_s 变化强迫的敏感性。根据斯蒂芬—波尔茨曼定律，

$$T_E = \left(\frac{F_s}{\sigma} \right)^{1/4} \tag{3.3}$$

可证明得到，

$$\frac{\mathrm{d}T_E}{\mathrm{d}F_s} = \frac{1}{4} \frac{T_E}{F_s} \tag{3.4}$$

地球大气顶部接收的净太阳辐射通量 $F_s = 239.4 \ \mathrm{W \cdot m^{-2}}$，对应的相当黑体温度 $T_E = 255 \ \mathrm{K}$。因此有

$$\frac{\partial T_s}{\partial F_s} = 0.266 \ \mathrm{K(W \cdot m^{-2})^{-1}} \tag{3.5}$$

上式表明，大气顶部向下太阳辐射增加 $1.0 \ \mathrm{W \cdot m^{-2}}$，导致地球相当黑体温度升高 $0.266 \ \mathrm{K}$；相反，当地球相当黑体温度升高 $1 \ \mathrm{K}$，对应的大气顶部向下太阳辐射强迫值为 $3.76 \ \mathrm{W \cdot m^{-2}}$。

在方程（3.1）最后一项中，相关变量与辐射强迫的关系取决于这些变量自身与表面气温的关系，即

$$\frac{\mathrm{d}y_i}{\mathrm{d}F} = \frac{\mathrm{d}y_i}{\mathrm{d}T_s} \frac{\mathrm{d}T_s}{\mathrm{d}F} \tag{3.6}$$

将其代入（3.1）式，可得

$$\frac{\mathrm{d}T_s}{\mathrm{d}F} = \frac{\partial T_s}{\partial F} + \frac{\mathrm{d}T_s}{\mathrm{d}F} \sum_i f_i \tag{3.7}$$

其中，

$$f_i = \frac{\partial T_s}{\partial y_i} \frac{\mathrm{d}y_i}{\mathrm{d}T_s} \tag{3.8}$$

f_i 即为与各种反馈过程相关的无量纲化反馈因子，将在下文中进一步讨论。如果上式等号右边两项同号，反馈因子 f_i 则为正值，反之则相反。例如，当 T_s 升高行星反照率 y_i 则减小，进一步使 T_s 升高（两项皆为负），此即为正反馈。将各种反馈因子相加，得到总反馈因子

$$f = \sum_i f_i \tag{3.9}$$

其中,各种反馈因子的相加要将数学符号考虑进去。

对于强迫 F,解方程(3.7),可得:

$$\frac{\mathrm{d}T_s}{\mathrm{d}F} = \frac{\partial T_s/\partial F}{1-f} \tag{3.10}$$

存在气候反馈情况的气候敏感性相对于 λ_0 的比值 $g \equiv \lambda/\lambda_0$ 可表示为

$$g = \frac{1}{1-f} \tag{3.11}$$

当 $0 < f < 1$ 时,气候反馈的存在使得气候敏感性变大;$f \geqslant 1$ 对应气候敏感性为无穷大的情况。对于此类情况,即使是无穷小的强迫也能导致气候系统偏离原平衡状态以期达到新的平衡。

3.1.3　瞬时响应与平衡响应

由于地球系统(特别是海洋及冰冻圈)的热容较大,全球平均表面气温对气候强迫的响应通常有一种延缓过程。在剧烈强迫下,地球系统中各组成部分需要足够长的调整时间使地球系统重新达到平衡,而地球系统各组成部分所需的调整时间不尽相同。其中,大气圈对气候强迫的调整需要几个月的时间,海洋混合层需要几年的时间,整个海洋则需要几个世纪,而大陆冰川甚至还要更长。对于气候系统的各组成部分来说,对气候强迫的调整所需时间主要取决于其热容大小及气候敏感性。

在海洋混合层对表面气温变化产生瞬时调整的假设下,我们可以更深刻地理解上述地球系统对气候强迫的调整过程。根据此假设,可将海洋混合层看作一平板,这样,地球表面平均气温为 $T = T_0 + T'$。其中,T_0 为辐射强迫 F 不存在时的平衡温度,而 T' 则为平均气温随时间的(瞬时)变化。由大气顶部的能量平衡原理,可得:

$$c\frac{\mathrm{d}T'}{\mathrm{d}t} = -\frac{T'}{\lambda} + Q' \tag{3.12}$$

其中,c 为地球表面的平均热容,单位为 $\mathrm{J \cdot m^{-2} \cdot K^{-1}}$;$\lambda$ 为气候敏感性。(3.12)式等号左边为地球表面的能量储存率,右边则表示辐射强迫变化 Q' 与大气顶层温度变化产生的向外长波辐射之间的不平衡。

假设在 $t = 0$ 时刻的气候强迫的变化为 Q',且此后一直维持此变化量。这样,(3.12)式可变为:

$$\frac{\mathrm{d}T'}{\mathrm{d}t} + \frac{T'}{\tau} = \frac{Q'\lambda}{\tau}$$

其中,$\tau = c\lambda$,求解上式可得:

$$T' = \lambda Q'(1 - \mathrm{e}^{-t/\tau}) \tag{3.13}$$

所以,强迫出现之后,T'呈指数增长,随时间增长减缓,最后达到其平衡解$\lambda Q'$。达到平衡所需的时间为 e 倍增尺度 τ,其与海洋混合层的热容及气候敏感性均呈正比。因此,气候反馈效应为正,拉长了气候系统对强迫变化的调整时间。在线性增大的气候强迫下,T'的响应也是线性变化的,且响应时间亦为 $\tau = c\lambda$。

在海洋混合层热容的影响下,地球表面平均气温对气候强迫响应的延迟时间少于 10 年。然而,整个海洋的热容比海洋混合层的热容大 50 倍左右;而大陆冰川的有效热容也非常高,因为大面积的冰融化所需要的潜热非常大。根据(3.12)式,如果大气与上述热机自由交换热量,则响应时间要长于世纪的量级。这样,气候系统中诸如火山喷发的短时间振荡将可能完全被抑制,且气候强迫的长期变化将使得与其相关的温室效应减缓至世纪尺度。

实际上,大气与上述热机的热量交换非常大,只是与它们的热量交换率较与海洋混合层慢得多。比如,深层海水的温盐环流的响应时间为世纪尺度,而大陆冰川的结冰与融冰的响应时间亦为世纪尺度。大气顶层的净辐射表明,这些热机与大气之间的能量交换较小,但还是可以测量出来的。与此一致的,海水增暖后,海平面高度由于热膨胀而升高;而大陆冰川面积缩小引起海水质量增加,使海平面进一步升高。因此,可以通过海平面高度的测量来估算大气与这些热机之间的能量交换率。

大气与海洋、冰川等热机的能量交换速度非常慢,相比之下,地球系统对气候强迫的响应可以看作是瞬时的。但是,在稳定的气候强迫下,只有当上述热机也调整到平衡状态时,地球系统才能达到完整的平衡响应。例如,当 CO_2 浓度持续升高直到于 21 世纪后期加倍(相对于工业革命前的浓度水平),此后保持该浓度水平,则浓度翻倍时所观测到的瞬时响应与几个世纪后所观测到的平衡响应差不多。这表明由于 CO_2 浓度的增加引起的瞬时响应,最终调整到平衡状态。

3.1.4　气候反馈

气候敏感性由各种反馈因子 f_i 之和确定。以下,我们主要考虑一些重要的反馈因子(包括负反馈因子)对气候敏感性的贡献。在第 4 章中还将进一步讨论气候模式中考虑的反馈因子。

(1) 水汽反馈

根据克劳修斯-克拉珀龙方程,饱和水汽压随温度以约 7% · K^{-1} 的速率呈指数增加。如果相对湿度的分布随温度升高保持恒定,大气中的水汽含量的增加速率与温度升高的速率基本相当。大气中的水汽是一种温室气体,它与其他温室气体的浓度越高,地面气温则越高。假设相对湿度恒定,根据直接辐射传输的相关计算,水汽反馈效应的反馈因子约为 0.5。也就是说,如果不存在其他反馈效应,该反馈效应使全球表面平均气温翻倍。

　　由于克劳修斯-克拉珀龙方程是非线性方程,水汽反馈效应的强度随温度升高而增强。如果辐射强迫足够强,以至于热带海面温度从目前的 28℃ 升至 60℃,那么反馈因子将趋近 1,相当于无穷大的温室效应。金星可能遭遇过这样的事件,导致其所有的海洋都处于蒸发状态,大气几乎由水汽所充满,导致星球表面温度超过 1000 K!

　　水循环中大气分量的时间尺度非常短,因此可将水汽反馈效应看作瞬时反馈。即使在如火山喷发的剧烈强迫下,水汽反馈都能对气候系统的瞬时响应产生作用。另外,水汽反馈增大将使水循环强度增强。多种气候模式表明,当地球温度升高时,降水将更强,蒸发也将加速。

　　(2)云强迫及反馈

　　云一方面通过对太阳辐射的反射使地面降温,另一方面又产生温室效应使地面升温。这两种效应对地面温度变化的相对重要性取决于云的种类、云高、云量等因素。对于深对流云层而言,特别是在热带地区,这两种效应相互抵消,故净辐射云强迫非常小。不同的是,行星边界层顶的云以反射性为主,故行星边界层顶的温度较其下方的地面或水面低 10℃ 左右。这种情况下,云的反照率效应较温室效应更为重要,进而产生较大的负净辐射强迫。当气候变暖,如果反射性为主的云增加,则对全球平均表面气温产生负反馈;如果反射性为主的云减少,则对全球平均表面气温产生正反馈。

　　在大气的下沉区,海面及大气行星边界层的温度较自由大气(层结稳定的大气)低。而层云及层积云通常位于下沉区。层状云经常是起负反馈作用,但关于层云及层积云的变化在多大程度上受全球变暖的影响,目前尚不清楚。

　　在云的辐射强迫中,与边界层层状云相反的为高层卷云,其云顶非常冷,通常出现于对流层高层,位于对流云系之上。卷云对太阳辐射的散射及吸收不明显,因此太阳辐射可以透过卷云入射到地面。但由于它本身在温度非常低的情况下将长波辐射射向太空,因此卷云主要对地球表面起加热作用。由于卷云的光学厚度很小(通常小于 0.1),所以由其引起的辐射强迫是有限的。另外,卷云云量还有待于进一步确定。

　　(3)冰—反照率反馈

　　该效应的重要性取决于冰覆盖面积的多少。目前,冰雪主要集中在极区,是覆盖区偏少的时代。当其覆盖面积比例 A 减小时,由反馈作用引起的全球平均表面气温升高的幅度[即(3.8)式中的 dy_i/dT_s]比冰雪覆盖面积大时相对较小。

　　从纬度 ϕ 向极地方向,如冰雪覆盖面积比例 A 的作用使地球表面温度低于临界值 T_*(可能接近于冰点),则有:

$$\frac{\mathrm{d}\check{A}}{\mathrm{d}T_s} = m\cos\phi$$

其中,m 为冰缘附近的经向温度梯度,$\cos\phi$ 为冰缘主要反映冰区向赤道扩张时的纬圈长度增加量。假设 m 随纬度变化较小,要使 T_s 升高 1 个单位,$\check{A}$ 所需增加的量随纬度增加而减少,大致与 $\cos\phi$ 成正比。由此表明,当冰缘向更低的纬度扩张时,冰—反照率反馈效应将增强,反之则相反。而能量平衡模式的相关计算进一步表明,当冰线向赤道扩张足够远时,冰—反照率反馈效应极端强,(3.10)式中的主要影响因子(由该式的分子表示)将不起作用,而气候敏感性则趋于无穷大。如果这种假设真的出现,地球将会突然被冰完全覆盖。

冰—反照率反馈为正反馈效应。该反馈有明显季节变化,且与云特性、陆面水循环及高纬度陆面植被等相关,故其强度大小具有很大的不确定性。在太阳辐射最强的夏季,冰反照率的改变对全球表面能量平衡的影响最大。在夏季,极地海洋上空层状云的出现将使冰—反照率反馈效应减弱,致使定量估计冰—反照率反馈效应的大小更为困难。

陆面雪盖变化主要在春季解冻融化的时候对气候产生直接的影响,但其通过地面水循环对地球表面气温的间接影响一直要延续到夏季。如果春季冰雪较早融化,土壤湿度在随后的夏季减小的可能性则更大。夏季温度越高,植物的生长季节越长,灌木丛及树木等就越容易在冻土地带生长,进而使地面粗糙度增大,而反照率则减小。关于这一系列相互作用的定量化数值试验目前仍然较为困难,

(4)CO_2 的反馈

CO_2 是温室效应中的一个重要辐射强迫因子,同时,它也具有明显的反馈作用。这种反馈作用是气候变化通过对陆地生物圈和海洋的影响改变 CO_2 和 CH_4 的源与汇而实现的,从而导致它们在大气中的浓度变化,这又进一步使温度发生变化。对于 CO_2 而言,由这种碳循环产生的辐射反馈过程一般是正的,不但使大气 CO_2 浓度有更快的增加,而且温度上升比不考虑碳循环反馈时要高。有些模式计算表明,大约要高 1℃ 左右。

在冰期与间冰期循环期间,大气中 CO_2 的浓度变化引起的辐射强迫变化涉及了 CO_2 的反馈效应。在千年时间尺度上,CO_2 浓度与温度几乎同时变化的原因目前尚不清楚。许多有关这方面的机制讨论认为,海洋温盐环流的长期变化对生物有机碳在深层海水及海表面之间循环的速率产生影响。如果循环速率显著减缓,由海气界面吸收的大量的生物有机碳将储存于深层海水中,这造成了大气中的 CO_2 浓度在冰期较间冰期要低 80 ppmv 左右。显然,与大气中 CO_2 浓度变化相关的反馈为正反馈,对气候响应有增强作用。

3.2　气候系统内部及耦合气候变异

3.2.1　内部气候变异

关于气候系统内部气候变异,目前我们所知道的大部分都来源于大气模式的数值试验。设计如下两个试验:第一个试验中假定边界条件(包括海面温度、海冰面积、土壤湿度等)的年际变化与历史资料(如 20 世纪的历史资料)一样;第二个试验积分同样长时间,但其每一年的边界条件均设为仅随季节而变化的气候平均值。时间尺度超过几周的天气在本质上是不可预报的,因此,当积分 100 年后模拟出来的天气图如果与观测事实相似,也只能看作偶然现象。但是,第一个试验必须模拟出边界条件强迫的年际气候变异,而第二个试验模拟出的气候变异仅是由大气内部的动力过程造成的,称为内部气候变异。

目前已采用多种不同的模式按上述设计方案进行了数值试验。主要的结论表明:(1)热带大气的年际变率大部分是由边界强迫产生的。也就是说,边界条件的年际变化,特别是热带海洋表面温度的年际变化对热带大气的年际变率有很大的贡献。目前有关热带气候的模拟,模拟出的年际变化与实际观测非常相似。(2)对于热带外地区,边界强迫以及内部大气动力学对实际气候变异均有重要影响。而在边界强迫的各种影响因子中,热带海面温度可能是影响北半球冬季气候的首要因素;土壤湿度及植被的变化对于夏季气候异常月际之间的持续性有影响。如果在模式运行中将这些变量场设定为观测值,模拟出来的热带外地区气候的年际变化与实际变化存在相关,但相关不如(1)中的强。(3)在热带外地区,海冰面积及海面温度的逐年变化对年际气候变异的影响较小。在模式的各个模拟成员中,采用统一的边界强迫条件和不同的初始条件,其运行结果可以从模式内部产生的"个例噪声"中识别出弱的边界强迫信号。(4)在热带外地区,冬季大气环流变异大部分由大气内部变化强迫产生。上述结果表明,对于热带外地区(主要是中高纬地区),内部气候变率是气候变化的主要因子之一,但来自热带的强迫信号和热带外地区的冰雪、陆面强迫也起着一定的作用。这种变率的特征增加了热带外地区气候变化预测的难度,因为内部变率通常被看作是一种混沌现象,其可预报性偏低。

半球型位势高度场的逐日变化特征较为复杂,但其逐月变化特征则相对简单。其半球或全球异常的空间分布如图 3.2 所示。该图中的诸多分布结构可看作是有限个具有绕极性质的优势空间型的组合。在上述优势空间型中,北大西洋涛动(NAO)/北极涛动(AO)或北半球纬向带状模态(NAM)是北半球冬季位势高度场的最显著空间分布型。与该型相对应的海平面气压分布如(彩)图 3.3 所示,其北极地

区与中纬度大西洋/地中海地区的海平面气压异常是相反的。南半球纬向带状模态
(SAM)在冬季及全年均具有更为对称的绕极分布形势。

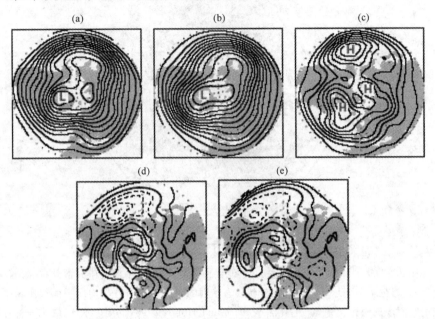

图 3.2　(a)1998 年晚冬季节(1—3 月)平均 500 hPa 高度场。(b)1958—1999 年气候
平均的晚冬季节(1—3 月)平均 500 hPa 高度场,等值线间隔为 60 m,其中 5100 m、5400 m、
5700 m 用粗体标记。(c)相对于 1958—1999 年气候平均的晚冬季节(1—3 月)平均 500 hPa
高度场的标准方差,等值线间隔为 9 m,粗实线表示 54 m。(d)1998 年 1—3 月的距平场,为
(a)减(b)计算而得,等值线间隔为 30 m,粗实线为零线,虚线表示负值。(e)标准化距平场,
由(d)除以(c)计算而得,等值线间隔为 0.6 个标准方差,粗实线为零线,虚线表示负值。[来
源于 NCEP-NCAR 再分析资料,引自 Roberta Quadrelli]

　　当北极地区的海平面气压低于常年,而地中海地区的海平面气压高于常年时,称
北半球纬向带状模态为高指数模态。此时,急流和风暴轴的位置均较常年偏向极地;
欧亚大陆及美国大部地区的温度较常年偏暖;北欧地区的降水也较常年偏多,而地中
海地区趋于干旱少雨。相反的,在北半球年际模态为低指数时,欧亚大陆和美国则有
较为频繁的冷空气爆发,地中海地区多暴风雨天气。

　　冬季海平面气压场的另一分布型为如(彩)图 3.4 所示的太平洋—北美型
(PNA)。由图可以看出,PNA 型的海平面气压异常在北太平洋最强,进而对其在北
美的下游地区的冬季气候产生重要影响。当北太平洋气压低于常年时,北美西部大
部分地区的温度较常年偏高,阿拉斯加湾及墨西哥湾沿岸的降水则较常年偏多,而夏
威夷地区的降水则较常年偏少。

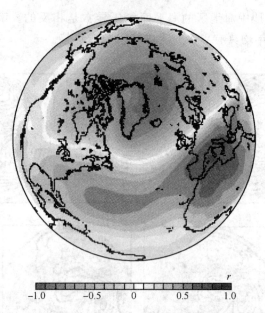

图 3.3　北半球纬向带状模态(又名北大西洋涛动)的海平面气压异常分布(高 NAM 时期)。彩色阴影表示北半球纬向带状模态指数的时间序列与月平均海平面气压场中各点的时间序列的相关系数　[引自 Wallace and Hobbs 2008,下同。基于 11 月—4 月的 NCEP-NCAR 再分析资料,由 Todd P. Mitchell 提供]

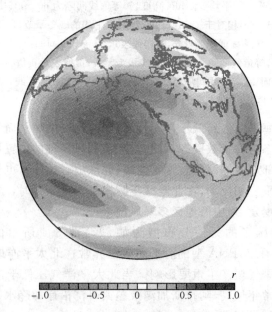

图 3.4　同图 3.3,但为太平洋—北美型[资料由 Todd P. Mitchell 提供]

产生北半球纬向带状模态和太平洋—北美型的机制目前尚不清楚。北半球纬向带状模态的形成与风暴轴(即斜压波活动的最强烈带)和近地面西风带位置的南北移动有关。当北半球纬向带状模态处于高指数状态时,风暴轴和西风带的位置较常年向极地偏移;反之则相反。它们的位置的南北移动是由斜压波与平均西风带的相互作用所导致。对于太平洋—北美型,在南半球没有与其相对应的明显环流型。西风急流穿过日本南部,而太平洋—北美型的形成与该急流下游的交替式收缩有关。当PNA 型处于高指数状态时,西风急流则向东延伸至太平洋中部,反之则相反。这种急流的收缩是北半球冬季气候平均准静止波不稳定的一种表现形式。

上述北半球纬向带状模态及 PNA 型对热带外地区的年代际及更长时间尺度气候变异产生重要作用。由图 3.5 可以看出,从 20 世纪 70 年代到 90 年代,南半球和北半球纬向带状模态都具有偏向极地的趋势。其指数的正趋势表明,南、北半球冬季风暴轴和西风带的位置向极地偏移。自 1977 年以后的冬季,PNA 型主要表现为高指数状态,阿拉斯加湾的海平面气压较常年偏低,阿拉斯加和加拿大西部的冷空气影响相对较少。

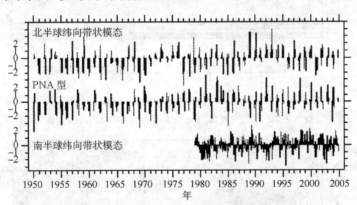

图 3.5 南、北半球纬向带状模态及太平洋—北美型标准化指数的时间序列。北半球年际模态指数为 11 月—3 月平均,南半球年际模态为全年平均[由 Todd P. Mitchell 提供]

当下边界条件固定时,大气环流模式试验表明,北半球纬向带状模态及太平洋—北美型是模式中产生的气候变异的主要模态。因此,可将北半球纬向带状模态及太平洋—北美型看作为大气内部过程所致,是内部气候变异的表现形式。

3.2.2 耦合气候变异

由大气圈和地球系统中其他缓变圈层相互作用产生的变异称为耦合气候变异。下面主要讨论大气与地球系统中其他圈层相互作用产生的耦合气候变异。在特定条件下,这种相互作用所产生的变异模态与大气内部动力过程产生的变异模态具有不同的性质。

（1）与热带海洋的耦合

海气相互作用的最显著模态为 ENSO。ENSO 是由 El Nino 和 Southern Oscillation（南方涛动）两词的首字母组成。其中，El Nino 指赤道中、东太平洋海面温度异常升高（（彩）图 3.6）；南方涛动指与 El Nino 同时发生的海平面气压分布（（彩）图 3.7）。赤道中东太平洋海面温度异常（描述 El Nino 状态的指数）和澳大利亚北端达尔文地区的海平面气压异常（描述南方涛动状态的指数）的时间序列如图 3.8 所示。该图中的时间序列表明，年际尺度上的海气耦合相互作用非常强，这与观测到的 ENSO 现象密切相关。

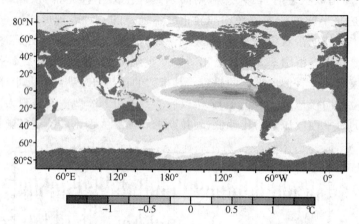

图 3.6　El Nino 年海面温度异常的全球分布（单位为℃）

［资料来源于英国气象局 HadlSST，由 Todd P. Mitchell 提供］

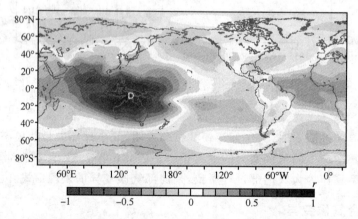

图 3.7　El Nino 年海平面气压异常的全球分布。由全球各格点的月平均海平面气压与澳大利亚达尔文地区（图中 D 所示）的海平面气压的相关系数表示。达尔文地区海平面气压的时间序列为南方涛动指数［图形数据源于 NCEP-NCAR 再分析资料，达尔文海平面气压时间序列源于 NCAR 资料图书馆。由 Todd P. Mitchell 提供］

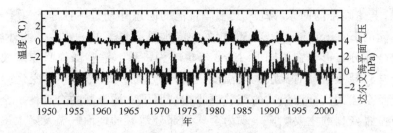

图 3.8　El Nino 指数(上)及南方涛动指数(下)的年际变化时间序列。南方涛动指数由达尔文的海平面气压异常确定。在 ENSO 循环中,1957—1958 年、1965—1966 年、1972—1973 年、1982—1983 年、1986—1988 年及 1997—1998 年为其暖事件(Wallace 与 Hobbs 2008)

对于长期气候平均而言,东太平洋的海平面气压较西太平洋高,受东西向气压梯度力影响,沿赤道近海面吹东风。从图 3.8 可以清楚看到,El Nino 事件期间,达尔文地区的海平面气压高于常年,因此,El Nino 事件对应的太平洋东西向气压梯度力较气候平均弱。个例分析表明,El Nino 事件发生时,近海面东风是减弱的,太平洋海平面高度及温跃层深度的东西向梯度也是减弱的。

诸多研究表明,1997 年北半球夏季开始并维持 9 个月的 El Nino 事件为 20 世纪以来最强的 El Nino 事件。随后的一年则发生了 ENSO 循环的冷事件,即通常所称的 La Nina。与冷事件或正常状态相比,暖事件(El Nino)的特征主要如下:沿赤道的东风(信风)减弱;海面温度场中"赤道冷舌"减弱;赤道上翻流中海洋生物的繁殖率降低;赤道东太平洋的海平面高度升高,而赤道西太平洋的海平面高度降低,表明气候平均的赤道太平洋东西向梯度减弱。

根据沿赤道纬向风的运动方程,El Nino 事件(即达尔文的海平面气压正异常)发生时,东西向气压梯度减小,对应的赤道信风也减弱。赤道信风减弱又与赤道上翻流的减弱相对应。赤道上翻流减弱将导致海面温度的升高和渔业的减产。赤道海平面高度的东西向梯度的减弱是对赤道东风减弱的响应。

赤道信风的减弱又将导致温跃层坡度减小。El Nino 事件期间,赤道东太平洋温跃层深度增加,进而导致其上翻海水的温度较常年偏高,而营养成分则不如常年丰富。赤道中太平洋地区的风场异常决定了温跃层东西向梯度的变化,因此当赤道中太平洋地区的风场异常较强时,赤道东太平洋海面温度及生物繁殖率的高低主要受赤道中太平洋地区的风场异常影响,而局地风场异常产生的上翻对其影响则相对较小。

ENSO 循环中的暖事件和冷事件之间的热带太平洋降水分布表现明显差异。在 El Nino 年,ITCZ 及西太平洋雨带向东延伸并侵入赤道干区,导致近赤道的太平洋岛屿及厄瓜多尔地区的降水增多,而印度尼西亚及其他热带地区的降水则减少。El Nino 期间,赤道中太平洋地区大气边界层温度升高,对流上升气流增强,利于降水。因此,上述雨带的向东移动与太平洋暖池的向东移动是一致的。

在不同的 El Nino 年,与 ENSO 相关的降水具有显著的一致性。此外,对流层温度异常的全球分布形势在不同 El Nino 年也较为一致。这些都说明赤道太平洋地区的降水异常将导致全球对流层大气温度、位势高度场及风场的异常变化。大气波动传播理论及全球大气环流模式的相关试验均证明了上述推断的合理性。全球大气对热带雨带位置变化的主要响应表现为全球大部分地区的地面气温及降水出现异常。

ENSO 影响下的全球大气环流异常主要受缓变的热带海面温度影响。天气预报理论指出,天气变化主要受大气内部动力过程控制,其最长可预报时限为 2 周。但是,上述 ENSO 影响下的全球大气环流异常不受大气内部动力过程控制,因此也不受 2 周的最长可预报时间尺度所限制。北半球夏季出现的热带海面温度异常通常要持续到第二年冬春季。因此,可以通过统计预报方法或海气耦合模式对冬季异常进行预测。这两种预测方法对 ENSO 预报均具有提前 1 年的显著技巧。基于对热带海面温度异常的预测,与其相关的降水、温度以及受其影响的粮食产量、石油价格及其他变量均能通过诸多统计方法及动力模式进行预报。

(2)与地球生物圈的耦合

海洋—大气耦合主要在冬季对北半球气候产生影响,而海洋在其中起重要作用。热带外地区的干旱及沙漠化现象主要发生于温暖季节。众所周知的“沙碗”事件是 20 世纪 30 年代发生在北美的持续性干旱事件,对美国大部产生了严重的影响。北美大草原及中西部地区在 1931—1939 年的多个夏季期间都遭遇了异常强的高温及干旱,日最高温度超过了 40℃。而频繁的沙尘暴从大草原吹至东部沿海,大量的表层土随之流失,天空也因沙尘暴而变得昏暗。

ENSO 循环对干旱发生频率有重要作用。在 ENSO 循环的暖事件期间,热带大陆的诸多地区往往更易发生频繁的干旱,而热带外的夏半球则通常在 ENSO 循环的冷事件期间易发生干旱。由此可见,年际尺度的干旱与 ENSO 循环有一定的联系。但是,季节—年际时间尺度上的干旱主要受大气环流自由振荡激发;生物圈对大气环流自由振荡的正反馈效应则对持续性干旱起维持或加强作用;而大气环流的自由振荡最后又使持续性干旱结束。持续几周的异常干热天气将使表层土壤水分流失,而那些通过根部系统吸收水分的植物所获得的水分也随之减少。这些植物的叶面在白天的水分蒸腾率也随之降低。水分蒸腾率的降低将对植物在正午时刻冷却自身及抑制底层土壤的输送能力。而正午时刻,太阳辐射最强,温度较下午高,边界层湿度也较下午低。对于美国中部夏季暴雨,其凝结降水所需的水汽有一半来源于边界层大气。故湿度降低将导致降水减少,此即为正反馈效应。日最高温度越高,湿度越低,降水越少,对植物影响越大。如果该影响足够严重并维持足够长时间,必定会使植物的生理产生相应的变化。这些生理变化的植物要经过 9 个月的时间直至第二年的春季生长期才能修复到正常状态。而在夏季及初秋期间,大气对干燥的土壤会产生反馈,并进一步维持其最初的异常干热天气。

　　植物的枯萎也将对水文产生影响。由于植物的根部系统受损,雨后地面水分流失更快,植物通过根部吸收的土壤营养将减少。一旦水分平衡被严重破坏,只有更长时间的降水才能重新恢复水分平衡。北美 20 世纪 30 年代持续性干旱对植物及水文产生严重影响。因此,诸如"沙碗"事件等的干旱气候一旦建立起来,将通过反馈效应持续下去,直至足够长时间的暴风雨使植物重新修复后才能结束。

　　20 世纪 30 年代"沙碗"干旱事件的暴发及结束是适宜农业发展的气候与干旱气候之间转换的一个实例。实际上,这种气候的转换在美国发生较少,而在撒哈拉、巴西东北部及中东地区的发生频率较高。如果干旱气候频繁发生且维持时间长,风蚀后表层土壤的流失将使植物难于生长,将不可避免地产生沙漠化现象。在罗马王国时代的最后几个世纪,撒哈拉沙漠向北扩张,导致了一系列类似于"沙碗"的干旱事件。

　　(3)与冰冻圈的耦合

　　大气和冰冻圈的耦合与地面气温有如下反馈效应:地面气温升高,则冰雪覆盖面积减少,地面反照率降低,地面吸收的太阳辐射增加,地面气温进一步升高。由于对地面气温变化的反馈和地面气温变化同号,故称为正反馈。冰雪反照率反馈效应在高纬度地区的地面气温变率中起重要作用。这种反馈效应在地面气温的年循环和季节内—冰期时间尺度的变化中非常明显。

　　雪盖及海冰是影响冰冻圈中短于世纪时间尺度的气候变率的重要因素,而变化更慢的冰川则对时间尺度长于千年的气候变率产生影响。冰雪反照率反馈效应仅在地球历史上的较短时代产生了作用。因为只有在最近的数百万年极区才冻结成冰盖,这时的冰雪面积较间冰期时期更大,且冰雪作用较间冰期更显著。

　　虽然主要在局地产生冰雪反照率效应,但其影响却是全球性的。根据有关末次冰期(约 20000 年前)的大陆冰川及海冰面积估计,在假设当时的云量与目前一致的条件下,当时的地球行星反照率要较目前(为 0.305)高约 0.01。当行星反照率从 0.305 增加到 0.315 时,地面有效气温则相对目前气温降低 1℃左右。当地球轨道存在微小变化时,北半球高纬度地区夏季的入射太阳辐射将产生变化,由此产生冰雪反照率的反馈效应则在冰期与间冰期之间的旋回交替中起重要作用。

　　(4)与地壳的耦合

　　火山喷发属碳酸—硅酸盐循环的一部分。在上千年时间尺度上,碳酸—硅酸盐循环通过以下机制来调节全球地面气温。当地面气温异常高时,$CaSiO_3$ 岩石的风化作用将会加速,为碳酸盐的形成提供更多的钙离子;碳酸盐的形成将吸收更多的大气碳氧化物(如 CO_2),使大气的温室效应减弱,进而使地面气温降低。地面气温的这种响应称为负反馈效应。

3.3　自然的外部强迫形成的气候变异

　　除了上述影响因素之外,气候变异还受到太阳辐射变化、火山喷发等自然的外部强迫。如前文所述,在外部强迫下,气候变率的大小取决于强迫的大小及气候系统对强迫的敏感性。如果外部强迫足够缓慢,例如当地球接收的太阳辐射在其生命史中缓慢增加,则地球系统的各圈层均维持平衡。但是,如果强迫的变化是瞬时的,或者仅维持较短时间(如火山喷发),气候系统则将在多个时间尺度上产生响应。

3.3.1　地质时期的外部强迫

　　太阳辐射是地球气候系统能量的根本来源,太阳辐射的变化可引起气候系统发生变化;另一方面,地表海陆分布的变化也可能是气候变化的影响因素。地质时期气候变化都是由自然因素引起的。

　　(1)地球轨道参数变化(米兰科维奇周期)

　　对长时间尺度尤其是过去 300 万年以来的气候变化而言,一个可能的原因是地球轨道参数的变化。地球在自己的公转轨道上接受太阳辐射能,假设太阳辐射源强度不变,到达地球的太阳辐射量的变化主要是由地球公转轨道天文参数的长期变化,即地球轨道偏心率(e)、地轴倾斜度(p)的变化以及岁差(t)现象引起的(图 3.9)。

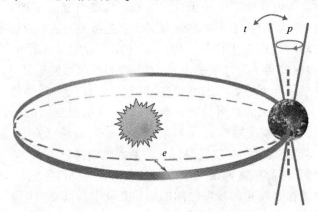

图 3.9　地球轨道变化(米兰科维奇周期)简图(IPCC 2007)

　　(a)地球轨道偏心率的变化

　　地球绕太阳为中心的黄道轨道是一个变化的椭圆形轨道,轨道长半轴为 a,短半轴为 b,则偏心率 $e=\sqrt{a^2-b^2}/a$,500 万年来 e 的变化范围是 0.0005～0.0607,目前为 0.0167。偏心率的变化意味着远日点和近日点发生变化,因而导致地球在一年中接受的太阳辐射能发生变化。当 e 很小时,地球公转轨道接近圆形,冬夏长度相近,接受到的太阳辐射量也相近;偏心率 e 变大,则地球公转轨道变为椭圆形,冬夏半径长短不等,偏心率越大,两者长度差距越大。当北半球冬至时通过公转轨道近日点,夏至时通过远日点,则北半球有短而温暖的冬季、长而凉爽的夏季;反之,北半球将有短而热的夏季、长而冷的冬季。目前北半球冬季位于近日点附近,因此北半球冬半年比较短(从秋分至春分,比夏半年短 7.5 日),但偏心率在 0.00～0.06 之间变动,其周期约为 96000 年。以目前情况而论,地球在近日点时获得的天文辐射(不考虑其他条件的影响)较现在远日点的辐射量约大 1/5,当偏心率 e 值为极大时,则此差异就成为 1/3。据么枕生计算,当偏心率最大时,地球从太阳接受的热量比现在可增加 3%,从 500 万年的资料分析,偏心率 e 有 41.3 万年和 10 万年左右的两个主要周期。

　　(b)黄赤交角的变化

　　地球赤道面与公转轨道面(黄道面)之间有一夹角,称为黄赤交角 p,又称为地轴倾斜度,是产生四季的原因。这个夹角 p 也是有变化的,变化于 $21°48'—24°30'$,目前为 $23°27'$,主要周期为 4.1 万年。黄赤交角的变化使北半球夏季太阳直射的极限纬度和冬季极夜达到的极限纬度发生变动(图 3.10),结果可使南北回归线位置最高时可达南、北纬 $24°30'$,最低时可达南、北纬 $21°48'$,虽然不会改变全球接受的太阳辐射总量,但它的变化可使各纬度接受的太阳辐射量发生变化。

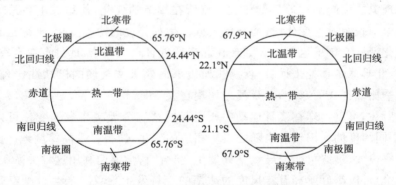

图 3.10　黄赤交角变动时回归线和极圈的变动

　　当黄赤交角增加时(图 3.10 左图),高纬度接受的太阳辐射量增加,低纬度接受的太阳辐射量减少。例如当黄赤交角增大 $1°$ 时,在极地年辐射量增加 4.02%,而在赤道却减少 0.35%。可见黄赤交角的变化对气候的影响在高纬度比低纬度大得多。此外,黄赤交角越大,地球冬夏接受的太阳辐射量差值就越大,在高纬度地区必然是冬寒夏热,气温年较差增大;当黄赤交角变小时,结果正好相反。据 Ekholm 计算,当倾斜度最大时,高纬地区冬季寒冷,夏热加剧;当倾斜度最小时,高纬地区冬季温暖,夏凉加剧,夏季高纬低温有助于冰川的发展。

(c)岁差(即春分点的移动)现象

由于地球自转轴的移动,使地球公转轨道面和赤道面的交点(即二分点)每年都沿黄道向西缓慢移动(图3.11);春分点绕地球轨道运行一周大约需要2.6万年;但由于二分点的向西移动和地球沿轨道绕日运动方向相反,因此岁差的实际周期是两者叠加的结果,平均为2.1万年。

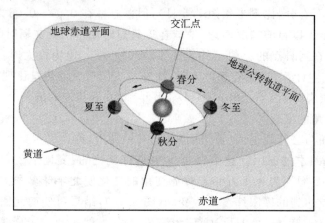

图3.11　春分点移动简图

岁差现象能引起地球近日点和远日点所在季节的变化,使地球上各地的季节开始时间及季节长短发生变化,进而导致气候发生趋势性的冷暖变化:地球近日点所在季节的变化,每70年推迟1天。如现在北半球近日点在冬季,远日点在夏季,但大约一万年前,北半球冬季处于远日点位置,所以那时候天文气候的极端性比现在大,即北半球冬季比现在长而寒冷,冬夏温差比现在大,南半球则相反。

综上所述,可见地球在绕日运动中所引起的这三个天文参数的变化可以导致不同季节、不同纬度的太阳辐射也随之发生相应的变化,使得夏季高纬度地区的太阳辐射量改变率很大,最终可能会导致气候发生变化。科学家们利用这种关系(又称米兰科维奇理论)可以很好解释万年尺度的冰期的交替发生现象。米兰科维奇曾综合这三者计算出65°N纬度上夏季太阳辐射量在60万年内的变化,并用相对纬度来表示。例如,23万年前在65°N上的太阳辐射量和现在77°N上的一样,而在13万年前又和现在59°N上的一样。他认为当夏天温度降低约4~5℃、冬季反而略有升高的年份,冬天降雪较多,而到夏天雪还未来得及融化时冬天又接着到来,这样反复进行,就会形成冰期。他制成65°N纬度上夏季辐射量在60万年内的变化(用相对纬度表示)图(图3.12),并在图上标注出第四纪冰期中历次亚冰期出现的时期(图略)。近半个世纪来不少学者致力于综合考虑三个天文参数的长期变化对地球上太阳辐射到达量的影响问题,例如A.Berger等用不同方法计算60°N过去320万各个不同时期在3月、

6 月、9 月、12 月获得的太阳辐射量,表明 41000 年、23000 年和 19000 年是 3 个主要的周期。很多学者通过不同地质资料如深海岩芯、珊瑚礁、花粉、树木年轮、冰芯等研究都表明地球长时间尺度的气候变化与轨道参数变化之间确实存在良好的关系。在我国也有不少学者研究轨道参数对气候的影响,如彭公炳研究地极移动的年际振动对我国降水的影响,施广成等用米兰科维奇理论预测未来 50 万年 65°N 带的温度候变化。近年来很多学者按米兰科维奇的思路,利用不同的古气候模式很好地模拟出轨道参数带来的过去几百万年中的几个著名冰期,还给出今后几百万年由于太阳辐射量的变化还将出现的多次亚冰期和亚间冰期。所以地球轨道参数变化引起的太阳辐射到达量的变化,能很好地解释过去几百万年来大尺度的气候变迁。在过去的 1 万年中,由于上述地球轨道的变化,7 月份 60°N 处的太阳入射辐射减少了 35 W·m⁻²,这是一个很大的量,是几千～几万年的变化,而在过去 100 年中,这种变化却不到 1 W·m⁻²。它也远远小于 CO_2 增加所引起的变化,并且是负值,因而地球轨道参数的变化不可能是近百年全球变化的主要原因。

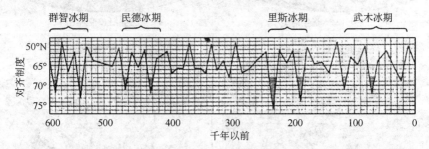

图 3.12　在 65°N 过去 60 万年以来的夏季辐射量变化(用纬度变化表示)

(2)海陆分布的变化

从地球物理的角度看,地球表面的海陆分布是不断变化的,即所谓"沧海桑田"。20 世纪 60 年代,提出岩石圈板块构造学说,把海底扩张、大陆漂移、造山运动、火山与地震等一系列地质现象都纳入到一个统一的动力学模式中,可以解释全球性的构造运动的过程和相互作用。

板块构造学说认为,地球的岩石圈不是一个整体,而是被一些构造活动带如大洋中脊和裂谷、海沟、转换断层等分割成相互独立的构造单元。这些构造单元或岩石圈的块体,称为板块。板块内部是比较稳定的区域,各板块之间的结合处则是相对活动的地带。目前认为,对全球构造的基本格局起控制作用的有六大板块:太平洋板块、亚欧板块、美洲板块、非洲板块、大西洋(或印度洋)板块和南极洲板块。当然,除了六大板块外还可以划分出许多较小的板块。

由于板块之间的相互运动引起大陆的移动,即所谓大陆漂移。大陆漂移学说认为在 2 亿～3 亿年前的石炭纪晚期,地球上所有的大陆都连接成为一个统一的巨大陆块,称为联合古陆(或泛大陆);围绕联合古陆的只有一个广阔的海洋,称为泛海洋;从中生代开始,由于联合古陆发生分裂,各大陆终于漂移到它们现代所在的位置,并在其间形成了大西洋和印度洋,同时泛海洋缩小成为现代的太平洋(图 3.13)。在白垩纪时海陆分布最主要的特点是当时的亚欧大陆还没有和阿拉伯及非洲大陆连接起来,它们之间包括现代的亚洲西部、欧洲南部、非洲及我国青藏高原在内还是一片汪洋(即坦堤斯海)。石炭纪的海陆分布与现代则完全不同,在北半球当时有三块比现

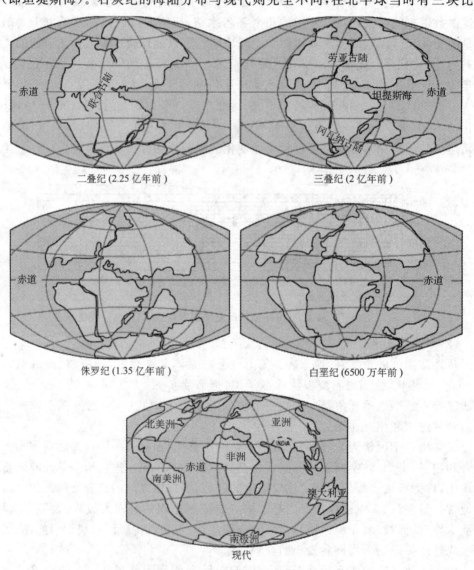

二叠纪(2.25 亿年前)　　　　　三叠纪(2 亿年前)

侏罗纪(1.35 亿年前)　　　　　白垩纪(6500 万年前)

现代

图 3.13　大陆漂移简图

代小得多的大陆,其中古北极洲(相当于现代的北美洲)和北大西洋(包括现代的格陵兰和西欧)在 40°—60°N 的大西洋地区相连接,它们和安加拉洲(包括现代的西伯利亚、蒙古、中国北部及北美洲的阿拉斯加)共同组成了劳亚古陆;在劳亚古陆之南是坦堤斯海,我国华南地区当时为此海中之一岛。在南北半球,除南极洲外,由现在的南美洲、非洲、印度和澳大利亚共同组成了冈瓦纳大陆。

自第三纪开始,海陆分布才具有现代的格局。那时北极和南极的位置虽与低纬度有所隔绝,但尚不到现代的程度,当时白令海峡还较宽广,有利于洋流直接通过。到第四纪以后,北极在大陆包围中已处于半封闭状态,而南极则已移到南极洲内部,处于完全封闭状态。石炭纪时南极恰好位于 25°S 附近,具有热带和亚热带森林气候特征。石炭—二叠纪大冰期的影响范围主要是在南半球,除印度外,北半球到目前为止还没有找到可靠的冰川遗迹,地质学家对此表示很难理解,然而大陆漂移及板块构造学说对此却能作出令人满意的解释。

由于板块之间的运动而相汇聚产生的大规模的水平碰撞和挤压,褶皱成巨大山系。在漫长的地质时代中,我国并不像现代这样位于亚欧大陆的东南部,而是海陆交错,直到中生代的三叠纪都是如此;以后虽然大陆面积增大了,但是我国西南仍是一片汪洋大海,所以气候温暖而潮湿。目前位于我国与尼泊尔交界处的喜马拉雅山,有"世界屋脊"之称,所谓喜马拉雅即藏语"冰雪之乡"的意思。根据从当地收集到的地质和地球物理资料,可以说明在大约距今五亿年到四千万年前的漫长岁月里,这个现代的"雪乡"曾长期是海洋;直到距今约七千万年到四千万年前的新生代早第三纪,印度洋板块和欧亚大陆板块相碰撞挤压,在喜马拉雅造山运动中地势升高了,才变成一片温暖的浅海。大约在四千万年前,北漂的印度洋板块与亚洲板块继续碰撞,使喜马拉雅山开始露出水面,不过,上新世早期时山体还并不高,山南山北的动物可以自由来往;到上新世中晚期喜马拉雅山才渐见挺拔高耸,从此成为南北动物之间不可逾越的障碍;上新世晚期以来,山体又升高了 3000 m,而现在群峰已高达 7000 m 以上,终于成了白雪皑皑的地球之巅。从此,这些山脉便成了阻止海洋季风进入亚洲内部的障碍,因此使新疆和内蒙古的气候才变得干燥。

这种板块之间的运动至今仍在持续,喜马拉雅山仍在上升。同时这种运动的板块之间也是火山和地震频繁发生的地带。

几千万年到几亿年气候变化的驱动力主要是地质构造活动,包括板块运动、火山爆发、海底的地质构造变化等,也包括沙尘的影响。这些地质构造的运动,改变着大气中温室气体的浓度和反照率,影响着地质年代的气候。其过程是两种过程的平衡。一方面,通过硅酸钙岩石的风化作用可产生离子:

$$CaSiO_3 + 2H_2CO_3 \rightarrow Ca^{2+} + 2HCO_3^- + SiO_2 + H_2O \tag{3.14}$$

钙离子与重碳酸盐离子被海洋有机体结合到它们的外壳和骨骼中,

$$Ca^{2+} + 2HCO_3^- \rightarrow CaCO_3 + CO_2 + H_2O \tag{3.15}$$

反应(3.14)与(3.15)合并，

$$CaSiO_3 + CO_2 \rightarrow CaCO_3 + SiO_2 \tag{3.16}$$

故通过化学反应从大气和海洋中捕获 CO_2，将它溶入更大的碳源中，即地壳的无机碳沉积岩中。

当 CO_2 通过火山爆发进入大气的速度大于风化作用产生钙离子的速度时，大气中的 CO_2 浓度就会增加，反之亦然。CO_2 进入大气的速度取决于碳酸盐岩石变质反应的速度，而变质反应的速度又依赖于板块聚集运动的速度。风化作用的速度则跟大气中的水汽循环速度有关，它随温度的升高而增加。风化过程包含的化学反应使这种依赖温度的关系更为明显。因此，较高的环境温度和较慢的板块运动将有益于降低大气中 CO_2 的浓度，反之会增加其浓度。在上千万年的时间里，反应(3.16)与(3.17)的不平衡将会改变大气中 CO_2 的浓度，这已是不争的事实。

另一方面，通过板块运动和火山运动可产生 CO_2，补充大气中的 CO_2。海底的石灰石沉积沿着板块边缘俯冲到地幔中，由于地幔中温度较高，石灰石通过化学反应变成变质岩。

$$CaCO_3 + SiO_2 \rightarrow CaSiO_3 + CO_2 \tag{3.17}$$

上述化学反应中释放出来的 CO_2 通过火山爆发又回到大气中。式(3.17)的变质反应加上风化反应，与形成碳酸盐的反应(3.16)就构成了一个完整的碳循环，使碳原子在大气和地壳中的无机碳源中不断循环，所需时间为几千万年或几亿年。

3.3.2　历史时期和近代的外部强迫

历史时期和近代的气候变化(如温度)可以看成由两部分组成，即一是气候的自然变化，有来自外部的自然强迫如太阳活动和火山活动，以及气候系统内部的相互作用和变率；另一方面是人类活动如矿物燃料排放和土地利用(下垫面覆盖与植被状况等)的变化等造成的气候变化。气象仪器观测到的气候变化是气候自然变化与人类造成变化的综合。这里，主要介绍太阳活动和火山活动的自然外强迫因子。

(1)太阳活动

太阳上一系列物理过程的演化，包括太阳黑子、光斑、日冕、谱斑、日珥以及耀斑等，使得太阳在电磁波辐射与粒子流辐射方面随时间发生一定的改变，此类物理过程总称为太阳活动。常被作为太阳活动性的一个重要指标是太阳黑子，黑子多时太阳活动性强，黑子少时活动性弱。太阳活动对气候的影响主要体现在太阳黑子异常活动的周期性上。这种关系是日地关系研究中的重要方面。

(a)11 年周期

Wolf 利用历史上积累下来的黑子资料，证实了太阳黑子存在周期性，平均周期为11.1 年，它变动于 15 年与 8 年之间。图 3.14 绘出 1749—2008 年太阳黑子的变化曲线。

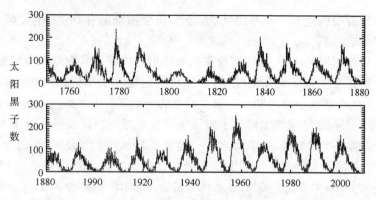

图 3.14　1749 年 1 月到 2008 年 8 月月平均太阳黑子数变化曲线(Wallace and Hobbs 2008)

太阳黑子 11 年周期又称太阳活动周,在这个周期中,气候振动表现出双波和单波两种振动现象,其中以双波振动影响为主。Baur 的研究表明中欧严冬大多集中在太阳黑子 11 年周期中的极值年附近,并表现出明显的双振动现象。王绍武根据温度等级平均值发现我国在太阳黑子高值年和低值年都比较冷,反映出我国气温也存在双波振动现象。Scherhag 发现在 11 年周期极小值年附近,大西洋上空纬向环流加强,而极大值年附近则减弱。翁衡毅认为准两年振荡(QBO)存在的原因是由于太阳 11 年周期非线性的作用引起的。有学者认为太阳活动 11 年周期与 ESNO 的形成频数有关,单周 ESNO 发生频数多。许多气候工作者从事太阳 11 年周期与地面气象要素相联系的研究工作,直至现在仍在继续这方面的探讨。在中国各地的降水和气温变化与 11 年周期存在密切的关系,如东北,天津,黄河流域,西北等地区。

(b)22 年周期

太阳黑子的磁场极性有 22 年周期,即由两个完整的 11 年周期组成的一个黑子极性反转的周期。图 3.14 中黑子周期极大值年一周强一周弱的交替涨落现象与黑子磁场变化一致,这就是 Hale 首先提出的 22 年太阳黑子磁周期,称为海尔周期。Wexler 研究认为在单周中,当从最少年到最多年时,中纬度冬季气压场有减低趋势,高纬度则上升,亦即向低值环流指数转变;在双周中则呈相反状况,中纬度气压上升,高纬度气压下降,即朝向高值环流指数转变。

王绍武研究了大气环流、大气活动中心的多年变化及其与我国气候的多年振动与太阳活动的关系,进一步指出 22 年周期是普遍存在的。在太阳活动次高年西风环流加强,我国一般偏暖偏干;主高年西风环流减弱,我国偏冷,降水偏多。张先恭的研究表明:我国大范围温度冷暖时期转变的年份几乎都在太阳活动最强年份或其前后 1~2 年,特别是太阳活动单周的高值年(或称主高年),与我国大范围温度由冷周期转向暖周期是一致的,而太阳活动双周的高值年(或称次高年)与由暖周期转向冷周期是一致的。说明气温冷暖期变化具有明显的 22 年周期变化。许多学者(如赵宗慈,林学椿)分析中国近 500 年旱涝认为:旱涝在全国普遍存在 22 年周期,与太阳磁活动周期有一定关系。

Bray 分析冰川资料认为,冰后期所有已知冰川的扩展及其表示寒冷气候的其他指数有 75%～80%发生在弱太阳活动期,而冰川的后退和表示温暖气候的其他指数有 75%～80%发生在强太阳活动期。美国大平原的干旱多发生在靠近太阳黑子数极小值以后。印度降水与 22 年周期太阳黑子磁周期存在正相关。段长春分析了 1951—2000 年太阳活动异常对中国夏季、冬季降水和气温的影响,认为太阳活动强的年份,夏季南方、东北少雨,黄河中上游流域、黄淮地区以及长江中上游则多雨;冬季全国均多雨;北方(尤其是东北和新疆)冬季气温偏高,夏季气温偏低。太阳活动弱的年份,夏季华南及黄河以北多雨,而长江流域及以北到黄河中上游则少雨;冬季全国均少雨,北方冬季气温偏低。

太阳活动的周期性主要表现有 11 年、22 年周期。此外,还有 35 年的布吕克纳周期、80～90 年世纪周期、时间更长的 169 年、400 年和 600 年等超世纪周期以及时间更短的 26 个月的准二年周期和 26～27 天的太阳自转周期等。

(2)火山活动

火山活动也是影响气候变化的因素之一。大规模火山作用将大量喷发物由岩石圈输送至大气圈、水圈和生物圈,从而造成气候、环境的快速变化,甚至导致大规模生物灭绝。火山爆发之后,向高空喷放出大量硫化物气溶胶和尘埃,可以到达平流层高度,显著地反射太阳辐射,使射入的太阳辐射减弱,从而使其下层的大气冷却。强火山爆发后数年一般会出现全球范围的降温,其降温幅度在 0.3～1.0℃之间,因此火山爆发产生的是负辐射强迫。如 20 世纪最强的一次火山爆发是 1991 年 6 月菲律宾的皮纳图博火山爆发,它使大气顶净辐射量的变化为 0.5 W·m^{-2},持续了 2～3 年时间,造成全球平均 0.5℃左右的降温,结果使连续增暖的全球地表温度曲线上呈现出一短时期的谷区。

观测表明,近百年主要的火山爆发活动期在 1880—1920 年和 1960—1991 年,由于每次火山爆发影响的延续时间只有几年,与温室气体增加产生的长期作用相比,是一种短时期的影响,因而它不应是造成近百年全球变暖的因子。

图 3.15 是火山活动、太阳活动对全球海陆平均温度影响的曲线图。图(a)是由火山活动驱动气候模式模拟的全球平均辐射强迫,图(b)是由太阳辐照度的变化驱动气候模式模拟的全球平均辐射强迫,图(c)是由所有其他强迫驱动不同气候模式模拟的全球平均辐射强迫,所有其他强迫包括温室气体,点线表示的模式结果是在 1900 年后考虑对流层中的硫酸气溶胶。图(d)中有(a)—(c)驱动的各种模式模拟的全球海陆年平均气温。从图中可以看出剧烈的火山活动会引起明显的太阳辐射强迫异常,从而使得全球海陆年平均气温明显降低,这种降低地面气温的效应具有一定后延性。同时火山活动引起的太阳辐射强迫和全球海陆气温的降低作用持续只有几年,并不是气温长期变化趋势的主要原因。

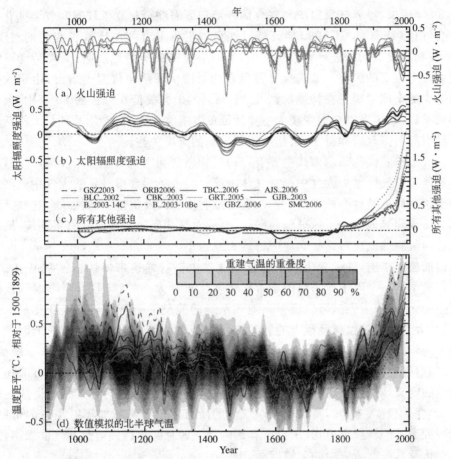

图 3.15　过去 1100 年火山活动(a)、太阳辐照度变化(b)、所有其他强迫(c)驱动气候模式模拟的全球平均辐射强迫和数值模拟北半球海陆气温距平变化曲线(d)(IPCC 2007)

　　火山活动也排放一部分 CO_2，SO_2 等气体，但其总量尚小，对气候增温作用也较弱,这不同于地质年代的情况。另外,重大的火山喷发也常伴随着某些地区的降水异常。火山喷发产生的火山灰和二氧化硫气体使大气中吸湿性凝结核增加,对降水的发生和加强产生了催化作用。其次,火山喷发产生的大量水汽有利于局部地区水汽达到过饱和状态而有利于产生降水。

3.4　人类活动与气候变化

　　人类作为气候系统中的重要成员,一方面受到气候系统中各种自然过程的影响,另一方面,随着人类社会和经济的发展,人类活动对气候变化的影响愈加显著。20

世纪80年代末,世界气象组织和联合国环境规划署联合建立了政府间气候变化专门委员会(简称IPCC),从1990年开始,IPCC对世界上有关全球气候变化的科学、影响、适应和减缓等问题进行了四次评估,其结果愈来愈清楚地表明,人类活动对全球气候变暖有重要的影响。2007年4月发布的第四次评估报告明确指出,由于人类活动所造成的全球增暖正在持续加剧,已有90%的把握确信在过去的50年中,人类活动导致了近50年来以全球变暖为主要特征的气候变化,气候变化及其与人类活动的关系已引起各国政府和科学家、相关国际组织的高度关注。

　　人类影响气候的活动方式主要有:(1)矿物燃料利用及农业和工业活动排放的二氧化碳等温室气体增加大气中温室气体浓度;(2)人类活动排放导致大气中气溶胶浓度的变化;(3)人类社会的发展不断改变土地利用方式及下垫面的性质。这些活动基本都直接或间接地改变了地球辐射平衡,气候对这些辐射平衡改变直接响应,同时又通过反馈机制的变化对这些响应进行放大或缩小。

　　前面已经指出,气候变化因子的影响通常由辐射强迫来估计。辐射强迫(F)是用来定量估计一个因子或一组因子对气候变化贡献大小的物理量,当影响气候的因子发生变化时,辐射强迫可以度量出地气系统的能量平衡是如何发生变化的。具体定义为"大气顶部单位球面积上的能量变化率",单位是 $W \cdot m^{-2}$。当一个因子或一组因子的辐射强迫估计为正值时,地气系统的能量最终是增加的,会导致系统变暖;相反,辐射强迫为负值时,能量最终是减少的,将导致系统变冷。进一步由前述气候敏感性的定义,对给定辐射强迫 F,由气候敏感性可以得到相应辐射强迫造成地表气温 T_s 的变化程度。显然,辨识出影响气候的所有因子及其施加辐射强迫的机制,确定每一种因子的辐射强迫,并求出所有影响因子的总的辐射强迫及其气候敏感性,是气候变化及其机制研究中的关键问题。

3.4.1　人类活动与温室效应

(1)温室效应

太阳是地球气候的根本能源,其主要辐射能量集中在可见光区或近可见光区(波长 $0.4 \sim 0.7 \mu m$),由于辐射波长较短,又称为太阳短波辐射。到达地球大气顶层的太阳短波辐射中,大约三分之一被直接反射回太空,其余太阳短波辐射绝大部分完全透过大气而被地表吸收(约50%),大气吸收份额很小。为了平衡所吸收的入射能量,地球必须也向太空发射同样数量的能量。地球的温度比太阳低得多,因此,地球辐射能量集中在波长较长的红外谱区(波长约在 $10 \mu m$ 附近)(见图3.16)。根据大气对辐射光谱的选择吸收性,大气对太阳短波辐射吸收很小,但地表向上放射的长波辐射又绝大部分被大气圈(包括云、水汽、二氧化碳(CO_2)、臭氧(O_3)、甲烷(CH_4)等)所吸收,并重新向地球发射长波辐射,这种热辐射使其下大气层和地面加热,这一特性称为地球的自然温室效应。必须注意仅从热辐射输送过程来理解温室效应还不够,还必须考虑大气温度垂直分布的作用。前面已经指出,大气中的水汽和温室气体吸收了地表发射的长波辐射,并同时以自身的温度向外空发射热辐射。在大气高层,由于温度比地表低得多,这些气体发射的长波辐射量比较小,因此这些水汽和温室气体的存在使大气损失于外空的长波热辐射大大减少。这些温室气体的作用犹如覆盖在地表上的一层棉被,棉被的外表比里要冷,使地表长波辐射不至于无阻挡地射向外空,从而使地表比没有这些温室气体时更为温暖。由上可见,地球上如果没有温度随高度减小的温度垂直分布,就不会有温室效应。温室效应之所以得名是由于上述辐射过程类似于玻璃温室的辐射过程。温室的玻璃可以减少空气的流动,并使太阳辐射射入,同时阻挡温室内长波热辐射的外逸,从而使温室内部的温度升高。与此类似,地球的温室效应也能使地球表面变暖,只不过它们的物理过程不同罢了。如果没有地球的自然温室效应,地球表面的平均温度将低于冰点。因此,地球的自然温室效应使我们现在已知的所有生命活动成为可能。

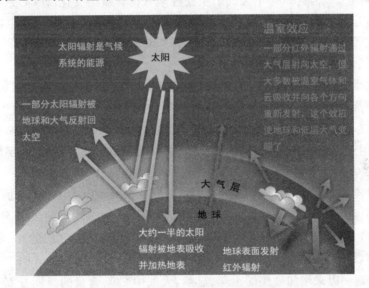

图 3.16　地球的自然温室效应的概念化模型(IPCC 2007)

由于人类活动的影响,一些大气中本来就存在的温室气体含量在不断增加,另一些完全由人类产生的温室气体也被排放到大气中。大气中温室气体增加使地球表面变暖。显然,人类活动大大增强了自然的温室效应,这种增强的或附加于自然温室效应之上的温室效应称为人类产生的温室效应。全球变暖与温室效应的加剧有关。必须注意的是,虽然水汽是最重要的温室气体,但是人类活动对水汽含量的直接影响非常小,我们在此不作讨论。

（2）温室气体

由于人类活动,长期存在的温室气体包括二氧化碳、甲烷、氧化亚氮和卤烃都在增加。这些气体中的大部分在大气中有非常长的生命,如表 3.1 所列,二氧化碳的生命期为 $50\sim200$ 年,甲烷 $12\sim17$ 年,氧化亚氮为 150 年,CFC-12 为 130 年。这些气体一旦进入大气,几乎无法清除,只有靠自然过程使它们逐渐消失。由于它们在大气中的长生命期,温室气体的影响是长久的而且是全球性的。

表 3.1　人造温室气体的相关资料（IPCC 2007）

	CO_2	CH_4	N_2O	CFC-12	HCFC-22
工业革命前的含量	280 ppmv	700 ppbv	275 ppbv	0	0
2005 年的含量	379 ppmv	1774 ppbv	319 ppbv	538 pptv t	169 pptv
1980 年后的年增长率	1.6 ppmv/a	1.4 ppmv/a	0.70 ppmv/a	0.5 pptv/a	4.8 pptv/a
大气中的存在期（年）	$50\sim200$	$12\sim17$	150	130	13.3

第 1 章图 1.3 为近 200 年大气中主要温室气体含量的变化（IPCC 2007）,从中可以看到所有这些气体的含量在工业化时代都已显著升高,这些升高主要缘于人类活动。

（a）二氧化碳

二氧化碳是一种自然存在的大气成分,它在大气、海洋和陆地之间循环,由于矿物燃料的燃烧,每年有 $5\sim7$ GtC 的 CO_2 被排放到大气中;另一方面由于砍伐森林,每年又有 2 GtC 的 CO_2 被排放到大气中,虽然这些多余的碳（C）中有一部分可以被海洋吸收,但是大气中的 C 仍然每年增加 3 GtC 或者 0.5%。由于表层海洋与深层海洋之间的 C 交换速度比较慢,大气中 CO_2 重新达到稳定状态需要 $50\sim200$ 年。各种直接与间接的仪器测量证实了在过去 250 年大气中的 CO_2 含量增加了 100 ppm（36%）,从工业时代前（AD 1000—1750 年）的 $275\sim285$ ppm 增加到 2005 年的 379 ppm（IPCC 2007）,其增长率也是递增的。1960—2005 年实测 CO_2 的平均增长率为 1.4 ppm/年,最近十年（1995—2005 年）CO_2 增加了 19 ppm（1.9 ppm·a^{-1}）,是自 1950 年代有直接观测以来增加最快的十年,显然,大气中 CO_2 含量的急剧升高是与矿物燃料燃烧的快速增加相联系的。

CO_2 对气候变化的影响强度可以通过辐射强迫（RF）反映,表 3.2 给出了 2005 年大气中 CO_2 的浓度、RF 及其 1998 年以来的变化（IPCC 2007）。可以看到,2005 年大气中 379 ppm 的 CO_2 产生的 RF 为 1.66 ± 0.17 W·m^{-2},该值比在 1998 年增加了 13%～14%,也比由其他因素引起的 RF 变化大得多,显然是对全球变暖贡献最大的温室气体。1995—2005 年的十年间,由 CO_2 含量升高引起的 RF 增强了 0.28 W·m^{-2}（20%）,是 1800 年以来 RF 增加最多的十年。

表 3.2　长寿命温室气体的含量及辐射强迫(IPCC 2007)

类别	含量及其变化		辐射强迫	
	2005 年	1998 年后的变化	2005 年(W·m⁻²)	1998 年后的变化(%)
CO_2	379±0.65 ppm	+13 ppm	1.66	13
CH_4	1774±1.8 ppb	+11 ppb	0.48	—
N_2O	319±0.12 ppb	+5 ppb	0.16	11
CFC-11	251±0.36 ppt	−13 ppt	0.063	−5

(b)甲烷

甲烷可以在很多环境下生成,包括自然湿地、稻田和动物的反刍行为等。在钻孔和采矿时也会释放甲烷。在大气中它们主要是被 OH 基氧化而消失的。甲烷在大气中的含量从 1750 年的 715 ppb 增加到了 2005 年的 1774 ppb,其含量已是工业化前的 2 倍多,(彩)图 3.17 为最近 20 年 CH_4 含量及其变率的趋势(IPCC 2007),可以看到最近十几年它的增长率呈下降趋势,但原因尚不清楚。CH_4 是继 CO_2 后具有最大辐射贡献的长生命期温室气体,目前引起的 RF 为 0.48±0.05 W·m⁻²。

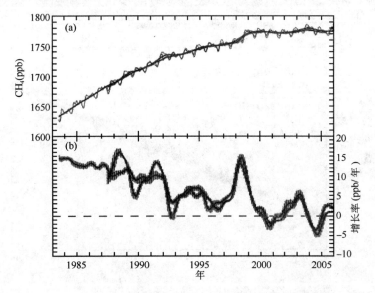

图 3.17　CH_4 含量和变化趋势。(a)全球 CH_4 丰度的时间序列,来源于 NOAA (蓝线)和 AGAGE(红线)。细线是全球平均的 CH_4,粗线为去除季节趋势的全球平均 CH_4;(b)全球大气中 CH_4 丰度的年增长率(IPCC 2007)

(c)卤烃

卤烃主要包括氯氟碳化物(它是由碳、氢、氯及氟构成的卤烃化合物,如 CFC-11 和 CFC-12),卤烃气体浓度的增长主要是缘于人类活动,自然过程只是一个很小的源。但是它们对地球温室效应的影响是非常大的。原因在于，它们对 $8\sim12\ \mu m$ 的辐射能吸收很强，而这种长波是地表主要发射的波段。自然气体对这个波段的吸收很弱，所以对于这个波段自然大气是透明的。这些气体和卤烃被大量制造用来作为冷冻液体、泡沫替代品、溶剂和其他用途。它们在平流层被紫外线分解，氯、溴被释放并参与破坏臭氧层，造成平流层臭氧的耗减。自保护臭氧层国际公约实施以来，氯氟碳化物的含量正在减少。它们对辐射强迫的贡献也在下降，2005 年的贡献是 $+0.32\pm0.03\ \mathrm{W}\cdot\mathrm{m}^{-2}$，在 2003 年达到峰值。

　　(d)氧化亚氮

　　氧化亚氮是由土壤和水中的生物产生的，土壤人工肥料的使用、矿物燃料的燃烧等一系列人类活动将增加 N_2O 的排放。冰芯资料研究表明，N_2O 浓度在过去 2000 年保持大约 285 ppbv 不变，随后呈现非常快的增长，N_2O 的混合比从 1750 年的270 ppb 增加到 2005 年的 319 ppb。在最近几十年，N_2O 基本以 0.26%/年的变率呈现线性增长趋势（如图 3.18），2005 年大气中 N_2O 产生的 RF 为 $+0.16\pm0.02\ \mathrm{W}\cdot\mathrm{m}^{-2}$，比 1998 年增加了 11%（见表 3.1）。随着 CFC-12 的缓慢减少，以目前的趋势，N_2O 将取代 CFC-12 成为具有第三位对 RF 贡献的长生命期温室气体。

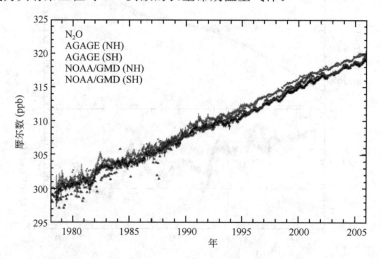

　　图 3.18　半球平均大气中 N_2O 月平均摩尔数（北半球用十字表示，南半球用三角表示）。N_2O 的观测数据来自 ALE，GAGE（1990s 期间）和 AGAGE（20 世纪 90 年代之后）（Prinn 等 2000，Thompson 等 2004）

　　(e)臭氧

　　臭氧在对流层增加，在平流层减少。在对流层的增加主要由人类活动排放的一氧化碳、碳氢化合物和氧化亚氮通过光化学反应生成。对流层和低层平流层的臭氧是有效的温室气体，主要是因为它处于水汽窗口中间的 $9.6\ \mu m$ 吸收带。但它不是长生命期温室气体,在大气中通过化学反应不断生成又不断被清除。对流层臭氧增加引起的 RF 的最佳估计值为 $+0.35\ \text{W}\cdot\text{m}^{-2}$。平流层臭氧在过去几十年是下降的,可能是因为人类活动排放的卤烃破坏了臭氧的光化学反应,在南极洲上空造成了臭氧空洞。据估计,平流层臭氧的大量消耗已经造成负的 RF($-0.15\ \text{W}\cdot\text{m}^{-2}$)。

3.4.2　人为气溶胶及其气候效应

气溶胶是悬浮在空气中的微小颗粒(直径在 $0.001\sim 10\ \mu\text{m}$)的总称,包括自然过程产生的和人类活动产生的气溶胶两种。自然气溶胶有火山灰、尘灰(soil dust,大部分产自北非及亚洲的沙漠地区)、海盐气溶胶(sea salt aerosol)等。人为气溶胶主要包括硫酸盐、矿物燃料有机碳、矿物燃料黑碳、生物质能燃烧、矿产灰尘气溶胶等。自然气溶胶在大气中的含量、分布和光学特性在一段较长的时期内可以看作不变,但与温室气体相比,其生命期要短得多(一般只有几天到 2 周时间,且空间分布很不均匀),而人为气溶胶由于受人类活动的影响较大,工业革命以来,尤其是 20 世纪 50 年代以来增加迅猛,其增长对气候变化以及生态环境的影响尤为重要。气溶胶对大气辐射的总效应与温室气体相反,产生冷却作用

另外,由于含碳燃料不完全燃烧而排放出来的细颗粒物即大气中的黑碳或有机碳,也是大气气溶胶的重要成分。尽管黑碳气溶胶在大气气溶胶中所占比例较小,但它对区域和全球气候影响甚大。目前,对于黑碳排放的估算仍存在很大的不确定性。

20 世纪 90 年代后期,一个由 250 位科学家组成的国际科学工作组对印度洋上空进行科学监测时发现,一层 3 km 厚、相当于美国大陆面积的棕色污染阴霾云层笼罩在印度洋、南亚、东南亚和中国上空,阴霾中含有大量黑碳、硫酸盐、硝酸盐、有机碳及其他污染物颗粒,被专家形象地称为大气棕色云(简称 ABC)((彩)图 3.19)。这种棕色的霾同样也出现在北美、欧洲和世界其他地区。目前,国际社会对此给予了极大关注,有科学家认为"大气棕色云"的重要性不亚于臭氧层损耗。

(1)气溶胶的直接辐射强迫效应

对流层气溶胶的辐射强迫分为直接效应和间接效应。直接效应就是气溶胶通过散射和吸收短波和长波辐射,从而改变地—气系统的辐射平衡,其辐射强迫大小与气溶胶的光学特性、垂直和水平方向上的分布密切相关。一般情况,弱吸收气溶胶(单次散射反照率~1)主要作用是散射,由于它增加了向后空间的散射,使进入地气系统的能量减少,必然导致该系统的净冷却效应。对于具有吸收性的气溶胶(单次散射反照率<0.85),通过吸收太阳辐射减少了地气系统的能量损失,使系统的能量输入增加,引起净加热效应。Hansen(1980)计算得到单次散射反照率的临界值为 0.85,若对流层中气溶胶的单次散射反照率小于此值,将使系统加热,而大于此值将使系统冷却。一般而言,大部分气溶胶(除黑碳气溶胶)对于对流层的辐射效应都为冷却作用。

图 3.19　1997 年 10 月 22 日由卫星拍摄的大气棕色云。1997 年下半年,印度尼西亚烧荒和森林大火产生的烟尘在印度洋—南海—西太平洋形成一污染云羽,其中心停滞在东南亚对流层中,以后迅速向印度、东南亚和我国华南北扩。绿、黄、红色区代表对流层臭氧量(烟)不断增加,在东风吹动下向西移动(取自 Ding and Rangeet 2008,来源:NASA 1997)

IPCC 第四次评估报告(IPCC-AR4)综合了各种模式和观测对气溶胶总直接辐射强迫 RF 的最新估计,全体气溶胶使地气系统能量总损失为 0.1～0.9 W·m⁻²,即总辐射强迫估计值为 −0.5±0.4 W·m⁻²。单个气溶胶种类的直接强迫没有所有气溶胶直接强迫的确定性大。如硫酸气溶胶直接辐射强迫为 −0.4±0.2 W·m⁻²,燃烧生物碳气溶胶直接辐射强迫为 −0.05±0.05 W·m⁻²,矿物燃料黑碳的直接辐射强迫是 +0.03±0.12 W·m⁻²,硝酸盐气溶胶的直接辐射强迫为 −0.1±0.1 W·m⁻²。

(2)气溶胶的间接辐射强迫效应

气溶胶辐射强迫的间接效应就是通过气溶胶改变云微物理过程,从而改变云的辐射特性、云量和云的生命期,从而影响地气系统的辐射平衡。气溶胶的重要作用之一是作为一种云凝结核可增加小云滴的数量。考虑云中的液态水含量不变,如果云滴数量多,则每一个云滴分配到的水汽变少,云滴的尺寸也因此变小;相反,如果云滴数量少,则云滴的尺寸较大。一般而言,云滴较小,云的反射率较大。另外,小尺寸的云滴不容易形成降水,因为它们太轻,可能不会从云层中降落下来,也可能在下降途中很快又被蒸发掉了。

可见,大气气溶胶含量的增加,对于液态水含量不变,云内的云滴数目增加可使云的反照率增加(云反照率或气溶胶第一种间接效应);云滴的尺度偏小,碰撞形成降水尺度的大云滴机会也偏少,因此云滴尺度减小将可能引起降水减少和云生命期延长(云生命期或气溶胶第二间接效应),使云的反照率增大,地气系统的行星反照率可能变大。换言之,大气及地表吸收的太阳辐射减少。由此可见,气溶胶作为云中的凝结核对地气系统的间接影响是辐射冷却,可能使得对流层及地表气温降低。然而,必须指出的是,目前科学界对气溶胶的间接效应的了解仍相当有限。IPCC-AR4 对气溶胶通过云反射效应造成的 RF 估计为 $-0.7\ \mathrm{W \cdot m^{-2}}$。

3.4.3　土地利用和土地覆盖变化及其气候效应

人类活动影响气候变化的另一因素是土地利用和土地覆盖的变化。这是因为:土地利用和土地覆盖的变化直接造成陆面物理特性的变化,改变了陆表的反照率以及陆表和大气之间的能量和物质交换,影响了地表的能量平衡,从而影响区域气候特征;另一方面,植被类型、密度和有关土壤特性的变化还可引起陆地碳储存及其通量的变化,进而使大气温室气体含量发生变化。

(1)近 250 年来土地利用的变化

(彩)图 3.20 给出了 1750 年与 1990 年陆面覆盖的人为变化(Ramankutty 等 1999,Klein Goldewijk 2001),可以看到,在 1750 年全球陆表仅 6%～7% 的土地是农

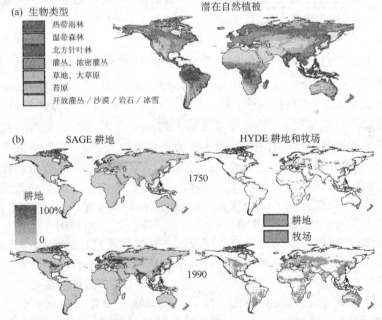

图 3.20　由人类活动造成的土地覆盖类型的变化(至 1990 年)

(a)潜在自然植被的重建(Haxeltine and Prentice 1996)。(b)1750 年和 1990 年耕地和牧场的重建,其中左图是来源于 SAGE 的耕地重建(Ramankutty 等 1999),右图是来源于 HYDE 的耕地和牧场的重建(Klein Goldewijk 2001)

田或草原($7.9\times10^7\sim9.2\times10^7$ km^2),主要分布在欧洲、印度中央平原和中国。在随后的 100 年间,农田和草原在这些地区延伸和强化,并在北美出现新的农业区。1850 到 1950 年间,农田和草原地区快速增加。其后,农田和草原的扩展速度减慢,但热带地区森林面积快速减少,到 1990 年农田和草原的覆盖面积占全球陆表的 35%~39%($45.7\times10^7\sim51.3\times10^7$ km^2),森林覆盖大约减少 11×10^7 km^2。总体来说,直到 20 世纪中叶,大部分的森林砍伐发生在温带地区。但最近几十年,西欧和北美放弃的陆地被用来重新造林,而热带地区出现了砍伐森林的加速。

(2)人为陆表物理特性变化的气候效应

人为改变大尺度的植被特性可影响地表反照率。农田的反照率与自然地表有很大的不同,尤其是森林。森林地表的反射率一般比开阔地要低,这是因为在森林上空有较大的叶片,入射辐射在森林冠层内的多次反射导致反射率降低。这种效应在雪地尤其明显,因为开阔地面全部被雪覆盖时具有高反射率,但积雪外面有森林或被积雪覆盖的森林其反照率也较低。据 IPCC-AR4 估计,由砍伐森林造成的土地覆盖变化增加了地表反照率,产生的相关 RF 为-0.2 ± 0.2 W·m^{-2}。

地表反照率也会因为人为气溶胶覆盖于表面而改变,尤其是置于雪地上的黑碳气溶胶将降低地表反照率,产生的相关 RF 为$+0.1\pm0.1$ W·m^{-2}。

改变陆地覆盖还会影响一些其他物理属性,例如地表比辐射率、土壤湿度和地表粗糙度,它们将通过陆气间的各种能量交换,如潜热、感热通量的变化,改变地表能量和水汽收支,直接影响近地面大气温度、湿度、降水和风速,并对局地、区域气候产生一定的影响。例如,一些模拟表明,完全去除亚马孙河流域的雨林森林,将对局地表面温度和水循环有重要影响,亚马孙河流域大约一半降水是从森林的蒸散而来。除掉森林将改变径流与蒸散的比率,区域水循环平衡可能会严重改变,导致水汽辐合和蒸发的减少,降雨和径流将会显著减少。近年来,我国科学家一些数值模拟的结果普遍认为,土地利用变化对我国区域降水、温度有明显的影响。我国西北荒漠化和草原退化,将造成中国大部分地区降水减少,华北和西北干旱加剧,气温则明显升高。

李巧萍和丁一汇(2004)在考虑目前植被对历史时期土地利用变化的气候影响数值试验中发现,植被严重退化可导致我国大部分地区降水减少,尤其加剧华北和西北地区的干旱,而北方大范围植树造林则有利于黄河流域降水增加,并可在一定程度上减少夏季长江流域及整个江南地区洪涝灾害发生的几率。而植被覆盖变化对当地气温的影响比降水更为显著,植被退化可使当地气温除冬季外表现出明显升温,相反,北方地区大面积植树造林则有利于当地及周围地区冬偏暖、夏偏凉,使温度变化趋于缓和((彩)图 3.21)。单纯考虑土地利用变化的影响,1990 年我国大部分地区的平均气温比 1950 年普遍偏高,说明在 20 世纪 50 年代以后我国平均气温明显升高的观测事实中,以森林砍伐和草地退化为主要特征的近代土地利用变化所起的作用可能与温室气体排放浓度增加对温度的影响是相互加强的。

　　土地利用的变化还可通过其他机制改变气候,陆地覆盖物变化可能对二氧化碳、甲烷、生物燃烧气溶胶和灰尘气溶胶的排放产生影响。例如 19 世纪的农业发展改变了地表覆盖,造成 19 世纪大气温室气体(CO_2、CH_4 及 N_2O)的增加。

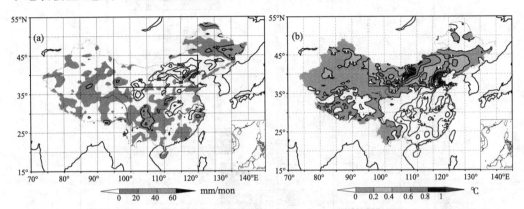

图 3.21　北方地区植被退化对我国降水(a)和温度(b)的影响(敏感性试验与控制试验之差)
(图中方框为植被退化的试验区)(李巧萍等 2004)

　　此外,高密度人口居住区域特别是城市化进程的加快,形成了城市复杂多样的地表覆盖布局,这种特殊的土地利用格局对局地气候也可产生显著影响。随着城市的出现和不断扩大,使得密集的建筑物取代了自然的地表面,地面粗糙度大大增加,地表风速减小,建筑物参差不齐又导致湍流加大。不渗水的道路和建筑材料取代了天然的土壤,减少了蒸发和空气湿度,大大加快了径流,降低了地表反照率,而热传导和热容变大。这就改变了地表热量和水分收支各项的相对大小,加上城市中工业生产和居民生活释放出大量人为热量和废气,使得城市气温比周围郊区高。这一现象通常称为"城市热岛效应"或"城市热岛"。"城市热岛"是城市气候中最典型特征之一。根据周淑贞等(1994)对北京、上海及沿海等大中城市进行的城市气候研究发现,无论是冬季还是全年平均,城市气温均比周围站点显著偏高,且城市规模越大,热岛效应越强。进一步考察这几个城市在近几十年来的温度变化,发现在区域性气候增暖过程中,城市化的影响也是不可忽略的。城市下垫面对大气的影响是当前气候研究和边界层研究的一个热点问题,也是探讨人类对自然气候干扰的方面之一。

3.4.4　人类活动的辐射强迫效应及其气候敏感性

　　(1)人类活动的辐射强迫效应

　　图 3.22 给出了受人类活动影响的部分因子对辐射强迫的贡献。这些数值反映了相对于工业化时代初期(约 1750 年)的总辐射强迫变化,可以看到所有长生命期温室气体增加(缘于人类活动)的强迫都是正的。在这些温室气体中,CO_2 增加引起的

辐射强迫最大。对流层臭氧增加也引起增暖,而平流层臭氧减少则导致变冷。

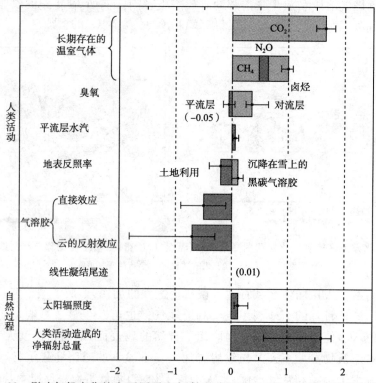

图 3.22　影响气候变化的主要因子和辐射强迫(W·m⁻²)。因子产生的辐射强迫数值代表 2005 年相对于工业化初期(约 1750 年)的辐射强迫变化。1750—2005 年中比较重要的自然强迫是太阳辐照度的增加,但其正辐射强迫只有+0.12 W·m⁻²。每个框中的细黑线表示各个数值的不确定性范围(IPCC 2007)

　　气溶胶粒子通过反射和吸收大气中的太阳及红外辐射而直接影响辐射强迫。有些气溶胶引起正强迫,而有些则造成负强迫。所有类型气溶胶的综合直接辐射强迫总体上是负值。气溶胶还通过影响云反射效应造成间接的负辐射强迫。注意,它的不确定性范围很大。

　　人类活动不仅改变了全球土地覆盖,而且还改变了冰和雪的反射性质。总体来看,人类的这种活动可能使得现在有更多的太阳辐射被地球表面反射掉了。这一变化导致了负的辐射强迫。

　　飞机在平流层和对流层上部条件适合的低温高湿区域能产生持续时间很长的线状凝结尾迹,增加了地球上空的云量,据估计,它引起了很小的正辐射强迫。但随着将来超音速飞机数量的增加,这种作用也不容忽视。

　　由此可见,自 1750 年以来人类很有可能对气候造成了非常重要的影响,与人类活动有关的 RF 估计值为 $+1.6[-1.0,+0.8]$ W·m^{-2}，表明这个 RF 估计值可能至少比由于太阳活动变化造成的变化的 5 倍还大。最近 50 年以来，自然 RF(太阳活动加上火山气溶胶)的影响不太可能比人类引起的辐射强迫大，因而说明可能主要是人类活动引起了近 50 年来的全球变暖。

(2)人类活动的气候敏感性

如前所述，"气候敏感性"λ 是指在给定全球辐射强迫下所引起的全球年平均温度的稳定增加，即全球平均地表温度 ΔT_s 对辐射强迫的响应[见方程(3.1)]。

气候敏感性的概念最早是在一维辐射—对流模式研究时提出的。在这种模式中，λ 对于各种辐射强迫近于常数，一般约 0.5 K/(W·m^{-2})。随后的大量试验表明，对于较复杂的气候模式，各模式的 λ 值可能不同，但对每一模式本身，不论辐射扰动差别多大，λ 一般仍保持常数，正由于这种特征，辐射强迫可用于近似估算不同外加辐射扰动下引起的气候变化。气候敏感性实际上反映了强迫和响应之间存在的一种普适关系，可以作为估算全球地表温度对人类活动响应的很好指标。

一般是用 2 倍 CO_2 作为基准来比较气候敏感性。在 IPCC 第二次评估报告中，CO_2 加倍情况下的气候敏感性是在 1.5～4.5℃ 范围内，实际上这个敏感性范围在 1979 年已经提出。如气候敏感性是常数，则稳态温度应正比于净强迫而变，但这实际上只是一种粗略的近似。不过许多试验表明，对于未来 100 年可能发生的气候强迫量级而言，气候敏感性仍可近似看作常数，即全球平均地表温度响应粗略地正比于全球平均强迫，因而是一种线性关系。

目前使用的气候敏感性有两种：一是平衡气候敏感性，简称为气候敏感性；另一种是瞬变气候响应(TCR)，这在 3.1.3 节中已有一定说明，这里根据 IPCC 的评估对它们作一综合介绍。平衡气候敏感性被定义为大气 CO_2 浓度比工业化之前增加 2 倍但以后保持不变情况下，地球达到一个新稳定状态时全球平均近地面温度的增加值。长期以来，平衡气候敏感性是据大气环流模式(AGCM)耦合一简单的非动力上层海洋模式(平板或混合层模式)进行的 CO_2 加倍试验估算。在实际瞬变气候模拟中，TCR 被定义为 CO_2 以每年 1‰ 增加达到 2 倍时相对于控制试验 20 年平均的全球年平均地表气温变化量。

1970 年代末，根据当时两个模式的模拟，首次得到了 CO_2 加倍条件平衡敏感性的范围是 1.5～4.5℃，自此以后的三十多年中，虽然模式大大改进，并且与观测进行了更全面的比较，但模式计算的气候敏感性范围并没有明显减少，第一、二、三次 IPCC 评估报告中平衡气候敏感性都维持 1.5～4.5℃。最近 IPCC 第四次评估报告中给出的平衡气候敏感性是 2.1～4.4℃，平均值为 3.2℃，与第三次评估报告(2001年)的敏感性相近。如果以平均值±1 标准差计算，则第二、三、四次 IPCC 评估报告的平衡气候敏感性分别为 3.8±0.78℃(17 个模式得到)、3.5±0.92℃(15 个模式得到)与 3.26 ± 0.69℃(18 个模式得到)。对于瞬变气候响应(TCR),第二次(1995 年)与第三次(2001 年)评估报告中得到的值分别是 $1.1\sim3.1$℃(平均值是 1.8℃)与 $1.3\sim2.6$℃(中值为 1.6℃),IPCC 第四次评估报告的 TCR 是 $1.5\sim2.8$℃(中值是 2.1℃)(图 3.23),其范围有所缩小。一般而言,平均的瞬变气候响应低于平衡敏感性。

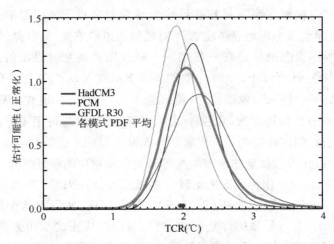

图 3.23　TCR 的概率分布(CO_2 加倍时的增暖值),它受到观测到的 20 世纪温度变化的约束。圆圈代表每一模式的 TCR(IPCC 2007)

　　因为真实气候系统的气候敏感性并不能直接测量到,近期通过建立敏感性与某些可观测量关系的方法,并计算与观测一致的气候敏感性范围或概率密度函数(PDF)而改进敏感性的数值。主要有两类新方法:第一种是用过去千年的地表温度、高空温度、海洋温度、辐射强迫、卫星资料、代用资料的历史瞬变模拟,计算敏感性的范围或 PDF。大部分计算结果表明,平均敏感性范围是 $1.2\sim4$℃。大多数结果肯定,气候敏感性不太可能低于 1.5℃,但不能排除超过 4.5℃的可能性。第二种方法是分析 GCMs 的气候敏感性,通过集合方法得到现代气候的模拟,并与观测比较得到气候敏感性 PDF,发现平衡气候敏感性最可能是 3.2℃左右,最不可能在 2℃以下。

　　综合以上各种结果,平衡气候敏感性或 CO_2 加倍下全球平均平衡增暖可能在 $2\sim4.5$℃范围,最可能的值是 3℃左右。

　　(3)20 世纪人类活动对气候影响的多模式模拟

　　通过对 20 世纪全球气候的模拟与观测结果的对比,也可以反映人类活动对气候影响的程度。图 3.24 为 IPCC-AR4 给出的观测和耦合模式模拟的 20 世纪全球平均温度距平(相对于 1901—1950 年平均)的变化。可以看到在同时考虑了人类活动的影响(包括温室气体浓度的增加、气溶胶的效应等)和自然因素(包括太阳活动的变化、火山活动等)后,耦合模式可以很好地模拟出 20 世纪后半期全球表面温度的增暖趋势。而当不考虑人类活动的影响时,20 世纪后半期温度变化的模拟趋势与观测相距甚远。这表明人类活动的影响极有可能在 20 世纪后半期的全球表面温度的变化中起了主要的作用。进一步分析 20 世纪前半期全球温度变化的模拟效果,发现模式可以在一定程度上模拟出这个阶段温度变化的趋势,但是模拟结果与观测的拟合程度比 20 世纪后半期的模拟要差,且模拟的结果与是否考虑人类活动关系不大。这在很大程度上表明 20 世纪前半期全球温度变化可能受自然变率的影响较大,即太阳活动、火山活动以及气候系统的内部变率都会对温度变化产生影响。

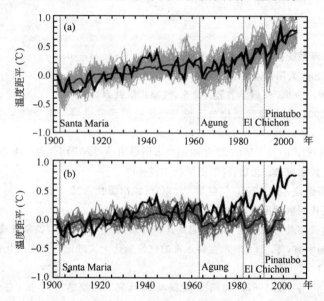

图 3.24　观测和耦合模式模拟的全球平均温度距平(相对于 1901—1950 年平均)的变化。图中深色实线均为观测,取自 HadCRUT3。(a) 同时考虑了人类活动影响和自然因素的模拟,取自 14 个模式的 58 个模拟试验,浅色实线为多模式的集合平均。(b) 只考虑自然因素的模拟,取自 5 个模式的 19 个模拟试验,浅色实线为多模式的集合平均。图中竖线表明主要火山爆发事件发生时间 (IPCC 2007)

思考题

1. 什么是辐射强迫? 什么是气候敏感性?
2. 造成气候变化的主要因子有哪些?

3. 什么是大气内部变异和耦合气候变异？

4. 日地距离变化对气候有什么影响？

5. 黄赤交角变化对气候有什么影响？

6. 什么是太阳活动？什么是太阳黑子？

7. 火山爆发对气候有什么影响？

8. 什么是温室效应？

9. 温室气体和气溶胶的辐射强迫有何差异？

10. 20 世纪以来全球变暖的主要原因是什么？

参考文献

丁一汇. 2003. 气候系统的演变及其预测. 北京：气象出版社, 47-70.

段长春, 孙绩华. 2006. 太阳活动异常与降水和地面气温的关系. 气象科技, 34(4): 381-386.

高国栋, 缪启龙, 等. 1996. 气候学教程. 北京：气象出版社, 411-430.

李巧萍, 丁一汇. 2004. 植被覆盖变化对区域气候影响的研究进展. 南京气象学院学报. 27(1): 131-140.

林学椿, 于淑秋. 1987. 中国干旱的 22 年周期与太阳磁活动周. 应用气象学报, 2(1): 43-50.

么枕生. 1959. 气候学原理. 北京：科学出版社, 387-400.

缪启龙, 刘雅芳, 周锁铨, 等. 1995. 气候学. 北京：气象出版社, 435-470.

潘守文. 1994. 现代气候学原理. 北京：气象出版社, 774-800.

彭公炳. 1973. 地极移动对气候变化的影响及其在气候预测中的应用. 气象科技, 3(3): 54-56.

施广成, 姚进生, 杨本有, 等. 1992. 米兰科维奇的气候变化天文理论与温度变化预测. 紫金山天文台台刊, 11(2): 97-110.

王绍武, 龚奇儿, 钮芬兰. 1963. 我国气候振动的研究. 北京大学学报（自然科学版）, (4): 343-351.

王绍武. 1962. 大气活动中心的多年变化. 气象学报, 31(4): 204-318.

张先恭. 1974. 近几十年来我国气候变化的某些特征. 中央气象局气象科学研究所研究报告, 1.

赵宗慈, 王绍武. 1979. 近五百年我国旱涝史料的分析. 气象, (1): 19-22.

周淑贞, 束炯编著. 1994. 城市气候学[M]. 北京：气象出版社, 244-344.

周淑贞, 张如一, 张超. 1997. 气象学与气候学. 北京：高等教育出版社, 235-240.

Baur F. 1925. The 11-year period of temperature in the northern hemisphere in relation to the 11-year sunspot cycle. Monthly Weather Review, 53(5): 204.

Bay R J, Loughhead R E. 1964. Sunspots. New York: Dover Publications, Inc., 1-38.

Berger A. 1984. Accuracy and frequency stability of the Earth's orbital elements during the Quaternary. In: Berger A L, et al. Eds. Milankovitch and Climate. D. Redial, Norwell, Mass,

3-40.

Ekholm N. 1941. On the influence of the deviating force of the earth's rotation on the movement of the air. Monthly Weather Review, 42: 330-339.

Hansen J E, Lacis A A, Lee P, et al. 1980. Climatic effects of atmospheric aerosols. ANN New York Acad Sciences, 338, : 575-587.

Haxeltine A and Prentice I C. 1996. BIOME3: An equilibrium terrestrial biosphere model based on ecophysiological constraints, availability resource and competition among plant functional types. Global Biogeochem Cycles, 10(4): 693-709.

IPCC. 2007. Climate Change 2007. Cambridge University Press, Cambridge, UK.

Klein Goldewijk, K. , 2001. Estimating global land use change over the past 300 years: The HYDE database. Global Biogeochem. Cycles, 15, 417-433.

Milankovitch M M. 1941. Canon of isolation and the ice-age problem. Belgrade: Serbian Academy Special Publication (English Translation by the Israel Program for Scientific Translations, Published for the U. S. Department of Commerce and the National Science Foundation, Washingtion, D. C.), 121-567.

Prinn, R. G. , et al. 2000: A history of chemically and radiatively important gases in air deduced from ALE/GAGE/AGAGE. J. Geophys. Res. , 105(D14), 1775-1779.

Ramankutty N and Foley J A. 1999. Estimating historical changes in global land cover: Croplands from 1700 to 1992. Global Biogeochem Cycles, 14, 997-1027.

Scherhag R. 1950. Betrachtungen zur allgemeinen atmosphärischen. Zirkulation Deutsche Hydrographische Zeitschrift, 3(1): 108-111.

Thompson T M, et al. , 2004. Halocarbons and other atmospheric trace species. In: Climate Monitoring and Diagnostics Laboratory, Summary Report No. 27[Schnell, R. C. , A. —M. Buggle, and R. M. Rosson(eds.)]. NOAA CMDL, Boulder, CO, pp. 115-135.

Weng H. 2003. Impact of the 11-yr solar activity on the QBO in the climate system. Advances in Atmospheric Sciences, 20(2): 303-309.

Wexler H. 1956. Variations in isolation general circulation and climate. Tellus, 8(4): 480-494.

Wolf J R. 1915. Wolf's Book of Milwaukee Dates a Condensed History of Milwaukee. Frank: The Evening Wisconsin Company.

第4章 气候变化模拟与预估

4.1 气候预测方法和气候模拟

从未来预报时效、原理和方法上区分气象预报可分为三种类型：天气预报，短期气候预测和气候变化预估（表 4.1）。由于后两种预报的差别主要在时间尺度上，所以可统称为气候预测，因而气象预报简单地说包括天气预报和气候预测。但近年来，也有人认为天气预报与短期气候预测都依赖于初始条件，只是预报期延伸的长度不同，应统称天气—气候预报，而气候变化主要取决于外强迫作用，不同于前两种或天气—气候预报。

表 4.1 天气预报和气候预测的区别

预报类型	时间尺度	预报对象	预报原理	所需资料	主要难点
天气预报	1～7 天	每天的天气现象，如暴雨、台风、大风、雪暴、雷暴、冰雹、高温等	从已知大气初始状态利用流体动力学方程组或数理统计方法预测未来天气	全球大气圈，其他圈层资料作为边界条件基本固定	海洋、高山、沙漠地区等大气观测资料缺乏造成初始条件误差
短期气候预测	月、季、年	长时期天气的平均状况（如干湿、冷暖）及其异常程度	从全球各圈层的变化及其与大气圈的相互作用（利用耦合的气候模式或统计模式）预测未来气候，除大气圈外的其他圈层资料作为边界条件是不断演变的，尤其是海洋和陆地下边界状况	五个圈层，即大气圈、陆面圈、生物圈、水圈和冰冻圈	五个圈层的资料明显不足，预测理论问题未完全解决，如大气内部变率的作用

续表

预报类型	时间尺度	预报对象	预报原理	所需资料	主要难点
气候变化预估	十年以上至百年或更长	气候系统的长期演变、温度和降水的变化以及其他圈层的响应或变化	利用包括地球生物化学过程的耦合气候模式或气候系统模式在不同温室气体和气溶胶排放下预估未来百年或更长时期的全球或区域气候变化	除五大圈层资料外,需要构建描述未来世界温室气体和气溶胶排放的可能情景,它作为主要的辐射强迫驱动全球气候变化	除了耦合气候模式或地球系统模式本身包含的不确定性外,排放情景也具有很大的不确定性。并且对于未来自然的外强迫(如火山、太阳辐射)以及气候系统内各种复杂的反馈过程都缺乏充分的了解

由表 4.1 可见,气候预测与天气预报相比有三个方面的难点:

(1)预报时间长。天气预报一般为 1～7 天,将来最长可延伸到 2 周。这主要是天气预报作为一个初值问题受到可预报性上限的限制。而气候预测是对月、季、年以及十年和百年长时间尺度的气候变率或异常状态进行预测或预估。众所周知,预测时间越长,不确定因素越多、越复杂,因而预测的难度越大,预测结果的准确性也较低。

(2)气候预测的原理和方法复杂,尚处于研究和试验阶段。天气预测的理论和方法已有近百年的历史,尤其是从 20 世纪 50 年代以来,数值天气预报得到了极大的重视和发展,目前已具备了比较完整和成熟的理论与方法。虽然气候模式基本上由数值天气预报模式演变而来,但气候预测不能完全沿用中短期天气预报的原理与方法,必须发展新的气候预测理论与方法。关键的问题是天气预报从数学上被看作初始问题,只要有足够准确的初始场和完善的数值预报模式,随着不断的向前积分,模式能够做出 1～7 天或到 10 天的准确天气预报。但是气候预测仅考虑初始场对预报结果的影响尚不够(主要是对短期气候预测),更主要的是考虑大气层上下边界的外强迫作用(如海洋、陆面、太阳辐射、火山爆发)以及由人类活动排放的温室气体与气溶胶的作用、土地利用变化的作用等。由于这些因子与大气圈的相互作用过程与机理十分复杂,目前对它们的了解十分不足,这大大增加了气候预测的不确定性。另外由于大气内部运动的复杂性和动力学上的混沌性质,也大大限制了气候预测的准确性。这种差异主要反映在天气预报模式主要考虑的是流体动力学原理,而气候预测除此之外,还必须重点考虑全球大气的辐射传输和长时期能量平衡问题,这对十年—百年尺度的气候预测尤其重要。地球的能量平衡或收支是地球气候变化的重要驱动力,它是地气系统吸收的太阳辐射与地气系统放射到外空的长波(红外)辐射之差。它受到许多因子的影响,这将在下一节重点讨论。

　　(3)气候预报需要的资料十分复杂和广泛,它包括五个圈层以及温室气体和气溶胶排放的资料及太阳活动和火山爆发等其他资料。要获得这些地球系统的足够观测资料目前尚有困难,这需要通过全球气候观测系统(GCOS)或地球观测系统的建立逐步解决。太阳活动和火山爆发的资料,尤其是将来的变化更是难以得到,因而气候预测也受到其他相关学科发展的限制。这与天气预报主要只涉及大气圈层资料是十分不同的,它明显地限制了气候预测的准确性和可信度。

　　由上可见气候预测包含的不确定因素多,准确率低,是目前国际上正迫切研究和解决的科学难题。最后应该指出,气候变化的预估实际上是预测气候系统对人类活动引起的温室气体与气溶胶排放或大气浓度情景(构想)或辐射强迫情景的响应,是在未来各种可能发生的社会、经济、人口、环境治理、技术进步等综合假设条件下作出的,因而严格说来,不是预报或预测,而只是告诉人们未来可能的气候变化趋势与变化范围。

　　气候预测方法的研究有长期的历史,最早可以追溯到19世纪甚至更早。近一百多年来,利用不同的相关关系、经验规则、动力学模式和非线性或混沌理论等提出了多种气候预测方法和工具,并且有不少在实际预报中得到了应用,获得了一定程度的成功。中国的气候预测(过去称长期天气预报)在业务上正式应用也有近50年的历史。虽然整体来看,气候预测还处于研究、试验和不断改进的阶段,但它至今取得的进展被认为是地球科学在近几十年中取得的最突出的成就之一。概括起来,气候预测方法大致可以分为三类,即经验性或物理气候预测方法、数理统计预测方法和气候模式(AchutaRao等2004,赵宗慈等2002)预测方法。经验(物理)气候预测方法主要依赖于影响气候异常和变化的物理因子,包括太阳活动(如太阳黑子)和月亮的作用、火山活动、大气环流型和大气活动中心、大气涛动、积雪状况、海洋状况(尤其是厄尔尼诺/拉尼娜事件、暖池热力状况等)和陆面状况(如土壤温度和湿度)。首先是利用上述物理因子已有的资料建立与预测的温度、降水、极端气候事件、环流因子等间的关系,找到与所用物理因子相关达到明显信度的预报对象,然后再根据该物理因子未来可能的变化与所建立的关系预测被预报量的异常或变化。数理统计预测方法很多,包括时间序列分析、相关与回归分析、相似聚类分析、空间场分析(如经验正交函数EOF、奇异值分解SVD、典型相关分析CCA等)。其基本原理是利用长时期的历史气象资料和统计方法建立预报对象(如湿度、降水和异常事件)与预报因子之间的时间或空间之间的联系。在预报时,根据预报因子的未来变化可以预测降水、温度异常或变化及其空间分布。这种方法可以做出气候的定量预测,并且计算简便,因而得到了普遍的使用。但由于建立的数理统计方程常常是一种数学上的关系,而较少考虑预报对象与预报因子之间的内在物理联系,因而常常把经验(物理气候预测)方法与数理统计方法结合起来应用,即尽量选取与预报量有物理联系的预报因子,以增加预报的物理含义和可信度。气候模式预测方法是近 20～30 年发展起来的数值预报方法，在下一节将做仔细的介绍。目前这种气候预报方法日益显示其优越性，像数值天气预报模式一样被认为是今后气候预测的主要方法。对于短期气候预测它们的作用十分重要，目前已成为不少国家的主要预测方法和工具。对于长期的气候变化预测，它几乎已成为唯一的预估方法。

　　气候模式的发展之所以受到很大的重视，主要在于它对未来的气候条件能够提供有物理依据、比较可信的客观、定量的预测结果（Braconnot 等 2007，CCSP 2008），尤其是对大尺度气候异常和变化的预测可信度较高。相对于其他预测方法，气候模式之所以有这样的信度来自三个原因：一是构建气候模式的基础是一套描述地球系统特征的物理或定律和数学方程组，它们在物理学和数学或计算数学领域中是完全被证明和公认的。这包括经典的质量、能量和动量守恒定律。同样重要的是除了这一表征气候系统的方程组之外，还具备较完备的全球观测资料，它可以使这套方程组计算的结果有一个与实际情况相比较的标准，这也是其他学科所不完全具备的。气候模式可信度较高的第二个原因来自于它模拟或复制现代气候的能力。通过与大气、海洋、冰冻圈和陆面观测资料的大量比较和评估表明，气候模式在模拟许多重要的平均气候特征与不同时间尺度分布型和变率两个方面都显示出显著的和不断改进的技巧和成功，对于平均气候特征包括大气温度、降水、辐射和风的大尺度分布以及海洋温度、海流和海冰覆盖等；对于气候变率包括重要季风系统的进退、温度季节变化、风暴路径和雨带以及中高纬地面气压（所谓南北半球环状模）、半球尺度的振荡（或称北极涛动，AO）。在用一些气候模式模拟或制作短期气候和天气预报中也显示一定的技巧，它们能够表征更短时间尺度大气环流的重要特征。气候模式信度的第三个来源是能够重现或复制过去气候（古气候）和气候变化的特征。气候模式已用于模拟 6000 年前全新世中期温暖时期或 21000 年前末次冰盛期的古气候。它们能够模拟出诸如末次冰盛期海洋冷却数值和大范围分布的许多特征。模式也能够模拟仪器观测时期（1850 年以后）气候变化的许多观测特征，如可以真实地模拟过去一百年的全球温度变化（图 3.25）。由该图还可以看到可以模拟出每一次火山爆发后造成的随后短期（1～2 年）气候变冷（如 1991 年皮纳图博火山）。此外值得一提的是，20年前气候模式预测的全球温度变化与以后的观测结果是一致的，这大大增加了对模式预测结果的信心。

　　虽然气候模式的模拟取得了重大的进展和成功，但模式仍有一些明显的误差，如热带降水、ENSO 事件（厄尔尼诺—南方涛动）、Maden-Julian 振荡（热带地区时间尺度为 30～60 天的风与温度变化）等模拟仍存在缺陷。产生模拟误差的主要原因是许多重要的中小尺度过程不可能直接在模式中得到表征，必须以近似的方法（如参数化方法）包括在模式中，一般对于尺度较小的物理过程如云和中小尺度系统所产生的误差更大。这表明对它们的科学认识和数学表征尚不足。这使得在模拟过去气候的演变中存在着明显的不确定性,具体表现在不同的模式结果之间的变化范围有时较大。这涉及气候的敏感性问题,将在下一节讨论。但尽管有明显的模式误差或不确定性,但气候模式在模拟和预测温室气体增加条件下气候的变暖趋势是一致的,并且模拟的增暖量值与独立的观测到的气候变化和古气候重建的结果是一致的。

总之,气候模式的信度来自于它们的物理基础和它们在模拟观测的现代气候和过去气候变化的技巧。气候模式被证明在模拟和了解气候方面是极重要的工具,因而应该有相当的信心认为,气候模式有能力为未来气候变化提供比较可信的定量气候变化预测,尤其是对大尺度现象和气候事件。

上面已经说明了气候模拟的重要性,现说明气候模拟的种类。根据不同的研究目的和所用气候强迫因子的差异可以划分为三种类型(CCSP 2008)。第一种是控制试验,它用不变的强迫因子作为模式的输入,即在这种气候模拟中,太阳能量输出和大气温室浓度与气溶胶含量是不变的。在这种模拟中,存在着日夜和季节变化,还存在诸如 ENSO 事件的内部振荡。除这些变化外,气候模式最终可以达到常定状态。由于控制试验中强迫因子的值多是取现在的条件,因而模式达到的最终状态可代表模拟的当今气候,通过与现在观测资料的比较可以了解气候模式对现代气候的模拟能力与系统性误差。如果模式很准确,控制试验模拟的现代气候预期应与实际观测十分一致。第二种是理想气候模拟。这种模拟旨在了解模式中和实际条件下重要的过程,它们包括 CO_2 加倍的瞬变试验或每年 CO_2 大气浓度增加 1‰ 的试验(约两倍于现代的年变率)。在 1990 年代中之前,理想模拟经常用于评估将来可能的气候变化,包括人类引起的全球变暖。但最近,更实际的随时间演变的模拟(即第三种)被用于气候预测,这就是时变气候强迫模拟。这种模拟主要用于气候强迫迅速变化的时期,如 20 和 21 世纪。以 20 世纪为例,观测到的太阳能量输出、CO_2 等温室气体和气溶胶浓度、火山爆发产生的辐射等时变值都作为模拟 20 世纪气候变化强迫输入值。由于这些强迫值有明显的不确定性,尤其是对大气气溶胶,所以不同的模式用不同的输入模拟 20 世纪的气候,以定量考察它们的不确定范围。时变的气候强迫也被用作预测未来气候变化的输入值。

4.2　气候模式

4.2.1　气候模式的结构和主要特点

在过去 30 年中,气候模式得到了迅速的发展。气候模式是根据一套数学方程描述的物理定律与过程建立的,模式的范围一般是全球的,高度从陆面或海洋底层直到平流层(50 km左右)。利用高速计算机可以求解这种全球三维气候模式。为了能够模拟过去的气候和预测未来的气候变化,气候模式中必须包括能描述气候系统中各部分的圈层模式及相关的重要过程,它们的时间尺度从几小时到几千年,空间尺度从几厘米到几千千米。为实现这一目标,需采用尺度分析原理、流体动力学过滤技术和数值分析等方法以达到最好的近似表征程度。然后通过一定的方式把它们耦合在一起成为复杂的多圈层耦合模式。这已成为预测全球气候变化的主要工具。其中最常用的全球模式是把大气与海洋耦合在一起的海气耦合模式(AOGCM),它包括大气模式、海洋模式和海冰模式以及陆面模式等部分。大气与海洋模式主要由描述动量(风或海流)、热量和水汽、质量等变量大尺度演变的一套方程组构成,方程的求解是在全球的网格点上进行。目前大气模式的网格点水平格点之间距离即水平分辨率平均为250 km,边界层分辨率为200~400 m。在这么大量的格点上求解多种大气与海洋要素需要在巨型计算机上进行,它的浮点运算速度一般在万亿次/秒以上。模式一般每半小时积分一次,一次运算则需要积分几十年到上千年。因而气候模式的预测不仅依赖于模式本身的设计水平,而且密切地与计算机技术的发展有关。

气候模式的设计包括四个重要的方面:

· 气候模式应如何准确地模拟对人类重要的特征和参数,尤其是温度、降水、风和风暴强度等地面变量和状况,不但要模拟它们的平均值,而且还应模拟它们的变幅与极端值及其他自然变率;

· 如何在气候模式中包括和表征气候系统和许多重要的物理过程;

· 如何把各圈层的模式或物理过程有机地组合集成在一个庞大的气候模式中,这就是所谓耦合技术或方法;

· 为了对未来几十年或近百年的气候变化作出预测,必须知道未来全球范围温室气体和硫化物气溶胶的排放情景,依据不同的情景,可以预测未来不同的气候变化。

为实现上述模式需求,在气候模式中必须考虑以下气候过程以及其相互作用。

(1)考虑和计算地球能量平衡或收支的变化,即辐射强迫。地球能量收支是地球气候系统吸收的太阳辐射与放射到外空的长波或红外辐射之差。这种收支只要出现很小的不平衡(如收支中最大项平均值的百分之几)就可以引起全球气候的明显变化。气候模式的一个重要约束条件是长时期全球系统必须精确而准确地维持全球能量平衡,一旦这种平衡受到干扰或破坏,地球气候就会响应这种辐射强迫而发生变化。通过这种全球变化或调整,气候系统将会回复到原来的平衡状态,也可能会演变成一种新的平衡状态。由于海洋与对流层大气惯性比平流层大得多,一般是把大气顶的辐射强迫计算简化为对流层顶的辐射强迫计算。由自然和人类活动都可以引起全球辐射平衡的变化。能够改变地球吸收的太阳辐射的外强迫过程主要有两种:太阳辐射输出量的变化与火山爆发。最近 28 年太阳辐射的直接卫星测量表明,其变化(主要由 11 年太阳黑子活动周期引起)不到 0.08%;近 200 年的变化只有 0.12 W·m⁻²,这个量远小于同时期由人类活动引起的 CO_2 浓度增加(包括气溶胶冷却作用)造成的辐射强迫(1.66 W·m⁻²)。因而太阳辐射的变化不可能是引起现代全球气候变暖的主要因子。火山的活动主要是通过喷发出的大量气溶胶而显著地反射太阳光使其下层的大气冷却,并且它的作用时期短,只有 2～3 年时间,不能与温室气体增加产生的长期作用相比,近百年来也未出现长期的连续的火山爆发时段能明显抵消温室气体的增温作用。因而它也不是造成近百年全球变暖的因子。它们的结果是使连续增温的全球地表温度曲线上呈现出一短时期的谷区(见图 4.1)。

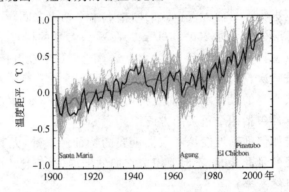

图 4.1　全球平均的百年近地面气温曲线(深色)和 14 个气候模式模拟的平均曲线(浅色)。竖线是主要火山爆发时间(IPCC 2007)

另一方面,地球和大气向外空放射的长波辐射的变化也会破坏全球能量平衡,产生辐射强迫。

由于作为一个辐射体的地球温度(约 14℃)远比太阳温度(约 6000℃)低,其波长位于红外辐射或长波波段。根据斯蒂芬—波尔兹曼定律:$E=\sigma T_g^4$(σ 是斯蒂芬—波尔兹曼常数,T_g 是地表温度),地表越热发射的辐射能越多;地表吸收越多,辐射也越多。一般情况下是把地表看作一个黑体,即吸收了所有到达其上的辐射而不反射,因而它的放射也是最大的。由上面原理进行的计算表明,为了平衡入射的太阳辐射,地球有效放射温度必须达到 -19℃ 才能达到辐射平衡。这个温度值要比现在观测到的实际地球温度值 14℃ 低 33℃。是什么原因使地球温度从 -19℃ 升到了 14℃ 的高值? 这是由大气中水汽、二氧化碳和其他一些微量气体造成的自然温室效应的结果。

水汽、二氧化碳和其他一些微量气体在大气中的含量虽少,但可以吸收地表放射的一部分热辐射,并且以自己的温度重新向下放射红外辐射,从而引起地球大气的增温,使温度由 -19℃ 上升到 14℃。上述气体的这种对地表长波辐射的吸收或遮挡作用被称为自然的温室效应,因为这种作用的产生与人类活动造成的大气中温室气体的增加无关,它远在人类出现之前就已经存在了。温室效应之所以得名是由于上述辐射过程十分类似于玻璃温室或暖房的辐射过程。在温室中,太阳辐射可透过温室玻璃到达房内并被植物和土壤吸收,同时后者又以长波辐射形式向外发射;它们被玻璃吸收并将部分辐射再发射向温室中,从而使温室的温度增高。由于温室的玻璃吸收或阻挡了长波辐射使温室增温,因而起到了与大气中水汽、二氧化碳及其他温室气体相同的作用(IPCC 1997)。这在第 3 章已有阐述。

　　大气中的水汽和温室气体吸收了地表发射的长波热辐射,并同时以自身的温度向外空放射出热辐射。在大气高层的这些气体,由于温度比地表低得多,发射的热辐射量比较小。因此这些高层的温室气体吸收了大量或全部(看作黑体)由地表发射的长波辐射,但向外发射了比其吸收小得多的长波辐射。这比没有这些水汽与温室气体情况下的大气损失于外空的热辐射要小得多。可以更形象地把这些温室气体的作用比作覆盖在地表上的一层棉被,棉被的外表比里表要冷,使地表热辐射不至于无阻挡地射向外空,从而使地表比没有这些温室气体时更为温暖。由上可见,地球上如果没有温度随高度减小的温度垂直递减分布,就不会有温室效应。对于现代气候变化,人们关注的不仅是自然因素引起的大气温室气体浓度的变化,更为重要的是人类活动引起的大气中温室气体的增加。由此而造成的地表温度的进一步增加被称为增强的温室效应,因而这种增强的人为温室效应实际上是由于人类活动引起的、附加在自然温室效应之上的一种温室效应。虽然其量值比自然温室效应小得多,但其增暖作用的意义是非常重要的。

　　如果由于人类活动使大气中 CO_2 浓度比工业革命(1750 年)前增加一倍,大气顶的辐射平衡将受到破坏,由于增加的 CO_2 拦截了地球和大气放射的长波辐射,使离开大气的长波辐射量减少,因而气候系统内部将进行调整,以恢复原有的平衡。根据第 3 章所述的理由,地表必须升温 1.2℃。温度升高之后,大气中的水汽将增加,这将使温室效应进一步加强。通过这种正反馈作用,地表的增温将不是 1.2℃,而是2.5℃,所以反馈作用是非常明显的。

　　(2)能量与水循环过程。包括水汽蒸发、凝结和平流及其空间分布;水汽的反馈作用以及能量(主要是辐射加热与冷却、凝结加热等)的收支和分布等。上述过程在天气预报模式中已被仔细考虑,在气候模式中将更为关注对其反馈作用和循环过程的描写。

　　(3)云与云—辐射过程。在天气预报模式中对此已有很好的研究和表征,但在气候模式中作了更多的改进,因为这个过程对于气候预测的结果更为至关紧要,它不仅关系到对流加热,更重要的是关系到云—辐射相互作用问题。云有两种作用,一方面通过将入射到云面的一部分太阳辐射反射回太空,减少气候系统获得的总入射能量,因而具有降温作用;另一方面云能吸收云下地表和大气放射的长波辐射,同时其自身放射热辐射,与温室气体的作用一样,能减少地面向外空的热量损失,从而使云下层温度增加。由于云的空间尺度(一般几千米到一二十千米)比网格点间的尺度要小得多,因而在模式中很难直接表示单个云体的生命史及其作用。所以在模式中一般以比较简单的方法表示众多云体的平均或集合效应,这种方法叫云参数化方法。它是把积云的平均或集合效应近似地表示为大尺度(网格点)变量的函数。由于大尺度变量在模式中是可以预报的,所以这种云的平均效应也是可以预报的。有了这种云参数化方案就可以预报模式中降水与凝结加热的分布与变化。模式中计算云—辐射相互作用的问题涉及云的分类、分层(高、中、低云)以及对辐射的反照率和放射率等。一般模式中能否产生云,取决于大气相对湿度的大小。如果相对湿度大于某一定值(取饱和和接近饱和的条件),则认为此高度上有云生成。确定高、中、低云的湿度判据是可以调整的,直到模式模拟的全球云的分布基本上与实测的云分布一致为止。云的水平和垂直分布决定之后,下一个问题是确定云的形成与微物理过程。它们都能明显地影响云辐射反馈作用的数量与符号,即云的反馈作用决定于云的具体种类、云量、云的高度、光学性质等,例如当云量有百分之几(3%)的变化时就会对气候产生一定的影响。它所造成的增温相当甚至超过温室气体引起的增温,因而云的反馈作用是气候变化及其预测中最不确定的因子之一。许多对云—辐射反馈作用的计算机模拟表明,不同的云参数化方案在 CO_2 加倍的情况下,可以给出不同的全球平均升温值,在 2~5℃ 之间变化。这关系到气候模式的敏感性问题,即同样的强迫不同模式给出不同的响应,即给出不同的全球平均增温值(参看下节)。这使目前的模式预测结果如前面所述,给出的变化范围甚大,有很大的不确定性。所以会出现这种情况,主要与不同模式中使用的云参数化方案密切有关。目前这是气候变化预测的一个中心问题。根据许多研究表明,全球平均的云辐射的反馈作用最可能是一个小的正值(正反馈),但是区域分布差别甚大。

(4)海洋环流的影响。在天气预报模式中一般不包括海洋模式,因为在几天时间内一般可不考虑海洋的作用。但对于需要长期积分的气候模式,必须考虑海洋的作用。过去的海洋模式比较简单,只用一个 100~200 m 深的海洋混合层来表征海洋的影响。在这种简单的海洋模式中不能直接考虑海流的影响,也不能考虑与各种扰动条件有关的海洋输送过程,如海洋混合过程,尤其是海洋内部中尺度涡旋的混合作用,因而有严重的不足。后来发展的海洋模式一般是全球性的,包括所有的大洋海盆和各种复杂的海洋过程,其中十分重要的是能模拟海洋的各种变率,如厄尔尼诺和拉尼娜现象。另外,利用这种模式也必须能模拟出海洋中温盐环流及其变化,这对气候变化的预测十分重要。如前所述,全球的气候在相当大程度上是通过海洋中的这种大尺度环流调节的。在这种环流中的上层和表层海水向北输送,把大量的过剩热量带向北的过程中,深层的向南回流海水把冷水向南输送。通过这种热量交换,使高纬的天气与气候不至于太冷,变得较为温和,因而正确模拟海洋温盐环流是正确模拟和预测气候变化的一个前提。更为重要的是气候变化本身与海洋温盐环流存在相互作用。全球变暖后,到达高纬度(如北欧至冰岛之间)的海水温度也将升高,并且由于中高纬降水的增加,海水的盐度将减少,这两个原因都使那里的海水密度减小,从而下沉的海水速度将减小,使深海的回流海水的速度也减慢,最后导致整个温盐环流减弱。如果这种气候变暖的趋势继续很长时间,则迟早会导致温盐环流显著减弱或最后停止或关闭。在这种情况下,由于失去了南北热量的交换和调节机制,高纬地区将逐渐变冷,最后甚至会进入寒冷的冰期。从这个意义上看气候变暖和气候变冷都不是绝对不变的,它们会发生突变或迅速的转化。但科学家们认为虽然目前有某些迹象表明大西洋温盐环流有某种减弱,但至少在未来 100 年中不会关闭。气候变暖将会继续下去。

(5)海气相互作用。在海气界面上发生着三种重要的过程:一是物理过程,它决定着海气界面的能量(热量、水汽和动量)和质量(气体和物质)交换或通量,关键的问题是如何精确地计算全球和区域的通量;二是生物化学过程,它包括气溶胶和其他痕量气体的排放、沉降、海洋上层的吸收等;三是温室气体的释放和吸收过程,尤其是海气界面上 CO_2 的通量是最重要的,它是全球碳循环的一部分,决定着将来的气候变化。对于 N_2O 和 CH_4 的海气通量也是应考虑的因素。来自大气的降水以淡水的形式通过海气界面可改变海洋中的盐分的分布,从而影响海洋的密度及海洋环流。图4.2 表示海气界面上发生的各种过程,许多研究表明气候模式中模拟的气候状态对于上述海气界面过程是很敏感的,因而在模式中如何描述出它们的过程与作用是十分重要的。

(6)陆面过程与陆气交换。陆面和大气相互作用过程在气候模式中也是不可少的,其重要性和主要作用已在前面简略说明。概括起来主要有三方面的作用:一是通过不同陆面特征(植被、沙漠、雪面等)的反照率变化,影响地表对太阳短波辐射的吸收量;二是不同地表特征与其上大气边界层具有不同的动量、热量和水汽以及温室气体交换过程和量值,从而影响大气风场能量、水汽和温室气体浓度的变化与分布;三是通过植被根区和土壤的交换与热传导过程影响深层土壤特征的变化。以后通过各种复杂的过程,可以影响长期的气候变化。目前科学家已研制了专门的不同类型的陆面过程模式来表征这种界面的相互作用过程(如 BATS,SiBs 陆面过程模式)。它们在气候模式的模拟和预报中起着十分重要的作用。

陆面的结构或其粗糙度在风吹过陆面的时候也可从动力学上影响大气。粗糙度一般决定于地形和植被条件。风把沙尘从地表吹到大气中,从而影响区域大气辐射收支。沙尘暴的发生就是一个最明显的例子。植被可以通过许多方式影响气候。不同景观的陆面到底能吸收多少太阳辐射实际上主要取决于植被的状况,例如沙漠比植被覆盖区反射更多的太阳辐射,植被区中草地比森林又可反射更多的辐射。当太阳辐射入射角较低时（如在高纬的冬季），植被对反照率的影响会增大；当积雪覆盖地面时，反照率也会增大。森林是雪上的一种光吸收层，而裸露的地面与草则不是。有人曾用气候模式研究过 45°N 以北的森林被毁以后的气候变化，发现在这种毁林试验中，中高纬的纬向平均温度一般比森林存在时低 10℃。植被可以减少地面反照率，使高纬地区变暖并延缓海冰形成，以后又进一步减少反照率，使温度增加。

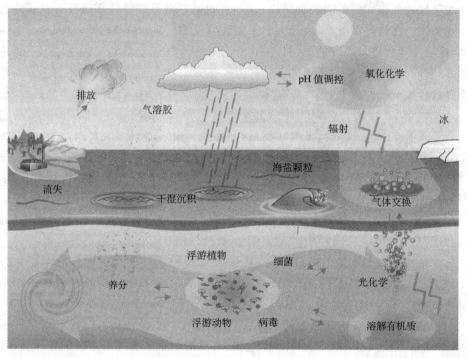

图 4.2　海表和低层大气相互作用图（取自 SOLAS 计划，2002）

　　土壤和植被对气候的另一个作用是吸收和产生温室气体（如 CO_2，CH_4，N_2O），以此影响大气的红外辐射收支。植被可放出能进行化学反应的有机气体，以后通过大气中的反应产生对流层臭氧，后者是一种温室气体。大气低层发生的光化过程也可由植物放出的碳氢化合物形成小颗粒。这些颗粒可散射光线，形成浅蓝色的霾，降低太阳辐射到地面的透过率。植被覆盖可影响土壤和矿物尘埃进入大气的多少，它们也能影响光的散射。植物也在一定程度上控制着陆面的水文循环，这是通过蒸散来实现的。植物的叶子在光合作用时开启它们的气孔，使其失去水汽，但吸入 CO_2。大约陆地三分之一的降水是由植物再循环的水汽供应的。有关亚马孙河流域的模式试验表明，植被在维持区域的水文状况中起着重要作用。毁林造成了降水的显著减少和温度与蒸发的增加。土壤的重要作用之一是储存水分，因此影响从陆面蒸发的时间，因而植物通过它们对土壤湿度的间接作用影响地面温度。蒸散也改变地表感热与潜热通量间的平衡,从而引起局地的地表冷却。当植物受到水胁迫时,它的气孔关闭以减少蒸散保存水分,以此使周围空气增暖。

在海—气耦合或海—陆—气耦合的气候模式中,上述六种重要过程是主要考虑的物理过程。近年来,随着耦合气候模式向气候系统模式或地球系统模式的发展,已包括复杂的地球生物化学过程以及其他有关的重要过程。以下将分别简要阐述耦合气候系统模式中各部分模式的主要特点以及它们是如何包括上述重要的物理与地球生物化学过程的。现代的耦合模式一般包括四个部分:大气模式,海洋模式,陆面过程模式和海冰模式。它们一方面可以独立运行,模拟气候系统的不同圈层变化,同时又是相互作用或耦合在一起的,以此能够预测未来气候的异常和长期的气候变化(CCSP 2008)。

(1)大气环流模式

大气模式一般称为大气环流模式(AGCM),主要用于预测大气状态(如温度、气压、湿度、风、降水、云等变量)的三维演变。这种演变由积分一套理想气体的流体动力学和热力学方程确定,又称原始方程组,它是动量、热量和质量守恒原理在描述大气运动的应用。几乎所有的天气与气候现象均发生在对流层和平流层中下部,即大气最低 30 km 的层次,从整个地球大气圈看,这仅仅是一个薄层。下一步是求解这一套十分复杂的原始方程组,一般是用不同的数值计算方法求解数值解,因为很难求得方程组的解析解。为此需把所研究的大气层划分成许多分离的垂直层次,然后再在每一层上划分成均匀或不均匀的水平格点。这样把连续的大气层划分成由格点单元组成的三维网格。以后给定初始和边界条件,作为时间的函数在此网格上求解方程组,以得到未来不同时刻的要素分布场。模式中在三维网格上进行流体动力学方程组运算的部分被称为“模式的动力核心”。在这部分,空间分辨率和格点的构造是十分重要的。有些模式是以“谱”的方式表征要素场的分布,因而这种模式被称为谱模式。在这种模式中要素场被写成球面上一系列球面谐波的线性组合。另一些模式被称为格点模式,连续的要素场由不同水平(x 与 y 方向)格距(如 100 km 或 200 km)组成的离散网格点值表征。全球气候模式的水平分辨率过去较粗,在 $400\sim500$ km,目前有明显改进,可达 200 km 甚至更小。由于大气环流模式的离散化计算方法现在还难以准确地评估它所产生的误差,这种误差不同于由模式初值和模式物理参数化所带来的系统性误差,它被称为模式的固有误差,是无法从根本上去除的。

大气环流模式包括的物理过程主要有三个方面:一是辐射能量传输过程,包括太阳辐射和长波辐射的传输。为了计算这些辐射能量的传输,需知道水汽、CO_2、O_3 和云的分布与作用。另外有些研究气候变化的气候模式,还应包括气溶胶和其他温室气体如 CH_4、N_2O 和 CFC 等。二是次网格参数化过程,主要目的是借此表征空间上尺度很小(小于网格的尺度)或时间尺度十分快速的过程,它们在模式格点上是分辨不出来的,对于这些过程中最重要的参数化方法是针对不同种类云和乱流与混合作用。对于云的参数化有些模式考虑了其中微物理过程,如不同类型粒子(冰晶、雪、冰粒子、云水、雨水等)之间的转换。参数化方法是用可预报的网格尺度变量来表征上述次网格过程在一个格点区中的总体效应,但要合理和准确地做到这一点是特别困难的。如对于积云参数化方案,需要计算云在一个格点中所占的面积百分比,这从观测上是难以或不可能得到的,但它的计算准确性又大大影响辐射传输和模式敏感性。为了克服这种困难,模式或者通过一个格点区瞬时的热力与水汽状况来表征云量,或把云区百分比处理成一种时变的模式变量,由模式在预报过程中自动生成。在一些高分辨的模式中能显示出模拟冰粒子的滴谱和非球形形状,但目前的全球 AGCM 并不这样做。AGCM 必须包括的第三种物理过程是动量、水汽和热量在近地面大气边界层中的乱流交换。通常莫宁-奥布霍夫相似理论被用于计算贴地层即邻近地表的一薄层内(一般小于 10 m)的乱流通量和状态变量的垂直分布。在地表层之上,乱流通量根据闭合假设计算,它由一套描述次网格尺度变化的完整方程组组成。不同模式的闭合假设不同,可在预报中计算有些高阶的通量或二阶矩。此外,远离地表,所有模式都用扩散方法或耗散数值计算方法计算或模拟动能的乱流消耗和阻尼。这些不可分辨的小尺度或微尺度结构是由可分辨尺度通过大气的乱流气流产生的。大气和地表的动量输送在很大程度上表现为重力波拖曳过程。这也是通过参数化方法计算。由于在 AGCM 中重力波拖曳参数化方法不同,使模式中平均风场分布和强度产生明显差异。

(2)海洋环流模式

海洋环流模式(OGCM)简称海洋模式,它是求解全球不可压流体流动的原始方程,这类似于大气模式是求解理想气体的原始方程。在气候模式中,OGCM 通过界面的热量、盐分、动量交换与大气和海冰模式相耦合。与大气中的情况一样,海洋的水平尺度远大于垂直尺度,因而控制水平和垂直通量的过程是分别处理的。海洋模式的三维边界比大气要复杂得多,它具有大陆边界、闭合海盆、狭窄的海峡、水底的盆地和山脊等复杂的海底和侧向边界。并且,海水的热力学十分不同于空气的热力学,必须用经验的状态方程代替理想气体定律。

作为海洋模式动力框架的坐标系和水平格点的选取因模式而异。尤其是作为垂直离散化的垂直坐标的选取有很大的不同(Giorgi 等 1989),很多模式用水面以下的垂直距离作垂直坐标(Z 层模式),有的模式用质量而不是高度作垂直坐标,另外更基本的是用密度作垂直坐标。之所以有不同的选择主要动机是希望尽可能精确地控制不同密度层间的热量交换。这个量在大部分海洋中是很小的,但对气候模拟十分重要。也有模式用混合坐标,即近海表用 Z 坐标,而海洋内部用密度层坐标。OGCM 的水平格点一般与所耦合的大气模式相近或更细,约 100 km 量级(～1 个经、纬间隔)。为了改进模拟重要的近赤道地区的海洋过程(如 ENSO 事件、近赤道洋流、海洋行星尺度波动),在许多 OGCM 中在赤道南北 5°纬度内,经向分辨率可进一步提高,达 1/3 或更小的纬距。

　　OGCM 中主要的海洋过程是海洋混合,它决定海洋的热量摄取和层结,这又影响十年尺度以上的海洋环流型。控制近海面的海洋混合是复杂的,其空间尺度很小,为厘米量级。其参数化方法与大气近地面层的方法相似。在海洋内部,受层化和绝热条件影响,垂直混合的尺度为几米到几千米,一般这也必须参数化。次网格尺度的海洋混合参数化是海洋模式造成气候变化预测的不确定性的重要原因之一。另一个与混合相关的问题是几十千米尺度的海洋涡旋运动。这些中尺度海洋涡旋目前在气候模式的海洋模拟中并不存在,因而需要对涡旋产生的混合进行参数化。考虑了中尺度涡旋混合基本特征(实际混合是沿等密度面而不是穿过等密度面)的参数化方法是近年海洋和气候模式的一个重要进展。在将来的气候模式中包含有中尺度涡旋分辨的高分辨海洋模式将可能减小与此过程参数化引起的不确定性。对海洋具有重要性的其他混合过程 还包括潮汐混合和与海底相互作用产生的乱流。这些作用只是初步在气候模式中被考虑(CCSP 2008)。

　　除了海洋混合及相关的中尺度涡旋以外,对海洋有影响的过程还有海洋叶绿素的分布问题以及陆地上河流淡水的入流问题。前者可影响太阳辐射入射海洋的状况,从而通过控制透明度和生物过程影响海表温度;后者影响海洋状况,甚至全球水圈循环。

　　(3)陆面模式

　　地球表层与大气的相互作用是气候系统的一个有机部分。质量、动量、水汽和能量的交换就发生在地气界面。大气和地表的反馈作用可影响这些通量,它对气候系统有重要作用。由于陆面是非常不均匀的,以及植物的生物学机理十分重要和复杂,因而在模式中如何合理表征这些陆面过程是一项困难的工作。大量的气候模式模拟试验表明,模拟结果对于陆面模式的选择是很敏感的。

　　在最早的全球气候模式中,陆面仅是作为大气的一种边界以保持能量、动量和水汽平衡。水桶模式是最早应用的陆面过程模式,它只考虑总进出能量通量和水桶之间的平衡,水桶由大气得到降水,同时蒸发水汽到大气中,一部分水桶中的水作为径流由模式中流出。水桶的深度等于土壤的持水量。当时几乎没有在气候系统的陆面地区详细地把生物、化学和物理过程一起考虑。但以这种简单的模式为起点陆面过程模式不断改进,日益变得复杂和符合实际情况,不仅包括了陆地表层过程,而且也考虑了地表以下的过程。图 4.3 是现代陆面模式中物理过程的示意图。可以看到重要的生物物理和生物地球化学过程都包含在内,它们对于蒸散、碳吸收等有明显的影响。概括起来,主要的进展有下列几个方面(CCSP 2008):①植被的作用大大改进。不仅考虑植物冠层,也考虑了植物生理作用。这不但可以更好地表征在地表、冠层和大气之间的能量与水汽交换以及动量在地表的损失,还可以模拟 CO_2 的通量,以此改进陆面水循环和CO_2的平衡。另外,植物根部的参数化更真实,考虑了多层植冠和植物生长和死亡造成的碳源和碳汇以及土壤的碳循环。②雪模式由单一层次发展到多层次,由早期只考虑降雪的增长或融雪的消失过程到考虑雪深的次网格分布、雪层之间的通量、土壤冻结和融解、植被与雪面覆盖相互作用对雪反照率的影响等。有些模式初步包括动力冰盖模式进行气候模拟试验。③地下水模式开始与陆面模式耦合。④格点区不同土地利用和植被种类的空间非均一性及其对其上大气柱影响的研究。

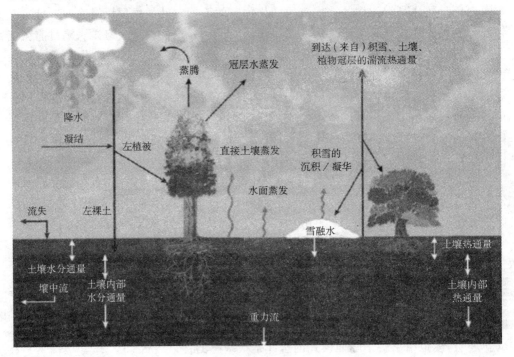

图 4.3　现代陆面模式中物理过程示意图(CCSP 2008)

(4)海冰模式

大多数气候模式包括动力和热力的海冰模式。这些海冰模式含有支配冰运动以及冰中温盐输送的有关过程。在气候模式中海冰被处理为一种能描述应力和流动关系的大尺度生物流变学的连续物质。这种生物流变学为标准的黏性—塑性(VP)和更复杂的塑性—黏性—弹性(EVP)流变学。早期的海冰模式通常是热力学的,它包括一个雪层和两个冰层,传导率是常数,并对盐含量进行简单参数化。后来海冰模式包括了冰中更多的物理过程,如内部盐区的融化等。冰雪反照率在气候模式中起着重要的作用。海冰模式据辐射传输理论和经验关系对反照率进行了参数化。海冰反照率是雪或冰原、冰区大小、无冰海区、海面温度以及其他因子的函数。

最后应该指出,在气候模式发展的初期,上述气候系统各圈层模式都是分别研制的,随着计算能力的增长,这些圈层模式逐渐耦合或集成在一起。但是耦合的过程是十分困难的,它是通过海气界面上热量、水汽和动量交换过程或通量实现耦合。但是大气与海洋模式耦合之后,一般会出现系统性误差和海气通量的不平衡,前者称作气候漂移,为此必须进行订正。最常用的方法是从经验上对通量进行系统调整(时间保持固定不变)以使模拟的气候最接近实际的气候条件。这种人为施加的调整方法又称通量调整方法。目前对耦合模式是否进行人为或经验的通量调整还有不同的看法。不少科学家认为,如果采用求差技术可以用通量调整来修正模式产生的误差,其做法是首先用气候模式进行"控制"气候模拟试验,一般至少应对过去的气候模拟 20年以上;然后进行气候变化模拟试验,如在模式大气中使 CO_2 增加,并加进硫化物气溶胶作用等。这种试验也称作敏感性试验。最后求取两种模拟结果的差以了解加上上述气体后对原来的气候到底产生了什么变化。在这种差值的结果中,可消除大部分由任何人为调整在模式中产生的误差以及控制试验和敏感性试验所共有的系统误差。但应该指出,即使如此,仍不能完全消去耦合模式中的误差,它们仍包含在模式的模拟与预测结果中,这也是气候变化研究和预测中不确定性的来源之一。

目前已经有不少海气耦合模式不再采用通量订正的方法,而是采用完全耦合的方式,其结果令人满意。但一个前提条件是大气和海洋模式的性能比较好,一般不会产生明显的系统性误差。通过各圈层模式耦合后,就形成了海—气或海—陆—气耦合气候模式。

前面已指出,大气具有混沌的性质,即其未来演变的结果对于初始条件中的小扰动十分敏感,因而使天气预报的时限(可预报性)约 2 周时间。气候系统在许多方面也具有混沌的性质,但与作为初值问题的天气预报不完全一样。由于气候系统各圈层具有十分缓慢变化的性质,它们对大气可产生系统性的作用,因而对气候可预报性的限制不像天气预报那么大。尽管如此,由于初始条件误差与模式不确定性的存在,还必须采取一定的办法减少其影响,即使用集合预报方法得到比较可靠的预报。集合预报有两种,一是用不同的扰动初始状态用一个模式重复多次进行预报,然后用一定的统计方法进行综合得到气候的概率预报;另一种方法是用不同的模式对同一对象进行同样的预报,然后进行平均(超级集合方法)。这两种集成方法都是气候态概率预报的基础。

整个气候系统模式的耦合和运行十分复杂,需要巨大的计算机资源。现在气候模式已包括了硫化物循环,它可以描述这种气溶胶的排放以及如何氧化形成气溶胶颗粒。在一些气候模式中,与陆地和海洋碳循环模式的耦合也取得了进展,大气化学过程模式正被耦合到气候模式中。总之,气候模式发展的最终目的是尽可能把整个气候系统都包含在模式中,这样可以包括各圈层的各种主要相互作用,气候的预测将有可能考虑各圈层之间的反馈作用。但要实现这个目标还要走相当长的路。气候模式是所有自然科学领域中应用最复杂、最精细的计算机模式,它的发展需要多学科和计算机发展的有力支持。发展复杂的气候模式是当今和未来气候模式研究的主要方向，但这需要很多人力和物力，也需巨大的计算机资源，因而不是每一个国家或每一个部门都能做得到的。通过多年的努力，中国也发展了自己的海—陆—气耦合气候模式，并正用于季度、年度预报和未来 50～100 年的气候变化预测。

为了制作未来全球和区域气候变化的预测还必须知道未来温室气体和硫化物气溶胶排放的情况，这被称作排放情景。这种排放情景是根据关于驱动因子的一套假设得出的，它包括人口增长率、经济发展速度、技术进步水平、环境条件、全球化情况和公平原则等。但概括起来是两个方面：是经济发展优先（情景 A）还是环境优先（情景 B），是全球化优先（标记 1）还是区域优先（标记 2）。上述六个条件基本上决定着未来排放的数量和排放途径。对这六个条件可能出现的各种情况进行组合，就可以得到不同的排放结果，涵盖了从最低排放（如人口增长率很低，使用高科技，经济发展速度适中等）到最高排放（人口增长不加控制，技术发展缓慢，经济快速发展等）的各种情况。由此可以进一步算出大气浓度的情景，然后计算出响应的辐射强迫，再把它作为输入放入气候模式中驱动模式气候的变化。IPCC 共发展了两套排放情景，早先的是 1992 年的排放情景，主要用于第二次评估报告中气候模式的预测（1996 年）。这套排放情景被称为 IS92 情景。第二套排放情景是 2000 年提出的，称作 SRES 情景，已用来代替 IS92 用于第三次和第四次评估报告中的气候预测（2001 年与 2007年）。SRES 排放情景由四种不同的情景构成的情景族组成：高经济发展情景（A1），区域资源情景（A2），全球可持续发展情景（B1）和区域可持续发展情景（B2）。

4.2.2　气候模式的演变和序列

气候模式是由 20 世纪 50 年代发展的数值天气预报模式演变而来，但由上节阐述的气候模式所包括的物理过程看，它的历史发展比天气预报模式要复杂得多，气候模式是通过近 30 年的发展才演变成今天这么复杂的程度（图 4.4）。早期（1970 年代中期）的气候模式只是大气模式，海洋是作为下边界条件给定的。到 20 世纪 80 年代中，海洋和海冰模式以及陆面模式被研制出来，并开始与大气模式耦合。这个时期又研制了大气化学模式，包括硫化物循环模式、陆地碳循环模式、海洋碳循环模式等。到 20 世纪 90 年代末，气候模式已发展得相对完善，海—陆—气耦合模式中已包含了硫化物循环。这时还研制了非硫化物循环模式和动态植被模式，陆地和海洋碳循环模式已融合成完整的碳循环模式。现今建立的气候模式已完全包括了碳循环和硫化物与非硫化物气溶胶作用，既可以研究自然的气候变化与变率，又可以研究人类活动引起的温室气体与硫化物气溶胶增加的作用。在不久的将来，动态植被或生态模式被置入气候模式后，气候模式将具有研究与土地利用变化等有关生物圈变化的能力。那时的气候模式将基本上发展成真正的气候系统模式。

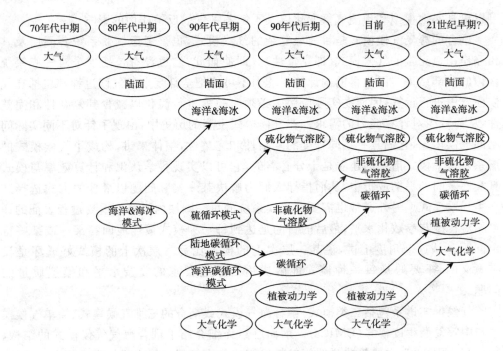

图 4.4　气候模式的发展图谱(IPCC 2001)

　　由上可见,气候模式演变的主要特征是模式的复杂性不断增加,即更多的气候系统的圈层与物理和地球生物化学过程被包括在模式中;同时模式的分辨率也不断提高;模拟和预测的时间长度也不断增加。之所以能做到这一点,关键是计算机能力的迅速提高。从 20 世纪 70 年代至今的 30 年中,超级计算机速度增加达 1 百万倍。目前大气模式的水平分辨率在 200～250 km,有的已达 100 km 左右,垂直分辨率在边界层以上达 1 km;海洋模式的垂直分辨率为 200～400 m,水平分辨率达 125～250 km,甚至更小。模拟和预测的时间长度从月、季、年际、年代际、百年甚至千年长度,积分的时间步长一般为半小时左右。

　　模式的复杂性增加也反映在未来气候变化预测的明显改进上。早期的 CO_2 引起的气候变化预测用大气环流模式耦合一个简单的平板海洋模式,这种海洋模式没有海洋动力学过程。因而在 1990 年第一次气候评估报告(FAR)中大多数预测结果主要是来自大气模式,而不是耦合气候系统模式。当时主要用于大气中 CO_2 浓度加倍条件下平衡气候变化的研究,因而并不真正是对未来气候变化的预测,而是一种敏感性试验。而现代的气候变化预测随着模式的不断改进,可以提供时变的气候变化情景,并能利用复杂的耦合海气模式预测不同温室气体与气溶胶排放情景下未来百年甚至更长时期的气候系统的变化。有些耦合模式包括了交互的化学或生物模式,可以更真实地模拟和预测气候变化以及了解各种气候反馈作用的影响。

　　耦合的海气气候模式是目前最复杂的气候模式,也是考虑气候系统各圈层及其相互作用最完整的气候模式(即完整性)。即使如此,它也没有包括现今对气候系统认识的全部结果。因为目前的计算机能力不可能把全部复杂的气候过程都包括在气候模式中进行运算,因而在实际应用中必须对模式进行简化以减少其复杂性和完整性,从而减少对计算能力的需求。在气候模式发展的历史中,出现了针对不同实际问题的气候模式,它们具有不同程度的复杂性和完整性,整体来讲,构成了气候模式的谱系。这个模式谱系的建立是十分必需的,它可以实现科学认识和计算效率与模式真实性之间的平衡或折中,从而指导人们为解决某一实际问题以最佳的方式选择某一类气候模式。另外通常也需要在气候系统的每一圈层内平衡诸重要过程表征的详略相对程度与参数化水平,最后的目的是达到每一种模式最佳地回答某一或某些特定问题。从这个角度上讲,说某一层次上的模式比另一层次上的模式好或坏是没有意义的,重要的是每一种模式能解决适合于它要求的复杂水平和模拟质量的问题。

　　气候模式谱系包括三类模式:耦合海气模式或耦合的三维气候模式、简单气候模式和中等复杂程度模式(EMICs)。前面已经详细介绍了耦合海气气候模式的结构、特点和应用,以下主要简略说明简单气候模式与中等复杂程度气候模式的主要特征。

　　简单气候模式包含有不同的模块,它们以高度参数化的方式计算:(1)将来给定排放情景下大气温室气体的浓度或丰度;(2)由模式中的温室气体浓度和气溶胶前体排放造成的辐射强迫;(3)全球平均地表温度对计算的辐射强迫的响应;(4)由海水热膨胀和冰川与冰盖响应造成的全球海平面上升。简单模式在计算上比耦合海气模式要有效得多,因而能用于研究将来的气候变化对大量不同的温室气体排放的响应。模块的不确定性也能够相继计算,可能使气候变化和海平面结果以概率分布表达,由于 AOGCM 计算耗费大,欲得到能表征预测结果不确定性的概率分布要困难得多。图 4.5 是用简单模式计算温室气体和气溶胶浓度变化下气候变化和海平面上升步骤示意图。简单气候模式的一个特征是:气候敏感性和其他子系统特性必须根据 AOGCM 结果或观测规定,因而简单气候模式能与个别 AOGCM"调谐",可作为一种工具用于仿真和推广 AOGCMs 的结果。尤其是简单模式可研究在参数变化范围很大条件下气候对某一特定过程的敏感性。例如用上翻扩散—能量平衡模式根据耦合海气模式和冰盖与冰川模式提供的气候敏感性与海洋热摄取参数可评价京都议定书实施对全球平均温度上升的影响。简单模式也被用于集成评估模式分析减排的花费与气候变化的影响。

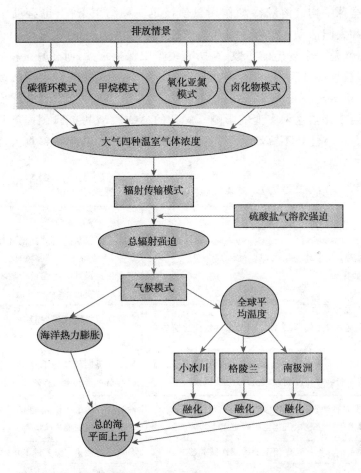

图 4.5　用简单气候模式计算温室气体和气溶胶浓度变
化时气候变化和海平面上升流程图（IPCC 1997）

　　简单模式对于大气和海洋部分有一维辐射—对流大气模式、一维上翻—扩散海
洋模式、一维能量平衡模式与二维大气和海洋模式。对于冰冻圈和生物化学过程，有
碳循环模式、大气化学和气溶胶模式、冰盖模式等。它们在研究气候变化中分别起着
不同的作用。表 4.2 给出了简单模式与复杂模式的比较。可以看到简单气候模式在
预测未来人类活动造成的气候变化方面起着重要的、不同于复杂气候模式的作用。
应该指出，简单模式只代表最关键的过程，因而它们比较容易理解，运行费用少，可做
多种诊断试验，但主要用于研究全球性问题。如上翻（涌升）—扩散模式被用于研究
海洋在延迟气候对增加的温室气体的响应的作用以及海洋混合—气候反馈在改变瞬
时响应中的作用，这有助于探索自然变率在近百年观测的全球平均温度变化中的重

要性,并对全球平均气溶胶冷却作用量值设定一种约束条件;也有助于评估温室气体、气溶胶和太阳活动在解释近百年全球平均温度变化中的相对作用。简化模式中的气候敏感性是一个规定的参数,在所有模拟中保持常数,而在复杂模式中气候敏感性是模式中被直接计算的过程与次网格参数化的结果,随气候本身的改变而自由改变。表4.2也给出,一维的简单模式不能够预测由海洋环流垂直变化引起的气候突变,但可以用于评估这种突变的影响。复杂的 AOGCM 可能预测海洋环流的这种重大变化,但是可靠性还不算高。多海盆的二维海洋模式也能了解重大海洋环流变化可能发生的条件。

表 4.2　简单气候模式与复杂气候模式的比较

简单气候模式	复杂气候模式
一般得到纬向或全球平均的结果,只有温度和温度变化,没有其他变量,如降水	模拟温度以及关注的其他气候变量(如降水、蒸发、土壤湿度、云量、风)的过去与现在的地理变化。提供上述变量(至少其中某些)的大陆尺度的变化,结果较可信
不能模拟气候变率的变化,因为模式只给出气候变化信号	可能模拟年际变率(如厄尔尼诺)以及平均值重要模态的变化
气候敏感性和其他子系统特性必须据复杂模式结果或观测规定。这些特性能够容易改变,以进行敏感性试验	气候敏感性和其他子系统特性据一套物理定律和格点尺度模式参数化方案计算
运算快,能模拟多种情景,可进行参数值变化范围大的计算。以很低的计算费用能实现初值达到稳定态	高计算费用大大限制能被研究的个例数和稳定态初值化的能力
对大尺度气候系统分量相互作用下的敏感性研究很有用	在研究能被模式分辨的基本过程中是有用的
因为简化模式包括的过程较少,分析容易,通过简单模式结果的解释可以深入认识较复杂模式的状况	模式的状况是许多实际的相互作用过程的结果。复杂模式的研究指出,什么过程需包括在简单模式中,并且在某些情况它们如何被参数化
一维模式不能模拟气候突变,如突然的海洋环流变化。二维海洋模式对这种变化可有一定的了解	AOGCM 能模拟海洋环流的重要变化,但对这种变化的时间与特性的模拟与观测尚不够可靠

来源:Chung 等,2002.

　　中等复杂程度的气候模式(EMICs)包括大气和海洋环流的部分动力学及其参数化,也经常具有生物地球化学循环过程,其主要特征是:(1)可以描述复杂模式中包含的大部分过程,但是以更简化(或更参数化方式)的形式,它们可以直接模拟气候系统一些圈层间的相互作用,可具有生物地球化学循环;(2)空间分辨率较低,在计算上比 AOGCM 更加有效,即可做几万年气候变化的长期模拟,又可做几千年中各种气候敏感性试验。如同 AOGCM 一样,EMICs 的自由度数超过可调参数几个量级,而简化气候模式则不同。目前应用的 EMICs 有下列几种:二维、纬向平均的海洋模式耦合一个简单大气模式(也可是地转二维或统计动力大气模式);简化形式的复杂模式;能量—水汽平衡模式耦合 OGCM 和海冰模式。EMICs 能用于研究大陆尺度的气候变化与地球系统各部分耦合的长期大尺度影响,尤其是从 IPCC 第三次评估报告(2001 年)之后,更常被用于研究古气候和将来的气候变化,包括 2 倍 CO_2 情景下全球平均温度和降水的变化、北大西洋温盐环流对 CO_2 增加和淡水扰动的响应、千年陆面覆盖变化强迫下大气、海洋和陆面之间的相互作用、末次冰盛期的气候等。所得到的结果与 AOGCM 十分接近。其中有一个原因是 EMICs 与不少 AOGCM 间差别并不很大,事实上 EMICs 是来自于 AOGCM,它是据一个三维向量的分量来定义的,即气候系统圈层相互作用数、模式中包括的气候过程数与描述的细节。为了研究不同的问题,所用的 EMICs 可由上三个分量进行不同的简化。如为了尽可能实现模拟气候系统诸部分之间的反馈作用,可以减少过程数和描述细节。又如 EMICs 用于长期集合试验以研究气候变率的一些特殊问题,可以减少气候系统相互作用圈层数。EMICs 也可用于许多敏感性研究与不确定分析,如研究次网格尺度海洋混合在全球变暖试验中的作用、比较由气候模式参数不确定性引起的"响应不确定性"与由排放情景不同造成的气候变化情景幅度等。另一方面,EMICs 与简单气候模式之差别甚大,如 EMICs 和 AOGCM 都能真实地代表地球的大尺度地理结构,如陆地和海盆形状,而简化气候模式肯定做不到。实际上可以把 EMICs 看作填补复杂的 AOGCM 与简化气候模式之间空白的一种有效工具。但 EMICs 对于区域气候变化的研究与评估并无用处。

4.2.3　模式的敏感性和反馈作用

"气候敏感性"是指在给定全球辐射强迫下所引起的全球年平均温度的稳定增加,即全球平均地表温度 ΔT_s 对辐射强迫的响应。可以定义一个气候敏感性参数来表示这种线性关系,即 $\Delta T_s/\Delta F=\lambda$,它也表示地表—对流层系统在外加辐射扰动强迫下,由一种平衡态向另一平衡态的过渡。气候敏感性的概念最早在一维辐射—对流模式研究时提出。在这种模式中,对于各种辐射强迫近于是一个常参数,一般约 $0.5\ \mathrm{K/(W \cdot m^{-2})}$,因而强迫和响应之间存在着一种可能的普适关系。正由于这种特征,使辐射强迫被看作一种有用的工具去近似估算不同外加辐射扰动下引起的相对气候影响。对于较复杂的气候模式,各模式 λ 的值可能不同,但对每一模式本身,不论辐射扰动差别多大,一般明显保持常数。λ 值的不变性使辐射强迫的概念作为估算全球年平均地表温度的一种度量十分方便,而不必诉诸实际复杂气候模式的运行与模拟。后来大量的试验表明,即使对于三维 AOGCM,全球平均的气候敏感性或辐射强迫仍然是估算全球地表温度响应的一个很好指标,只是没有一维辐射—对流辐射模式中在量值上保持严格不变的特性。不同 AOGCM 的气候敏感性值是不同的。

　　一般是用 2 倍 CO_2 作为基准来比较气候敏感性。在 IPCC 第二次评估报告中(1995 年),CO_2 加倍情况下的气候敏感性在 1.5～4.5℃范围内。如气候敏感性是常数,则稳态温度应正比于净辐射强迫而变,但这实际上只是一种粗略的近似。不过许多试验表明,对于未来 100 年可能发生的气候强迫量级而言,气候敏感性仍可近似看作常数,即全球平均地表温度响应粗略地正比于全球平均强迫。此外,对于不同的强迫,气候敏感性基本上不依赖于该全球平均强迫因子如何组合。也就是说,在全球平均温度响应只依赖于全球平均强迫的情况下,如果温室气体、太阳辐射和气溶胶有与 2 倍 CO_2 相同的净强迫,则它们的任何组合将产生同样的全球平均稳态温度响应。

　　在第 3 章中已经指出,目前使用的气候敏感性有两种:一是平衡气候敏感性,定义为大气 CO_2 浓度比工业化之前增加 2 倍但以后保持不变情况下地球达到一个新稳定状态时长期近地面温度的增加值,也简称为气候敏感性。长期以来,平衡气候敏感性是据 AGCM 耦合一简单的非动力上层海洋模式(平板或混合层模式)进行的 CO_2 加倍试验估算。另一种是在瞬变气候响应(TCR)过程中估算的平衡气候敏感性,由"有效气候敏感性"得到。这种敏感性相应于反馈强度固定在瞬变气候演变某一点的值时 AOGCM 被积分到平衡态时的全球温度响应。可据海洋热储存、辐射强迫与地面温度变化上升。在 AOGCM 和非稳态或瞬变气候模拟中,TCR 被定义为 CO_2 以每年 1％增加达到 2 倍时(增加开始后 70 年左右)20 年平均(以两倍时间为中心)的全球年平均地表气温变化量(相对于控制试验)。这种响应既取决于平衡敏感性,又取决于海洋的热量吸收,后者决定气候对强迫调整的快慢。但气候调整的时间本身不仅取决于热量混合入海洋的速率与渗透深度,也取决于平衡敏感性。如果模式敏感性大,则热量在海洋的渗透厚度越大。

　　气候敏感性既依赖于施加于气候系统的强迫作用类型及其地理和垂直分布,又取决于反馈过程的强度。由于反馈过程与平均气候态有关,因而也取决于平均气候态。气候敏感性涉及的关键物理过程有水汽、大气垂直递减率、地面反照率(主要由冰、雪范围变化引起)和云反馈。近几十年气候模式有了明显的改进,尤其是对云、边界层和对流等参数化过程。在此基础上对平衡气候敏感性也进行了许多试验。有些模式显示,由于云参数化或云—辐射特性表征的改进,使气候敏感性有改变。但大多数模式中气候敏感性的变化并不能归因于模式中某一具体物理因子处理上的改变。这是因为模式中物理因子参数化的变化是非线性相互作用的,A 与 B 因子之和并不等于 A+B 的变化。另外,个别变化的全球效应大致相互抵消。因而这使得气候模式及其关键物理过程的参数化其表征可能有明显改进但气候敏感性并不表现出很大的变化。下面给出的不同年代气候敏感性值及其变化范围清楚地印证了这一点。

在 20 世纪 70 年代末(1979 年),当时根据两个模式的模拟得到了 CO_2 加倍条件平衡敏感性的范围是 1.5~4.5℃,自此以后的 30 年中,虽然模式大大改进并且与观测进行了更全面的比较,但模式计算的气候敏感性范围并没有明显减少,第一、二、三次 IPCC 评估报告中平衡气候敏感性都维持 1.5~4.5℃ 这个范围。IPCC 第四次评估报告中给出的平衡气候敏感性是 2.1~4.4℃,平均值为 3.2℃,与第三次评估报告(2001 年)的敏感性相近,如果以平均值±1 标准差计算,则第二、三、四 IPCC 评估报告的值分别为 3.8±0.78℃(17 个模式得到)、3.5±0.92℃(15 个模式得到)与 3.26±0.69℃(18 个模式得到)。对于瞬变气候响应(TCR),IPCC 第二次(1995 年)与第三次(2001 年)评估报告中得到的 TCR 分别是 1.1~3.1℃(平均值是 1.8℃)与1.3~2.6℃(中值为 1.6℃),到 2007 年发表的 IPCC 第四次评估报告,TCR 是 1.5~2.8℃(中值是 2.1℃)(图 3.24),其范围有一些缩小。平均的 TCR 一般比平衡敏感性值要低,这主要是考虑了海洋热吸收和储存的作用。

因为真实气候系统的气候敏感性并不能直接测量到,故从 2001 年以后用一些新方法建立敏感性与某些可观测量关系(直接或通过模式)并计算与观测一致的气候敏感性范围或概率密度函数(PDF),因而无论是观测或模式都是计算敏感性的一种约束条件。概括起来主要有两类新方法:由不同时间尺度过去气候变化(历史或古气候)得到信息或约束条件和气候敏感性结果对模式集合值的散布。第一种方法是用过去千年的地表温度、高空温度、海洋温度、辐射强迫、卫星资料、代用资料的历史瞬变演变计算敏感性的范围或 PDF。大部分计算结果表明,平均敏感性范围是1.2~4℃。大多数结果肯定,气候敏感性不太可能低于 1.5℃,对于上界很难确定,但不能排除超过 4.5℃ 的可能性,比较可能的上限值在 2.0~3.5℃。第二种方法是分析GCMs 的气候敏感性,通过以集合方法得到的模拟的现代气候和变率与观测比较得到了三个气候敏感性 PDF,发现平衡气候敏感性最可能是 3.2℃ 左右,最不可能在2℃ 以下,上限对于模式参数的取样与用来观测比较的方法十分敏感。

最后综合上述各种结果,平衡气候敏感性或 CO_2 加倍下全球平均平衡增暖可能在 2~4.5℃ 范围,最可能的值是 3℃ 左右,它很可能大于 1.5℃。受基本物理原因与资料限制,显著大于 4.5℃ 的值仍不能排除,但它与观测和代用资料的一致性一般比2~4.5℃ 范围的值要差。

为了更好地了解气候敏感性并尽可能减少其不确定性,需要了解各种气候反馈过程。这在第 3 章中已有说明,这里可以用简单的理由再进一步说明气候反馈过程的重要性。设 CO_2 加倍时在大气顶产生的辐射强迫为 $4.0 \sim 4.5$ W·m^{-2}。平流层调整(约一个月时间,是一种快过程)约减少 0.5 W·m^{-2},剩下 $3.5 \sim 4.0$ W·m^{-2} 辐射强迫将使地表—对流层温度进行调整(由于海洋等的作用,这种调整约需几十年,是一种慢过程),并相当于施加于对流层顶上。前面已经指出,温度是响应这种辐射强迫而改变的唯一气候变量,则气温将升高 $1.2℃$ 使辐射平衡得以恢复。但温度的上升或气候变暖会引起其他大气和地表变量或特性的变化,以后这些变化也会通过反馈过程再导致能量平衡的改变,从而使气温进一步上升。因而最终气温的上升就不是 $1.2℃$,而是更高或更低的值,这决定于是正反馈或负反馈。设某一变量是 A,由于某些原因先发生变化,这种初始变化导致另一变量 B 的变化,B 变量的变化就是对 A 变量变化的响应,其响应的幅度是由气候敏感性度量的。如果 B 变量的变化进一步使 A 按原来变化的方向发生变化,则 B 变量对 A 变量初始变化的反馈为正,趋于使初始变化增强或放大;而负反馈则相反,可使初始变化减小。应该指出,气候系统中的许多过程与相互作用是非线性的,也就是说在因果之间不存在简单正比关系,这种复杂的非线性系统表现出所谓混沌状态,即初始条件的微小变化可以引起以后气候系统的明显变化。但这并不意味着气候系统的未来状态是完全不可预报的。在许多情况下,气候系统的变化及其结果是可以预报的。每天天气的预报就是一个很好的例子。引起每天天气变化的天气系统的演变基本上是受非线性的混沌动力学控制,但目前的大多数天气预报都是比较成功的,只是其可预报性有一个极限,大约 2 周左右。对于气候系统也是一样,虽然它也是高度非线性的,但可以近似处理为对外界辐射强迫的准线性响应问题。因而人类活动引起大尺度气候变化也是可预报的,虽然气候变化中还有相当大的部分是不可预报的,必须用其他方法如统计方法、经验方法来解决。

我们主要考虑 6 种反馈过程(Wallace 等 2006,Houghton 1997,丁一汇等 2003):

(1)大气的水汽与温度递减率反馈。温度增加使蒸发加强,导致大气中水汽量增加,水汽是一种温室气体,这又使温度进一步升高,因而水汽有正反馈作用。计算表明,它将使由于 CO_2 加倍引起的全球平均温度升高增加 60%,即使平衡气候敏感性增加约 $2℃$。对流层上部水汽增加所产生的反馈作用最为明显,这是由于大部分射出到外空的长波辐射起源于该层。水汽反馈的强度在量值上接近,但小于假定相对湿度不随大气增暖改变情况下得到的值。由于气候变暖,饱和比湿(大气持水能力)将增加,根据克劳修斯—克拉珀龙方程,大气中的实际水汽比湿也会增加,这一般使相对湿度保持不变。观测和模式都证明这种相对湿度在气候变暖条件下不变的结果是正确的。

大气中水汽含量改变后,通过反馈作用使大气温度层结或温度递减率发生变化,这可使热带对流层上层增暖增强,对地表温度的反馈是负的,组合的水汽/温度递减率反馈作用将增暖增幅 50% 左右。

(2)冰雪反照率的反馈。冰和雪的表面是太阳辐射的强烈反射体。如果具有低反照率的海面(反照率为 0.1)或陆面(反照率为 0.3)被高反照率的海冰(反照率 ≥ 0.6)所覆盖,地表所吸收的太阳辐射将不到原来的一半,因而地表进一步变冷,反之亦然。这是冰—反照率正反馈过程。气候变暖后,高反射率的冰雪覆盖明显减少,使反照率减少,吸收的太阳辐射增加,它会使 CO_2 加倍产生的增温再增加 20%。

(3)云的反馈。云对辐射有强烈的吸收、反射或放射作用,这称作云的反馈作用。云的反馈作用十分复杂,其反馈强度和符号决定于云的具体种类、云的高度、光学性质等,但基本上可以分为两类作用。云对太阳可以产生反射作用,将其中入射到云面的一部分太阳辐射反射回太空,减少气候系统获得的总入射能量,因而具有降温作用。另一方面云能吸收云下地表和大气放射的长波辐射,同时其自身也放射热辐射,与温室气体的作用一样,能减少地面向空间的热量损失,从而使云下层温度增加。一般来说低云以反射作用为主,常使地面降温;高云则以被毯效应为主,常使地面增暖,所以云的总反馈作用是正或负决定于上两种作用哪一个占优势。在现代气候中,云对气候有冷却作用(全球平均的云辐射强迫)。在全球变暖条件下,云对气候的冷却作用可以增强或减弱,以此产生对全球变暖的辐射反馈。如果当反射性云为主的云增加,则全球平均表面气温减少,为负反馈;但如果反射性为主的云减少,则全球平均表面气温增加,为正反馈。气候变化对云(云量、云的面积和结构)的变化十分敏感,这也明显影响气候模式的敏感性。当云量有百分之几(如 3%)的变化时就会对气候产生一定的影响,它所造成的净增温或降温可以与温室气体造成的增温值相当,甚至超过。因而云的反馈作用的计算明显影响着全球气候变化数值的计算与预测。云的反馈作用是气候变化及其预测中最不确定的因子之一。在气候模式中云反馈的差异是造成模式间气候敏感性明显不同的主要原因,因而在气候模式中,真实地表征云反馈过程是提高将来气候变化预测的重要途径。

(4)海洋的反馈。海洋的反馈作用是通过三个方面实现的。首先它是大气中水汽的主要来源,一旦温度变化通过海洋蒸发可以影响大气中水汽含量的变化,再进一步影响气候变化。第二,海洋的热容很大,也就是说要想使海洋温度升高,比大气升高同样的温度所需的热量要大得多。在气候系统的变化中,海洋变暖比大气变暖慢得多,因而海洋很大的热惯性对大气变化的速度起着主要的控制与调节作用。第三,通过海洋内部的海洋环流(如大西洋温盐环流)可以输送热量,使热量在整个气候系统中重新分配。在大西洋地区这种海洋环流输送的热量非常大,例如在西北欧和冰岛之间,输入的热量与该地区在海表收到的太阳辐射相近。这也是为什么北欧地区冬季的气温偏暖的主要原因。有人估计,一旦这种环流停止,则北欧的温度比现在将低 10℃ 左右,也就是会发生明显的气候变冷。

(5)陆面反馈。陆面吸收的净辐射(太阳辐射与长波辐射之和)主要通过感热和潜热(蒸散发)通量又释放回大气中,可以直接影响地区性气温与湿度,以后又可影响气候系统的其他变量。如前所述,土壤水分的量值与植被状态基本上决定着地表接收到的净辐射的多少,因而陆面与大气的相互作用过程必须在气候模式中合理地加以考虑,特别要关注植被与陆地能量的联系、水与碳循环以及土地利用的变化等。

(6)碳循环反馈。气候通过对陆地生物圈和海洋的影响可以改变 CO_2 和 CH_4 的源与汇,从而导致它们的大气浓度变化。这又可以使温度发生进一步变化。通过碳循环产生的辐射反馈过程对于 CO_2 而言一般是正,不但使大气 CO_2 浓度有更快的增加,而且有些模式计算表明,温度的上升比不考虑碳循环反馈的情况要高 1℃左右。

在上述反馈过程中,水汽和云的反馈对于气候变暖的响应基本上是同时的,海冰、雪的响应需数年的时间。上述反馈过程可以称为快反馈过程。植被和碳循环反馈过程的时间尺度为几十年,另外一些反馈过程如大陆冰盖区的减少、海洋中碳酸盐沉积物的溶解与陆地化学风化的增强(后两种过程可减少大气中的 CO_2 浓度)则需几百或几千年时间才能完成。这些反馈过程统称为慢反馈过程。

4.3　气候模式对现代气候的模拟

4.3.1　平衡态以及季节循环

在利用气候模式进行研究时,首先需要评估模式的模拟能力。平衡态以及季节循环是最基本的考查标准之一。

平衡态通常是指在控制试验中模式达到平衡状态之后多年平均的气候态。控制试验是气候模拟的一种。进行模拟试验时,在给定的初始条件下,大气外强迫设为固定不变,即太阳能量输出和大气温室气体以及气溶胶含量等均是不变的。在考查模式的模拟性能时,通常将外强迫因子(包括太阳活动、温室气体浓度等)固定到某个水平(通常是与现在的水平较接近),从初始状态(通常用观测的气候态)开始积分。在模式积分达到平衡状态之后,模式中多年平均的气候态可以代表模式模拟的当代气候。通过与现在观测资料的对比可以了解气候模式对于现代气候的模拟能力以及系统误差。

下面给出的是耦合模式比较计划第二阶段(CMIP2+)中海气耦合模式的控制试验的结果,主要是多模式集合平均的情况(AchutaRao 等 2004)。就表面温度而言(图 4.6),模拟的纬向平均与观测十分接近,尤其在两个半球 60°以内的区域。但是从总体看,模式的模拟值稍微偏低。从其空间分来看,模式集合的结果与观测差别也不大。其主要特点是在海洋上的模拟值优于陆地尤其是山地以及高原地区(在有些地势较高的地区,模拟的平衡态比观测偏低10℃以上)。造成这些偏差的原因之一可能是参加 CMIP2＋的模式版本比较早,有一些模式在海洋上经过了通量订正,因此海表面温度与观测较为接近。同时由于模式的分辨率比较粗,对于地势陡峭的地区处理不够好。

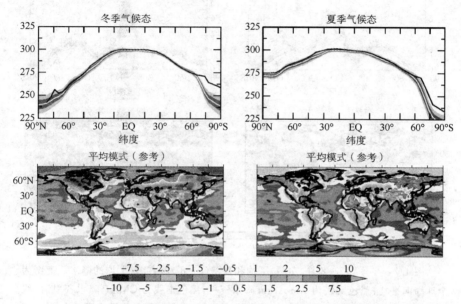

图 4.6　冬季(12—2月,左图)平均和夏季(6—8月,右图)平均的表面温度。上图为全球纬向平均:黑线为观测的情况,白线为模式平均的结果,阴影部分为±1&2模式间标准差。下图是模式平均与观测差异的全球空间分布(单位:K)(AchutaRao等2004)

　　模式对于降水的模拟较之温度要差一些,降水所涉及的因素很多、比较复杂,存在很大不确定性。从其纬向分布来看(图 4.7),模拟与观测还是很接近的,但是模式之间的离散度相对于表面温度大一些。在赤道地区,模式集合平均的冬季降水与观测比较接近,但是夏季的降水模拟偏少。在北半球的中高纬度地区模式集合在冬夏季均与观测比较接近。对于降水的空间分布来说,其大尺度的特征可以在模式中得到较真实的再现,但是在赤道东部降水较少的海洋,模式的模拟值偏高,而在对流强的区域,其降水(主要是对流性降水)的模拟值偏低。此外,耦合模式对于海平面气压以及大气顶向外的长波辐射(OLR)也可以较为真实地再现。对于海平面气压的纬向分布,南北半球60°以内模拟值都和观测很接近,但是在高纬度地区则存在着较显著的差异。对于 OLR 的空间分布模拟,主要差异在热带和副热带地区,部分原因可能是模式对于这些区域的云的模拟存在问题。总体来说,模式对基本气象要素气候态的纬向以及空间分布都可以进行真实的模拟。但是同时也存在着一些系统的偏差,模式本身的缺陷以及外强迫等因素都是可能原因。此外,用于对比模式资料的观测数据本身也存在着一定不可靠性。

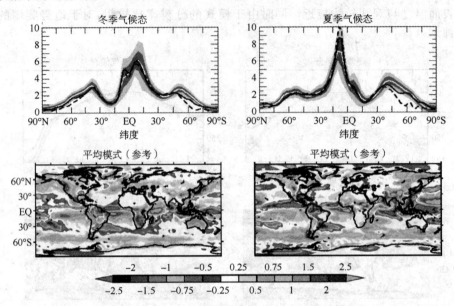

图 4.7　冬季(12—2 月,左图)平均和夏季(6—8 月,右图)平均的降水。上图为全球纬向平均:黑色实线为 Xie-Arkin 降水资料,黑色虚线为 CMAP 降水资料,白线为模式平均的结果,阴影部分为±1&2 模式间标准差。下图是模式平均与观测差异的全球空间分布(单位:mm/d)(AchutaRao 等 2004)

除了纬向分布以及空间形势,模式对于季节循环的模拟也是其基本模拟能力的体现。现有的耦合模式对气候的季节循环已具有一定的模拟能力。这里我们以表面温度为例来看耦合模式中的季节循环特征。图 4.8 给出的是全球耦合模式比较计划第一阶段(CMIP)的 17 个耦合气候模式纬向平均的 1 月份与 7 月份陆地和海洋表面温度差(该差值可以很好的近似表征气候的季节循环)(Covey 等 2000)。可以看到,就全球总体而言耦合模式对季节循环的模拟能力还是不错的,尤其在 60°S—30°N 之间,耦合模式模拟的温度差与观测结果非常一致,而且不同耦合模式模拟的离散度也比较小,表明现有的单个耦合模式对于该地区气候变化的季节循环模拟结果已非常可信。对于北半球中纬度地区而言,无论是海洋还是陆地耦合模式模拟的表面温度季节循环的离散度比较大,有些模式模拟的季节循环大于观测值,有的则小于观测值,但是如果将所有的模式作集合平均处理,模拟结果和观测值的变化还比较接近,所以采用集合平均的方法后,耦合气候模式对该地区表面温度季节循环的模拟结果也是可信的。耦合气候模式对季节循环模拟能力较差的地区主要位于高纬度极区。

图中显示模式模拟的 1 月份与 7 月份表面温度差的离散度在极区可以达到 30 K 以上,即使做多模式集合平均处理,模式模拟的结果与观测的差异还是比较显著,所以耦合气候模式对高纬度极区气候季节循环的模拟还存在很大问题。当然,这里只是以表面温度纬向平均的情况为例来做介绍,事实上数值模式对不同地区、不同气象参数模拟的季节循环都或多或少会存在差异。

　　实际上大气的外强迫是随着时间发生变化的,把其固定于某一状态是不合理的。

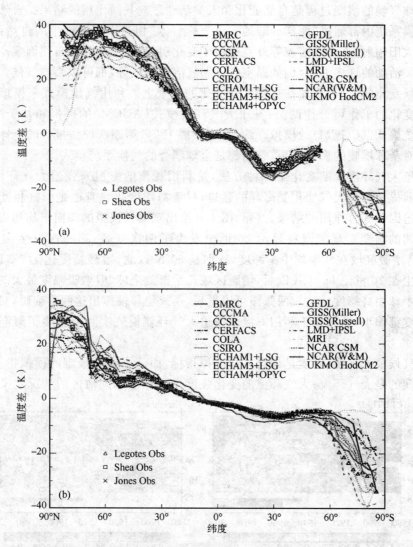

图 4.8　17 个模式和 3 种观测数据中,纬向平均的陆地(a)和海洋(b)表面温度在 7 月与 1 月的气候平均态的差异(Covey 等 2000)

因此在 CMIP 计划第三阶段(CMIP3)中所有的耦合模式都进行了 20 世纪气候试验,在这个试验中有一些外强迫因子(例如温室气体浓度)不再是固定不变的,而是采用随时间变化的观测的历史序列,这样模拟试验与真实情况更加接近,其结果与观测数据具有更好的可比性。有关这个试验的结果将在下一节中讲到。

4.3.2　对大气环流长期变化的模拟

地球气候的演变过程是自然变化和人类活动影响共同作用的结果。自然变化既包括气候系统内部通过"海洋—陆地—大气—海冰"相互作用而产生的自然振荡,又包括由太阳辐射、火山气溶胶等外强迫因子变化引起的、但依然是自然因素产生的变化。人类活动的许多方面,例如温室气体和气溶胶排放等,都可以影响气候。人类活动对气候变化的影响,叠加在自然气候变化的背景上。利用气候模式来模拟大气环流长期变化的工作可分作两类:基于大气环流模式(AGCM)的模拟和基于"耦合的气候系统模式"(CGCM)的模拟。约 20 个参加 IPCC 第四次评估报告的全球气候系统模式对全球增暖的模拟结果,它们都是全球耦合的气候系统模式。

模拟大气环流长期变化第一种方法,是利用观测的海温来强迫大气环流模式。试验的前提是假设大气变化受海洋的强迫,尽管海洋变化自身也是海气相互作用和各种强迫因子综合作用的结果。(彩)图 4.9 给出观测和模拟的纬向平均地表气温距平随时间的演变。观测资料显示 20 世纪发生了两次变暖:第一次发生在 1910—1940 年,增暖区域在北半球中高纬度,特别是 60°N 以北,增暖幅度达 1.2℃ 以上;第二次发生在 20 世纪 80 年代以后,增暖区域几乎覆盖全球,但增暖幅度最大的区域依然是北半球中高纬度。比较两张图可以发现,模式能够模拟出这两次变暖,只不过范围和幅度都偏小,原因在于利用海温来强迫大气环流模式实际上忽略了海洋的反馈作用。

对气候模式来说,温度是最容易的模拟指标,而降水则是最难的模拟指标,介于二者之间的是大气环流;大气环流的变化强度通常针对不同地区的情况定义各种指

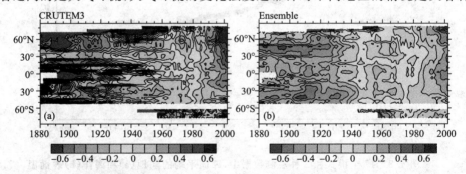

图 4.9　观测(a)和模拟(b)的纬向平均的地表气温距平(单位:℃)(Zhou 等 2008)

数来表征。目前的气候模式远非尽善尽美,不同的模式由于数学离散化方法不同、对大气物理过程的描述方法不同,使得不同的模式模拟能力不尽相同。为了克服由于模式自身问题带来的模拟误差,目前国际上常用的做法是"多模式集合"。例如世界气候变率研究计划(CLIVAR)组织了"20 世纪气候模拟试验"(C20C),所有的模式都利用相同的观测海温和温室气体等来驱动,随后考察所有模式的平均结果。主要结论如下:

首先,模式能够较为理想地模拟再现全球平均陆面气温的变化(Scaife 等 2008),包括其年际变化和年代际的变化。然而,模式模拟的 20 世纪 70 年代以来的温度变化幅度要低于观测。南方涛动(SO)变化模拟技巧较高,但有许多模式 SO 对海温的响应偏弱。模式对非洲萨赫勒地区的干旱化趋势仅有很弱的模拟能力。20 世纪后期北大西洋涛动(NAO)的增强趋势难以模拟再现。

其次,模式对印度季风降水的年际变化有一定的模拟能力(Kucharski 等 2008),但是技巧不高;不过,模式对印度季风降水年代际变化的模拟能力则很强,其中起作用的海洋强迫主要来自热带太平洋和印度洋海温的变化以及大西洋海温的年代际尺度上的振荡。特别是模式能够成功模拟出印度季风降水自 20 世纪 50 年代晚期到90 年代早期的减弱趋势。

最后,在亚澳季风的几个成员中,南亚季风和澳洲季风的模拟技巧最高(Zhou 等2008),强迫源来自赤道中东太平洋和热带印度洋;西北太平洋季风的模拟技巧其次,强迫源来自西太平洋海洋大陆地区的海温变化;印度次大陆季风环流的模拟技巧与模拟和观测间的相关系数都不高但通过了 5% 的显著性检验,原因可能在于 20 世纪后期印度季风和 ENSO 事件的联系在减弱。东亚季风的模拟技巧最低,原因在于该地区的局地海气相互作用十分显著,尤其是热带西太平洋地区,因而利用海温驱动大气这种试验在物理上就不甚合理了。

4.3.3　20 世纪气候变化的模拟

20 世纪气候变化模拟试验有着很重要的研究意义:利用其模拟结果与观测事实进行比较,考察模式的模拟能力,以帮助我们改进模式;利用气候模式进行模拟试验,考查不同因子(例如温室气体浓度的增加、太阳活动以及火山活动等)对 20 世纪气候变化的影响,加深人们对于气候变化归因的理解。

为了模拟出气候的变化,在这种模拟试验中外强迫是变化的。例如世界气候变率研究计划(CLIVAR)组织的"20 世纪气候模拟试验"(C20C)。在这个计划中,模拟的初始场多是由控制试验(通常是工业革命前的控制试验,CO_2 的浓度固定于工业革命前的水平)提供,其外强迫在模式之间并不是完全一致的,但是都考虑了某些因子(例如温室气体的浓度)随时间的变化,利用观测或者重建的历史资料强迫耦合模式(Hegerl 等 2003)。本节将主要说明参加这个计划的模式对 20 世纪气候变化的模拟情况。

对于气候态的模拟,就表面温度而言,多模式集合平均与观测很接近,在全球尺度上空间场有着很高的相关。绝大部分区域误差都在 2℃ 以内,在极地和高纬度以及海拔较高、地势较陡的地区误差要大一些。在赤道海洋的东部地区模式的模拟偏差稍大一些,这可能与对低云的模拟不好有一定关系。就全球总体来看,模式集合比观测稍偏冷。对于降水,模式集合可以较好地再现其大尺度的特征,某些局地的特征例如热带雨林地区大的降水中心也可以在模式中得到体现。但是在南太平洋上的辐合带有很强的东伸而且与纬圈近乎平行,这与观测有着明显的差别。在热带大西洋地区,降水的大值中心偏弱而在赤道以南降水偏强。在印度洋—太平洋暖池地区,降水在东西方向上存在系统的偏差。此外在孟加拉湾地区,模拟的降水偏少,这是和模式对季风的模拟存在问题相联系的。虽然参加 CMIP3 的耦合模式相比其之前阶段都得到一定程度的发展,但是有些系统性的误差并没有消除。

对于 20 世纪气候变化趋势的模拟,从图 3.25 可以看出 20 世纪全球平均地表气温的时间序列曲线有较为明显的上升趋势,尤其是自 20 世纪 70 年代开始。不同的数值试验结果表明:在同时考虑了人类活动的影响(包括温室气体浓度的增加、气溶胶的效应等)和自然因素(包括太阳活动的变化、火山活动等)后,耦合模式可以很好地模拟出 20 世纪后半期全球表面温度的增暖趋势;而不考虑人类活动的影响,模拟的 20 世纪后半期温度变化的趋势与观测相距甚远。这表明人类活动的影响极有可能在 20 世纪后半期的全球表面温度的变化中起了较为主要的作用。对于 20 世纪前半期的全球温度变化,模式可以在一定程度上模拟出这个阶段温度变化的趋势,但是模拟结果与观测的拟合程度比对 20 世纪后半期的模拟要差。耦合模式在考虑了人类活动以及不考虑人类活动时,模拟的结果差异并不大,很大程度上说明在这个阶段自然变率的影响较大一些,太阳活动、火山运动还有气候系统的内部变率会对温度变化产生影响,但是哪个因子的作用是主要的目前还没有定论。对于 20 世纪中期(1950—1970 年之间)全球表面温度有一个较弱的降低趋势,在模式的模拟中可以得到不同程度的体现,模拟研究表明气溶胶效应以及内部变率均对这个阶段的温度变化有影响。利用观测海温强迫大气环流的模拟研究可以得到类似的结论:在考虑了人类活动的影响以及自然因素以后,大气环流模式可以对 20 世纪的全球表面温度变化进行较好的模拟。

模式虽然对于降水分布的空间特征可以进行较真实的模拟,但是对于降水的局地区域特征以及其变化趋势的模拟却不是很理想。在考虑了自然因素和人为强迫之后,已观测到的全球降水的变化趋势可以在气候模式的模拟中得到一定程度的再现,但是其模式的平均降水的方差偏小。不少模拟研究表明短波辐射强迫(例如火山气溶胶)的变化对全球平均的降水有着相当的影响。人类活动的影响对于全球平均降水的变化相对而言不是很显著。同时也有一些模拟工作指出,随着温室气体的增加,高纬度地区的降水会增加,而副热带以及热带的部分地区变得干燥,赤道地区降水的分布会随着 ITCZ 位置的变化而发生改变,这些已观测到的不同纬度带的降水趋势的变化可以在模式中得到一定程度的重现。

总的来说,对于 20 世纪的气候,现阶段的耦合模式可以对温度和降水的气候态进行较好的模拟,但是对于降水的变化趋势模拟较差。模式无法真实地再现 20 世纪气候变化的某些特征不仅和模式本身的缺陷有关系,同时对引起这种变化的原因认识不足也是因素之一。

4.3.4　千年气候变化模拟

千年气候变化研究,也称为亚轨道尺度气候变化研究,是在几百年或千年时间尺度上,探索气候变化过程和机制的研究工作。这一研究重点之一是全新世气候变化,因为全新世的气候演化与人类社会的发展密切相关。全新世大暖期促进了农业文明的迅速发展,有可能从那时起,人类活动就对全球气候开始产生影响。

全新世大暖期,可以通过两个途径的研究,一是根据孢粉、冰芯、湖泊沉积物等古气候代用指标来揭示当时古气候现象,二是利用气候模式开展数值模拟,揭示当时气候的形成机制。同时,数值模拟研究还可以帮助我们理解全新世大暖期温暖条件下气候系统各要素之间的相互作用机制,评价模式的模拟能力,促进气候模式的发展。

全新世大暖期气候模拟是针对"距今 6000 年前"这一特定时期开展的。距今 6000 年,是指从公元 1950 年开始往前推算 6000 年,用公元纪年法来表示,其实是公元前 4050 年。这时地球轨道的偏心率是 0.018682,地轴倾角是 24.1054°,近日点的经度是 180.870°。与 1950 年相比,这样的地球轨道条件,使得高纬地区接受的太阳年辐射量增多,而低纬地区接受的太阳辐射减少。

距今 6000 年前古气候模拟,简称 6000 年古气候模拟。其基本方法是,将距今 6000 年前的地球轨道参数、大气 CO_2 浓度和植被等边界条件输入气候模式进行计算,其计算结果与工业革命前气候模拟结果相比较。一般来说,6000 年古气候模拟中,大气 CO_2 浓度设定在 280 ppm,甲烷(CH_4)浓度 650 ppb,二氧化氮(NO_2)浓度 270 ppb。植被覆盖采用根据地质记录恢复的 6000 年植被条件,其他陆地冰川大小和地形与海陆分布都采用现代条件。

模拟研究表明,6000 年前高纬地区增温比较显著,而在低纬的某些地区增温并不明显,甚至是降温的。这一模拟结果与地质记录所揭示的全新大暖期的气候变化特征非常一致(Jansen 等 2007)。很显然,6000 年前全球气候变化与太阳辐射的改变密切相关((彩)图 4.10)。但是,模拟结果与地质重建之间仍存在系统偏差。古气候模拟结果的比较揭示,耦合模式中植被和海洋的反馈机制加剧了北半球高纬地区的增温幅度,其模拟结果更加接近地质记录所揭示的 6000 年前气候变化的幅度,明显好于单纯大气环流模式的模拟结果(Braconnot 等 2007)。也就是说,气候模式中一些简化的物理过程是造成模拟与地质记录偏差的主要原因。因而,改善这些物理过程可以明显提高模式的模拟能力。随着气候模式的发展,6000 年古气候模拟已经由大气环流模式模拟过渡到耦合模式模拟,未来将逐渐发展为地球系统模式模拟。

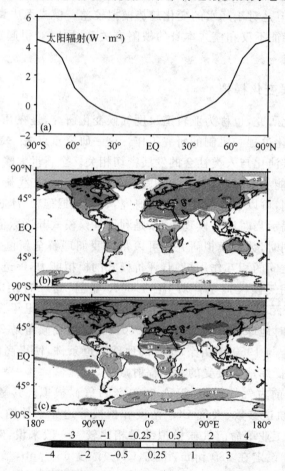

图 4.10　(a)相对于工业革命前(0 ka),6 ka BP 时太阳辐射量的变化(数据来源于 PMIP Ⅱ网站);(b)PMIP Ⅰ中,在固定海表面温度场下,多个大气环流模式模拟的 6 ka BP 地表气温变化(℃ 6 ka—0 ka)的集合平均;(c)PMIP Ⅱ中,多个海气耦合模式模拟的 6 ka BP 地表气温变化(℃ 6 ka—0 ka)的集合平均(Braconnot 等 2007)

4.3.5　气候极端事件的模拟能力

通常来说,极端事件所涉及的时空尺度较小,而气候模式的分辨率较粗,因而目前只能对极端气候事件在较大尺度上的特征进行模拟。为了得到合理的较小尺度的特征,通常需要对气候模式的输出进行降尺度处理。本章第 5 节将较详细地说明降尺度方法。近年来随着气候模式的发展,其分辨率得到提高,物理框架也更加合理,加上计算机技术的发展,目前有一些高分辨率的耦合模式可以在一定程度上对极端气候事件进行合理的模拟。下面主要介绍利用气候模式对于与温度和降水有关的极端气候以及热带气旋的模拟能力。

对于极端温度事件的研究主要分析极端高(低)温发生的强度、频率和持续时间,以及与极端温度有关的指数(例如年霜冻日数、生物生长季节等)。大部分研究表明目前的耦合模式已经可以较好地模拟出全球尺度上的统计特征。通过分析全球海气耦合模式的多模式集合与两套再分析资料(ERA40,NCEP II)的结果表明(Kharin等 2007),模式对于与高温有关的极端气候特征的模拟比对于与低温有关的极端气候特征的模拟具有更高的可信度((彩)图 4.11)。模式集合中极端高温在北半球大部分地区都偏低,除中美洲和南美洲、北非、中东以及中亚地区以外。而对于极端低温,两套再分析资料本身存在较大的差异,模式集合的结果与 ERA40 相比以偏高为主,而相对 NCEP II 再分析资料以偏低为主。通过比较观测的站点数据与大气环流模式的结果(Kiktev等 2003),发现模式中加入了人类活动影响的强迫后,模式对于20 世纪后半期的极端温度事件的变化趋势有比较真实的再现,尤其是在较大的空间尺度上。此外,模式对于热浪以及冷空气爆发的事件也具有较好的模拟能力。

对于与降水有关的极端气候特征的模拟效果与温度比较相差较远。通过全球耦合模式与再分析资料的比较发现模式模拟极值的幅度与再分析资料大致相当,但是在北非以及非洲和南北美洲的副热带西海岸地区模拟值偏高,而在赤道有一个狭窄的带状区域模拟值偏低较多(Kharin等 2007)。评估耦合模式对于日降水的模拟表明大部分的模式中对于中雨和小雨的模拟比观测要频繁,而对于大雨或者暴雨的强度和频率模式的模拟都偏弱。模式的分辨率以及参数化方案都会对极端降水事件的模拟产生较大的影响,粗分辨率的模式往往会存在弱降水日偏多而强降水日偏少(Sun等 2006)。在提高模式的分辨率以及改变某些参数化方案后,模式对于极端降水事件的模拟将会得到较大的提高。

粗分辨率的全球模式对于热带气旋的模拟效果也不够好,尤其是对于强度的模拟。一般而言,50～100 km 或者更低分辨率的模式模拟出的热带气旋的强度与观测相差较多。利用一个分辨率为 20 km 的大气模式对热带气旋的强度、频率以及分布进行模拟,频率与分布模拟结果有改进,但强度的模拟仍存在一定问题(Oouchi等

2006)。除了分辨率之外,在某些情况下,模式中对流参数化方案的选择也会对结果产生重要影响。

　　总的来说,模式对于与温度有关的极端值具有比较好的模拟能力,而对于与降水有关的极端气候事件和热带气旋的模拟则存在着比较大的误差,这主要是由于模式分辨率不够与对流参数化方案不完善引起的。

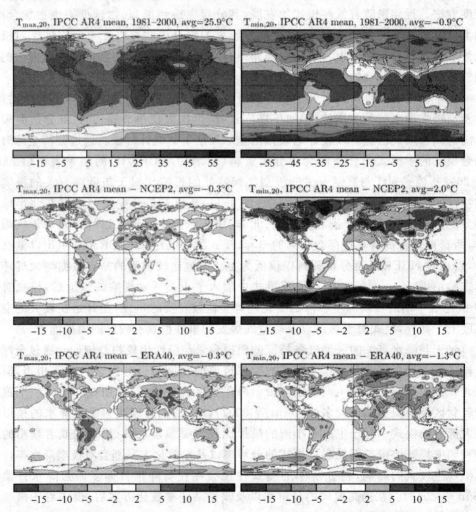

　　图 4.11　上图:多模式集合(14 个 IPCC AR4 耦合模式)的年最高温度($T_{max,20}$)和最低温度($T_{min,20}$)在 1981—2000 年 20 年的返回值;中图:模式集合与 NCEP2 的差异;下图:模式集合与 ERA-40 的差异(单位:℃)。图题右端数值为全球平均值(Kharin 等 2007)

4.3.6　气候模式的效能评估

气候模式是目前气象学研究中最重要的数值试验工具之一,它不但可以用来研究当前气候特征,而且还可以用来理解过去气候的演变并预估未来气候的变化。然而,任何气候模式都是对地球气候系统的简单近似,所以模拟出的气候都会或多或少与实际气候变化之间存在差异。因而,在使用气候模式时,必须首先检验模式的可靠性,了解气候模式的模拟能力和特点。

对气候模式模拟性能的检验,主要从以下三个层次展开。第一,首先要检验气候模式内部过程的有效性,即对气候模式各组成部分,如数值计算方法的稳定性、各种参数化方案的可靠性、陆面、水文、生态等子系统模拟的合理性等的检验,这是气候模式效能评估的基础,只有这些组成部分合理、可信。组合在一起的气候模式才有可能合理、可信;第二,检验气候模式参照试验的有效性,主要是考察气候模式对基本气候态时空分布特征的模拟能力。由于气候系统包含很多个变量,在检验时不可能对所有变量进行分析,因此目前的模式评估中一般选择一些主要气候变量进行检验,如大尺度大气环流模态、温度、降水、海洋温盐度、洋流以及海冰等。当模拟出的这些主要气候变量的时空分布与实际观测场一致时,一般就可以认为该气候模式的参照试验是有效的。模式参照试验有效性的检验是气候模式作为一个整体运用的基础,只有气候模式对基本气候态的时空分布有一定的模拟能力,它才有可能用于气候变化模拟及预测研究中。第三,考察模式扰动的有效性,这一步检验主要是通过进行一些敏感性试验的方式实施的,即将某些特定的扰动或者强迫(如地球轨道参数、二氧化碳、火山喷发、海表温度等)加入气候模式中,将其模拟结果与实际观测场进行对比分析,了解现有气候模式对一系列不同强迫变化的响应能力,从而为利用气候模式作古气候演变和现代气候变化的原因探讨、未来气候变化预估的研究奠定基础。

除上述各模式发展组针对各自模式所作的必要检验外,国际上还先后组织了大气模式比较计划、耦合模式比较计划、古气候模拟比较计划等一系列大规模模式比较计划,这些比较计划的目的就是通过探究不同模式对于给定相同边界强迫条件的共同响应及差异点,科学评价目前气候系统模式的模拟特征,发现模式本身的一些不确定性,为评价及进一步改进模式给出较为科学和全面的依据。对全球和区域气候模拟的可靠性研究表明,目前的气候系统模式对全球气候的模拟已具有较好的可靠性,尤其是对全球平均、纬向平均和大尺度的空间分布特征的模拟能力相对较高,但对区域气候的模拟仍存在较大的不确定性。目前,从总体上来看,气候模式对气温的模拟效果优于降水,冬季的模拟效果优于夏季。气候模式对气候极值、气候变率的模拟还没有取得信度较高的、能够有效用于气候影响评估的结果。不同模式的模拟结果存在差异,尤其像降水和土壤湿度这两个决定农业变化的气象变量模拟差异很大。

　　气候模式模拟结果的这些不可靠性,是气候模式中诸多不确定因素共同作用的最终表现。这些因素大体可以分为两类,分别为模式初边界条件的不确定性和模式本身所固有的不确定性。首先,对于气候系统来说,它是一个包含大气、海洋、冰雪圈、岩石圈、生物圈等诸多气候子系统的相互作用的整体,如此庞杂系统的准确初值条件和边界条件是很难获得的,这些初边值总有误差存在,如观测误差、分析误差或者其他类型的误差,因此气候模式的初边值和气候系统的真实状态只是近似而非相同,这无疑会削减模式模拟的准确度,进而降低模式的模拟性能。其次,气候模式对气候过程及其相互作用的描述,采用的是有限时空网格的形式,这与现实中气候系统的连续时空有一定的差别,因此在气候模式中一些次网格结构的物理过程只能采用参数化的方式来表述,这无疑会带来误差;与此同时,气候模式的离散化又会引起数值计算的稳定性和截断误差的问题,这是一种固有的误差。这些气候模式的不确定性都在不同程度上影响着气候模式模拟结果的可靠性。

　　为减少模式的不确定性,可以采用多个成员(即多个初始场)和多个模式集合模拟的方法,这可以大大降低单个模式、单个样本的模拟误差和不确定性。这一点已被广泛的数值模拟和预测研究工作所证实。从模式的改进角度来说,一方面要随着计算机条件、数学、物理、化学、生物等学科的发展不断地改进气候模式系统,包括提高模式分辨率、改进模式动力框架、提高气候模式参数化过程的合理性、减少计算误差、增加集合成员数等;另一方面就是加强气候系统多圈层协同观测,这不但可为气候模式提供更为接近真实的初边值条件,还可通过分析较为全面的观测资料结果,更为全面地了解各种物理、化学、生物等过程的真实情况,这样才能在气候模式中设计出与实际较为接近的物理、生物和化学等过程及相应的参数化方案,从而减少模式的不确定性,提高模式模拟的可信度。

专栏 4.1　气候变化研究中不确定性的定义及表述方法

　　不确定性是关于某一变量未知程度的表述。它可源于对已知或可知事物信息的缺乏或对其认识的不一致性。不确定性的表述方式主要有两种,分别是定量估计和定性评估(IPCC 2007)。

　　对不确定性作定性评估,其特点是提供关于证据数量和质量(即来自理论、观测或模式的信息表明一种结果或定理正确或有效与否)以及一致性程度(即对某个特定结果一致认同的水平)的相对判断。这可表示为:一致性高,证据量充分;一致性中等,证据量中等;诸如此类。

　　对不确定性作定量评估,可使用专家对基础数据、模式或分析的正确性判断,可以表示为:很高可信度,至少有九成机会结果正确;高可信度,大约有八成机会结果正确;中等可信度,大约有五成机会结果正确;低可信度,大约有两成机会结果正确;很低可信度,结果正确的机会小于一成。

4.4　全球气候变化趋势的预估

未来全球气候变化的预估主要决定于未来温室气体和气溶胶浓度的变化趋势。温室气体可让紫外光和可见光通过但吸收红外长波辐射,导致地气系统的增暖。大气中受人类活动影响的主要温室气体包括 CO_2,CH_4,N_2O 和近地面 O_3。气溶胶是固态或液态的小颗粒,大气中主要有硫酸盐、硝酸盐、铵盐、黑碳、有机碳、沙尘和海盐这几类气溶胶。气溶胶主要通过直接和间接气候效应两种方式影响气候变化。直接气候效应是指气溶胶粒子散射和吸收太阳辐射,从而直接造成大气吸收的太阳辐射能、到达地面的太阳辐射能以及大气层顶反射回外空的太阳辐射能的变化。气溶胶间接气候效应是指气溶胶作为云的凝结核,改变云的微物理特征并进而改变云的辐射特征(如反照率)、降雨量和云的寿命。

全球气候变化趋势的预估需基于未来温室气体和气溶胶排放情景,通过碳、甲烷等循环式得到未来温室气体和气溶胶的大气浓度,以后在气候模式的辐射传输模块中考虑温室气体和气溶胶的辐射强迫,以模拟未来的气候变化。

4.4.1　未来温室气体和气溶胶辐射强迫的预估

4.4.1.1　未来温室气体和气溶胶人为排放情景

IPCC 排放情景分 A1,A2,B1,B2 四类,其中 A1 又细分为 A1FI,A1T,A1B。具体含义在前面 4.2.1 节中已有简略说明,这里不再叙述。

作为例子,IPCC 不同排放情景下 CO_2,NO_x,SO_2 和 OC 在 2000—2100 年间的排放变化趋势如图 4.12 所示。CO_2 代表温室气体,NO_x 和 CO 是模拟未来对流层 O_3 必需的化学物质,SO_2 决定未来硫酸盐的浓度,OC 代表未来有机气溶胶的变化趋势。

4.4.1.2　影响未来温室气体和气溶胶浓度的主要因子

未来温室气体和气溶胶浓度同时决定于未来排放和未来气候变化,因为化学物质的自然源排放、化学反应、传输和沉降均与未来气候变化密切相关。例如,温度升高可增加植被碳氢化合物排放。温度增加也提高平衡态水汽压,减少气态前体物向粒子转换,减少气溶胶浓度。气候变暖导致的大气水汽增加能加速 O_3 的化学清除,减少对流层 O_3。未来大气环流变化对 O_3 长距离输送影响可提高欧洲西北地区 O_3 浓度。气候变暖下减慢的环流不利于化学物质输送,因此排放源附近化学物质浓度增加。目前地球系统模式的发展已能初步实现温室气体和气溶胶浓度与气候变化间的双向耦合。

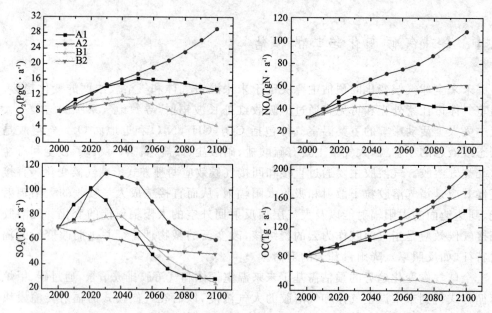

图 4.12　IPCC 不同排放情景下 CO_2，NO_x，SO_2 和 CO 在 2000—2100 年间的变化趋势（IPCC 2007）

4.4.1.3　未来温室气体和气溶胶的辐射强迫

温室气体或气溶胶等因子影响气候变化的能力由其辐射强迫值的大小来衡量。从工业化以前（1750 年）至今各外部因子辐射强迫值相对于 1750 年，辐射强迫值最大的因子为长生命期的温室气体（CO_2、CH_4 和 N_2O）、对流层臭氧（O_3）、气溶胶的直接和间接气候效应。如前所述，未来温室气体和气溶胶的浓度估算依赖于未来排放情景。IPCC A2 排放情景下，2000—2100 年人为气溶胶（包括硫酸盐、硝酸盐、黑碳、一次有机气溶胶和二次有机气溶胶）、对流层臭氧（O_3）和温室气体（CO_2、CH_4 和 N_2O）在对流层顶和地表的年均辐射强迫（$W \cdot m^{-2}$）如（彩）图 4.13 所示。A2 情景下，相比于 2000 年，温室气体、人为气溶胶和对流层臭氧在 2100 年的对流层顶辐射强迫值大小分别是 ＋6.54、＋0.18 和 ＋0.65 $W \cdot m^{-2}$，地表辐射强迫分别是 ＋1.37、－3.02 和 ＋0.02 $W \cdot m^{-2}$。正辐射强迫值通常表示导致气候变暖，负值表示导致气候变冷。

因温室气体生命期均较长，因此可以在大气环流输送下在全球均匀分布，产生的正辐射强迫在对流层顶也较为均匀。在地表，臭氧和温室气体的加热中心均集中在陆地上空，但臭氧和温室气体的不同是臭氧还可吸收紫外光，因此臭氧短波和长波辐射强迫的净效果是海洋上有弱致冷效应。气溶胶的生命周期很短，通常只有数天，所以其辐射强迫在对流层顶和地面的空间分布都非常不均匀。气溶胶的辐射强迫分加热型和致冷型两种。黑碳和沙尘气溶胶可吸收太阳辐射，加热大气，而硫酸盐、硝酸

盐、有机碳等气溶胶反射太阳辐射,有致冷作用。硫酸盐、硝酸盐气溶胶主要源于人
为活动释放,因此高值位于人口稠密的工业区,如欧洲、美国东部和东亚。黑碳和有
机碳气溶胶来源于工业区的矿物燃料燃烧,也来源于热带森林地区的森林大火。在
非洲中部和南美洲,森林大火形成的碳类气溶胶也导致了对流层顶的局地负强迫。
A2 情景下,在工业化地区,硫化物排放在未来会减少,相应硫酸盐气溶胶也减少,但
其他所有气溶胶均增加,因此在对流层顶的辐射强迫均为负值。由于大气中也存在
吸收性黑碳气溶胶,在地表反射率较高的撒哈拉沙漠和北半球高纬地区,黑碳同时吸
收入射和地表反射的太阳光,人为气溶胶总效果是正强迫。而在地表强迫上,所有气
溶胶均产生致冷强迫,最强中心位于全球几个主要的污染区。值得注意的是对流层
顶因正负抵消,气溶胶全球平均的辐射强迫值较小,但气溶胶在局地的辐射强迫值与
温室气体辐射强迫值相近或更高,对局地气候变化起着重要作用。

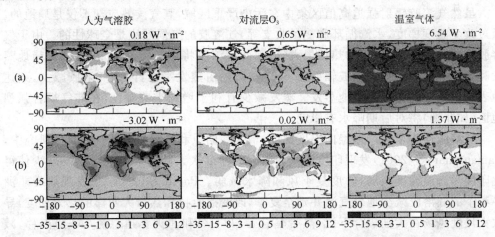

图 4.13　IPCC SERE A2 排放情景下,2000—2100 年人为气溶胶(左)、对流层臭氧(中)和
温室气体(右)在对流层顶(a)和地表(b)造成的年均瞬时辐射强迫(W·m⁻²)(Chen 等 2007)

　　图 4.13 给出的是气溶胶直接辐射强迫。气溶胶间接辐射强迫是通过影响云滴
大小和反射率对辐射通量的影响,其估算值有很大不确定性(IPCC 2007)。IPCC 估
算的从工业化前至今的辐射强迫值在 $-1.8\sim-0.3$ W·m⁻² 之间。目前考虑多种气
溶胶成分的未来气溶胶间接辐射强迫值估算工作还很少。

4.4.2　气溶胶直接和间接气候效应

（1）直接气候效应
　　气溶胶直接气候效应是指气溶胶通过反射或吸收太阳光或红外辐射对气候产生
的扰动。由于气溶胶成分的多样性及其时间空间分布的不均匀性,模拟出的直接气

候效应在不同时间和地点会有不同特征。在温度方面，散射性的气溶胶会导致地表温度降低，但在加入吸收性气溶胶后，地表温度是变暖还是变冷决定于气溶胶的混合方式、地表反照率、季节等多种因素。内在混合的气溶胶（即每一气溶胶颗粒包含多种气溶胶成分），因其每一颗粒吸收太阳光比外在混合气溶胶（即每一颗粒是单一气溶胶成分，不同成分颗粒混合在一起）具有更强的增暖效应。刚排放的气溶胶通常以外在方式混合，但在大气中存留一段时间后即以内在方式混合。季节不同太阳天顶角不同，即使气溶胶浓度和成分不变，其气候效应也会不一样。作为例子，1999 年印度洋试验（INDOEX 试验）（Ramanathan 等 2001）发现气溶胶灰霾可减少晴空区地表短波辐射，地表辐射强迫达 -14 W·m^{-2}。在 8 个旱季月份，灰霾致冷效应可抵消约 50% 的温室气体增温，足以解释观测到的近年印度和北印度洋增温偏低现象。另一方面，灰霾还使当地大气加热率相比 1930 年加倍，可增加南亚大气稳定度。

　　虽然气溶胶辐射强迫高值区集中在污染严重区域，其气候效应却不仅是局地的。通过改变温度梯度、水汽循环和能量收支等，气溶胶的气候效应是全球性的。由于气溶胶使地表致冷，黑碳可加热低层大气，因此气溶胶将增加大气稳定度，减弱局地蒸发和全球水循环。地表短波辐射有 60%～70% 由蒸发平衡，因此气溶胶减少，到达地表的短波辐射将减少局地蒸发。蒸发减少有利于增加土壤湿度，在陆气耦合强烈地区（如非洲）将对后期降水有影响。

　　气溶胶还将增强局地经向温度梯度，增强纬向风和哈得来环流。在具体研究中，Ramanathan 等（2001）发现印度洋灰霾引起的印度次大陆和北印度洋蒸发减少使得北印度洋海温梯度减弱，印度夏季风和降水减弱。Paeth 等（2006）也发现热带非洲冬春季的气溶胶减少地表气温并延至夏季，改变撒哈拉和热带大西洋的热力梯度，导致大尺度风场在大陆辐合下沉，热带辐合带（ITCZ）和非洲赤道急流（AEJ）南移，减弱西非季风和当地夏季水循环（CCSP 2008）。Menon 等（2002）模拟发现黑碳气溶胶可在对流层上层增强青藏高原北侧西风和南侧东风，有利于中国南方降水增加现象（Chen 等 2007）。Rotstayn 等（2002）描述了气溶胶对半球间大西洋 SST 梯度的影响，指出夏季北方气溶胶增加使北大西洋朝着比南部洋面更冷的方向调整，并伴有 ITCZ 南移、西非下撒哈拉地区偏干、夏季风减弱等现象。

　　在气溶胶直接气候效应对未来气候影响研究方面，Roeckner 等（2006）用 A1B 情景做了渐变气候变化模拟（Covey 等 2000），考虑了硫酸盐、黑碳、有机碳、海盐、沙尘等。结果发现 2000—2100 年气溶胶变化导致全球降水总量减少，但热带黑碳气溶胶的增长将加快水循环，降水、径流和土壤湿度也均有增加，变化的环流也使更多水汽从大西洋输至中非。Chen 等（2007）用平衡态气候变化试验研究了 A2 情景下 2000—2100 年硫酸盐、硝酸盐、黑碳、一次有机气溶胶、二次有机气溶胶浓度变化的直接气候效应。2100 年气溶胶使得东亚和南亚有较强的局域降温（（彩）图 4.14），与气溶胶辐射负强迫高值区吻合。但在全球地表气温平均上,因受黑碳气溶胶加热作用,气溶胶强迫使得年均气温增长+0.14 K,低于对流层臭氧的+0.32 K 和温室气体的+5.31 K 增温。气溶胶的中纬度冷却作用有利于增加半球间温度梯度,使得北半球冬季哈得来环流增强,但夏季减弱。而单纯的温室气体强迫下因最强增温位于中高纬地区,使哈得来环流偏弱。气溶胶强迫下,局地蒸发减弱和大气稳定性增强导致我国南部和印度次大陆的冬季降水减少。而温室气体强迫有利于全球普遍降水增长,特别是中高纬地区。

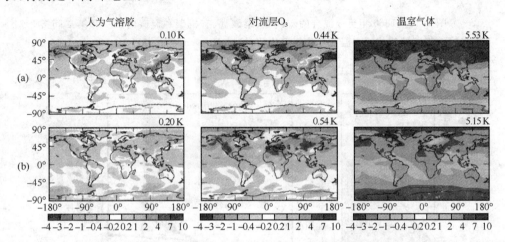

图 4.14　IPCC SERE A2 排放情景下,2000—2100 年人为气溶胶(左)、对流层臭氧(中)和温室气体(右)导致的地表气温变化。(a)12—1 月平均;(b)6—8 月平均(Chen 等2007)

(2)间接气候效应

气溶胶间接气候效应分为第一和第二类间接气候效应两种。第一类间接气候效应是指气溶胶导致云滴减小从而云的反射率增强。第二类间接气候效应是指气溶胶导致的云量增加、降雨减少和云的寿命增长。未来气溶胶间接气候效应的研究很少,研究结果也还有很大的不确定性。为说明气溶胶间接气候效应特点,(彩)图 4.15 给出 1850 年至今混合的硫酸盐、硝酸盐、有机碳和黑碳的第一和第二类间接气候效应所导致的地表温度变化。第一和第二间接气候效应均主要导致地面降温,陆地和北极降温最显著。北极的变化主要是由辐射强迫、温度和海冰之间的正反馈所致:由于气溶胶间接辐射强迫为负值,导致地面温度降低、海冰增加、将更多太阳辐射反射回外空,导致更强降温。

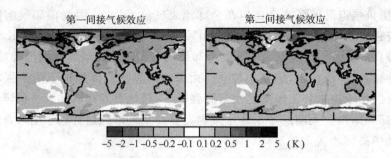

图 4.15　1850 年至今混合的硫酸盐、硝酸盐、有机碳和黑碳的第一和第二间接
气候效应所导致的地表温度变化年平均值(摘自 Hansen 等 2005)

(3)未来气候预测及难点

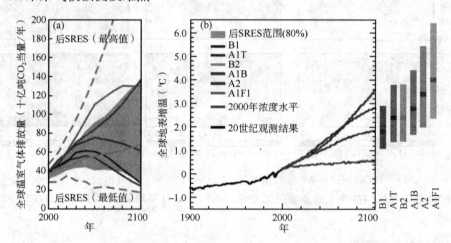

图 4.16　IPCC 排放情景及其对应的年均地表气温增长趋势

(a)在无气候政策出台情况下全球温室气体排放量(CO₂ 当量):六个解释性 SRES 标志情景(有色
线条)和自 SRES 以来(后 SRES)近期公布的情景的第 80 个百分位范围(灰色阴影区)。虚线表示后
SRES 情景的全部范围。排放包括 CO₂、CH₄、N₂O 和含氟气体。(b)多模式全球平均的地表升温幅度
模拟过程中大气深度稳定在 2000 年的量值水平上。图右侧的条块表示最佳估值(每个条块中的实线),
并表示相对于 2090—2099 年分别按六个 SRES 标志情景评估的可能的升温范围。所有温度均相对于
1980—1999 年这一时期。(IPCC 2007)

　　图 4.16 为 IPCC(2007)预测的未来温室气体变化会导致的未来气候变化。碳氮
循环变化是导致全球气候变化的主要原因之一。除了人为排放 CO₂ 的影响外,准确
模拟陆地生态系统碳氮温室气体排放/吸收以及海洋生物过程的碳循环是减小气候
模拟不确定性的重要方面。气溶胶对未来气候影响的研究相对较少。在气溶胶的直
接气候效应方面,气溶胶的混合状态对其辐射强迫有重要影响。Chung 等(2002)模
拟了黑碳、有机碳和硫酸盐气溶胶在外部混合和内部混合不同情形下对大气层顶辐

射强迫的影响。结果表明外部混合时黑碳辐射强迫是 $+0.51$ W·m^{-2},内部混合时增强为 $+0.8$ W·m^{-2}。与气溶胶直接气候效应的模拟相比,间接气候效应的模拟具有更大的不确定性。这是因为云的空间尺度变化很大,从几十米到数百千米,导致了气溶胶和云相互影响的复杂化。大气环流模式的空间分辨率通常为数百千米,需利用次网格参数化的方法来模拟从气溶胶到云和降水的转化过程。气溶胶间接气候效应的研究目前大多只考虑气溶胶对水状云形成的影响,对冰状云影响的研究还有很大的不足。此外,早期气溶胶气候效应研究多注重人为气溶胶的气候效应,但准确模拟未来气候变化也需要准确模拟自然源气溶胶如沙尘和海盐在未来的变化趋势。

最近,大气化学、气溶胶与生物地球化学过程的耦合逐渐成为国际地球系统模式发展的重点之一。CO_2 和臭氧浓度以及气溶胶的浓度变化导致辐射、降雨和云的改变,影响植被的分布和类型。一方面,植被种类及分布直接影响植被碳氢化合物的排放以及相应臭氧和二次有机气溶胶的形成。二次有机气溶胶是植被排放的碳氢化合物在大气中被 OH、O_3 和 NO_3 氧化后通过气粒转化形成的,其环境气候效应日益受到重视。另一方面,植被分布直接影响沙尘气溶胶的起沙过程。此类耦合在数十年时间尺度上对环境气候影响的研究还处于起步阶段。

4.4.3　21 世纪全球气候变化预估的主要结果

当前,科研人员利用全球海洋—大气环流耦合模式(简称 AOGCM)、中等复杂程度地球系统模式以及简化气候模式,在一系列温室气体和气溶胶排放情景下,对 21世纪全球气候的变化情景进行了多个模式的集合预估,以下将对地表气温、降水和海平面变化的最新预估结果进行概述。

(1)地表气温

地表气温是表征全球气候变化的主要指标,AOGCM 对 21 世纪平均地表温度的预估结果彼此之间总体上具有很好的一致性,在未采取减缓措施的几个排放情景下,全球平均地表气温在 2011—2030 年相对于 1980—1999 年增暖了 $0.64 \sim 0.69$℃。由此可以看出,21 世纪初期全球地表气温变暖的速率与过去几十年观测到的变化趋势相一致,受不同排放情景和不同模式的影响很小。即便我们将大气温室气体和气溶胶的浓度固定在 2000 年的水平上,同时加入潜在的诸如火山喷发这样的自然排放源,21 世纪早期全球地表气温的变暖速率也不会有较大的改变,因为它主要决定于人类社会早期已经向大气中排放的温室气体和气溶胶状况。21 世纪中期(2046—2065 年)气候模式在不同排放情景下的预估结果之间的差别变大,多模式集合预估的地表气温的平均变暖幅度在 SRES B1、A1B 和 A2 情景下分别为 1.3、1.8 和1.7℃,这其中有约三分之一的变暖可以归因于人类社会早期发展过程中的已有排放。21 世纪末期(2090—2099 年),不同排放情景下的预估结果差别很大,其中约

20％的变暖可以归因于人类社会的早期排放。

　　气候模式之间在动力框架、生物地球化学过程、参数化方案、时空分辨率等方面均存在着不同程度的差别,决定了同一排放情景下不同气候模式的预估结果会存在不同。综合分析表明,在某一具体排放情景下,全球地表气温平均变暖的范围应在多模式集合平均预估结果的－40％～＋60％之间,其中的不确定性部分来源于全球变暖背景下碳循环变化问题的不确定性。基于国际上二十几个气候模式的最新集合预估结果,本世纪末(2090—2099 年)相对于 1980—1999 年地表气温平均变暖的幅度分别为 SRES B1:1.8℃(1.1～2.9℃);B2:2.4℃(1.4～3.8℃);A1B:2.8℃(1.7～4.4℃);A1T:2.4℃(1.4～3.8℃);A2:3.4℃(2.0～5.4℃)和 A1FI:4.0℃(2.4～6.4℃)。

　　需要说明的是,地表气温上升幅度的地域分布状况是不均匀的,存在着很大的空间变率((彩)图 4.17)。总的来说,全球陆地表面气温的增暖幅度相对更大,约为全球平均值的一倍,北半球高纬度地区增暖幅度相对较大;与此相对,南半球海洋和北大西洋地区地表气温增暖幅度相对较小。此外,多模式集合预估结果中呈纬向型分布的大气温度变暖和平流层中的变冷特征也与 21 世纪早期的观测资料分析结果一致。

　　(2)降水

　　伴随着大气温室气体和气溶胶浓度的持续增加,地表气温和对流层大气温度的平均增加将会导致全球水圈循环的加强,从而引起全球降水状况的改变。根据多模

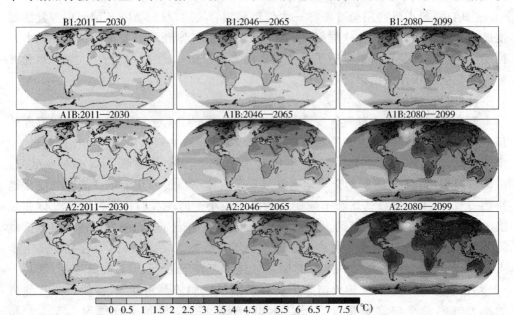

图 4.17　SRES B1、A1B 和 A2 排放情景下,多模式集合预估的本世纪不同时段年平均地表气温相对于 1980—1999 年的变化情况(Meehl 等 2007)

式、多情景的集合预估结果,在全球变暖的背景下,全球平均降水量将会增加。然而,预估的降水变化存在着很大的空间变率和季节变率。其中,高纬度地区和热带季风区、热带海洋等热带降水大值区的降水量会增多,特别是在热带太平洋地区;而副热带地区的降水将会减少。

相对于 1980—1999 年,在 SRES A1B 排放情景下 2080—2099 年中高纬度大部分地区、东部非洲、中亚和赤道太平洋地区降水增加在 20％以上;其中,南北纬 10°范围内的降水增加量约为全球平均降水增量的一半。与此相反,地中海、加勒比海和副热带各大陆西海岸地区的降水量会减少 20％以上。总的来说,尽管存在着很大的空间变率((彩)图 4.18a),全球陆地区域降水量平均增加 5％,海洋区降水量增加 4％。

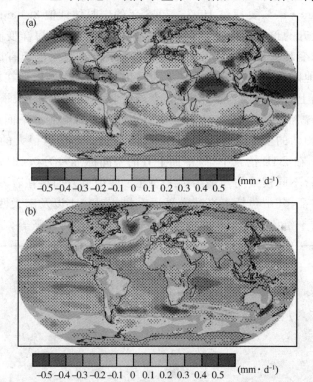

图 4.18　SRES A1B 排放情景下,多模式集合预估的 2090—2099 年年平均降水量(a)和蒸发量(b)相对于 1980—1999 年的变化情况(Meehl 等 2007)

与此同时,全球平均蒸发量也发生了很大程度的变化((彩)图 4.18b)。尽管蒸发量通常与降水变化紧密相连,但由于大气中的水汽输送状况发生了改变,所以二者就地域分布而言并不是一一对应的。在全球变暖背景下,大部分海区年平均蒸发量将会增加,其空间分布特征总体上与地表气温的变暖区相对应。

(3)海平面

全球变暖背景下,海水热膨胀和地球表面冰的融化会引起海平面的上升。相对于 1980—1999 年,多模式集合预估的 2090—2099 年海平面在不同排放情景下均有所升高,分别为 SRES B1:0.20 m;B2:0.23 m;A1B:0.27 m;A1T:0.25 m;A2:0.28 m;A1FI:0.33 m。尽管还存在着不确定性,但以上各种排放情景下 21 世纪海平面上升的平均速率超过 1961—2003 年平均增长速率(1.8 ± 0.5 mm·a^{-1})的可能性均超过了 90%。在 SRES B1、B2、A1B、A1T、A2 和 A1FI 排放情景下,2090—2099年海平面上升速率的预估值分别为 1.5~3.9、2.1~5.6、2.1~6.0、1.7~4.7、3.0~8.5 和 3.0~9.7 mm·a^{-1};其中,A1B 排放情景下 2090—2099 年海平面上升的中等估计值为 3.8 mm·a^{-1},要超过 1993—2003 年的中等估计值 3.1 mm·a^{-1}。

在海平面上升的预估结果中,有 70%~75% 可以归因于海洋变暖导致的海水热膨胀作用。全球变暖背景下冰川、冰盖和格陵兰冰原的融化也会有助于海平面的上升,而南极冰原地区由于降雪增加加之表面融化变化不大,所以会在相当长时间中不会对全球海平面上升有贡献。除此之外,全球变暖背景下永冻土、季节性积雪区、土壤湿度、地下水、湖泊和河流等变化也会在一定程度上影响到海平面的变化。

与此同时,预估的全球海平面变化并不是均一的,存在着很大的空间变率((彩)图 4.19)。例如,在 A1B 情景下,海平面上升的空间标准差为 0.08 m。此外,在相同排放情景下,尽管不同模式的预估结果之间在一些细节方面存在着差别,但也表现出了一些共同的特征,其中包括南半球海平面升幅相对较小以及南大西洋、南印度洋和南太平洋之间的一条狭长带上和北极地区海平面升幅相对较高等。

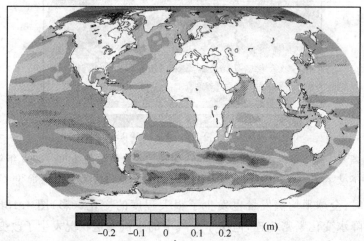

-0.2　-0.1　0　0.1　0.2　　(m)

图 4.19　SRES A1B 排放情景下,16 个全球海气耦合模式集合预估的 2080—2099 年海平面相对于 1980—1999 年的变化(Meehl 等 2007)

4.4.4　极端天气气候事件与突变事件变化趋势

在全球变暖的情景下,气候平均态会发生变化,同时极端气候也会有相应的变化。但是相对于气候平均态而言,模式对于极端气候事件的模拟存在着更大的困难,因此对极端天气气候预估研究结果的可靠性不如对平均气候态的预估。同时,由于不同的研究工作中对极端事件的不同定义,而且所用到的不同模式之间存在一定的差异,使得有关极端天气气候事件和突发事件的预估研究较难得到一致的结果,尤其是在变化的幅度上。本节主要说明利用模式在全球尺度上对温度、降水有关的极端事件以及热带气旋的预估研究得到的结果。

(1)与温度相关的极端值的变化

全球耦合模式的预估结果表明(Kharin 等 2007),在 B1 情景下,2046—2065 年极端高温(定义为 20 年年最高温度的重现值)升高 1.7℃;在 A2 情景下,2081—2100 年极端高温将升高 4.2℃。随着强迫的加强,不同模式之间暖事件的响应差异也变大。就全球尺度而言,极端低温的变化比极端高温要快 30%～40%,尤其是在高纬以及极地雪盖和海冰消退的地区,不过在这些区域预估结果的不确定性也较大。一些极端温度的指数在全球变暖情景下也发生一定的变化((彩)图 4.20)。在所有三个情景中,霜冻日都是减少的趋势而热浪都是增强的趋势,在 CO_2 排放最强的 A2 情景下的变化幅度最大。在中等排放情景 A1B 中,极端温度空间分布的变化表明,年霜冻日数在全球均是减少的趋势,在中高纬度地区最为显著,而代表热浪和生长季节长度的指数在整个北半球地区都有着较大的增强趋势(Tebaldi 等 2006)。

不少相关研究均表明在全球变暖的情景下,伴随着平均温度的升高,极端高温和低温均是升高的趋势,其中极端低温的变化更强,因此发生极端高温事件的危险极有可能增加而发生极端低温事件的概率将会减小。在全球绝大部分地区极端高温增加的幅度比平均温度增加的幅度要强,极端暖的季节发生的概率将会增加,尤其是在夏季。对于热浪事件(通常是指连续的高温),很有可能发生的变化是强度变大、持续时间变长以及发生的次数更加频繁,尤其是在西欧、地中海地区以及美国的东南部和西部。而冷事件爆发的频率将会减少。在增暖的条件下,日最低温度升高的幅度要大于日最高温度升高的幅度,温度日较差会减小,会引起与其相关的年霜冻日数减少的趋势;而在北半球大部分地区,生长季节的长度将增加。

(2)与降水有关的极端值的变化

全球耦合模式的预估结果表明,对于降水强度和干旱日数,全球平均降水强度在 3 种全球变暖情景下都有比较一致的增加趋势,而对于干旱,其增加的幅度较小而且模式之间的一致性较差。空间分布(A1B 情景)的变化表明(Tebaldi 等 2006),几乎在所有的区域降水强度都是增加的趋势,尤其是在中高纬度地区;而干旱日数在副热带和中低纬度地区是增加的趋势,在中高纬度以及高纬度地区是减小的趋势((彩)图 4.21)。

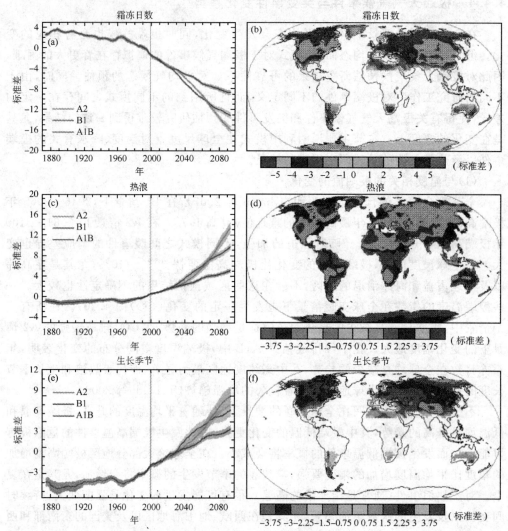

图 4.20　模式对于极端温度的模拟。(a)SRES A2、B1、A1B 三个情景下全球平均的霜冻指数变化情况;(b)SRES A1B 情景下霜冻日数变化(2080—2099 年减去 1980—1999 年)空间分布;(c)SRES A2、B1、A1B 三个情景下全球平均的热浪指数变化情况;(d)SRES A1B 情景下热浪变化(2080—2099 年减去 1980—1999 年)空间分布;(e)SRES A2、B1、A1B 三个情景下全球平均的生长季节长度变化情况;(f)SRES A1B 情景下生长季节长度变化(2080—2099 年减去 1980—1999年)空间分布。(a)、(c)、(e)中实线是多模式集合的 10 年滑动平均,阴影指示的是集合平均的标准差;(b)、(d)、(f)中带点的阴影区表明所用到的九个模式中至少有五个模式在这些区域的变化通过显著性检验。所有极端气候指数都只是在陆地上计算。所有模式的结果多对 1980—1999年平均进行了中心化,并且都相对于其标准差进行了标准化(Tebaldi 等 2006)

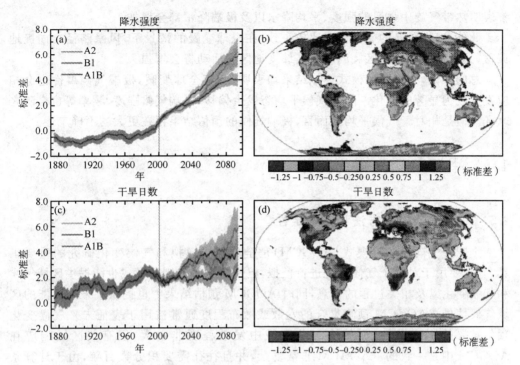

图 4.21　模式对于极端降水的模拟情况。(a)SRES A2、B1、A1B 三个情景下全球平均的
降水强度指数变化情况;(b)SRES A1B 情景下降水强度变化(2080—2099 年减去 1980—1999
年)空间分布;(c)SRES A2、B1、A1B 三个情景下全球平均的干燥日数变化情况;(d)SRES A1B
情景下干燥日数变化(2080—2099 年减去 1980—1999 年)空间分布(Tebaldi 等 2006)

　　在变暖的气候条件下,北半球的副热带地区和中纬度地区夏季变得更加干燥,干
旱事件发生的可能增大。但是其变化幅度在不同模式之间存在一定的差别。在干旱
可能更加频繁的同时,强降水事件发生的可能性也会增加,尤其是在副热带地区。极
端降水事件的变化与平均降水量的变化有着一定联系,强降水或者洪水的增强与平
均降水量的增加相联系,而干旱则与平均降水量的减少相联系。但是模式对于局地
的极端降水强度的模拟存在较大的困难,这与模式的参数化不确定有关。伴随着增
暖,在全球大部分地区降水的强度增强。对于中高纬度地区降水强度变化的分布形
态,大气环流会起到相当的作用。强降水事件的频发使得洪灾发生可能性增加,尤其
在北欧以及亚洲季风区。

　　(3)对热带气旋的预估研究

　　早期的较粗分辨率模式研究表明,热带气旋在全球变暖的情景下将会变得更强,
表现为热带气旋将有更强的风速以及更强的降水。关于其频数,所得结果不一。模
式的分辨率得到一定提高后,预估结果之间的一致性要好一些。大部分的模拟结果

都表明热带气旋中强风的强度、平均降水以及极端降水都会增加。

此外,温带风暴的变化情况比较一致:在全球变暖的情景下,风暴路径会向极地偏移,尤其在南半球地区。同时在高纬度地区其活动将会增强。

总的来说,大部分的模式模拟结果均表明,随着全球变暖,极端气候事件也会相应发生较为显著的变化。随着气候平均态发生偏移,极端气候强度、频率等也会随之改变。但是相对于气候平均态而言,极端气候的预估结果存在更大的不确定性。

4.5　中国气候变化的趋势

4.5.1　区域预报的方法和不确定性

全球海气耦合环流模式(AOGCM)是全球气候模拟和气候变化研究的重要工具,它主要用于对整个气候系统进行模拟,但是全球海气耦合模式也能提供区域气候和气候变化以及相关过程的信息,同时 AOGCM 预估结果中也提供了未来可能的区域气候情景。AOGCM 预测集合的发散或散布程度通常被用于表征未来气候变化预估结果的不确定性,尽管在一些区域中发散程度非常大,但有些区域响应在AOGCM 中是一致的。AOGCM 非常复杂,并且往往需要积分数百年,由于计算条件的限制,目前 AOGCM 中大气模式的水平分辨率一般局限于 $400 \sim 125$ km 范围内,较粗的分辨率很难对区域尺度的复杂地形、地表状况和某些物理过程进行正确的描述,从而导致区域尺度的气候模拟及气候变化预测等产生较大的偏差,影响其可信程度。因此,利用 AOGCM 得到某些区域性或局地性的气候特点比较困难,对区域尺度的气候变化尤其是对季节到年际降水的模拟和预报误差比较大。然而对于气候变化对农业、水文等的影响研究,通常需要区域或流域尺度的信息。为了克服这种尺度不匹配的问题,"降尺度"(downscaling)方法逐渐发展起来,其基本做法是将AOGCM 输出的大尺度信息恰当地转换到区域和局地尺度,进而用于区域气候变化和气候变化影响等方面的研究。降尺度方法主要包括两种,即动力降尺度和统计降尺度。

(1)动力降尺度

动力降尺度可以通过三种途径实现,一是增加全球大气环流模式(AGCM)的分辨率,如目前的高性能计算系统可以使用水平分辨率为 20 km 的全球大气模式进行短期气候模拟,但是如果全球模式的分辨率过高会大大增加计算量,不太适于更深入细致地研究区域气候的问题。尺度代表性的评估发现,高分辨率全球大气模拟的几乎所有量与观测的一致性都比粗分辨率全球大气模式好,但是不同区域的改进程度存在明显差异。AGCM 在没有大气和海洋耦合的情况下,会引起模拟气候变率的明显失真。动力降尺度的第二种途径是在 AGCM 中采用变网格的技术方案,即将重点关心区域的模式水平网格加密,网格从疏逐渐变密,这种方法能够抓住高分辨率区域内更小尺度上的细节特征,并且还能保持原统一分辨率模式对全球的模拟技巧。动力降尺度的第三种途径是将高分辨率的区域气候模式(RCMs)与全球气候模式进行嵌套,以达到研究全球尺度与区域尺度的相互影响、并将 AOGCM 输出的大尺度信息通过嵌套高分辨率区域模式进行"动力学降尺度"传输到区域和局地尺度的目的。同时区域模式可以通过对地形、植被、河流、陆面过程特征、海岸线等更细微的表征产生中小尺度气候特征。RCMs 模拟区域气候的能力很大程度上取决于大尺度环流场的真实性。区域气候模式在 20 世纪 80 年代末至 90 年代初提出,其后在气候研究领域得到了广泛的应用(Giorgi 等 1989)。

(2)统计降尺度

统计降尺度也称为经验降尺度,是由大尺度气候信息获取中小尺度气候信息的有力工具(Wilby 等 2004)。它可以视为与动力降尺度平行的降尺度方法,或者可以看作动力降尺度的补充。其基本思路是:局地气候是以大尺度气候为背景的,并且受局地下垫面特征,如地形、离海岸的距离、植被等的影响,在某个给定的范围内,大尺度与中小尺度气候变量之间应该有一定的关联。统计降尺度有两部分组成,首先是发现和确立大尺度气候要素(预报因子)和局地气候要素(预报量)之间的经验或统计关系,然后是将这种关系应用于全球模式或区域模式的输出。成功的统计降尺度有赖于可靠的预报因子和预报量的长时间序列资料。

统计降尺度方法包括三种,一种是回归型模式,包括线性和非线性的相关,二是基于天气分型的技术;三是无条件或有条件的天气发生器,用于生成局地变量的综合序列。而这三种方法的结合可能才是最好的统计降尺度方法。前两种方法在气候学特别是天气气候学中应用广泛,有很长的历史,第三类方法在农业、水文领域中使用广泛。天气发生器(weather generator)又称天气数据模拟模型,是研究某个地区天气或气候的一般特征并根据这些统计特征模拟出该地区一年内逐日天气数据的模型。天气发生器通过直接拟合气候要素的观测值得到统计模型的拟合参数,然后用统计模型模拟生成随机的气候要素的时间序列。这种方法生成的气候情景数据与观测值很相似。

具体使用的最优降尺度方法的选择取决于预报量的类型、时间分辨率及气候变化前景的应用。一些线性方法,例如典型相关分析(CCA)、奇异值分解(SVD)、逐步回归分析等,可用于进行温度和月平均降水的降尺度。然而,为了做日降水的降尺度,还有非线性的天气分型方法、神经网络法和相似法等可供考虑。和线性方法相比,非线性方法通常能够保持预报量的更多方差,而且用于许多个预报量的降尺度。用各种不同的统计方法同时对同一变量进行降尺度,对比他们的结果可以更好地理解各种不同统计方法所存在的分歧、问题和不确定性。

　　无论选择哪种具体的降尺度方法,大尺度预报因子场经常用像 EOF 分析之类的方法降低维数。通常把模拟场投影到由观测场得到的 EOF 模态上,或者相反,把观测场投影到由模拟场得到的 EOF 模态上。尽管后者似乎更稳定,但由两类投影得到的降尺度结果是非常相似的。降低维数的另外一个可供选择的途径是提取一组具有物理意义的环流指标或者是进行空间平均处理。

　　动力降尺度和统计降尺度方法还可以结合起来,不过这种结合尚不够成熟,所以应用不多。无论是动力降尺度还是统计降尺度,结果都有一定的不确定性,除了降尺度模式本身的问题,还有一个共同的不确定性来源,那就是大尺度模式。因为这两种方法都必须由 GCM 提供大尺度的信息,所以选择模拟能力较好的 GCM 至关重要。

4.5.2　中国未来百年气候变化的主要趋势

　　(1)全球模式的预测结果

　　对全球气候系统模式的评估发现,模式对东亚和中国地区 20 世纪的气温、降水和环流等有一定的模拟能力(IPCC 2007)。虽然在青藏高原东侧,即中国的中西部地区,由于大地形的影响仍然存在虚假的降水中心,但在中国的东部地区,即东亚夏季风盛行的地区,模拟的多年平均降水从量级和分布来看都较合理,相关系数也比较高,19 个模式平均的相关系数为 0.61,其中有 9 个模式的相关系数超过了 0.7。同时,对环流场模拟的检验也表明,模式基本能够再现亚洲夏季风环流系统(孙颖等 2009)。因此可以认为,现代气候模式对东亚和中国地区的气候具有基本的模拟能力,可以用来对未来百年的气候变化做出有相当可信度的预测。

　　根据 IPCC AR4 中相关模式的最新结果分析,在三种排放情景(SRES B1、A1B、B1)下,所有模式模拟的未来 100 年中国地区平均地表气温都将继续升高,并且不同排放情景对未来地表气温的增幅有明显的影响(见图 4.22)。为便于对不同情景下的结果进行比较,选择在三种情景下都使用模拟预估的 15 个模式进行分析。15 个模式平均的结果显示,到 21 世纪末,A2 情景下的升温幅度为 5.1℃左右,A1B 次之为 4.1℃左右,B1 情景下的升温幅度在三个情景中最小为 2.7℃左右。

　　基于全球气候模式最新的模拟结果,多模式平均的年平均地表气温变化的地理分布结果分析表明(图 4.23),SRES B1、A1B 和 A2 情景下,到 21 世纪中叶(2041—2070 年),中国大部地区的增温幅度分别在 1.5～2.2℃、2.0～3.1℃和 1.9～3.0℃,最大的增温地区是青藏高原中西部、西北和东北地区;到 21 世纪末(2071—2099 年),三种情景下中国大部地区的地表气温增幅分别为 2.0～3.0℃、2.8～4.3℃和 3.2～5.0℃。

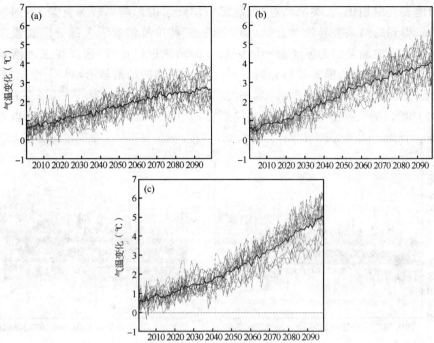

图 4.22　IPCC 15 个全球气候模式模拟的三种排放情景下 21 世纪中国地表气温变化
(a)SRES B1,(b)SRES A1B,(c)SRES A2

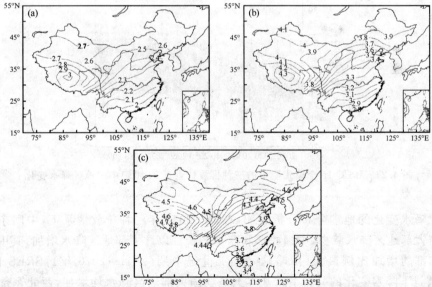

图 4.23　三种排放情景下 15 个模式平均的 21 世纪末(2071—2099 年)中国年平均
地表气温变化的空间分布(单位:℃)。(a)SRES B1,(b)SRES A1B,(c)SRES A2

与地表气温相比,人类活动对 21 世纪中国降水的影响则较为复杂,不同模式和排放情景得到的结果差异较大。但总的来说,三种排放情景下大部分模式模拟的未来降水都呈增加趋势。为便于对不同情景下的结果进行比较,选择在三种情景下都使用模拟预估的 15 个模式进行分析。15 个模式平均的结果显示,到 21 世纪末,三种不同排放情景下中国地区年平均降水率的增幅将分别在 10%、12% 和 15% 左右。这从图 4.24 中给出的三种不同情景下模式模拟的 21 世纪中国降水的变化图中可以看出。

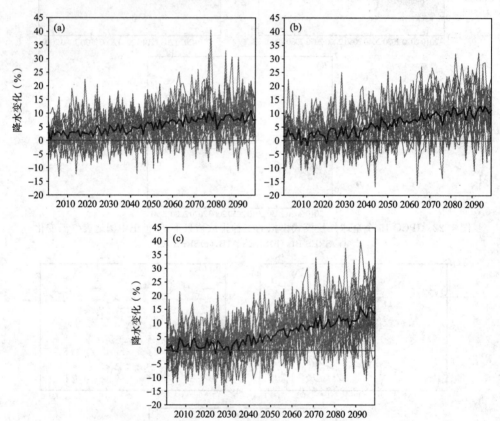

图 4.24　IPCC 15 个模式模拟的三种排放情景下 21 世纪中国地区降水变化
(a)SRES B1,(b)SRES A1B,(c)SRES A2

对降水变化的地理分布分析表明,2011—2040 年三种排放情景下,中国东部长江以南大部地区降水减少,中国西部和东部的长江以北大部地区降水增加,其中西北地区东部的增加比例最大(图略)。到 21 世纪中期(2041—2070 年),SRES B1 和 A1B 情景下降水变化的分布型式基本上是我国大部地区降水均增加,西北东部地区降水增加的百分比最大,长江以南较小;SRES A2 情景下,华南、华西地区降水减少,其他中国大部地区降水增加,并且也是西北地区东部的增加百分比最大(图略)。关

注 21 世纪末的结果,图 4.25 给出三种排放情景下 21 世纪末(2071—2099 年)整个
中国地区年平均降水变化的地理分布。从图中看出,到 21 世纪末,中国地区的年平
均降水将普遍增加,增加最明显地区在我国的西部,尤以西北地区东部的降水增加百
分比最大,三种情景下最大分别可增加 18%、22%和 26%以上;青藏高原上的降水也
将增加,高原西北部降水增加百分比相对高原其他地区大,三种情景下的增幅都在
10%以上;我国东北地区的降水增加也较明显,三种情景下大部地区降水的增加百分
率分别在 8%~10%(SRES B1)和 12%~14%(SRES A1B,A2);我国东部南方地区
的降水增加百分率相对较小,长江中下游地区降水增加百分率一般都在 6%以内。

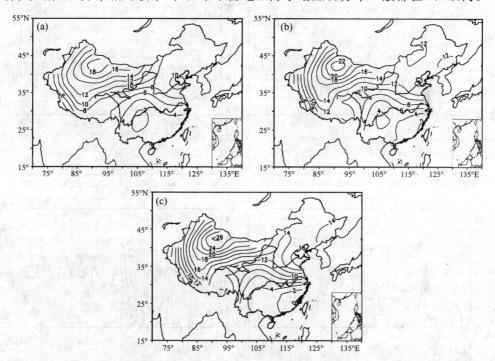

图 4.25　三种排放情景下 15 个模式平均的 21 世纪末(2071—2099 年)中国年平均
降水率变化的空间分布(单位:%)。(a)SRES B1,(b)SRES A1B,(c)SRES A2

　　考虑到模式对西部降水模拟偏差较大,重点关注未来中国东部降水的变化(孙颖
等 2008)。图 4.26 给出了 SRES A1B 情景下 19 个模式平均的整个中国东部和三个
关键区——华南、长江中下游地区和华北 2010—2099 年多模式集合的降水百分率变
化情况。总的来说,这些地区未来降水将会增加,而一个比较明显的特征是在 21 世
纪 40 年代末,中国东部的夏季降水有一个明显的变化,从 21 世纪 40 年代末之前降
水增加较少(增加约 1%)的时期进入到一个降水量全面增加(增加约 9%)的时期,这
种明显的变化在整个东部和上述三个地区的时间演变中都能看到,以华北最为明显,

华南次之,长江中下游地区在 2075 年前后有一次较大的波动,但以 21 世纪 40 年代末的变化最为明显。这说明,多模式集合的结果显示,未来 100 年中国东部地区的降水将增加,但这种增加存在着阶段性变化,即在 21 世纪 40 年代末之前中国东部的降水只是小幅增加,并存在着较大的波动,而之后中国东部地区进入一个全面多雨期,从华南到华北的地区相对于当前气候平均都是多雨的,降水平均增加约 9%,尤其是华北地区降水增加更明显。从降水增加的线性趋势来看,各模式之间的结果也存在较高的一致性,大部分模式模拟的未来百年降水变化都是增加的。

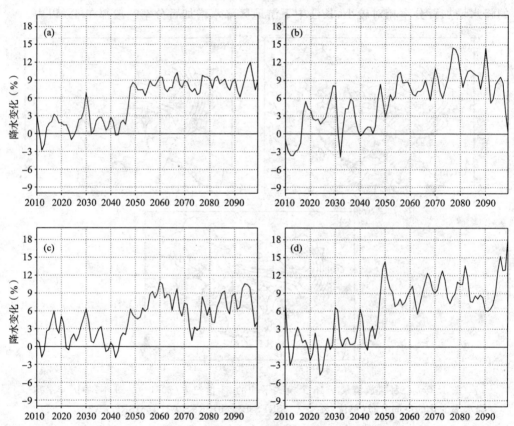

图 4.26 2010—2099 年(a)中国东部、(b)华南、(c)长江中下游流域和(d)华北 6—8 月平均的降水变化(%,相对于 1980—1999 年平均)(孙颖等 2008)

(2)区域模式的模拟结果

区域气候模式在过去的十几年中不断发展成熟,在气候学研究中,它的一个很重要的应用就是对未来的气候变化预测结果进行区域降尺度,以得到更为详细的区域气候信息。中国有其独特的复杂地形、地表植被和季风气候特征,分辨率较低的全球海气耦合模式对中国区域气候变化的模拟存在一定的不确定性,尤其是对降水的模拟与观测之间存在较大偏差。有研究表明,在东亚地区,数值模拟需要较高的分辨率才能对中国地区大尺度季风降水的分布有较好的描述(Gao 等 2006a)。因此,有必要对全球海气耦合模式的结果进行降尺度处理,以更好地反映中国的区域气候特征,而使用区域气候模式进行动力降尺度是目前比较常用的一种方法。

对区域模式试验结果的分析表明,由于较高的分辨率和更完善的物理过程,区域模式对中国地区当代气温和降水的模拟能力较全球模式有了较大提高,它所模拟的年平均气温和降水与实况的相关系数分别由全球模式的 0.90 和 0.63 提高到 0.94 和 0.80,模式能够更合理地模拟中国降水的分布,此外它还给出了气候变化在中国地区更详细的地理分布特征。

全球变暖背景下,未来中国地区气温将继续升高,并且北方升温普遍大于南方。CO_2 加倍情景下,中国地区地表气温将有明显上升,上升幅度一般在 2.2~3.0℃间,其中在南方较低,一般在 2.5℃以下,北方较高,一般在 2.5℃以上。温度升高最低的地方是中国的云南至贵州西部及东南沿海地区,数值在 2.2℃以下;在东北部分地区和青藏高原上的升温幅度最高,会达到 3.0℃以上(图 4.27)。气候变暖背景下,未来中国东部大部分地区降水将有所增加,同时存在一定的空间差异。在 CO_2 加倍的情况下(2070 年),中国地区的年平均降水将普遍增加。

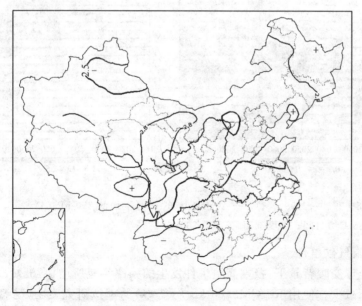

图 4.27　区域气候模式模拟的 CO_2 加倍情景下(2070 年)中国年平均
地表气温的变化(单位:℃)(Gao 等 2002)

4.5.3　中国季风和极端气候事件的未来演变趋势

(1)季风强度

未来东亚夏季风环流将有所加强。基于 IPCC AR4 19 个模式平均的结果(孙颖等 2008),从季风最原始的定义出发对夏季风环流进行了分析。850 hPa 和 100 hPa 风场在 110°—120°E 平均的时间—纬度剖面(图 4.28)显示,东亚地区低层西南季风在未来将会加强,在 21 世纪 40 年代末出现明显的增加,之后进入一个比较稳定的高值期,说明中国东部盛行的季风西南风气流是在增加的。这一时期,在从华南到华北的纬度带,最大的纬向风增幅为约 0.6 m·s⁻¹,而最大的经向风增幅为约 0.4 m·s⁻¹,总的风速增加超过 0.6 m·s⁻¹。从这种增加的量级来看,相对于过去五十年的观测场变化,模式的响应还是比较弱的。相应的,在高层 100 hPa,东北风将加强,也能看到在 21 世纪 40 年代末以后的阶段性加强特征,在 30°N 以北以东风的加强尤其明显,而在 30°N 以南的地区可以看到北风分量的加强也很明显。这一加强的东北风和低层的西南风相对应,表征了东亚地区夏季风环流的加强。同时可以发现,这种变化与之前我们分析的中国东部降水的变化是相互对应的,加强的时段也大致同步。

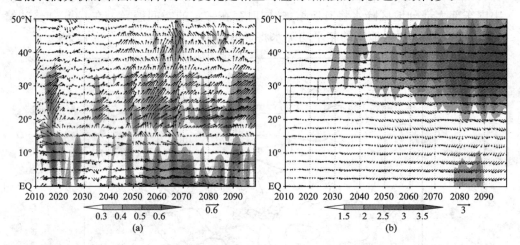

图 4.28　2010—2099 年 110°—120°E 地区 6—8 月平均的 850 hPa(a)和 100 hPa(b)风场变化(单位:ms⁻¹)时间—纬度剖面(孙颖等 2008)

(2)极端气候事件

未来全球变暖背景下,极端高温事件发生的频率将有所增加,极端冷事件发生的频率将有所减少。使用 RegCM2(60 km 分辨率)的模拟研究表明,受温室气体增加影响,未来中国地区日最高和最低气温在大部分地区将显著升高,导致夏季热浪的增加和冬季低温日数的减少(Gao 等 2002)。基于 PRECIS(50 km 分辨率)的模拟分析表明,SRES B2 下,中国地区 21 世纪末(2071—2100 年)35℃以上的高温事件发生的频率将由 1961—1990 年的 3% 增加到未来的 4.5%,而低于 −10℃ 的低温事件发生的频率将由 1961—1990 年的 8.5% 减少到未来的 6.5%。中国未来夏日和生长季长度在全境都将增加,以青藏高原和中国北部最大,同时连续霜日在全国范围都将减少,以青藏高原和东北、西北地区减少最明显(Zhang 等 2006)。使用 RegCM3(分辨率 20 km)对中国东部地区的模拟结果表明,在 SRES A2 下,未来中国东部夏季日最高气温高于 35℃ 的高温日数将有明显增加,一般增加 10 天以上,南方部分地区可能增加 30 天,区域平均较 1961—1990 年的高温日数增加 80%;同时,冬季日最低气温低于 0℃ 的日数将大大减少,其中在华北平原的东部将会减少 30 天以上。

全球模式的预估结果显示,21 世纪中国地区大部分极端降水指数都有显著增加的趋势。根据克劳修斯-克拉珀龙方程,对流层的增暖将使大气的持水能力增强,每升温 1 K 增加约 7%。由于风暴的降水率取决于低层水汽的辐合,因此全球变暖背景下,强降水的强度可能会增加。全球水循环的强度由地表有效的能量而非水汽控制,气候模式预测的全球水循环强度增加幅度大约 1%~2%/K,因此强降水强度的增加幅度也可能在这个范围内。18 个全球海气耦合模式预估结果显示(Sun 等 2007),SRES A2 和 B1 下,所有模式模拟的所有不同强度的日降水强度均将增加,强降水(20~50 mm/d)强度随地表气温增加的变化为 0.8%/K,极强降水(>50 mm/d)强度随地表气温增加的变化为 2.4%/K,对于 >100 mm/d 的降水事件的强度随温度的变化为 1.8%/K,这些变化明显低于大气中水汽的变化(9.1%/K)或者说低于理论(根据克拉珀龙-克劳修斯方程)值(7%/K)。就降水频率而言,大部分模式的预估结果显示,强降水(20~50 mm/d)的发生频率将增加,SRES B1 下增加 7%~16%,SRES A2 下增加 7%~21%;极强降水(>50 mm/d)的频率将有更大幅度的增加,SRES B1 下增加 20%~60%,SRES A2 下增加 45%~125%。

分析 5 个模式预估的 21 世纪中国极端降水指数(江志红等 2007),模式平均而言,无论是降水强度、频率还是干旱指数,在各种排放情景下,21 世纪中国区域极端降水指数基本都呈显著增长的趋势。这表明未来与降水有关的事件都呈极端化的趋势,21 世纪后期中国区域极端降水强度可能增强,干旱也将加重。必须注意的是,由于全球气候模式分辨率较低,极端降水事件时空尺度较小,还具有突发性或转折性,气候模式所给出的预估降水极端值往往偏低,因此,利用全球模式的预估结果,通过各种降尺度技术预估未来不同情景下极端降水事件的变化,仍是极端气候变化预估研究中的关键问题。

降尺度研究的结果表明,未来中国部分地区极端降水事件的频率可能增加。区域模式 RegCM2 的温室气体加倍试验结果表明(Gao 等 2006b),温室效应的加剧可能使北方降水增加,相应的降水日数也显著增加,而降水量同样增加的中部及东南部地区,降水日数则没有显著的增加,表明中部及东南部地区降水的增加更多地是由于大雨日数的增加引起。中国南方 35 mm/d 以上强度的大雨日数也有显著增加,北方部分地区也有一些零散的大雨日数显著增加区,这说明温室效应的加剧可能会导致中国部分地区局地尺度上的强降水事件的增加。基于区域气候模式 PRECIS 的模拟结果(许吟隆等 2005),进行不同强度日降水量频率分布的预估分析显示,SRES B2情景下,21 世纪后期(2071—2100 年)相对 1961—1990 年 40 mm/d 的降水发生频率有显著的增加趋势,而低于 40 mm/d 强度的降水频率变化不大,暴雨和大暴雨等强降水事件发生频率的增加趋势尤为明显,这与很多观测研究得到的变暖背景下极端强降水事件的变化规律一致。对大雨日数(日降水量>20 mm)、最大连续 5 天降水和简单降水强度等指数进行分析发现,未来中国大部分地区的极端强降水事件将增加(Zhang 等 2006)。需要说明的是,有研究对比了统计降尺度和区域气候模式的模拟结果,但结果表明两种方法的预估结果存在一定的差别。这说明,在进行降尺度研究中可能还存在较大的不确定性,最好能使用不同方法并将结果进行对比。

4.5.4　海平面变化趋势

海平面变化是一种长期的全球性现象。海平面变化的记录是全球性和区域性海平面变化影响因素叠加的结果。当前,海平面变化因其对沿海和小岛地区居民的潜在影响而备受关注。地球系统中有几种非线性耦合过程对海平面变化都有贡献,因此对这些过程的理解需要各学科共同的努力。在年代际和更长时间尺度上,全球平均的海平面变化由两个主要过程导致:热膨胀及海洋和其他固体水库(冰川、冰盖、冰架、其他陆地水库——包括由人为影响而产生的陆地水循环的变化以及大气)之间的水交换。所有这些过程引起了地理分布不均匀的海平面变化和全球平均海平面的变化。一些海洋因子(如海洋环流或气压的变化)对区域尺度的海平面也有一定的影响,但是由此引起的海平面变化对全球平均的贡献是可以忽略的。陆地的垂直运动,比如由于冰川均衡调整、构造学、沉降,影响局地的海平面测量,但是并不会改变海水体积;他们通过改变形状并因此改变海盆的蓄水体积对全球平均的海平面产生影响。

根据目前的研究结果,海洋的增暖已经延伸到至少 3000 m 的深度,海洋已经并且正在吸收 80% 被增加到气候系统的热量,这一增暖引起海水膨胀,有助于海平面上升;同时,南北半球的山地冰川和积雪总体上都已退缩,冰川和冰帽的减少也有助于海平面的上升(IPCC 2007)。总体来看,格陵兰和南极冰盖(主要是西南极)的退缩已对 1993—2003 年的海平面上升贡献了 0.41(0.06~0.76) mm/a。在过去的 40 多年(1961—2003 年)间,全球平均海平面上升的速率为 1.88 mm/a,1993—2003 年期间该速率有所增加,约为 3.1 mm/a。气候模式预估的结果显示,相对 1980—1999 年平均,6 个 SRES 情景下 21 世纪末期全球平均海平面上升的幅度在 0.18~0.59 m

范围内。然而,由于海水密度的差异和环流的变化,气候变化背景下全球海平面的变化并不一致。

中国拥有 18000 km 的大陆海岸线和 14000 km 的岛屿海岸线,海岸带总面积约 28.6 万 km^2,沿海 12 个省(市、自治区)的面积约占全国总面积的 15%。海平面上升会对沿海地区的资源、生态环境产生直接巨大影响,给沿海地区的社会经济带来巨大损失。全球变暖背景下,中国周边海区的海平面已有所上升,中国沿海长期验潮站海平面资料的分析结果表明,20 世纪 60—90 年代,中国沿海海平面以平均每年 2.1~2.3 mm 的速率上升,而到 2000 年中国沿海海平面以每年 2.5 mm 的速率上升,略大于全球海平面的上升速度。如果引起海平面上升的各种原因按照现在的趋势发展下去,预期到 2050 年我国沿海部分地区海平面的上升幅度为:珠江三角洲 40~60 cm;上海 50~70 cm,沿黄浦江市区两岸可能有所增加;天津地区为 70~100 cm;塘沽、汉沽等地区可能还要大些(路军强等 2008)。全球海气耦合模式最新的预估结果显示,SRES A1B 情景下 16 个模式平均的预估结果显示,21 世纪末期(2080—2099 年)由于海洋密度和循环变化导致的中国近海局地海平面将有进一步上升,但各模式预估的上升幅度差异较大。

思考题

1. 简述气候模式对于平衡态、季节循环以及极端气候的模拟情况,说明其模拟能力并指出不确定性主要来自哪些方面。

2. 对大尺度气候变率的模拟,如果基于所使用的模式种类,可以大致分作哪两类? 二者有何不同,其模拟能力如何?

3. 简要说明在 20 世纪气候变化的模拟中外强迫的影响。

4. 二氧化碳的生命周期如何? 在气候变暖情形下,未来植被或海洋的二氧化碳源和汇会增加还是减少?

5. 气候模式中如何考虑对流层臭氧、温室气体(CO_2,CH_4 和 N_2O)和气溶胶的气候效应? 这些气候效应有什么样的季节变化特征?

6. 未来化学物质和各类人类活动产生的气溶胶的模拟都需要哪些物质的排放清单?

7. 形成对流层臭氧、硫酸盐、硝酸盐和铵盐的主要化学反应有哪些?

8. 北极高纬地区对温室气体和气溶胶的辐射强迫的响应都非常显著,为什么?

9. 简述目前的气候模式对地表气温、降水以及海平面气压的预估结果。

10. 简述目前气候模式对极端气候事件的预估结果。

11. 什么是气候的敏感性? 它决定于哪些因子?

参考文献

丁一汇,张锦,徐影,宋亚芳.2003.气候系统的演变及其预测.北京:气象出版社.137.

江志红,丁裕国,陈威霖.2007. 21 世纪中国极端降水事件预估.气候变化研究进展,3(4):
　　202-207.

路军强,温登丰.2008.论海平面上升对中国非沿海地区的影响.经济论坛,13:4-6

孙颖,丁一汇.2008. IPCC AR4 气候模式对东亚夏季风年代际变化的模拟性能评估。气象学报,
　　66(5):115-130.

孙颖,丁一汇.2009.未来百年东亚夏季降水和季风预测的研究.中国科学(D 辑),39(11):
　　1487-1504.

许吟隆,黄晓莹,张勇,等.2005.中国 21 世纪气候变化情景的统计分析.气候变化研究进展,1
　　(2):80-83.

赵宗慈,高学杰,汤懋苍.2002.气候变化预测.//丁一汇.中国西部环境演变评估第二卷:中国西
　　部环境变化的预测.北京:科学出版社,239.

AchutaRao K,C Covey,C Doutriaux,M Fiorino,P Gleckler,T Philips,K Sperber,K Taylor. 2004.
　　An Appraisal of Coupled Climate Model Simulations,edited by: Bader,D. ,University of Cali-
　　fornia,Lawrence Livermore National Laboratory,UCRL-TR-202550,1-197.

Braconnot P,Otto-Bliesner B,Harrison S,et al. 2007. Results of PMIP2 coupled simulations of the
　　Mid-Holocene and Last Glacial Maximum-Part 1: experiments and large-scale features. *Cli-*
　　mate of the Past,3:261-277.

CCSP. 2008,Climate Models: An Assessment of Strengths and Limitations. A Report by the US
　　Climate Science Program and Subcommittee on Global Change Research. Eds. By Bader,D. C.
　　et al. ,DOE,124pp.

Chen W-T,H Liao and J H Seinfeld. 2007. Future climate impacts of direct radiative forcing of an-
　　thropogenic aerosols,tropospheric ozone,and long-lived greenhouse gases,*Journal of Geophys-*
　　ical Research,112:D14209.

Chung S H and J H Seinfeld. 2002. Global distribution and climate forcing of carbonaceous aero-
　　sols,*Journal of Geophysical Research*,107:D19,4407.

Covey C, Abe-Ouchi A, Boer G J, et al. 2000. The seasonal cycle in coupled ocean-atmosphere
　　general circulation models. Climate Dynamics,16: 775-787.

Gao X J, J S Pal and F Giorgi. 2006b. Projected changes in mean and extreme precipitation over the
　　Mediterranean region from a high resolution double nested RCM simulation. Geophys. Res.
　　Lett. ,33,L03706,doi:10. 1029/2005GL024954.

Gao X J,et al. 2006a. Impacts of horizontal resolution and topography on the numerical simulation
　　of EastAsia precipitation. Chin. J. Atmos. Sci. ,30: 185-192.

Gao X J,Zhao Z C,Filippo Giorgi. 2002. Changes of extremes events in regional climate simulations
　　over East Asia. Adv Atmos Sci,19(5):927-942.

Giorgi F,Bates G T. 1989. The climatological skill of a regional model over complex terrain. Mon Wea Rev,117:2325-2347.

Hansen J,M Sato,R Ruedy,et al. 2005. Efficacy of climate forcings. *Journal of Geophysical Research*,110:D18104.

Hegerl G C, F W Zwiers, P Braconnot et al. 2007. Understanding and Attributing Climate Change. //Solomon,S. ,D. Qin,M. Manning,et al. eds. *Climate Change* 2007: *The Physical Science Basis. Contribution of Working Group I to the Fourth Assessment Report of the Intergovernmental Panel on Climate Change.* Cambridge University Press,Cambridge,United Kingdom and New York,NY,USA.

Hegerl G, Meehl G, Covey C, et al. 2003. 20C3M: CMIP collecting data from 20th century coupled model simulations. CLIVAR Exchanges, No. 26.

Houghton J. 1997. 戴晓苏,石广玉,董敏,等译. 丁一汇,赵宗慈校. 全球变暖. 北京:气象出版社,306.

IPCC. 1995. Climate Change 1995: The Science of Climate Change. Eds by J T Houghton et al. Cambridge, UK: Cambridge University Press. 584 pp.

IPCC. 2001. Climate Change 2001: The Scientific Basis. Eds by J T Houghton et al. Cambridge, UK: Cambridge University Press. 892 pp.

IPCC. 1997. An Introduction to Simple Climate Models used in the IPCC Second Assessment Report. Eds. By J. T. Houghton et al. ,IPCC Technical Paper II. 47pp.

IPCC. 2007. Climate Change 2007: The Physical Science Basis. Eds. By S. Soloman et al. Cambridge University Press. Cambridge,UK and New York,906pp

Jansen E,Overpeck J,Briffa K R,et al. 2007. Palaeoclimate. // Solomon S,Qin D,Manning M,et al. eds. *Climate Change* 2007: *The Physical Science Basis. Contribution of Working Group I to the Fourth Assessment Report of the Intergovernmental Panel on Climate Change.* Cambridge University Press,Cambridge,United Kingdom and New York,NY,USA.

Kharin V V,F W Zwiers,X Zhang,G C Hegerl. 2007. Changes in Temperature and Precipitation Extremes in the IPCC Ensemble of Global Coupled Model Simulations. *Journal of Climate*, 20:1419-1444.

Kiktev D,D M H Sexton,L Alexander and C K Folland. 2003. Comparison of modeled and observed trends in indices of daily climate extremes. *Journal of Climate*,16(22):3560-3571.

Kucharski F,Scaife A A,J H Yoo,et al. 2008. The CLIVAR C20C Project. Skill of simulating Indian monsoon rainfall on interannual to decadal timescale: Does GHG forcing play a role? *Climate Dynamics*,DOI 10. 1007/s00382-008-0462-y.

Meehl G A,Stocker T F,Collins W D,et al. 2007. Global Climate Projections. In: *Climate Change* 2007: *The Physical Science Basis. Contribution of Working Group I to the Fourth Assessment Report of the Intergovernmental Panel on Climate Change* [Solomon S,Qin D,Manning M,et al. eds.]. Cambridge University Press,Cambridge,United Kingdom and New York,NY,

USA,748-845.

Menon S,J Hansen,L Nazarenko,et al. 2002. Climate Effects of Black Carbon Aerosols in China and India. *Science*,297(5590): 2250-2253.

Oouchi K,et al. 2006. Tropical cyclone climatology in a global-warming climate as simulated in a 20 km-mesh global atmospheric model: Frequency and wind intensity analyses. *Journal of the Meteorological Society of Japan*,84,259-276.

Paeth H and J Feichter. 2006. Greenhouse-Gas Versus Aerosol Forcing and African Climate Response. *Climate Dynamics*, 26(1): 35-54.

Ramanathan V, P J Crutzen, J T Kiehl, et al. 2001. Aerosols, Climate, and the Hydrological Cycle. *Science*. 294(5549): 2119-24.

Roeckner,E. ,P. Stier,J. Feichter,et al. 2006. Impact of Carbonaceous Aerosol Emissions on Regional Climate Change. *Climate Dynamics*,27(6): 553-71.

Rotstayn L D,U Lohmann. 2002. Tropical rainfall trends and the indirect aerosol effect. *Journal of Climate*,15(15): 2103-2116.

Scaife A A,F Kucharski,C K Folland,et al. 2008. The CLIVAR C20C Project: Selected 20th century climate events. *Climate Dynamics*,DOI 10. 1007/s00382-008-0451-1.

Sun Y,S Solomon,A Dai and R Portmann. 2006. How often does it rain? *Journal of Climate* , 19: 916-934.

Sun Ying,Susan Solomon,Aiguo Dai, et al. 2007. How often will it rain? Journal of Climate, 20: 1919,4801-4818.

Tebaldi C,K Hayhoe,J M Arblaster and G A Meehl. 2006. Going to the extremes: An intercomparison of model-simulated historical and future changes in extreme events. *Climatic Change*, 79: 185-211

Wallace J M and P V Hobbs. 2006. Atmospheric Science,中译本,北京:科学出版社,486.

Wang H-J. 1999. Role of vegetation and soil in the Holocene megathermal climate over China. *Journal of Geophysical Research*,104:9361-9367.

Wilby RL,et al. 2004. Guidelines for Use of Climate Scenarios Developed from Statistical Downscaling Methods. IPCC Task Group on Data and Scenario Support for Impact and Climate Analysis (TGICA),http://ipcc-ddc. cru. uea. ac. uk/guidelines/ StatDown_Guide. pdf.

Zhang Y,Xu Y L,Dong W J,et al. 2006. A future climate scenario of regional changes in extreme climate events over China using the PRECIS climate model. Geophys. Res. Lett. , 33,L24702.

Zhou T J,Bo Wu,A A Scaife,et al. 2009. The CLIVAR C20C Project: Which components of the Asian-Australian Monsoon circulation variations are forced and reproducible? *Climate Dynamics*,33:1051-1068,DOI10. 1007/s00382-008-0501-8.

第 5 章　气候变化的影响和适应

气候变化已经对中国的主要经济部门、自然生态系统和区域都产生了影响。2007 年发布的 IPCC 第四次评估报告指出，全球地表平均温度升高了 0.74℃，预计 21 世纪末在各种温室气体排放情景下仍将上升 1.1～6.4℃。中国近百年来(1908—2007 年)地表平均气温上升了 1.1℃，自 1986 年以来经历了 21 个暖冬，2007 年是自 1951 年系统气象观测以来最暖的一年。未来中国气候变暖的趋势将进一步加剧，极端天气气候事件发生频率可能增加，降水分布不均现象会更明显，强降水事件发生频率增加，干旱区域范围可能扩大，海平面上升趋势进一步加剧。

气候变化已有的影响是多方面的，各个领域和地区都存在有利和不利影响，但以不利影响为主。目前已经观测到的明显的气候变化影响包括：20 世纪 50 年代以来，我国沿海海平面每年上升 1.4～3.2 mm，渤海和黄海北部冰情等级下降，西北冰川面积减少了 21%，西藏冻土最大减薄了 4～5 m，某些高原内陆湖泊水面升高，青海和甘南牧区产草量下降；20 世纪 80 年代以来，春季物候期提前了 2～4 天，北方干旱受灾面积扩大，南方洪涝加重；近年来海南和广西海域发现珊瑚白化。

未来的气候变暖将可能会对我国的生存环境以及农业、水资源等经济部门和沿海地区产生重大不利影响。初步研究结果表明，上述气候变化的趋势将加剧北方的干旱，如果气候变化的速度还进一步加快，将继续对我国自然生态系统和社会经济部门产生重要影响，尤其是对农牧业生产、水资源供需、森林和草地生态系统、沿海地带等的影响较为显著，而且这些影响以负面为主，某些影响可能是不可逆的。

提高适应能力将是应对气候变化不利影响和促进可持续发展的重要手段。通过适应措施和行动可以减轻部分或大部分不利影响，从长期来看对国民经济和社会发展具有重要的意义，应将适应气候变化的行动逐步纳入国民经济和社会发展的中长期规划和计划。

专栏 5.1　概念：影响、敏感性、脆弱性、适应性、适应

气候变化的影响是指气候变化对自然系统和人类系统的影响。可分为潜在影响和剩余影响，这取决于是否考虑适应。

敏感性是指某个系统受气候变率或变化影响的程度，包括不利的和有利的影响。影响也许是直接的（如：由于气候变化造成海岸地区风暴潮频发）或是间接的（如：由于海平面上升，加剧了沿海地区洪水所造成的破坏）。

脆弱性是指某个系统易受到气候变化（包括气候变率和极端气候事件）的不利影响，但却没有能力应对不利影响的程度。脆弱性随系统所面临的气候变化和变异的特征、幅度和变化速率而变化，并随着系统的敏感性和适应能力而改变。

适应性是指某个系统对气候变化（包括气候变异和极端事件）进行自我调节、缓和潜在损失、利用有利机遇或应付后果的能力。

适应是指自然或人类系统为应对实际的或预期的气候刺激因素或其影响而做出的趋利避害的调整。能够区分不同类型的适应，其中包括预先适应、自发适应和有计划的适应。

适应能力是指一个系统、地区或社会适应气候变化（包括气候变异和极端气候事件）影响、减轻潜在损失或利用机会的潜力或能力。

5.1　气候变化影响的检测方法

受人为活动干扰较弱的自然生态系统，其地理分布、物种的物候学特性以及灭绝等变化主要受气候因素的影响。因此，可将其作为指示性指标，评估气候变化对自然生态系统的影响。近年来，国际上已经开发了多种方法鉴别气候变化对非生物和生物系统的影响，如利用蝴蝶、企鹅、青蛙和海葵等作为检测指示性物种识别对气候变化的响应，推测气候变化对自然系统的影响。

对于农业、水资源、人体健康等系统，由于受气候变化和其他因素的共同作用，难以分离气候变化对这些系统的单独影响。在农业生产中，农业基础设施改善、新品种选育和种植结构调整等与气候因素以非常复杂的方式一起对植物相互作用，很难区分这些因素对作物生产力的相对作用，作物生产力不能作为单独判断气候变化的指示性指标。气候变化是影响疾病发生的重要因素，但气候变化对人体健康的影响程度取决于社会经济因素，因此疾病发生率也不能作为单独判别气候变化影响的指示性指标。表 5.1 列出了气候变化影响的检测方法。

表 5.1　气候变化影响的检测方法

领域	检测方法
农业	气候变化对农业的影响，可通过长期定位观测试验和统计数据的分析来鉴别。气候对农业的影响包括不同时段气温、降水等要素对生长期、物候期、生物量和产量、作物品质以及作物种植结构和管理方式等的影响，这种影响有年际气候变异的影响，也可以存在长期的气候倾向性变化的影响。气候对农业的影响以人为自然影响为主，人为影响主要表现在土地利用变化、管理方式和技术水平上
草地畜牧业	气候变化对草地畜牧业的影响，可通过气候对草地生物产量和质量的影响以及对家畜本身的影响来鉴别。气候对草地的影响包括不同时段气温、降水等要素对生长期、物候期、生物量和草的营养品质的影响，这种影响有年际气候变异的影响，也可以存在长期的气候倾向性变化的影响。 主要检测方法： ①影响草地生育期和产量的关键因子的变化检测：所谓关键因子，就是影响草地植物生存、生长发育、恢复和产量形成的关键时期的气候因子，如春季温度和降水、夏季降水、秋季温度等影响越冬、返青、开花、枯黄的因素。通过统计方法估算关键因子的变异及偏离正常值的水平，从而确定其对草地生长发育和产量的影响。 ②基于生物气候模型的生物量变化检测：基于生物气候模型，利用历史气候数据或气候变化情景数据，模拟草地生物生长发育和生物量，比较其与正常年的差别以判别其影响。主要模拟生物的物候期差异、生物量随时间的变化及其与最终生物量的差异，从而判断气候的利弊。 ③草地气候灾害风险评估方法：草地的主要气象灾害有干旱（黑灾）、雪灾（白灾）、极端低温等。根据当地灾害发生的指标，分时段估计过去、现在和未来发生相应灾害性天气的频率，并与根据发生灾害性天气时草地的受害程度估算草地受灾的风险率。 如干旱灾害风险可通过下式估算： $PR = DR * DD * DS$ PR 为干旱灾害风险率，DR 为干旱事件发生的概率；DD 为干旱发生时草地受灾的风险，包括危险性、暴露性、脆弱性和当地抗旱减灾能力的乘积；DS 为降水量小于某个阈值的干旱持续天数占评价时段天数的比例
水资源	为了揭示观测到的流域水文、水资源的变化是否由气候变化影响产生，一般采用非参数 Spearman 秩检验和 Mann-Kendall 检验方法对流域的年、季径流（或流量）以及相应的气候要素（气温、降水、蒸发能力）的长时间序列变化趋势进行同步分析，对时间序列突变点采用 Mann-Kendall 法进行识别。对于非气候因素驱动较强的流域，还要对非气候因素（水土保持、各种用水、分水、水利工程调度运用等）的长系列变化趋势进行检验，分析它们与径流变化趋势的相关程度。最后给出径流的变化趋势是否显著，其变化原因在多大程度上是气候变化（包括人为气候强迫与自然气候变率）影响，多大程度上是非气候因素的影响

领域	检测方法
自然生态系统	由于自然生态系统与气候之间存在着密切的关系,气候是决定自然生态系统类型或物种分布的主要因素,气候的变化将通过温度胁迫、水分胁迫、物候变化、日照和光强变化等途径,不可避免对自然生态系统产生一定的影响,不仅体现在生态系统组成、结构、功能(生产力、生物多样性)和类型的时空变化,同时也体现在生态系统的分布等各个方面。充分认识气候变化对生态系统的影响,是制定适应气候变化对策的基础,对于保护人类生存环境、走可持续发展之路具有非常重要的意义。下面分别对几类主要的生态系统类型,即森林、草原、湿地和荒漠进行描述,同时兼顾自然地带和物候。 　　主要通过森林可燃物变化与林火动态监测,来研究气候变化对森林火灾产生的影响。气候变化对森林可燃物和林火动态有显著影响,这种影响随生态系统对气候变暖的敏感度不同而异。气候变化引起了动植物种群变化,许多区域都出现了植被组成或树种分布区域的变化,这也将影响林火发生频率和火烧强度。林火动态的变化反过来又会促进植物种群改变。严重火烧能引起灌木或草地替代树木群落,引起生态系统结构和功能的显著变化。 　　气候变化对森林有害生物的影响,主要表现在森林植被和森林病虫害分布区向北扩大,森林病虫害发生期提前,世代数增加,发生周期缩短,发生范围和危害程度加大。极端气候事件发生频率和强度增加,严重影响苗木生长和保存率,林木抗病能力下降,增加了森林病虫害突发成灾的频率。气候变暖和极端气候事件的增加,还有利于外来入侵种建立种群和暴发
生物多样性	气候变化对生物多样性已经产生了一定的影响,在检测气候对生物多样性的影响中,可以采取不同的方法。树木年轮提供了树木长时间序列的生长变化的信息,但解释生长变化却比较困难,因为树木年轮的变化既可能受温度和降水变化影响,也可能受病虫害的影响;蝴蝶是检测气候变化对生物多样性影响的理想对象,满足气候变化影响检测的标准(Walther 等 2001)。另外,地理纬度或海拔梯度方法也可以检测气候变化对生物多样性的影响(Walther 等 2001)。 　　目前已观测到气候变化对生物多样性影响主要集中在对物种影响,并且以昆虫、两栖类、爬行类、鱼类、鸟类和一些哺乳动物的行为变化作为气候变化对生物多样性影响的主要指纹(Root 等 2003)
海平面上升	基于沿岸验潮站的潮位资料和卫星高度计资料可以检测全球和区域的海平面上升。沿岸验潮站的潮位资料是以固定在陆地上的水准点为基准,而这些水准点随陆地的运动也发生垂直的上升和下降运动。因此在使用验潮资料评估气候变化对沿岸地区海平面变化的影响时,要考虑这种区域性陆地运动。自 1993 年以来获取的卫星高度计资料充分证明了海平面变化的区域性特征,最大的海平面上升发生在西太平洋西部和印度洋东部,而在太平洋东部和印度洋西部海平面是下降的
人体健康	评价气候对人体健康的影响包括直接影响和间接影响。预测气候变化对疾病影响过程中,由于影响因子众多,评价过程非常困难,因此疾病影响评估过程中必须同时考虑到人群间、人群内部对气候变化的脆弱性及明确气候变化对人体健康影响的程度。评价内容主要包括: 　　①疾病种类的敏感程度和人群或区域的脆弱性评估; 　　②气候变化和极端气候事件对人体健康的影响程度分析; 　　③气候变化对人体健康影响的不确定性分析; 　　④适应性技术的选择。 　　因此,气候变化对人体健康影响研究的关键问题是明确气候变化在影响人体健康众多因素中的作用,寻求健康危险指标或健康状态对气候变化响应的早期证据,尤其应该注意敏感的、早期响应的系统或过程

(彩)图 5.1 是气候变暖与生态系统变化关系的总结。

图 5.1　气候变暖与生态系统变化的关系

　　在自然系统(冰雪和冻土、水文、海岸带过程)和生物系统(陆地、海洋、淡水生物系统)的资料序列中存在显著变化的地点,同时给出了 1970—2004 年期间地表气温的变化。从 577 项研究所涉及的约 80000 个资料序列中挑选出约 29000 个资料序列组成一个子资料集。这些资料序列满足下列条件:(1)截止年份为 1990 年或之后;(2)时间跨度期至少 20 年;(3)经各单项研究评估后显示出显著的方向变化趋势。这些资料序列源于约 75 项研究成果(其中约 70 项是 IPCC 第三次评估报告之后的新成果),包含了大约 29000 个资料序列,其中约 28000 个为欧洲的研究结果。白色区域的气候观测资料不足以估算其温度变化趋势。2×2 的方框显示存在显著变化的资料序列的总数量(上行),以及在与变暖相一致的资料序列数量中所占的百分比(下行),其中(1)大陆区域:北美洲(NAM)、拉丁美洲(LA)、欧洲(EUR)、非洲(AFR)、亚洲(AS)、澳大利亚和新西兰(ANZ)和极地地区(PR);(2)全球尺度:陆地(TER)、海洋和淡水(MFW)以及全球(GLO)。七个区域的方框(NAM、LA、EUR、AFR、AS、ANZ、PR)给出的研究结果的数量加在一起不等于全球(GLO)的总数量,这是因为除极地外区域的数量并不包括与海洋系统和淡水系统(MFW)相关的数量。图中未显示发生大面积海洋变化的地点(IPCC 2007)

5.2　气候变化的影响和脆弱性

5.2.1　观测到的气候变化的影响

5.2.1.1　农业

气候变化使高纬度地区热量资源改善,生育期延长,喜温作物界限北移,促进了作物种植结构调整。在我国东北地区,20世纪90年代以来气候增暖明显,水稻种植面积得到北扩,以前是水稻禁区的伊春、黑河如今也可以种植水稻,2000年黑龙江省水稻种植面积是1980年的7倍(王媛等2005)。同时,黑龙江全省玉米主产区发生南移,麦豆产区北移,而喜凉作物如亚麻、甜菜种植面积自20世纪90年代后有所下降(潘华盛等2004)。热量条件的改善同时使低温冷害有所减轻,晚熟作物品种面积增加。宁夏葡萄产业目前达8万亩,以前由于冬季温度过低,只能是小范围的家庭种植,现在则大规模生产种植,促进了酿酒产业的发展;辽宁省苹果生产中遭遇≥4级冻害的频率已由50年代的80%下降到20%,冻害程度也明显降低(李丕杰等2001);吉林省的玉米品种熟期较以前延长了7~10天,高产晚熟玉米种植面积增长迅速(潘铁夫1998)。气候变化也使我国华东地区秋季光温条件得到改善,促进了长江三角洲水稻生产,目前一些地区已将晚稻由籼稻改成对光温条件要求更高的粳稻,提高了稻米的品质和产量(《气候变化国家评估报告》编写委员会2007)。原来西北部分地区的热量条件是两茬不足、一茬有余,现在可以两季生产,提高了土地的生物产量。

气候变化为作物种植调整提供了机遇,但会使原有作物生育进程加快、生育期缩短,抵御气候波动能力减弱。例如,我国华东地区的大麦、小麦和油菜多数是早熟品种,冬季气候变暖,缩短了作物越冬期,使作物提前返青拔节或抽苔,从而减弱植株的抗寒能力,造成作物更易遭受冻害的侵袭。因此需要注意的是,热量条件改善的同时也使作物稳产的气候风险性增加,此外热量资源提高也会由于水资源的匮乏而无法得到充分利用,所以气候变化的适应需要一定的技术、政策、资金等的支持,需要多领域的综合评估。

气候变化增加了农业土壤有机质和氮流失(Leirós等1999),加速了土壤退化、侵蚀的发展,削弱了农业生态系统抵御自然灾害的能力,干旱区土壤风蚀严重,高蒸发也会造成土壤盐渍化(Yeo 1999)。在内蒙古草原区,近20年来有变暖的趋势,冬季增温明显,春旱加剧,沙尘暴现象日趋明显和严重,发生频繁,埋没农田、草场等(天莹2001),草原的生产力和载畜量下降,给畜牧业带来严重损失(张桥英等2003)。东北地区的降水变率增大,极端降水事件(旱涝灾害)的频率和强度明显加强,干旱现象已经使有些地区出现了土壤盐渍、荒漠化现象,降低了农业生产环境质量。独特的地形和气候使我国西南地区山地灾害频繁,水土流失严重,灾害导致当地土地质量下降,土壤肥力损失较大,粮食减产严重,四川省坡耕地因为水土流失每年减少粮食产量 490 万吨,严重影响当地农业经济的发展。

农作物病虫害的发生是作物、有害生物、气象条件等综合作用的结果。其中气象条件是决定病虫害发生的关键因素,几乎所有大范围流行性、暴发性、毁灭性的农作物重大病虫害的发生、发展、流行都和气象条件密切相关,或与气象灾害相伴发生,一旦遇到灾变气候,就会大面积流行成灾。与气候变化造成的温度增加、降水异常、种植制度变化相对应,气候变暖有利于农作物病虫源(菌)的越冬、繁殖,发育历期缩短、繁殖代数增加,使其危害的地理范围扩大,为害期延长,危害程度加重。据江苏省洪泽县近年 2—3 月对稻套麦田越冬代灰飞虱的调查结果,每 667 m² 虫量,2001—2003年一般田块为 2.7 万～14 万头,部分 6 万～8 万头,个别达到 20 万～30 万头;2004—2005 年一般田块为 8 万～12 万头,个别田块在 40 万头左右。1999 年春季河南省 35 个蝗区县 2.25 万个样点中,有卵点占 12.35%,较常年高 3%;黄河滩区平均蝗卵密度 10.05 粒/m²,是常年的 2.3 倍,越冬死亡率为 3.65%,为历史最低值。1991 年广西南部 16 县冬后褐飞虱残虫平均为 0.8 头/m²,最高 14.4 头/m²,比上年增加了 8 倍。

气候变暖会加剧病虫害的流行和杂草蔓延,农药的施用量将增大,控制难度提高(Cannon 1998)。如 1987 年长江三角洲地区稻飞虱大规模暴发,其成因与前期南方地区暖冬少雨有着密切关系。另外气候变暖后各种病虫出现的范围也可能扩大,向高纬度地区延伸,目前局限在热带的病原和寄生组织会蔓延到亚热带甚至温带地区。所有这些都意味着,气候变暖后不得不增加施用农药和除草剂,而这将大幅度增加农业生产成本。

5.2.1.2　草地畜牧业

(1)气候变化对物候期的影响

由于气候的年际变化,草地植物的物候每年都在一定范围内波动,且随气候变化趋势也有一定的倾向性。一般情况下物候期主要由前期的温度高低决定,但由于处于干旱地区,草地物候还常受到水分的影响。魏玉蓉等(2007)对在锡林浩特观测得到的禾本科牧草羊草(Leymus chinensis)和贝加尔针茅(Stipa baicalensis)、菊科的冷蒿(Artemisia frigida)和阿尔泰狗哇花(Heteropappus altaicus)等草本物候期进行分析表明,天然草地牧草返青不仅与≥0℃的积温有关,且与返青前的土壤湿度有关。干旱影响禾本科牧草羊草和针茅的开花和抽穗,而且羊草常常因干旱而停止生长不能进入开花期,针茅较羊草的耐旱性强,可以推迟进入花期。其他两种观测牧草无论条件好坏都可完成其物候发育。雨热匹配好的年份,牧草进入成熟期和黄枯期相对较晚,再生性强的牧草还可继续生长,有利于草原牲畜的放牧抓膘。如果多年长期干旱不能完成发育期,则物种有可能在该区域减退或消失。

(2)气候变化对生物多样性的影响

气候对草地生物多样性有重要影响。因气候背景不同,适合生存的草地物种也存在较大的差别。气候还对物种间的竞争能力产生影响。

随着全球气候变化研究的进一步发展,气候变化和环境因子与植物多样性之间的关系变成了生物多样性研究领域的重要内容。这方面的研究得到国内学者的重点关注,研究的内容也极其丰富(安树青等 1997,吴彦等 2001,杨万勤等 2001)。国内众多草地生态系统的研究表明,草地物种多样性随降水量的增加而增加,与温度也表现出一定的相关性(陈佐忠等 1997)。

李新荣等(1999)通过在不同类型草原上,对海拔高度、年均活动积温、纬度、经度、最冷月均温、沙暴日数、日照时数、潜在蒸散率、Kiva 湿润指数、干燥度和降水量等环境因子与植物群落多样性进行综合、深入的研究表明:群落的多样性与各种环境因子有较高的相关性,从荒漠化草原到草原化荒漠,生物多样性逐渐减少,水分变化是对生物多样性影响相关性最大的因素,但显著性不明显。杨持等(1995)分析在时间尺度上湿润度变化与多样性的关系表明,植物种数、个体数、地上生物量都随着湿润度的增加而增大,生物量随降水量变化要比个体数随降水量的变化更敏感。同时气候变化使得内蒙古湿润度等值线摆动,已经对草原物种的多样性产生影响,其中 0.3 湿润系数区是一个敏感区,物种丰富度的增加较快,多样性指数较高。

海拔梯度包含了温度、湿度和太阳辐射等环境因子,也是生物多样性梯度格局研究的重要方面。目前的研究侧重于不同海拔梯度下,物种丰富度指数和多样性指数的变化。杨力军等(2000)对青藏高原高寒草甸进行研究结果支持了这一结论。孙海群等(2000)对小嵩草草甸进行的研究也显示出类似的结论,即相对多度随海拔的升高减少,物种多样性和均匀度随海拔的升高而增加。

(3)气候变化对草地生物量的影响

气候对草地生物量影响明显,主要限制因素是降水量。李永宏等(1994)通过对内蒙古中东部进行样地调查表明,内蒙古高原中东部地带性植被的六个类型在生境干燥梯度上的顺序依次为:针茅草原→短花针茅草原→克氏针茅草原→大针茅草原和凌晨草原,经分析得到该区域草地生物量与多年平均降水量成正比($BM = -134.92 + 0.84P$),与年平均温度成反比($BM = 136.37 - 25.68T$),也与干燥度成反比($BM = 0.26 + 4.33e^{8/a}$)。在降水比较少的小针茅草原,生物量只有 114.6 g/m^2,载畜量每公顷只有 0.1 个羊单位,而降水多的草草原,生物量可达到 1 700 g/m² 以上,每公顷载畜量可达到 2.4 羊单位(表 5.2)。

表 5.2　内蒙古中东部草原样地生物量与环境特征及载畜量

样地号	草原类型	地上生物量 (g/m²)	年降水量 (mm)	年均温 (℃)	≥10℃积温 (℃·d)	海拔 (m)	干燥度	载畜量 (s. e. hm⁻²)
10	小针茅草原	114.6	174.8	5.0	2671	1210	5.76	0.104
11	短花针茅草原	134.4	177.1	4.5	2725	1210	5.62	0.122
13	小针茅草原	164.8	177.1	4.5	2725	1060	5.62	0.150
17	羊草草原	589.8	204.7	2.6	2135	1240	2.64	0.536
19	大针茅草原	467.7	204.7	2.6	2135	1260	2.64	0.425
31	小针茅草原	202.3	218.6	4.8	2614	1220	5.62	0.184
35	短花针茅草原	339.5	218.6	4.8	2614	1180	4.44	0.309
40	大针茅草原	539.0	243.2	2.6	2135	1290	2.64	0.490
45	羊草草原	817.7	244.7	1.6	2222	1000	2.25	0.743
46	克氏针茅草原	497.3	251.5	3.2	2228	1500	3.33	0.452
50	羊草草原	935.9	273.2	1.0	2291	880	2.52	0.851
57	羊草草原	1284.8	273.2	1.0	2291	850	2.52	1.170
74	羊草草原	1284.8	297.2	1.0	2222	1400	2.25	1.141
76	羊草草原	1567.5	345.0	−0.4	1598	1250	2.25	1.425
80	大针茅草原	1256.9	345.0	−0.4	1598	1180	2.25	1.143
88	羊草草原	1420.0	345.0	−0.4	1598	1180	2.25	1.104
93	羊草草原	1736.2	345.0	−0.4	1598	1180	2.25	2.436
104	贝加尔针茅草原	1620.0	345.0	−0.4	1598	1430	2.25	1.475

温度高的地方主要通过增加蒸散使水亏缺增加,限制生物发育,从而导致生物量下降。随着气候变暖和变干,内蒙古草原草地生物量将有减少的趋势。王玉辉等(2004)研究表明,1981—1994 年间,锡林浩特羊草建群草地上羊草生物量总体上有减少的趋势,而大针茅变化不明显。

但如果水分供给充足,适度增温则可提高产量。周华坤等(2000)采用国际冻原计划模拟增温效应对植被影响的方法,研究了矮嵩草草甸的物候、群落结构和地上生物量对温度升高的响应,结果表明温室内气温、地表温度、土壤表层温度可分别提高1.47、1.54 和 1.00℃,组成植物群落的种群物候期可以提前和延迟,植物生长期延长。组成植物群落主要种群的高度、盖度、重要值均有提高,种群结构发生一定变化。地上生物量发生变化,其中禾草增加 12.3%,莎草增加 1.18%,杂草减少 21.13%,总量增加 3.53%。而李英年等(2004)进行 5 年模拟增温后观察研究表明,植物生长期 4—9 月暖室内 10 cm、20 cm 地下土壤平均增温 1.86℃,10 cm、20 cm 地上空气平均增温 1.15℃,地表 0 cm 平均增温 1.87℃,且增温在植物生长初期大于生长末期及枯黄期。在模拟增温初期年生物量比对照高,增温 5 年后生物量反而有所下降。增温使禾草类植物种增加,杂草减少。从表面来看,增温可使植物生长期延长,利于增大生物量,实际受热效应作用,植物发育生长速率加快,植物成熟过程提早,生长期反而缩短,加之玻璃纤维的存在使暖室内外温度交换减缓,减少了温度日变化,限制干物质积累,最终导致生物量减少。这说明小气候的作用使环境条件诱发土壤结构变化,植被的种群结构也随之改变,甚至出现演替的过程。全球变暖不仅对植物的生物生产力影响较大,而且对植被类型的演替有着不可忽视的作用。

(4)气候变化对草原火灾的影响

草原火灾是一种突发性强、破坏性大、处置救助困难、对草原资源危害极为严重的灾害。由于草原区的气候特点和草原区植被的生理特征,我国的草原火灾发生具有明显的季节性。草原火灾主要发生在春秋季节,发生次数占全年总火灾次数的 95% 以上。1991 年以来,我国草原火灾发生的次数增加,但发生重大和特大火灾的次数减少。

草原起火的主要原因是人为火和雷击火,反映孕火环境状况的气候要素主要是干燥度、风速、气温、晴天日数等,气候变化主要通过这些要素的变化影响。近几十年来,内蒙古草原地区气温升高、降水变化不明显,导致干燥程度增加,草原火灾的风险也在增加。

但草原火灾风险的大小还与可燃物储量和潜在火源密度有关。最小可燃物储量要在 $150 \sim 200 \ g/m^2$,且分布连续性强,才容易形成火灾。所以,如果气候变化导致生物量减少到最小可燃物储量以下,反而会减少火灾事件的发生。如荒漠草原区因生物量小、连续性差,发生火灾的几率较小;而东部的东乌和西乌草甸草原和干草原则比较容易发生火灾。

(5)极端天气事件对草地的影响

尤莉等(2006)利用内蒙古 25 个气象站 1961—2003 年的月平均最高、最低气温和日较差资料,通过计算气候倾向率、小波变换和突变检验,分析了内蒙古近 40 年气候变暖特征。结果表明:①近 40 年内蒙古地区气候变暖明显,最低温度升幅明显高于最高温度的升幅,表现出一种日夜增暖的不对称性,使得日较差变小;②在年温度的变化中冬季变暖的贡献最大,且以东北部寒冷地区更为明显;③平均最高温度有 24 年左右的准周期,平均最低温度无明显周期震荡,但无论从最高还是最低温度看,目前都处于相对暖期中;④20 世纪 60 年代以来的气候变暖在 70 年代中期超过了显著水平,并经历了一次突变过程,突变点在 1983 年,而最高温度对变暖的响应明显滞后于最低温度。

王玉辉等(2004)对内蒙古羊草草原 1981—1994 年草地气候生态变化进行分析,结果显示,该区域温度变化具有不对称性,冬季最低均温升高明显,而最高温及平均温度无明显增加趋势。羊草草原气候的变化主要表现在冬季最低温的增加而不是平均温度的增加。羊草群落的结构和功能对冬季最低均温变化的响应研究表明,随着冬季最低均温的升高,阿尔泰狗哇花(*Heteropappus altaicus*)和冰草(*Agropyron michnoi*)的重要值及地上初级生产力将明显增加,而寸草苔(*Cares duriuscula*)则呈下降趋势,作为群落主要优势种的羊草(*Leymus chinensis*)和大针茅(*Stipa grandis*)及其他优势植物对冬季最低均温变化反应不明显。同时,群落的生物多样性指数(Simpson 指数、Shannon-Wiener 指数)、物种饱和度及地上初级生产力对冬季最低均温也均无显著相关,14 年间冬季最低均温的变化并没有对群落的结构和功能产生明显影响。然而,因寸草苔和冰草等少数优势植物对冬季最低均温变化反应敏感,温度变化的幅度增加或时间延续很可能造成少数优势种在群落中地位的改变,进而可能导致羊草群落结构和功能的变化。这表明在进行气候变化的模拟和模型研究时,不能仅简单地考虑平均温度增加的情况,而应确定主导影响因子,从而了解草原生态系统对全球变化的响应,选取适宜的模型参数。

(6)草地对未来气候变化情景的响应

草地的区域范围、草地生物量和生物多样性等都会受到未来气候的影响。裘国旺等(2001)根据我国北方 63 个代表站点(1961—1995 年)的气候资料,在分析了该地区近 40 年来气候变化现状的基础上,选用了合适的指标和计算方法,研究未来气候变化情景下,我国农牧交错带界限及其气候生产力的变化。研究结果表明,在降水不变、温度升高的情况下,现有的农牧交错带将东南移,范围扩大;同时气候生产力可能下降。而在温度升高、同时降水增加的气候情景下,农牧交错带的移动变缓,甚至不变,视降水的情况而定。降水增加能部分或完全补偿因温度引起的气候生产力的下降,气候生产力甚至有可能增加。降水是决定农牧交错带位置及其气候生产力的关键因素,但未来干热的气候趋势有可能使该地区的环境状况变得更为严峻。

5.2.1.3　水资源

(1)自然的河流系统

气候变化对冰和冻土区域的自然水系统已有明显的影响(图 5.2)。北极海冰、淡水冰、冰架、格陵兰冰盖、山地冰川和南极半岛冰川及冰盖、积雪和多年冻土层正在加速融化,在许多由冰川和积雪融化补给的河流,径流量增加,春季洪峰流量提前。热带的安第斯山地区以及阿尔卑斯山地区冰川融化加快。

许多地区由于湖泊和河流变暖,其化学与热力结构以及水质也发生了变化。

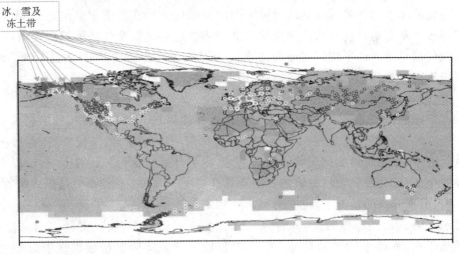

图 5.2　在冰雪圈观测到的冰、雪及冻土带的变化(IPCC 2007)

我国天然的水系统主要分布在西部地区的青藏高原和西北山区的冰川、河流与湖泊。在最近 30 年,青藏高原冰川的面积减少了 4420 km²,年减少率 147 km²;由于气候变暖每年冰川融化的总水量相当于黄河的年径流量,近 500 亿 m³。冰川湖泊溃决洪水增加,青藏高原和新疆的一些湖泊的面积扩展,水位升高。自 1961—2001 年西藏温度升高近 3℃,1982 年 14 号冰川还连为一体,到 2006 年冰川已经断开(见图 5.3)。新疆乌鲁木齐河源一号冰川也从原来的一个整体断开了。

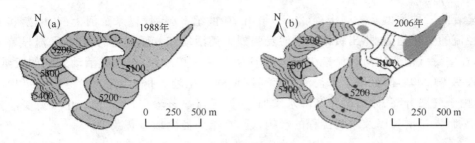

图 5.3 西藏 14 号冰川的退缩

(a)利用刘时银(2002)年冰川面积与储量体积关系求得;(b)野外观测估计

(2)管理的河流系统

受大型水利工程控制和调水工程以及灌溉系统的影响,我国的六大江河和一些湖泊从总体上属于管理的河流系统。近 30 年来水文水资源发生了以下变化。

江河径流普遍减少:20 世纪 80 年代以来,六大江河的径流都呈减少趋势。其中减少最突出的是海河流域,减少了 4～7 成;其次是黄河流域,中下游减少 3～5 成;再次为淮河流域。长江上游河源地区径流量也有减少趋势。

地下水位下降:地下水径流的变化取决于其补给速度与开采速度。1960—1999年,由于降水量不断减少,降水对地下水的入渗补给量呈逐渐下降趋势。同时,地下水的灌溉用水量也不断增加,这导致地下水位持续下降。1989—1999 年,地下水位下降了近 10 米(毛学森等 2001)。

洪涝灾害加剧:20 世纪 90 年代以来,我国先后发生了 1991 年江淮大水,1996 年海河南系大水,1998 年长江、松花江和闽江大水,2003 年淮河、渭河和汉江大水,2005年淮河和汉江大水,2007 年淮河又发生了流域性大洪水。统计表明,1990—2005 年全国年均洪涝灾害损失达 1100 多亿元。近几年,许多地区还频繁遭受热带风暴潮的袭击,一些地区滑坡、泥石流等山洪灾害频发,严重威胁着人民群众的生命财产安全。

南涝北旱的格局加剧:自 20 世纪 80 年代以来我国南涝北旱的局面进一步加剧(图 5.4)。1980—2000 年水资源总量与 1956—1979 年比较仍为 2.8 万亿 m^3,但北方从占全国总量的 18% 下降到 16%,南方从 82% 上升到 84%。这一变化原因与季风活动、ENSO 事件频繁发生、气温升高蒸发加大以及北方气溶胶浓度增加等多种因素有关。

对于管理的水系统,水文水资源变化受人为的气候因素(温室气体浓度增加)、自然的气候变异以及非气候驱动因素的影响,要把这些因素完全定量分离出来比较困难。目前能够做到的仅限于分离人类活动与气候变化的影响,在这方面的工作有:刘春蓁等(2004)按照气候与人类间接活动(土地利用与土地覆盖变化)对天然径流量衰减的影响,将海河流域山区河流自 20 世纪 80 年代以来径流的变化划分为以气候暖干为主人类活动为辅型、人类活动为主气候暖干为辅型以及人类活动与气候暖干皆不显著的三种类型。王国庆等(2008)给出 20 世纪 80 年代以来黄河上游、中游和下游径流的变化趋势,指出黄河中下游受强烈人类活动和气候变化的影响,径流显著下降;在中游气候变化对径流减少的贡献率为 35%～40%,小于人类活动影响的贡献。郝兴明等(2008)研究塔里木河流域年径流量的变化趋势指出,自 20 世纪 90 年代以来,由于气温升高、冰雪融化和降水增加,源区径流显著增多;在干流和中下游受灌溉水增加、人口增长以及水利工程的影响,近 50 年来径流却显著减少。

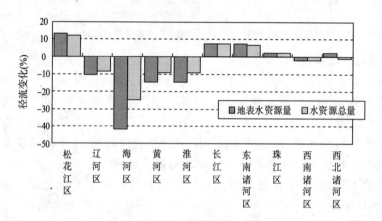

图 5.4　1980—2000 年我国大江大河径流相对于 1956—1979 年期间的变化
(水利部中国水利规划设计院 2004)

(3)水资源的脆弱性

国家或地区尺度水资源的脆弱性可以从水的可获取性(water availability)、水的可靠性(water reliability)以及应对能力(capacity to cope with)三方面来识别(Raskin 1997)。

水的可获取性是指国家、地区或流域通过水文循环可能获得的水,以供社会经济发展、农业生产和生活所需,并以人均年可再生水资源量($m^3 \cdot 人^{-1} \cdot 年^{-1}$)表示。为了估算一个国家或地区的缺水程度,国际社会采用人均年可再生水资源量的临界数值(表 5.3)或多年平均用水量与可获取水量的比值(表 5.4)表示。

表 5.3　缺水程度　　　　　　　　　　　　　　　　　　($m^3 \cdot 人^{-1} \cdot 年^{-1}$)

丰水	不缺水	缺水
＞1700	＞1000 并＜1700	＜1000

表 5.4　水压力程度

无压力	低压力	中等压力	高压力	非常高压力
0～10%	10%～20%	20%～40%	40%～80%	＞80%

水压力是由用水与可获取水量间的不平衡产生。这些表达水压力程度的临界比值由专家表决和经验确定。从(彩)图 5.5 可以看到,在世界范围内我国的华北和西北都处于水压力相当高的地区,也是对气候变化十分脆弱的地区。

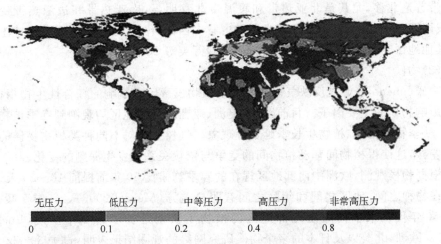

　　无压力　　　　低压力　　　　中等压力　　　　高压力　　　非常高压力

0　　　　　　0.1　　　　　0.2　　　　　0.4　　　　　0.8

图 5.5　当前全球范围缺水分布(采用水压力指标,即用水量占水资源可利用量的份额)(IPCC 2007)

　　在 IPCC 第四次评估报告中,主要考虑气温升高对观测到的水的变化的影响。对其他气候因素的变化,尤其对降水变化的原因研究得很不够。由于降水的自然变异性太大,而雨量观测站网的时间空间分布不均匀、覆盖率低,气候模型对降雨模型的精度比较低,如何在观测到的径流系列里分离出气候的自然变率、人为强迫变化以及非气候因素,包括人为干预与管理实践作用等等,还是非常大的挑战和研究课题。

5.2.1.4　自然生态系统

　　越来越多的观测证据表明,近期的气候变化已经强烈地影响着自然生态系统:动植物的分布向高纬度和高海拔地区推移;生物的物候期提前,20 世纪 80 年代初以来,在许多区域已出现春季植被提前"返青"的趋势,增加的净初级生产力与生长季节延长有关联;某些生态系统的物种数量和种群结构发生变化,少量当地物种消失;高纬海洋藻类、浮游生物和鱼类已向极地方向迁移;高纬和高山湖泊中藻类和浮游动物增加,河流中鱼类的地理分布发生变化并提早迁徙等(IPCC 2007)。

　　(1)自然地带

　　自然地带(physical geographical zone)体现了生态系统的宏观分布格局。自然地带位移强烈地区往往位于两个不同植被类型的过渡区即生态交错带(ecotone)上,如森林草原交错带、草原荒漠交错带、高山林线和树线等。生态交错带是对气候变化最为敏感的地区之一。

由于自然生态系统对气候变化的较强适应能力,在过去几十年中,从现象本身还没有发现气候变化对自然地带产生位移的影响。不过从自然地带的表征指标(日平均气温稳定通过 10℃ 的积温及期间日数)分析,发现 20 世纪 80 年代以来,我国东部温度带普遍北移,尤其是北亚热带和暖温带北移明显,南亚热带和边缘热带变化不大,我国西部地区除滇西南、青藏高原和内蒙古西部所处的各温度带有北移或上抬趋势,其他地区变化不大或略有南压和下移(沙万英等 2002)。

(2)物候

物候(phenology)是反映气候变化对动植物发育阶段影响的综合性生物指标,温度是影响物候的主要因子。目前欧洲、美洲、亚洲等许多地区均观测到春季植物物候提前、秋季物候推迟、植物生长季延长等现象。气候变化对不同种类植物物候的影响存在差异,这使得植物间和动植物间的竞争与依赖关系也发生深刻的变化。

根据物候观测,欧洲中西部地区现在的春季物候比 50 年前提前 10~20 天,变化速率在物种之间、地区之间和年际之间有明显差异(Menzel 2003)。气候变暖使 20 世纪 50 年代以来中高纬度北部地区的植物生长期延长了近 2 个星期(Lucht 等 2002)。欧洲、北美以及日本的多个物候研究网络的观测结果表明,过去 30~50 年植物春季和夏季的展叶、开花平均提前了 1~3 天(Matsumoto 等 2003,Wolfe 等 2005,Delbart 等 2006)。自 20 世纪 80 年代以来,我国东北、华北及长江下游地区春季平均温度上升,物候期提前;西南地区东部、长江中游地区及华南春季平均温度下降,物候期推迟;在春季平均温度上升 1℃ 的地区,春季物候期平均提前 3.5 天;在春季平均温度下降 1℃ 的地区,春季物候期则推迟 8.8 天(郑景云等 2002)。近 10 多年来北京的物候异常偏早,这与北京连续 10 多年的暖冬和春季偏早一致(陈效述等 2007)。

(3)森林生态系统

森林生态系统(forest ecosystem)是全球陆地生态系统的主体,具有很高的生物生产力和生物量以及丰富的生物多样性。气候变化对森林生态系统的影响主要表现在森林生态系统的结构、组成和分布以及生产力和生物量方面;同时,气候变化对森林土壤碳库、氮库、甲烷排放以及土壤呼吸产生一定影响。此外,极端气候事件的发生强度和频率增加,会增加森林灾害发生的频率和强度,增加陆地温室气体排放。

气候变化对不同物种的作用不同,一些不适应新气候条件的树种退出原有的森林生态系统,而一些新的物种侵入到原有的系统中,从而改变了原有森林生态系统的结构、组成和分布。在欧洲西北部等地区的森林,发现有喜温植物入侵而原有物种逐步退化的现象(Penuelas 等 2003,Loacker 等 2007)。一些极地和苔原冻土带的植物受到气候变化的影响,正在逐渐被树木和低矮灌木所取代(Kullman 2001,ACIA 2005)。过去数十年里,受气温升高的影响,北半球一些山地生态系统的森林林线明显向更高海拔区域迁移(Meshinev 等 2000,Walther 等 2005)。过去几十年我国祁连山山地森林林带下限升高,由 1900 m 上升到 2300 m(王根绪等 2002)。黑龙江省 1961—2003 年间气候变化造成分布在大兴安岭的兴安落叶松和小兴安岭及东部山地的云杉、冷杉和红杉等树种的可能分布范围和最适分布范围均发生了北移(刘丹等 2007)。

生态系统生产力是衡量生态系统结构与功能的重要指标,也是衡量生态系统承载力的主要依据之一,是理解地表碳循环过程的重要指标。气候变化强烈影响着森林生产力。气候变化后植物生长期延长,加上大气 CO_2 的肥效作用,使得森林生态系统的生产力增加。不过极端气候事件的发生,如温度升高导致夏季干旱,因干旱引发火灾等,会使森林生态系统生产力下降。气候变暖使得 1982—1999 年间全球森林净初级生产力(Net primary productivity,NPP)增长了约 6%(Nemani 等 2003),尤其是寒带或亚高山森林生态系统的 NPP 增加明显(Barber 等 2000)。在 1982—1998 年期间,北美地区的 NPP 增加了 2%~8%(Hicke 等 2002);我国 NPP 整体上增加,但空间差异明显,在一些地区 NPP 增加高达 31%,而在城市化速度较快的地区 NPP 则下降(Fang 等 2003)。我国气候变化并没有改变森林第一性生产力的地理分布格局,即从东南向西北森林生产力递减趋势不变,但不同地域的森林生产力有不同程度的增加,呈现从东南向西北递增的趋势(刘世荣等 1998)。

(4)草原生态系统

草原生态系统(grassland ecosystem)是以各种多年生草本占优势的生物群落与其环境构成的功能综合体。气候变化对草原生态系统影响的研究内容不够广泛,主要就气候变化对植被群落构成和草场生产力的影响有些初步研究。

气候变化可引起草场植被群落结构产生改变,尤其是严重的气候暖干化,会导致草场退化。我国草地退化的面积以每年 200 万 hm² 的速度发展,北方明显的干旱化趋势是重要的原因之一。在我国青藏高原的海北西部地区,20 世纪 70 年代以前高寒草甸地区原生植被是以异针茅、羊茅为上层,矮蒿草为下层的双层结构植物群落,草原覆盖度大,一般均在 80% 以上,植株较高,可达 50 cm 左右。随着该地区的气候暖干化,植物群落发生了改变,原来双层结构的原生植被体系变为以矮蒿草为优势种的单层结构群落,草场盖度减小(郑慧莹等 1994)。江河源区的草地生态系统极其脆弱,该区从 20 世纪 60 年代以来呈暖干趋势,草地和湿地区域性衰退,出现草甸演化为荒漠、高寒沼泽化草甸草场演变为高寒草原和高寒草甸化草场等现象(严作良等 2003)。

气候变化对草原生长产生的不利影响更为显著,主要导致生产力减少、牧草生长高度下降、草地呈现荒漠化趋势等。近 20~30 年来,在我国青南和甘南牧区、祁连山海北州、内蒙古地区,气温普遍升高、降水减少,水热配合程度减弱,导致牧草产量普遍下降(李英年等 1997,牛建明等 1999,吕晓蓉等 2002)。内蒙古东北部大兴安岭西侧的典型草原区在 1961—2005 年间气候暖干化趋势明显,造成该区牧草气候生产力平均下降率为 200.2 kg·hm^{-2}·a^{-1}(赵慧颖 2007)。

(5)湿地生态系统

湿地生态系统(wetland ecosystem)是由水陆相互作用而形成的自然综合体,水文是其最主要的特征。事实表明,气候变化对湿地生态系统造成了严重破坏,主要体现为水位降低、面积减少、湿地功能下降等。干旱和半干旱地区的湿地对气候变化尤为敏感,因为降水减少可以大大改变湿地面积。全球气温的升高已引起区域湿地的退化及泥炭地的不断减少(Gorham 1994,Larson 1995)。

由于气候变化和人类活动的影响,我国北方河流断流现象频发,湖泊萎缩,水库蓄水量减少,湿地功能下降(国家环境保护局自然保护司 2000)。1950—1980 年,我国的天然湖泊从 2800 个减少到 2350 个,湖泊总面积减少了 11%(中国生物多样性国情研究报告编写组 1998)。东北三江平原湿地资源减少,小叶樟苔草已经向中部扩展,毛果苔草等深水群落面积缩减(刘振乾等 2001)。1971—2000 年来若尔盖湿地暖干化趋势明显,导致湿地的地表水资源减少,湿地面积大幅减少、沼泽旱化、湖泊萎缩,并且加速了草地退化和沙化,使生物多样性丧失,出现湿地环境逆向演变的趋势(郭洁等 2007)。

根据 2004 年世界珊瑚礁状况报告,全球三分之二以上的珊瑚礁遭到严重破坏或处于进一步退化的风险中,而气候变化依然是珊瑚礁所面临的最大的长期威胁;更为严峻的是全球约五分之一的珊瑚礁已经遭受到无法逆转的严重破坏,而约一半的珊瑚礁也接近崩溃边缘(WWF 2004)。

(6)荒漠生态系统

荒漠生态系统(desert ecosystem)是地球上最为干旱的地区,其气候干燥,蒸发强烈。因此,气候变化,尤其是降水的微小变化都会对原本脆弱的荒漠生态系统产生显著的影响,主要体现在荒漠化的范围、发展速度和强度等方面。

气候变化是影响荒漠化的一个主要因素,特别是降水的变化,它在大范围内控制着荒漠化的扩展与逆转过程。降水量减少,地表土壤干燥,植被缺乏或稀少,风沙活动强烈,则荒漠化扩展;降水量增多,地表土壤含水量增加,植被种类增多和盖度提高,则荒漠化逆转(苏志珠等 2006)。例如,我国内蒙古的毛乌素地区在 1953—1986 年间沙质荒漠化面积不断扩展,正是由降水量减少、气候干旱频率增加引起(那平山等 1997)。

(7)林业

——气候变化对森林火灾的影响

气候变化将加剧森林火灾发生的频度和强度。天气变暖会使雷击和雷击火的发生次数增加,防火期将延长,极端火险条件和严重程度增加,森林大火发生概率增高。

2001 年 IPCC 第三次评估报告指出,1860—2000 年全球平均气温上升了 0.4～ 0.8℃,20 世纪 90 年代是 20 世纪最暖的 10 年。加拿大北方林区的火灾在 20 世纪 70 年代以来显著增加(Kurz 等 1995)。虽然林火探测和扑救技术明显提高,但伴随着区域明显增温,1970—1990 年间,北美洲西部北方林年均火烧面积增加了一倍(从 0.28%增加到 0.57%)(Kasischke 等 1999)。欧亚区的森林也呈现相同的趋势(Shvidenko 等 1994,1997,Kasischke 等 1999)。

在全球变暖背景下,近 50 年来中国主要极端天气气候事件的频率和强度出现了明显变化。中国华北、西北东部、东北南部等地区降水量出现下降趋势,有暖干化的趋势(张称意 2005)。全球变暖和降水模式的变化也会影响中国森林火灾的发生。 2000 年以来,东北林区夏季火严重,森林火险期明显延长,夏季火对森林造成的危害更大。大兴安岭的兴安落叶松林是中国对气候变化最敏感、反应最剧烈的地区(蒋延玲 2001)。近年来,大兴安岭林区夏季森林火灾呈现增加趋势,有时甚至超过春季防火期林火发生的次数。黑龙江省 1980—1999 年气温升高,火点和火面积质心均向北和向西移动;火点和火面积质心随降水量增加会向西和向南移动(王明玉等 2003)。

以气候变暖为主要特征的当前气候变化所引起的异常天气频率的增加及森林群落结构的变化,将使火险增加(田晓瑞等 2003a)。厄尔尼诺引起的暖冬和干旱会导致中国春季火灾严重(田晓瑞等 2003b)。受拉尼娜现象的影响,2008 年 1 月中国南方雪灾造成南方林区大量树木树枝或树冠折断,森林中易燃可燃物大量增加,2008 年 3 月南方林区森林火灾远远多于常年。

——气候变化对林业有害生物的影响

世界范围的研究表明,气候变化明显加重森林害虫的危害。如 Williams 等 (2002)的研究表明,由于气候变化对美国东南和西部的影响,引起南方松大小蠹 (Southern pine beetle Dendroctonus frontalis)和山松大小蠹(mountain pine beetle Dendroctonus ponderosae)的区域性大暴发。研究还证明随着温度升高,南方松大小蠹暴发面积增加,暴发区域北移,在年均最低温度上升 3℃后,向北部分布边界可延伸170 km。而山松大小蠹暴发面积减少,暴发区域向高海拔扩散。降雨量增加两种小蠹的发生面积增加。舞毒蛾取食山杨时,CO_2 浓度升高危害减轻,但取食栎树时危害却加重(Lindroth 等 1993)。欧洲行军蛾(The winter pine processionary moth, Thaumetopoea pityocampa)分布受冬季温度的限制,由于冬季温度的升高,在过去的 30 年间,在纬度和海拔两个方向都在不断扩展,2003 年的夏季还出现了迅速扩展的现象(Battisti 等 2006)。

中国气温和森林病虫害发生的有关资料分析显示,气温变化对中国森林病虫害的发生有诸多方面的影响。气候变暖和极端气候事件的增加,使中国森林植被和森林病虫害分布区系向北扩大,森林病虫害发生期提前,世代数增加,发生周期缩短,发生范围和危害程度加大,并促进了外来入侵病虫害的扩展和危害。森林病虫灾害已经成为中国林业可持续发展的重要制约因素。

由于近几十年气温变暖,油松毛虫(*Dendrolimus tabulaeformis*)的分布现已向北、向西水平扩展(萧刚柔 1991)。属南方型的大袋蛾(*Clania variegate Snellen*)随着温暖带地区大规模泡桐人工林扩大曾在黄淮地区造成严重问题。东南丘陵松树上常见的松瘤象(*Hyposipalus gigas L*)、松褐天牛(*Monochamus alternatus Hope*)、横坑切梢小蠹(*Tomicus minor Hartig*)、纵坑切梢小蠹(*T. piniperda L*)已在辽宁、吉林危害严重。

随着全球气候的不断恶化,极端气温天气逐渐增加,严重影响苗木生长和保存率,林木抗病能力下降,高海拔人工林表现得尤为明显,增加了森林病虫害突发成灾的频率。气候变暖和极端事件的增加,有利于外来入侵种建立种群和暴发。近 10 年来,美国白蛾危害中国众多树种,每年扩展 35~50 km;松材线虫(*Bursaphelenchus xylophilus*)危害中国松树林,目前已扩展至中国南方 11 省(自治区、直辖市);红脂大小蠹(*Dendroctonus valens*)危害中国北方油松(*Pinus tabulaeformis*),目前已扩展至山西、陕西、河北、河南四省,发生面积 526 万 hm^2。研究表明该虫 1998 年暴发成灾与 1997 年春季的异常干旱有关(张真等 2005,王鸿斌等 2007)。

(8)生物多样性

大量观测表明,20 世纪的气候变化已经对生物多样性产生了较为深刻的影响,许多物种行为和物候、分布和丰富度、种群大小等都已经发生了改变(Root 等 2003,Parmesan 等 2003),陆地、淡水和海洋生态系统的结构与功能也已经发生了改变(IPCC 2007)。气候变化对生物多样性已经产生的影响表现在对物种的物候和生长、藻类生长、植被迁移及一些昆虫、两栖类、爬行类和鸟类的分布范围改变等方面。

20 世纪的气候变化已经使许多物种的行为和物候发生了改变。观测表明,在芬兰,黑鹅的产卵和孵化期提前(Ludwig 等 2006);在英国,1971—1995 年期间,65 个物种中 78%的物种繁殖期提前 9 天(Crick 等 1997);在北美,3450 个观测结果表明1959—1991 年期间树雀孵卵期提前 9 天(Dunn 等 1999);在美国威斯康星州,8 种鸟的鸣叫期已经提前,1 个推迟(Bradley 等 1999);在我国,1982—1996 年期间华北平原生长季延长(陈效逑等 2007);分布在欧洲的植物开花期已经提前约 11 天(IPCC 2002)。气候变化后,降水和温度变化对物种的物候影响不同。在欧洲,25 种鸟的孵化期与春天气温密切相关,春天气温升高使孵化期提前(Both 等 2004);在北京,1951—2000 年间观测表明,春季山桃始花物候和生长变化与温度变化相关性比与降水的相关性高(张学霞等 2004)。IPCC(2002)技术报告总结了 2500 个研究结果指出,20 世纪的气候变化引起的春秋季节温度升高已经对适应于寒冷气候的爬行类动物生长和繁殖期都产生了影响,在 1978—1983 年,分布在英国的两个蛙类孵化期提前 2～3 周,分布在欧洲、北美和拉丁美洲的鸟类的孵化期也已经提前,分布在美国的鸟和昆虫在春季的迁徙时间也提前,而分布在欧洲的鸟和昆虫在秋季的离开时间却推迟,分布在非洲和澳大利亚的鸟和昆虫迁徙格局也发生改变。

20 世纪的气候变化也已经使一些物种的分布范围发生了改变。对 143 个研究结果进行总结表明,气候变化已经对许多动植物的分布产生了影响(Root 等 2003)。研究表明,蝴蝶(Parmesan 等 1999)、鸟类(Thoms 等 1999)和哺乳动物(Hersteinsson 等 1992)都呈现北移的趋势;在过去 25 年里,分布在英国的无脊椎动物也已经向北或向高海拔地区迁移(Hickling 等 2006)。

20 世纪的气候变化也已经使一些物种的丰富度发生了改变(IPCC 2007)。分析 1902—1974,1975—1984 和 1985—1999 年期间的观测数据表明,20 世纪的最后 10 年,随着气温的升高,分布在荷兰的维管植物中喜热的种类数量增加(Tamis 等 2005)。研究表明,在过去的 40 年中,分布在欧洲的候鸟和留鸟的丰富度都已经发生了不同程度改变(Lemoine 等 2007)。

20 世纪的气候变化也已经引起有害生物向高海拔和高纬度地区迁移,害虫和疾病暴发的强度与频率增加(IPCC 2002)。例如,有研究表明,气候变化后,云杉小蠹暴发频率伴随干旱而呈现增加的趋势,干旱胁迫增加使害虫与寄主关系发生改变,使分布在阿拉斯加的云杉小蠹已朝北发生了迁移,云杉树皮甲虫传染率明显增加(ACIA 2005)。也有研究表明,气候变化也引起生物入侵范围进一步扩大,使一些高山植被的组成发生了改变(Grabherr 2003),气候变化引起的病害加剧导致了分布在美国的一些两栖类动物灭绝(Pounds 等 2006)。

20 世纪的气候变化也已经使陆地生态系统结构发生了改变。分析 1951—1994 年观测数据表明,气候变化已经使分布在爱沙尼亚的森林树种由落叶树种为优势种变成以云杉为优势种(Nilson 等 1999)。又有研究表明,20 世纪 70 年代的降水改变,特别是冬季降水量的增加,使墨西哥奇瓦瓦区的荒漠生态系统中木本植物密度增加 3 倍,以前常见动物数量减少,而少见的一些动物数量增加(Brown 等 1997)。

20 世纪的气候变化也已经使生态交错带结构发生了改变,尤其是森林树线分布高度发生了上移(Walther 等 2005)。研究表明,气温平均升高 0.8℃,使斯堪的纳维亚山系瑞典区域树线上升 100 m 以上(Kullman 2001);气候变化使分布在北美的北方森林以每升高 1℃ 按 100～150 km 的速度向北发生了扩展,使分布在冻原中的草本和地衣植物的丰富度发生了改变,使分布在阿拉斯加的一些北方森林甚至变成了沼泽湿地(IPCC 2002)。

20 世纪的气候变化也已经使河流和湖泊湿地等淡水中的生物多样性发生了改变。研究表明,在过去的 25 年里,分布在高山的河流和溪流水温升高,使棕色鳟鱼这样的水生生物向高海拔迁移(Hari 等 2006);在过去的 15 年里,北欧一些湖泊中的大型无脊椎动物组成发生了改变(Burgmer 等 2007);在过去的 25 年里,分布在英国里恩-布赖恩(Llyn Brianne)的高地溪流水温已经上升了 1.4~1.7℃,使许多大型无脊椎动物受到了影响(Durance 等 2007)。

20 世纪的海水温度升高也已经使海洋生物多样性发生了改变。研究表明,气候变化后,分布在北方海域的热水生物正在被冷水生物所取代,浮游植物组成的变化也引起了海洋中食物链的改变(Dybas 2006)。1989—1998 年期间的观测表明,随着全球气候变暖,分布在地中海东部深海中的线虫功能多样性和均匀度都呈现下降趋势(Danovaro 等 2004);1913—2002 年期间观测表明,随着气候变化,分布在英国海洋的鱼类群落组成发生了极大改变(Genner 等 2004);分布在极地白令海中的冷水鱼已经向北发生了迁移,分布在波弗特海中藻类群落组成改变(ACIA 2005)。气候变化后,随着海水温度的升高,海洋中的珊瑚礁发生了白化(Lesser 2007),同时海水温度上升,冰盖减小,盐度和氧含量改变,使海洋生物的分布范围也发生了改变,分布在高纬度海洋中的藻类、浮游生物和鱼类都已经向极地方向发生了迁移,丰富度和群落结构等也都发生了改变(IPCC 2007)。

专栏 5.2　气候变化将引起物种基因的改变

2006 年 6 月,俄勒冈大学教授布拉德肖和研究员霍尔茨阿普费尔在新一期《科学》杂志上发表文章说,全球气候变化已开始改变鸟类、松鼠和蚊子等多种动物的基因。他们认为,气候变化对动物习性的影响会反映到遗传上,从而改变动物的进化方向。全球气候变化所导致的季节变迁,首先在部分动物的基因上得到反映。目前,北半球适宜动物生长的季节变长、冬季变短而且气温上升,这导致部分动物向北方扩张,迁徙、发育和繁殖的时间提前。过去科学界将这种现象归因于"表型可塑性",即一类动物的某些基因型能根据环境条件的变化调节自己的行为。但布拉德肖等认为,现在某些动物种群全体都按季节变化改变了生理节律,表明它们的基因已发生改变。比如,加拿大的红松鼠每年的繁殖季节提早,德国的一种莺迁徙时间提前。布拉德肖等认为,动物基因适应季节变迁所发生的变化只是第一步,随后动物基因就会发生适应更温暖气候的变化,这种变化又会影响动物种群分布。科学家们预测,未来体形较小、种群数量较庞大而生命周期较短的动物,可能更适应气候变暖;反之,体形较大、种群数量较小而生命周期较长的动物,可能进一步减少,有些可能会被更适应温暖气候的动物所取代。布拉德肖等强调,除非人类认识到气候变化的长期影响并采取切实行动来减缓这种影响,否则人们所熟悉的自然世界"将不再存在"。

源自 Bradshaw, W. E. & Holzapfel, C. M. Evolutionary Response to Rapid Climate Change. *Science*, 2006:312(5779):1477-1478.

5.2.1.5　海平面上升

海洋占有地球表面积的 71%,对于气候变化具有重要作用,其本身既是气候系统的最重要的组成部分,同时又是影响气候变化的重要因素(丁一汇等 2003,秦大河等 2005)。它吸收到达地球表面的大部分太阳辐射能,巨大的水体质量和热容是气候系统中一个巨大的能量储存库,在全球水循环和热循环中具有重要地位(Levitus等 2005,IPCC 2007)。海洋环流及其热输送还调节着海洋—大气之间的能量交换,如黑潮、湾流以及赤道上升流区,都是海—气能量交换最强的海区,海洋环流还承担着气候系统年代际变化的"记忆器",影响着气候年代际变化。

IPCC 在 2007 年发表的气候变化评估报告指出,全球增暖导致海水受热膨胀以及大陆冰盖和山地冰川融化,是造成观测到的全球海平面上升的重要原因(Bindoff等 2007)。全球海平面在数千年中大约上升了 120 m(自上次冰河期结束约 21000 年前),并在 3000～2000 年前稳定下来。从那时起到 19 世纪后半叶全球海平面变化并不明显。20 世纪的海平面上升与温度升高的趋势相一致(图 5.6),20 世纪海平面上升速率约为 1.7 ± 0.3 mm·a^{-1}(Church 等 2006)。1993—2003 年期间的海平面上升速率加快,且区域性差异显著(Zuo 等 2009)。

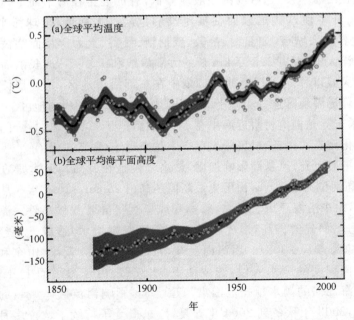

图 5.6　已观测到的全球平均地表温度(a)以及分别来自验潮站的重建数据和卫星高度计数据的全球平均海平面(b)变化。图中量值是指相对于 1961—1990 年各自平均值的距平;平滑曲线表示十年平均值,圆点表示年平均值;阴影区为不确定性区间(据 IPCC 2007 改绘)

　　海岸带更多地面临着气候变化和海平面上升带来的风险,海岸带地区日益增加的人类活动将加剧上述影响。随着全球变暖,海岸带的生态与环境也在变化之中,代表着海洋生态群落的海岸湿地、珊瑚礁和红树林受到气候变化影响。海岸湿地是海岸带的重要土地资源。海岸湿地损失、红树林减少已被列为海平面上升和人类发展共同作用的直接后果,并在许多沿岸地区加剧了海岸带洪水的灾害损失。

　　海平面上升是一种长期的、缓变的过程。监测表明,海平面上升在我国沿海地区已引起一系列环境效应和灾害:海平面上升直接导致潮位升高,风暴潮致灾程度增强,海水入侵距离和面积加大,滩涂损失加剧,加大洪涝灾害的威胁;海平面上升使潮差和波高增大,加重了海岸侵蚀的强度,滨海湿地、红树林和珊瑚礁等典型生态系统损害程度加大;海平面上升和淡水资源短缺的共同作用,加剧了河口区的咸潮入侵程度;降低沿岸工程防洪设施的防御能力,影响了沿海城市排水和供水系统。海平面继续升高还可能淹没我国领海基点的海岛,威胁国家权益。领海基点的后退,不利于我国与周边国家经济专属区的划界谈判。

　　海平面上升对一些低洼岛国和海岸带地区构成严重威胁,海平面的很小升高都会淹没大片区域,加重海岸侵蚀。全世界有 40 多个岛屿国家,还有近三分之二的世界人口居住在沿海一带,这些岛国一般地势低,有的甚至在海平面下,靠堤坝围护国土,海平面上升将使这些国家面临被淹没的危险。据估计,全球海平面上升超过 1 m,一些世界级大城市,如纽约、伦敦、威尼斯、曼谷、上海等将面临被侵没的威胁。我国是个海洋大国,拥有 1.8 万 km 长的大陆岸线和 1.4 万 km 长的岛屿岸线,约有 70% 以上的大城市和 50% 以上的人口集中在东部沿海地区,尤其是长江三角洲、珠江三角洲和环渤海地区这些受海平面上升影响最为严重的脆弱地区。由于海平面上升,海南省乐东县龙栖湾村附近海岸在 11 年内后退了 200 余米,数十间房屋被毁,村庄随海岸变化而三次搬迁,村民的生存空间越来越小(图 5.7)。

　　由于海平面上升,风暴潮影响加剧,最高潮位也在升高。天津塘沽 1992 年 9 月 1 日出现最高潮位为 598 cm,比历史最高值还高出 26 cm。2007 年 3 月,受特大温带风暴的袭击,山东沿海经历了雪灾、寒潮和风暴潮等异常气候事件。温带气旋影响烟台,加之海平面异常偏高,形成超过 2 m 的风暴潮增水,造成直接经济损失多达 21 亿元(国家海洋局 2008)。因海面上升,在辽宁、河北、天津、山东和江苏等省市都已发生不同程度的海水入侵,造成地下“水灾”。由于海平面上升和大潮发生,使珠江口沿海江河的潮水顶托范围沿河道上溯,影响河流两岸城镇的淡水供应和饮用水水质,2003 年秋冬到 2004 年春夏,广东遭受了持续了 7 个多月、近 20 年来最严重的咸潮。

图 5.7　海南龙栖湾海岸侵蚀(国家海洋局 2008)

　　海平面的升高影响了珊瑚和红树林的生长,加剧了我国东部海岸带地区日益严峻的生态环境状况。海平面上升对我国红树林等典型生态系统的影响包括直接和间接两个方面。直接影响是指海平面上升速率超过红树林的沉积速率时,海平面上升导致红树林浸淹死亡、分布面积缩小等(张乔民等 1996),这也是海平面上升对红树林的主要影响;间接影响是指因为海平面上升而导致红树林海岸潮汐特征发生改变、红树林的敌害增多等。海平面上升影响海岸带海域的海洋动力环境,改变红树林的浸淹程度和频率,从而影响红树林的生长与群落结构。

5.2.1.6　人类健康

(1)热浪

　　全球气候变暖常伴随着热浪发生的频率及强度的增加,常导致某些疾病的发病率和病死率的增加,是全球气候变暖对人类健康最直接的影响。疾病死亡率与温度之间的关系,常呈现不对称的"J"形曲线,即随着温度升高,病死率明显升高。受热浪影响引起的高死亡率疾病主要包括心血管、脑血管及呼吸系统等疾病。因热浪造成的死亡数还不能确定,但有一点明确的就是热浪频率和强度的增加将导致某些疾病的死亡数增加。高温热浪强度和持续时间的增加,导致以心血管系统、呼吸系统为主的疾病或死亡率增加。随着全球气候变暖,夏季高温日数明显增多,高温热浪的频率和强度随之增加。特别是湿度和城市空气污染的增加,进一步加剧了夏季极端高温对人类健康的影响。热浪对人类健康最直接的影响是发病率和死亡率的升高(图 5.8)。

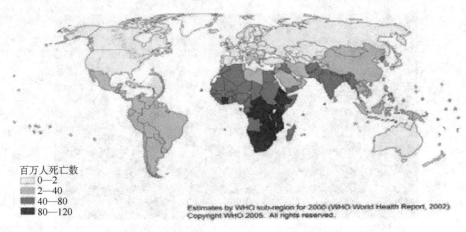

图 5.8　气候变化与死亡人数的关系

在美国,热浪的危险度要超过飓风及暴风雨。2003 年欧洲的极端热浪在短短 2 周内造成了 4.5 万人死亡。2003 年的夏季是欧洲 500 年来最热的夏季,比正常年份平均温度升高了 3.5℃。虽然与温度相关的疾病死亡率因地域不同而不同,但有研究显示在欧洲和北美地区,温度与疾病死亡率之间的相关性相似,表明在相对寒冷和温暖的地带容易发生热浪现象。研究显示在欧洲炎热夏季的某些地区的温度相关疾病的病死率与其他寒冷区域的病死率没有明显差别。而在美国寒冷区域的城市的居民对热浪更为敏感。在城市,热浪对健康的影响要超过郊区或农村地区,城市的"热岛效应"、缺少植被的降温以及空气污染等因素导致热浪现象的出现,来自于全球和局部气候变暖。我国的武汉位于长江中游的两湖盆地,受东南风和海洋暖流北上的影响以及日辐射和下垫面的共同作用,常常是夏季气候炎热。1988 年的武汉热浪年,7—8 月份的死因中,中暑列为第 5 位,第一个 37℃高温峰值的下一天的死亡之比为期望值的 130%,38℃峰值的下一天为 175%,39℃峰值的下一天为 190%。南京 1988 年 7 月 4—20 日持续高温,共发生中暑 4500 例,其中重症中暑 9.2%,死亡 124 例,病死率为 30.2%。2003 年入夏以来,热浪席卷全球,各地气温破纪录地高达 38~42.6℃,许多老年人而因此丧生。热浪波及印度、巴基斯坦、欧洲、中国,仅印度就有 1000 多人被热浪夺去了生命。随着高温热浪的增加,心脏病和高血压病人的发病人数也在不断增加。此外,全球变暖还将导致对流层大气臭氧浓度增加,平流层臭氧浓度下降。上海 1998 年经历了近几十年来最严重的热浪,热浪期间的总死亡人数可达非热浪期间的 2~3 倍,以 65 岁以上老年人死亡率增加更为明显。热浪对婴幼儿的威胁也很大,如果婴幼儿患有某些疾病如腹泻、呼吸道感染和精神性缺陷,在热浪期间最易受高温危害。热浪除中暑死亡这种直接影响外,还将导致以心血管、呼吸系统为主的疾病或死亡。研究表明,随着全球变暖,夏季高温日数将明显增加,心脏病和高血压病人发病和死亡率都将增加。露天工作者,如交警、公共汽车司机、建筑工人,更是受到了热浪的严重威胁。高温使人们容易疲劳驾驶,爆胎、汽车自燃等重大交通事故屡屡发生。

高温使得病毒、细菌、寄生虫、敏感原更为活跃,同时也会损害人的精神、人体免疫力和疾病抵抗力,全球每年因此死亡的人数超过 10 万人。

高温酷热还直接影响人们的心理和情绪,容易使人疲劳、烦躁和发怒,各类事故相对增多,甚至犯罪率也有上升。如纽约 1966 年 7 月的热浪期间,凶杀事件是平时的 135%。北京 2003 年 7 月高温期间交通事故增多,据北京急救中心资料显示:交通事故增加与天气炎热有很大关系。气温高、气压低时,人的大脑组织和心肌对此最为敏感,容易出现头晕、急躁、易激动等,以致发生一些心理问题。

(2)极端事件

极端事件频率和强度的任一强度增加,如风暴、洪水、干旱、台风,都会通过各种方式对人类健康造成影响。这些自然灾害能够直接造成人员伤亡,也可通过损毁住所、人口迁移、水源污染、粮食减产(导致饥饿和营养不良)等间接影响健康,增加传染病的发病率,而且还会损坏健康服务设施。如区域性台风增加,常常会发生灾难性的影响,特别是在资源匮乏的人口稠密区。洪灾、干旱等极端事件已经造成了数百万人死亡,给人类健康带来重大发负面影响。1972—1996 年,全世界每年平均有 2.3 万人死于极端事件,目前非洲是自然灾害相关性疾病发生率最高的区域,80% 的亚洲居民受自然灾难的影响。飓风只发生在海洋表面温度超过 26℃ 的洋面,海洋表面温度升高 2℃ 可提高飓风速度 3~7 m/s,数据显示海洋表面温度在过去 100 年间呈稳步上升趋势,特别是近 35 年来上升的趋势更加明显,平均最高温度发生在 1995—2004 年间。

历史上,洪灾是各种自然灾害中导致死亡损失最大的灾害。气候变化可能增加江河及海岸洪灾,对健康的影响可分为短期、中期及长期。短期影响主要为洪灾引起的大量死亡及损害,中期影响主要包括饮用污染水源引起的疾病传播如霍乱和甲肝等,接触受污染水源引起的疾病如螺旋体病或临时避难所的拥挤导致的呼吸系统疾病。国内专家对 1996 年和 1998 年均遭受特大洪灾的地区按洪灾类型分层抽样,并设立非灾区对照,回顾调查 1996—1999 年洪灾区和非灾区人群各类疾病发病情况。结果显示洪灾区人群 1996、1998 年急性传染病发病率分别为 863.181/10 万和 736.591/10 万,均高于非灾区年均发病率;但灾后一年的发病率与非灾区无差异;循环系统、神经系统、消化系统疾病、损伤与中毒等 8 大类慢性非传染病的患病率灾区高于非灾区。1991 年安徽省发生特大洪涝灾害,造成安徽省年统计的各种传染病总发病率上升,上升病种主要是与水传播密切相关的肠道传染病,其次是儿童易患的呼吸道传染病,自然疫源性及虫媒传染病中流行性出血热上升明显。从传染病月份分布看,洪涝灾害影响传染病上升主要表现在 7—9 月份洪灾中期。水灾期由于阴雨连绵、气候骤变、灾区居住环境拥挤、精神抑郁、心理创伤致人群特别是儿童抵抗力下降,加之计划免疫工作的缺失,易感人群增加,致使儿童呼吸道传染病的发病率上升。1996 年 8 月,河北省 8 个市 91 个县 1517 万人口遭受洪涝灾害,对其中 20 个县 40 个乡 80 个自然村 2080 户 7908 名灾民进行腹泻调查,发现腹泻 939 例,发现洪水时未组织有效井水消毒和户内饮水消毒以及消毒不及时、当地降雨量、家庭有腹泻病人、曾饮用洪水、河水、坑水或敞口井水、环境卫生不处理及不开展防蝇杀虫工作为腹泻的危险因素。

干旱是世界上造成经济损失最多的自然灾害,全球平均每年因旱灾损失 60 亿~80 亿美元,受其影响的人数比其他任何自然灾害都多。干旱可引饥荒已经被广泛认识到。营养不良是目前最大的卫生问题,大约 8 亿人口正处于营养不良的状况,其中大约一半的人口在非洲。干旱和其他极端气候不但可以直接影响农作物的产量,而且还可以通过改变植物病原体的生态系统带来间接影响。研究表明,在世界范围内,气候变化对粮食生产有正负两方面的影响,但发展中国家粮食生产降低的可能性最大。同时干旱引起的水利设施的破坏,带来水源污染可引起腹泻及与贫乏的卫生资源相关的疾病如结膜炎等。1991—1992 年南部非洲出现大旱,受灾人口达 1 亿多。在我国,随着经济的发展和人口增长,干旱造成的损失绝对值呈现明显增大的趋势。根据 1949—1997 年干旱资料及我国 21 世纪人口预测结果,预计 2030 年如果遇 20 年一遇干旱,全国粮食不足量将达 0.5 亿~0.62 亿吨。

厄尔尼诺现象的出现已引起世界上许多地区气候异常,旱、涝、风、雹等灾害性天气频繁发生。研究表明,由厄尔尼诺引起的暖冬气候,影响着人类健康,诱发疾病。暖冬有利于细菌、病毒等微生物的滋生和繁衍,从而传播疾病。一些秋季甚至夏季流行的疾病,如腹泻、伤寒、红眼病等,近年在冬季也时有发生。根据同样的道理,一些春季易流行的疾病,像流行性脑脊膜炎、急性喉炎、病毒性心肌炎等疾病也威胁着人们尤其是青少年的健康。20 世纪 90 年代以后已连续出现 7 个暖冬,人们对于寒冷的适应能力有所下降。一旦隆冬季节强寒潮入侵,气温骤降,不仅对于循环系统的疾病如冠心病、脑血管病、高血压等极为不利,使罹患心肌梗塞和冠状动脉硬化者的死亡率增大,而且还会诱发流行性感冒、支气管哮喘、慢性气管炎等呼吸道疾患。

2008 年年初,我国遭受了一场前所未有的低温雨雪冰冻灾害,造成了大面积的电力供应中断、建筑压垮、通信和交通瘫痪,不仅给居民的生产和生活带来严重的影响,同时也给人们带来了各种健康问题,对卫生部门应对各种气象灾害的应急能力和对策又提出了严峻的考验。冰雪天气,气温极端低下。人受寒冷刺激,使得交感神经兴奋,人体末梢血管收缩,外周阻力增加,动脉平均压升高,心室负荷增加,心肌耗氧增加,高血压、冠心病、脑卒中的死亡率可能明显提升。冰雪灾害造成的意外伤害将会增加,其中背部伤害、踝骨骨折的病例明显增加,有资料表明在暴风雪后的第 5～6 天骨折和伤害达到了高峰。长时间的低温天气寒冷刺激使得交感神经兴奋,支气管内腺体分泌增加,气道反应性提高,支气管容易痉挛,通气换气功能受影响,造成包括小儿肺炎、慢性支气管炎、肺心病、支气管哮喘、自发性哮喘等呼吸道疾病的发病率增加。

(3)空气污染

空气污染物侵入人体有三种途径,呼吸道吸入、消化道摄入和表面接触,呼吸道吸入是其中主要的途径。空气污染与气象条件的关系十分密切。在全球变暖的大环境背景下,由于异常天气的出现,如夏季高温、冬季变暖,干旱等,往往会造成局部地区空气质量下降。特别是在人口密集的大城市,由于城市热岛环流的存在,导致空气污染物不易扩散,造成严重的污染。大城市的污染物质进入人体后,会引起人体感官和生理机能的不适反应,易产生亚临床和病理的改变,出现临床体征或存在潜在的遗传效应,发生急、慢性中毒或死亡等。10 年来,我国大气污染研究的健康效应终点主要包括死亡(总死亡率、疾病分类死亡率如呼吸系统、心血管疾病、脑血管疾病死亡率等)、呼吸系统疾病患病率以及医院门诊、急诊病人数目的变化。同时,大气污染对一些临床症状(如咳嗽、气急等)和亚临床指标(肺功能、免疫功能等)的影响亦有报道。

地球臭氧层是阻挡强紫外线的重要屏障,臭氧层遭到破坏则意味着地球上的生物将受到强紫外线的直接威胁,而温室气体中的氟氢烃为主的气体对臭氧层有极大的破坏性。阳光中的强紫外线会引起皮肤癌和加速老化,提高皮肤癌、白内障和雪盲的发病率。研究表明,随着气温升高将影响地面臭氧的浓度,使地面臭氧浓度呈下降趋势,但这种关系不是线性关系,且只有在温度超过 32℃ 的区域才可以显示出相关关系。研究温度变化同臭氧浓度之间的精确关系,将有助于研究气候变化通过影响空气质量对人类健康的影响,有研究表明,预测非黑色素瘤皮肤癌的发生率在 2050 年后可增加 6%～35%,南半球的上升率要更高一些。青藏高原上空夏季形成的臭氧层低谷现象已引起世界关注,近年来西藏大部分地区出现的气温升高现象表明,臭氧层稀薄已造成高比例的紫外线照射量增大,加之积雪和岩石对紫外线具有强烈的反射作用,使西藏地区白内障发病率居全国之首。

20 世纪 90 年代以来我国北京和沈阳等地研究主要大气污染物(TSP,SO₂)对人群死亡率的急性作用,表明短时间接触高浓度的大气污染物与人群每日死亡率的升高相关。1989 年北京市 TSP(总悬浮颗粒物)和 SO₂ 的年、日平均浓度分别为 $375~\mu g/m^3$ 和 $102~\mu g/m^3$,研究表明在控制了温度、湿度、季节变化等可能的混杂因素后,大气 SO₂ 浓度每增加 1 倍,人群总死亡率、COPD 死亡率、肺心病死亡率、心血管疾病死亡率分别增加 11%、29%、19%、11%;大气 TSP 浓度每增加 1 倍,人群总死亡率、COPD 死亡率、肺心病死亡率分别增加 4%、38%、8%。沈阳过去 10 年内的 TSP

和 SO_2 的年、日平均浓度为 352~449 $\mu g/m^3$ 和 67~178 $\mu g/m^3$。通过比较每天死亡率与之前 3 天的平均污染水平,在控制了当天气温、湿度后,发现与污染水平相关有显著性的有总死亡率、COPD 死亡率、心脑血管病死亡率。大气 TSP 浓度每升高100 $\mu g/m^3$,3 类疾病死亡率分别增加 2%、3%、2%;SO_2 每增加 100 $\mu g/m^3$,3 类死因各增加 2%、7%、2%。时间序列的相关分析还表明,COPD 与 SO_2 相关更密切,而心脑血管病与 TSP 相关更密切。对比分析西安市区大气总悬浮颗粒物对人类健康的影响时,利用人力资本法估算因早亡造成的工资损失、日发病支出的医疗费和误工的工资损失,得出 1995 年西安市大气 TSP 对人类健康影响的经济损失约为 201亿元。

(4)传染性疾病

传染病的传播过程受多种因素影响,包括外部社会、经济、气候、生态因素和人体免疫状态等。许多传染性疾病的病原体、中间媒介、宿主及病原体复制速度都对气候条件敏感。如随着温度升高,动物内脏和食物中的沙门氏菌和水中的霍乱菌的增生扩散速度明显升高。再如在低温、低降雨量及缺少宿主的地区,其媒介传播性疾病较少,气候改变可改变这种生态平衡而引发流行。气候变化还可以通过影响中间宿主的迁移和人口数量造成疾病的流行。许多研究已经发现短期的气候变化对疾病特别是媒介传播性疾病的影响较大。

(5)水源性和食源性传播性疾病

人类健康与水源的水质、可用性、卫生设施及卫生之间关系较为复杂。预测气候变化对水传播性疾病的影响较为复杂,主要原因为社会经济因素决定着安全用水的供给。极端天气如洪涝和干旱可通过污染水源、贫乏的卫生设施及其他机制增加疾病危险度。霍乱是一种较为复杂的水源性和食源性传染病。在热带地区,常年都有病例报告。而在温带地区,只有最热的季节才有病例报告,1997—1998 年的厄尔尼诺引发的洪涝造成了非洲某些地区的霍乱流行。Birmingham 等也在 1997 年发现了饮用来自坦桑尼亚坦噶尼喀湖的水,与霍乱发病之间具有较强的联系。WHO 也提出了气候变暖可造成非洲地区某些湖泊增加霍乱危险度的警告。气候变暖也可通过海洋温度上升,增加霍乱发病的危险度。如长期以来,南美洲太平洋沿海国由于受潮汐影响较小,终年无台风登陆,特别是秘鲁寒流冷水域等不适宜霍乱弧菌繁殖和流行的因素限制,所以在第七次霍乱世界大流行中一直没有发生疫情。但自 1990 年底秘鲁沿海出现了厄尔尼诺现象后,破坏了秘鲁寒流所形成的冷水域屏障,于 1991 年 1月底爆发了霍乱,并迅速传入邻国,当年南美洲有 14 个国家发生霍乱 391220 例,死亡 4002 人,病例数占全球的 65.69%。某些食源性疾病也受温度波动影响,如在欧洲大陆随着气温平均上升 6℃时,约有 30% 的沙门氏菌病病例报告发生。在英国,食物中毒的发生率与前 2~5 周的气温有着密切关系。

　　(6)媒介传播性疾病

　　目前,全球气候变化对媒介传播性疾病影响的研究较为广泛和深入。媒介传播性疾病的传播是宿主(人)、病原体和媒介三者相互作用的结果。媒介传播性疾病的分布和传播与温度、降雨量和湿度等环境因素密切相关。气温和降雨量对中间宿主的繁殖及宿主体内的发育产生影响,雨量和湿度则影响媒介生物的滋生分布。

　　根据已有的生态学研究结果,血吸虫的中间宿主——钉螺的分布范围主要取决于温度、光线、雨量和湿度等自然因素,以我国大陆为例,钉螺分布地区的 1 月份平均气温都在 0℃以上,并与土壤和植被有一定的关系。全球气候变暖所引起的降雨和温度变化,势必会影响血吸虫病的原有分布格局。1996 年梁幼生等提出了气候变化可能对钉螺分布产生影响,1999 年周晓农等提出了研究全球气候变暖对钉螺的分布和血吸虫病流行影响的必要性。

　　我国疟疾流行区主要分布于 45°N 以南的大部分地区。疟疾的分布和传播与温度、降雨量和湿度等环境因素密切相关。气温和降雨量对疟疾中间宿主——蚊子的繁殖及蚊体内疟原虫的发育产生影响,雨量和湿度则影响蚊子的滋生分布。

　　登革热是主要由伊蚊传播登革病毒所致的一种急性传染病,主要分布于热带和亚热带的国家和地区。登革热的传播主要受媒介蚊虫密度的影响,而影响蚊虫密度的主要气象因子是气温和湿度,其中气温是决定因子,即气温是登革热传播的决定因素。登革热患者的病程或传染期很短,为 5～7 天,因此患者不可能作为长期的带病毒者或传染源,同时,感染性蚊虫的寿命也是有限的。所以,必须终年均具备一定气温条件的地区才有可能成为地方性流行区。

　　在我国,淡色库蚊是流行性乙型脑炎的主要传播媒介,乙脑病毒在蚊体发育时,气温低于 20℃失去感染能力,26～31℃时体内病毒滴度上升,毒力增高,传染力增强。我国虽鲜见有乙脑暴发流行的报道,但流行区域较广,我国的大部分地区包括北京都有流行,而且近年来不断北移,造成东北和内蒙古地区也有少量发病。1990 年夏秋,一些省(市)乙型脑炎流行,达到疫苗免疫时代的最高发病人数,发病率比 1989年上升 1.5 倍,发病最多的却是长江以北的河北省。甘肃省 1983—1997 年流行性乙型脑炎疫情分析同样显示,通过加强乙脑计划免疫预防接种及人们健康水平的提高,我国乙脑发病率较解放初期有明显下降。但随着全球气候变暖,某些蚊媒疾病出现疫情再次上升、疫区扩展的趋势。

　　钩端螺旋体病是由致病性钩端螺旋体引起的一种急性传染病,江西省是全国钩端螺旋体病流行较为严重的省份,历年来发病率位居全国前列。梅家模等(2005)从发病状况、自然因素、动物宿主等方面对江西省钩端螺旋体病流行特征进行了研究,结果显示 1973—1998 年钩端螺旋体病发病率与年平均气温之间有一定的联系。另外,钩端螺旋体最适宜的生长温度是 25～28℃,钩端螺旋体病发病高峰期的 7—8 月份平均温度为 26.9～29.8℃,较适宜钩端螺旋体的生长发育,此期间为钩端螺旋体病发病的高峰季节,提示气候变暖可使原来不适合钩端螺旋体生存的区域变成其生存区域,扩大钩端螺旋体病流行范围。进一步对钩端螺旋体病发病率与降雨量分析的结果显示,年均降雨量＞1700 mm 时,年均降雨量与钩端螺旋体病发病率呈正相关,提示气候变暖所引起的降雨变化也是影响钩端螺旋体病流行的一个重要间接潜在影响因素。

5.2.1.7　其他领域

气候变化对社会经济等其他领域也产生了影响。城市局地暴雨频率和强度的增加往往造成局部地区的水灾和内涝积水、道路破坏、交通阻塞、电力中断等,严重影响城市社会经济正常运转和城市基础设施安全。酷热与严寒等极端天气事件发生频率的增加,加大了夏季空调降温与冬季供热的压力,对保障电力供应带来更大压力。

气候变化增加疾病发生和传播的机会,危害人类健康;近年来由于极端天气气候事件及其引发的水文气象灾害频率的增多导致地质灾害形成的概率加大,对重大工程的安全造成威胁;影响自然保护区和国家公园的生态环境和物种多样性,对自然和人文旅游资源产生影响;对某些地区的旅游安全产生了影响。

5.2.1.8　区域影响

(1)东北

过去 100 年,东北地区的温度升高了 1.7℃;目前农作物低温冻害的发生几率已经明显降低,但许多湿地干涸、退化,一些岛状冻土也已开始融化或消失。未来 50 年内,我国冬小麦的安全种植北界可能将由目前的长城一线北进大约 3 个纬度;农牧交错带南移增加了草原的面积,但也存在沙漠化的风险;春旱将加速东北平原西部沙地的荒漠化发展过程。东北地区增温有利于农业生产。作物生长期冻害减少,潜在生育期延长;特殊的生态系统(如湿地和冻土)由于气候变暖和人类活动而退化或消失;部分区域的荒漠化和沙化危险性增加,森林生态系统结构会发生变化。

(2)华北

华北地区 20 世纪 60 年代以来具有降水明显下降、气温升高的趋势。同时,水资源严重亏缺,土地沙漠化十分严重。未来气候可能继续变暖变干,但冬季变暖会促进区域设施农业。需要建立节水型生产体系,因地制宜地实施沙漠化防治,促进区域社会经济的可持续发展。

(3)西北

西北地区 20 世纪 70 年代以来,平均气温升高了 0.7℃,内陆河径流量减少,气象灾害事件增多。预测未来 50 年西北地区气温可能上升 1.9～2.3℃,冰川和多年冻土面积减少。近百年西北地区与中国东部气温变化的趋势基本一致,但西北地区气温变化的强度高于全国平均值,降水量也有增加趋势。根据温度、降水、冰川、河川径流、洪水、湖泊、植被与沙尘暴等 8 方面变化的资料分析以及实地研究表明:西北地区 128 个气象水文观测站 1987—2000 年平均气温较 1961—1986 年升高了 0.7℃;从降水量比较,后一时段较前一时段有增加趋势,其中北疆增加 22%,南疆增加 33%,河西及青海部分地区增加 10%～20%。

(4)华东

气候变化曾使长江三角洲地区双季稻种植制度经历了"四进四退";华东地区极端气候事件的增加对农作物生长造成不利影响,同时对人体疾病的发生有直接影响。近 50 多年来(1951—2002 年)华东地区气温呈增加趋势,增加幅度在 0.3～1.5℃之间;增温主要出现在 20 世纪 80 年代中叶以来的这段时期。华东地区约 70%地方的降水量呈增加趋势,其中 40%地方的降水相对增幅在 10%以上;降水减少的地方主要集中在福建北部至浙江南部的沿海地区,相对减幅在 1%～6.5%之间。华东地区各季节的气候也发生较大变化,气温主要表现在 9—10 月、1—2 月的增温,而夏季气温略有下降;降水的季节变化与气温有较好的对应关系,夏季降水增加明显,雨日的平均降水量增加,暴雨日数有明显增多,春季的降水也有所增加,而秋季和冬季降水有所减少。

(5)华中

1951—2000 年华中地区大约增温 0.03～0.3℃,20 世纪 80 年代开始,冬季最低温度有上升趋势,90 年代是 20 世纪最暖的 10 年,但部分地区出现了冬季变暖、夏季降温的现象。按 10 年段分析,20 世纪 60—70 年代均表现有不同程度的降温,70—80 年代基本为平稳变化,自 80 年代以来按 10 年段分析平均气温升高 0.1～0.3℃。在 1951—2000 年 50 年间华中地区降水变化有升有降。按 10 年段分析,60—70 年代降水相对较多;自 80 年代中期以来,降水的年际间变幅非常明显,90 年代后期曾经出现 1998 年的大范围洪涝。比较引人注意的现象是在原来就相对干旱的区域(比如鄂西北、湘西南)表现了明显的下降趋势,而原来的多雨区域(如鄂东南、湘南、赣北)却有降水增加的趋势。本区旱涝灾害的发生在时间分布上具有明显的"交替性",包括洪、旱灾害的年际交替和年内交替。80 年代以前,以年际交替为主;自 80 年代中期以来,不仅年际间的降水变幅加大而且洪旱灾害同年出现的频率亦有所增加;进入 21 世纪以来,更是连年交错出现大涝与大旱、连续高温与冬季低温以及春秋季连阴雨等灾害性天气。而地域分布上的不均衡性则更增加了灾害产生的不确定性,从而大大增加了防洪抗旱工作的艰巨性和紧迫性。

(6)华南

华南近几十年来海平面上升明显,台风和风暴潮发生频繁。未来珠江三角洲仍是易受海平面上升影响的脆弱区。海平面上升使潮滩、湿地受损,动植物分布带的特征改变,近海生态系统退化。气温和水温的升高会使红树植物向北扩展,但海平面上升将会使红树林退化或难以自然更新。气候变暖海温升高,使与珊瑚虫共生的虫黄藻大量离去或死亡,导致海南和广西等海域珊瑚白化。海平面上升速率加快和风暴增加,将影响珊瑚礁生态系统的发展。

(7)西南

西南地区 20 世纪 50 年代以来,山地灾害的波动周期缩短,成灾频次和损失增多;长江上游治理工程的实施使水土流失的总趋势逐渐减弱。近 40 年来,青藏高原呈升温趋势,降水增加有利于干旱草场植被恢复。在未来气候变化背景下,山地灾害活动强度、规模和范围将加大,发生频率增大;水土流失将随极端天气事件的增多而加重。气候变化对自然和人文旅游资源,以及对旅游者的安全和行为将产生重大影响。

5.2.2　未来气候变化的影响和脆弱性

5.2.2.1　未来气候变化影响和脆弱性的评估方法

(1)对已发生的气候变化影响的评估方法

受人为活动干扰较弱的自然生态系统,其地理分布、物种的物候学特性以及灭绝等变化主要受气候因素的影响。因此,可将其作为指示性指标,评估气候变化对自然生态系统的影响(郝兴明等 2008)。近年来,国际上已经开发了多种方法鉴别气候变化对非生物和生物系统的影响,如利用蝴蝶、企鹅、青蛙和海葵等作为检测指示性物种识别对气候变化的响应,推测气候变化对自然系统的影响。

对于农业、水资源、人类健康等系统,由于受气候变化和其他因素的共同作用,难以分离气候变化对这些系统的单独影响。在农业生产中,农业基础设施改善、新品种选育和种植结构调整等与气候因素以非常复杂的方式一起对植物相互作用,很难区分这些因素对作物生产力的相对作用,作物生产力不能作为单独判断气候变化的指示性指标。气候变化是影响疾病发生的重要因素,但气候变化对人类健康的影响程度取决于社会经济因素,因此,疾病发生率也不能作为单独判别气候变化影响的指示性指标。

(2)对未来气候变化影响的评估方法

——农业生态系统

农业是对气候变化最脆弱的领域之一。中国对气候变化时农业影响的研究起步较早,方法也比较成熟。20 世纪 90 年代,应用 GCM 预估的气象要素月均值,通过简单插值和天气发生器转换,产生逐日气象要素作为作物模型的输入进行站点上影响评估。21 世纪初,利用 PRECIS 进行降尺度分析,构建高分辨率(50 km×50 km)气候变化情景,与空间 CERES 作物模型嵌套,评估空间网格点上不同时段的气候变化情景下主要农作物种植区域和产量的变化(Raskin 等 1997)。

——自然生态系统

研究气候变化对生态系统的影响有三类方法:①实验室模拟和野外观测试验方法;②历史相似或类比法,即在历史上寻求气候在时间或空间上的相似作为未来的佐证;③数值模拟和预测的方法。气候变化对生态系统生物量的影响一般采用经验模型和机理模型,如应用生物地球化学模型(CENTURE,CEVSA)与 PRECIS 构建的气候变化情景相嵌套的方法,研究了气候变化对生态系统的影响。

气候变化对生态系统分布的影响评估方法有以下几个步骤:①构建各类生态系统地理分布的生态气候信息数据库;②定义各类生态系统地理分布的生态气候适应参数区间;③生成各类生态系统地理分布图,以地理分布的生态气候适应参数区间作为该类生态系统的阈值,应用模型模拟生成当前气候条件和未来气候情景下不同生态系统的理论分布图;④对当前气候条件下不同生态系统地理分布和未来气候情景下的地理分布图进行叠加比较,研究未来气候变化对各类生态系统地理分布的影响。气候变化对我国不同树种分布的影响研究就是应用此方法的一个实例。

——水资源

20 世纪 90 年代,气候变化对水资源的影响主要集中在敏感性分析上。利用降水变化情景和增温情景的不同组合,采用不同的水文模型分析不同流域水文变量对气候变化的敏感性。21 世纪始,利用地理信息、典型流域水文资料和 PRECIS 区域气候变化情景,采用国际上通用的可变下渗能力分布式水文模型(VIC),分析水资源系统对气候变化的脆弱性。

——环境

由于气候变化对环境影响涉及水资源、能源、海洋、自然生态系统和农业等领域,对不同环境问题的影响评估所采用的方法不同。如对濒危物种评价主要采用适应性分析的方法,而对生物多样性热点地区的影响评价主要应用气候要素适应性的方法。

5.2.2.2　农业

气候变暖影响气候资源的时空分布,从而改变了原有的单一气候因素或综合气候条件与现存种植制度之间的相互关系。中高纬度地区,温度的升高可以延长作物生长季、减少作物冷害,使作物向更高纬度扩展,农业种植面积扩大(Parry 等 1988,Howden 等 2003)。全球变暖将使作物带向极地移动,年平均温度每增加 1℃,北半球中纬度的作物带将在水平方向北移 150～200 km,垂直方向上移 150～200 m(蔡运龙 1996,Newman 1980)。我国年平均温度增加 1℃时,大于等于 10℃积温持续日数全国平均可延长 15 天左右,全国作物种植区将北移,到 2050 年,气候变暖将使大部分目前两熟制地区被不同组合的三熟制取代，三熟制的北界将北移 500 km 之多，从长江流域移至黄河流域；而两熟制地区将北移至目前一熟制地区的中部，一熟制地区的面积将减少 23.1%（《气候变化国家评估报告》编委会 2007）。

　　气候变暖后，除了作物的适生区会发生变化外，主要作物品种的布局也将发生变化，如未来气候变化下美国小麦带的主栽品种将以抗旱品种为主（Rosenzweig 1985）；我国华北目前推广的冬小麦品种（强冬性），因冬季无法经历足够的寒冷期而不能满足春化作物对低温的要求，将不得不被其他类型的小麦品种（如半冬性）所取代，比较耐高温的水稻品种将逐渐向北方稻区发展，华北地区玉米的早熟品种逐渐被中、晚熟品种取代。

　　气候变化也将影响到一些主要产粮国家未来的粮食生产和土地利用模式，对未来世界粮食生产格局产生较大影响。未来由于各地气候变化的差异，水热时空分布的不均匀将直接影响各个地区的土壤含水量和灌溉用水的需求（Hitz 等 2004），从而间接影响农业生产（Fuhrer 2003），而未来水分状况是决定未来很多地区、特别是干旱半干旱地区农业生产的重要因素，如气温升高 1℃，美国的玉米带将向北移（Newman 1980），但玉米的需水量将增加，目前的雨养玉米地区将以灌溉为主。

　　未来 CO_2 浓度的升高将对作物生理产生有利的影响。估计 CO_2 浓度倍增后，全球粮食将增产 10%～30%，水分利用效率也会提高 10%～30% 左右（Ringius 1996）。其中 CO_2 浓度升高对如小麦、水稻和大豆等 C_3 作物会产生更大的正效应，而对如玉米、高粱等这类 C_4 作物，产生的正效应会较小（Houghton 1998）。然而，由于 CO_2 浓度升高导致的气温升高对作物产量的负面影响也是不可忽视的，过高的温度会对作物的生理过程产生一定的影响，如温度大于 40℃ 时，作物的部分生理过程将发生崩溃（Hulme 1996），平均气温的升高会加速作物的生长发育过程，缩短生殖生长期、特别是灌浆期的长短，从而降低作物的产量（Alexandrov 2002）。气温升高特别是夜温升高会引起作物叶温升高，作物呼吸速率加快，同化物积累降低、产量降低，日最低温度每升高 1℃，产量降低 10%，然而最高温度的升高对作物产量的影响不大（Peng 2004）。由于温度的升高，作物蒸腾和蒸散量加大，增加作物对水分的需求，在部分地区、特别是干旱和半干旱地区对作物生长产生负面的影响（Parry 1988）。温度升高也会带来作物病、虫、草害的增加，从而间接影响作物生长，为作物产量带来负面影响（Chen 等 2004，Fuhrer 2003）。未来降雨量的变化也是决定未来气候变化影响的重要因素之一，对未来降水预测的不确定性还很大，特别是对一些气候复杂的地区的预测可信度更低，如受 ENSO 影响的非洲地区、东亚季风地区等。未来区域气候模型的使用将有可能考虑到地形等多种因子对降水的影响，将有可能减少降水预测的不确定性。

　　综合各气象因素的影响，气候变化对作物产量的影响因地区而异，一般来说高纬度地区作物产量将会增加,而低纬度地区将会导致产量降低。气候变化对全球主要粮食作物生产的总体影响可能是较小到中等程度,这个结论与 IPCC 第三次评估报告一致(林而达 1997)。这个结论依赖这样一个假设:即如果没有气候变化,未来全球农业生产的增长率仍然高于人口的增长率,因此将继续长期以来世界粮食价格持续下降的历史趋势。但也还有一种观点认为,随着人口增加而产生的资源退化及技术不足将会改变这种不断改善粮食供应的历史趋势。从区域上看,气候变化各地的粮食生产影响不尽相同。在 CO_2 浓度倍增时,高纬度地区温度增加较明显(邓根云等 1992),如芬兰将增温 4℃,日本将增温 3~3.15℃,独联体欧洲部分将增加 2~3℃,这一地区的小麦、水稻、玉米将不同程度增产,而独联体的大麦、燕麦、马铃薯和蔬菜等可能减产。在中纬度的谷物地带,美国中部、西北欧、乌克兰、加拿大草原地带等地区温度将增加 3~4℃,小麦等将减产。在北欧,年平均温度可增加 3.15~4.15℃,小麦、玉米和其他谷物的产量将依赖于降水的变化。

5.2.2.3　草地畜牧业

草地对气候变化的敏感性表现在温度和降水变化在植物生长发育过程中产生的响应上。气候变化达到一定阈值时,植物会向正向或反向响应。草地植被的响应,包括群落植物种类构成的变化、物候变化、生长期变化和生物量变化等。长期气候变化还会导致群落演替,使植物生态类型发生变化。

对于草地,干旱是引起植物变化的最主要因素,降水减少和温度增加都会引起干旱化,从而使草地退化。季劲钧等(2005)应用大气植被相互作用模式(AVIM)模拟了内蒙古半干旱草原的净初级生产力和生物量,在此基础上,通过气温和降水变化的敏感性控制试验探讨了气候变化对草地初级生产力的影响机理。研究表明,无论是降水或温度的变化对草地的生产力都有显著影响。降水增加,生产力增加;而温度增加,生产力下降。气候变化对生产力影响的机理是:降水增加改善了土壤的水分供给条件,增强了光合速率,从而提高了生产力。温度增高,一方面可以增加光合速率,另一方面却使蒸散加强、土壤变干、光合速率下降,而后一作用过程在半干旱地区大于前者,因而温度增高使生产力下降。单一气候因子敏感性试验表明,温度增高或降低 2℃,年净初级生产力(NPP)变化约 20%,中纬度半干旱草地地上生物量可以改变 30% 以上。降水量变化 50%,年 NPP 改变 37%,地上生物量将改变近 30%。

而对于大针茅草原,蔡学彩等(2005)根据中国科学院内蒙古草原生态系统定位研究站在大针茅样地(面积 500 m×500 m,地理坐标 43°32′20″—43°32′40″N,116°33′00″—116°33′30″E)的地上生物量与气候观测资料,利用 SPSS 分别进行大针茅群落地上生物量与年降水量、月降水量、关键时期(4—6月与6—8月)降水量以及1—7月总降水量的相关分析;对年降水量接近的 1982、1983 和 1989 年(分别为

283.2、289.9、287.2 mm)的地上生物量进行方差分析;运用积分回归模型模拟了降水的季节分配对群落生物量的影响。结果表明:①群落生物量的年际变化与年降水、月降水、关键时期降水(4—6月和6—8月)以及1—7月降水量的变化没有显著的相关性($P>0.1$);②在年降水量接近的年份,群落的地上生物量之间存在显著差异。说明气候变化的影响与群落生态适应性有关,当植物不能适应气候时才会产生不良反应。而对于耐旱种群,程度不强的降水减少还不足以使其产生不利影响。

不同气候条件下,高度脆弱和极度脆弱的自然生态系统主要分布在我国内蒙古、东北和西北等地区的生态过渡带上及荒漠—草地生态系统中。当气候趋于变干和变暖时,草地生态系统向退化方向发展,趋于荒漠化。

5.2.2.4 水资源

在多个温室气体排放情景下,全球气候模型给出2050年高纬地区降水量增多,副热带地区降水量可能减少。IPCC"气候变化和水"的特别报告给出了五个气候模型在A1温室气体排放情景下2050年全球径流的变化。在高纬地区和东南亚不同气候模型几乎给出相同的模拟结果,即高纬地区径流增加,东南亚径流减少。但在中纬度结果相差悬殊。不同的模型在同样的排放情景下给出不同的结果。储存在冰川和雪盖中的水将逐渐减少。降水强度及变异性的增加将导致洪水、干旱发生的风险加大。水温的升高和洪水、干旱极端事件的变化将影响水质并加速不同类型的水污染。气候变化将影响水力发电、防洪工程、灌溉系统以及水管理等水利基础设施的功能和运行。当前的水资源管理经验已不能很好地对付气候变化的影响。气候变化对习惯于用历史水文数据指导未来条件的传统假定提出了挑战(IPCC 2007)。

气候变化对我国水资源的影响害大于利。由于未来气候的年际与年代际变化加大,水资源时空分布格局将发生较大变化,水资源的年内和年际变化加剧,洪涝和干旱等极端事件发生的频率与强度可能增加。对水资源管理、防汛抗旱、水利工程的调度运用带来较大困难。特别是气候变暖将加速西部地区冰川的融化,冰川面积与储量将进一步减少,对以冰川融水为主要补给源的河川径流将产生很大影响。气候变暖可能增加北方地区干旱化趋势,进一步加剧水资源短缺形势和水资源供需矛盾。河流湖泊水体的暖化对水质的恶化将产生雪上加霜的影响。

当前我国水资源脆弱的地区,由于水资源的年内、年际变化加大,干旱与洪涝频率增加,经济社会发展,用水量增多,未来水资源的脆弱度将进一步增加。

5.2.2.5 自然生态系统

未来气候变化条件下生态系统将可能受到严重的破坏,IPCC最近总结了未来气候变化对生态系统的关键影响(图5.9)。

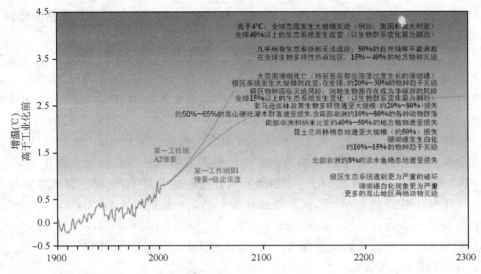

图 5.9　气候变化对生态系统的关键影响预估(IPCC 2007)

折线表示 1900—2005 年这一时期所观测到的温度距平。两条曲线提供了全球平均温度动态变化未来可能演变的例子——多模式平均响应①A2 辐射强迫情景和②延伸型 B1 情景,其中 2100 年之后的辐射强迫保持稳定在 2100 年的值上。白色影子表示中性、较小不利影响或者有利影响或风险;黄色表示对部分系统的不利影响或低风险;红色表示不利影响或范围更广和/或程度更大的风险。图解影响只考虑了气候变化的影响,而忽略了土地利用变化或栖息地破碎化的效应,忽略了过度采伐或污染(如氮沉积)。然而,有几个模式考虑了火灾体系变化,有几个模式考虑了大气 CO_2 上升可能产生生产力强化效应,还有一些模式考虑了减缓效应。

(1)自然地带

未来气候变化将导致水平分布的陆地温度带普遍北移,高原的各自然地带向高海拔移动。未来气候增暖后,我国温度带的界线北移,全部或部分变为低纬度的相邻自然带(赵名茶 1993);而对青藏高原来说,年平均气温上升 2℃,高原寒带、高原亚寒带的东界向西移动 1~3 个经度,高原温带在高原的东部和青海的北部将扩大(赵昕奕等 2002)。

全球变暖后,我国湿润、半湿润、半干旱和干旱区的分布将呈现新格局。原寒温带、中温带湿润地区将变为半湿润地区,原中温带半干旱地区降水的增加将使晋中、陕北、陇东高原丘陵区演变成为半湿润地区,原干旱区的河西走廊东部丘陵平原地区则会向半干旱类型转化。总体看,干湿区分布较气候变暖前的分布差异减少,分布趋于平缓,从而缓和了自东向西水分急剧减少的状况(赵名茶,1995)。未来温度上升,我国极端干旱区和亚湿润干旱区面积将大幅增加,而湿润地区范围缩小(慈龙骏

1994,慈龙骏等 2002)。气温升高、干旱区面积扩大,为荒漠化扩展提供潜在的条件。

（2）物候

根据气温升降和植物物候期提前与推迟的定量关系,预测在未来气温进一步增暖的前提下,全球大多数地区春季物候期将提前,秋季物候将推迟。但由于物候现象还受光周期的影响,具体物候期变化多少天,还是一个复杂的、带有很强不确定性的问题。

英国中部月均温升高 1℃,春季开花日期大约提前 4 天(Fitter 等 1995)。我国未来年均气温升高 1℃,各种木本植物春季物候期提前 3～5 天,而秋季则推迟 3～5天,绿叶期将延长 6～10 天;在 CO_2 倍增且气候增暖的背景下,我国主要木本植物的物候上半年一般提前 4～6 天,秋季的黄叶落叶现象一般推迟 4～6 天,绿叶期一般比现在延长 8～12 天;此外,果实或种子成熟期还将会提前,提前的幅度较春季物候大,北方物候期的提前或推迟幅度较南方大(张福春 1995,徐德应等 1997)。

（3）森林生态系统

受气候变化影响,未来全球森林植被类型和物种的分布将发生大范围的迁移。由于高纬度地区的增温幅度远比低纬度地区的增温幅度大,因此,北方森林的面积将大大减少;温带森林将侵入到当前北方森林地带,而在其南界则将被亚热带或热带森林所取代;同时,受频繁的夏季干旱的影响,温带森林景观将向草原和荒漠景观转变;热带雨林将侵入到目前的亚热带或温带地区(Neilson 1993,Smith 等 1995)。如果全球平均温度的变化超过 3℃,亚马孙森林、中国的针叶林等许多地区很可能会出现重大的变化;如果全球增温小于 2℃,预估北美和欧亚大陆的森林面积将扩展,而热带地区的森林可能将遭受严重的影响,包括生物多样性的损失(IPCC 2007)。

对我国而言,在气温增加 4℃、降水增加 10% 的情景下,青藏高原东南部山地植被有明显森林化趋势,尤其是热性与温性森林面积显著增加(张新时等 1994)。气候增暖将导致东北森林垂直分布带有上移的趋势,若降水也增加,则大兴安岭森林群落中温带针阔混交林树种的比例增加,如红松、水曲柳等(程肖侠等 2008)。受未来气候变化影响,我国落叶针叶林的面积减少很大,甚至可能移出我国境内;温带落叶阔叶林面积扩大,较南的森林类型取代较北的类型;高寒草甸将可能被热带稀树草原和常绿针叶林取代,森林总面积增加(潘愉德等 2001,赵茂盛等 2002)。到 2030 年,我国兴安落叶松、油松、马尾松、杉木、琪桐、秃杉等造林树种和濒危树种的适宜分布面积均有可能减少(郭泉水,1997)。在未来平均气温升高和年降水量增加的情景下,我国杉木分布区北限、华北落叶松分布区南限以及马尾松分布区北界将向北推移或分布下限海拔升高(贺庆棠等,1996)。

受未来气候变化影响,全球森林生产力和生物量的变化幅度从增加到减少都有可能,这取决于植被类型、区域以及气候变化情景。预估在高纬度地区,净初级生产力会有所增长(在很大程度上取决于木本植物能否有效地迁移),而在低纬度地区 NPP 可能下降(IPCC 2007)。在 CO_2 浓度倍增情景下,全球陆地 NPP 将增加;仅气候发生变化时,全球 NPP 将基本不变或稍有减少;在 CO_2 浓度升高及气候变化的情景下,全球陆地的 NPP 显著增加(Melillo 等 1993,Cao 等 1998,Woodward 等 2004)。未来气候增暖将使得我国东北主要针叶树种生物量下降,阔叶树生物量增加;若温度和降水同时增加,则有利于东北地区森林总生物量的增加(程肖侠等 2008)。未来我国森林生产力将增加 1%～10%,且纬度越高的地区增加幅度越大,越湿润的地区增加幅度较大(徐德应等 1997,彭少麟等 2002)。我国主要用材树种生产力增加的顺序(从大到小)为兴安落叶松、红松、油松、云南松、马尾松和杉木(刘世荣 1997)。

(4)草原生态系统

气候变化将改变草原类型区的分布格局。未来我国北方草原区气候的暖干化,将导致各干旱地区的草原类型向湿润区推进(王馥棠等 2003)。青藏高原、天山、祁连山等高山牧场温度升高,各草原的界线也会相应上移。青藏高原高山草原的面积会明显减少,高山草甸/灌丛的面积略有增加,温带草原增幅较大,而温带灌丛/草甸的面积略有增加(Ni 2000)。对全国来说,北方型山地草原面积减少,温带地区的少量荒漠可能会转化为温带草原植被,高寒草原和草甸分别向北方和温带草原演变,而冻原植被也会演变成温带性山地草原(赵义海等 2005)。我国华北地区和东北辽河流域将发生草原化,西部草原退缩,高寒草甸的分布缩小(潘愉德等 2001,赵茂盛等 2002)。

CO_2 浓度的倍增可以使凉湿气候带草地生态系统的生产力平均提高 17%(Cambell 等 2000)。未来温度增高 2℃,则导致我国中纬度半干旱草地年 NPP 减少约 24%,而降水量增加 50%,年 NPP 增加 37%(季劲钧等 2005)。同时考虑气温和降水的变化,我国各类草原均减产,尤其是荒漠草原(牛建明 2001)。温度和降水增加对草地生产力的影响要明显于 CO_2 的肥效作用,因为 CO_2 浓度升高对草地土壤碳吸收的影响还取决于草地生态系统的管理方式(IPCC 2007)。

(5)湿地生态系统

气候变化将通过温度、降水和蒸发量的改变而影响内陆湿地的功能。气候区域暖干化将导致三江平原湿地资源减少、抗干扰能力减弱、生物多样性减少、濒危物种增加、自然退化加快、大面积沼泽湿地演变为草甸湿地(刘振乾等 2001)。

沿海湿地的功能主要受海平面上升、海洋表面温度升高和更加频繁和强烈的风暴活动的影响。海平面每上升 1 m 将使美国海岸湿地损失 26%～82%(Mitsch 等,1993)。海平面上升将使我国长江三角洲附近的湿地面积减少和质量下降,导致潮滩地淹没和侵蚀,使一部分潮间带转化为潮下带。降雨变率增大使得降雨的时间、时长和水位的高低发生波动,这可能会危及内陆和沿海湿地的物种(IPCC 2007)。

未来气候变化将对世界珊瑚礁和红树林产生严重威胁。珊瑚礁对温度变化非常敏感,水温短期上升 $1\sim2℃$,就能使珊瑚礁白化;当温度持续升高 $3\sim4℃$,就可造成珊瑚大面积死亡。由于气候变暖,各种细菌正在太平洋和加勒比海地区的珊瑚礁中迅速大量繁殖,目前这些微生物已成为珊瑚礁生存的新威胁。如果全球持续变暖,到2030 年,所有珊瑚礁的 60％将消失。由于白化而造成的珊瑚破坏很可能在未来 50年发生,特别是大堡礁,因为预计那里的气候变化和直接的人为影响,如污染和采摘,将会使珊瑚每年(2030—2050 年)都发生白化,进而大面积死亡(IPCC 2007)。到 21世纪 80 年代,仅海平面的上升,将使世界 22％的盐沼和红树林丧失。

(6)荒漠生态系统

气候暖干化将进一步增加荒漠化发生的可能性和潜在危险,导致荒漠生态系统分布范围的扩展;但在局部地区有降水增多的可能,则将有利于荒漠化土地的逆转。

未来年均温增加 4℃、降水增加 20％时,我国西部草原将变为荒漠区,荒漠地带沙漠化加剧,青藏高原各植被地带沙漠化趋势加强(周广胜等 1996)。在气温增加4℃、降水增加 10％条件下,青藏高原西部的高寒荒漠大部分转变为温性荒漠,高原山地温性荒漠面积几乎增加了 12％,可见其荒漠化趋势强烈(张新时等 1994)。未来气候变化下,我国荒漠化生物气候类型区明显扩大(慈龙骏等 2002),荒漠分布范围将向西部和高海拔地区扩展(张明军等 2004)。

此外,气候变化还使荒漠生态系统的生物生产力有所提高,同时生态系统功能退化,生物多样性降低。气候变化对荒漠生态系统的结构和功能的影响十分复杂。大气中 CO_2 的加倍将使沙漠生态系统的年初级生产力提高 50％～70％,多年生的灌木更易被多样性低的一年生外来植物所代替,从而使荒漠生态系统功能发生显著的退化(Jordan 等 1999,Smith 等 2005)。

(7)极端事件对生态系统的影响

全球气候变化会改变极端天气、气候事件如干旱、洪水、火灾、病虫害、高温等发生的频率和强度,从而使气候变化对自然生态系统的不利影响程度增强。

气候变化很可能从根本上改变病虫害的空间分布格局,森林病虫害传播范围将可能扩大、程度将加重。干旱灾害将严重影响森林、草原等植物的生长发育,导致土地退化、生产力下降、森林火灾和病虫害的频发。因为温度升高和干旱期频繁出现且更加持久,全球范围内野火将增强且范围扩大(IPCC 2007)。从 20 世纪 50 年代至80 年代,每年发生病虫害的面积呈每十年成倍增长的态势,许多气候条件如干旱、高温、降水等与病虫害的发生发展有密切关系(李克让等 1996)。

(8)林业

——未来气候变化对森林火灾的影响与脆弱性评估

气候变化将增加一些极端天气事件与灾害的发生频率和量级。未来气候变化特点是气温升高、极端天气/气候事件增加和气候变率增大。天气变暖会引起雷击和雷击火的发生次数增加,防火期将延长。极端气候事件,特别是干旱和高温事件对植被有短期和长期的影响(Beniston 2004,Schär 等 2004,Gobron 等 2005)。气候变化增加温度和改变降水模式,提高干旱性升高区域的火险。水分条件改变也可能导致大火,因为湿润年份可燃物积累,在干旱年份火烧。在气候变化情景下,美国大部分地区季节性火险升高 10%(Crozier 2002)。气候升温和 CO_2 增肥效应的联合作用可能导致美国西部更频繁和更猛烈的火灾,且火险期将延长(Donald 等 2004)。气候变化会引起火循环周期缩短,灌木林火烧间隔期从 20 年缩减至 16 年,林地则从 72 年缩减至 62 年,火灾频度的增加导致了灌木占主导地位的景观(Florent 等 2002)。许多学者把气候模式与森林火险预测耦合,预测未来气候变化情景下的森林火险变化,并提出林火管理战略的调整问题。例如,Stocks 等(1998)采用了两个通用循环模型(CGMs)研究了北方林火天气的季节变化,并与当前的天气进行对比。研究结果表明在大气 CO_2 倍增情景下,高和非常高的火险天气日数增加 7%,极端火险天气日数增加 4%。Brown 等(2004)利用气候模型估计了美国西部 21 世纪气候变化将引起的森林火险变化,由于相对湿度的变化,高火险天数增加 2～3 周。澳大利亚大部分地区在 $2×CO_2$ 情景下火险升高,东南部尤为明显(Beer 等 1995)。未来澳大利亚发生中低强度的火险天数频率降低,但一些地区极高和很高火险日出现频率增加(Williams 等 2001)。

——未来气候变化对林业有害生物的影响与脆弱性评估

随着气候变化的加剧,以极端气候事件为诱因的森林病虫害发生的强度和频率将会大大增加,对森林安全将构成极大威胁。全球气候变化对病虫害的发生的影响是目前国际上研究的热点之一。大量的研究表明全球气候变化的可能影响主要在以下几个方面:①使病虫害发育速度增加,繁殖代数增加;②改变病虫害的分布和危害范围,使害虫越冬代北移,越冬基地增加,迁飞范围增加,对分布范围广的种影响较小;③使外来入侵的病虫害更容易建立种群;④使昆虫的行为发生变化;⑤改变寄主—害虫—天敌之间的相互关系;⑥导致森林植被分布格局改变,使一些气候带边缘的树种生长力和抗性减弱,导致病虫害发生(Roth 等 1994,Baker1996,Bale 等 2002,Tenow 1999)。气温对病虫害的影响主要是在高纬度地区。

森林病虫害对气候变化和极端天气/气候事件脆弱性的评估应包括病虫害对气候变化和极端天气/气候事件的敏感性和适应性评估两个方面。敏感性评估又包括病虫害本身的敏感性和所处的生态系统及其环境的敏感性,有研究表明气候变化有可能增加蚜虫天敌的脆弱性(Awmack 等 1997)。全球气候变化对害虫的影响是多样而复杂的,害虫处在不同的气候带、不同环境条件、不同种类和取食不同寄主等条件下,反应是不一样的(Cannon 1998)。一些证据说明:CO_2 浓度升高使蚜虫的危害时间和产卵量增加,寄主挥发物浓度增加,从而危害加重。害虫取食不同的寄主对气候变化的反应不一样,马铃薯蚜虫取食大豆时,CO_2浓度升高使其蛹生产率增加,发育时间不变;而取食艾菊时其蛹生产率没有增加,但发育时间变短(Awmack 等1997)。脆弱性的评估应将CO_2浓度升高和全球变暖的影响进行综合试验和分析,目前对两者的综合作用研究还较少。病虫害的敏感性与其种类、生物学和生活史特性、取食特性等有关,研究表明咀嚼性食叶害虫、潜叶性昆虫、取食木质部的同翅目害虫在种群水平上随CO_2浓度升高,通常存活率或生长速度降低;取食全细胞昆虫种群随CO_2浓度升高而上升;而食籽昆虫种群不受随CO_2浓度的影响;取食韧皮部的害虫,如蚜虫,其种群数量随CO_2浓度升高而增加,且表现出长期作用的效应。

(9)生物多样性

未来的气候变化将可能对物种的丰富度、分布、种间关系和物候等产生更深刻的影响,并且将可能使一些物种的入侵范围扩张、使一些物种灭绝,同时将可能使陆地和海洋生态系统结构功能发生改变等。

未来的气候变化将可能对生物的行为和物候产生一定的影响。研究表明,气候变化后将可能使分布在亚极地湖泊中的植物开花期提前 2 周(Aerts 等 2004),将使一些栖息在温带灌木林中的鸟类孵卵和冬季的返还期提前(Leech 等 2007)。

未来的气候变化也将可能使一些物种的分布范围发生改变。研究表明,气温升高 2℃,分布在南非的动物种类中有 17% 的物种的分布范围将扩展,有 78% 的物种的分布范围将缩小(4%~98%),有 3% 的物种分布范围没有变化,有 2% 的物种分布范围将完全散失(Erasmus 等 2002);分布在南非硬叶灌木群落生物区中的 330 个物种,到 2050 年约有 33% 的物种分布范围将完全改变(Midgley 等 2002)。又有研究表明,气候变化后,分布在美国北部的许多乔灌木树种分布范围将发生改变,一些树种分布范围将破碎化,一些树种的分布范围将扩展(Shafer 等 2001);到 2055 年后,分布在墨西哥的 1870 个物种有 40% 其分布范围将发生改变(Peterson 等 2002);到 2100 年,分布在欧洲的约 1400 种植物中有 10% 的物种将可能从欧洲消失,有 1% 的物种将可能灭绝,在北欧将可能有 35% 的物种入侵,在南欧将可能有 25% 的物种因无适宜分布范围而发生局地的灭绝(Bakkenes 等 2006);到 2050 年,一些分布在英国的极地高山物种也将散失(Holman 等 2005)。

未来的气候变化将可能引起物种丰富度的改变。研究表明,气候变化将使长距离迁徙鸟类丰富度增加,使短距离迁徙鸟类丰富度下降(Lemoine 等 2007);气候变化将使极地无脊椎动物群落组成改变(Dollery 等 2006);气候变化后,分布在南非的乡土植物丰富度将平均下降 41%(Broennimann 等 2006)。还有研究表明,气候变化后,分布在美国的许多地区耐热脊椎动物丰富度将增加,南部哺乳动物和鸟类丰富度将降低(Currie 2001);一些草本和灌木植被中 C_4 类型的植物数量增加,C_3 类型的植物数量下降(Epstein 等 2002);分布在北部的树种的丰富度将增加,分布在较干燥和高温地区的物种丰富度将降低,恒温动物(哺乳动物和鸟类)的丰富度将下降,变温动物(如爬行动物和两栖类动物)丰富度将增加(Hansen 等 2001)。另有研究表明,气候变化后,栖息在芬诺斯坎底亚南部森林中的动物种群数量将增加,云杉、松树和阔叶树数量将减少、优势度将降低,分布在芬诺斯坎底亚北部的一些草本物种丰富度将下降(Niemela 等 2001);分布在亚特兰大中部地区(Mid-Atlantic Region)森林中的榆树和松树优势度将可能增加,桦木和山毛榉的优势度将可能下降(Mckenney-Easterling 等 2000)。也有研究表明,气候变化后,欧洲 122 个物种组成功能群中,温带区的物种丰富度和功能群多样性将散失,北方森林中的物种丰富度和功能多样性将增加,大西洋地区物种丰富度将下降、功能多样性增加(Thuiller 等 2006b);气温升高 1~3℃,冻原生物群中的落叶灌木盖度增加、高度增加,苔藓和地衣盖度减少,物种多样性和均匀度下降(Walker 等 2006)。

　　未来的气候变化也将可能引起一些物种灭绝。研究表明,在气候变化较低升温的情景下(温度升高 0.8~1.7℃)全球将有 18% 的物种灭绝,在中等升温的情景下(温度升高 1.8~2.0℃)将有 24% 的物种灭绝,在较高升温的情景下(大于 2.0℃)将有 35% 的物种灭绝。在中等升温情景下,分布在墨西哥和澳大利亚广大区域的物种在 2050 年将有 15%~37% 灭绝(Thomas 等 2004);全球气温升高 2~4℃ 情景下,到 2100 年分布在南美洲高地的乡土维管植物中有 10%~33% 的物种将因散失栖息地而灭绝(Rull 等 2006);全球气温升高 2℃,分布在澳大利亚热带雨林中的脊椎动物也将濒临灭绝(Williams 等 2003);到 2095 年,分布在亚马孙热带森林中的物种将有 43% 可能消失(Miles 等 2004);在加倍 CO_2 气候变化情景下,分布在全球 25 个生物多样性热点区中的乡土物种中将有 1%~43% 的物种可能灭绝(Malcolm 等 2006)。

　　未来的气候变化也将可能导致一些植物病害分布范围改变,危害增加。研究表明,气候变化后,法国的榆树病害范围从大西洋海岸向东部扩展数百千米(Willis 等 2006),气候变化将可能使松树的甲虫传染率和危害风险增加 2.5~5 倍(Gan 2004)。

　　未来的气候变化也将可能使生态系统分布改变,一些生态系统类型将被其他生态系统所取代。研究表明,气候变化后,寒温带生态系统类型将被地中海生态系统类型所取代,桦木林分布海拔高度上限将上升 70 m,目前桦木林和石楠将被榆树林所代替(Peñuelas 等 2003);全球气温升高 2℃,分布在欧洲的大部分生态系统将受到影响,尤其是分布在北方国家的生态系统受到的影响最为明显,植物多样性将可能增加,而分布在地中海国家的植物的多样性将可能减少(Bakkenes 等 2006)。还有研究表明,气候变化后,分布在欧亚、中国东部、加拿大、美国中部和亚马孙的大片森林将散失,森林将向极地和半干旱热带稀树草原区扩展,全球温度升高 3℃ 以上,影响面积将更大(Scholze 等 2006)。

　　未来的气候变化也将可能使湖泊和溪流的温度、含氧量和溶解性物质及水文过程改变，使风暴发生的频率和强度增加，使河流和溪流及湿地等受到极大的影响。研究表明，气候变化将引起河流水排放减少，进而将导致 75％鱼类到 2070 年灭绝（Xenopoulos 等 2005）；气候变化将可能使美国南部明尼苏达州的湖水水位下降，使湖中的灌木种类减少 50％（Weltzin 等 2003）；气候变化后，冬季温度升高将可能使一些湖泊中的水华事件爆发频率增加（Aberle 等 2007）；气候变化将引起冰床退缩和积雪融化，进而将可能使分布在法国高山溪流中的生物的 α 多样性增加，β 多样性却随积雪和冰的融化而下降（Brown 等 2007）；气候变化也将可能使极地水生生物和生态系统结构功能发生改变（Wrona 等 2006）。

　　未来的气候变化也将可能使海洋生态系统结构与功能发生改变。研究表明，全球温度升高 1℃，全球珊瑚礁将发生白化，海平面上升将导致沿海湿地被淹没，估计到 2080 年将有 20％的湿地将可能散失（IPCC 2002）。另外，气候变化将可能对海洋浮游生物造成较大的影响（Hays 等 2005）；气候变化后，许多海洋和淡水生物物候与分布也伴随水温增加、冰盖变化、氧气含量和环流变化而改变，海藻、浮游生物和鱼类在分布范围和丰富性方面都将改变（IPCC 2007）。

专栏 5.3　气候变暖影响生物多样性新证据

　　2009 年 2 月，发表在《美国国家科学院院刊》上的英国约克大学的一项最新研究成果首次证实，气候变化正在影响热带昆虫这一地球上数量最巨大的动物种群布局，同时这也意味着全球生物多样性正面临巨大威胁。1965 年，该大学的三位大学生曾远赴马来西亚婆罗洲基纳巴卢山开启捕蛾考察征程；2007 年，这所大学的学生又重返故地，登山至海拔 3675 m 捕捉蛾类。新的考察团队采集完样本并进行识别后，把当年每个物种被采集时所在的高度和现在的数据进行比照。统计结果发现，近 42 年来物种平均上移了 67 m，这表明现在这些蛾类被采集时的高度比原来高出许多，以应对气候的变化。研究人员认为，这项发现的意义在于作为马来半岛和新几内亚岛之间最高点和最冷点，基纳巴卢山意味着一个异常重要的"气候变化避难所"。那些发现附近低地过于炎热（或干燥）的物种很可能通过沿山上移来找到合适的生存环境。考察团员之一简·希尔博士说："关键的问题是保护山脉周围的树林，以便于那些低地的物种能够到达它们所需的稍冷环境。"致力于蛾类物种多样性研究的该大学博士研究生陈庆表示："热带昆虫是地球上最具有多样性的动物种群，但至今我们尚未得知它们是否受到气候变化的影响。联合国政府间气候变化专门委员会一份报告并未就此展开充足论证。而我们开展的这项新研究提供了更多证据，证明生物多样性可能前景堪忧。"该大学生物学系克里斯·D·托马斯教授补充道："目前有很多物种已经被局限于热带山林中，比如基纳巴卢山。我们在考察中发现很多物种在地球其他地方已经销声匿迹了。陆地上适于这些物种生长的空间变得越来越小，迫使它们沿山上移以寻求更加凉爽的环境。即便温度适宜，由于大多数山顶峦石林立，很可能这些物种根本无法找到栖身之所，这使得一些物种濒临灭绝。"

5.2.2.6　海平面上升

由于热膨胀和陆地冰的消融，21 世纪海平面的上升速度会比 1961—2003 年间的速度更快，而且区域性特征依旧存在。根据《IPCC 排放情景特别报告》(SRES)的 A1B 情景，预计到 21 世纪 90 年代中期，全球海平面将比 1990 年高 $0.22 \sim 0.44$ m，每年约上升 4 mm。海平面上升有相当大的惯性，将会在 2100 年后仍然存在，持续数个世纪。如果南极西部和(或)格陵兰冰盖崩塌，这种长期的海平面上升幅度将会显著增大。就格陵兰而言，使冰盖崩塌的临界温度比今天的全球平均温度高 $1.1 \sim 3.8$ ℃。根据 A1B 情景，这有可能在 2100 年前发生。另外，稳定气候有可能减少冰盖崩塌的风险，但由于热膨胀的缘故，这能减少但不能中止海平面上升的趋势。

海平面上升将导致风暴潮、洪涝、侵蚀以及其他海岸带灾害频繁发生(中华人民共和国国务院新闻办公室 2008)。海平面升高会抬升风暴潮位，使原有的海堤和挡潮闸等防潮工程功能减弱，从而使受灾面积扩大、灾情加重；另外由于潮位的抬升，使本来不易受风暴袭击的地区也有可能受到波及。预估的海平面上升可能导致更多的沿海居民将遭受到日益频发的风暴潮、洪涝等自然灾害。海平面上升会使沿海土地流失并引发洪水，如地处亚洲的中国、越南、孟加拉、印度每年将有数以百万计的人口遭受洪涝灾害的侵袭(Stern 2007)。到 2050 年，在某些地区，如凯恩斯和昆士兰东南部地区(澳大利亚)以及北方地带至普伦蒂湾地区(新西兰)，由于海平面上升、风暴和海岸带洪水严重程度和频率的增大，预估该地区的海岸带发展和人口增长将会面临更大的风险。

未来海平面上升会对海岸湿地生态系统产生威胁，包括盐沼和红树林是受海平面上升影响的脆弱地区。如果 2000—2080 年海平面上升 36 cm，预计全球将损失 33%的海岸带湿地。最大面积的损失可能发生在美洲的太平洋和墨西哥湾沿岸、地中海、波罗的海和小岛屿地区(McFadden 等 2007)。海岸带生态系统的退化，特别是湿地和珊瑚礁的退化，将会严重地影响依赖海岸带生态系统的产品和服务的社会群体的福祉(Meehl 等 2007，Christensen 等 2007)。例如，在最显著的海平面上升情景下，拉丁美洲海岸带低洼地区的红树林很可能全部消失。

海平面上升将考验海岸带人居环境和基础设施的长期承受力，同时也将使当今人类日益加大海岸带开发利用的趋势受到质疑，包括大规模向海岸带移民的趋势。

　　这给海岸带长期区域规划带来了巨大挑战。如果没有行动,最高的海平面情景与其他气候变化(如风暴强度增加)叠加,将在 2100 年前使一些低洼岛屿和其他低洼三角洲地区荒无人烟(Nicholls 2004)。

　　中国未来的气候变暖趋势将进一步加剧,随着沿海地区降水的增加、小型冰川的融化,中国沿海海平面仍将继续上升。沿海地区是我国经济社会发展最迅速的地区,也是全国人口最集中的地区,约 50% 以上的人口生活在沿海地区。经估算,预计到2050 年,中国沿海海平面将上升 12~50 cm,大于全球平均海平面上升幅度,其中珠江三角洲、长江三角洲和环渤海湾地区等几个重要沿海经济带附近的海平面上升50~100 cm。据估算,当海平面上升 1 m 时,我国沿海将有 12 万 km² 土地被淹,7000 万人口需要内迁。未来海平面上升直接导致风暴潮的初始基面和高潮位的提高,极值高潮位的重现期明显缩短,风暴潮水冲刷和漫溢海堤的几率大大增加,对现有海堤的防御能力形成新的威胁。海平面上升加上地面沉降带来的一系列问题,会给沿海地区的人民生活、城市基础建设和经济发展带来极为不利的影响。

　　根据对海平面上升、沿海低地的高程、海岸防护建筑物等级、风暴潮强度等多种因素的综合评估,将中国海岸带划分为 8 个主要脆弱区(图 5.10)。这是中国海平面上升影响研究必须关注的重点地区。在 8 个脆弱区中新老黄河三角洲(华北平原)、苏北平原和长江三角洲、珠江三角洲是三个最重要的脆弱区。中国海岸带脆弱区面积占沿海省份面积的 9%,占全国面积的 1.5%。

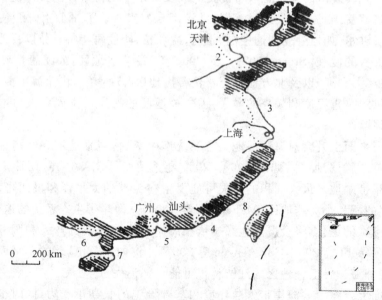

图 5.10　中国海岸主要脆弱区示意图(杜碧兰等 1997)

5.2.2.7　人类健康

未来气候发生变化,气温升高、降水发生变化,大气中的 CO_2 气体含量增加,均对人类健康产生较大影响。评价气候变化对人类健康影响的过程中,除了考虑气候变化对人类健康的直接影响外,还要考虑气候变化对人类健康的间接或潜在影响,如臭氧减少引起的地表紫外辐射增加、农作物产量下降等等,均会对人类健康产生巨大影响。目前国内外关于气候变化对人类健康影响的预测研究已开展多年,但仍处于初级阶段,已公开发表的论文大部分是研究气候异常对健康的影响,而气候变化与人类健康变化之间的关系研究较少,定量预测未来气候变化对人类健康影响的研究更为稀少。

气候变化引起的气温升高、降水发生变化,使得农、牧、渔业产量下降,海平面上升、土地减少、自然灾害增加、农作物减产,使得人类部分地区出现饥饿、营养不良,长期危害健康,特别是青少年和儿童。

目前,国内预测气候变化对媒介传播性疾病影响的研究迅速开展起来,从定性研究逐渐扩展到半定量或定量研究,特别是血吸虫病、疟疾等疾病。

(1)血吸虫病

气候变化对血吸虫病传播的潜在影响可有直接的,也可能是间接的。气候变化的长期影响可能间接影响尤为突出。2001 年起,周晓农等(2004)进行了一系列全球气候变化对血吸虫病传播影响的研究。气候变化对血吸虫病传播的直接潜在影响包括温度及湿度等影响。周晓农等利用空间分析模型观察到我国血吸虫病流行区的北界线与平均最低温度-4℃等值线相吻,提示某一地区的最低气温可决定该地区的钉螺分布范围。因此,当气候变化,如我国北方地区的极端最低温度普遍上升以及南水北调工程等因素同时存在时,钉螺向北方扩散的可能性明显增加。

气候变化引起的湿度变化对血吸虫病传播的潜在影响也较为明显,湿度可改变钉螺滋生地的植被而影响钉螺的分布范围及密度,钉螺的滋生和扩散不断地提供新的潮湿环境。当气候变化,降雨量增加,水域面积增多或地面积水面积增加,可促使血吸虫感染钉螺的机会增多,尾蚴逸出量增多,而哺乳动物接触疫水机会也相应增多,原血吸虫病流行区的流行范围和流行程度也将相应扩大和加重。

近年来,我国长江流域的血吸虫病疫情呈扩散趋势,新流行区不断发现。利用历年 1 月份平均气温和最低平均气温资料,显示全国冬季气温呈明显上升趋势,提示冬季气温变暖有利于钉螺越冬。周晓农等(2004)在近年开展钉螺和日本血吸虫病有效积温模型工作的基础上,结合地理信息系统(GIS)技术利用全国 193 个气象站 1951—2000 年的气象数据资料,构建全国不同地区血吸虫病气候—传播模型,以 2030 年和 2050 年我国平均气温将分别上升 1.7℃和 2.2℃为依据,预测未来全国血吸虫病流行区的扩散趋势和高危地带。2030 年和 2050 年血吸虫病潜在传播区域预测显示,血吸虫病流行区将明显北移。提示血吸虫病潜在流行将随气候变化出现北移,北移敏感区域是今后我国流行区北界线的监测工作重点,同时这一流行区北界线的北移,使血吸虫病受威胁人口也将增加。

（2）疟疾

全球气候变化所引起的温度和降雨变化,势必会影响疟疾的原有分布格局。按大气环流模式（general circulation model,GCM）预测,到2100年全球平均气温升高3～5℃,疟疾病人数在热带地区增加2倍,而温带则超过10倍。估计疟疾病例每年增加5000万～8000万人,22世纪后半叶,世界上将有45亿～60亿的人口生活在潜在的疟疾传播区内。

气候变化同样直接和间接影响疟疾传播,而对疟疾传播的长期影响可能以间接影响为主。直接影响主要包括温度、降雨量及湿度等因子对疟疾传播的影响。环境温度以多种方式影响疟疾的传播。温度支配媒介蚊种的活动,从而决定疟疾的地理分布,媒介种群的繁殖速率取决于温度,通常蚊媒迅速繁殖的适宜温度在20～30℃之间,在此范围温度增高,蚊媒世代发育的时间缩短,因而媒介密度增高,传播速率增大。温度也影响蚊媒的寿命和吸血行为。最适于蚊媒活动的温度范围是20～25℃,温度的微小变化可引起吸血频率的极大差异,随温度升高,两次吸血间隔缩短。温度还影响疟原虫在蚊体内的发育,疟原虫在蚊体内发育有一个最低的温度阈值,在自然条件下,有按蚊存在但无疟疾发生的地区,主要是由于温度低限制了疟原虫的孢子增殖。预测云南省不同纬度和不同海拔的微小按蚊地区,温度升高1～2℃对疟疾传播潜势变化的影响,结果显示40个乡1984—1993年间呈现变暖趋势,厄尔尼诺或暖年对疟疾波动有明显影响;同时数学模式显示当温度升高1～2℃时,云南省微小按蚊地区间日疟传播潜势可增加0.39～0.91倍,恶性疟传播潜势可增加0.60～1.40倍。当温度上升1℃时,疟疾传播季节可延长约1个月;当温度上升2℃时,传播季节可延长约2个月,提示气候变化趋势及其对疟疾传播的影响在我国有所表现。模型预测温度升高所引起的传播潜势升高,将预示随之而来的疟疾发病率增加,流行季节延长。降雨季节的分布也左右着疟疾流行的年内季节变动。

气候变化对疟疾流行的间接影响主要包括洪水使沿海及沿江地区遭受洪水机会增大。洪水过后,媒介滋生地扩大,湿度增高,蚊虫密度迅速上升,寿命延长,且灾民通常较集中,生活条件及防蚊条件差,致使疟疾发病迅速上升。再者全球气候变化,夏季时间和高温时间延长,居民露宿现象相应增加,特别在广大农村地区居民露宿普遍,造成人—蚊接触增多,疟疾流行程度加重。

（3）登革热

研究表明海南省北部地区的整个冬季（3个月）的温度不适于登革热的传播,而南部地区冬季的温度可能适于登革热的传播,但也仅稍高于适于传播的临界温度。

然而,在气候变化的条件下,特别是持续出现暖冬的情况下,当冬季月平均温度升高 1~2℃时,海南省登革热传播的条件有可能发生根本性改变,北部地区可能变为终年均适于登革热传播,而南部地区的传播均处在较高水平,从而有可能使海南登革热的非地方性流行转变为地区性流行,使登革热的潜在危害性更为严重。利用海南省 8个气象站历年 1 月份的月平均气温资料分析海南省冬季气候变化的趋势和幅度,以 21℃作为适于登革热传播的最低温度,借助 GIS 评估气候变化对海南省登革热流行潜势的影响,结果显示位于海南省北部的琼海也具备了登革热终年流行的气温条件,提示冬季气候变化将使海南省半数以上的地区到 2050 年将具备登革热终年流行的气温条件。

气候变化通过虫媒的地理分布范围发生变化、提高繁殖速度、增加叮咬率以及缩短病原体的潜伏期而直接影响疾病传播。气候变化的趋势能使登革热的分布扩散到较高纬度或海拔较高地区。气温还影响登革热的传染动态。在蚊虫的生存范围内,温度的小幅度升高就会使蚊虫叮咬更加频繁,增加传染性。

未来气候变化及其引起的极端天气气候事件增多对人类健康具有重要的影响,且以负面影响为主。对人类所带来的负面影响主要表现在以下几个方面:①改变了生态系统,影响疫源性疾病的分布和传播。气候变暖可以导致某些疫源性传染病的传播增强,引起传播媒介的地理分布扩大而增加全球许多区域媒介性疾病的潜在危险。②加快大气中化学污染物之间的光化学反应速度,造成光化氧化剂的增加并能诱发一些疾病,如眼睛炎症、急性上呼吸道疾病、慢性支气管炎、慢性呼吸阻塞疾病、肺气肿和支气管炎哮喘等病。如暑热天数延长及高温高湿天气可直接威胁人们的健康,气温升高“城市热岛”效应加剧,空气污染更为显著,可进一步影响人类健康。③增强紫外线辐射强度并由此引发一些疾病,如白内障、雪盲、皮肤病等疾病。④引起水质恶化或洪水泛滥进而导致一些疾病的流行,如腹泻、霍乱和痢疾等疾病的传播。⑤引起海平面的升高而发生洪水和风暴潮,会使各种水传播性疾病的发病增加,如钩端螺旋体病、血吸虫病等,威胁人类的健康。⑥引发的社会制度变化,食物及营养供给、人口数量增加及经济衰退等也成为影响人类健康的重要因素。

5.2.2.8　其他领域

未来 20~40 年是我国社会经济快速发展和农村人口城镇化的高峰期。极端天气气候事件的增加将对城市规划与发展模式、产业结构、生态环境、基础设施建设等产生不利影响;气候变化造成的自然物候与气候景观的变化将对旅游业和服务业的整体结构与布局产生深远影响;未来自然资源承载力与环境容量的变化将影响某些产业的布局,并带来生产环境与成本的变化。在降水明显减少、气候干旱化的地区,高耗水的炼油、化工、化肥、电力、冶金、采矿、纺织产业的运转将产生困难;影响城市

雷电明显增加对电子信息产业带来不利影响。气候变化影响农业生产布局,也就影响了农产品加工与食品工业的分布,并进而影响农民居住的生活质量。气候变暖也将对社会生活与行为方式产生影响。全球变暖及与其相连的暴雨、洪水、风暴、极端高温事件的强度和频率的增加,以及细菌等的相对活跃,可能从多方面对中华物质文化遗产构成严重危害。海平面上升导致的风暴潮加剧以及潮水可能淹没的范围扩大对低海拔海岸区的城镇居民生活将带来威胁。

5.2.2.9　区域

(1)东北

根据 PRECIS 区域气候模式预测,在未来 A2 和 B2 排放情景下,21 世纪 80 年代东北地区的温度升高较其他区域明显,年平均温度较基准时段(1961—1990 年)升高约 3.9℃,特别是冬季和夏季的温度升高显著,升温可达 4.4～4.7℃;降水的变化存在季节差异,在 A2 情景下,21 世纪 80 年代年均降水量较基准时段增加 16%,其中冬季的降水增加达到 47.2%,夏季增加量在四个季度中最少,为 12.5%;在 B2 情景下年降水增加约 3.5%,冬季降水增加达 42.8%,而夏秋季降水基本没有变化,并且降水的增加主要集中在南部地区。

另有预测研究表明,在 A1、A2、B1、B2 四种排放情景下,我国 21 世纪 50 年代东北夏季增温达到 1.1～3.0℃,降水增加 4%～12%,21 世纪 80 年代夏季升温 1.4～4.5℃,降水增加 5%～20%。

(2)华北

根据预测,我国华北地区的气温将出现较大幅度的增温现象,在 A2 和 B2 排放情景下,21 世纪 20 年代时温度分别增加 1.0℃和 1.2℃;而降水的变化则显得异常复杂,从长期发展看,华北地区降水总体增加,但在 21 世纪前 20 年降水将减少。但由于温度升高,降水可能趋于更不稳定并且略有增加或减少,地表蒸发大幅度上升,植物(包括农作物)蒸腾增大,对水分需求增加,因此,未来华北地区的水资源将趋于更加紧张,沙漠化进程更加加剧。

(3)西北

预测未来 50 年我国西北地区气温可能上升 1.9～2.3℃,由此导致冰川面积较目前可能减少 27%,冻土面积减少 10%～15%,洪水和泥石流灾害趋于增加,水资源总量将更加匮乏。

随着气候变暖,高山季节性积雪的持续时间也将缩短,春季大范围积雪提前融化,积雪量将较大幅度减少。气候变化没有缓解西北地区水资源短缺的矛盾,相反,还将进一步加剧宁夏、甘肃、青海、新疆等省(区)的人均径流量减少,减少幅度为20%～40%。总的来说,人口增加和社会经济发展对西北地区水资源产生的压力大于气候变化因素。

(4)华东

根据 PRECIS 区域气候模式预测,在 B2 排放情景下,华东地区 2071—2100 年的年平均气温和年降水量将分别增加 2.7℃和 9.4%;各季节平均气温和降水量的预估均值见表 5.5(相对于 1961—1990 年均值)。

表 5.5　华东地区 2071—2100 年气温和降水量变化预估

	春	夏	秋	冬	年
气温(℃)	2.4	2.9	3.0	2.8	2.7
降水量(%)	12.0	10.5	−7.7	1.7	9.4

华东地区其他相关预估结果还有:暴雨和大暴雨日数增加,高温日数增加;2050 年江苏—长江口北部海平面上升 13~56 cm;浙江—广东东部上升 2~39 cm(秦大河等 2005)。

(5)华中

根据 PRECIS 模型预测,在 B2 排放情景下,华中地区 2071—2100 年的年平均气温和年降水量将分别增加 3.0℃和 11.3%。各季节平均气温和降水量的预测均值见表 5.6(相对于 1961—1990 年均值而言)。未来气候变化总趋势将会以气温升高、降水增加和不确定性增强为特征。

表 5.6　华中地区 2071—2100 年气温和降水量变化预测

	春	夏	秋	冬	年
气温(℃)	2.6	3.5	2.9	3.0	3.0
降水量(%)	16.7	8.0	3.8	1.8	11.3

(6)华南

根据英国哈得来中心的 RCM-PRECIS 区域气候模式对我国未来(2071—2090 年)B2 情景下进行的地面最高气温模拟结果可以看出,就年平均最高温度而言,全国地面温度均有不同程度的升高,其中华南地区的升温幅度较小,只有 2.8℃;在降水量变化方面,华南地区的年平均降水将增加 8.3%,春夏两季增加明显,可达 13.3%~14.7%,而冬季华南大部分地区的降水明显减少。

全球气候变暖引起海平面升高。"IPCC 第三次评估报告"指出,按照常排放构想估算,预计到 2030 年全球平均海平面将升高 15 cm,到 2100 年将升高 50 cm。若将排放情景特别报告中所有的结果综合,预计 1990—2100 年全球海平面平均升高的幅度为 9~88 cm。

我国海洋学者根据中国海平面变化预测模型计算结果,21 世纪中国沿海相对海平面,除山东半岛沿海某些海域外,均呈上升趋势。中国沿海 2030 年海平面上升幅度为 1~16 cm,最佳估计值为 6~14 cm;2050 年海平面上升幅度为 6~26 cm,最佳估计值为 12～23 cm；2100 年海平面上升幅度为 21～74 cm，最佳估计值为 47～65 cm。

(7)西南

根据气候专家预测，在未来 10 年、30 年、50 年内，西南地区气温较目前均值分别增高 0.1～0.4、0.8～1.2 和 1.5～2.0℃，降水量较目前均值的变幅分别为 －10%～10%、2%～25% 和 －10%～30%。到 2050 年，西南可能变暖 1.7℃，降水量可能增多 4%～20%。

图 5.11 是与 21 世纪全球平均地表温度不同升幅相关的气候变化全球预估影响示例，很有代表性（IPCC 2007）。

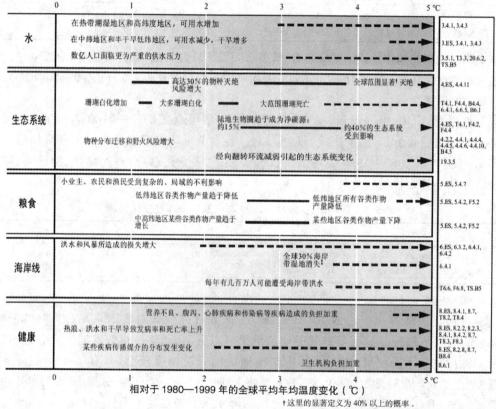

†这里的显著定义为 40% 以上的概率.

‡基于 2000—2080 年海平面平均上升速度 4.2 毫米／年。

图 5.11　与 21 世纪全球平均地表温度不同升幅相关的气候变化（和海平面高度以及相关的大气二氧化碳浓度）全球预估影响示例。用黑线把各种影响联系起来，虚线箭头表示随温度不断升高所产生的影响。所有条目的排列是左侧的文字表示某个特定影响的大致起始时间。水短缺和洪水的量化条目代表气候变化的额外影响，相对于排放情景特别报告（SRES）的 A1FI、A2、B1 和 B2（见尾框 3）情景下的预估状况。这些估值不包括对气候变化的适应。所有条目均引自评估报告各章节中记载的已发表的研究结果。信息出处在本表右侧一栏中给出。所有陈述均为高信度。

5.3　适应气候变化的行动

5.3.1　适应的概念、意义

在生物学中,适应是指种群在环境选择压力下形成的累积性基因反应,包括形态、生理和行为特征等,生物对环境变化适应包括调整、驯化、发育和进化形式。植物在环境中能够正常生活和繁殖后代就是对环境适应的表现,包括可逆性或弹性反应和塑性反应。动物对环境适应包括适应性行为、躲避不利温度、选择合适活动时间和迁移等。

生物多样性适应气候变化是指生物多样性各要素应对气候变化影响的脆弱性所进行的调整、行为和措施及活动等,包括自然适应和人为适应方面。自然适应是生物多样性靠要素自身稳定性、忍耐、弹性和恢复等能力来适应,人为适应主要是靠人为活动的干预来帮助生物多样性适应气候变化。生物多样性适应气候变化包括生物的个体、种群、群落和生态系统对气候变化的适应,体现在物种的适应性进化、生活史特征、迁移等以及生态系统的稳定性、弹性和恢复等。

科学认识生物多样性保护应对全球气候变化能力,提出应对的对策,将是未来生物多样性保护中的重大问题。IPCC(2007)报告中指出,全球增暖幅度超过 1.5～2.5℃,目前评估过的 20％～30％物种灭绝风险将极大增加;超过 2～3℃,25％～40％的生态系统结构功能将发生极大改变,这些变化将对生物多样性保护带来严峻挑战。《联合国气候变化框架公约》(UNFCCC)中明确提出人类社会应对气候变化就是要稳定大气中温室气体浓度,在稳定浓度下使生态系统自然适应、使食物生产不被威胁、使经济能够保持持续发展。这意味着生态系统及生物多样性适应气候变化是 UNFCCC 中的重要内容。同样,在《联合国生物多样性公约》(UNCBD)中也明确提出,使生物多样性适应气候变化是生物多样性公约中的重要内容,也是目前与未来生物多样性保护中的关键问题。因此,科学认识气候变化生物多样性影响,并提出适应对策,对生物多样性保护具有重要的意义。

5.3.2　已采取的适应措施

5.3.2.1　农业

农业的"适应"问题有两个方面:一是"自发"的适应;二是政府有关决策机构积极宣传指导、有计划地进行农业结构调整,提高农业对气候变化不利影响的抵御能力,增强适应能力。

调整农业结构和种植制度,如东北地区水稻面积的扩大、中国某些地区传统的种植业二元结构向粮食作物—饲料作物—经济作物协调发展三元结构的转变等;复种指数的提高;抗逆品种的选育和推广;管理措施的改善,如近年来大力推广的节水农业措施、优化施肥和深施肥技术、水土流失综合治理技术等;农业基础设施建设和改善,如农田基本建设、水利基本建设、农业生态环境建设、高产稳产农田建设、退耕还牧等。

5.3.2.2　草地畜牧业

在长期传统畜牧业生产方式下,对草地缺乏有效的保护和科学的管理,超载过牧现象普遍存在,草原生态环境恶化,草地畜牧业生产科技含量不高,基层乡站服务技能不健全,市场发育和科技信息服务滞后。落后的管理水平与气候变化的不利影响结合,将会加速草地退化。适应气候变化,最主要的是要实现草畜平衡,促进草原畜牧业健康稳定发展。草畜平衡是促进草原生态系统良性循环、实现草原畜牧业持续发展的基础。目前中国草地畜牧业管理部门和牧民已从如下几方面开展自觉适应气候变化的工作:

——合理轮牧。通过季节性放牧和不同区域间隔放牧,实施草地轮牧,使草地得以休养生息,减少退化,维持较高的生产力。

——围栏禁牧。对于因气候干旱和过牧导致退化严重的草地,进行较长时间围栏禁牧,使退休草地恢复生态功能,使生物构成逐渐回复到顶级群落状态。一些地区将生产性草地转化为旅游开发,将草地保护和增收结合起来。

——畜舍建设。通过畜舍建设,增加饮水设施,提高牲畜的防寒能力和防暑能力,对极端气候事件有较好的抗御作用。

——农牧结合。在农牧交错带或农区开展牧草和饲料作物种植,补充牧区冬春季草料不足,避免导致出现草地牲畜"秋瘦冬死"的现象。

——及时进行极端气候事件灾害预测预警,减轻损失。各地气象部门根据天气形势,进行寒潮和暴风雪预报和干旱预测评价,通过政府和各种信息传播途径告知农牧民,可提早采取措施,减轻灾害的影响。

专栏 5.4　大雪加大风,呼伦贝尔草原遭暴风雪袭击形成白灾

2003 年 11 月 19 日晚 8 时至 21 日早 8 时,呼伦贝尔草原出现大雪天气,并刮起 5～6 级大风,对草原牧业生产带来严重影响。据呼伦贝尔市气象台副台长赵可心介绍,受蒙古国气旋影响,19 日 8 时至 21 日 8 时,呼伦贝尔市草原牧区和林区普降中雪,风力 5～6 级,积雪深度 15～29 cm,已经形成白灾。预计这场暴风雪 11 月 22 日晚才能停止。未来几天内呼伦贝尔市地区气温将下降 6～8℃。

呼伦贝尔市畜牧业局畜牧科科长朝克图说,呼伦贝尔草原有可利用草场 1.25 亿亩,但由于入春以来相继遭受旱灾和虫灾,至 7 月下旬,2308 万亩草场未返青,3742 万亩草场返青后又枯死,大部分草场 7 月底才进入生长期,草产量下降 40%～50%。这次牧区降雪面积达 9500 万亩,46 苏木(乡)的 300 万头牲畜缺草料 11 万吨,5 万多名牧民的生产生活面临严峻挑战。

面对新的雪灾,呼伦贝尔市各级党委、市政府紧急组织人力物力进行抗灾自救,确保牧民生产生活和社会稳定,减轻雪灾带来的损失。

来源:http://news.sohu.com/2003/11/22/43/news215904385.shtml,(2003 年 11 月 22 日 09:32)

5.3.2.3　水资源

——推进节水型社会建设。通过制定流域和区域水资源规划,明确初始用水权;确定水资源的宏观控制指标和微观定额指标,明确各地区、各行业、各部门至各单位的水资源使用指标;综合运用法律、行政、经济、科技等多种措施,保证用水控制指标的实现;运用经济手段,发挥价格对节水的杠杆作用;通过制定规划,建立用水权交易市场,实行用水权有偿转让,引导水资源实现以节水、高效为目的的优化配置。

——开发利用非传统水源。洪水资源化、海水利用、污水资源化。

——调整产业结构,改善用水结构。从经济学的角度实现水资源的合理配置,以使有限的水资源发挥最大的经济效益;建立适水型产业结构,是缓解我国水资源问题的重要途径之一。

——加强水利基础设施建设。继续加强水库、河道堤防和分蓄洪区建设,提高抵御自然灾害的能力;科学规划,开辟水源,增加国家整体供水能力,提高水资源对气候变化的适应性;建设必要的跨流域调水工程,实现多流域水资源的优化配置利用。

——完善政策法规,加强水资源综合管理。已逐步建立了水法、防洪法、水资源保护法、水土保持法、海洋环境保护法等法规体系。地方上也制定并执行了相应的取用水许可制度。在加强预防和控制性工程建设的同时,积极退田还湖(河),对生态严重恶化的河流,采取积极措施予以修复和保护。

——加强气候变化公众意识教育。发挥政府的推动作用;加强宣传、教育和培训工作;鼓励公众参与;加强国际合作与交流。

5.3.2.4　自然生态系统

生态系统的适应性包括两个方面,一是生态系统和自然界本身的自身调节和恢复能力;二是人为的作用,特别是社会经济的基础条件、人为的影响和干预等。目前针对自然生态系统适应气候变化已经采取的措施包括：

——陆地生态系统。制定和实施各种与保护陆地生态系统有关的法律和法规。如《中华人民共和国森林法》、《中华人民共和国土地管理法》、《退耕还林条例》等，以控制和制止毁林，建立自然保护区和森林公园，对现存森林实施保护，大力发展林业生态系统建立工程等。

海平面和海岸带。国家和地方的海洋立法，如修订了《中华人民共和国海洋环境保护法》，出台了《海洋环境保护条例》，海南省制定了《红树林保护条例》和《珊瑚礁保护条例》等；强化海洋环境立体监测系统的建设，建立了全国海洋环境监测网，并针对典型海洋生态问题，开展了全国海洋生态调查，在沿海增养殖区设立了 10 个赤潮监测区，提高了赤潮的发现率；为保护海洋生物多样性，建立了国家级和地方级的海洋自然保护区；为了提高公众的海洋环保意识和对海洋环境、海洋灾害和海洋生态系统的认识，国家海洋行政主管部门每年第一季度发布上一年的中国海洋环境公报，包括"中国海洋环境质量公报"、"中国海洋灾害公报"和三年一次的"中国海平面公报"。

5.3.2.5　林业

林业应对气候变化已采取的适应措施：

——植树造林，扩大森林面积，提高森林覆盖率。以林业重点工程为依托，进行荒山荒地造林，禁止滥开垦、滥放牧、滥樵采，加强林分抚育和管护。加强沿海红树林的保护、恢复和管理，恢复和保护沿海红树林区及其湿地环境，提高沿海地区抵御海洋灾害的能力。

——封山育林，建设高效水源涵养林和水土保持林。封山育林不仅可以增加森林面积，而且采用这种方式恢复森林也会减少造林活动本身导致的温室气体排放。

——森林资源保护。通过建立典型森林物种自然保护区，加强和改进森林资源采伐管理、林业征占地管理，提高林业执法能力，有效保护和科学经营森林资源。

——森林火灾防控。采取综合措施，全面提升森林火灾综合防控水平，最大限度地减少森林火灾发生次数，控制火灾影响范围。

——林业有害生物防控。加强和完善应急管理和对松材线虫病、美国白蛾、椰心叶甲、红脂大小蠹、松突圆蚧、杨树蛀干害虫等重要外来林业有害生物和有重要影响的本土病虫种类的除治。

5.3.2.6　生物多样性

生物多样性适应气候变化，目前主要从原则和方法方面进行了定性探讨。如Hannah 等(2002)提出，在生物多样性保护中需要考虑气候变化影响的适应性管理，特别是在设计自然保护区方面需要考虑气候变化的影响；Williams 等(2005)在分析南非物种保护走廊设计中指出，在物种保护走廊设计中需要考虑气候变化对物种迁移影响,以满足物种适应气候变化影响而进行迁移的需要;Hulme(2005)提出,在保护生物多样性适应气候变化影响方面需要主要考虑海平面上升、洪水、火灾和干旱的预防。IPCC(2002)报告中提出,在考虑生物多样性适应气候变化影响中,应建立有利于物种迁徙保护区网络通道,对一些敏感和脆弱物种进行迁地保护。我国气候变化国家评估报告(《气候变化国家评估报告》编写委员会 2007)中指出,生物多样性适应气候变化需要加强自然灾害防御体系建设、开展生物多样性就地保护和异地保护、减少人类活动对生物多样性不利影响等。

5.3.2.7　海平面上升

适应海平面上升的措施选择主要有沿海居民搬迁、提高海堤的防御能力、建设沼泽地/湿地作为海平面上升的缓冲带;在政策框架层面上,将应对海平面上升纳入经济建设和社会发展的相关设计标准和法规,尤其是沿岸脆弱区的地方性法规中要完善海岸带防护战略和响应机制。

这方面的典型实例就是荷兰政府推行的考虑了气候变化的海岸带防护措施。在沿海防灾和抵御洪涝灾害的行动中充分考量气候变化的综合影响;设计防风暴潮护栏时将海平面上升 50cm 的影响考虑在内;沿海填砂、拓宽堤坝,实施合理的水调度,防御设施进行定期安全检查,海岸带规划和工程项目建设中开展海平面上升的风险评估等积极的适应措施(Government of the Netherlands 2005)。

我国海岸带是人口密集、经济发达的地区,实施应对海平面上升的适应措施刻不容缓。国家海洋局构建了海平面上升预测评价业务体系,强化我国沿海地区海平面上升影响评价和灾害区划工作,加强海平面领域的国际合作,动态发布最新的海平面监测、预测、影响评价、对策建议等成果信息,为各级政府和社会公众提供海平面上升及其影响综合信息。结合逐步完善海洋立体观测/监测网,加强海洋环境保护和生态环境修复,实行适合中国海岸特点的海岸带综合管理体制。

海岸带正在经历与气候和海平面有关的灾害的不利后果。海岸带对极端事件(如风暴)是非常脆弱的,会给沿海地区造成巨大的社会经济损失。每年大约有 1.2 亿人遭受热带气旋灾害的侵袭。1980—2000 年,热带气旋已致 25 万人死亡。20 世纪的海平面上升加剧了洪水、海岸侵蚀和生态系统退化。20 世纪后期,温度上升导致海冰和多年冻土融化、岸线后退以及低纬度地区更加频繁的珊瑚白化和死亡现象。面对气候变化和海平面上升,所有的海岸带生态系统都是脆弱的,特别是珊瑚、盐沼和红树林。

表 5.7 与气候变化有关现象的当前和预估的影响(据 IPCC 2007)

现 象	脆弱性的表现	预估的未来脆弱性	受影响的区域和群体
风暴潮	风造成的伤亡和破坏;经济损失;交通运输;旅游;基础设施(如能源、交通运输);保险	风暴潮高发的海岸地区脆弱性增加;可能影响人居环境、健康、旅游、经济和交通运输系统、建筑物和基础设施	海岸地区、人居环境和活动;能力和资源有限的区域和人口;固定的基础设施;保险行业
海平面上升	海岸带土地利用;洪水风险、洪涝;基础设施	增加低注的海岸地区长期脆弱性	贫困区域和人群

5.3.2.8 人类健康

面对气候变暖巨大的影响,人们已经采取和可以采取一系列措施,积极防治。如在建筑方面,结构设计更加合理科学,使用隔热好的材料,安装室内调温装置;灭"四害",铲除蚊虫滋生地以阻止虫媒传染病的传播与流行;增加健康教育,增强自我保护意识等。

在气候变化与人类健康科研和业务方面,目前我国尚存在很大的不足,如基本数据获得困难,卫生信息系统不健全,防治措施滞后,等等;我国现有的气候相关疾病预警预报模型尚不完善,目前只有少数城市开展了逐日气候相关疾病的危险度预报,而且模型的建立缺乏疾病资料,其准确性有待进一步提高。在气候变化与人类健康监测和预警预报系统的建立过程中,由于疾病基础资料获得困难,或者其资料收集的完整性较差,而且往往只是一个地域的资料,由此影响到疾病预报模型或热浪预警预报系统的准确性,预报结果存在较大的地域局限性;气象部门和卫生部门之间合作机制不完善,未能完全实现资料共享、技术交流等。我国现有的相关研究,大多是气象条件对疾病影响方面的,极少是严格意义上的气候变化对人类健康的影响研究。

5.3.2.9 其他领域

中国加强了对极端天气气候事件的监测预警能力建设,基本建立相应的气象及其衍生和次生灾害应急处置机制。强台风和区域性暴雨洪涝等极端天气气候事件的防御取得重大进展,初步建立起气候与气候变化综合观测系统。

针对气候变化可能导致流行病疫区的扩大,国家将进一步加强监测、监控网络,建立和完善健康保障体系。编制城市防洪排涝计划,提高城市防洪工程设计规范的标准。在重大工程的设计、建设和运行中考虑气候变化的因素,相应制定新的标准,适应未来气候变化的影响。

5.3.3　未来应该采取的适应措施

5.3.3.1　农业

农业领域需要继续加强和将要采取的适应性措施:

——农业生产结构性调整,科学地调整种植制度,适应气候变暖。在东北地区,未来气候变暖,扩大冬小麦种植面积,选择生育期较长和产量较高的玉米、水稻新品种;华北地区生长季的水分供应受到影响,冬春缺水更为严重,大力推广节水农业;长江中下游地区,充分利用丘陵山区立体气候条件,发展茶树、柑橘等亚热带经济林木;华南地区,发展一年三熟制,并通过间作套种或混播等方式种植一些快发、早熟的短生育期作物;西南地区。扩大复种面积,推广麦—稻—稻、油—稻—稻或麦—稻—再生稻套晚稻,发展各种喜热喜温性作物和亚热带温带果树、经济价值高的林下药材等;西北地区,逐渐提高复种指数,推广旱地农业技术,蓄水保墒,培肥地力。

——新品种的选育。选育抗逆品种,发展包括生物技术在内的新技术,在种籽收集和筛选的基础上,培育出一批产量潜力高、内在品质优良、综合抗性突出、适应性广的优良新品种,以强化农业适应气候变化的能力。

——综合管理技术。推广优化施肥和深施肥技术,并解决化肥数量不足和施用不对路问题。除了在化肥生产上要增加高效肥、复合肥、配方肥和生物化学肥的比例并逐步加入微量营养元素外,鼓励使用有机肥(如绿肥、厩肥、沼渣等),研究推广土壤养分精准管理和平衡施肥技术,普及科学的施肥方法和科学的田间管理技术。

——农药的研制应建立在对害虫、天敌、农作物生理学和生态学研究的基础上,做到高效低毒和环境友好,阻止有害生物抗药性的产生和发展,推广病虫鼠害综合防治技术等。

——改良灌溉方法,加强节水农业、科学灌溉的研究、推广和应用,开发土壤保墒技术和其他农田管理措施等,改变过去单一的节水技术,向高度集成的综合技术和发挥整体效益的方向发展,蓄水、增水、保水、高效用水并重,农艺节水、生物节水、工程节水"三管齐下",促进节水农业技术向着定量化、规范化、规模化、集成化和高效持续方向发展,提高水的利用效率。

——研究推广以自动化、智能化为基础的精准耕作技术,实现农业的现代化管理,降低农业生产成本,提高土地利用率和产出率。

——合理退耕还牧恢复草原植被,增加草原的覆盖度,提高保土作用,防治荒漠化进一步蔓延。要以草定畜,控制草原的载畜量,扭转当前过度放牧、草场严重超载的现象,建设人工草场,选择耐高温抗干旱的草种并注意草种的多样性,避免草场的退化。

——改善农业基础措施,提高农业应变能力和抗灾减灾水平。气候变化会使中国北方一些干旱和半干旱地区降水趋于更不稳定或者更加干旱,这些地区仍以改土治水为中心,加强农田基本建设,改善农业生态环境,建设高产稳产农田,不断提高对气候变化的应变能力和抗灾减灾水平。同时,合理进行农田灌溉工程和设施的改造,强化综合防治自然灾害的工程设施的建设。

5.3.3.2　草地畜牧业

——要对牧民开展草畜平衡的宣传和教育,改变牧民片面追求牲畜数量和以畜为财的观念。通过宣传培训,使牧民认识到超载过牧对草原、对其自身产生的危害甚至危及他们生存等后果。要积极推广养殖技术、良种繁殖技术,改进生产方式,促进被动以草定畜向主动以草定畜转变。

——大力推行人工草地和饲草饲料基地建设。进行技术培训,提高牧民实行以草定畜的技术水平。增加种植牧草的面积和技术水平,在气候变化背景下,将农业与牧结合起来,在农牧交错带或牧区与农区间异地育肥,提高畜牧业生产能力。

——加强草原建设,逐步提高草原生产力。通过开展人工草地建设、天然草原改良、飞播牧草等措施,逐步恢复草原植被,提高草原生物多样性、生产力和承载能力,缓解草畜矛盾。实行草畜平衡制度,是一项复杂的、系统的工作,既不能减少牧民的牲畜饲养量,也不能任由牧民随意增加牲畜数量;既要保护草原生态环境,又要保证牧民的收入不降低。

——加强畜群和饲养管理,提高适应气候变化和极端气候事件的能力。冬春季节草原白灾和黑灾是导致牲畜死亡的重要外在因素。需要根据气候变化、草料资源和畜群适应气候的能力,调整牛、马、羊等的结构和数量,备足草料,保障牲畜饮水,建设防风保暖棚舍,防病防灾,减少因极端事件灾害或冷冬掉膘、死亡造成的损失。

5.3.3.3　水资源

为积极应对全球气候变化对水资源的影响,必须不断调整治水思路,坚持以人为本,坚持人与自然和谐,推动传统水利向现代水利转变,从向大自然过度索取转变为人与自然和谐相处,从以需定供转变为以供定需,从粗放开发、低效利用转变为集约开发、高效利用;加快水利建设步伐,初步建成防汛抗旱减灾综合体系和水资源配置调度体系,提升水利应对气候变化的能力;通过合理开发和优化配置水资源、完善农田水利基本建设新机制、强化节水和加强水文监测等措施,到 2010 年,力争减少水资源系统对气候变化的脆弱性,节水型社会建设迈出实质性步伐,基本建成大江大河综合防洪除涝减灾体系,全面提高农田抗旱标准。大力推进节水防污型社会建设,加强水资源统一管理,促进经济社会发展与水资源承载力和水环境承载力相协调;完善水利基础设施建设,大力推进节水防污型社会建设,切实加强水土保持和水生态系统修复,努力提高应对气候变化能力,保障防洪安全、供水安全、生态安全,以水资源的可持续利用促进经济社会的可持续发展。

5.3.3.4　自然生态系统

——强化对现有森林进行保护式管理。所采取的措施包括:控制和制止毁林及生态破坏;实施天然林保护政策;对禁伐区实施严格保护,坚决停止采伐;改变天然林的采伐体制,逐步实现木材生产以采伐利用天然林为主向经营利用人工林的方向转变;完善全国自然保护区的网络,建立保护区走廊;防治和控制其他的人为破坏及自然灾害,如森林火灾和病虫害等。

——加强储存式管理。所采取的措施包括:增加天然林、人工林、农林综合生态系统的面积和碳密度;增加木材产品,特别是耐久、耐用的木材产品,扩大碳存储;增大土壤碳固存等。

——发展代替式管理经营。所采取的措施包括:大力发展薪炭林等,以减少或替代矿物燃料;开发长寿木材产品。

——开发为适应未来全球气候变暖的经营管理策略。主要措施包括:选育良种,营造温暖耐旱树种,间伐和轮伐期经营对策等。

——加强沿海防潮设施建设。为了适应全球变暖引起的海平面加速上升趋势,提高防潮设施的设计标准,从现在的 20 年一遇提高到 50 年一遇或更高;加高、加固现有防潮设施。在建设沿海城市环保设施和排水工程方面,应考虑海平面上升的影响。

——提高海岸生态系统的修复与重建的技术水平。研究和应用红树林造林配套技术、优良树种引种和抗旱北移技术、次生林改造技术;制订红树林防护效益测定与评价方法;建立红树林宜林海洋环境指标;开展珊瑚移植实验研究,研究珊瑚礁生态系统多样性的结构、功能和恢复机制。

——加强海岸监测系统建设。运用各种高科技监测手段,特别是卫星遥感和地理信息系统,加强对沿海地区海平面变化、滨海湿地、红树林和珊瑚礁生态系统的变化及各种影响因素的监测,形成长期连续稳定的监测系统。开展有关部门间的技术合作、资料交换和促进监测信息的网络化共享。

5.3.3.5　林业

——植树造林。大力推进全民义务植树运动,扩大森林面积。合理选择和配置造林树种和林种,营造多树种混交林,构建适应性、抗逆性强的人工林生态系统。同时,在造林过程中,充分考虑林分的长期和短期固碳效果,科学选择强阳性和耐阴性树种,尽可能形成复层异龄林。

——封山育林。尽可能地扩大封山育林面积,促进次生林恢复进程。同时,要加强对现有人工林的经营管理,对现存人工纯林进行适度改造,尽可能避免长期在同一立地上多代营造针叶纯林。考虑到未来的气候变化,特别是在中国各气候带交错区域,应尽量避免营造大面积人工纯林,增强人工抗御极端天气的能力。

——建立典型森林物种自然保护区,加强重点物种保护。在现有自然保护区基础上,进一步针对分布在不同气候带的面积较小、分布区域狭窄的森林生态系统类型、没有自然保护区保护或保护比例较少的森林生态系统类型,建立典型森林物种自然保护区,构成完整的保护网络,保证生态系统功能的整体性,提高自然保护体系的保护效率。

——制定和实施相关森林防火和林业有害生物防治法规,加强森林火灾和森林病虫害防控管理。改善森林防火装备和基础设施建设水平,建设生物防火隔离带,提高火灾应急处置能力。加强火险预报,建立森林火险预警体系和分级响应机制,积极加强防火宣传、火源管理、隐患排查等防范措施,不断提高全民防火意识,减少人为火灾的发生。加强与周边国家的联系与技术交流,协商建立突发自然灾害紧急互助机制。加强森林病虫害监测预警工作和 1000 个国家级中心测报点建设和管理。加强和国家气象主管部门的合作,增强监测预报的科学性、时效性和准确性。加强检疫执法,积极与海关部门密切合作,严防外来有害生物入侵。

5.3.3.6　生物多样性

未来的气候变化将可能使物种分布范围和丰富度、多样性等改变,甚至将引起一些物种灭绝,因此需要从就地保护、迁地保护、栖息地以及自然保护区规划管理、植物园、动物园管理等方面采取适应对策等,特别要考虑生态脆弱区(干旱区、高寒地区、沿海地区、高海拔和高纬度地区)物种的适应气候变化对策。另外,自然保护区、植物园、动物园需要进行适应性管理,需要帮助物种迁移,建立物种迁徙走廊和网络,恢复退化栖息地。

未来的气候变化将对珍稀濒危物种造成不利影响,所以需要对这些物种需要采取栖息地保护、就地保护、迁地保护以及监测预警适应的对策。同时,需要开发珍稀濒危物种繁育和种群复壮技术,对气候变化后濒临灭绝的物种需要采取遗传基因保护的技术对策。

未来的气候变化后将导致有害生物危害加剧,包括入侵生物范围增加、病虫害加剧,鼠害和杂草等危害增加,因此需要采取生物防治、化学防治和物理防治结合以及对有害生物监测和预警的综合适应对策。

未来的气候变化后将引起生态系统类型、分布范围和格局发生改变,导致生态系统及景观多样性改变,所以需要采取保护生态系统及景观多样性适应气候变化的对策,包括生态系统及景观多样性变化的监测预警、退化生态系统及景观恢复和促进进展演替的适应对策。

自然保护区具有保护物种、生态系统和自然遗迹的功能,气候变化后保护区的这些功能将改变,所以需要区域的保护区网络设计、建立通道和单个的保护区就地保护等适应对策,包括保护区适应气候变化的规划、网络连通、保护区分布格局调整等。另外,也需要开展保护区适应性管理以及对极端天气及气候事件的监测预警等适应对策。

生物多样性保护适应气候变化中,也面临着大气污染、水体污染和土壤污染及土地利用活动等对生物栖息地和生物多样性的协同影响,所以需要采取协同适应的对策。

5.3.3.7　海平面上升

与其他气候变化因子相比,海平面上升具有很大的惯性,而且几乎确定在 2100 年以后的许多世纪内这种上升将继续下去。气候的稳定性能够使海平面的上升减缓,但不会使之停止。因此,在那些提出有关长期空间规划以及需要保护而不是后撤计划问题的沿海地区要采取合理有效的海平面上升适应措施。由于海平面上升和海岸风暴增强,沿海低洼地区发生洪水的风险很可能比现在大,其影响取决于海平面上升、未来的社会经济状况以及适应的程度等因素(IPCC 2007)。如果没有适应,21 世纪 80 年代前,仅海平面上升因子就会使每年超过一亿的人口遭受海岸带洪水的危害,在 A2 情景下可能造成的影响最大;一些低洼岛屿和三角洲地区可能会荒无人烟。对于大多数发达的海岸带,气候变化的适应成本大大低于因没有适应措施而造成损害的成本。对气候变化的有效适应与海岸带综合管理结合起来,以控制适应措施成本(图 5.12)。

应对海平面上升的最佳办法是将适应措施和减缓措施相结合,即应对不可避免的海平面上升的适应措施与将海平面上升控制在可管理水平上的减缓措施相结合。完善海平面监测评价体系;开展沿海社会经济和环境基础信息调查,包括地面沉降、岸线变迁、海岸侵蚀、滩涂和湿地变化、海水入侵、城市防护设施等;提高海平面上升分析预测能力;构建海平面上升危险度和脆弱度指标体系,合理有效地应对海平面上升对我国沿海社会经济和环境的影响。

海洋是全球化经济的动脉和纽带,经济的可持续发展离不开海洋。中国海洋领域应对气候变化的进程中,机遇与挑战并存。为合理应对气候变化给区域经济和生态环境造成不良影响,充分利用气候变化可能带来的机遇,保障社会经济可持续发展,调整生产结构与生活方式,采取合理有效的适应对策,选择有利于应对气候和环境变化、有利于促进经济发展与社会进步的"无悔"对策和措施,形成有利于资源节约和环境保护的产业结构和消费方式,实现经济效益、社会效益和生态效益相统一。适

应气候与环境变化是一项长期的战略性任务,既需要纳入国家、地方和部门的可持续
发展规划,以便未雨绸缪;又要利用工程手段,增强抵御气候与环境灾害的能力。

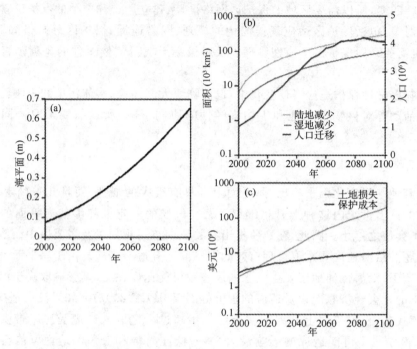

图 5.12　在全球海平面上升情景下,预估的海平面上升幅度(a)、全
球的陆地和湿地减少、人口迁移(b)以及适应成本(c)(Tol 2007)

——建立健全相关法律法规,加大海洋环境保护的监管执法力度。根据《中华人
民共和国海洋环境保护法》和《中华人民共和国海域使用管理法》,结合沿海各地区的
特点,制定区域管理条例或实施细则。兼顾经济发展和环境改善,建立合理的海岸带
综合管理制度、综合决策机制以及行之有效的协调机制,及时处理海岸带开发和保护
行动中出现的各种问题。沿海地区要依据相关海洋环境保护法律法规和海洋功能区
划,对滨海湿地等典型海洋生态系统实施统一监管,加大海洋生态执法力度。切实加
强应对气候变化的公众宣传,提高公众的认识水平和防范意识,促进广大公众和社会
各界参与海洋领域抵御和适应气候变化的行动。

——加大技术开发和推广应用力度。加强海洋生态系统的保护和恢复技术研
发,主要包括沿海红树林的栽培、移种和恢复、近海珊瑚礁生态系统及沿海湿地的保
护和恢复、滨海湿地的退养还滩和植被恢复、海草床的养护,降低海岸带生态系统的
脆弱性,建立典型海洋生态系统恢复示范区。加快建设已经选划的珊瑚礁、红树林等
海洋自然保护区,提高对海洋生物多样性的保护能力。调整和优化海洋产业结构,控

制污染增量。各类海洋开发要落实"节能减排"的具体要求,节约能源、提高能源效率,依靠科技支撑,促进循环经济,推进清洁生产,努力构建低碳型社会,加强对高能耗、高污染重点行业项目对海洋环境污染的防控。

——加强海洋环境的监测和预警能力。增设沿海和岛屿的观测网点,建设现代化观测系统,强化硬件能力和人才队伍建设,提高对海洋环境的航空遥感、遥测能力,提高应对海平面变化的监测能力。建立沿海潮灾预警和应急系统,加强预警基础保障能力,加强业务化预警系统能力和预警产品的制作与分发能力,提高海洋灾害预警能力。

——强化应对海平面升高的适应性对策。采取护坡与护滩相结合、工程措施与生物措施相结合,提高设计坡高标准,加高加固海堤工程,强化沿海地区应对海平面上升的防护对策。控制沿海地区地下水超采和地面沉降,对已出现地下水漏斗和地面沉降区进行人工回灌。采取陆地河流与水库调水、以淡压咸等措施,应对河口海水倒灌和咸潮上溯。提高沿海城市和重大工程设施的防护标准,提高港口码头设计标高,调整排水口的底高。大力营造沿海防护林,建立一个多林种、多层次、多功能的防护林工程体系。

5.3.3.8　人类健康

针对气候变化与人类健康问题,建议做好以下几方面的工作:

——建立和完善气候变化对人类健康影响的监测预警系统。开展气候变化对人类健康影响的监测预警工作,建立疾病的气候监测、预警、预报实时业务系统;建立更有效的早期监测预警和紧急反应系统,建立为公众服务的信息产品制作、发布系统,为社会提供内容丰富、准确、及时、权威的疾病监测、评估、预测、预警以及疾病预防等各类服务产品。确保对公众卫生具有重大影响的疾病积极进行监视,有效地防止许多疾病和公共卫生问题因气候变化而恶化、加剧。建立极端天气气候事件与人类健康监测预警网络。以省(自治区、直辖市)为监控单位,下设市、县监测点,对发生的极端天气气候事件所致疾病进行实时监测、分析和评估。利用全国气象系统现有台站,建立极端天气气候事件监测网络,加强对高温热浪、洪涝、干旱、风暴、寒潮等极端天气气候事件的预报能力。加强全国现有气象和健康监测能力建设,拓展监测内容,建成国家级极端天气气候事件与健康监测网络。

——加强气候变化与人类健康研究。以灾害流行病学为重点,收集并分析热浪和洪涝等极端天气气候事件发生时的发病率、死亡率、病死率,并提出相应的对策和建议。加强国际和国内多领域多学科的合作,研究和探索气候变化对人类健康影响的作用机制、评价和预测的模型研究、人类应对气候变化保护健康的适应新措施和方法。研究气候变化对我国不同气候带城市和农村地区居民健康和疾病传播的影响,特别是高温热浪、暴雨洪涝、风暴、沙尘暴、干旱等极端天气气候事件对我国各省(区、市)气候变化敏感疾病发生率的影响,开发建立气候变化与人类健康早期预警系统和应急预案以及相应的预防控制技术和适应技术。要利用国内外气象和气候数据资料,应用地理信息系统技术,集成疫情和其他环境数据库,建设气候变化及其对人类健康影响相关的科学研究基础数据库。

——建立我国气候变化对人类健康影响评价体系,对我国主要流行病、传染病开展气候风险评估和气候区划研究,确定各季节、各地区传染病防治的重点。

——大力开展气候变化对人类健康影响的科普宣传与培训。通过电视、广播、报纸和网络等媒体广泛宣传我国气候变化对人类健康影响所面临的现状、形势和挑战,提高社会各界对气候变化对人类健康影响应对工作的重视,促进社会团体、非政府机构、科研与学术单位、企业以及媒体等自觉履行责任和义务,积极为应对气候变化对人类健康影响作出贡献。各地科普基地建设要充实气候变化与人类健康的科普内容,组织气候变化与人类健康科普知识进农村、进学校、进社区、进公交等活动,组织面向地方政府官员、大中小学师生、管理和专业技术人员、社会公众的气候变化与人类健康科普论坛和专题讲座,争取在各类教育和培训内容中纳入气候变化对人类健康影响的科普知识。

5.3.3.9　其他领域

加强城市灾害管理,提高应对极端天气气候事件的应急能力;改革传统的城市发展模式,合理划分城市及其腹地的功能区域,保留必要的生态保护区;调整城市产业结构;节约土地,建设紧缩型城市;根据气候变化带来的资源、环境格局和市场需求的变化,调整第二、第三产业结构;针对气候变化对气候景观、自然景观和物候的影响以及气候变化带来的人群活动季节与行为的变化,调整旅游设施建设与项目设计;提倡绿色生活方式,提倡家庭节能、节水、节约一切资源;积极开发和采用能耗低和物耗少的新型建筑技术与建筑材料,更多地利用和开发再生能源;建立和完善针对气候变化适应的中华物质文化遗产保护政策;制定中华物质文化遗产的适应性保护规划;加强气候变化与中华物质文化遗产的保护教育。

5.3.4　提高公众意识,增强适应能力

——发挥政府的推动作用。各级政府要把提高公众意识作为应对气候变化的一项重要工作抓紧抓好。要进一步提高各级政府领导干部、企事业单位决策者的气候变化意识,逐步建立一支具有较高全球气候变化意识的干部队伍;利用社会各界力量,宣传我国应对气候变化的各项方针政策,提高公众应对气候变化的意识。

——加强宣传、教育和培训工作。利用图书、报刊、音像等大众传播媒介,对社会

各阶层公众进行气候变化方面的宣传活动,鼓励和倡导可持续的生活方式,倡导节约用电、用水,增强垃圾循环利用和垃圾分类的自觉意识等;在基础教育、成人教育、高等教育中纳入气候变化普及与教育的内容,使气候变化教育成为素质教育的一部分;举办各种专题培训班,就有关气候变化的各种问题,针对不同的培训对象开展专题培训活动,组织有关气候变化的科普学术研讨会;充分利用信息技术,进一步充实现有气候变化信息网站的内容及功能,使其真正成为获取信息、交流沟通的一个快速而有效的平台。

　　——鼓励公众参与。建立公众和企业界参与的激励机制,发挥企业参与和公众监督的作用。完善气候变化信息发布的渠道和制度,拓宽公众参与和监督渠道,充分发挥新闻媒介的舆论监督和导向作用。增加有关气候变化决策的透明度,促进气候变化领域管理的科学化和民主化。积极发挥民间社会团体和非政府组织的作用,促进广大公众和社会各界参与减缓全球气候变化的行动。

　　——加强国际合作与交流。加强国际合作,促进气候变化公众意识方面的合作与交流,积极借鉴国际上好的做法,完善国内相关工作。积极开展与世界各国关于全球气候变化的出版物、影视和音像作品的交流和交换,建立资料信息库,为国内有关单位、研究机构、高等学校等查询、了解气候变化相关信息提供服务。

思考题

1. 影响水资源变化的因素有哪些?

2. 如何检测气候变化对水资源的影响?

3. 结合全球海平面上升的区域特征,如何在我国海岸带和岛屿合理应对气候变化?

4. 气候变化背景下,区域海平面上升及其影响的不确定性如何?

5. 除了后退与防护,你认为适应海平面上升的政策选择和建议还有哪些?

6. 观测到的气候变化对中国区域的影响有哪些? 未来面临那些不利的影响?

7. 你认为提高气候变化公众意识还有哪些方面的事情要做?

8. 气候变化对生物多样性已经产生了哪些影响? 如何检测这些影响?

9. 未来气候变化对生物多样性将产生什么影响? 请举例说明。

10. 生物多样性可以在哪些方面适应气候变化? 请举例说明。

11. 从进化论的角度,如何认识生物多样性对气候变化影响的适应问题?

12. 气候变化对中国农业产生了哪些主要影响?

13. 农业适应气候变化已采取了哪些措施?

参考文献

《气候变化国家评估报告》编写委员会.2007.气候变化国家评估报告.北京:科学出版社,2:183-201.

安树青,王峥峰.1997.土壤因子对次生森林群落物种多样性的影响.武汉植物学研究,15(2):143-150.

蔡学彩,李镇清,陈佐忠,等.2005.内蒙古草原大针茅群落地上生物量与降水量的关系.生态学报,25(7):138-144.

蔡运龙,Barry Sm it.1996.全球气候变化下中国农业脆弱性与适应对策.地理学报,51(3):202-212.

陈灵芝.1999.对生物多样性研究的几个观点.生物多样性,7(4):308-311.

陈效述,喻蓉.2007.1982—1999年我国东部暖温带植被生长季节的时空变化.地理学报,62(1):41-51.

程肖侠,延晓冬.2008.气候变化对中国东北主要森林类型的影响.生态学报,28(2):534-543.

慈龙骏,杨晓晖,陈仲新.2002.未来气候变化对中国荒漠化的潜在影响.地学前缘,9(2):287-294.

慈龙骏.1994.全球变化对中国荒漠化的影响.自然资源学报,9(4):289-303.

邓根云,于沪宁.1992.气候变化对中国农业的影响.北京:科学技术出版社,3-18.

丁一汇,张锦,徐影等.2003.气候系统的演变及其预测.北京:气象出版社.

杜碧兰,刘法孔,张锦文.1997.海平面上升对中国沿海主要脆弱区的影响及对策.北京:海洋出版社.

郭洁,李国平.2007.若尔盖气候变化及其对湿地退化的影响.高原气象,26(2):422-428.

郭泉水.1997.气候变化对中国主要造林树种和珍稀濒危树种地理分布的影响.//徐德应,郭泉水,阎洪.气候变化对中国森林影响研究.北京:中国科技出版社,36-75.

国家海洋局.2008.2007年中国海平面公报.http://www.soa.gov.cn/hyjww/hygb/zghpmgb/2008/01/1200912279807713.htm

国家环境保护局自然保护司.2000.中国生态问题报告.北京:中国环境科学出版社.

郝兴明,李卫红,陈亚宁等.2008.塔里木河流域年径流量变化的人类活动和气候变化因子的甄别.自然科学进展,18(12):1409-1416.

贺庆棠,袁嘉祖,陈志泊.1996.气候变化对马尾松和云南松分布的可能影响.北京林业大学学报,18(1):22-28.

季劲钧,黄玫,刘青.2005.气候变化对中国中纬度半干旱草原生产力影响机理的模拟研究.气象学报,63(3):257-266.

蒋延玲.2001.全球变化的中国北方林生态系统生产力及其生态系统公益.中国科学院博士学位论文,80-86.

李克让,陈育峰.1996.全球气候变化影响下中国森林的脆弱性分析.地理学报,51(S):40-49.

李丕杰,安娟,赵素香.2001.气候变暖对辽宁苹果生产的影响及对策.辽宁气象,(1):16-18

李新荣,张景光. 1999. 俄罗斯平原针阔混交林群落的灌木层植物种间相关研究. 生态学报,19(1):55-60.

李英年,张景华. 1997. 祁连山区气候变化及其对高寒草甸植物生产力的影响. 中国农业气象,18(2):29-32.

李英年,赵亮,赵新全等. 2004. 5 年模拟增温后矮嵩草草甸群落结构及生产量的变化. 草地学报,12(3):236-239.

李永宏,莫文红,杨持,等. 1994. 内蒙古主要草原植物群落地上生物量和理论载畜量及其与气候的关系. 干旱区资源与环境.8(4):43-50.

梁幼生,肖荣炜,宋鸿焘. 1996. 钉螺在不同纬度地区生存繁殖的研究. 中国血吸虫病防治杂志.8:259-261.

林而达. 1997. 气候变化与农业——最新的研究成果与政策考虑. 地学前缘,4(1-2):221-226.

刘春蓁,刘志雨,等. 2004. 近 50 年海滦河流域径流变化趋势研究. 应用气象学报,15(4):385-393.

刘丹,那继海,杜春英,等. 2007. 1961—2003 年黑龙江主要树种的生态地理分布变化. 气候变化研究进展,3(2):100-105.

刘世荣,郭泉水,王兵. 1998. 中国森林生产力对气候变化响应的预测研究. 生态学报,18(5):478-483.

刘世荣. 1997. 气候变化对中国森林生产力的影响. //徐德应,郭泉水,阎洪. 气候变化对中国森林影响研究. 北京:中国科学技术出版社,75-93.

刘振乾,刘红玉,吕宪国. 2001. 三江平原湿地脆弱性研究. 应用生态学报,12(2):241-244.

吕晓蓉,吕胜利. 2002. 青藏高原青南和甘南牧区气候变化趋势及对环境和牧草生长的影响. 开发研究,(2):30-33.

毛学森,刘昌明. 2001. 太行山山前平原地下水变化趋势与农业持续发展. 水土保持研究,8(1):147-149.

梅家模,李志宏,章承锋,等. 2005. 江西省钩端螺旋体病流行特征的分析. 中国人兽共患病杂志. 21(3):265-266.

牛建明,吕桂芬. 1999. 内蒙古生命地带的划分及其对气候变化的响应. 内蒙古大学学报(自然科学版),30(3):360-366.

牛建明. 2001. 气候变化对内蒙古草原分布和生产力影响的预测研究. 草地学报,9(4):277-282.

潘华盛,徐南平,张桂华. 2004. 气候变暖对黑龙江省农作物结构调整影响及未来 50 年农业情景对策. 黑龙江气象,1:13-15.

潘铁夫. 1998. 吉林气候变暖与农业生产,吉林农业科学,1:86-89.

潘愉德,Melillo J M,Kicklighter D W,等. 2001. 大气 CO_2 升高及气候变化对中国陆地生态系统结构与功能的制约和影响. 植物生态学报,25(2):175-189.

彭少麟,赵平,任海. 2002. 全球变化压力下中国东部样带植被与农业生态系统格局的可能性变化. 地学前缘,9(1):217-226.

秦大河,陈宜瑜,李学勇. 2005. 中国气候与环境演变. 北京:科学出版社.

裘国旺，赵艳霞，王石立．2001．气候变化对我国北方农牧交错带及其气候生产力的影响．干旱区研究，18(1)：23-28．

沙万英，邵雪梅，黄玫．2002．20 世纪 80 年代以来中国的气候变暖及其对自然区域界线的影响．中国科学，D 辑，32(4)：317-326．

水利部中国水利规划设计院．2004．全国水资源综合规划水资源调查评价．全国水资源综合规划系列成果之一．北京，230．

苏志珠，卢琦，吴波，等．2006．气候变化和人类活动对我国荒漠化的可能影响．中国沙漠，26(3)：329-335．

孙海群，朱志红．2000．不同海拔梯度小嵩草草甸植物群落多样性比较研究．中国草地，(5)：18-22．

天莹．2001．内蒙古农牧业自然灾害问题探讨，内蒙古草业，13(4)：28-32．

田晓瑞，舒立福，阿力甫江．2003b．林火研究综述(Ⅲ)——ENSO 对森林火灾的影响．世界林业研究，16(5)：22-25

田晓瑞，王明玉，舒立福．2003．全球变化背景下的我国林火发生趋势及预防对策．森林防火，(3)：32-34．

王馥棠，赵宗慈，王石立，等．2003．气候变化对农业生态的影响．北京：气象出版社．

王根绪，程国栋，沈永平．2002．近 50 年来河西走廊区域生态环境变化特征与综合防治对策．自然资源学报，17(1)：78-86．

王国庆，张建云，刘九夫，等．2008．气候变化和人类活动对河川径流影响的定量分析．中国水利，(2)：55-58．

王鸿斌，张真，孔祥波，等．2007．入侵害虫红脂大小蠹的适生区和适生寄主分析．林业科学，43(10)：71-76．

王明玉，舒立福，田晓瑞，等．2003．林火在空间上的波动性及其对全球变化的响应(Ⅰ)．火灾科学，12(3)：165-170．

王玉辉，周广胜．2004．内蒙古地区羊草草原植被对温度变化的动态响应．植物生态学报，28(4)507-514．

王媛，方修琦，徐锬，等．2005．气候变暖与东北地区水稻种植的适应行为，资源科学，27(1)：121-127．

魏玉蓉，潘学标，敖其尔，等．2007．草地牧草物候发育模型的应用研究——以锡林郭勒草原为例．中国生态农业学报，17(1)：117-121．

吴彦，刘庆亚．2001．高山针叶林不同恢复阶段群落物种多样性变化及其对土壤理化性质的影响．植物生态学报，25(6)：648-655．

萧刚柔．1991．中国森林昆虫．第二版．北京：中国林业出版社．

徐德应，郭泉水，阎洪．1997．气候变化对中国森林影响研究．北京：中国科学技术出版社．

严作良，周华坤，刘伟，等．2003．江河源区草地退化状况及原因．中国草地，25(1)：73-78．

杨持，叶波．1995．气候变化对生物多样性的影响．呼和浩特：内蒙古大学出版社．

杨力军，李希来．2000．青南高海拔地区高寒草甸植物群落多样性的研究．草原与草坪，(2)：

32-35.

杨万勤,钟章成,陶建平,等.2001.缙云山森林土壤速效 K 的分布特征及其与物种多样性的关系.生态学杂志,20(6):1-3.

尤莉,曹艳芳,阎军等.2006.内蒙古近 40 年最高、最低温度变化特征.内蒙古气象,(3):11-13.

张称意.2005.应对气候变化实现可持续发展.气象知识,(2):8-10.

张福春.1995.气候变化对中国木本植物物候的可能影响.地理学报,50(5):402-410.

张明军,周立华.2004.气候变化对中国森林生态系统服务价值的影响.干旱区资源与环境,18(2):40-43.

张乔民,温孝胜,宋朝景,等.1996.红树林潮滩沉积速率测量与研究.热带海洋,15(4):57-60.

张桥英,何兴金,卿凤,等.2003.气候变暖对中国生态安全的影响,自然杂志,24(4):212-215.

张新时,刘春迎.1994.全球变化条件下的青藏高原植被变化图景预测.//张新时,陆仲康.全球变化与生态系统.上海:上海科学技术出版社,17-26.

张学霞,葛全胜,郑景云.2004.北京地区气候变化和植被的关系-基于遥感数据和物候资料分析.植物生态学报,28(4):499-506.

张真,王鸿斌,孔祥波.2005.红脂大小蠹,《主要农林入侵种的生物学与控制》第十章.北京:科学出版社.

赵慧颖.2007.气候变化对内蒙古草地生态系统影响的模拟研究.中国农业气象,28(3):281-284.

赵茂盛,Ronald P N,延晓冬,等.2002.气候变化对中国植被可能影响的模拟.地理学报,57(1):28-37.

赵名茶.1993.全球气候变化对中国自然地带的影响.//张翼,张丕远,张厚瑄,等.气候变化及其影响.中国科学院地理研究所全球变化研究系列文集(第一集).北京:气象出版社,168-177.

赵名茶.1995.全球 CO_2 倍增对我国自然地域分异及农业生产潜力的影响预测.自然资源学报,10(2):148-157.

赵昕奕,张惠远,万军.2002.青藏高原气候变化对气候带的影响.地理科学,22(2):190-195.

赵义海,柴琦.2005.全球气候变化与草地生态系统.草业科学,17(5):49-54.

郑慧莹,李建东.1994.松嫩平原群落的逆行演替.植物生态学研究.北京:科学出版社.

郑景云,葛全胜,郝志新.2002.气候增暖对中国近 40 年植物物候变化的影响.科学通报,47(20):1582-1587.

中国生物多样性国情研究报告编写组.1998.中国生物多样性国情研究报告.北京:中国环境科学出版社.

中华人民共和国国务院新闻办公室.2008.中国应对气候变化的政策与行动.新华社北京 10 月 29 日电.

周广胜,张新时.1996.全球变化的中国气候——植被分类研究.植物学报,38(1):1-8.

周华坤,周兴民,赵新全.2000.模拟增温效应对矮嵩草草甸影响的初步研究.植物生态学报,24(5):547-553.

周晓农,杨国静.1999.地理信息系统在血吸虫病研究中的应用.中国血吸虫病防治杂志,11:378-381.

周晓农,杨坤,洪青标,等.2004.气候变暖对中国血吸虫病传播影响的预测.中国寄生虫学与寄生虫病杂志,22:262-265.

Aberle A, Lengfellner K, Sommer U. 2007. Spring bloom succession, grazing impacts and herbivore selectivity of ciliate communities in response to winter warming. Oecologica, 150:668-681.

ACIA. 2005. Arctic Climate Impact Assessment Scientific Report. Cambridge UK: Cambridge University press.

Aerts R,Cornelissen J H C,Dorrepaal E,et al. 2004. Effects of experimentally imposed climate scenarios on flowering phenology and flower production of subarctic bog species. Global Change Biology,10:1599-1609.

Alexandrov V, Eitzinger J, Cajic V, Oberforster M. 2002. Potential impact of climate change on selected agricultural crops in north-eastern Austria. Global Change Biology, 8:372-389.

Awmack C. , C. Woodcock, R. Harrington. 1997. Climate change may increase vulnerability of aphids to natural enemies. Ecological Entomology. 22 (3):366-368.

Baker R H, R J C. Cannon and K F A Walters. 1996. An assessment of the risks posed by selected non-indigenous pest to UK crops under climate change. In: Implications of Global Environment change for Crops in Europe (eds Froud-Williams R J, Harrington R, Hocking T J, Smith H G, and Thomas T H). Aspects of Applied Biology, 45:323-330.

Bakkenes M,Eickhout B,Alkemade R. 2006. Impacts of different climate stabilisation scenarios on plant species in europe. Global Environmental Change,16:19-28.

Bale J S, Masters G J, Hodkinson, I D, et al. 2002. Herbivory in global climate change research: Direct effects of rising temperature on insect herbivores. Global Change Biology,8(1):1-16.

Barber V A, Juday G P, Finney B P. 2000. Reduced growth of Alaskan white spruce in the twentieth century from temperature-induced drought stress. *Nature*, 405: 668-673.

Battisti A, M L Stastny, E Buffo and S Larsson. 2006. A rapid altitudinal range expansion in the pine processionary moth produced by the 2003 climatic anomaly. Global Change Biology, 12 (4):662-671.

Beer T and A Williams. 1995. Estimating Australian forest fire danger under conditions of doubled carbon dioxide concentrations. Climatic Change, 29: 169-188.

Beniston M. 2004. The 2003 heat wave in Europe: A shape of things to come? An analysis based on Swiss climatological data and model simulations. Geophysical Research Letters,31(2),pp. art. no. -L02202.

Bindoff N L, Willebrand J, Artale V, et al. 2007. Observations: Oceanic Climate Change and Sea Level. //Solomon S, Qin D, Manning M, et al. eds. Climate Change 2007: The Physical Science Basis. The Physical Science Basis. Cambridge University Press, New York, USA, 385-432

Birmingham M E, Lee L A, Ndayimirije N, et al. 1997. Epidemic cholera in Burundi: Patterns of transmission in the Great Rift Valley Lake region. Lancet,349:981-985.

Both C,Artemyev A V,Bluuaw B. et al. 2004. Large-scale geographical variation confirms that climate change causes bird to lay earlier. Proc. R. Soc. Lond. ,271:655-661.

Bradley N L,Leopold A C,Ross J, et al. 1999. Phonological change reflect climate change in Wisconsin. Preoceeding of National Academy of Science U. S. A. , 96:9701-9704.

Broennimann O,Thuiller W,Hughes G,et al. 2006. Do geographic distribution niche property and life form explain plant's vunerability to global change? Global Change Biology,12:1079-1093.

Brown J H,Valone T J,Curtin C G. 1997. Reorganization of an arid ecosystem in response to recent climate change. Proceedings of the National Academy of Science of the United States of America,94:9729-9733.

Brown L E,Hannah D W,Milner A M. 2007. Vulnerability of alpine stream biodiversity to shrinking glaciers and snowpacks. Global Change Biology,13:958-966.

Brown T J, B L Hall1 and A L Westerling. 2004. The impact of twenty-first century climate change on Wildland fire danger in the western united states: An applications perspective. Climatic Change, 62, 365-388.

Burgmer T, Hillebrand H, Pfenninger M. 2007. Effects of climate-driven temperature changes on the diversity of freshwater macroinvertebrate. Oecologia,151:93-103.

Cambell B D, Stafford D M. 2000. A synthesis of recent global change research on pasture and rangeland production: Reduced uncertainties and their management implications. Agriculture, Ecosystems and Environment, 82: 39-55.

Cannon R J C. 1998. Cannon , The implications of predicted climate change for insect pests in the UK, with emphasis on non-indigenous species. Global Change Biol. 4 (1998):785-796.

Cao M K, Woodward F I. 1998. Net primary and ecosystem production and carbon stocks of terrestrial ecosystems and their responses to climate change. Global Change Biology, 4: 185-198.

Chen F J, G Wu and F Ge. 2004. Impacts of elevated CO_2 on the population abundance and reproductive activity of aphid Sitobionavenae Fabricius feeding on spring wheat. J Env Nutr, 128 (9-10): 723-730.

Chen1 I-Ching, Shiu Hau-Jie, Benedick S, et al. 2009. Elevation increases in moth assemblages over 42 years on a tropical mountain. Proceedings of the National Academy of Sciences (PNAS), 106:1479-1483.

Christensen J H, Hewitson B, Busuioc A, et al. 2007. Regional climate projections. //Solomon S, Qin D, Manning M, et al. eds. Climate Change 2007: The Physical Science Basis. The Physical Science Basis. Cambridge University Press, New York, USA, 847-940.

Church J A, White N J. 2006. A 20th century acceleration in global sea-level rise. Geophys Res Lett, 33, L01602, doi:10. 1029/2005GL024826.

Crick H Q P,Dudley C,Glue D E et al. 1997. UK birds are laying egg earlier. Nature, 388:526.

Crozier, L. ,2002. Climate change and its effect on species range boundaries: A case study of the Sachem Skipper butterfly, Atalopedes campestris. Wildlife Responses to Climate Change (ed. by T L Root and S H Schneider),57-91.

Currie D J. 2001. Projected effects of climate change on patterns of vertebrate and tree species richness in the conterminous United States. Ecosystems,4:216-225.

Danovaro R,Dellanno A,Pusceddu A. 2004. Biodiversity response to climate change in a warm deep sea. Ecology Letters,7:821-828.

Delbart N, Le Toan T, Kergoat L. 2006. Remote sensing of spring phenology in boreal regions: A free of snow-effect method using NOAA-AVHRR and SPOT-VGT data(1982-2004). Remote Sensing of Environment, 101(1): 52-62.

Dollery R,Hodkinson I D,Jonsdottir I S. 2006. Impacts of warming and timing of snow melt on soil microarthropod assemblages associated with dryas-dominated plant communities on svalbard. Ecography,29: 111-119.

Donald M, L Peterson and M Philip. 2004. Climatic change, Wildfire, and Conservation. Conservation biology, 18(4): 890-902.

Dunn P O, Winkler D W. 1999. Climate change has affected the breeding data of tree swallows throughout north America. Proc. R. Soc. Lond. B,266:2487-2490.

Durance I,Ormerod S J. 2007. Climate change effects on upland stream macroinvertebrates over a 25-year period. Global Change Biology,13:942-957.

Dybas C L. 2006. On a collision course:Ocean plankton and climate change. Bioscience, 56(8):642-646.

Epstein H E,Gill R A,Paruelo J M. et al. 2002. The relative abundance of three plant functional types in temperate grassland and shurblands of north and south America:Effects of projected climate change. Journal of Biogeography,29:875-888.

Erasmus B F N,Vanjaarsveld A,Chown S et al. 2002. Vulnerabllity of south African animal taxa to climate change. Global Change Biology,8:679-693.

Fang J, Piao S, Field C. 2003. Increasing net primary production in China from 1982-1999. Frontiers in Ecology and the Environment, 1: 293-297.

Fitter A H, Fitter R S R, Harris I T B. 1995. Relationships between first flowering date and temperature in the flora of a locality in central England. Function Ecology, 9: 55-60.

Florent M, Serge R and Richard J. 2002. Simulating climate change impacts on fire frequency and vegetation dynamics in a Mediterranean-type ecosystem. Global Change Biology, 8:423-437.

Fuhrer J. 2003. Agroecosystem responses to combination of elevated CO_2, ozone, climate change. Agriculture, Ecosystems and Environment, 97, 1-20.

Gan J. 2004. Risk and damage of southern pine beetle outbreaks under global climate change. Forest Ecology and Management,191:61-71.

Genner M J,Sims D W,Wearmouth V J. et al. 2004. Regional climatic warming drives long-term community changes of british marine fish. Proc. R. Soc. Lond. ,271:655-661.

Gobron N,B Pinty, F Melin,M Taberner, M M Verstraete, A Belward, T Lavergne and J L Wid-lowski. 2005. The state of vegetation in Europe following the 2003 drought. International Journal of remote sensing,26(9): 2013-2020.

Gorham E. 1994. The future of research in Canadian peatlands: A brief survey with particular reference to global change. Wetlands, 14(3): 206-215.

Government of the Netherlands. 2005. Fourth Netherlands' National Communication under the United Nations Framework Convention on Climate Change. Ministry of Housing, Spatial Planning and the Environment, The Hague, 208 pp.

Grabherr G. 2003. Alpine vegetation dynamics and climate change—a synthesis of long-term studies and observations. //Nagy L, Korner C G,Thompson D B A eds . Alpine Biodiversity in Europe, Springer-Verlag,Berline,399-409.

Hannah L,Midgley G F, Lovejoy T, et al. 2002. Conservation of biodiversity in a changing climate. Conservation Biology,16(1):264-268.

Hansen A J,Neilson R P,Dale V H, et al. 2001. Global change in forests: Response of species, communities,and biomes. Bioscience,51(9):765-779.

Hari R,Livingstone S R,Burkhardt-holm P, et al. 2006. Consequences of climate change for water temperature and brown trout populations in alpine rivers and streams. Global Change Biology, 12:10-26.

Hays G C,Richardson A J,Robinson C. 2005. Climate change and marine plankton. Trends in ecology and evolution,20(6):337-344.

Hersteinsson P,Macdonald D W. 1992. Interspecific competition and the geographical distribution of red and arctic foxes vulpe vulpes and alopex lagopus. Oikos,64:505-515.

Hicke J A, Asner G P, Randerson J T. 2002. Satellite-derived increases in net primary productivity across North America, 1982—1998. Geophysical Research Letters, 29: 1427.

Hickling R,Roy D B,Hill J K, et al. 2006. The distributions of a wide range of taxonomic groups are expanding polewards. Global Change Biology,12:450-455.

Hitz S and J Smith. 2004. Estimating global impacts from climate change. Global Environmental Change, 14, 201-218.

Holman I P, Nicholls R J, Berry P M, et al. 2005. A regional, multi-sectoral and integrated assessment of the impacts of climate and socio-economic change in the UK. PART II. Results. Climate Change,71:43-73.

Howden S M, A J Ash, E W R Barlow, et al. 2003. An overview of the adaptive capacity of the Australian agricultural sector to climate change-options, costs and benefits. Report to the Australian Greenhouse Office. , Canberra, Australia, 157 pp.

Hulme M. 1996. Climate change and southern Africa. Climatic research unit, University of East Anglia, Norwich, United Kingdom, 104pp.

Hulme P E. 2005. Adapting to climate change: is there scope for ecological management in the face of a global threat? Journal of Applied Ecology,42:784-794.

IPCC. 2007. Climate Change 2007: Impacts, Adaptation and Vulnerability. Contribution of Working Group II to the Fourth Assessment Report of the Intergovernmental Panel on Climate Change. Cambridge, UK and New York, USA: Cambridge University Press.

IPCC. 2007. Climate Change 2007: The Physical Science Basis. Contribution of Working Group I to the Fourth Assessment Report of the Intergovernmental Panel on Climate Change. Cambridge, UK: Cambridge University Press.

IPCC. 2007. Summary for Policymakers of Climate Change 2007: Mitigation. Contribution of Working Group III to the Fourth Assessment Report of the Intergovernmental Panel on Climate Change. Cambridge, UK: Cambridge University Press.

IPCC. 2002. Climate Change and Biodiversity. Cambridge University Press, Cambridge, Cambridge, UK.

Jordan D N, Zitzer S F, Hendrey G R. 1999. Biotic,abiotic and performance aspects of the Nevada Desert Free Air CO_2 Enrichment (FACE) Facility. Global Change Biology, (5): 659-668.

Kasischke E S, K Bergen, R Fennimore, et al. 1999. Satellite imagery gives clear picture of Russian's boreal forest fires. Transactions of the American Geophysical Union, 80, 141-147.

Kullman L. 2001. 20th century climate warming and tree-limit rise in the southern scandes of Sweden. Ambio,30(2):72-80.

Kurz W A, M J Apps, B J Stocks and W J A Volney, 1995: Global climatic change: Disturbance regimes and biospheric feedbacks of temperate and boreal forests. In: Biospheric Feedbacks in the Global Climate System: Will the Warming Feed the Warming? [Woodwell, G. F. and F. McKenzie (eds.)]. Oxford University Press, New York, NY, USA, pp. 119-133.

Larson D L. 1995. Effects of climate on numbers of northern prairie wetlands. *Climatic Change*, 30: 169-180.

Leech D I,Crick H Q P. 2007. Influence of climate change on the abundance, distribution and phenology of woodland bird species in temperate regions. Ibis,149(Suppl. 2):128-145.

Leirós M C, C Trasar-Cepeda, S Seoane and F Gil-Sotres. 1999. Dependence of mineralization of soil organic matter on temperature and moisture. Soil Biol. Biochem. 31: 327-335.

Lemoine N,Schaefer H C,Bohning G K. 2007. Species richness of migratory birds is influenced by global climate change. Global Ecology and Biogeography,16:55-64.

Lesser M P. 2007. Coral reef bleaching and global climate change:Can corals survive the next century? PNAS ,104(3):5259-5260.

Levitus S, J Antonov and T Boyer. 2005. Warming of the world ocean, 1955—2003. Geophysical Research Letters, 32, L02604, doi:10. 1029/2004GL 021592, 2005.

Lindroth R L, K K Kinney and C L Platz. 1993. Responses of deciduous trees to elevated atmospheric CO_2: Productivity, phytochemistry, and insect performance. Ecology, 74: 763-777.

Loacker K, Kofler W, Pagitz K, et al. 2007. Spread of walnut (Juglans regia L.) in an Alpine valley is correlated with climate warming. Flora-Morphology, Distribution, Functional Ecology of Plants, 202(1): 70-78.

Lucht W, Prentice I C, Myneni R B. 2002. Climatic control of the high-latitude vegetation greening trend and Pinatubo effect. Science, 296(5573): 1687-1689.

Ludwig G X, Alatalo R V, Helle P. et al. 2006. Short-and long-term population dynamical consequences of asymmetric climate change in black grouse. Proc. R. Soc. B. 273:2009-2016.

Malcolm J R, Liu C, Neilson R P. et al. 2006. Global warming and extinctions of endemic species from biodiversity hotspots. Conservation Biology,20(2):538-548.

Matsumoto K, Ohta T, Irasawa M. 2003. Climate change and extension of the Ginkgo bilobaL growing season in Japan. Global Change Biology, 9(11): 1634-1642.

McFadden L, Spencer T, Nicholls R J. 2007. Broad-scale modelling of coastal wetlands: What is required? Hydrobiologia, 577, 5-15.

Mckenney-Easterling M, Dewalle D R, Iverson L R. et al. 2000. The potential impacts of climate change and variability on forests and forestry in the mid-Atlantic region. Climate Research,14: 195-206.

Meehl G A, Stocker T F, Collins W, et al. 2007. Global climate projections. //Solomon S, Qin D, Manning M, et al. eds. Climate Change 2007: The Physical Science Basis. The Physical Science Basis. Cambridge University Press, New York, USA, 747-846.

Melillo J M, McGuire A D, Kicklighter D W, et al. 1993. Global climate change and terrestrial net primary production. Nature, 363: 234-240.

Menzel A. 2003. Plant phenological anomalies in Germany and their relation to air temperature and NAO. Climate Change, 57(3): 243-263.

Meshinev T, Apostolova I, Koleva E. 2000. Influence of warming on timberline rising: A case study on Pinus peuce Griseb. in Bulgaria. Phytocoenologia, 30(3/4): 431-438.

Midgley G F, Hannah L, Millar D et al. 2002. Assessing the vulnerability of species richness to anthropogenic climate change in a biodiversity hotspot. Global Ecology & Biogeography,11:445-451.

Miles L, Grainger A, Phillips O. 2004. The impacts of global climate change on tropical forest biodiversity in amazonia. Global Ecology and Biogeography,13:553-565.

Mitsch W J, Gosselink J G. 1993. Wetlands. John Wiley & Sons Inc, New York.

Neilson R P. 1993. Vegetation redistribution: A possible biosphere source of CO_2 during climate change. Water, Air and Soil Pollution, 70: 659-673.

Nemani R R, Keeling C D, Hashimoto H. 2003. Climate-driven increases in global terrestrial net primary production from 1982 to 1999. Science, 300(5625): 1560-1563.

Newman J E. 1980. Climate Change impact on the growing season of the No rth American co rn belt. B iom eteorology. 7 (2) : 128-142.

Ni J. 2000. A simulation of biomes on the Tibetan Plateau and their response to global climate change. Mountain Research and Development, 20(1): 80-89.

Nicholls R J. 2004. Coastal flooding and wetland loss in the 21st century: Changes under the SRES climate and socio-economic scenarios. Global Environmental Change, 14, 69-86.

Niemela P, Iii F S C, Danell K, Bryant J P. 2001. Herbivory-mediated responses of selected boreal forests to climate change. Climate Change, 48: 427-440.

Nilson A, Kiviste A, Korjus H, et al. 1999. Impact of recent forestry and adaptation tools. Climate Research, 12: 205-214.

Parmesan C, Ryholm N, Stefanescu C, et al. 1999. Poleward shifts in geographical range of butterfly species associated with regional warming. Nature, 399: 579-583.

Parmesan C, Yohe G. 2003. A globally coherent fingerprint of climate change impacts across natural systems. Nature, 421: 37-42.

Parry M L, T R Carter and N T Knoijin. 1988. The Impact of Climatic Variations on Agriculture, Kluwer, Dordrecht.

Peng S, J Huang, J E Sheehy, et al. 2004. Rice yields decline with higher night temperature from global warming. Proceedings of the National Academy of Sciences of the United States of America, 101(27): 9971-9975.

Penuelas J, Boada M. 2003. A global change-induced biome shift in the Montseny mountains (NE Spain). Global Change Biology, 9: 131-140.

Peterson A T, Ortega-Huerta M A, Bartley J, et al. 2002. Future projections for Mexican faunas under global climate change scenarios. Nature, 416: 626-628.

Pounds J A, Bustamante M R, Coloma L A, et al. 2006. Widespread amphibian extinctions from epidemic disease driven by global warming. Nature, 439: 161-167.

Raskin P, Gleick P, Kirshen P, Pontius G, Strzepek K. 1997. Water Futures. Background Document for Chapter 3 of the Comprehensive Assessment of the Freshwater Resources of the World.

Ringius L, et al. 1996. Climate change in Africa: Issues and challenges in agriculture and water for sustainable development, Report 1996: 8, Oslo: University of Oslo, Center for International Climate and Environmental Research, 128-136

Root T L, Price J T, Hall K R, Schneiders S H, et al. 2003. Fingerprints of global warming on wild animals and plants. Nature, 421: 57-59.

Rosenzweig C. 1985. Potential CO_2-induced effects on north American wheat producing regions. Climate change, 7: 367-389.

Roth S K and R L Lindroth. 1994. Effects of CO_2-mediated change in paper birch and white pine chemistry on gypsy moth performance. Oecologia, 98: 133-138.

Rull V, Vegas-vilarrubia T. 2006. Unexpected biodiversity loss under global warming in the neotropical guayana highlands: a preliminary appraisal. Global Change Biology, 12: 1-9.

Scholze M, Knorr W, Arnell N W, et al. 2006. Climate-change risk analysis for world ecosystems. PNAS,103(35):13116-13120.

Schär C,P L Vidale, D Lüthi,C Frei, et al. 2004. The role of increasing temperature variability in European summer heatwaves. Nature，427(6972)：332-336.

Shafer S L,Bartlein P J,Thompson R S. 2001. Potential changes in the distributions of western north America tree and shrub taxa under future climate scenarios. Ecosystems,4:200-215.

Shvidenko A and S Nilsson. 1994. What do we really know about the Siberian forests? Ambio，23 (7):396-404.

Shvidenko A and S Nilsson. 1997. Are the Russian forests disappearing? Unasylva, 48: 57-64.

Smith J, P Smith, M Wattenbach, et al. 2005. Projected changes in mineral soil carbon of European croplands and grasslands. 1990-2080. Global Change Biology, 11: 2141-2152.

Smith T M, Halpin P N, Shugart H H. 1995. Global Forest. //Strzepek K M, Smith J B. As Climate Change: International Impacts and Implications. Cambridge University Press,59-78.

Stern N. 2007. Stern Review on the Economics of Climate Change. Cambridge University Press. Cambridge, UK.

Stocks B J, M A Fosberg, T J Lynham, et al. 1998. Climate change and forest fire potential in Russian and Canadian boreal forests. Climatic Change, 38: 1-13.

Tamis W L M,Zelfde M V,Van Der Meijden R, et al . 2005. Changes in vascular plant biodiversity in the netherlands in the 20th century explanined by their climate and other environmental characteristics. Climate Change,72:37-56.

Tenow O, A C Nilssen, B Holmgren and F Elverum. 1999. An insect（Argyresthia retinella, Lep. , Yponomeutidae）outbreak in northern birch forests, released by climatic changes? Journal of Applied Ecology,36(1):111-122.

Thomas C D,Cameron1 A, Green R E,et al. 2004. Extinction risk from climate change. Nature, 427:145-148.

Thoms C D,Lennon J J. 1999. Birds extend their range northwards. Nature ,399:213.

Thuiller W,Broennimann O,Hughes G. et al. 2006a. Vulnerability of African mammals to anthropenic climate change under conservative land transformation assumptions. Global Change Biology,12:424-440.

Thuiller W,Lavorel S,Sykes M T, et al. 2006b. Using niche-based modeling toassess the impacts of climate change on tree functional diversity in Europe. Diversity and Distribution,12:49-60.

Tol R S J and Yohe G W. 2007. The weakest link hypothesis for adaptive capacity: An empirical test. Global Environ. Change, 17:218-227.

Walker M D,Wahren C H,et al. 2006. Plant community response to experimental warming across the tundra biome. PANS,103(5):1342-1346.

Walther G R,Beißner S,Pott R. 2005. Climate change and high mountain vegetation shifts. Broll G,Keplin B eds. Mountain Ecosystems Studies in Treeline Ecology, Springer-Verlag, Berlin,

78-95.

Walther G R, Burga C A, Edwards P J. 2001. "fingerprints" of climate change-adapted behaviour and shifting species ranges. kluwer academic/plenum publishers, New York.

Weltzin J, Bridgham S, Pastor J, et al. 2003. Potential effects of warming and drying on peatland plant community composition. Global Change Biology,9:141-151.

Williams A A J, D J Karoly and N Tapper. 2001: The sensitivity of Australian fire danger to climate change. Climatic Change, 49(1-2): 171-191.

Williams D. W. and A. M. Liebhold, 2002: Climate change and the outbreak ranges of two North American bark beetles. Agricultural and Forest Entomology,4(2),87-99.

Williams P, Hannah L, Andelman S. et al. 2005. Planning for climate change:Identifying minimum-dispersal corridor for the cape proteaceae. Conservation Biology,19(4):1063-1074.

Williams S E, Bolitho E E, Fox S. 2003. Climate change in Australian tropical rainforests: An impending environmental catastrophe. Proc. R. Soc. Lond,270:1887-1892.

Willis J C, Bohan D A, Choi Y H . et al. 2006. Use of an individual-based model to forecast the effect of climate change on the dynamics, abundance and geographical range of the pest slug deroceras reticulatum in the UK. Global Change Biology,12:1643-1657.

Wolfe D W, Schwartz M D, Lakso A N. 2005. Climate change and shifts in spring phenology of three horticultural woody perennials in northeastern USA. International Journal of Biometeorology, 49(5): 303-309.

Woodward F I, Lomas M R. 2004. Vegetation dynamics: Simulating responses to climatic change. Biological Reviews, 79: 643-670.

Wrona F J, Prowse T D, Reist J D, et al. 2006. Climate change effects on aquatic biota, ecosystem structure and function. Ambio,35(7):359-369.

WWF. 2004. 气候变化——全球珊瑚礁面临的最大威胁 . http://www. wwfchina. org/wwfpress/presscenter/pressdetail. shtm? id=151.

Xenopoulos M A, Lodge D M, Alcamo J, et al. 2005. Scenarios of Freshwater Fish Extinctions From Climate Change and Water Withdrawal. Global Change Biology,11:1557-1564.

Yeo, A. 1999. Predicting the interaction between the effects of salinity and climate change on crop plants. Sci. Hort. 78:159-174.

Zuo J, Zhang J, Du L, et al. 2009. Global sea level change and thermal contribution. Journal of Ocean University of China, 8(1): 1-8.

第6章 减缓气候变化

6.1 温室气体的来源与排放量计算方法

6.1.1 温室气体的来源

在地球大气中有一些微量的气体成分,如水汽、二氧化碳、臭氧等,它们能使太阳的短波辐射透过,而强烈吸收地面和大气发射的长波辐射,从而维持着地球表面温暖舒适的温度。它们的作用就如同温室的玻璃一样,相当于给整个地球建造了一个巨大的"温室",我们把这种增温效应称为"温室效应",把这些可以吸收长波辐射具有温室效应的气体统称为"温室气体"。大气中各种温室气体浓度的变化影响着地球的辐射平衡和能量平衡,对气候变化有着重要的影响。

地球大气中的一些温室气体成分是自然存在的,包括水汽、二氧化碳(CO_2)、甲烷(CH_4)、氧化亚氮(N_2O)和臭氧(O_3),还有一些完全是人类活动的产物,包括氯氟碳化物(CFCs)、氢氟碳化物(HFCs)、全氟化碳(PFCs)、含氯氟烃(HCFCs)及六氟化硫(SF_6)等。应该指出,近百年来由于人类活动的加剧,尤其是矿物燃料燃烧的增加,排放到大气中的 CO_2、CH_4、N_2O、O_3 等温室气体不断增加,这部分人类产生的温室气体是全球气候变化问题关注的焦点。

水汽是地球大气中含量最高、温室效应最强的温室气体成分。在中纬度地区的晴朗日子里,水汽对温室效应的影响占 60%~70%,而二氧化碳仅占 25%。也就是说,在地球大气中水汽才是形成天然温室效应的最主要物质。水汽在全球的分布变化很大,其浓度介于大气体积的千分之一以下到百分之几之间,但对于全球来讲,大气中的水汽总量大致不变,因而一般认为人类活动对大气中水汽浓度的变化直接影响比较小。

近百年来的全球气候变暖现象,被认为是以二氧化碳为主的温室气体在大气中的浓度大幅度上升的结果,而引起温室气体浓度增加的主要原因是人类活动,这些活动包括矿物燃料的燃烧、毁林、土地利用变化、畜牧、使用化学肥料等。《京都议定书》

指定控制的人类活动排放的温室气体有六种,即二氧化碳(CO_2)、甲烷(CH_4)、氧化亚氮(N_2O)、氢氟碳化物(HFCs)、全氟化碳(PFCs)和六氟化硫(SF_6)。由于各种温室气体的辐射特性不同,在大气中的生命期也长短不一,从而不同温室气体对全球气候系统产生的变暖影响(辐射强迫)也各不相同。因此,估算温室气体排放量时通常以二氧化碳当量(Carbon dioxide equivalent)为单位进行换算,亦即以其全球变暖潜势(Global Warming Potential,GWP)来计算。全球变暖潜势是单位质量的某种温室气体或者充分混合的温室气体在一定时间积分范围内与二氧化碳相比而得到的相对辐射影响值。相应的某气体的CO_2当量排放就是该气体的排放量与其全球变暖潜势的乘积。表 6.1 中给出了各种温室气体全球变暖潜势,当给定的时间范围为 100年时,若CO_2的温室效应强度为 1,则CH_4大约为 21,N_2O大约为 310,而SF_6高达23900。根据政府间气候变化专门委员会(Intergovernmental Panel on Climate Change,IPCC)第四次评估报告(AR4),在 1970—2004 年间,《京都议定书》指定控制的六种温室气体按全球变暖潜势加权的人为排放量已增加了 70%(从 287 亿吨 CO_2当量增至 490 亿吨 CO_2当量),而在 1990 年(394 亿吨 CO_2当量)至 2004 年期间大约增加了 24%。目前,所有长生命期的温室气体的总浓度大约为 455 ppm CO_2当量。

表 6.1　各种温室气体的全球变暖潜势(100 年)

温室气体	变暖潜势
二氧化碳(CO_2)	1
甲烷(CH_4)	21
氧化亚氮(N_2O)	310
氢氟碳化物(HFCs)	140~11700
全氟化碳(PFCs)	6500~9200
六氟化硫(SF_6)	23900

资料来源:IPCC 2007a.

二氧化碳是对气候变化影响最大的人为温室气体,它的生命期较长,一般认为二氧化碳在大气中的寿命是 120 年左右,最长可生存 200 年之久。在 1970 年至 2004年间,二氧化碳的排放增加了大约 80%,从 210 亿吨增加到 380 亿吨。2004 年二氧化碳的排放占了人为温室气体总排放的 77%。全球大气二氧化碳浓度已从工业化前的约 280 ppm,增加到了 2005 年的 379 ppm,该浓度值已经远远超出了根据冰芯记录得到的 65 万年以来 CO_2浓度的自然变化范围(180~330 ppm)。1995—2005年十年间 CO_2浓度年增长率的平均值为每年 1.9 ppm,大于自连续和直接的大气观测开始以来 1960—2005 年每年 1.4 ppm 的平均值。据估计,自 1750 年以来的人为二氧化碳排放有 2/3 源于矿物燃料的使用，1/3 主要来自土地利用的变化。这些二氧化碳有 45％留在了大气中，大约 30％被海洋吸收，剩下的被陆地生物圈吸收。矿物燃料燃烧所导致的二氧化碳年排放量从 20 世纪 90 年代的平均每年约 64 亿吨碳（235 亿吨二氧化碳），增加到 2000—2005 年间的每年 72 亿吨碳（264 亿吨二氧化碳）。与土地利用变化相关的二氧化碳排放量，在 20 世纪 90 年代的估算值约为每年 16 亿吨碳（59 亿吨二氧化碳），尽管这些估算具有很大的不确定性。

　　大气甲烷对于气候变暖所起的作用仅次于二氧化碳，在大气中的寿命约为 12 年，其百年尺度的增温潜势是二氧化碳的 21 倍。全球大气中浓度值已从工业化前约 715 ppb，增加到 20 世纪 90 年代初期的 1732 ppb，并在 2005 年达到 1774 ppb，该浓度值也已远远超出了冰芯记录的 65 万年以来甲烷浓度的自然变化范围（320～790 ppb）。大气甲烷的主要来源是生物排放源，包括湿地自然排放、反刍动物、水稻田、生物质燃烧以及工业上矿物燃料相关的排放等。自 1970 年以来，甲烷排放大约增加了 40％，其中有 85％的增长是来自矿物燃料的燃烧和利用。然而，农业是 CH_4 的最大排放源。自 20 世纪 90 年代以来，其增长速率已明显下降，甲烷总排放量（人为与自然排放源的总和）几乎趋于稳定。

　　氧化亚氮俗称笑气，也是一种既有自然源又有人为源的温室气体，它在大气中的寿命可长达 114 年，百年尺度的 GWP 是二氧化碳的 310 倍。全球大气中氧化亚氮浓度值已从工业化前约 270 ppb，增加到 2005 年的 319 ppb，已远远超出了根据冰芯记录测定的工业化前几千年中的浓度值，不过其增长速率自 1980 年以来已大致稳定，大约为每年 0.8 ppb。氧化亚氮的总排放量中超过三分之一是人为产生的，特别是农业和相关土地利用的变化。自 1970 年以来，氧化亚氮排放增加了大约 50％，主要是由于化肥使用增加和农业增长。而在此期间工业的氧化亚氮的排放已经下降。

　　氯氟碳化物（CFCs）和含氯氟烃（HCFCs）完全是人为产生的温室气体，同时它们还是臭氧损耗物质（ODS）。自《蒙特利尔议定书》及其修正案限制它们的排放以来，它们在大气中的浓度有的已经在减少，如 CFC-11 和 CFC-113。在这些 ODS 卤烃气体浓度减少的同时，其替代品氟化气体的浓度却正在增加。观测表明，《京都议定书》限制的三种氟化气体氢氟碳化物（HFC）、全氟化碳（PFC）和六氟化硫（SF_6）的排放（主要是 HFC）正在迅速大幅度增加，估计 2004 年的排放量大约为 5 亿吨 CO_2 当量，以百年尺度的全球增暖潜势为基数大约占总排放量的 1.1％。这三种氟化气体也同样都是人为产物，虽然不会对大气臭氧层产生直接破坏，但却都是强烈的温室气体，特别是它们在大气中的寿命都很长（如 SF_6 的寿命长达 3200 年），且 GWP 值也都很高，具有很强的温室效应，人类活动的大量排放最终造成不可逆的积累，对全球气候和环境变化产生重要影响。氢氟碳化物的排放源较为简单，主要来自工业生产。而铝的生产过程是全氟化碳的最大排放源。六氟化硫的两大排放源则是气体绝缘体及高压转换器的消耗和镁的冶炼过程。

6.1.2　IPCC 国家温室气体排放清单指南

为了正确评估人类活动对全球气候变化的影响，一个最基本也是最重要的任务就是计算出人类活动向大气排放的温室气体排放量，提供温室气体排放清单。1992年6月，在巴西里约热内卢召开的联合国环境与发展大会（United Nations Conference on Environment and Development，UNCED）上，大约有 150 个国家签署了《联合国气候变化框架公约》（United Nations Framework Convention on Climate Change，UNFCCC）。公约要求各缔约方利用缔约国会议赞同的温室气体清单编制方法，分析温室气体的源与汇，制订和实施减缓气候变化所采取的对策与措施。

早在 1990 年日内瓦召开的第二次世界气候会议上就提出了编写各国温室气体排放清单标准方法的要求。在 IPCC 第一次评估报告第一工作组（科学评价组）与OECD 和 IEA 的密切合作下，经过数年的努力，最后出版了 1995 年版的《IPCC 国家温室气体清单指南》（简称《1995 年 IPCC 指南》）。

《1995 年 IPCC 指南》不但讨论了温室气体主要排放源和汇的估算方法和假设，还提供了一个适用于所有清单的通用的报告和文件编制体系，这对于各国根据自己的需要和能力开展排放清单的编制工作，以及将使用不同方法研制的各国估算值进行一致性比较具有重要的指导意义。

之后的十多年间，IPCC 在《1995 年 IPCC 指南》的基础上，结合大量的实践经验总结，对温室气体清单的编制方法不断地进行改进和补充，先后出版了《1996 年国家温室气体清单指南修订本》（《1996 年 IPCC 指南》）以及《国家温室气体清单优良做法指南和不确定性管理》（GPG2000）和《土地利用、土地利用变化和林业优良做法指南》（GPG-LULUCF）。为了使温室气体清单指南更加系统化和规范化，减少不同版本的 IPCC 清单指南之间的交叉引用，增强各国清单报告方式的一致性和可比性，IPCC 近年又对之前的这些清单指南进行了整合发展，并在 2006 年出版了最新版的《IPCC 国家温室气体清单指南》（简称《2006 年 IPCC 指南》）。在《2006 年 IPCC 指南》中，除了估算方法上整合发展外，还纳入了一些新源和新气体，并提供了估算碳捕获与储存（CCS）过程中由泄漏导致的二氧化碳排放的方法。

虽然 IPCC 的清单指南在编写时已经尽可能地考虑了估算方法的全球适用性，但是由于各国在基础资料、专业人员和财力等方面的差异，很难做到在全球范围内都采用同样的方法做同样详细程度的清单，因此，各国在开展排放清单的估算工作时，还是要根据自己的需要和能力选择各种方法和详细程度。由于篇幅限制，在这里我们将参照 IPCC 的清单指南仅对能源以及工业过程和产品使用（IPPU）两大部门的温室气体排放量的计算方法进行介绍（IPCC 2006）。

6.1.3　能源部门温室气体排放计算方法

　　能源部门通常是温室气体排放清单中的最重要部门,在发达国家,其贡献一般占 CO_2 排放量的 90% 以上和温室气体总排放量的 75%。CO_2 排放数量一般占能源部门排放量的 95%,其余的为甲烷和氧化亚氮。固定源燃烧通常造成能源部门温室气体排放的约 70%。这些排放的大约一半与能源工业中的燃烧相关,主要是发电厂和炼油厂。移动源燃烧(道路和其他交通)造成能源部门约 1/4 的排放量。

　　能源部门的源类别主要包括四种:

- 一次性能源资源的勘探和利用;
- 一次性能源资源在炼油厂和发电厂转化为更有用的能源形式;
- 燃料输送和分配;
- 固定和移动应用中的燃料用途。

　　IPCC 的清单指南中给出的方法是按照排放气体的种类来估算碳排放。能源系统应用于主要靠矿物燃料燃烧驱动的大部分经济体。在燃烧过程中,大部分碳以 CO_2 形式迅速排放,然而,部分碳作为一氧化碳(CO)、甲烷(CH_4)或非甲烷挥发性有机化合物(NMVOCs)而排放。作为非二氧化碳种类排出的多数碳最终会在大气中氧化成二氧化碳。在燃料燃烧的情况下,这些非二氧化碳气体的排放物中含有碳,相对于二氧化碳的估算量而言,其数量相当少。燃料中的碳总量仅取决于燃料,而非 CO_2 气体排放取决于诸如技术、维护等通常不为人所熟知的众多因素。

　　IPCC 的清单指南中给出的计算方法主要有三种,具体如下:

- 方法 1:基于燃料的方法,即根据燃烧的燃料数量(通常来自国家能源统计)以及平均排放因子来估算燃烧源的排放量。该方法中的排放因子可用于所有相关的直接温室气体。对于 CO_2,排放因子主要取决于燃料的碳含量,而燃烧条件(燃烧效率、在矿渣和炉灰等物中的碳残留)相对不重要,所以 CO_2 排放可以基于燃烧的燃料总量和燃料中平均碳含量进行相当精确的估算。然而,对于非 CO_2 气体,如甲烷、氧化亚氮等,其排放因子则取决于燃烧技术和工作条件,且在各个燃烧装置和各段时期之间其差异很大,因此,这些气体的平均排放因子必须考虑技术条件的重大差异,但同时这也会带来很大的不确定性。

- 方法 2:与方法 1 类似,但需要采用特定国家排放因子用来替代方法 1 中缺省的平均排放因子。如果这些特定国家排放因子能够体现所使用的不同批次燃料的碳含量的详细数据或者该国家使用的燃烧技术的详细信息,则可以减少估算的不确定性,并能够更好地估算长期趋势。

- 方法 3:在适当情况下使用详细排放模式或测量以及单个工厂级数据。这些模式和测量的适当使用可以对非 CO_2 温室气体进行更好的估算,当然这也需要更详细的信息和做更多的工作。

对于一般 CO_2 排放源,基于燃料分类的方法 1 通常已经够用了。而对于道路运输这类的排放源,采用方法 2 或方法 3 中详细技术分类方法来估算 N_2O 和 CH_4 排放通常效果会好很多。以详细的燃料分类为基础的方法和以详细的技术分类为基础的方法,其二氧化碳排放量的计算公式基本上是相同的。但从计算精确性看,后一种方法更反映了各类源的实际情况(如氧化率等),计算结果比第一种宏观计算方法精确。

能源活动温室气体排放量基本计算公式如下:

• 燃料燃烧 CO_2 排放量

CO_2 排放量＝(燃料的消费量×单位燃料含碳量－固碳量)×氧化率

• 生物质燃烧的 CH_4 排放

CH_4 排放量＝生物质消费量×含碳系数×氧化率×甲烷与其他含碳化合物比率×16/12

• 炭开采、加工与输送过程中 CH_4 排放量

CH_4 排放量＝矿井开采甲烷排放量＋露天开采甲烷排放量＋采后活动甲烷排放量

＝井下采煤量×矿井甲烷排放因子×换算系数＋露天采煤量×露天甲烷排放因子×换算系数＋煤生产量×采后甲烷排放因子×换算系数

• 油气活动的 CH_4 逃逸排放量

油气活动 CH_4 逃逸排放量＝油、气活动水平×相应 CH_4 排放因子×换算系数

6.1.4　工业过程和产品使用温室气体排放量计算

"工业过程和产品使用(IPPU)"包括了从工业过程、产品中温室气体的使用、矿物燃料碳的非能源使用过程中产生的温室气体排放。

很多工业活动都会产生大量的温室气体排放,例如,钢铁工业中的鼓风炉、将矿物燃料用作化学原料时制造出氨气和其他化学产品以及水泥工业等。在这些过程中,可能产生许多不同的温室气体,包括二氧化碳(CO_2)、甲烷(CH_4)、氧化亚氮(N_2O)、氢氟碳化物(HFCs)和全氟化碳(PFCs)。

温室气体还经常用于冰箱、泡沫或气溶胶罐等中。例如,HFCs 在许多产品中用作臭氧损耗物质(ODS)的替代物,六氟化硫(SF_6)用于电气设备,N_2O 在食品行业中用作气溶胶产品中的助剂等。在使用这些产品时,一个明显特点是从产品制造到温室气体释放之间会经历一段很长的时间,迟滞时间可能会从数周(例如气溶胶罐)到几十年(例如刚性泡沫)不等。

此外,由于二氧化碳捕获和储存(CCS)技术的引入,在某些 IPPU 类别中,尤其是大型点排放源,还可能需要考虑捕获排放的问题。通常比较合适的处理方法是在

公式中添加表示需要扣除的捕获 CO_2 项，而不要通过使用修正的排放因子来考虑捕获。

在《2006 年 IPCC 指南》中，将"工业过程和产品使用（IPPU）"这一源类型进一步细分为 2A 至 2H 共 8 个大类，每个大类下又细分数个到十数个小类不等，共计 67 个，而各类源所采用的方法学和计算公式都要根据具体情况来选择最适合的做法。下面我们以水泥生产（2A1 类）为例来说明 IPPU 部门排放的计算方法。

水泥生产是 IPPU 部门中最大的非能源的 CO_2 排放源。在水泥生产中，CO_2 是在生产熟料的过程中产生的。生产熟料时，主要成分为碳酸钙（$CaCO_3$）的石灰石被加热或煅烧成石灰（CaO），同时放出 CO_2 作为其副产品。然后 CaO 与原材料中的二氧化硅（SiO_2）、氧化铝（Al_2O_3）和氧化铁（Fe_2O_3）进行反应产生熟料（主要是水硬硅酸钙）。当然，如果水泥完全是由进口熟料制成（磨成）则其过程排放需要另行考虑，这种情况下可以将水泥生产过程相关 CO_2 排放设置为零。

目前有三种估算水泥生产过程 CO_2 排放的方法：

• 方法 1：通过使用水泥产量数据估算熟料产量，即采用固定的基于水泥的排放因子直接根据水泥产量计算 CO_2 排放量。该方法通常用于缺少碳酸盐给料或全国熟料生产数据的情况，通过考虑水泥产量和类型、熟料含量，用水泥产量数据来估算熟料产量。需要注意的是，在估算的熟料产量的基础上还要考虑熟料的进出口量来修正数据。

• 方法 2：基于熟料生产数据来估算排放的方法。

• 方法 3：基于碳酸盐给料数据的估算方法。该方法是根据特定地点的原材料化学物质直接计算，需要获得生产熟料时消耗的所有碳酸盐的数量及其类型（成分）、各类碳酸盐的排放因子和实现煅烧比例的详细数据。

参照 IPCC 给出的方法，并结合中国水泥工业的相关情况，水泥生产过程 CO_2 排放量计算公式（方法 1）可以表示为：

水泥生产过程 CO_2 排放量＝水泥产量×吨水泥 CO_2 排放因子

＝水泥产量×吨水泥耗熟料量×吨熟料净耗石灰石量（干基）×44/100

若以 M 表示相对分子质量，则上式也可以表示为：

CO_2 排放量 ＝ 水泥产量 × 吨水泥熟料耗量 × 吨熟料 CaO 含量 × M_CO_2/M_CaO

中国平均生产 1 吨水泥仅耗熟料 0.739 吨，由此计算得到中国吨水泥的 CO_2 排放系数为 0.3765 吨，吨熟料的二氧化碳排放系数为 0.509 吨（中国气候变化国别研究组 2000）。

6.2   温室气体排放历史、现状与未来趋势

6.2.1   主要国家/地区二氧化碳排放的历史与现状

(彩)图 6.1 显示了 1750—2005 年全球的二氧化碳年排放量的增长趋势。在前 100 年的时间里,全球的 CO_2 年排放量变化不大,1850 年的碳排放量仅为 0.54 亿吨碳。从 19 世纪中期开始就有了较大幅度增长,而 20 世纪中叶开始增长速度明显加快,年排放量从 10 亿吨碳(1935 年为 10.27 亿吨碳)迅速攀升至近 80 亿吨碳(2005 年为 79.85 亿吨碳)。整体来看,固体和液体矿物燃料产生的二氧化碳排放一直是最主要的排放源,2005 年占了全年总排放的 76.7%,而气体燃料(如天然气)排放所占的比重则呈现逐年上升的趋势,2005 年占了总排放的 18.6%。另外两个排放源水泥生产和废气燃烧所占的比重相对较小,它们 2005 年的二氧化碳排放量分别为总排放的 3.9% 和 0.7%。

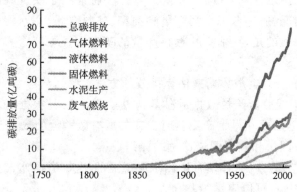

图 6.1   1750—2005 年全球二氧化碳年排放量

图 6.2 给出了附件一和非附件一国家 1860—1990 年间的碳排放情况。附件一国家在这 130 年间前 65 年的年排放量增长了 9 亿吨碳,而后 65 年增长了 28 亿吨碳,约是前 65 年增长量的 3 倍。对于非附件一国家,前 65 年的排放极其微小,其排放量在后 65 年才有明显的增加,从 1925 年的 0.7 亿吨碳增加到 1990 年的 19.6 亿吨碳,但仍远低于附件一国家的排放量(何建坤等 1999,陈文颖等 2005,2007)。

1990 年北美、西欧、亚太发达国家、东欧及前苏联、拉丁美洲、非洲、中国以及亚洲其他国家这 8 个国家/地区的碳排放占全球总排放的比例分别为:25.5%,15.5%,6.5%,21.5%,4.6%,3.1%,11.1%,12.2%(陈文颖等 1998,2007)。但若考虑各国家/地区碳排放的历史责任即 1860—1990 年以来的累计碳排放,那么,发达国家的碳

排放在全球中的比例将增大,而发展中国家则减少,具体地,这 8 个国家/地区的累计碳排放在全球中的比例分别变为 33.32%,21.72%,5.03%,21.67%,3.87%,2.35%,6.08%,5.96%,见图 6.3。1860—1990 年附件一国家的累计碳排放占全球的 78%,而其人口所占比例 1990 年仅为 22%(陈文颖等 1998,2007)。

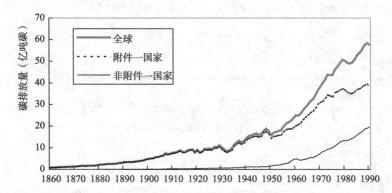

图 6.2　1860—1990 年全球及附件一和非附件一国家的年碳排放量(亿吨碳)

(数据来源:陈文颖等 1998)

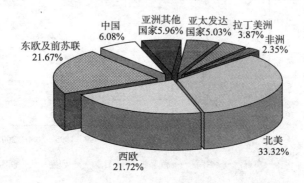

图 6.3　各地区 1860—1990 年 CO_2 累积排放在全球所占比例

(数据来源:陈文颖等 1998)

图 6.4 给出了过去十多年中全球温室气体排放格局的变化。附件一国家的 CO_2 排放总量在全球总排放量中所占的比重已经出现下降趋势,而非附件一国家,特别是一些发展中大国所占的份额却在迅速加大。

从(彩)图 6.5 中可以看到,目前中国的 CO_2 排放量仅次于美国,居世界第二位。印度于 20 世纪末已经超过德国成为世界第五大排放国,且近年已经很接近世界第四大排放国日本的年排放量。中国和印度的年排放量明显具有持续高速增长的趋势,相比之下日本的排放量增长速度已经趋缓,俄罗斯和德国的年排放量甚至还出现了较大幅度的下降。

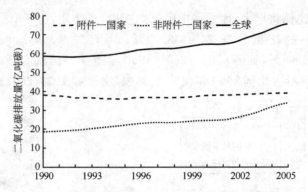

图 6.4　1990—2005 年全球及附加一和非附件一国家的年排放量（亿吨碳）

（数据来源：IEA 2007）

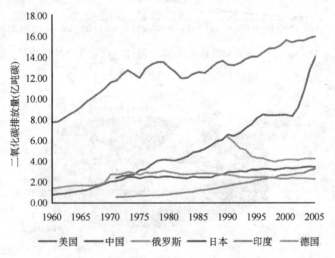

图 6.5　1960—2005 年主要的 CO_2 排放大国的年排放量（亿吨碳）

（数据来源：IEA 2007）

　　从人均的角度来看，发展中国家的排放水平与发达国家相比仍然有较大差距。2005 年，美国人均 CO_2 年排放量高达 19.6 t CO_2，而附件一国家的平均值以及其他发达国家大多在 10 t CO_2 左右。而中国的人均排放虽然比 1990 年已经有了较大幅度的增长（2005 年为 3.9 t CO_2），但仍不到美国的 1/5，而印度的人均排放（2005 年为 1.05 t CO_2）更是只有美国的 1/18 不到。（彩）图 6.6 中给出了全球主要国家及附件一和非附件一国家的年人均排放量，整体来看，全球的人均排放相对较为平稳，附件一国家的人均排放近十多年略有下降，而非附件一国家则略有上升。但从绝对值上看，2005 年附件一国家的人均排放仍高出全球平均水平 1.7 倍左右，比非附件一国家高出近 4 倍。而中国在过去十多年中的人均排放增长幅度较大,2005 年比 1990 年将近翻了一番,已经接近了全球的平均水平。

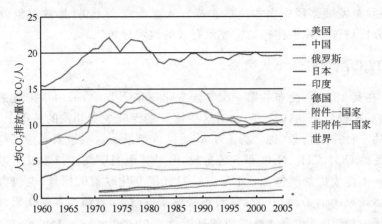

图 6.6　1960—2005 年全球主要国家及附件一和非附件一国家年人均 CO_2 排放量

(数据来源:IEA 2007)

6.2.2　温室气体排放情景分析法

气候变化是一个长时间跨度的过程,温室气体排放趋势的分析也需要在一个比较长的时间区间中进行。通常,这类研究的分析范围在 50～300 年,现有的大量研究多选择 100 年作为分析的时间区间,将 2100 年作为一个标志性的年份。从前面的章节可以看到,温室气体的排放源涉及范围很广,且常常包括许多复杂的过程,因此,对于如此长的时间跨度和复杂的排放源,要对人类活动相关的温室气体排放趋势做出高精度的预测几乎是不可能的。在这样的情况下,许多研究就采用情景分析方法考察温室气体排放的长期趋势。

所谓情景(scenario),也称构想,它不是对未来的预测或预报,而是建立在科学推测的基础上,有一定可信度的对未来各种环境、社会及经济状况的一种定性或定量的描述。参考 IPCC 第四次评估报告,可以将情景定义为“对未来如何发展的一种合理的、常常是简化了的描述,它基于连贯的且内部一致的关于重要驱动力(如技术变化的速度、价格)和关系的一组假设”。在气候变化影响评估中,一般要设立未来气候变化情景及未来人口、社会、经济情景,利用模型方法,对一系列未来世界可能的发展状况以及诸多因素之间的相互作用关系进行定量的描述和研究,我们把这一过程叫做“情景分析”。

温室气体的排放情景与众多因素有关,其中人口、经济、技术、能源和农业(土地利用)是决定排放情景的主要驱动力(driving forces)。未来人类社会是向全球化还是区域化方向发展,是注重经济增长还是注重环境保护,各种驱动因子如何满足不同的发展目标,将导致不同的排放情景。人类社会要实现不同的保护全球气候的排放目标,就必须对发展路径做出相应的选择。从这个意义上讲,排放情景就是发展路径。情景分析是选择发展路径的重要而有效的政策分析工具。

6.2.3　IPCC 温室气体排放情景

IPCC 在其 1990 年公布的第一次气候变化评估报告中,采用了排放情景的分析方法,但相对比较简单。1992 年,在对这些情景进行进一步开发的基础上,形成并公布了一组共 6 种排放情景,称之为 IS92a—f 排放情景。这些情景考虑了与能源和土地利用相关的 CO_2、CH_4、N_2O 和 S 的排放,但对其他温室气体排放没有进行详细分析。IS92a—f 排放情景既包含了不采取针对气候变化政策的情景,也包含了采取减排温室气体政策的情景,如 IS92a 假设不采取减排政策,且该情景的结果在这一组情景中相对居中,常作为政策分析参照的基准情景(baseline);而 IS92e 假设采取一定的减排措施,导致矿物燃料成本上升 30%,是一个减排情景。

为了更好地认识未来温室气体排放趋势,并对气候变化可能产生的环境和社会经济影响进行进一步的评价,1996 年 IPCC 决定开发一组新的温室气体排放情景,为第三次气候变化评估报告提供素材。为此 IPCC 成立了由发达国家和发展中国家学者共同参加的专家组,专门设计了研究开发进程,采用不同模型,经过数年的艰苦努力,在 2000 年以 IPCC 排放情景特别报告(SRES)的形式公布,称为"SRES 排放情景"(图 6.7)。IPCC 排放情景特别报告设计了四种世界发展模式,即高经济发展情景(A1)、区域资源情景(A2)、全球可持续发展情景(B1)、区域可持续发展情景(B2)。其中 A1 包括煤炭利用情景(A1C)、石油与天然气利用情景(A1G)、技术发展情景(A1T)和平衡发展情景(A1B)、矿物燃料密集型排放情景(A1FI)。IPCC 排放情景特别报告依据上述四种世界发展模式,分 A1、A2、B1、B2 四组共给出了 40 种不同的排放情景。并在 A1、A2、B1、B2 各组中分别指定了一种情景作为代表,称为标识情景(Marker Scenarios),同时补充 A1 组中的 A1FI 和 A1T 作为示意情景(Illustrative Scenarios)。这六种重要情景的主要参数和结果是通过情景开发模型组的广泛讨论后决定的,反映了大家的共识,常常被用作其他政策分析的基准情景。

2007 年 IPCC 最新发布的第四次评估报告(AR4)对 SRES 和 SRES 之前的情景与后 SRES 新情景进行了比较,图 6.7 给出了 SRES 和 SRES 之前的情景与后 SRES 新情景中能源相关和工业的 CO_2 排放比较。到 2100 年在 SRES 之后的整个基线情景所反映的有关能源和工业 CO_2 排放的产生范围非常大,从 17 到约 135 Gt CO_2 当量(4.6～36.8 Gt C)8,与 SRES 的范围基本相同。多数情景显示在 21 世纪大多数时间内排放将增加,也都有一些基线情景显示排放达到峰值之后便开始下降。

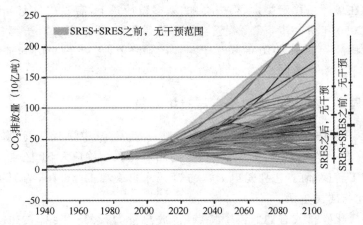

图 6.7　SRES 和 SRES 之前的情景与后 SRES 新情景中能源相关和工业的 CO_2 排放比较

（资料来源：IPCC 2007b）

减缓排放情景用来定量预测和分析采取减排对策与不采取减排对策的基准情景相比的减排量。稳定排放情景是减缓排放情景的一部分，这类情景均假定通过一定的减排措施和对策在某一目标年（如 2100 年或以后）实现预先设定的减排目标，如将温室气体浓度稳定在 650 ppm 或 550 ppm 等。IPCC 第三次评估报告在全球已开发的大量排放情景中，总结和回顾了 126 个 50～100 年的长期减缓排放情景，并将它们分为四类：稳定浓度情景、稳定排放情景、气候稳定情景以及其他减缓排放情景。

第四次评估报告根据不同的稳定目标和可替代稳定度量将 TAR 之后的稳定情景分为六类，具体如表 6.2 所示。

表 6.2　根据不同的稳定目标和可替代稳定度量对最近(TAR 之后)的稳定情景所作的分类

类别	额外辐射强迫(W/m²)	CO_2 浓度 (ppm)	CO_2-当量 浓度(ppm)	达到平衡时超过工业化时代之前的全球平均温度的增幅，使用'最佳估值'的气候敏感性(℃)	CO_2 排放峰值年	到 2050 年全球 CO_2 排放变化(相比 2000 年,%)	经评估的情景数量
第一类	2.5～3.0	350～400	445～490	2.0～2.4	2000—2015	−85～−50	6
第二类	3.0～3.5	400～440	490～535	2.4～2.8	2000—2020	−60～−30	18
第三类	3.5～4.0	440～485	535～590	2.8～3.2	2010—2030	−30～+5	21
第四类	4.0～5.0	485～570	590～710	3.2～4.0	2020—2060	+10～+60	118
第五类	5.0～6.0	570～660	710～855	4.0～4.9	2050—2080	+25～+85	9
第六类	6.0～7.5	660～790	855～1130	4.9～6.1	2060—2090	+90～+140	5

（资料来源：IPCC 2007b）

减排时间的设定取决于稳定目标的严格程度。严格的目标需要提早达到 CO_2

排放峰值。在最严格稳定类别(第一类)的大多数情景下,需要在 2015 年之前排放开始下降,到 2050 年进一步下降,降至当前排放量的 50% 以下。对于第三类,在这类情景中全球排放一般于 2010—2030 年左右达到峰值,之后于 2040 年前后回到 2000 年的平均水平。对于第四类,于 2040 年前后达到排放峰值。

6.2.4　我国的二氧化碳排放特点与减排对策

2005 年,我国一次能源消费量为 22 亿吨标准煤,其中煤、油、气、水电的比重分别为 68.7%、21.2%、2.8%、7.3%。估算的二氧化碳排放量为 51 亿吨,其中约 50% 来自能源加工转换部门(主要是电力),约 35% 来自终端工业部门,约 15% 来自农业、交通、服务业与居民生活。

我国二氧化碳排放有如下三个特点:排放总量大,2005 年我国二氧化碳排放量占全球总量的 18%,居全球第二,仅次于美国;人均二氧化碳排放量低,2005 年我国人均二氧化碳排放量约 3.9 吨,低于世界平均水平的 4.2 吨,不到 OECD 国家人均二氧化碳排放量(11 吨)的 2/5;二氧化碳排放强度高。

2005 年我国二氧化碳排放强度约 2.7 kg/美元(以 2000 年价不变价计),是世界平均水平的 3.5 倍,是 OECD 国家平均水平的 6 倍。这由多方面的原因造成:①汇率比价的不确定性;②高能耗强度的产业、行业与产品结构,在 GDP 构成中我国工业所占的比重高,服务业所占的比重低,而且高耗能行业在工业中所占比重偏大,此外我国高技术、高增加值产品比重少;③能源转换和利用效率低;④一次能源消费以煤为主。

因此,降低我国二氧化碳排放强度、减缓二氧化碳排放的对策就应该分别是:调整产业结构和产品结构、节能和提高能源效率、用天然气/煤层气替代煤、发展核能和可再生能源等。

* 产业结构和产品结构调整。通过实施一系列产业政策,加快第三产业发展,调整第二产业内部结构,并增加高附加值产品的比重,是减缓二氧化碳排放的一个重要对策。
* 节能和提高能源效率。通过经济结构调整和提高能源利用效率,1990—2005 年间我国万元 GDP 能耗年均下降率达 4.1%,相当于节约和少用能源 8 亿多吨标准煤,减少 18 亿吨二氧化碳排放。虽然我国能源利用效率在过去 20 多年有了很大的提高,但相对于发达国家仍有差距,我国在电力、钢铁、建材、化工等高耗能工业部门以及交通运输、建筑等部门还有较大的节能潜力与减缓碳排放的潜力。
* 用天然气/煤层气替代煤。由于燃烧单位热值天然气所产生的二氧化碳排放量比煤炭低得多,而且天然气的转换与利用效率通常比煤炭高,因此用天然气替代煤炭可以取得减缓碳排放的显著效果。煤层气是一种与天然气相同的洁净的高热值的气体能源,在煤炭开发过程中回收煤层气并加以利用不仅可以增加洁净能源的供应,改善煤矿安全,还可以减少二氧化碳和甲烷这两种温室气体的排放。

• 发展可再生能源。我国有丰富的可再生能源资源,发展可再生能源不仅可以缓解矿物能源的供应压力、优化能源供应结构、改善区域环境,也可以起到减缓碳排放的重要作用。通过加强水电开发,并支持在农村、边远地区和条件适宜地区开发利用生物质能、太阳能、地热、风能等新型可再生能源,2005 年我国可再生能源利用量(包括大水电)已经达到 1.66 亿吨标准煤,占一次能源消费总量的 7.5%,相当于减排 3.8 亿吨二氧化碳。

• 发展核能。核能是一种清洁的能源已为世人所共识,它也是能对减少碳排放产生重大贡献的技术。2020 年我国核电装机容量可达 70 GW,届时将相当减少约 3.5 亿吨二氧化碳排放。

我国目前正处于工业化发展阶段,随着经济发展和社会进步、人口增加、城市化水平与人民生活水平的提高,我国的能源消费和相应的二氧化碳排放在今后几十年乃至更长时期内还将持续增长。但我国将在可持续发展的框架下考虑上述大量的与优化产业结构、优化能源结构、保障能源供给、改善区域环境、减轻社会压力相一致的碳减排对策与措施,在发展中注重经济与环境的协调,注重经济增长的质量和资源利用效率的提高,以尽可能少的物质消耗和相应较低的碳排放实现现代化的发展目标,为减缓全球气候变化不断做出努力和贡献。

6.3　二氧化碳减排技术选择

中国作为《京都议定书》的签署国,虽然在第一承诺期(2008—2012 年)没有具体减排义务,但是目前已成为世界上最大的 CO_2 排放国,中国面临碳减排的压力将与日俱增。然而,中国的技术水平仍然相对落后,因此,技术进步应该是实现温室气体减排的核心手段。《气候变化国家评估报告》曾指出:中国的电力部门,工业部门的钢铁、化工、建筑材料行业,建筑部门和交通运输部门,是中国目前和未来减缓碳排放增长的主要部门。未来 20 年,这些部门减缓碳排放的技术潜力约占全国减缓碳排放技术潜力的 70%以上(《气候变化国家评估报告》编委会 2007)。

6.3.1　电力部门

电力工业是将煤炭、石油、天然气、核燃料、水能、海洋能、风能、太阳能、生物质能等能源经发电设施转换成电能,再通过输电、变电与配电系统供给用户作为能源的工业部门。

当前我国电力结构仍以火电为主,火电装机占总装机的比例在 78%左右。在火电机组中,燃煤机组占 97%左右。从火电单机容量分布看,中国火电结构正在不断优化,300 MW 以上的大机组占总装机的比例从 2003 年的 42%提高到了 2007 年的

55％。近年来新投产的机组主要为单机容量 300 MW 和 600 MW 以上的超临界和超超临界机组。同时国家通过"上大压小"等有力措施,到 2008 年年底已累计淘汰小火电 5407 万 kW。这些措施使得我国发电效率不断提高。

超超临界发电技术是国际上成熟、先进的发电技术,在机组的可靠性、可用率、机组寿命等方面已经可以和亚临界机组媲美,并有了较多的商业运行经验。目前,国际上超超临界机组的参数能够达到主蒸汽压 25～31 MPa,主蒸汽温度达到 566～611℃,机组热效率 42％～45％(钱海平 2006)。

循环流化床燃烧发电(CFBC)与增压循环流化床燃烧发电(PFBC)从原理上基本相同,燃烧空气通过布风板进入燃烧室,使加入的煤(破碎到所需粒度)和脱硫剂处于悬浮状态,形成一定高度的液态化"床"层。流化床中,脱硫剂在煤燃烧的同时脱除二氧化硫。由于流化床燃烧温度控制在 900℃ 以下,抑制了燃烧过程中氮氧化物的生成。采用增压燃烧(PFBC)后,燃烧效率和脱硫效率得到进一步提高。除了可在流化床锅炉中产生蒸汽使汽轮机做功外,从 PFBC 燃烧室出来的加压烟气,经过高温除尘后可以进入燃气轮机膨胀做功,这就是 PFBC-CC 的联合循环发电,使发电效率进一步提高。

煤气化联合循环发电技术(IGCC)是一种先进的动力系统,将煤气化技术和高效联合循环相结合。煤经气化成为中低值煤气,经过净化,除去煤气中的硫化物、氮化物和粉尘等污染物,变成清洁的气体燃料,然后送入燃气轮机的燃烧室燃烧,被加热的气体用于驱动煤气做功,燃气轮机排气进入余热锅炉加热给水,产生过热蒸汽驱动蒸汽轮机做功。以现有的燃气轮机技术,IGCC 已可以达到 46％ 的净效率。随着燃气轮机技术的改进,IGCC 的整体效率还将得到进一步提高。IGCC 不仅具有效率高、排放低的优点,而且还可以采用宽范围的燃料(吴宗鑫等 2001)。

相比一般的发电工艺,CFBC、PFBC、IGCC 的优势在于煤的高效利用,发电效率大幅提高,同时大量减少了一般污染物的排放,减少了燃煤对环境的污染。上述几种技术的技术经济比较如表 6.3 所示。

表 6.3　几种火力发电方式在现阶段的技术经济比较(钱海平 2006)

火电技术	效率(％)	环保性能	可靠性	成熟度	设备投资	电价	生产情况
超超临界	43～47	较优	最高	成熟	中等	中等	批量化
循环流化床	38～40	一般	中等	基本成熟	较低	较高	初步批量化
增压流化床联合循环	41～42	一般	低	尚待成熟	次高	较高	大容量仅一台
整体煤气化联合循环	43～45	优	低	尚待成熟	最高	最高	示范阶段

2008 年,中国核电已建成运行 11 个反应堆,总装机容量 910 万 kW,占电力装机的 1.3%;新核准 14 台百万千瓦级核电机组,核准在建核电机组 24 台,总装机容量 2540 万 kW,是目前世界上核电在建规模最大的国家。

我国的水电资源丰富,可开发水能资源总量居世界第一位。截至 2008 年年底,水电装机容量达到 1.72 亿 kW,年发电量 5633 亿 kWh,占发电总量的 16.3%,水电装机和发电量多年居世界第一位。

风力发电是新能源中技术最成熟、最具规模开发条件和商业化发展前景的发电方式之一。中国的风能资源也十分丰富,近年来发展也非常迅速。2005—2008 年风电规模连续三年成倍增长,截至 2008 年年底,风电装机达到 1217 万 kW,居世界第四位。

太阳能光伏产业也快速发展,到 2008 年年底,我国累计光伏发电容量 15 万 kW,其中 55% 为独立光伏发电系统。生物质发电装机容量也达到了约 315 万 kW。

电力部门的技术发展趋势主要有两个方面:

(1)火力发电面临结构优化和技术升级

在未来,火电将面临结构优化与技术升级。首先,需要结合技术进步,积极开发建设 600 MW 和 1000 MW 级的超临界和超超临界机组;其次,推进洁净煤发电,建设单机 600 MW 级循环流化床电站,启动整体煤气化燃气—蒸汽联合循环电站工程;第三,在有天然气管网的大城市中,发展由微型燃气轮机组成的分布式热电联供机组,同时推进热电冷联产和热电煤气多联供;第四,研究开发增压循环流化床联合循环发电厂,发展坑口电站,建设大型煤电基地,同时适度发展天然气发电;第五,加快淘汰落后的小火电机组,改造现有电厂除尘器,提高可靠性、稳定性和除尘效率。

(2)核能和可再生能源装机容量和发电量将逐步提高

水电:积极发展水电,力争到 2020 年水电装机达到 3 亿 kW 以上。

核电:重点建设百万千瓦级核电站,逐步实现先进压水堆核电站的设计、制造、建设和运营自主化。重点发展核电 600～1000 MW 级压水堆核电机组技术和燃气轮机技术。到 2020 年使核电装机达到 7000 万 kW 以上。

风电:大规模的风电开发和建设,促进风电技术进步和产业发展,实现风电设备制造自主化,尽快使风电具有市场竞争力。争取 2020 年风电装机达到 1.5 亿 kW 左右。

同时积极发展其他可再生能源发电,使太阳能发电到 2020 年达到 2000 万 kW 左右。生物质能发电达到 3000 万 kW 左右。

电力部门二氧化碳减排技术的战略选择有三个方面:

(1)严格限制建设小火电机组,积极发展高参数大容量机组,更新耗能、高污染的中低压参数老机组。

(2)建设循环流化床燃烧发电厂(CFBC)、增压循环流化床燃烧发电与联合循环发电厂(PFBC,PFBC-CC)、整体煤气化联合循环发电(IGCC)以及热电联产电厂,开发和引进清洁煤发电技术。

(3)发展天然气发电技术。

(4)加快开发水电,积极发展核电和新能源发电。

6.3.2　工业部门

6.3.2.1　黑色冶金

(1)黑色冶金部门概况

钢铁工业是黑色冶金部门中重要和主要的行业,也是主要的耗能行业之一。随着基础设施建设的加强,钢铁产品的产量和需求量均快速上升,钢铁工业进入了高速发展时期。

钢铁工业是能源密集型产业,其耗能量占全国能源消费总量的比重在12%～15%之间。近些年来,我国重点大中型钢铁企业通过加强能源管理和推进技术进步,节能降耗工作取得了很大成效。吨钢综合能耗由2000年的907 kgce(千克标准煤,下同)降至2007年的740 kgce;吨钢可比能耗也由2000年的781 kgce降至2007年的668 kgce。但这与国际先进水平吨钢能耗610 kgce相比仍然存在较大的差距,也存在着较大的节能潜力。

(2)黑色冶金部门的技术现状

我国钢铁工业采用的主要工序工艺流程包括炼焦—烧结—高炉炼铁—转炉炼钢—铸造—热轧—冷轧等工序,各工序对应的技术装备如表6.4所示。

表6.4　钢铁部门采用的工艺和主要技术

工序	技术
炼焦	小型、大型焦炉
熄焦	干法、湿法熄焦技术
烧结	小型、大型烧结炉
高炉炼铁	高炉喷煤、直接还原、熔融还原(少)
炼钢	转炉(小型、大型)、电炉(交流、直流)
铸造	铸模机、连铸(接近100%)
轧钢	热轧机、冷轧机

对于炼铁技术,我国宝钢、武钢、马钢、鞍钢等大型高炉装备达到国际水平;同时,高炉喷煤、高炉长寿化、高风温、无钟炉顶、小球烧结、球团烧结等技术有了发展;另外,虽然我国高炉炼铁主要技术经济指标有所改善,但与国际先进水平相比仍然存在一定的差距。

对于炼钢技术,我国淘汰了平炉,转炉钢产量约占钢产量的 88%,电炉钢约占 12%。转炉容量增大,平均炉容 55 吨/座,炉座产能提高,中小转炉利用系数居国际领先水平。

对于轧钢技术。我国已引进世界主要的先进轧钢技术,并在推广应用中。轧钢达国际水平的主要装备率不高(小型棒材轧机 20%,中厚板轧机 47.5%,薄板轧机 71.9%);轧机作业率低,目前平均 63.91%,比国际先进水平低 20% 左右。

(3)黑色冶金部门的技术发展趋势

以节能降耗为核心,未来钢铁工业的技术发展方向可大致归纳为以下几点:

——以熔融还原和资源优化利用为基础,集产品制造、能源转换和社会废弃物再资源化三大功能于一体的新一代可循环钢铁流程,作为循环经济的典型示范。

——发展节能降成本的烧结炼焦新技术、高路综合节能剂环保技术、电炉高效炼钢技术等,优化钢铁制造流程。

——发展纯净钢生产工艺技术、控制轧制与控制冷却技术、智能化技术等,提高冶金产品质量。

——发展二次资源循环利用技术、冶金过程煤气发电和低热值蒸汽梯级利用技术、降低烧结机废气排放量与废弃循环技术、非粘连煤炼焦技术、干熄焦技术、高炉节能降低二氧化碳技术、高炉渣和炼钢炉渣资源化技术、粉尘回收技术等。

(4)黑色冶金部门二氧化碳减排技术战略选择

钢铁行业的减排是一项综合性工作,具体工作包括管理节能、结构节能和技术节能三个方面,技术节能则需要积极采用先进的工艺与设备。从中长期来看,减排的技术选择主要包括通过加强废钢的回收利用加大电炉钢的比例以及更多采用短流程炼铁(熔融还原)技术等。

——大型钢铁企业逐步采用干法熄焦工艺。干法熄焦技术(CDQ)是目前国外较广泛应用的一项节能技术,它是利用冷的惰性气体(通常是氮气)在干熄焦炉中与炽热红焦换热从而冷却焦炭。吸收了红焦热量的惰性气体将热量传给干熄焦锅炉产生蒸汽,被冷却的惰性气体再由循环风机鼓入干熄炉冷却红焦。干熄每吨红焦所能回收的热量可产 0.4~0.5 吨中压蒸汽,并能消除和控制有毒、有害物的排放。另外,干法熄焦技术的经济效益主要体现在提高焦炭质量带来的炼铁效益上,使用干熄焦技术处理的高质量焦炭能为大型高炉带来明显的经济效益。我国 2006 年与 2000 年相比,干熄焦技术普及率由 6% 提高到 40%。

——积极采用高炉炉顶压差发电技术(TRT)。高炉炉顶压差发电是利用高炉炉顶煤气中的压力能以及热能经透平膨胀做功来驱动发电机发电,可回收高炉鼓风机所需能量的 30% 左右。这种发电方式既不消耗任何燃料,也不产生环境污染,发电成本低,是高炉冶炼工序的重大节能项目,经济效益十分显著。该设备吨铁发电量在 30～50 kWh。如果采用干法煤气除尘技术,可使发电量增加 30％左右。我国TRT 技术普及率由 2000 年的 50％提高到了 2006 年的 95％。

6.3.2.2　化工部门

（1）化工部门概况

化学工业是国民经济的基础产业,在促进和保证国民经济快速健康发展方面起着重要的支撑作用。与此同时,化学工业又是技术、资源、能源密集型产业,它不仅是原材料和能耗大户,又是环境污染大户。笼统来讲,化学工业包括化学矿采选业、基本化学原料制造业、化学肥料制造业、化学农药制造业、有机化学品制造业、合成材料制造业、专用化学品制造业、橡胶制造业、化学工业专用设备制造业和石油化工、日用化工、化学药品、合成纤维等。

我国化学工业主要是新中国成立以后建设和发展起来的,经过几十年的发展,尤其是改革开放以来,我国化学工业获得了快速发展,已经形成了完备的工业体系,有些装置规模、产品产量已居世界前列,我国已成为化工大国。

（2）化工部门技术现状

化工部门涉及的技术有很多类别,其中以乙烯与合成氨的生产显得更加重要。乙烯是基本有机化工的重要原料,它的产量与技术经济指标一般用来衡量一个国家基本有机化学工业的发展水平。目前,生产乙烯所用的原料范围较宽,从最轻的乙烷开始一直到最重的减压柴油,但是乙烯收率或三烯、三苯收率各不相同。一般规律是原料轻,乙烯收率高。根据所采用的原料路线的不同,乙烯生产技术可划分为:以轻烃为原料的生产技术、以石脑油为原料的生产技术、以柴油为原料的生产技术。

我国由于原油资源不足,原料优化程度不够,原油中轻油含量普遍偏低,直馏石脑油和轻柴油一般都只占原油的 30％左右,不得不使用低质原料裂解制乙烯,导致能耗高、成本高,与世界其他地区相比,我国乙烯原料的构成有很大的劣势。目前世界最大的乙烯联合装置是位于加拿大阿尔伯塔省的诺瓦化学公司的装置,生产能力为 281.2 万吨/年,而我国目前乙烯联合装置生产能力最大的是中国石化集团的上海石化公司,装置生产能力为 90 万吨/年。世界平均装置规模为 54.87 万吨/年,中国平均装置规模 41.8 万吨/年,还未达到世界平均水平。我国乙烯综合能耗由 2000 年的 1125 kgce/t 下降到 2007 年的 984 kgce/t,但还远高于国际先进水平的 629 kgce/t。（2050 年中国能源和碳排放研究课题组 2009）。

合成氨生产是分别以煤、焦炭、天然气、重油、轻油、渣油等为原料制氨的过程,不同的装备规模、原料路线（煤、天然气、重油）、工艺技术水平、装备水平,其能效水平有很大差别。就大型合成氨而言,以天然气为原料的装置平均能耗比国外高出 38.7％,以油为原料能耗高出 25％,油气平均能耗比国外约高出 34％。以煤为原料的中型装置的能耗,比国外的先进水平约高出 36.3%,小型装置的总体能耗水平虽然低于中型装置,但其内部发展十分不平衡,全行业平均吨氨能耗水平比先进企业的能耗水平高出 330 kg 标准煤(《气候变化国家评估报告》编写委员会 2007)。

对于烧碱生产而言,中国目前有四种方法:隔膜法、离子膜法、水银法和苛化法。其中隔膜法产量最大,离子膜法次之,水银法和苛化法几乎被淘汰。我国烧碱综合能耗由 2000 年的 1435 kgce/t 下降到了 2007 年的 1203 kgce/t,但还高于国际先进水平的 910 kgce/t。

对纯碱生产技术而言,中国已形成了一批我国特有的专用技术,如盐水处理、吸氨工序、碳化、滤碱、氨化铵结晶、分离、利用蒸氨废液生产氯化钙和精制盐等。我国纯碱综合能耗也由 2000 年的 406 kgce/t 下降到了 2007 年的 363 kgce/t,但还高于国际先进水平的 310 kgce/t。

(3)化工部门技术发展趋势

以节能降耗为核心,未来化工部门的技术发展趋势将体现在以下几个方面:

——推广焦炉气化工、发电、民用燃气、独立焦化厂焦化炉干熄焦、节能型烧碱生产技术、纯碱余热利用、密闭式电石炉、硫酸余热发电等技术,对有条件的化工企业和焦化企业进行节能改造。

——以煤炭气化代替燃料油和原料油;在煤炭和电力资源可靠的地区,适度发展煤化工替代石油化工。研究制定鼓励利用余热余压发电、供热和制冷的优惠政策。

——大型合成氨装置采用先进节能工艺、新型催化剂和高效节能设备,提高转化效率,加强余热回收利用;以天然气为原料的合成氨,推广一段炉烟气余热回收技术,并改造蒸汽系统;以石油为原料的合成氨,加快以洁净煤或天然气替代原料油改造;中小型合成氨采用节能设备和变压吸附回收技术,降低能源消耗。

——煤造气采用水煤浆或先进粉煤气化技术替代传统的固定床造气技术。

——烧碱生产逐步淘汰石墨阳极隔膜法烧碱,提高离子膜法烧碱比重。

——纯碱生产淘汰高耗能设备,采用设备大型化、自动化等措施。

(4)化工部门二氧化碳减排技术的战略选择

与其他部门相比,化学工业能源消耗的显著特点是,能源不仅为化工生产提供燃料和动力,而且又是化工生产的重要原材料。如合成氨、乙烯和焦化工业中,能源作为原材料的用量远超过作为燃料和动力的消耗。因此,对化学工业来讲,节能降耗不仅是减少燃料、动力的消耗,而且需要降低原材料的消耗。

在化工部门中,实现二氧化碳减排的战略技术有以下几种:

——推广天然气替代技术生产合成氨。天然气具有耗量低、动力省、能耗低、投资省、占地少等特点。天然气换热转化造气新工艺是当今国际上先进的合成氨工艺,天然气经预热脱硫后与蒸汽混合进入换热式转化炉,反应后一段转换气(甲烷含量约

30%)进入一段炉中,同时掺入富氧空气,二段炉出口的高温工艺气体(约 1000℃)进入一段炉中,为天然气一段转化炉提供反应所需热量,然后再进入变换系统。该技术既可用于大、中、小型合成氨厂的改造、扩建和新建工程,也可用于生产液氨、尿素、碳铵、联碱等装置,经济效益明显。新工艺与常规的蒸汽转化法和目前小厂广泛采用的C.C.R 法相比,可节约天然气 1/3,吨氨天然气用量可减少 400 m^3 左右。

——改进以煤为原料生产合成氨的工艺。以煤为原料制合成气、合成氨新技术是以水煤浆为原料,与工业氧在气化炉内进行反应获得合成气,再采用等压氨合成工艺制得合成氨,此技术为具有我国特色的先进煤气化技术。

——推广合成氨生产蒸汽自给节能技术。该技术采用系统工程的原理,将以煤为原料合成氨生产过程中的化学反应热进行综合回收,再用于合成氨生产过程中所需热量,即造气、变换、合成等工艺所用的蒸汽全部由生产过程自身的热平衡来解决,使合成氨生产过程中的余热得以充分的回收和利用,实现了以煤为原料的合成氨厂蒸汽自给,取消燃料用煤,只用原料煤(两煤变一煤)的目的。

——富氧连续气化及气体净化技术。该技术是对传统的常压固定床间歇气化工艺的变革,由富氧空气和蒸汽作为气化剂从气化炉底部通入,对煤层连续气化,经精炼后制得符合合成氨生产要求的原料气。此工艺技术生产过程连续稳定,生产温度比现有煤气炉提高一倍以上,并可利用 6~25 mm 的小颗粒煤焦,使煤炭利用率由30%左右提高到 60%~70%,且降低综合能耗。

——优化乙烯裂解炉,采用新型乙烯裂解炉技术。新型乙烯裂解炉技术是具有中国特色的新型裂解炉。主要技术指标达到世界工业化乙烯裂解炉的先进水平,具有建设周期短、投资省、三烯三苯收率高、操作容易、调节灵活、生产弹性大、急冷锅炉清焦周期长等优点。此外,它还采用了新的炉体结构、炉衬材料和油气联合烧嘴等新技术,并具有控制技术先进、材料国产化率高等特点。

6.3.2.3　建材部门

(1)建材部门概况

建材部门是国民经济发展的基础原材料部门,其占国民经济总量的比重也比较大,它与建筑业一起构成现代人类文明的生存基础。目前,我国已成为全球最大的建材生产和消费国。

建材工业又是典型的资源依赖性工业,能源消耗较大,年能耗总量位居我国各工业部门的第三位,仅次于电力与冶金部门。在建材工业的各主要产业中水泥工业是第一大耗能大户,2006 年水泥制造业能源消耗总量 1.31 亿吨标准煤,占建材工业能源消耗总量的 75.1%。

建材工业污染现象极其严重。“十五”前期建材工业二氧化硫排放量和烟粉尘排放量逐年递减,"十五"后期由于建材工业增长较快,二氧化硫排放量和烟粉尘排放量增加。2005 年,建材工业二氧化硫排放量占全国二氧化硫排放量的 7.84%,居工业部门第二位,烟粉尘排放量占全国工业烟粉尘排放量的 37.74%,居工业部门第一位。

(2)建材部门技术现状

——水泥工业。我国水泥生产的窑型较多(如机立窑、湿法生产线、预分解窑等),新增生产能力以大型先进技术装备为主,部分生产线已达到或接近国际先进水平。新型干法窑已成为我国水泥行业主导生产工艺,水泥产品中新型干法水泥产量也逐年增加,到 2005 年底,新型干法水泥占水泥总产量的比重已达到 40%(张人为 2006);在新型干法窑中,日产 4000 吨及以上生产线 104 条,占新型干法生产线总规模的 1/3 以上;日产 4000~5000 吨级新型干法水泥熟料生产线技术装备的国产化率已达 90% 以上,部分生产线技术装备已达到国际先进水平。水泥综合能耗由 2000 年的 181 kgce/t 下降到了 2005 年的 167 kgce/t、2007 年的 158 kgce/t,但仍比国际先进水平高 24% 左右。

——玻璃工业。2005 年我国拥有的 150 多条浮法玻璃生产线中 90% 以上是采用洛阳浮法技术。浮法玻璃工艺已经成为我国玻璃工业的主导工艺,2005 年浮法玻璃产量已超过全国平板玻璃总产量的 86%,平均玻璃的综合能耗也由 2000 年的每重箱 25 kgce 下降到 2007 年每重箱 17 kgce。

——建筑卫生陶瓷工业。通过引进以及消化吸收国外生产技术和装备、推广节能技术等途径。建筑卫生陶瓷工业取得了显著的节能效果。建筑陶瓷的综合能耗由 2002 年的 4.5 kgce/m³ 下降到了 2005 年的 3.0 kgce/m³,下降了 33.3%。卫生陶瓷的综合能耗由 2004 年的 10.18 kgce/m³ 下降到了 2005 年的 9.4 kgce/m³,下降了 7.66%。

——玻璃纤维行业。大型无碱玻纤池窑拉丝技术取得了重大突破,成为我国玻璃纤维工业的主导技术。2005 年池窑玻璃纤维产量占全国玻璃纤维产量的 69.47%,玻璃纤维的综合能耗也由 2000 年的 2.63 吨标煤/吨纱下降到 2005 年的 1.59 吨标煤/吨纱,下降了 40%(张人为 2006)。

(3)建材部门的技术发展趋势

由于水泥工业的能耗占建材部门总能耗的比重较大,因此,水泥工业是建材部门的节能重点,水泥工业的技术发展趋势显得尤为重要。未来水泥工业的技术发展方向可大致归纳为以下几点:

——发展大型新型干法窑外分解技术,淘汰落后生产工艺,推动水泥工业结构调整和产业升级,厉行资源节约,保护生态环境,坚持循环经济和可持续发展,走新型工业化发展道路。

——发展窑炉节能与余热利用技术,新型干法窑系统废气余热要进行回收利用,鼓励采用纯低温废气余热发电。

——推广矿渣微粉细磨技术、纳米级超细粉碎技术与超细分表面处理技术,鼓励大企业采用先进的技术和设备将小企业改造为水泥粉磨站;大力发展散装水泥,积极发展预拌混凝土。

——利用在大城市或中心城市附近的大型水泥厂的新型干法水泥窑处置工业废弃物、污泥和生活垃圾,发展处理工业废弃物和生活垃圾的"生态水泥"生产技术等。

其他建材部门的技术发展方向还将在以下几个方面体现:用新型浮法工艺、新型垂直引上工艺、新型熔化窑等替代现有浮法工艺、垂直引上工艺和平拉工艺;用新兴陶瓷窑替代现有陶瓷窑;用新兴和大型石灰瓷窑替代现有石灰窑等。

(4)建材部门二氧化碳减排技术的战略选择

以水泥部门为例,我国水泥部门的先进技术装备水平仅为国际一般水平,国内水平明显落后。目前中国水泥工业正处在技术结构和产品结构调整时期,考虑到经济可行性的原则,调整重点是用技术先进、能耗低、产品质量好的新型干法窑外分解技术逐步取代技术落后、能耗高、产品质量较差的其他技术,推广余热利用等方面的节能技术。

——积极发展新型干法窑外预分解技术,提高新型干法水泥熟料比重。新型干法窑外预分解工艺与立窑生产工艺比较,具有以下几种先进性体现(沈建业等2003):

·该工艺是水泥生产中先进的生产工艺,在国内处于领先水平,是国家"上大改小"替代立窑水泥生产的推荐工艺,符合国家产业政策和行业发展方向。

·可以根据当地的原料材料,煅烧任何品种的高质量硅酸盐水泥熟料,加工生产低碱硅酸盐水泥和中低热硅酸盐水泥,以适应各种工程和市场需求。

·提高石灰石资源的综合利用率,以有限的石灰石资源生产高标号硅酸盐水泥,进一步提高混凝土强度,增强混凝土的耐久性,延长工程使用寿命,改善目前工程建筑中普遍存在的"肥梁胖柱"现象。

·随着高新技术和信息产业的快速发展,工艺自动化控制水平显著提高,整条生产线只需用工 225 人就可实现全过程控制。

窑外分解使本应在回转窑中进行的原料分解过程提前到加热炉中进行,从而强化了回转窑的反应分解能力,增加了水泥熟料的产量,降低了水泥熟料生产的热耗。先进的预分解窑干法水泥窑的热效率为 50%～55%,吨水泥熟料热耗在 110～120 kgce 之间。新型干法与立窑水泥工艺能耗对比情况来看,新型干法水泥工艺吨水泥熟料实物煤耗比立窑水泥工艺低 39 kg;吨水泥熟料电耗低 11 kWh;吨水泥熟料综合能耗低 21 kg 标煤。

——积极推广水泥窑余热发电装置,发展低温余热发电技术。水泥熟料煅烧过程中,由窑尾预热器、窑头熟料冷却机等排放的 400℃ 以下低温废气余热,其热量约占水泥熟料烧成总耗热量的 30% 以上,造成能源浪费。水泥生产,一方面消耗大量热能,另一方面消耗电能。如果将排掉的 400℃ 以下低温废气余热转换为电能并回用于水泥生产,可使熟料生产综合电耗降低 60% 或使生产综合电耗降低 30% 以上,对于水泥生产企业,可大幅度减少向社会发电厂购电量或减少水泥生产企业燃料燃烧的自备电厂的发电量以降低水泥生产能耗,从而减少二氧化碳的排放。

目前,在水泥工业,除极少数预分解窑利用余热发电及利用部分废气余热烘干物料、部分干法中空窑利用废气余热发电外,大部分生产线窑炉余热未能有效利用,致使大量热能损失,增加了能源消耗。因此,窑外分解窑的余热发电装置有巨大的应用潜力。

6.3.3　建筑部门

(1)建筑部门概况

作为国民经济支柱产业的建筑业,其对国民经济的拉动作用十分显著。近十几年来,随着中国城市化进程的加快,基础设施建设不断展开,我国目前处于城市建设高峰期,城市建设的飞速发展促使建材业、建造业迅猛发展。截至 2006 年,建筑业总产值达到 41 557.16 亿元,房屋建筑施工面积达到 410 154 万 m²,房屋建筑竣工面积达 179 673 万 m²。

在中国北方地区,建筑采暖能耗占当地全社会能耗的 20% 以上,建筑用能已达到全社会能源消费量的 27.6%(发达国家建筑用能一般占全社会能源消费量的1/3左右)。随着未来人民生活水平的逐步提高,对住宅舒适度的要求将越来越高,这必然将增加采暖和空调设施,建筑能耗也将随之大幅度增加,其占总能耗的比重也将越来越大。因此,在建筑部门推进节能技术可以改善建筑的室内热环境,提高建筑的保温隔热性能,提高能源利用率,降低空调采暖时期的建筑使用能耗,从而达到温室气体减排的目的,改善环境。

(2)建筑部门技术现状

建筑部门的技能技术包含两部门,一部门是加强围护结构的保温隔热能力;另一部门是从供暖、供冷的热源、输送渠道及实现方式来节约能源,也叫设备节能。其中,住宅围护结构节能技术是指通过采用墙体保温(外保温、内保温、自保温、夹芯保温等技术)、门窗节能(中空玻璃窗,low-e 玻璃等)、屋面节能等措施减少住宅的使用能耗。设备节能技术主要包括新的冷热源技术、水系统节能技术、风系统节能技术、蓄能技术和其他设备节能技术。以下是几种具有代表性的技术(张巍屹 2008)。

——外墙内保温技术。外墙内保温技术,是在外墙结构的内部加做保温层。内保温施工速度快,操作方便,可以保证施工进度。内保温应用时间较长,技术成熟,施工技术及其检验标准比较完善。被广泛推广的内保温技术有:增强石膏复合聚苯保温板、聚合物砂浆复合聚苯保温板、增强水泥复合聚苯保温板等。但内保温技术较多占用使用面积,容易引起开裂,影响居民的二次装修。

——外墙外保温技术。外墙外保温技术是目前大力推广的一种建筑保温节能技术。与内保温技术相比,技术合理,使用同样规格、同样尺寸和性能的保温材料,外保温比内保温效果好,具有诸多优越性:能够保护主体结构,减少结构内部温度应力,增强墙体防水性能,延长建筑物使用寿命避免产生热桥,防止由此产生的热损失,在冷天室内墙面不致结露,在对现有建筑进行节能改造时,不会干扰住户正常生活等。目前,在各种外墙外保温技术中,采用最普遍的是膨胀型聚苯乙烯(EPS)板薄抹面系统。此法是将 EPS 板用黏结材料固定在基层墙体上,在 EPS 板面上做抹面层,中间嵌埋玻纤网,表面以涂料做饰面。

——节能窗技术。外窗能耗,包括窗户传热和空气渗透耗热,约占建筑采暖、空调能耗的 50% 左右,可见窗户是建筑节能的重点部位。由于南北气候不同,因此节能手段不一样。北方采暖建筑应注重传热系数和气密性,减少热量散失和冷风渗透,而南方空调建筑则要注重遮阳,以阻止太阳辐射进入。

近些年,铝窗在南方发展较快,铝合金门窗由于强度高、重量轻、变形小、密封性好而且耐久性强等诸多优点被广泛使用,但其型材本身导热性高,隔热性差。因此,可通过在高导热性的铝合金型材之间插入低导热的隔离物,现在,可用机械方式将隔热条与铝型材复合,其中,将玻璃纤维强化的聚酰胺尼龙条穿入特定的型材槽内加以滚压复合的效果更好。另外,随着双层玻璃、三层玻璃、中层玻璃的应用发展加快,采用多层玻璃窗保温隔热性能会有明显提高。

——屋顶节能技术。采用加厚保温隔热层、使用保温隔热性能好的材料、设置架空层面、施工时防止雨水侵入多孔保温材料等措施,可减少能源浪费。另外,用挤塑聚苯乙烯(XPS)板做倒置屋面保温层,对屋面结构进行革新,效果良好,已在很多工程中应用。由于 XPS 板具有连续的表层和闭孔式蜂窝状结构,阻止均匀,强度高,隔湿性和耐气性能好,不易老化,故用 XPS 板做屋面保温覆盖在防水层之上,使得保温层起到保护防水层的作用。

在屋顶上架设凉棚,上面种植攀藤植物,可使得屋面接受的太阳辐射减少,对夏季屋面隔热十分有利;在屋面上设热反射层或热反射涂层,也能达到隔热作用。

除此之外,其他的节能技术还包括被动太阳房技术、绿色照明技术、光伏电池技术以及家住耗能测试和计算技术等。

(3)建筑部门技术发展趋势

在国家"十一五"规划的要求与国家产业技术政策的规划下,根据《"十一五"十大重点节能工程实施意见》,未来建筑部门的技术发展方向可有以下几个方面:

——新建建筑全面严格执行 50%节能标准,四个直辖市和北方严寒、寒冷地区实施新建建筑节能 65%的标准。采用带热回收的通风换气窗、双层皮幕墙等新技术和设备,提高建筑保温隔热效果,降低能耗。

——在各大中城市普遍推行居住和公共建筑集中采暖按热表计量收费制度,提高集中供热系统效率。

——鼓励采用蓄冷、蓄热空调以及冷热电联供技术,中央空调系统采用风机水泵变频调速技术。

——发展节能利废建材、聚氨酯、聚苯乙烯、矿物棉、玻璃棉等符合建筑节能标准和相关国家标准的新型墙材,建设节能建材产业化基地。

——推广太阳能建筑应用技术、淡水源热泵、海水源热泵、浅层地能利用和可再生能源技术集成。

(4)建筑部门二氧化碳减排技术的战略选择

我国的建筑节能水平仍远低于发达国家,建筑单位面积能耗是气候相近发达国家的 3~5 倍。在建筑中,外围护结构的热损耗较大,外围护结构中墙体占据了很大的比例。因此,建筑墙体改革与墙体节能技术的发展是建筑部门二氧化碳减排技术的重要部分。

外墙外保温技术的外保温材料包在主体结构的外侧,能够保护主体结构,延长建筑物的寿命,有效减少了建筑结构的热桥,增加建筑的有效空间;同时消除了冷凝,有利于室内温度保持稳定,提高居住的舒适度。该技术不仅适用于新建的结构工程,也适用于旧楼改造,适用范围广,技术含量高(郑慧玲 2008)。除此之外,外保温技术的经济优势表现在材料费的节约上。与内保温技术保温材料相比,外保温材料可节约 15 元/m^2 左右。有研究认为,随着我国外保温工程的快速增加,外墙外保温技术必然是我国建筑节能改造的基本措施。

6.3.4　交通运输部门

(1)交通运输部门概况

交通运输是人类社会生产、经济、生活中一个必不可少的重要环节。随着社会和科技的发展,人们对交通运输的需求迅速增长,从而形成了现代的交通运输业。交通运输是一个迅速发展的产业,公路运输、铁路运输、水路运输、航空运输和管道运输是现代社会中交通运输的主要方式。交通运输作为人类赖以生存和发展的基础条件之一,对能源等资源依赖性很强,对环境影响大,是我国建设资源环境友好型社会的重要组成部分。

交通运输是油气资源消费大户。目前,我国交通行业能源消费约占全国总用能量的 10%,其中以油气为主。大约 95%的汽油、60%的柴油和 80%的煤油被各类交通工具所消耗(王军生 2007)。近年来,公路交通的能源消费量迅速增长,根据工业发达国家的经验,交通运输(基本上是公路运输)的终端能源消费量占全国终端能源消费量的 1/4～1/3。因此,公路运输是具有很大二氧化碳减排潜力的部门。

(2)公路运输部门的技术现状

公路运输部门是交通运输部门的重要组成部分,公路运输的污染物排放是交通运输部门污染物总排放的 60%～90%。公路运输部门的技术主要包含三部分:发动机技术、传动技术、新型动力系统技术。一些具体的技术组合及其节能减排效果情况如表 6.5 所示。

表 6.5　提高燃油经济性能的一些技术组合的成本和节能减排效果(邹骥等 2008)

	技术	成本(元)	节油效果	局地污染物减排效果
发动机技术	增加进气充量	1. 进气管优化设计 2. 单缸 4 气门	降 3%左右	基本无影响
	减少排气被压	三元催化器、消声器优化设计、匹配,约增加 100	每减小 5 kPa 排气被压,提高功率约 1 kW,节油约 1%	可以降低排放
	减少发动机摩擦损失	1. 双顶置凸轮轴(DOHC),约增加 1400 2. 优化设计摩擦副,包括活塞、活塞环、缸套、轴瓦等,约增加 100	降 3%左右	基本无影响
	减少附件功率损耗	1. 电动水泵,约增加 500 2. 电动机油泵,约增加 800 3. 电控辅助系统(动力转向、空压机、发电机等)	降 4%左右	降低排放
	发动机工作过程优化	优化设计,成本基本不增加	有节油	降低排放
	发动机增压(中冷)(形式)(最大压力)	增压＋中冷,约增加 3000	降 3%左右	降低排放
	废气后处理(DOC、DPF、SCR 等)	约增加 2000	油耗增加	降低排放
	汽油直喷技术	约增加 3500	10%左右	降低排放
	柴油(直喷)高压共轨技术	约增加 4000	降 3%左右	降低排放
	发动机轻量化	1. 铝制缸体,约增加 500 2. 塑料进气管,约减小 80(大批量)	有节油	基本无影响

续表

	技术	成本(元)	节油效果	局地污染物减排效果
传动系统技术	档位数增加情况(手动、自动)	成本增加	有节油	基本无影响
	变速箱形式变化	手动到自动,成本增加	油耗增加	基本无影响
	无级变速器(CVT)	成本增加	有节油	降低排放
新型动力系统技术	混合动力技术	成本增加	有节油	降低排放
	纯电动技术	成本增加		无排放
	燃料电池技术	成本增加		无排放

（3）公路运输部门的技术发展趋势

——高效引擎。在影响运输车辆油耗高低的各种因素中,发动机的油耗是最重要的因素之一。目前中国汽油机的平均油耗率要高出国外汽油机 10%～20%。中国制造的重型柴油货车的油耗则比国外先进水平高 17%～25%,因此,中国汽车制造行业需开发研究或引进生产低油耗车用柴油机。若油耗率达到 20 世纪 80 年代的国际先进水平(低于 200 g/kWh),可使中国汽车油耗降低 10%～20%。

——快速发展轨道交通等公共交通,提高综合交通运输系统效率。在大城市建立以道路交通为主、轨道交通为辅、私人机动交通为补充、合理发展自行车交通的城市交通模式;中小城市主要以道路公共交通和私人交通为主要发展方向。

——开发汽车代用能源。发展汽车代用能源,如天然气、液矿物油气、混合动力、醇类燃料、电力和氢燃料等,减轻石油消费,同时减少温室气体排放。

——淘汰高耗能的老旧汽车。"十一五"末与 2005 年相比,实现车百吨千米能耗下降 20%,2010 年末达到 8.2～6.7 L/km 的汽车平均燃油经济性,公路每亿车千米用地面积下降 20%;减少单车单放空驶现象,提高运输效率等。

——开发汽车新材料。汽车的新材料开发,特别是轻体材料的开发应用,对实现汽车的低油耗与节能同样有着重要的作用。可供选择的新材料有:用点焊技术成型的薄板、标准镁合金、全铝车身及底盘、专用半成品坯技术、陶瓷阀、有机玻璃、金属矩阵合成材料、陶瓷海绵、铝海绵、生物材料、钛铝材料、智能材料、塑料、专用复合材料等。

（4）公路运输部门二氧化碳减排技术的战略选择

——优先发展公共交通系统,特别是快速轨道交通系统,提高轨道交通在城市交通中的比例。对城市交通系统而言,发展城市公共交通系统特别是快速轨道交通系统是各国解决城市交通问题的主要手段,同时并不影响汽车产业的发展。

——优化乘用车结构,大力发展柴油车。柴油车具有三大优势:一是节能,柴油车油耗低,与同等排量的汽油车相比,能够节油 30%以上。二是经济,由于柴油车优异的节油特性,在原油价格持续上涨的情况下,其经济性显得尤为突出,无论对社会还是个人,都显示出巨大的价值。如果油价继续升高,则柴油轿车的经济性就更加明显。三是环保,柴油轿车二氧化碳的排放量比汽油轿车低30％～45％,减排效益十分显著。

6.4 碳吸收汇

碳吸收汇(简称碳汇)是指植物吸收大气中的CO_2并将其固定在植被或土壤中,从而减少该气体在大气中的浓度,这也是生物固碳的一种方式。土地利用、土地利用变化和林业(LULUCF)可以在一定程度上增强碳吸收汇。由于在能源、工业等领域限制和减少温室气体排放所付出的经济代价远远高于利用碳吸收汇的代价,因此,增加温室气体汇的吸收,同样对减缓气候变化具有特别重要的意义。增强温室气体的吸收汇也越来越为人们所关注,特别是《京都议定书》通过之后,科学界针对人为活动引起的陆地生态系统碳储量的变化进行了大量的研究。

6.4.1 陆地生态系统碳循环的监测和模型模拟

陆地生态系统是一个极其复杂的系统,其碳循环过程不仅受到自然环境(如气候、土壤和地形地貌等)的影响,而且强烈地受到人类活动(如森林砍伐、土地利用、放牧和农业管理等)的制约。由于陆地生态系统的复杂性,仅根据若干个点的测定结果尚不足以阐明区域乃至全球陆地生态系统碳收支的时空分布特征及其对大气CO_2浓度的贡献,况且目前我们还难以进行大范围的野外测定。因此,建立受气候、土壤、生物和人类活动综合影响的生态系统模型不仅有助于客观认识我国陆地生态系统碳收支的过去、现状和未来,而且可以通过碳循环模型与气候模式的双向耦合对未来气候变化做出更为客观的估计,以帮助人类制定适应气候变化的措施。

(1)陆地生态系统碳循环的监测

根据陆地生态系统排放(或吸收)的基本特征和近地层大气中气体传输的机制,发展了陆地生态系统碳通量测量方法。目前,用于测定CO_2的方法主要包括涡度相关法、通量梯度法、鲍恩比法、质量平衡法等微气象学方法。微气象学方法要求大面积的均匀的下垫面。除质量平衡方法以外,微气象学方法测定气体排放或吸收通量是基于所测定的地表上方一定距离的垂直流量(刘树华 1993)。

涡度相关方法:利用涡度相关技术可以由某一点的瞬间垂直风速与气体的瞬间浓度的关系得到痕量气体的通量。在自然环境中,涡动是重要的交换过程,其发生频率达到5～10 Hz,因此,需要时间响应较快的传感器。如果可以得到时间响应较快的传感器,涡度相关方法具有许多优点,尤其是这种方法对交换过程做了最少的假设,不会对观测环境产生扰动,能够观测到长期、连续的通量,能测得一较大尺度的下垫面通量。在粗糙的表面,如森林、高秆作物上,其垂直扩散率较大,温度、湿度以及被测气体的垂直梯度很小,而相应的垂直速度变化很快时,用涡度相关法得到的测定结果远比空气动力学等一些依靠要素梯度来决定通量的方法准确。这种方法也存在某些问题,如要求被测下垫面均一,被测气体浓度水平梯度可以忽略不计时才能获得较理想的测定结果;复杂的记录和计算处理大量的数据;晚间大气比较稳定湍流较弱、地形起伏不平、测定仪器下方存在点源等因素都可以造成涡度相关技术测定精确性的降低;由于水汽和热量的交换,必须考虑对痕量气体浓度进行校正。

能量平衡法(鲍恩比法):能量平衡法是一种较为成熟的微气象学方法,长期以来广泛应用于水、热通量的测定中,后被引用于气体通量的观测中。其工作原理是根据大气边界层中能量平衡原理和相似理论来确定气体通量。能量平衡法要求测定气体浓度、温度和湿度的垂直梯度,利用这些数据估算感热通量、水汽通量以及痕量气体通量,不要求测定风速的垂直廓线。根据能量平衡法的工作原理,能量平衡法适用于风速较小时以及较潮湿的大气条件。要求精密的测定温度、湿度以及气体浓度的传感器。这种方法测定痕量气体通量的最大弊端是要求实际的净辐射通量,在阴天、夜间或冬天,净辐射经常很小,不能得到令人满意的估算结果。另一个问题是夜间露水冷凝在辐射仪器上,导致辐射误差。此外,本方法只能在大气条件近中性和下垫面均一的情况下才能保证其一定的准确性,在能量平流较强以及大气干燥的条件下,能量平衡法准确性较差。

空气动力学方法:空气动力学方法是通过描述近地面气流的空气动力学特性,解释控制各种能量和物质输送的物理过程。能量和物质的输送是受各种物理属性即风速、温度、水汽量和 CO_2 浓度等的垂直梯度大小所制约的,输送量的大小取决于各要素梯度的大小和大气的传导性。空气动力学方法克服了能量平衡法在干燥大气条件下以及在能量平流较强时不适用的缺点,但空气动力学方法仍要求下垫面均一以及被测气体的水平梯度可忽略不计、观测期间大气条件稳定等。对温度、湿度梯度测量的要求较高,温度、湿度观测的微小误差便会引起计算结果的较大误差。由于这种技术要求在两个高度或更多的高度上测定风速、温度、湿度和气体浓度梯度,在风速较小时测量误差较大。另外,由于水汽通量和热通量影响垂直空气密度,垂直空气密度又影响痕量气体通量,因此,必须进行稳定校正。

通量梯度方法:通量梯度理论假设空气的湍流交换与分子扩散是类似的,不同点是分子的随机运动导致了分子的扩散而涡度扩散是由于气团由一个地方向另一个地方运动。结果涡度扩散经常比分子扩散大几个数量级。它们的大小由风速、距离下垫面的高度(植物冠层、土壤和水)、下垫面的空气动力粗糙度以及温度垂直梯度决定。湍流通量与空气的平均垂直浓度梯度和涡度扩散系数的乘积呈比例。若越靠近下垫面,浓度梯度降低,则浓度梯度为负,地表吸收痕量气体;反过来,地表排放气体。通量梯度方法可以用来测定 1～100 公顷土地面积的痕量气体排放。通量梯度方法也要求下垫面均一以及被测气体的水平梯度可忽略不计。

(2)陆地生态系统碳循环的模型

近 20 年来,陆地生态系统碳循环模型发展突飞猛进。这些模型从陆地生态系统的光合作用、呼吸作用及营养元素的循环等生理生态过程着手,研究各种环境、生物、气候因素对碳循环过程的综合影响,颇具代表性的模型包括 TEM、CENTURY、FBM、Biome-BGC、CASA 和 BEAMS。IPCC 将这些模型分为两类:一类是陆地生物地球化学模型(TBM),它可以模拟陆地生态系统的碳通量及水、氮的耦合;另一类是动态全球植被模型(DGVM),它更关注于生态系统内部结构和组成的相互作用。这些模型对碳与其他营养元素相互作用关系的处理有极大的不同。目前公开发表的模型大约有 30 个 TBM 和 10 个 DGVM,被广泛用于评价和预测全球陆地生物圈初级生产力和碳循环的过去、现在和未来格局。陆地生物地球化学模型不仅为综合大量的观测数据、分析和预测大尺度的生态系统过程提供了一个工具,而且还给实验研究以新的启示。

迄今为止,国际上大部分研究均将不同类型的陆地生态系统视为一个整体进行模拟、评价和预测。客观上,陆地生态系统按植被类型可分为森林、草地、农田和湿地。若不考虑人为干扰(如森林砍伐和放牧等),森林、草地和湿地为自然生态系统,农田生态系统则强烈地受到人类活动(如轮作、耕翻和肥水管理等)的影响。不同生态系统的结构和功能迥然相异,如森林主要以多年生植物为主,而农田则以一年生植物为主;大部分草地植物的地下部分生物量高于地上部分,而农作物的地上部分生物量远高于地下部分。这就决定了不同生态系统碳收支的特征及其关键驱动因子的不同。因而,试图用同一模型估计、评价和预测不同生态系统的碳收支是不客观的,尤其是在区域和国家尺度上(黄耀 2008)。

6.4.2　全球陆地生态系统碳储量及碳吸收汇

地球上的碳库主要包括大气、海洋、陆地生物圈和岩石圈。其中大气碳库的含碳量最小为 750 GtC(10 亿吨碳,下同),陆地生物圈碳库的含碳量约为 2477 GtC,海洋碳库的含碳量为 39973 GtC,岩石圈的碳库最大,其含碳量高达 75004130 GtC。陆地生物圈碳库是最复杂、受人类活动影响最大的碳库。

(1)全球陆地生态系统碳储量

在陆地生态系统中,碳主要在生物、凋落物以及土壤腐殖质之中存在。陆地生态系统与人类生存环境密切相关并最易受到人类活动的影响,而且陆地生态系统的碳库在全球碳循环中起着关键作用。土壤碳储量比植被碳储量大,尤其在中高纬度的生态系统更为明显(表 6.6)。而在植被中,森林的碳储量最大,约占所有植被碳储量的 77% 以上。草地生态系统植被的碳储量占 16%,农田植被的碳库由于吸收与排放相近,因而碳储量很小。

表 6.6　全球植被和 1 m 深土壤碳库中的碳储存总量(来源:IPCC 2000)

生物群系	面积(×10⁸ hm²)	全球碳存储总量(GtC)		
		植被	土壤	合计
热带森林	17.6	212	216	428
温带森林	10.4	59	100	159
寒带森林	13.7	88	471	559
热带干草原	22.5	66	264	330
温带草地	12.5	9	295	304
荒漠与半荒漠	45.5	8	191	199
苔原	9.5	6	121	127
湿地	3.5	15	225	240
农田	16.0	3	128	131
合计	151.6	466	2011	2477

土壤碳储量约为植被碳储量的 4.3 倍。森林土壤碳储量最大,全球 1 m 深森林土壤碳储量约占陆地生态系统土壤碳储量的 39%。草地生态系统的碳主要储存在土壤中,约占陆地生态系统土壤碳储量的 39%。在大多数草地类型中,地下部净初级生产力等于或大于地上部净初级生产力,在湿润热带稀树大草原,地下部净初级生产力为 3.4 t C/(hm² · a),而在热带干旱稀树大草原,地下部净初级生产力为 0.7 t C/(hm² · a),在温带草原,地下部净初级生产力为 0.5 t C/(hm² · a)。湿地为重要的碳库之一,其碳储量占陆地生态系统土壤碳储量的 11%。在高纬地区,湿地土壤中积累了大量的碳,土壤碳累积速率为 0.2~0.5 t C/(hm² · a)。在农田生态系统中,土壤是主要的碳库,其土壤碳储量占陆地生态系统土壤碳储量的 5%。

(2)全球陆地生态系统碳吸收汇现状及潜力

与碳吸收汇有关的概念:总初级生产力(Gross primary productivity,GPP)是指单位时间内生物(主要是绿色植物)通过光合作用途径所固定的有机碳量,又称总第一性生产力。GPP 决定了进入陆地生态系统的初始物质和能量。净初级生产力(Net primary productivity,NPP)表示植被所固定的有机碳中扣除本身呼吸消耗的部分,这一部分用于植被的生长和生殖,也称净第一性生产力。净生态系统生产力(Net ecosystem productivity,NEP)指净初级生产力中减去异养生物呼吸消耗(土壤呼吸)光合产物之后的部分。净生物群区生产力(Net biome productivity,NBP)是指NEP 中减去各类自然和人为干扰(如火灾、病虫害、动物啃食、森林间伐以及农林产品收获)等非生物呼吸消耗所剩下的部分。NBP 是应用于区域或更大尺度的生物生产力的概念,其数据变化于正负值之间。实际上,NBP 在数值上就是全球变化研究中所使用的陆地碳排放源/碳吸收汇的概念(方精云等 2001)。

　　全球碳汇现状:20 世纪 80 年代,陆地生态系统碳储存量每年净增约 2(±10)亿吨碳,而同期因矿物燃料燃烧造成的 CO_2 排放量为每年 63 亿吨。20 世纪 90 年代,陆地生态系统的净碳固存量似乎更大((7 ± 10)×10^8 t C/a)。在这期间,陆地生态系统的碳储量增加主要是由于土地利用措施的改善,也包括一些间接的人类活动影响,如大气 CO_2 施肥、氮沉积,自然或人为改变气候等。现在还不可能确定所有影响因素中哪些更重要,这些因素在不同地区的作用差异很大。表 6.7 表示的是 1980—1989 年和 1990—1998 年期间全球年平均碳收支。

表 6.7　1980—1989 年和 1990—1998 年期间全球年平均碳收支(亿吨碳/年)(来源:IPCC 2000)

	1980—1989	1989—1998[①]
(1)矿物燃料燃烧和水泥生产的排放	55±5	63±6
(2)大气中保有量	33±2	33±2
(3)海洋吸收	2±8	23±8
(4)陆地净吸收＝(1)−(2+3)	2±10	7±10
(5)土地利用变化的排放	17±8	16±8[②]
(6)剩余陆地吸收＝(4)+(5)	19±13	23±13

　　注:①在两个十年间有一年(1989 年)的数字重复使用;②这是 1989—1995 平均年排放的数字,仅此可用。

表 6.8　造林和再造林外其他活动的碳汇潜力

活动	碳汇潜力(Mt C/a)	
	2010 年	2040 年
改善管理		
农田管理	125	258
稻田管理	7~8	12~13
农用林	26	45
放牧管理	237	474
森林管理	170	703
土地利用变化		
造林	391	586
严重退化土地的恢复	3~4	7~8
农田转化为草地	38	82
湿地恢复	4	14
总计	1002	2182

全球碳汇潜力:不同地区造林和再造林碳吸收汇潜力差异很大。在寒冷气候区,地上部和地下部生物量增加量为 0.4～1.2 t C/a,在温带地区碳吸收强度为 1.5～4.5 t C/a,在热带地区碳吸收汇强度为 4～8 t C/a。1995—2050 年期间,全球造林和再造林活动累积碳汇潜力为 60～87 Gt C,平均每年碳汇潜力为1.1～1.6 Gt。70%的碳吸收汇发生在热带地区,温带地区碳汇数量占 25%,寒带地区碳汇潜力占 5%。IPCC(2000)估算,未来 40 年,除造林和再造林以外的其他人为活动的碳吸收汇潜力为 2.5 Gt C/a(表 6.8),这些估算仅包括了碳储量的变化,未包括因增加使用生物质能或林产品而减少的 CO_2 排放量。

6.4.3 中国陆地生态系统碳储量现状

近年来,我国科学界就中国陆地生态系统碳储量进行了估算,但由于所用的资料和方法不同,估算结果有很大的差异。李克让等(2003)应用 0.5°经纬网格分辨率的气候、土壤和植被数据驱动的生物地球化学模型(CEVSA)估算了中国植被的碳储量。结果表明中国陆地生态系统植被碳库总贮量为 13.33 Pg C。黄玫等(2006)应用空间分辨率为 0.1°×0.1°经纬度网格和 AVIM2 模型模拟中国植被总生物量碳储量为 14.04 Pg C。方精云等(2007)利用森林资源清查资料以及卫星遥感数据,估算 2000 年森林总碳库为 5.9 Pg C。Ni(2002)根据全国草地资源调查估算草地植被的碳储量为 3.06 PgC。目前的研究结果仍存在一些不确定性,如空间分辨率较粗、由卫星资料得到的土地覆被类型在部分地区与实际不符等。在未来的研究中,应使用具有较高时空分辨率的最新数据,通过分析具体气候和生态状况以及土地利用和管理对生态系统碳过程的影响等,进一步改进模型。

Wu(2003)、王绍强(2000)、Xie 等(2007)均利用第二次土壤普查资料估算了中国土壤有机碳储量,分别为 70.31、92.4 和 89.61 PgC。王绍强等(2003)同样根据中国第二次土壤普查数据,采用两种方法计算,中国陆地土壤有机碳蓄积量大致在 61.5～121.1 Pg C 之间。李克让等(2003)用 CEVSA 模型估算土壤的碳储量 82.65 Pg C。Ni(2002)根据草地资源调查资料,估算中国草地土壤碳储量为 41.03 PgC。这说明中国土壤是一个巨大的碳库,在全球碳循环及全球气候变化中起着相当重要的作用。

土壤碳储量的估算还存在相当大的不确定性,土壤有机碳储量误差范围为 20%～50%(王绍强等 2003)。土壤有机碳库蓄积量的计算是非常困难和复杂的,不确定性主要因素在于:①缺乏连续、可靠、完整和统一的土壤剖面实测数据;②土壤碳氮含量、质地、容重等土壤理化性质存在相当大的空间变异性,以及气候、地形、母岩、植被和土地利用的综合影响;③土壤内部碳循环过程难以观测;④土壤采样方法的设计以及土壤碳蓄积量的计算方法不同。除了自然原因无法抗拒和改变之外,土壤分类、土壤观测和实验、数据收集、土壤采样、计算方法是人为产生土壤有机碳蓄积量估算误差的重要来源。同时,由于容重实测数据的严重缺乏,成为一个瓶颈,阻碍了对土壤有机碳的计算。通过对计算土壤碳蓄积量的土壤类型法、植被类型法、生命地带法、相关关系法和模型方法的论述,可以得出土壤碳计算方法和采样数量的差异是导致土壤碳蓄积量估算不确定性的重要因素(王绍强等 2003)。

6.4.4　中国陆地生态系统碳汇现状及潜力

自新中国成立以来,为改善生态环境我国做出了巨大努力,取得了很大成绩,并积累了大量宝贵经验。特别是改革开放以来,国家实施了"三北"防护林、长江中上游防护林、沿海防护林等一系列林业生态工程,进行黄河、长江等七大流域水土流失综合治理,加大荒漠化治理力度,推广旱作节水农业技术,加强草原和生态农业建设,使我国的生态环境有了很大改善。这些政策措施对提高我国土壤肥力和增加土壤碳储量起到了一定作用。

6.4.4.1　中国碳汇现状

(1)林业活动碳吸收汇现状

根据"中国气候变化国别研究"项目(2000)估计,我国 1990 年林业活动净吸收0.86 亿吨碳,相当于我国能源与工业部门 CO_2 源排放总量的 15%。徐德应利用 F-CARBON 模型和 IPCC 方法估算的 1990 年中国林业碳汇分别为 0.77 亿吨碳和0.90 亿吨碳,相当于我国当年能源与工业部门 CO_2 源排放总量的 13.5%～15.7%。中华人民共和国(2004)根据中国土地利用变化与林业特点,根据 IPCC 方法学和国家的相关参数,估算了森林和其他木质生物碳储量的变化,包括森林、竹林、经济林、疏林、散生木、四旁树生长碳吸收,以及商业采伐、农民自用材、森林灾害、薪炭材和其他各类森林资源的总消耗引起的碳排放。1994 年中国活立木生长、竹林、经济林变化以及森林消耗引起的森林和其他木质的碳汇为 1.18 亿吨碳,相当于我国 1994 年能源与工业部门 CO_2 源排放总量的 14.0%。方精云等(2007)利用森林资源清查资料以及卫星遥感数据,并参考国外的研究结果,对 1981—2000 年间中国森林植被的碳汇进行了估算,得出中国 1980—2000 年年均碳汇为 0.75 亿吨碳,相当于同期中国工业 CO_2 排放量的14.6%～16.1%。可见,不同学者对我国林业活动碳汇量的估算结果比较相近。

(2)农田土壤碳源汇现状

良好的农田管理措施,如保护性耕作、秸秆还田、施用有机肥、侵蚀控制等都可以使农田土壤碳储量不断增加。最近学者十分关心我国农田土壤碳库的变化,由于采用的估算方法不同而得出了相反的结果。李长生等(2003)根据 1990 年的气象数据和农田面积利用 DNDC 模型估算我国农田土壤碳损失为 0.95 亿吨碳/年,Tang 等(2006)根据 1998 年的气象资料、农田管理和农田面积等也利用 DNDC 模型估算中国农田土壤碳损失量为 0.79 亿吨碳/年。黄耀等(2006)根据文献调研结果(涵盖了不同地区 60000 多个土壤样品的测定结果),发现近 20 年来占 53%～59%的耕地面积的土壤有机碳含量呈增长趋势,而 30%～31%呈下降趋势,4%～6%基本持平。近 20 年来中国农田土壤表土有机碳储量增加了 3.11～4.01 亿吨碳。Xie 等(2007)利用第二次土壤普查资料估算中国农田每年碳汇数量为 23.61 Mt C。潘根兴(2008)收集了基本覆盖全国的土壤有机碳监测数据 1099 个,计算表明,1982—2006 年全国农田土壤有机碳平均年增长幅度达(0.69±1.86)%。在区域格局上表现为华北、华东、西北增长明显,而西南、华南和东北地区增长不明显。根据不同区域和不同土地利用下的平均增长速率,估计全国农田表土(0～20 cm)有机碳库年均增加(0.241±0.158)～(0.271±0.119)亿吨碳,近 25 年来的累计增加值达(0.58±0.38)～(0.65±0.53)Pg。其中,稻田表土实现固碳(8.6±4.7)Tg/a,而旱地表土固碳(20.2±18.4)Tg/a。

(3)草地土壤碳源汇现状

方精云等(2007)利用草场资源清查资料气候等地面观测资料等估算中国草地年均碳汇 0.007 Pg C,中国灌草丛年均碳汇为 0.014～0.024 Pg C。而 Xie 等估算中国草地为 CO_2 的排放源,在过去 20 年间排放总量为 3.564 Pg C。郭然等(2008)估算我国目前已经实施的草地管理措施的固碳潜力为 39.06 Tg/a,其中人工种草、退耕还草和草场围栏的累计面积的固碳总量分别是 25.59、1.46 和 12.01 Tg/a。2004 年新增面积的固碳潜力为 9.17 Tg/a。石峰等(2008)根据长期试验结果分析,补播、围栏和禁牧三种管理措施均能增加草地土壤有机碳储量,其中补播使土壤有机碳年增量为 0.64～1.26 t C/hm²,禁牧为 0.04～0.68 t C/hm²,围栏措施则降低了对草地的人为干扰,使植被盖度和植物多样性得到了较快的恢复,从而减少了风蚀,随着大量凋落物的归还及植被对风蚀物和降尘的截获效应,土壤细颗粒物质增加,增加了土壤有机碳量。不同放牧强度管理下草地土壤有机碳年变化量呈不同程度的减少。其中,高寒草甸、温性草原随着放牧强度的不断增加,土壤有机碳年减少量呈增大趋势,分别由轻牧的-0.41 t C/(hm²·a)增加到过牧的-5.62 t C/(hm²·a)。而温性荒漠草原在轻牧管理措施下土壤有机碳储量增加,但随着放牧强度的不断增加,土壤有机碳损失量逐渐增大。经比较,过牧对土壤有机碳造成的破坏最大,而高寒草原和温性荒漠以及暖性灌草丛在中牧管理措施下土壤有机碳年减少量低于其他放牧管理措施。

6.4.4.2　中国陆地生态系统碳吸收潜力

(1)我国造林和毁林活动碳吸收汇和潜力

根据中国林业科学研究院张小全的研究,从基年开始约 15～20 年内,我国造林、再造林和毁林(ARD)活动表现为排放源,随后转为吸收汇并呈迅速增加趋势。当基年设定为 1990 年时,2010、2020、2030、2040、2050 年碳吸收汇分别为 0.026、0.088、0.124、0.141、0.191 Pg C/a;当基年为 2000 年时,2010 年为净排放,大小为 0.033 Pg C/a,2020、2030、2040、2050 年为吸收汇,分别为 0.022、0.066、0.081、

0. 120 Pg C/a。

（2）我国森林管理碳吸收汇及潜力

根据中国林业科学研究院张小全的研究，我国森林管理活动碳汇与基年早晚有关，基年越早，森林管理活动的面积越小，碳汇潜力越小。但无论基年定为哪一年，我国森林管理活动碳汇均呈降低趋势，当基年设定为 1990 年时，由于森林管理 2010、2020、2030、2040、2050 年的碳汇量分别为 0.035、0.034、0.033、0.033、0.032 Pg C/a，当基年为 2000 年时，碳汇量分别为 0.044、0.043、0.042、0.041、0.040 Pg C/a。

（3）我国草地管理碳汇潜力

我国草地面积大约 3.93 亿 hm^2，约为农田和林地面积的 4 倍和 3 倍。目前由于连续干旱、生态环境恶化、过度放牧、开荒等使得我国北方广大草地受到严峻的退化和沙化的威胁。根据全国生态环境建设规划的总体布局，针对草原的特点，以保护和改善草地生态环境、提高人民生活质量、实现社会经济的可持续发展为目标，采取合理的草地管理措施，分阶段解决草原生态环境面临的矛盾和问题。我国草地生态建设的总体战略目标为：用大约 50 年（2000—2050 年）时间，通过实施以草地封育、基本草场保护、退耕还草、飞播牧草、人工种草、天然草地改良、"三化"草地治理以及划区轮牧等为主要草地管理措施的草原生态建设以及相关生态环境综合治理工程，将完成人工种草 0.103 亿 hm^2，飞播牧草 0.217 亿 hm^2，改良草地 0.8 亿 hm^2，新增围栏草地 1 亿 hm^2，退耕还草约 0.067 亿 hm^2，使我国"三化"草地得到全面恢复，草原生态环境明显改善，草地植被和土壤的碳储量大幅度增加，从而使我国草地生态系统的固碳能力明显提高（刘黎明等 2002）。因此，我国草地管理具有较大碳吸收汇的潜力。

6.5　二氧化碳捕获与封存

6.5.1　二氧化碳捕获与封存的概念与提出背景

气候变化问题日益成为全球共同关注的热点问题。要减缓全球气候变化的趋势，必须有效控制并减少向大气中排放温室气体。二氧化碳作为最主要的温室气体，主要来源于矿物燃料的燃烧。二氧化碳减排主要通过优化产业结构、节能和提高能源利用效率、发展新能源与可再生能源等途径来实现。但目前二氧化碳捕获与封存也被认为是一种潜在的、可供选择的二氧化碳减排方案。

二氧化碳的捕获与封存是指将矿物燃料燃烧产生的二氧化碳进行收集并将其安全地存储于地质结构层中，从而减少二氧化碳排放。在工程上 CO_2 被注入地下地质岩层,首先于 20 世纪 70 年代初在美国德克萨斯用于强化开采石油。CO_2 的地质埋存在 70 年代被提出,但直到 90 年代初这个概念才得到认可。目前 CO_2 地质埋存已被广泛认为是一种潜在的、可供选择的减排方案。世界上已有 CO_2 捕获示范项目 11个、捕获研发项目 35 个、地质埋存示范项目 26 个、地质埋存研发项目 74 个。其中挪威的 Sleipner 项目从 1996 年开始每年把 100 万吨 CO_2 注入到 900 m 深处的盐水层中,加拿大的 Weyburn 项目从 2000 年开始每天将 5000 吨火力发电厂排放的 CO_2 灌注到油田中。据估计,2015 年全球发电厂示范项目将会有 1000 万吨的 CO_2 捕获能力,每年至少有 10 个百万吨规模的新封存项目。地下是地球最大的碳接收器,世界上绝大部分的碳都贮藏在这里,如煤、油、煤气、有机页岩、石灰石和白云石。作为地球外壳内一种自然过程,二氧化碳的地质埋存已进行了数亿年。从生物行为、点火行为和岩石与流体间化学反应形成的二氧化碳已被捕获,并在自然界的地下环境中以碳酸盐矿物形式、溶液形式、气体或超临界形式存储。

目前二氧化碳地质埋存方案已经从只被少数人注意的概念阶段发展到现在被大家广泛关注,这有多方面的原因:首先,研究工作取得了进展,示范性和商业性项目取得了成功,技术可信度的水平有了提高。第二,在认识上有了共识,二氧化碳减排需要多种途径。第三,地质埋存能够使我们大大减少二氧化碳向大气的排放。但是,这种可能性要变成现实,其技术必须是安全的,在环保上要有持久性、可靠性,其成本可以接受,并且其技术本身所耗费的能量要尽量少并能够被广泛应用。

从 1996 年开始,挪威北海的 Sleipner 油田每年把 100 万吨 CO_2 注入到 900 m 深处的盐水饱和砂层中;加拿大从 2000 年 10 月开始,每天通过 320 km 长管道把大约 5000 吨(9500 万标准立方英尺)的 CO_2,从美国北达科他州的火力发电厂输送到位于威利斯顿盆地的 Weyburn 油田,并灌注到早石炭世碳酸盐岩储层中,以提高石油采收率,同时又使部分 CO_2 被永久地储存下来。2004 年 9 月 7 日,经过 4 年花费4000 万美元,加拿大发布了在其西部开展的 Weyburn 废油井注入 CO_2 的大型多学科项目的研究结论,指出大规模存储 CO_2 是安全的。

现在欧美等国家又在开展单纯储存 CO_2 以减少碳排放的研究、示范项目。2004年美国投入了 4000 万美元进行碳收集与储存的研发活动,资助了 70 多个项目,其中15 个碳捕获项目、17 个碳封存调查项目、14 个测量与监测以及核实封存二氧化碳项目、9 个探索碳收集与封存突破项目、16 个基础研究项目。美国致力于将碳捕获的成本增量控制在发电成本的 10%,提出建设 275 MW 基于 IGCC 电与氢联产的 FutureGen 示范项目,项目投资约 9.5 亿美元,每年将封存 100 万吨二氧化碳。

6.5.2　二氧化碳的捕集

碳封存主要有三个环节构成:二氧化碳的捕获、运输、封存。

　　二氧化碳的捕获,指将二氧化碳从矿物燃料燃烧产生的烟气中分离出来,并将其压缩至一定压力。从普通电厂排放、未经处理的烟道气仅含大约 3%～16% 的二氧化碳,可压缩性比纯的二氧化碳小得多。对于二氧化碳含量为 15% 的烟道气,封存 1 吨二氧化碳大约需要 68 m^3 封存空间。若将二氧化碳从烟道气中分离并经过压缩,在地下封存二氧化碳的 35℃/11 MPa 这样的温度/压力条件下,二氧化碳是一种超临界的流体,每吨大约只需要 1.34 m^3 的封存空间。

　　对于大量分散型的二氧化碳排放源难于实现碳的收集,因此碳的捕集主要目标是像矿物燃料电厂、钢铁厂、水泥厂、炼油厂、合成氨厂等二氧化碳的集中排放源。针对电厂排放的二氧化碳的捕集分离系统主要有三类:燃烧后系统、富氧燃烧系统以及燃烧前系统。

　　燃烧后捕集与分离主要是烟气中二氧化碳与氮气的分离。烟气压力通常在一个大气压左右,而二氧化碳分压一般较低(30～40 hPa)。因此化学溶剂吸收法是当前最好的燃烧后二氧化碳收集法,具有较高的捕集效率和选择性,而能源消耗和收集成本较低。除了化学溶剂吸收法,还有吸附法、膜分离等方法。

　　由于使用空气助燃,常规电厂烟道气中二氧化碳浓度仅 3%～15%。富氧燃烧系统是用纯氧或富氧代替空气作为矿物燃料燃烧的介质,燃烧产物主要是二氧化碳和水蒸气,另外还有多余的氧气以保证燃烧完全,以及燃料中所有组成成分的氧化产物、燃料或泄漏入系统的空气中的惰性成分等。经过冷却水蒸气冷凝后烟气中二氧化碳含量在 80%～98% 之间。由于二氧化碳浓度较高,因此捕集分离的成本较低,但是供给的富氧成本较高。目前氧气的生产主要通过空气分离方法,主要包括使用聚合膜、变压吸附和低温蒸馏。

　　燃烧前捕集系统主要有两个阶段的反应。首先矿物燃料先同氧气或者蒸汽反应,产生以一氧化碳和氢气为主的混合气体(称为合成气),其中与蒸汽的反应称为"蒸汽重整",需在高温下进行;对于液体或气体燃料与氧气的反应称为"部分氧化",而对于固体燃料与氧的反应称为"气化"。待合成气冷却后,再经过蒸汽转化反应,使合成气中的一氧化碳转化为二氧化碳,并产生更多的氢气。最后,将氢气从二氧化碳与氢气的混合气中分离,干燥的混合气中二氧化碳的含量可达 15%～60%,总压力 2～7 MPa。二氧化碳从混合气体中分离并封存,氢气被用作燃气联合循环的燃料送入燃气轮机,进行燃气轮机与蒸汽轮机联合循环发电。上述过程除了发电,还可用作制氢或氢与电的多联产。从二氧化碳和氢气的混合气中分离二氧化碳的方法包括:变压吸附、化学吸收、物理吸收或膜分离(聚合物膜、陶瓷膜)等。

6.5.3　二氧化碳的运输

　　二氧化碳的运输,指将分离并压缩后的二氧化碳通过管道或运输工具运至存储地。输送大量二氧化碳的最经济的方法是通过管道运输。管道运输的成本主要有三部分组成：基建费用、运行维护成本以及其他的如设计、保险等费用。特殊的地理条件，如人口稠密区等对成本有很大影响。陆上管道要比同样规模的海上管道成本高出 40%～70%。由于管道运输是成熟的技术，因此其成本的下降空间预计不大。对于 250 km 的运距，管道运输的成本一般为 1～8 US$/t CO_2。当运输距离较长时，船运将具有竞争力，船运的成本与运距的关系极大。当输送 500 万吨 CO_2、运距为 500 km 时，船运的成本为 10～30 US$/t CO_2（或 5～15 US$/t CO_2/250 km）。当输送同样的二氧化碳，运距增加到 1500 km 时，船运成本将降到 20～35 US$/t CO_2（或 3.5～6.0 US$/t CO_2/250 km），与管道运输的成本相当。

6.5.4 二氧化碳的封存

二氧化碳的存储，指将运抵封存地的二氧化碳注入到诸如地下盐水层、废弃油气田、煤矿等地质结构层或者深海中。通常，在地底的温度/压力条件下，游离的二氧化碳没有像水那样稠密。为了防止二氧化碳在自身的弹力作用下返回地表以及往别处迁移，需要密封整个封存空间，时间跨度至少数千甚至上万年。利用常规地质圈闭构造和非常规地质圈闭构造来封存都是有效的方法。常规地质圈闭构造包括气田、油田、煤层和不含烃的储气层（含水层）。利用含水层封存有两个优点：一是含水层的圈闭构造比油田和气田更普遍；二是在含水层中可能有一些适于封存二氧化碳的巨大储气构造。非常规地质圈闭构造的处理包括海上与陆地两部分。试验证明海上密封封存二氧化碳是可行的，例如在北海有许多巨厚的含水层，它们在大范围内都是水平的，这些含水层的面积大，渗透性好，蕴藏着封存二氧化碳的巨大潜力。目前，比较成熟的处理技术是在距地面 800 m 深处以下封存。在 800 m 或更深的地方，地热梯度为 25～35℃/km，压力梯度为 10.5 MPa/km，游离的二氧化碳将处于超临界状态，它的浓度变化范围为 440～740 kg/m³。因此，在多孔和可渗透的封存岩层中，不需要特别的压力条件就可以储藏二氧化碳。（彩）图 6.8 为在不同封存库碳封存的示意图。

在一个区域或局部范围内，确定二氧化碳地质封存的潜在场址和估计其容量，在不同捕集机理和手段之间存在着差别，具体方法如下：

——对于体积捕集，容量等于可用体积（孔隙空间或洞穴）与该处压力和温度下二氧化碳密度的乘积。

——对于溶解捕集，容量由二氧化碳在岩层流体（油贮藏库中的油，盐水层中的含盐水或海水）中能够溶解的数量决定。

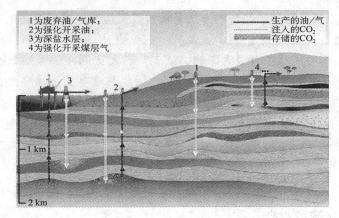

图 6.8 不同封存库碳封存示意图

（资料来源：IPCC 2005）

——对于吸附捕集，容量由煤体积和二氧化碳吸附能力的乘积决定。

——对于矿石捕集，根据碳酸盐沉淀的可用矿石和在反应中使用的二氧化碳量计算容量。

在表 6.9 中对各种主要的存储岩层类型定性地比较了其存储机理、数据质量和存储容量，表 6.10 给出了大致的容量估计范围。

表 6.9 不同类型封存库存储能力的定性比较

存储库	存储机理	数据质量/有效性	潜在容量
盐水层	有浮力流体的闭式捕集	差到中	小
	水力/溶解	差	大
油/气田	油/EOR	高	小
	气/EGR	高	小
煤层	吸附	差到中	小到中

（资料来源：IPCC 2005）

表 6.10 不同类型封存库的存储容量

存储库	存储容量（Gt CO_2）
油/气田	900～1300
其中 1. 废弃油田	126～400
2. 废弃气田	约 800
3. EOR	61～123
煤层	60～150
盐水层	6000～10000
总计	7000～11500

（资料来源：IPCC 2005）

6.5.5　二氧化碳捕集与封存的成本

在碳封存的三个环节中,捕集分离的成本(包括将二氧化碳压缩到适合于管道运输的压力,一般 14 MPa)在总碳封存成本中占的比例最大。而在捕集分离的总成本中,绝大部分的成本是由捕集分离以及压缩的能源需求所造成的,具体见表 6.11。对于燃煤或燃气电厂的碳捕集,其成本为 $15\sim75$ US\$/t CO_2,工业工程的碳捕集成本则在 $5\sim115$ US\$/t CO_2 之间。碳地质封存的费用在 $0.1\sim0.8$ US\$/t CO_2 之间,其中包括了 $0.1\sim0.3$ US\$/t CO_2 的监测费用。

表 6.11　碳封存三环节——捕集分离、运输、封存的成本比较

项目	成本(US\$/t CO_2)
燃煤或燃气电厂的碳捕集	$15\sim75$
工业过程的碳捕集	$5\sim115$
运输	$1\sim8$
地质封存	
盐水层	$0.5\sim8$
废弃的油气田	$2\sim6$
强化开采油	$-12\sim3$
强化开采煤层气	$-5\sim10$
地质封存的监测	$0.1\sim0.3$

(资料来源:IPCC 2005)

思考题

1. 按照中国能源平衡表以及 IPCC 排放清单指南估算 2007 年中国的二氧化碳排放量。
2. 实现二氧化碳减排的主要领域有哪些? 在这些领域进行减排主要有哪些技术?
3. 在建材部门中,能耗最高的子部门是哪一个? 在该子部门中,实现二氧化碳减排的战略技术有哪些?
4. 中国电力部门中,火力发电的重要新技术有哪些?
5. 分析影响陆地生态系统碳吸收汇的因素。
6. 分析增加我国陆地生态系统碳吸收汇的措施。
7. 二氧化碳捕获和封存的三大环节是什么? 发展二氧化碳捕获和封存的主要障碍有哪些?

参考文献

2050 年中国能源和碳排放研究课题组 2009。2050 年中国能源和碳排放报告。北京:科学出版社.

陈文颖,吴宗鑫,等. 2005. 减缓气候变化技术创新的作用与影响评价. 国家"十五"科技攻关课题 2004-BA611B-03-03. 北京:清华大学核能与新能源技术研究院.

陈文颖,吴宗鑫. 1998. 气候变化的历史责任与碳排放限额分配. 中国环境科学,18(6):481-485.

陈文颖. 2007.《气候变化国家评估报告》第 23 章. 北京:科学出版社.

方精云,郭兆迪,朴世龙,等. 2007. 1981—2000 年中国陆地植被碳汇的估算. 中国科学(D 辑),37(6):804-812.

方精云,柯金虎,唐志尧,陈安平. 2001. 生物生产力的"4P"概念、估算及其相互关系. 植物生态学报,25(4):414-419.

郭然,王效科,逯非,等. 2008. 中国草地土壤生态系统固碳现状和潜力. 生态学报,28(2):862-867.

何建坤,陈文颖,等. 1999. 气候变化问题上的平等权利准则及限控温室气体排放对中国宏观经济的影响研究."九五"国家重点科技攻关专题技术总结报告 96-911-03-01,清华大学.

胡秀莲,姜克隽,等. 2001. 中国温室气体减排技术选择及对策评价. 北京:中国环境科学出版社,57-63;134-136.

黄玫,季劲均,曹明奎,等. 2006. 中国区域植被地上与地下生物量模拟. 生态学报,26(12):4156-4163.

黄耀,孙文娟. 2006. 近 20 年来中国大陆农田表土有机碳含量的变化趋势. 科学通报,51(7):750-763.

黄耀,周广胜,吴金水,等. 2008. 中国陆地生态系统碳收支模型. 北京:科学出版社.

李长生,肖向明,Frolking S,等. 2003. 中国农田的温室气体排放. 第四纪研究,23(5):493-503.

李克让,王绍强,曹明奎. 2003. 中国植被和土壤碳储量. 中国科学(D 辑),33(1):73-80.

刘黎明,张凤荣,赵英伟. 2002. 2000—2005 年中国草地资源综合生产能力预测分析. 草业学报,11(1):76-83.

刘树华. 1993. 近地面层湍流通量研究方法概述.∥中国农业小气候研究进展. 北京:气象出版社.

米建华,王卓昆. 2006. 电力行业节能现状与举措. 中国科技投资,9:29-31.

潘根兴. 2008. 中国土壤有机碳库及其演变与应对气候变化. 气候变化研究进展,4(5):282-289.

彭程,钱钢粮. 2006."十一五"和 2020 年水电发展目标. 电力设备,7(2):96-97.

《气候变化国家评估报告》编写委员会. 2007. 气候变化国家评估报告. 北京:科学出版社,346-352.

钱海平. 2006. 火力发电技术的发展方向和设计优化. 浙江电力,3:23-26.

沈建业,韩卫清,等. 2003. 新型干法窑外分解工艺——日产 2500 吨水泥熟料生产线清洁生产评价. 山东建材,24(4):15-17.

施鹏飞. 2006. 关于中国风电发展的思考. 电力技术经济,18(40):4-6.

石峰,李玉娥,高清竹,等. 2009. 管理措施对我国草地土壤有机碳的影响. 草业科学,26(3):9-15.

苏世怀,潘国平. 2004. 当前钢铁工业技术发展特点及趋势. 安徽冶金科技职业学院,2:2.

王军生. 2007. 循环经济理念与交通运输产业可持续发展. 交通企业管理,5:1-2.

王绍强,刘纪远,于贵瑞. 2003. 中国陆地土壤有机碳蓄积量估算误差分析. 应用生态学报,14(5):797-802.

王绍强,周成虎,李克让,等. 2000. 中国土壤有机碳库及空间分布特征分析. 地理学报,55(5):534-544.

王志轩,潘荔,等. 2003. 电力工业节能现状及展望. 中国电力,9:34-42.

吴宗鑫,陈文颖. 2001. 以煤为主多元化的清洁能源战略. 北京:清华大学出版社.

严陆光,2008.应最大可能地发展水电与核电. 电器工业,2:42-43.

张人为. 2006. 节能是我国建材工业发展的重中之重. 中国建材资讯,(8):26-28.

张巍屹. 2008. 建筑节能技术的发展与应用. 科技信息,6:119-120.

郑慧玲. 2008. 外墙保温技术与建筑节能. 内蒙古科技与经济,1:111-112.

中国钢铁工业协会. 2007. 中国钢铁工业年鉴2006. 北京:中国钢铁工业年鉴社.

中国气候变化国别研究组. 2000. 中国气候变化国别研究. 北京:清华大学出版社.

中华人民共和国. 2004. 中华人民共和国气候变化初始国家信息通报. 北京:中国计划出版社.

中华人民共和国国家统计局. 2007. 中国统计年鉴2007. 北京:中国统计出版社.

周大地,白泉. 2004. 确立核电的战略地位,加快我国核电的发展. 能源研究通讯,(5):8-11.

邹骥,等. 2008. 中国环境宏观战略研究"能源与温室气体专题"研究报告. 80-126.

IEA. 2007. CO_2 Emissions from Fuel Combustion 1971—2005. Paris:IEA.

IPCC. 2000. Land use, land-use change, and forestry. Edited by Watson RT, Noble I R, Bolin B, et al. , Cambridge University Press.

IPCC. 2005. IPCC Special Report on Carbon Capture and Storage. Cambridge, UK:Cambridge University Press.

IPCC. 2006. 2006 IPCC Guidelines for National Greenhouse Gas Inventories. Geneve:WMO, UNEP.

IPCC. 2007a. Climate Change 2007:The Physical Science Basis. Contribution of Working Group I to the Fourth Assessment Report of the Intergovernmental Panel on Climate Change. Cambridge, UK:Cambridge University Press.

IPCC. 2007b. Summary for Policymakers of Climate Change 2007:Mitigation. Contribution of Working Group III to the Fourth Assessment Report of the Intergovernmental Panel on Climate Change. Cambridge, UK:Cambridge University Press.

Ni J. 2002. Carbon storage in grasslands of China. Journal of Arid Environments,50:205-218.

Tang H J, Qiu J J, Ranst V E, et al. 2006. Estimations of soil organic carbon storage in cropland of China based on DNDC model. Geoderma,134:200-206.

Wu H B, Guo Z T, Peng C H. 2003. Distribution and storage of soil organic carbon in China. Global Biogeochemical Cycles,17(2):1048. Doi:10. 1029/2001GB001844.

Xie Z, Zhu J, Liu G, et al. 2007. Soil organic carbon stocks in China and changes from 1980s to 2000s. Global change biology,13:1989-2007.

第7章 应对气候变化的国际制度

气候变化问题是国际社会共同关注的重大问题。自 1988 年联合国正式启动相关谈判以来,应对气候变化国际制度的构建和发展已经历了 20 个年头,先后制定了《联合国气候变化框架公约》(以下简称《气候公约》)和《京都议定书》,并通过了"波恩协议"、"马拉喀什协定"、《气候变化与可持续发展德里部长级宣言》、《巴厘行动计划》等重要文件,为全球应对气候变化的行动提供了基本的政治框架和法律制度。本章将对气候变化问题的实质、国际气候制度的核心内容及其未来发展进程作概要的回顾和分析。

7.1 气候变化问题的实质

由于工业革命以来人类活动排放的温室气体明显增加,特别是工业化国家大量矿物燃料燃烧排放的二氧化碳,致使大气中温室气体的浓度显著上升,造成近百年来全球气候正经历一次以变暖为主要特征的显著变化,这种变化已经对人类社会生存和发展带来广泛影响。气候变化不仅是环境的问题,更是发展问题,涉及公平、发展、能源以及政治诚意等诸多问题。认识气候变化问题的实质,特别是气候变化问题涉及的历史责任和公平问题,对于构建公平、合理的应对气候变化国际制度具有重要的意义。

7.1.1 气候变化问题的历史责任

人类活动排放的温室气体不断增加,导致大气中的温室气体浓度不断上升,并对全球气候产生了明显影响。引起气候变化的原因,既有自然的,也有人为的,但 IPCC 第四次评估报告认为,最近 50 年的全球气候变暖很可能是由于工业革命以来人类活动引起的。人类活动主要是指矿物燃料燃烧和毁林等土地利用变化,由此排放的温室气体导致大气中温室气体浓度大幅增加,引起温室效应增强,从而引起全球气候变暖。据 IPCC 第四次评估报告,2004 年全球六种温室气体的排放量约为 490 亿吨二氧化碳当量,其中二氧化碳是最主要的温室气体,主要来自矿物燃料燃烧、生产工艺过程、土地利用变化和林业,2004 年约占全球温室气体总排放量的 76.7%。二氧化碳等温室气体的大量排放,造成全球大气二氧化碳浓度由工业革命前 1750 年的 280 ppm 上升到 2005 年的 379 ppm,超过了近 65 万年以来的自然变化范围,甲烷和氧化亚氮浓度也超过了近 65 万年以来的最大值。

研究结果表明,大气中累积的人为二氧化碳排放约有 70% 来源于发达国家,目前这一状况也没有得到根本改变。根据美国橡树岭国家实验室全球二氧化碳排放数据库:自 1751 年到 2005 年,全球来自矿物燃料燃烧和水泥生产的二氧化碳排放量大约为 11770 亿吨;自工业革命开始到 1950 年,在全球矿物燃料燃烧的累计二氧化碳排放中,95% 以上是由发达国家造成的。从 1950 年到 2000 年间,在全球矿物燃料燃烧的累计二氧化碳排放中,发达国家占 77%,发展中国家占 23%。据 IPCC 第四次评估报告,2004 年附件一国家占全世界人口的 20%,却占全球温室气体排放的 46%,而非附件一国家占世界人口的 80%,仅占全球温室气体排放的 20%(徐华清等 2008)。

正是基于以上事实,《气候公约》在绪言中明确指出:"注意到历史上和目前全球温室气体排放的最大部分源自发达国家,发展中国家的人均排放仍相对较低,其在全球排放中所占的份额将会增加,以满足其社会和发展需要。"在《气候公约》原则中也明确规定:"各缔约方应当在公平的基础上,并根据它们共同但有区别的责任和各自的能力,为人类当代和后代的利益保护气候系统。因此,发达国家缔约方应当率先对付气候变化及其不利影响"。为此,《京都议定书》规定了《公约》附件一所列缔约方在 2008—2012 年期间将其温室气体排放量在 1990 年水平上至少减少 5%,这也是人类历史上第一个为发达国家单方面规定减少温室气体排放具体义务的法律文件。

7.1.2　气候变化问题的公平含义

全球气候变化问题中的公平因素涉及大气公共资源,尤其是温室气体排放量在人际间、区(国)际间和代际间的合理分配问题。IPCC 第二次评估报告指出,公平(equity)是指"公正的程度"或指"公正和正当的事",认为考虑公平问题是制定气候变化政策、制定和履行气候公约及实现可持续发展的一个重要方面。

公平问题涉及程序和后果两个方面。程序公平包括过程和参与问题,它要求各缔约方能够有效地参与气候变化有关的国际谈判。采取适当的措施使发展中国家缔约方能有效地参与谈判,将有助于以最佳方式达成应对气候变化的有效、持久和公正的协议。后果性公平有两个组成部分,即气候变化的损失或适应和减缓气候变化成本的分配。由于各个国家在脆弱性、财富、能力、资源禀赋等方面具有实质性的差别,因此造成的损失及适应和减缓成本可能带有不平等性,气候变化问题有可能给脆弱地区及温室气体排放较少的地区带来额外的费用。

　　气候变化政策的跨时空性还提出了代际间公平问题。后辈人不能影响我们今天选择的政策,而我们今天的政策恰恰有可能影响后辈人的生活和健康,我们也可能无法赔偿后辈人由此造成的生活水平降低。

　　公平的争论会涉及许多关于分配减排指标及相应减排成本的建议。发达国家和发展中国家之间还有巨大差异,而这些差异关系到公平原则在减缓气候变化行动中的应用。这些差异包括历史的和累积的排放、目前的总排放量和人均排放、排放强度及经济产出、对未来排放的构想,以及在财富、能源结构及资源禀赋等方面的差异。基于分配的公平,注重排放权的初始分配,主要有主权原则、污染者付费原则、支付能力原则等。基于结果的公平,关注减排义务分担对福利的影响,主要为平面公平、垂直公平、补偿原则等。基于过程的公平则看重排放权分配过程的公平特性,如趋同原则、政治协商一致、市场公正原则等。

　　《气候公约》的基本原则是"共同但有区别的责任",这是国际社会合作应对气候变化的基础。公约的各项规定,特别是"共同但有区别的责任"的原则始终贯穿指导缔约方履行公约的全部过程。这一原则具体可以从以下几个方面来理解:一是公约明确提出历史上和目前全球温室气体排放的最大部分源自发达国家,发展中国家的人均排放较低。从理论上讲,只有在各缔约方累计的人均排放量以及目前的人均排放量都相等时,减排的义务和责任才相同。二是明确要求必须保证各缔约方,尤其是发展中国家在有关气候变化的国际事务中有同等的参与机会和权利。三是发展中国家必须要发展,人民的生活水平必须要提高。发展中国家目前的人均排放水平还很低,经济和技术水平还都很落后,发展是我们的第一需求,发展中国家的发展权益不应借口保护气候而遭到任何损害。四是发达国家必须对发展中国家应对气候变化所需的资金、技术和能力建设提供新的额外的支持(全球气候变化对策协调小组等2004)。

　　"共同但有区别的责任"原则在构建国际气候协议中具有重要的指导意义。虽然《气候公约》提出了"共同但有区别的责任"原则,但如何在履约过程中更好地体现这一原则,如何在分配未来温室气体排放空间时,根据这一原则来确定不同国家的减排或限排义务,这仍是国际气候制度构建贯穿始终的一个焦点问题,主要体现在以下几个方面:

　　一是实现公平的途径。公平考虑是气候变化争论中一个非常核心的问题,即使承认公平是一个目标,又如何来实现"公平"。虽然目前已经有许多方法概念性地讨论了气候变化背景下的公平问题,这些方法包括:人均排放权、各种形式的"世代沿袭"、依据支付能力分配排放权、依据历史排放分担成本等。从历史情况看,通过政治交易比通过给定一些原则或公式更容易解决这一问题。

　　二是公平的经济学思考。许多公平考虑的根基是完全的经济现实性。在应对气候变化中,不同国家的成本差异很大,包括减排的直接成本以及从其他社会需求转移的短缺资本的机会成本。不采取行动的利害关系也是相当大的,这些包括面临来自洪水、干旱以及其他气候变化影响方面的巨大代价。一些发达国家担忧,如果其他国家不采取行动,将会影响到本国的竞争力,而发展中国家则不可能也不愿意承担有可能危及其经济发展的义务。从现实看,通过技术转让、能力建设和清洁能源投资以及其他气候变化战略,可能是寻找处理经济不公平性的机会。

三是公平的伦理、道德和文化思考。公平考虑同时也依赖于不同的伦理、道德和文化观点。一些文化和传统的东西被置于满足群体和下一代需要优先的位置。有些人主张发达国家必须自愿地牺牲其舒适的、高耗能的生活方式,而另一些人则持有更为强烈的市场效率信念,这些不同的观点无疑将对国家立场产生强有力的影响,使其带有更为浓重的纯经济学考虑。从实践看,通过在气候变化争论中探讨这些不同的色彩,更好地理解其他文化和传统,以便促进在气候变化中的国际合作。

四是公平与适当的行动。《京都议定书》至少在两个方面尝试处理公平问题,一是只为发达国家设置了有约束力的排放目标,反映了在发达国家有义务首先采取行动上的广泛一致;二是在发达国家内部设置了不同的目标,反映了这些国家国情的不同。从目前的舆论看,如果只要求发达国家对付其排放将无法实现一个安全的、稳定的大气温室气体浓度,要求美国和别的发展中国家采取积极的行动对付气候变化的压力正日益加大。从谈判进程看,在发达国家的国内减排没有取得实质性进展前,讨论发展中国家承诺减排义务还为时过早。

7.1.3 应对气候变化问题的长期目标

气候变化的长期目标也是认识气候变化问题实质需要正确把握的另一重要因素。《联合国气候变化框架公约》确定的应对气候变化的最终目标是:"将大气中温室气体的浓度稳定在防止气候系统受到危险的人为干扰的水平上。这一水平应当在足以使生态系统能够自然地适应气候变化、确保粮食生产免受威胁并使经济能够可持续地进行的时间范围内实现。"这一目标并未明确到底要将大气中的温室气体稳定在什么浓度水平上,这表明目前科学界对此问题的认识还有很大的不确定性。同时,这一浓度水平还具有重大的经济意义。一旦这一浓度水平得以确定,将对全球经济活动产生重大影响。

"巴厘岛路线图"对公约的长期目标有了进一步的认识,即通过长期合作行动加强《气候公约》全面、有效和持续的实施,也就是所谓的"共同愿景"。"共同愿景"要以《气候公约》第二条所规定的最终目标为指导,包括:要将大气中的温室气体浓度稳定在防止气候系统受到危险的人为干扰的水平上;要适应气候变化的影响;实现社会经济的可持续发展。"共同愿景"应涵盖"巴厘岛路线图"中所确定的减缓、适应、资金和技术四大要素和可持续发展。

"共同愿景"绝不是仅谈减缓目标,要把长期合作行动落到实处,需要处理好几个关键问题。第一,要坚持"共同但有区别的责任"原则。发达国家要切实履行其在《气候公约》和《京都议定书》下的义务,要继续率先大幅度量化减排,要给发展中国家提供"可测量、可报告和可核实"的资金、技术和能力建设支持,使发展中国家有能力应对气候变化;发展中国家要在可持续发展的框架下,在得到发达国家的资金、技术和能力建设支持下,根据本国国情采取积极的减缓和适应行动。第二,要切实保障发展中国家的发展权。发展中国家只有在发展经济和提高能力的基础上才能为应对气候变化作出更大贡献。发展中国家的发展不仅是应对气候变化的基础条件,也是维护世界和平与安全的重要条件,在共同应对气候变化的进程中,发展中国家的发展权必须得到充分和有效的保障。第三,要充分考虑并妥善处理公平问题。当前很多发展中国家正处在工业化、城市化和大规模基础设施建设时期,需要合理的碳排放空间。而发达国家已经过度占有了全球有限的碳排放空间,挤占了发展中国家的发展空间。发达国家必须通过大幅度减排来为发展中国家腾挪出必要的排放空间,从而为发展中国家的发展创造出公平的环境和条件。

当前国际社会及发达国家更为关注全球温室气体中长期减排目标问题。IPCC第四次评估报告显示,如果全球平均温度升高超过 3℃,气候变化对全球自然生态和经济部门的不利影响明显增加,并可能达到严重程度。如果温度升高控制在 2～3℃之间,那么 2010—2030 年全球二氧化碳排放就必须到达峰值并开始下降,2050 年全球排放量要显著低于目前排放水平,甚至减少一半以上。欧盟、日本、加拿大等国也都提出了到 2050 年全球温室气体排放量减半的类似目标,2008 年八国集团首脑会议也在宣言中就这一目标达成了共识。从总体上看,当前国际社会有关中长期减排目标的提出,主要依据 IPCC 第四次评估报告的相关结论,但就目标本身而言,在科学上还存在着较大的不确定性,更为重要的是由于这些目标涉及各国未来发展空间和国家利益,其争议短期内恐怕难以解决。

尽管国际社会就全球长期减排目标达成共识尚待时日,但尽快遏制和转变当前二氧化碳排放增长势头的国际呼声日益增大,尤其要求发达国家实现深度减排,到 2020 年应该比 1990 年减少 25%～40%。欧盟一直是全球应对气候变化的积极推进者,倡导全球地表平均温度升高不能超过 2℃,主张到 2050 年全球温室气体排放量比 1990 年至少减少 50%,并单方面承诺到 2020 年其温室气体排放量比 1990 年至少减排 20%,可再生能源比例达到 20%,石油、天然气、煤炭等一次能源的消费量减少 20%,并提出如美国作出相应减排承诺、"先进的发展中国家"也作出"公平和有效"的贡献,则欧盟的减排目标还可以提高到 30%。

美国、日本等发达国家也就中长期减排目标提出了各自的指标。2008 年 4 月,美国总统布什宣布到 2025 年实现温室气体排放的零增长，而美国现任总统奥巴马则表示，希望在 2020 年将其二氧化碳的排放量回复至 1990 年的水平，并在 2050 年实现减少 80％ 的目标。2008 年 6 月，日本首相福田康夫明确提出到 2050 年要将本国温室气体排放量比 2005 年减少 60％～80％ 的长期目标，并引用有关预测结果，指出到 2020 年可以将温室气体排放量比 2005 年减少 14％。2008 年 3 月，加拿大政府明确提出到 2020 年加拿大的温室气体排放总量将在 2006 年基础上减少 20％，到 2050 年将使温室气体排放量比 2006 年下降 60％～70％。2008 年 12 月，澳大利亚政府明确表示到 2020 年将使其温室气体排放量比 2000 年降低 5％ 或 15％，其中 5％ 作为单方面承诺目标，15％ 承诺目标的前提是达成全球协议，且所有主要经济体承诺实质性限制排放，所有发达国家都与澳大利亚承诺具有可比性。总体上看，这些国家已经提出的 2020 年左右的减排目标尚存在较大差异，尤其是欧盟与美国，而且这些目标与 IPCC 提出的 2020 年减排 25％～40％ 中期深度减排要求也相距甚远（何建坤 2008）。

7.2　国际气候管理制度

国际气候制度的基础是公平与效率问题。发展中国家以"公平"来维护自己的发展权益，而发达国家则借用"效率"来强化自身的经济利益，这实际上也是一个南北之间关于未来国家发展权益之争的重大关系问题。《联合国气候变化框架公约》及其《京都议定书》，作为已经建立的气候变化国际制度，所确立并坚持的"共同但有区别的责任"的原则，不仅充分反映了各国历史责任、经济发展水平、当前人均排放上的差异，凝聚了国际社会共识，而且也为未来气候制度的发展和改革奠定了必要的基础。

7.2.1　国际气候制度的基本要素

所谓制度是人类行为的规范或约束规则的总称，它包括正式规则和非正式规则两个部分，前者通常是成文的、可辨识的、强制的和第三方执行的，而后者则是不成文的、默会的和自我实施的。制度在抽象性上可以描述为是一种"共识"或是"意义的分享"，从知识和意义的角度解释制度问题，有利于人们从认知论或知识论的角度把握制度的内涵，从而为制度演化的无意识和有意识之争找到一个沟通的桥梁。

国际制度是一个使用比较广泛的一个概念。国际制度（international institution），也叫国际机制（international regime），是通过多国间协定而明确下来的规范和规则体系，用以规范国家对于某一特定问题或相互关联的问题群体所采取的行动。几乎所有的制度都采取具有约束力的协定或法律的形式。关于全球环境问题，最常见的法律手段就是签订国际环境公约。国际环境公约是国际公约的一种，它是为了保护、改善和合理利用环境资源而制定的国际公约（庄贵阳 2002）。它规定国家或其他国际环境法主体之间在保护、改善和合理利用环境资源等问题上的权利和义务。有些公约可能包含预想交涉中全部具有约束力的义务,也有一些公约可能只是一个法律基础,为了明确有关细则作为制定出更加详细的法律手段(议定书)的依据。如果公约在形成以后,把制定更加详细的方案作为交涉的前提,那么这种公约被称为框架公约。框架公约一般不为缔约方规定明确的责任义务,只是制定一连串有关的原则、规范、目标及协调机制。框架公约形成以后,一般都需要经过数年围绕一个或多个议定书进行谈判,通过议定书的制定和修正开始实质的行动。

国际气候管理制度是指由规范或约束参与方应对气候变化社会关系的一系列法律、规范等组成的相对完整的规则系统。建立国际气候制度的首要任务是构建基本要素的系统分析框架,明确各个要素可能作出的不同选择。无论国际气候谈判的结果如何,国际气候制度构架的发展都离不开以下一些基本要素,政治谈判过程只不过是对这些要素作出各自的选择。

一是义务的法律约束力。一般而言,所有国际公约的义务都是自愿的,因为主权国家有权选择加入或不加入该公约,但不加入也是有代价的。如果主权国家选择加入并且一旦国际公约生效,公约所规定的某一项具体义务在法律性质可能有所不同,基本可分为有法律约束力的(binding)和没有法律约束力的(non-binding)两种。

二是限排或减排义务的类型。限排或减排义务是国际气候制度构架的核心要素,也是争议最多的内容。不同时期,国际社会提出了许多不同的原则或方法。有的针对具体的减排行动,如全球统一碳税;有的针对定量的排放目标,如绝对的或动态的排放目标等;也有的是定性的政策措施,如可持续发展政策措施(SD-PAM)。

三是履约活动的覆盖面和涉及范围。限排或减排活动的覆盖面是指是否除温室气体的排放源之外,还包括温室气体的吸收汇。就排放源而言指是否包括 6 种气体或其中几种。减排活动的涉及范围指项目、部门、国家、地区、全球的不同层次。

四是时间安排和启动条件。不同国家采取减排行动的时间有所不同,如《气候公约》和《京都议定书》规定,发达国家应率先承担减排义务。其他国家何时参与减排行动,可以设立一定的启动条件(trigger),如一定的宽限期,或根据其他指标,当满足一定条件之后,再参与全球减排行动。

五是确定不同义务的方法。在限排或减排义务的不同类型中,建立定量的排放目标是其中最主要的类型,国际上提出的分担原则和分配方案也最多。要区分这些方法,有许多不同标准,如它包含的公平原则,是分配型、结果型还是过程型的(allocation-, outcome- or process-based)等。但实际上,从国际谈判为不同缔约方确定不同限排或减排义务的操作过程看,谈判主要分为两种不同方法:一是基于承诺的(Pledge-based)"自上而下"的方法,另一种是基于原则(Principle-based)的"自下而上"的方法。

六是市场机制问题。将市场机制引入国际公约是为了发挥其成本有效性的优势,降低减排成本。在未来国际气候制度构架中,市场机制仍将是一个必不可少的组成部分,而且应该发挥更大的作用。

七是资金和技术方面的义务。资金援助和技术转让问题是当前国际气候谈判中南北争论的焦点之一。未来发达国家与发展中国家之间能否在限排或减排义务方面达成某种程度的妥协,资金和技术机制的设计和运作是至关重要的。

7.2.2　IPCC 的评估报告及作用

政府间气候变化专门委员会在国际气候制度的构建进程中,扮演了一个极为重要的角色。随着世界各国对煤、石油等矿物燃料使用的快速增加以及人们对环境的日益关注,国际社会加强了对气候变化问题的研究,特别是对二氧化碳等温室气体与气候变化问题的了解日益加深。1988 年在加拿大多伦多召开的气候变化大会呼吁采取政治行动,立即着手制定保护大气行动计划。为了给决策者们提供有关气候变化成因、其潜在的环境和社会经济影响以及可能对策的信息,世界气象组织(WMO)和联合国环境规划署(UNEP)于 1988 年成立了政府间气候变化专门委员会(IPCC)。IPCC 的工作职责是在全面、客观、开放和透明的基础上,对全球范围内有关气候变化及其影响以及减缓和适应气候变化措施的科学、技术、社会、经济方面的信息进行科学评估,并根据需求为《联合国气候变化框架公约》(UNFCCC)提供科学技术咨询。IPCC 下设三个工作组和一个专题小组,第一工作组评估气候系统和气候变化的科学问题,第二工作组评估气候变化对自然系统和社会经济系统的潜在影响、脆弱性及适应对策,第三工作组评估限制温室气体排放和减缓气候变化的可能对策,专题小组负责编制国家温室气体清单的方法和指南。

迄今为止,IPCC 已经组织编写出版了一系列评估报告、特别报告、技术报告和指南等,对政府间谈判和科学界产生了重大影响。1990 年出版的 IPCC 第一次评估报告确认了有关气候变化问题的科学基础,促进了政府间的对话,促使联合国大会作出制定《联合国气候变化框架公约》的决定,由此推动了 1992 年《联合国气候变化框架公约》的制定。1995 年出版的 IPCC 第二次评估报告为系统阐述公约的最终目标提供了坚实的科学依据,在 1997 年《京都议定书》的谈判中发挥了重要作用。2001 年出版的 IPCC 第三次评估报告为制定气候变化政策以满足气候公约的目标提供了客观的科学信息,推动了公约谈判的进程。2007 年出版的 IPCC 第四次评估报告为国际社会采取进一步应对气候变化的行动,特别是 2012 年以后国际应对气候变化体制的建立提供了科学依据和信息。

7.2.3　气候公约的主要内容

《联合国气候变化框架公约》为构建国际气候制度奠定了基本的政治和法律制度

框架。联合国第 45 届大会于 1990 年 12 月 21 日通过了第 45/212 号决议,决定设立气候变化框架公约政府间谈判委员会(INC)。政府间谈判委员会于 1991 年 2 月至 1992 年 5 月间共举行了 6 次会议。谈判各方在公约的关键条款上各执己见,互不相让,各方最终妥协,于 1992 年 5 月 9 日在纽约通过了《联合国气候变化框架公约》,并在里约环境与发展大会期间供与会各国签署。《气候公约》于 1994 年 3 月 21 日生效,共有 192 个成员国批准。公约缔约方会议(COP)是本公约的最高机构。公约下设两个附属机构:附属科学技术咨询机构(SBSTA)和附属执行机构(SBI)。SBSTA 是为"就与公约有关的科学和技术事项,向缔约方会议并酌情向缔约方会议的其他附属机构及时提供信息和咨询"。SBI 是为"协助缔约方会议评估和审评本公约的有效履行"。在气候公约谈判中,主要形成了欧盟(欧盟成立前称为西北欧国家或欧共体国家)、"伞形集团"(美、日、加、澳、俄等发达国家组成)、"七十七国集团加中国"三个集团。

《气候公约》不仅提出了应对气候变化的最终目标,而且还明确了公平、责任、能力、成本有效和可持续发展等重要的指导原则,同时也建立了发达国家和发展中国家缔约方在减缓、适应、资金和技术转让等方面有差别义务的基本概念,是气候变化领域最具权威性、普遍性、全面性的国际制度安排基本法律框架。

(1)目标

《气候公约》的最终目标是:"将大气中温室气体的浓度稳定在防止气候系统受到危险的人为干扰的水平上。这一水平应当在足以使生态系统能够自然地适应气候变化、确保粮食生产免受威胁并使经济能够可持续地进行的时间范围内实现"。这一目标并未明确到底要将大气中的温室气体稳定在什么浓度水平上,这表明目前科学界对此问题的认识还有很大的不确定性。同时,这一浓度水平还具有重大的经济意义。一旦这一浓度水平得以确定,将对全球经济活动产生重大影响。

(2)原则

《气候公约》第三条规定了用于指导缔约方采取履约行动的五项原则:

第一是公平原则(共同但有区别的责任原则)。各缔约方应在公平的基础上,根据它们共同但有区别的责任和各自的能力,为人类当代和后代的利益保护气候系统,发达国家应率先采取行动对付气候变化及其不利影响。

第二是充分考虑发展中国家的具体需要和特殊情况原则。应当充分考虑到发展中国家缔约方尤其是特别易受气候变化不利影响的发展中国家缔约方的具体需要和特殊情况,也应充分考虑到那些根据本公约必须承担不成比例或不正常负担的缔约方特别是发展中国家缔约方的具体需要和特殊情况。

第三是预防原则。各缔约方应采取预防措施,预测、防止或尽量减少引起气候变化的原因,并缓解其不利影响。当存在造成严重或不可逆转的损害的威胁时,不应以科学上没有完全的确定性为由推迟采取这类措施。同时考虑到应对气候变化的政策和措施应当讲求成本效益,确保以尽可能最低的费用获得全球效益。为此,这种政策和措施应当考虑到不同的社会经济情况,并且应当具有全面性,包括所有有关的温室气体源、汇和库及适应措施,并涵盖所有经济部门。应对气候变化的努力可由有关的缔约方合作进行。

第四是促进可持续发展原则。各缔约方有权并应当促进可持续的发展。保护气候系统免遭人为变化的政策和措施应当适合每个缔约方的具体情况,并应结合到国家的发展计划中去,同时考虑到经济发展对于采取措施应付气候变化是至关重要的。

第五是开放经济体系原则。各缔约方应使用促进有利的和开放的国际经济体系,促成所有缔约方特别是发展中国家缔约方的可持续发展,从而使它们有能力更好地应付气候变化问题。为对付气候变化而采取的措施,包括单方面措施,不应成为国际贸易上的任意或无理的歧视手段或隐蔽的限制。

(3)缔约方义务

《气候公约》第四条规定了各缔约方的义务。根据"共同但有区别的责任"原则,《气候公约》附件一缔约方和非附件一缔约方分别承担不同的义务:

一是所有缔约方的义务:提供所有温室气体各种排放源和吸收汇的国家清单;制定、执行、公布国家计划,包括减缓气候变化以及适应气候变化的措施;促进减少或防止温室气体人为排放的技术的开发应用;增强温室气体的吸收汇;制定适应气候变化影响的计划;促进有关气候变化和应对气候变化的信息交流;促进与气候变化有关的教育、培训和提高公众意识等。

二是发达国家的义务。带头依循公约的目标,改变温室气体人为排放的趋势;制定国家政策和采取相应的措施,通过限制人为的温室气体排放以及保护和增强温室气体汇和库,减缓气候变化。到 2000 年,个别地或共同地使二氧化碳等温室气体的人为排放回复到 1990 年的水平,并定期就其采取的政策措施提供详细信息。附件二所列发达国家应提供新的和额外的资金,支付发展中国家为提供国家信息通报所需的全部费用,帮助特别易受气候变化不利影响的发展中国家缔约方支付适应这些不利影响的费用,促进和资助向发展中国家转让无害环境的技术,支持发展中国家增强自身的技术开发能力。公约特别强调,发展中国家能在多大程度上有效履行其在本公约下的义务,将取决于发达国家对其在本公约下所承担的有关资金和技术转让的承诺的有效履行,并将充分考虑到经济和社会发展以及消除贫困是发展中国家的首要和压倒一切的优先任务。

(4)资金机制

向发展中国家提供与履行公约有关的资金,是发展中国家履行公约的重要前提条件。《气候公约》确定建立一个在赠与或转让基础上提供资金,包括用于技术转让资金的机制,并确定全球环境基金(GEF)为公约资金机制的一个临时经营实体,同时保留了今后增加其他机构作为经营实体的可能性。

（5）技术转让

《气候公约》规定，"附件二所列发达国家缔约方和其他发达缔约方应采取一切实际可行的步骤，酌情促进、便利和资助向其他缔约方特别是发展中国家缔约方转让或使它们有机会得到无害环境的技术和专有技术，以使它们能够履行本公约的各项规定"，"发达国家缔约方应支持开发和增强发展中国家缔约方的自身能力和技术"。公约还规定资金机制应在赠与或转让的基础上提供用于技术转让的资金。

（6）能力建设

在 1999 年公约缔约方第五次大会（COP5）上，通过了一项关于发展中国家能力建设的决定（第 10/CP.5 号），承认发展中国家需要加强能力建设，强调了发展中国家能力建设必须是以发展中国家为主，反映发展中国家的优先需要，在发展中国家执行，并决定公约资金机制要为此提供资金和技术支持。

7.2.4　京都议定书的焦点问题

《京都议定书》是人类历史上第一个为发达国家单方面规定减少温室气体排放具体义务的法律文件，是对《气候公约》的重要补充，也为未来国际气候制度的发展奠定了良好的基础。《气候公约》仅规定发达国家应在 20 世纪末将其温室气体排放回复到其 1990 年水平，但没有为发达国家规定量化减排指标。1995 年在柏林举行的公约缔约方第一次大会（COP1）认为上述承诺不足以缓解全球气候变化；会议据此通过了"柏林授权"，决定谈判制定一项议定书，为发达国家规定 2000 年后减排义务及时间表；同时决定不为发展中国家引入除公约义务以外的任何新义务。国际社会为制定议定书举行了多次谈判，但由于减排、限排温室气体直接涉及各国的经济发展，与会各方难以达成一致。1997 年 12 月 1 日至 11 日，公约缔约方第三次大会（COP3，又称"京都会议"）在日本京都举行，会议终于完成谈判，制定了《〈联合国气候变化框架公约〉京都议定书》（简称《京都议定书》）。《京都议定书》为发达国家规定了有法律约束力的量化减排指标，而没有为发展中国家规定减排或限排义务。1997 年《京都议定书》通过后的几次缔约方会议上，通过了几个重要的文件：1998 年公约缔约方第四次大会（COP4）通过了"布宜诺斯艾利斯行动计划"；2001 年公约缔约方第六次大会（COP6）续会通过了"波恩政治协议"；2001 年公约缔约方第七次大会（COP7）为落实"波恩政治协议"达成了一揽子决定，统称"马拉喀什协定"。《京都议定书》于 2005 年 2 月 16 日正式生效，目前共有 183 个公约缔约方批准。

（1）定量减排指标

《京都议定书》第 3、第 4 条规定了附件一国家缔约方的温室气体定量减排指标。按照规定，附件一缔约方应该个别地或共同地确保其二氧化碳、甲烷等六种受控的温室气体排放总量(以二氧化碳当量计),在 2008 年至 2012 年的承诺期内比 1990 年水平至少减少 5％,到 2005 年,附件一缔约方应在履行这些承诺方面作出可予证实的进展。

议定书为每个附件一国家确定了"有差别的减排"指标,即欧盟减排 8％(各成员国具体的指标由其协商确定,这被称为"欧盟气泡",其中葡萄牙、希腊、西班牙等欧盟国家不仅不减排还可增加排放),美国减排 7％,日本、加拿大减排 6％,俄罗斯、乌克兰、新西兰"零"减排,澳大利亚增排 8％,冰岛增排 10％,等等。

(2)三机制

《京都议定书》第 6、第 12 和第 17 条分别确定了"联合履行"(JI)、"清洁发展机制"(CDM)和"排放贸易"(ET)三种域外减排的灵活机制。JI 是指发达国家之间通过项目级的合作,其所实现的减排单位(以下简称 ERU)可以转让给另一发达国家缔约方,但是同时必须在转让方的"分配数量"(以下简称 AAU)配额上扣减相应的额度。CDM 主要内容是指发达国家通过提供资金和技术的方式,与发展中国家开展项目级的合作,通过项目所实现的"经核证的减排量"(以下简称 CER),可以用于发达国家缔约方完成在议定书第 3 条下的承诺。ET 是指一个发达国家将其超额完成减排义务的指标,以贸易的方式转让给另外一个未能完成减排义务的发达国家,并同时从转让方的允许排放限额上扣减相应的卖出额度。

三机制的核心在于发达国家可以通过这些机制在本国以外取得减排的抵消额,从而以较低成本实现减排目标,通过"境外减排"缓解其国内减排压力,这也是国际社会在合作应对气候变化方面的一种制度创新。《京都议定书》没有规定这三个机制的具体规则,制定什么样的规则也是后续谈判的焦点之一。

(3)其他有关规定

《京都议定书》第 5,第 7,第 8 条对温室气体源排放和汇吸收估算的方法学问题、附件一缔约方提交信息的问题及其所提交信息的审评问题进行了原则规定,并请缔约方大会规定有关具体指南。议定书第 10、第 11 条重申了《气候公约》中所有缔约方的一般性义务和《气候公约》附件二缔约方向发展中国家提供新的、额外的资金并进行技术转让的义务。

7.3　气候变化的谈判与国际合作

气候变化的谈判实质上就是国际社会就气候管理制度的安排作出选择的过程。自联合国环发大会通过《联合国气候变化框架公约》以来,国际社会经过长达 15 年的谈判,先后通过了《京都议定书》、"巴厘路线图"等重要文件,为全球应对气候变化行动提供了政治框架和法律制度,也为各国制定应对气候变化战略及行动指明了方向。

7.3.1　主要缔约方的履约形势

　　尽管《京都议定书》签署已经超过十年，正式生效也将近四年，但迄今为止，主要发达国家在履行《京都议定书》减排目标方面进展缓慢。究其原因主要是美国、澳大利亚等一些国家，缺乏承担减排义务的责任感和在国内采取实质性减排行动的紧迫感。根据《气候公约》秘书处 2008 年 11 月附件一缔约方温室气体清单的最新汇编，从 1990 年到 2006 年，虽然所有附件一缔约方不包括土地利用变化的温室气体排放量总体比 1990 年下降了 4.7%，这主要是由于其中的经济转型国家大幅下降 37% 所致，而澳大利亚温室气体排放量增加了 28.8%，加拿大增加了 21.7%，美国增加了 14.4%。日本增加了 5.3%。即使由于英国和德国在能源结构上的调整以及东欧国家由于经济下滑而腾出的排放空间，使得欧盟 15 国整体实现了 2.2% 的减排量，但其 2006 年的二氧化碳排放量仍比 1990 年增加了 3.4%。

　　(1)附件一缔约方温室气体排放整体状况

　　温室气体是指大气中那些吸收和放射长波或红外辐射的自然和人为的气态成分。《京都议定书》中规定的温室气体有：二氧化碳、甲烷、氧化亚氮、氢氟碳化物、全氟化碳和六氟化硫。二氧化碳是最主要的温室气体，主要来自矿物燃料燃烧、生产工艺过程、土地利用变化和林业。根据《气候公约》秘书处的汇编，虽然从附件一缔约方整体的温室气体排放情况看，2006 年的温室气体排放为 180.2 亿吨二氧化碳当量（不包括土地利用变化引起的温室气体源与汇，下同），比 1990 年的 189.1 亿吨下降了 4.7%，但从 2000 年至 2006 年，附件一缔约方整体的温室气体排放量却增加了 2.3%(图 7.1)。

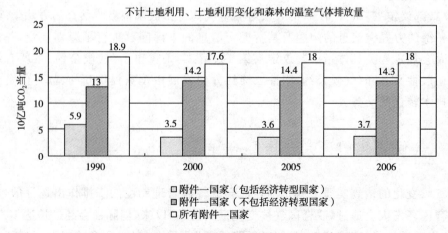

图 7.1　附件一缔约方 1990—2006 年温室气体排放量

　　附件一缔约方温室气体排放主要有三个特点。一是经济转型国家由于经济下滑导致温室气体排放量大幅下降,部分抵消了其他一些发达国家排放量的持续上升。经济转型国家缔约方温室气体排放量从 1990 年的 59.1 亿吨下降到 2006 年的 37.2 亿吨,2006 年比 1990 年大幅下降了 37%,而非经济转型国家缔约方的温室气体排放量则从 1990 年的 130 亿吨二氧化碳当量上升到 2006 年的 143 亿吨,增加了 9.9%。从 2000 年到 2006 年,经济转型国家缔约方的温室气体排放量增加了 7.4%,非经济转型国家缔约方也增加了 1.0%。二是不同附件一缔约方之间,由于经济发展水平及国情等不同,导致其温室气体排放量的变化存在很大差异。经济转型国家拉脱维亚排放量下降最大,达到 56.1%,而土耳其的增幅最大,达到 95.1%。三是二氧化碳在温室气体排放量中所占的比重进一步上升,其中的主要原因是交通部门温室气体排放的继续上升。二氧化碳在附件一缔约方温室气体排放总量中所占的比重已由 1990 年的 79.6% 上升到 2006 年 82.5%,尽管二氧化碳、甲烷和氧化亚氮的排放量有所下降,但氢氟碳化物、全氟化碳和六氟化硫三种温室气体的排放量则合计增加了 10.1%。就附件一缔约方总体而言,1990 年至 2006 年温室气体排放增幅最大的是运输部门,达到 15.8%,能源工业的温室气体排放量也略有增加。

　　(2)欧盟实现《京都议定书》减排目标的进展

　　根据《气候公约》秘书处的最新汇编,2006 年欧盟 15 国的温室气体排放量为 41.51 亿吨二氧化碳当量,比 1990 年的 42.44 亿吨约降低了 2.2%。欧盟的温室气体排放总量虽呈下降趋势,但距离其《京都议定书》减排 8% 的目标还有相当距离,特别是 2000 年以后排放总量出现反弹迹象,2006 年比 2000 年增加了 0.8%,排放走向令人担忧。欧盟温室气体排放控制主要有以下几个特点:

　　一是欧盟 15 国的温室气体排放总量的下降主要来自于德国和英国的减排贡献。德国和英国 1990 年的温室气体排放量占了整个欧盟排放总量的 47%。从 1990 年到 2006 年,德国的温室气体排放量降低了 18.2%,接近其在欧盟内部承担的减排 21% 的目标,英国的排放量也降低了 15.1%,已经超过了其 12.5% 的目标。可见除了德国和英国以外,大多数欧盟成员国还需要付出很大努力才有可能实现其减排任务。

　　二是欧盟 15 国非二氧化碳温室气体排放量的大幅下降,掩盖了二氧化碳排放量不降反升的事实。从 1990 年到 2006 年,欧盟的二氧化碳排放量从 33.53 亿吨增加到 34.66 亿吨,上升了 3.4%。二氧化碳排放量在温室气体排放量总量中所占的份额也由 1990 年的 79% 上升到 2006 年的 83.5%。而同期其他温室气体排放量都有明显降低,甲烷排放降低了 29.9%,氧化亚氮排放降低了 22.3%。从中也可以看出,即使欧盟这样的缔约方,对于减少二氧化碳排放也没有行之有效的措施。

　　三是欧盟 15 国能源活动的温室气体排放仍处于增长之中,主要是由于交通部门排放量的大幅增加。从分部门温室气体排放看,2006年欧盟15国能源活动的排放量比1990年增长了2.2%,其中交通部门排放增加了25.8%,能源工业增加了3.7%,可见交通部门的增排极大地抵消了能源活动的减排努力,控制交通部门温室气体排放成为欧盟内部采取实质性减排行动的关键。

(3)美国温室气体排放现状

根据《气候公约》秘书处的最新汇编,2006年美国二氧化碳等六种温室气体的总排放量为70.17亿吨二氧化碳当量,比1990年61.35亿吨增加了14.4%,与《京都议定书》规定的减少7%目标相比不降反升。在2006年温室气体排放总量中,二氧化碳排放量为59.75亿吨,约占温室气体总排放量的85.2%,比1990年的82.5%上升了近三个百分点,二氧化碳排放量也比1990年50.61亿吨增加了18.1%。美国的温室气体排放量有以下几个主要特点:

一是美国的温室气体排放量在附件一缔约方中占有重要位置。美国温室气体排放量占附件一所有缔约方温室气体排放总量的比重已由1990年的32.44%上升到2006年的38.94%,远高于欧盟15国2006年的23%,也高于欧盟27国2006年的28.5%,从这些数据足以看出美国在发达国家温室气体减排中的重要性。

二是美国能源活动排放的温室气体基本趋于稳定。尽管从1990年到2006年,美国能源活动产生的温室气体排放量由52.04亿吨二氧化碳当量增加到60.77亿吨,增幅达到16.8%。但从2000年以来,美国能源活动产生的温室气体排放量出现稳定甚至下降的趋势,2000年美国能源活动引起的温室气体排放量为60.68亿吨,到2005年缓慢上升到61.74亿吨,到2006年又基本回落到2000年的水平。

三是美国的温室气体排放主要来自电力部门和交通运输。2006年美国电力部门的温室气体排放总量占到全国排放总量的33%,位居首位,其后依次是交通部门28%、工业部门19%、农业部门8%、商业部门6%、居民居住5%、行政部门1%。从1990年到2006年,电力和交通部门不仅是美国温室气体排放量最大的两个部门,并且其17年间的排放量分别增长了29%和25.9%。这表明美国的温室气体排放控制,应该着重关注能源生产与消费。

(4)其他伞形国家温室气体排放状况

日本2006年的温室气体排放总量为13.4亿吨二氧化碳当量,与1990年的12.72亿吨相比增加了5.3%,与《京都议定书》规定的减少6%目标相比不降反升。从1990年到2006年,日本的二氧化碳排放量也由11.44亿吨上升到12.73亿吨,增加了11.3%。2006年日本各部门的温室气体排放贡献率分别为:能源89.15%,工业过程5.44%,溶剂及别的产品使用0.02%,农业2.04%,废弃物3.34%。

加拿大2006年的温室气体排放总量为7.21亿吨二氧化碳当量,与1990年的

5.92 亿吨相比大幅增加了 21.7%,与《京都议定书》规定的减少 6% 目标相比不降反升。从 1990 年到 2006 年,加拿大的二氧化碳排放量也由 4.56 亿吨上升到 5.60 亿吨,增加了 22.9%。2006 年加拿大各部门的温室气体排放贡献率分别为:能源 80.92%,工业过程 7.55%,溶剂及别的产品使用 0.04%,农业 8.58%,废弃物 2.9%。

澳大利亚 2006 年的温室气体排放总量为 5.36 亿吨二氧化碳当量,与 1990 年的 4.16 亿吨相比大幅增加了 28.8%,与《京都议定书》规定的只允许增加 8% 的目标相比差距甚远。从 1990 年到 2006 年,澳大利亚的二氧化碳排放量也由 2.78 亿吨上升到 3.90 亿吨,增幅高达 40.5%。2006 年澳大利亚各部门的温室气体排放贡献率分别为:能源 74.79%,工业过程 5.3%,农业 16.81%,废弃物 3.1%。

俄罗斯 2006 年的温室气体排放总量为 21.90 亿吨二氧化碳当量,与 1990 年的 33.26 亿吨相比大幅下降了 34.2%,与《京都议定书》规定的稳定目标相比效果显著。从 1990 年到 2006 年,俄罗斯的二氧化碳排放量也由 24.97 亿吨下降到 15.78 亿吨,下降了 36.8%。从 2000 年到 2006 年,俄罗斯的温室气体排放量呈现上升趋势,分别增长了 7.5% 和 7.4%。2006 年俄罗斯各部门的温室气体排放贡献率分别为:能源 81.59%,工业过程 9.05%,溶剂及别的产品使用 0.02%,农业 6%,废弃物 3.33%。

7.3.2　气候变化谈判最新进展

当前的国际气候变化谈判仍在坚持《气候公约》和《京都议定书》的有效性、坚持"共同但有区别的责任"原则基本框架下推进。尽管早在 2005 年 11 月《气候公约》第十一次缔约方大会就已经正式启动了有关《京都议定书》第二承诺期以及 2012 年后国际机制的谈判,以全面加强《气候公约》和《京都议定书》的实施,但由于发达国家在减缓气候变化的责任和义务问题上刻意抹杀"共同但有区别的责任"原则,直到 2007 年 12 月第十三次缔约方会议才就谈判的核心内容和基调达成了"巴厘路线图"。2008 年 12 月的波兰波兹南气候大会在推进"巴厘路线图"谈判进程中又迈出了艰难的一步。

(1)印度尼西亚巴厘岛会议

《气候公约》缔约方第十三次大会暨《京都议定书》缔约方会议第三次大会于 2007 年 12 月 3—15 日在印度尼西亚巴厘岛举行,会议的主要成果是"巴厘路线图",其中最主要的是三项决定或结论:一是旨在进一步强化《联合国气候变化框架公约》有效实施的决定,即《巴厘行动计划》;二是《京都议定书》下发达国家第二承诺期谈判特设工作组关于未来谈判时间表的结论;三是关于《京都议定书》第 9 条下的审评结论,确定了审查的目的、范围和内容。"巴厘路线图"进一步确认了公约和议定书下的双轨谈判进程,并决定于 2009 年在丹麦哥本哈根举行的《气候公约》第十五次缔约方会议和《京都议定书》第五次缔约方会议上最终完成谈判,以加强应对气候变化国际合作,促进《联合国气候变化框架公约》及《京都议定书》的有效履行(苏伟 2008)。

"巴厘路线图"确认了双轨谈判进程。由于美国政府在 2001 年借口《京都议定书》由于没有将中国和印度纳入承担减排限排义务行列而对美国不公等理由,拒绝批准《京都议定书》,国际社会基于尽快将美国重新回到未来新协议的谈判进程之中等原因,最终在巴厘岛联合国气候变化大会上,进一步确认了《气候公约》和《京都议定书》作为气候变化国际谈判的主渠道,确认了公约和议定书的"双轨"谈判机制。在公约下启动旨在加强公约实施的谈判进程,讨论减缓、适应、技术和资金问题,并决定于 2009 年完成谈判;在议定书下继续谈判已批准议定书的发达国家在 2012 年后的减排指标,并于 2009 年完成谈判。路线图为今后气候变化谈判指明了方向,并设定了时间表。

"巴厘路线图"重点解决减缓、适应、技术、资金问题。"巴厘路线图"的核心就是进一步加强《气候公约》和《京都议定书》的全面、有效和持续实施,重点解决减缓、适应、技术、资金问题。一是发达国家要大幅度量化减排;二是发达国家切实兑现向发展中国家提供资金和转让技术的承诺,使发展中国家有能力应对气候变化;三是发展中国家要在可持续发展框架下采取减缓气候变化的行动。国际社会应该共同努力,推动气候变化国际谈判取得积极进展。在这一过程中,要坚持"共同但有区别的责任"原则,发达国家要明确作出继续率先减排的承诺;要平衡推进、按时完成双轨谈判,切实体现对减缓、适应、技术、资金四方面的同等重视;要坚持把《联合国气候变化框架公约》及其《京都议定书》作为气候变化国际谈判和合作主渠道、其他倡议和机制作为有益补充的安排。

"巴厘路线图"并没有为发达国家明确量化的减排目标。虽然欧盟、澳大利亚和南非等要求在大会决议中明确规定发达国家在 2020 年前将温室气体排放量比 1990 年减少 25%～40%,广大的发展中国家也支持这一立场,但由于美国强烈反对设定具体的减排目标,同时要求发展中国家承诺减排,日本和加拿大等国支持美国的立场,没能按照欧盟意愿达成一致,将一个明确的全球长期减排目标列入案文,但仍将其列为一个要素纳入下一步谈判中。未来确定深度的减排目标,加快减排进程的趋势仍比较明显。

(2)波兰波兹南会议

2008 年 12 月 1—12 日在波兰波兹南举行了《气候公约》缔约方第十四次大会暨《京都议定书》缔约方会议第四次大会,本次会议也是在全球金融危机日益蔓延背景下首次召开的《联合国气候变化框架公约》缔约方大会,得到了国际社会的高度关注。有关"共同愿景"议题的发言、研讨和磋商是本次会议的重要内容,但从各国提交的提案以及在高级别会议和"公约长期合作行动的共同愿景"非正式部长级圆桌会议上的发言看,本次会议并没有在有关中长期应对气候变化目标方面形成进一步的共识。

欧盟支持设定 2℃温升上限,认为共同愿景不仅包含减排,还应包含可持续发展、清洁能源、能源安全等诸多含义,发达国家 2020 年的排放应该比 1990 年降低 30%,发展中国家 2020 年排放应偏离 BAU 15%～30%;日本认为长期非约束性目标是"共同愿景"的核心,发达国家要率先减排,日本的长期目标是在 2050 年比当前减排 60%～80%;加拿大认为 2050 年全球排放至少要降低 50%,并呼吁全球减排,经济大国要负起相应的责任;澳大利亚认为长期减排目标是共同愿景的核心,发达国家应该率先减排,发展中排放大国应该在相关支持下努力减排,澳大利亚的长期减排目标是 2050 年减排 60%;俄罗斯认为"共同愿景"就是长期量化减排目标,并愿与各方讨论 2050 年减少 50% 的目标;美国认为"共同愿景"应该反映共同的控制温室气体排放的决心,共同为保护气候作贡献,这种努力应该基于各自的国情,"共同愿景"应包含长期目标,美国支持到 2050 年减排 50% 的目标。

印度认为公平是"共同愿景"最关键的原则之一,发达国家由于其历史排放多而对气候变化负有不可推卸的责任,发达国家必须深度减排,使人均排放有实质性降低;南非认为发达国家和发展中国家的减排目标应该相结合,2050 年发达国家应在 1990 年基础上降低 80%～90%,2020 年降低 25%～40%,而发展中国家的目标完全取决于发达国家的政治意愿;小岛国联盟呼吁将温室气体浓度控制在 350 ppm 以下,全球平均升温不超过 1.5℃,2050 年全球在 1990 年水平上减排 85%,发达国家 2020 年和 2050 年分别减排 40% 和 95%,发展中国家的排放趋势应明显偏离趋势照常情景。

中国认为,"巴厘路线图"已对"共同愿景"有了明确的定义,即通过长期合作行动加强《气候公约》全面、有效和持续的实施,"共同愿景"要以《气候公约》第 2 条所规定的最终目标为指导,应涵盖"巴厘路线图"中所确定的减缓、适应、资金和技术四大要素和可持续发展,而且要切实遵循"共同但有区别的责任"原则和公平原则,同时在讨论长期减缓目标的同时要立足当前,脚踏实地。长期减缓目标要认真考虑科学依据、经济技术可行性以及如何确保发展中国家的发展空间,当前的紧迫任务是确定发达国家的中期减排目标,发达国家到 2020 年至少要在 1990 年基础上减排 25%～40%。

表 7.1 给出了国际社会应对气候变化问题制度构建的重要历程。

表 7.1　国际社会应对气候变化问题制度构建重要历程

1988	联合国环境规划署和世界气象组织成立政府间气候变化专业委员会(IPCC)
1990	联合国启动了气候公约谈判的进程;IPCC 发表第一次评估报告
1992	《联合国气候变化框架公约》在纽约通过并在巴西里约热内卢召开的地球峰会上开发供各国签署,1994 年开始生效
1995	在柏林召开了《气候公约》第一次缔约方会议,开始了强化附件一缔约方义务的新一轮谈判;IPCC 发表第二次评估报告
1997	在日本京都召开了《气候公约》第三次缔约方会议,通过了《京都议定书》,为发达国家规定了具有法律约束力的减限排目标
2001	美国总统布什宣布美国拒绝批准《京都议定书》;IPCC 第三次评估报告发表
2002	在印度新德里召开的《气候公约》第八次缔约方会议,通过了《气候变化与可持续发展德里部长级宣言》
2005	《京都议定书》正式生效
2007	在印度尼西亚巴厘岛召开的《气候公约》第十三次暨《京都议定书》第三次缔约方会议,通过了"巴厘路线图",为 2012 年后应对气候变化国家制度安排指明了方向;IPCC 第四次评估报告发表
2008	在波兰波兹南召开了《气候公约》第十三次暨《京都议定书》第三次缔约方会议,关注"共同愿景"问题。

7.3.3　《联合国气候变化框架公约》下的国际合作机制及进展

《气候公约》下的国际合作机制主要包括:技术合作与转让、能力建设和资金机制等,这些都是构成《气候公约》的核心内容,也是促进气候变化国际合作、提高发展中国家缔约方履约能力的重要制度安排。

(1)技术合作与转让

在技术合作与转让问题谈判上,基本上是发达国家和发展中国家两大阵营对垒。发达国家强调私人部门在技术转让努力中是基本的角色,私人部门的参与对于任何技术转让项目都是关键的;应利用而不是远离现有和潜在的技术和资金的商业流;公共拥有的技术不可能成为国际转让的主要来源;要利用现有机构和资源,建立新的特别为技术转让的机制将面临无效的风险。发展中国家认为,公约下技术转让应基于赠款或优惠转让基础上;考虑到保护知识产权的需要,发达国家缔约方可以以商业形式购买专利和许可并以非商业形式转让给发展中国家;发达国家缔约方应为发展中国家缔约方进行技术需求评估提供资金和技术帮助;政府作用尤其是发达国家政府是关键的,政府应消除对转让先进技术的限制,并为私人部门参与环境无害技术的转让提供鼓励措施;现存的机制对于 4.5 条款的实施不合适,要赶紧建立新的机制。随着谈判的推进,发达国家后又提出将《京都议定书》下的清洁发展机制(CDM)作为技术转让的机制,发展中国家则坚决拒绝将 CDM 作为实施 4.5 条款的主要工具的提议。

根据 1995 年《气候公约》第一次缔约方大会的决定,技术转让问题将作为一个单独议题,在以后的每次缔约方大会上进行审议。因此,到目前为止的历次缔约方大会都就技术开发和转让问题形成了具有法律约束力的大会决定。从第一次缔约方大会第 13 号决定要求公约秘书处准备递交进展报告、从各个国家机构收集信息,作出一个环境无害化技术和专有技术的清单以及对它们的评价,并要求附件二国家在各自的国家通报中描述它们在技术转让方面所采取的措施;到第七次缔约方大会第 4 号决定通过了促进公约 4.5 条款实施行动的框架,决定建立政府间科学和技术专家有关技术转让的咨询小组,在附属科技咨询机构(SBSTA)下帮助消除技术转让、信息需求的障碍并增强公约 4.5 条款的实施;再到第十四次缔约方大会的有关决定,继续关注有关技术转让的资金机制和技术转让效果评估等方面,不难发现本议题谈判并没有取得实质性进展。

总体而言,发达国家在履行《气候公约》4.5 条款以优惠条件向发展中国家转让技术的问题上立场依然消极,说得多、做得少,尽量回避自己的法律责任。其基本出发点还是由发展中国家自己承担相应的技术代价,同时保持这些国家在清洁技术方面的优势,并企图通过市场机制向发展中国家出售商业化技术,获取高额利润。

(2)能力建设

《气候公约》下的能力建设指由发达国家提供资金和技术,以提高发展中国家适应气候变化和参与国际气候保护合作的能力。发展中国家的能力建设作为气候变化国际谈判的一个单独议题,在公约第五次缔约方大会上通过了第一个单独决定,即第五次缔约方大会第 10 号决定。本决定认识到发展中国家实施公约的主要制约因素是缺少财政资源和合适的机构,缺少技术和技术窍门,缺少常规的信息交流机会;强调了发展中国家的能力建设必须由国家驱动,反映国家意志和优先领域,主要由发展中国家自主进行,或按需要与发达国家合作进行。第 10 号决定强调发展中国家的能力建设将是个不间断的过程,旨在增强或建立有关组织、机构、人力资源,从而为实施公约提供各方面的专业知识和专业人才。

第七次缔约方大会第 2 号决定,反应了谈判各方就能力建设问题所达成的基本共识。决定的核心内容是通过了发展中国家能力建设的框架,主要内容包括:一是能力建设的目的。帮助发展中国家更好地履行《气候公约》和参与《京都议定书》的进程,并促进其可持续发展,这也是《气候公约》资金机制及其他开展能力建设活动的双边、多边机构所应遵循的指导方针。二是指导原则和途径。能力建设活动应遵循现已达成的各项决议,尽可能和《气候公约》及其他国际环境协议相一致,并应在缔约方现已开展的与履约与参与《京都议定书》进程的工作基础上进行。应充分考虑各国的实际情况及其特定的需求,特别是最不发达国家和小岛国的实际需要。因此,能力建设活动依赖于发展中国家缔约方的现有机制是十分重要的。三是目标和范围。目标是提供发展中国家实施《气候公约》以及《京都议定书》的能力,范围是在第五次缔约方大会确定的九大能力建设领域的基础上,本次决定对发展中国家能力建设的范围进一步细化。四是实施问题。发展中国家缔约方应继续评估其能力建设需求及重点,促使国内各利益方的共同参与,建立国家协调机制、对口单位及协调单位,以协调和促进国内实施本框架的各项工作。此外,应加强南南合作,促进信息共享。发达国家缔约方应向发展中国家提供额外的资金和技术资源以帮助他们进行能力建设需求评估及开展与本框架相关的活动。发达国家缔约方应在各种水平上对发展中国家提出的能力建设需求作出反应,尤其应关注最不发达国家和小岛国的特殊需求。

总体上看,从《气候公约》第五次缔约方大会开始,发展中国家能力建设问题作为公约谈判中的一个单独议题,其决定内容并无实质性变化。COP 7 通过了此问题的框架性文件,其最大的意义就在于,明确了能力建设在发展中国家履行《气候公约》中的重要地位,确定了发展中国家能力建设的主要领域,以及如何增强能力建设的具体步骤和机制。而最近几次会议提出的要在发展中国家的一些重点领域进行能力建设的决定,提出所谓制定促进能力建设的 3~5 年规划等,回顾谈判过程,发达国家还是坚持将能力建设等发展中国家关注的议题谈话边缘化和抽象化的战略,不愿更加深入和务实地讨论能力建设议题,并企图结束此议题的谈判。

(3)资金机制

资金机制历来是《气候公约》缔约方大会关注的热点问题之一。《气候公约》规定,发达国家应提供资金帮助发展中国家履行《气候公约》。为推动这一行动,《气候公约》建立了资金机制,向发展中国家缔约方提供资金支持。《气候公约》各缔约方决定将资金机制的运作事宜委派给全球环境基金,并每四年评审一次 GEF 的工作,GEF 则在每年的缔约方大会上向大会报告具体工作情况(徐华清等 2008)。

关于资金机制第三次评审,主要是对 GEF 气候变化领域工作情况的回顾,谈判的关注重点是建立适应基金,在整体谈判中的地位相对较低,进展也比较缓慢。关于资金机制第四次评审和为 GEF 提供指导意见的谈判是附属履约机构 27 次会议(SBI 27)“《气候公约》资金机制”项下的两个子议题,谈判的核心是探讨在现在和未来气候变化国际合作框架下,《气候公约》资金机制将如何更好地发挥作用。

在《气候公约》第十四次缔约方大会上,资金问题作为核心议题之一受到各方关注,发达国家和发展中国家两大阵营继续在坚持各自立场的基础上展开交锋。特别是附属履约机构下的接触小组就公约资金机制第四次评审进行的讨论,这是资金议题下的重中之重,其结论将以 COP 大会决议的形式直接为今后公约下的资金机制提供指导。以 77 国集团加中国为代表的发展中国家一方和美、日、欧盟为代表的发达国家一方均坚持各自立场,并试图在决议文本草案中更多地明确对方的责任和义务,使得谈判进展十分缓慢。

总体来看,美国、日本等发达国家仍试图通过市场机制、私人部门以及联合融资等概念,撬动发展中国家增加投入,淡化其应承担的资金义务。发展中国家则在整体上继续保持对发达国家压力,同时突出了不同类型国家在资金问题上的诉求,包括小岛国和最不发达国家对适应基金及最不发达国家基金的关切,以及新兴市场国家对技术转让的关切。

7.3.4　《京都议定书》下的国际合作机制及进展

《京都议定书》下的国际合作机制主要为联合履行、清洁发展机制和排放贸易。三机制议题一方面涉及发达国家履行其在议定书下承诺的成本,另一方面也涉及发展中国家通过这种合作机制获取的经济利益和技术转让。因此,从 1997 年议定书达成之后直到《气候公约》第七次缔约方会议(以下简称 COP)结束,围绕三机制议题的谈判一直是历次附属机构会议和 COP 的核心议题之一,无论发达国家或发展中国家都对该议题高度关注。

从本议题谈判进程看,争论焦点集中在以下几个方面:附件一国家参加 CDM 的资格问题;第一承诺期中的 CDM 汇项目;CDM 执行理事会和“作为《气候公约》缔约方会议的《京都议定书》缔约方会议”(以下简称 COP/MOP)的职能的划分;CDM 项目资金的额外性;关于 CDM 项目的批准问题;CER 的签发日期问题;执行理事会的组成及选举;关于第 6 条下的监督委员会组成;与议定书第 7 条第 4 款相关的问题;承诺期储存水平;补充性问题;项目公平性、CDM 项目“基准线”、征收“适应性基金”、“可互换性”、AIJ 项目转为 CDM 项目、CDM 项目“导向性清单”、核能 CDM 项目、收益提成、JI 项目减排量的核实、ET 的实施方式、ET 的“责任”等。

《京都议定书》三机制谈判的成果体现在《气候公约》COP 7 上达成的《马拉喀什协定》中,共包括 5 项决定:第 15 号决定“《京都议定书》第六条、第十二条和第十七条规定的机制的原则、性质和范围”,第 16 号决定“执行《京都议定书》第六条的指南”,第 17 号决定“《京都议定书》第十二条确定的 CDM 的方式和程序”,第 18 号决定“《京都议定书》第十七条规定的 ET 的方式、规则和指南”,第 19 号决定“《京都议定书》第七条第四款规定的分配数量核算方式”。此后,为了促进小型 CDM 项目的开发,各方为小型 CDM 项目活动设立简化的规则和程序,并在 COP 8 上就相关规则达成一致。因为林业类 CDM 项目的特殊性,国际社会决定为造林和再造林 CDM 项目设立专门的规则,并分别在 COP 9 和 COP 10 为造林和再造林以及小规模造林和再造林 CDM 项目确定了基本国际规则。在 2005 年底召开的议定书第一次缔约方大会上,COP/MOP 对 EB 的报告进行了审查,并针对自 2001 年 CDM 启动以来运行中出现的问题提出了相应的指导意见。

在波兰波兹南的气候大会上,我国政府代表团针对 CDM 执行理事会(EB)的工作及 CDM 机制运行所存在的问题作了发言,提出了 CDM 机制改革及 CDM 执行理事会工作改革八项建议。一是要求 EB 对指定经营实体(DOE)的委任程序进行改革,加快 DOE 的委任进程。可以考虑重点审查和评估 DOE 申请机构是否满足 DOE 的基本条件要求,同时加强对 DOE 的监管。二是 EB 应更多倾听项目业主的意见和建议。项目业主是促进 CDM 发展的最重要机构,其意见和建议对于 CDM 发展具有重要作用,但目前项目业主没有任何渠道可以直接向 EB 反映其诉求。为此,建议 EB 建立专门的直接项目业主诉求的渠道。三是建议重新定位 EB 秘书处的秘书职责。目前,秘书处承担了大量的 CDM 项目注册申请和减排量签发申请环节中的技术分析和评估职责,从这项工作的性质看,聘用秘书处以外的独立专家协助进行技术审查和评估将更加客观和公正,同时也可大量减少秘书处的工作负荷,从而加快项目注册和减排量签发的进程。四是 EB 应认真总结其在项目注册和减排量签发申请中的审查经验,并公开其在关键问题上的决策准则,供利益相关者参考。五是 EB 应根据其项目审查等方面的经验,向缔约方会议提出对现有 CDM 程序的改革建议,以解决目前 CDM 项目开发中存在的系统效率低下问题。六是 EB 应对大量经批准的方法学未得到应用的原因进行分析,提出解决方案,并据此改进新方法学的审批和已经批准方法学的修改程序等。七是 EB 应根据工作实践分析根据《马拉喀什协定》确定的 DOE 及项目业主答复 EB 审查问题的时间是否充分,是否需要做必要的修改。八是 EB 在考虑 CDM 项目的决策时,要充分尊重项目东道国的有关政策和法律,EB 不应该自行解释和判断东道国国家政府所颁布的获得广泛应用的项目可行性基准值。

7.3.5　气候公约进程外的国际合作与对话

尽管绝大多数国家支持 2012 年后的谈判必须以《气候公约》和《京都议定书》为基础,发挥联合国的主导作用,但由于在公约和议定书下的谈判参与方众多,众口难调,因而一些国家和组织也试图在公约和议定书框架之外寻求新的解决途径。近年来在公约框架之外,以气候变化为主要议题的磋商和对话异常活跃,双边和多边国际合作机制也不断涌现。磋商平台和合作机制的多元化,一方面有可能作为公约和议定书下谈判的补充,对谈判起到推动作用;另一方面,也可能为某些大国用于牟取自身的政治利益,与公约和议定书下的谈判产生不协调,分散国际社会的注意力(EU 1997,1998,2007,2008a,2008b,IEA 2007)。

(1)主要经济体能源安全与气候变化会议

2007 年由美国总统布什提出邀请其他 15 个主要温室气体排放大国从 2007 年 9 月起举办一系列会议,力争在 2008 年底前达成减排温室气体长期目标的协议。参加主要经济体会议的国家包括美国、日本、法国、德国、英国、意大利、中国、加拿大、俄罗斯、印度、巴西、澳大利亚、韩国、南非、印度尼西亚、墨西哥以及联合国、欧盟轮值国和欧盟委员会的代表。从 2007 年 9 月起,美国先后主持召开四次主要经济体能源安全与气候变化会议,但均未达成任何实质性协议。

美国布什政府在退出《京都议定书》之后,在联合国气候变化谈判之外分别发起了"氢能经济国际伙伴计划"、"碳收集领导人论坛"、"甲烷市场化伙伴计划"、"第四代国际论坛"以及"可再生能源与能源效益伙伴计划"等。从实际情况来看,这些公约框架之外的论坛,并没有任何实质的效果。归根结底,美国是想通过主要经济体会议把中国和印度等主要发展中国家纳入全球减排行动中,即便美国不作出令人满意的承诺,也要把自己与发展中大国捆绑在一起,试图锁定一贯的自愿行动的主张。

(2)八国集团首脑会议

一年一度的 G8 峰会作为世界最发达国家的"大国俱乐部",在世界事务中发挥着重要影响力,而这些发达的工业化国家也正是温室气体的排放大国。因此,利用这一政治对话平台讨论气候变化问题不仅顺理成章,也显示出气候政治已经成为当今大国政治博弈中的重要一环。

2005 年在英国鹰谷召开的 G8 峰会,首次将气候变化列为两大议题之一,以 G8＋5 的形式加强工业化国家与主要发展中国家的对话,并达成了"气候变化、清洁能源与可持续发展的行动计划"。从此,气候变化成为 G8 峰会的常设议题。

欧盟作为世界"环保先锋",为促进温室气体减排采取了大量政策措施,并一直积极致力于推动国际气候进程。2007 年的八国集团首脑会议,通过多方努力,最终达成内部妥协。八国领导人在会议声明中表示,鉴于联合国有关报告为温室气体排放造成气候变化提供了科学依据,必须"大幅度"减少全球温室气体排放量。

美国虽然在德国的压力下模糊表态,同意"认真考虑"欧盟等提出的减排目标,但布什总统同时提出气候变化新战略。美国仍坚持具体的减排比例应由各国自行掌握。可以预见,八国集团峰会不可能对全球温室气体减排的中期目标达成共识。

(3)APEC 会议

2007 年在澳大利亚召开的亚太经济与合作组织(APEC)第十五次领导人非正式会议首次将气候问题与经济问题(多哈回合谈判)并列为会议主要议题,并发表了独立的气候宣言,即《亚太经合组织领导人关于气候变化、能源安全和清洁发展的宣言》(简称《悉尼宣言》)。

由于 APEC 在世界政治、经济舞台上举足轻重的地位,《悉尼宣言》的出台将对2012 年后国际气候制度的建构产生一定的影响,故被视为国际气候变化公约框架外的一个官方机制。

(4)亚太清洁发展与气候伙伴关系

《亚太清洁发展和气候伙伴关系》(Asia-Pacific Partnership on Clean Development and Climate,APP)是一个国际性非条约化协议关系,于 2005 年在美国倡导下成立,成员包括美国、日本、澳大利亚、中国、印度和韩国。APP 六个成员国的温室气体排放、能源消耗、经济总量和人口约占世界总量的一半。APP 的目的是"规划出一个新型的公—私工作组(taskforce),专门处理气候变化、能源安全和空气污染问题"。2007 年在新德里举行的 APP 第二次部长级会议上,加拿大加入伙伴计划。

与《京都议定书》不同,APP 允许成员国各自设定减排目标,没有强制履行机制。应该看到,"新伙伴计划"实际上是个技术协定,没有硬性规定每个国家的温室气体排放削减义务才能顺利地建立起来。从当前的形势来看,《亚太清洁发展与气候伙伴计划》是对《京都议定书》的补充,尤其是以部门合作为切入点,为全球气候变化领域的合作开辟了一条新的途径,也为目前正在探讨的部门承诺方案积累实际经验。

(5)联合国会议

潘基文担任联合国秘书长以来,将气候变化作为其最优先考虑的问题之一。针对《气候公约》和《京都议定书》下后京都谈判的僵局以及联合国框架外多边机制的活跃,他的主导思想是必须全面强化联合国在气候变化问题上的主导作用。他认为后京都谈判不仅依赖于现存的动力,还要努力凝聚和激活各方的政治意愿,而联合国大会作为全球最高级别的讲台,正是完成这一使命的最佳舞台。为此,潘基文不断敦促所有国家在 2009 年能达成一个全面的新协议,以便让各国政府有时间批准这个新协议,使其能在 2013 年生效。他还专门任命了三位气候变化特使,负责协助他同各国政府进行协商,就如何促进联合国内部的多边气候变化谈判以及召开联合国高级别会议等问题征询各国政府的意见。

在潘基文的强力推动下,2007 年 7 月,联合国大会就气候变化问题举行非正式专题辩论,主题是"气候变化是一项全球性挑战",这是联大历史上首次就此问题进行辩论。2007 年 9 月,第 62 届联合国大会在纽约召开,气候变化不仅是各国领导人先期举行高级别会议的主题,而且作为一般性辩论的主题贯穿于整个会议。联合国秘书长潘基文发表了题为"构建更强有力的联合国,建设更美好的世界"的讲话。应该说,联合国在推动国际气候进程中所发挥的独特作用不可动摇,还应该不断加强。

(6)双边合作

在认真履行《气候公约》的同时,中国积极加强同世界各国的交流与合作,为保护全球气候作出更大的贡献。截至目前,中国已与 97 个国家签订了 103 项科技合作协议,其中气候变化是双边合作的优先和重点领域。在双边领域,中国同欧盟、英国和澳大利亚分别发表了《中欧气候变化联合声明》、《中英气候变化联合声明》和《中澳气候变化联合声明》,并设立了中欧、中英和中澳气候变化工作组;中国与加拿大签署了《中加气候变化谅解备忘录》,设立了中加气候变化工作组;中国与日本发表了《中日气候变化联合声明》,建立了中日气候变化双边磋商机制;中国与法国签署了气候变化联合声明,但尚未建立双边磋商机制;中国与印度、巴西分别建立了双边磋商机制,未签署正式文件;中国、印度、巴西和南非四国还维持着非正式磋商机制。近年来,中美之间主要通过经济大国气候变化会议、亚太清洁发展与气候伙伴计划、甲烷市场化伙伴计划、碳收集领导人论坛等美方主导的多边倡议展开交流与对话,政府间双边对话机制从 2005 年起已经中断。

(7)公约框架外的非官方机制

《联合国气候变化框架公约》缔约方会议的谈判主体是各缔约方政府,但企业(联盟)、非政府组织和国际组织都可以以观察员身份参加公约大会。这些非国家政府的主体在国际气候治理的进程中也发挥着重要的作用,影响着谈判进程。此外,由于美国是唯一未批准《京都议定书》的发达国家,其地方政府和国家立法机构(如国会)的一些应对气候变化的倡议与行动,通过直接或间接方式影响政府政策,进而影响国际气候进程。

思考题

1. 气候变化问题的实质是什么? 如何认识?
2. 国际应对气候变化的主渠道是什么? 气候公约中最重要的原则是什么?
3. 简述《京都议定书》的主要内容。
4. 谈谈我国在国际应对气候变化制度中的作用。
5. 在新形势下如何认识"共同但有区别的责任"以及各自的能力问题?
6. 简述全球减排的长期目标在气候变化国际制度谈判进程中的地位及作用。
7. 如何确定《京都议定书》下发达国家整体减排目标及各自指标分配?
8. 我国应对气候变化的法规及体制机制应包括那些方面?
9. 我国为什么急需加强地方应对气候变化的机构和能力建设?
10. 如何促进我国低碳经济发展和低碳社会建设?

参考文献

国家发展和改革委员会能源研究所课题组. 2008. 应对气候变化中国的挑战和机遇.

何建坤. 2008. 关于中国妥善应对全球长期减排目标的思考. 绿叶,(8).

全球气候变化对策协调小组,中国 21 世纪议程管理中心. 2004. 全球气候变化. 北京:商务印书馆.

苏伟. 2008. 中国政府如何应对气候变化. 绿叶,(8):34-41.

徐华清,崔成,杨宏伟,李俊峰. 2008. 气候变化问题的实质与我国的应对策略.//2007 中国能源问题研究. 北京:中国环境科学出版社.

徐华清,郭元,杨宏伟,姜克隽. 2008. 斯特恩评估:气候变化的经济内涵的初步分析.//2007 中国能源问题研究. 北京:中国环境科学出版社.

庄贵阳. 2002. 从气候公约看国际环境制度的形成与发展. 中国社会科学院.

EU(European Union). 1997. Community Strategy on Climate Change-Council Conclusions，CFSP
　　Presidency statement：Brussels(3/3/1997)-Press：60 Nr：6309/97.

EU. 1998. Community Strategy on Climate Change-Council Conclusions，Press Release：Luxem-
　　bourg(16/6/1998)-Press：205 Nr：09402/98.

EU. 2007. Limiting Global Climate Change to 2 degrees Celsius：The way ahead for 2020 and be-
　　yond. EU. 2008a. Energy and climate change-elements of the final compromise(17215/08).

EU. 2008b. EU action against climate change-leading global action to 2020 and beyond.

IEA. 2007. CO_2 Emissions from Fuel Combustion Highlights 1971—2005.

第 8 章　气候变化与可持续发展

8.1　社会经济可持续发展的概念与实践

可持续发展(Sustainable Development)是 20 世纪 80 年代提出的一个新概念。1987 年世界环境与发展委员会在《我们共同的未来》报告中第一次阐述了可持续发展的概念,得到了国际社会的广泛共识。

20 世纪下半叶,在国家、区域或世界范围内召开了众多有关环境与发展的会议,相关的双边、多边条约或国际公约陆续产生。其中最具有里程碑意义的就是 1992 年在巴西里约热内卢召开的环境与发展大会,会议通过了《里约宣言》和《21 世纪议程》等重要文件,确定了相关环境责任原则,可持续发展的观念逐渐形成。

但是由于国际环境发展领域中的矛盾错综复杂,利益相互交错,以全球可持续发展为目标的《21 世纪议程》等重要文件的执行情况并不理想,全球的环境危机没有得到扭转。基于这一现实,2002 年在南非约翰内斯堡召开了第一届可持续发展世界首脑会议(World Summit on Sustainable Development,WSSD),也被称为继 1992 年巴西里约热内卢会议之后的第二次地球峰会,以全面审查和评价《21 世纪议程》的执行情况。此次会议提出了全球可持续发展的 5 个关键领域,见图 8.1。

气候变化问题,可以说是当前全球可持续发展问题的缩影。一方面,气候变化本身是全球环境问题的一个方面,与能源开发和利用紧密相关;同时气候变化和适应对发展中国家、全球水资源分配和国际贸易带来深刻影响。因此,可以说气候变化是在社会、经济和技术发展条件下所引发的全球可持续发展问题的典型体现。关注代内及代际的公平和发展问题,也是在可持续发展框架下应对气候变化问题的根本出发点。

图 8.1　可持续发展的主要关注点

（引自新华网资料. http://news. xinhuanet. com/ziliao/2002－08/21/content_533048. htm）

8.1.1　可持续发展概念：发展观的发展

　　为了了解自 1972 年以来全球环境保护问题的情况并为 1992 年联合国环境与发展大会做舆论政策方面的准备，以挪威首相布伦特兰夫人为主席的联合国环境与发展组织委员会组织 21 个国家的专家到世界各地考察，前后历经 900 天，于 1987 年 4 月发表题为《我们共同的未来》的报告（中文译本于 1989 年出版），指出世界上存在着急剧改变地球和威胁地球上许多物种包括人类的生命的环境趋势。报告中指出，每年有 600 万公顷具有生产力的旱地变为无用的沙漠，有 1100 多万公顷的森林遭到破坏，还列举了自该委员会成立至报告发表的 900 天里，世界上发生的令人震惊的环境事件。《我们共同的未来》系统地阐述了人类面临的一系列重大经济、社会和环境问题，提出了可持续发展的概念：既满足当代人的需要又不对后代人满足其需要的能力构成危害的发展。这一概念在最概括的意义上得到了广泛的接受和认可，并在 1992 年联合国环境与发展大会上得到共识，对全球可持续发展观念的形成和发展带来了划时代的意义。

　　（1）发展的单一轨道——发展途径的多样性

　　传统的关于发展的观点是线性的，它假设只有一条单一的轨道供所有的国家循其发展。在这一轨道上落后的国家所面临的挑战就是要赶上其他国家。实现追赶最便利的发展方法就是效仿那些走在前面的国家,资金和技术的转化是手段之一。在这一观点下,传统的发展观鼓励发展中国家摒弃他们的传统。

新的发展规则注重多样性,即有可能存在许多并行的发展轨道。在很多层次上,为实现同一个长期发展目标,不同的国家很可能会找到不同的实现路线。这就促使对创新能力而非效仿能力加以鼓励。在此观点下,传统不是一种依靠而是一种财富。同样,新的发展观将人的能动作用放在中心位置,重视人类自身的开发、教育以及建立使协同工作更加有效的体制。相对应的,发展所依赖的资本在很大程度上是社会资本而非物质资本。

1992 年至今,以联合国环境与发展大会为标志,人类对环境与发展的认识进入一个新阶段:环境与发展密不可分——从根本上解决环境问题,必须要转变发展模式和消费模式。转变发展模式,由资源型发展模式逐步转变成为技术型发展模式,即依靠科技进步,节约资源与能源,减少废物排放,实施清洁生产和文明消费,建立经济、社会、资源与环境协调的可持续发展的新模式。这是人类探索了几个世纪终于领悟到的新的发展观——可持续发展观,而这同样也是《21 世纪议程》的核心思想。

（2）可持续发展的内涵

发展的总目标是使全体人民在经济、社会和公民权利的需要与欲望方面得到持续提高。经济增长所强调的主要是物质生产方面的问题,而发展则是从更大的视野角度研究人类的社会、经济、科技、环境的变迁与进步。发展所要求的是"康乐,是人的潜力的充分发挥",其含义不仅在于"物质财富所带来的幸福,更在于给人提供选择的自由",即人的个性和创造性的公平、全面发展的自由。

而从伦理的观点上来看,可持续发展具有以下内涵:

①可持续发展的公平性内涵

"人类需求和欲望的满足是发展的主要目标"。然而,在人类需求方面存在着很多不公平因素。可持续发展的公平性含义是:一是本代人的公平。可持续发展要满足全体人民的基本需求和给全体人民机会以满足他们要求较好生活的愿望,要给世界以公平的分配和公平的发展权,要把消除贫困作为可持续发展进程特别优先的问题来考虑。二是世际间的公平。这一代不要为自己的发展与需求而损害人类世世代代满足需求的条件——自然资源与环境,要给世世代代以公平利用自然资源的权利。三是公平分配有限资源。目前的现实是,占全球人口 26% 的发达国家,消耗了全球80% 的能源、钢铁和纸张等。

②可持续发展的持续性内涵

布伦特兰夫人在论述可持续发展"需求"内涵的同时,还论述了可持续发展的"限制"因素。"可持续发展不应损害支持地球生命的自然系统:大气、水、土壤、生物……"持续性原则的核心是人类的经济和社会发展不能超越资源与环境的承载能力。

③可持续发展的共同性内涵

可持续发展作为全球发展的总目标，所体现的公平性和持续性原则是共同的。并且，实现这一总目标，必须采取全球共同的联合行动。布伦特兰夫人在《我们共同的未来》的前言中写道："今天我们最紧迫的任务也许是要说服各国认识到回到多边主义的必要性"，"进一步发展共同的认识和共同的责任感，这是这个分裂的世界十分需要的"。

专栏 8.1　增长与发展的区别

一般泛指经济发展和经济增长。经济学有时把"发展"和"增长"作为同义词使用。现代发展理论认为，发展是社会、经济、政治三者相互联系的进步过程。挪威首相布伦特兰夫人对发展的定义是："发展就是经济和社会循序前进的变革。"从狭义理解，"发展"与"增长"又是同义词。"增长"主要指国民收入和国民生产总值的提高，是以产出的量的增加作为目标和衡量尺度的。发展比之增长具有更广泛的含义，既包括增长所强调的产出的扩大和增加，同时也包括生产和分配的结构与机制的变革、社会和政治的变迁、人与自然的联系、生活质量和生活水平的持续提高以及发展的自由选择和机会公平，等等。发展强调的是经济、社会、政治的"质"的变迁或进化。增长要求回答"有多少"，发展则既要回答"有多少"，还要回答"有多好"。发展与增长存在逻辑上的联系与统一。没有"质"的"进化"的增长是不可持续的，同样，没有量的增长的发展也是不可持续的。对发展说，增长是最基本的，但是过分重视增长或过分强调发展都会导致发展的不平衡，到一定时候就会妨碍未来进步。

《1995 年人类发展报告》提出，可通过以下四种方式建立增长与发展之间的理想联系：①重视对教育、健康和技术的投资，为人们提供就业机会，参与增长并享受增长的利益；②更平等的收入和财产的分配是建立增长与发展之间密切联系的关键因素；③依靠政府机构合理的社会开支，即使是在没有好的增长和好的收入分配的情况下，政府的这种支持亦能明显促进发展；④充分赋予人民权利，尤其是改善妇女的不平等权利，是把增长与发展联系起来的可靠途径。

（3）从政治、经济和技术角度进一步认识可持续发展

可持续发展思想的提出和发展有着一定的空间和时间跨度：从空间上，它涉及全球每一个国家的根本政治和经济利益；而时间上，它又将当代人与后代人的利益分配联系在了一起，社会经济的发展促使了科技的进步，科技进步在发展的转型中又起到了巨大的推动作用，为我们的未来提供了诸多的可能。

①国际政治格局多极化发展

当今世界的格局,无论是政治体系还是经济体系的发展,都呈现出多极化的趋势。国家不能简单地分作发达和发展或是富裕与贫困,各国都在思考在独特的环境与资源依托下自身所适合的发展道路。各国在争取相应的利益的同时,也会在一定的阶段内形成具有一致主张的国际集团,在各种国际事务交往和谈判中发挥着自身的作用。多极化的格局必然使得国家之间的关系是合作与竞争并存,包括全球范围内有效的分配和使用如气候这样的公共资源。

②资源环境问题向政治、经济领域渗透

从最初对人类经济发展和基本健康、生存的威胁,到如今上升至全球关注的维度,资源环境问题已经在政治、经济、文化等领域产生了深远的影响。当今全球的主题是和平与发展,但是局部性和暂时性的争端,特别是由于资源环境(如石油等燃料)所引起的纷争仍在持续。各国之间的政治、经济交往中不变的是自身发展与利益的争取,资源环境作为发展的前提和有效条件,必须在相应的权责明确的情况下才有利于各国自身和全球整体的良好发展。同时,在资源环境领域中取得相关技术和标准制度等的领先,也有助于一国或集团在国际交往中获得更高的国际认同以及国际政治和经济地位的提升。

③全球范围内的环境危机与贫困危机

纵观历史,在早期的渔猎文明和农业文明时,人口与环境的矛盾并不突出,几大系统在整体上都处于有序的运转状态。而从工业文明、尤其是其后期开始,社会、经济与环境的矛盾开始凸显,相互之间的副作用产生了各种问题。这之中最具有国际普遍性的是资源环境系统中的环境危机和社会、经济系统中的贫困危机。

目前,全球气候变暖、水资源状况恶化、土壤资源退化、全球森林危机、生物多样性减少、毒害物质污染与越境转移等问题逐渐形成了全球性的环境危机,具有空间跨度广、时间持续长、影响结果重大的特点。它们的解决不是单独一个国家或地区能够独立完成的,而必须依靠全球整体的协商与合作来实现。

2005 年世界银行将每天 1 美元的贫困线标准上调至每天 1.25 美元,按照这一标准,预计到 2015 年全球仍将有 10 亿贫困人口。"一个要同时解决发展中国家的贫困、发展和环境问题而行之有效的战略,首先必须不是把焦点放在资源或生产上,而是放在人上。"联合国提出的解决贫困问题的战略意味着,促进可持续的生计需要把扶贫计划和合理使用资源结合起来。战略规划的目标包括:为当前和未来创造就业机会;发展基础设施,开发市场、技术和信贷制度,为贫困家庭提供更广泛的选择机会;提高各种资源的生产率,并保证它们广泛地予以分配;改善已经退化的资源,施行有关的政策,防止滥用资源;最后,为公众特别是为贫困家庭提供公众参与的途径,以保证可持续的发展。

社会、经济系统与资源环境系统在各自的发展中相互影响，也都存在着对发展产生负影响的因素。在全球层面上，可持续发展概念正是在环境问题频发的背景下诞生，它的提出从宏观上解决发展与环境的矛盾、操作上关注贫困与子孙的生存，既是对于现实的反思，也是对于未来的建设。

（4）现代科技发展带来的挑战与机会

科技的进步源于社会经济发展的需求，而其向生产力的转化又极大促进了人类的发展与进步。可持续发展作为全球共同目标的前提，科技可以看作实现这一目标的手段与途径。它一方面为有效利用资源环境提出合理的规划建议，另一方面为人类的生存提供更加安全和有效的保障。

现代科技进步，在宏观上为可持续发展提供了可参考和利用的途径及手段；微观上，在基础的社会生产层面提供生产工具和生产模式，从而为需求端的消费提供更加高质量和多样化的产品。从可持续发展的角度看，如何有效组织生产、利用有限的资源环境从而产生最大的共同效益，是现代科技发展所应关注和解决的问题。

8.2　社会经济可持续发展的路径选择对应对气候变化的影响

8.2.1　社会经济可持续发展目标与发展阶段

不同区域和国家在很多方面存在差异。把气候变化政策纳入到可持续发展战略中，需要正确识别不同区域、不同发展阶段下，特定国家或地区所具备的条件，从而进行战略的优先性选择。

专栏 8.2　国家温室气体减缓能力

政府间气候变化专门委员会(IPCC)采用减缓能力来识别一个国家或地区应对全球气候变化的相应特征。一个国家的温室气体减缓能力取决于可以被称为应对能力的资源库，包括减缓能力在内的国家应对能力随着减缓成本支付能力的变化而变化。

Winkler (2007)用两个经济指标——平均减排成本和人均 GDP(代表支付能力)——分析了不同国家的减缓能力。支付能力是减缓能力的一个重要指标，因为更多的财富使国家更有能力减排。减排成本是将减排能力转化为实际减排的一大障碍。通过分析这些指标，Winkler 发现减排成本与收入水平并非线性相关：

由于低成本，一些有高减缓能力的国家能将其转化为现实的减排；而其他国家的减缓能力很弱，相对高的平均减排成本使得它们的减缓能力很少能转化为实际的减排。

有趣的是，存在着一些很穷但是有低减排成本的国家，也有一些具有高减缓能

力但是高平均减排成本的国家。由于有更高的支付能力,这类国家仍然可以有更高
的减缓能力。而对于低收入国家来说,即使存在着低成本的减排机会,也很难投资
在减排上,因为由此带来的基本发展需要方面的机会成本很高。

（1）发达经济体

发达经济体是指联合国气候变化框架公约(UNFCCC)附件一中的国家和 OECD 成员
国。在 2000 年,这些国家矿物燃料燃烧带来的二氧化碳排放占总排放的 80% 以上,对温
室气体排放负有主要责任(见表 8.1)。这些国家人口增长率很低,甚至是负增长;收入和
发展处于中高水平;人均的能源消费和温室气体排放高于世界平均水平(IEA 2005)。相
比其他国家,脆弱分数低于 15(见表 8.1),脆弱性很低(Adger 2004)。

一般来说,这些经济体的减缓能力很高,但是减排成本也高。但是,这些国家依
然有巨大的减排能力。例如,在北美和澳大利亚,乘用车燃油经济性劣于欧盟和日
本,甚至低于类似中国的一些发展中国家(An 等 2004)。这些国家大多数工业化程
度很高,对基础设施大规模扩建的需求有限(Pan 2003),这也是发达经济体控制温室
气体排放的有利条件。

表 8.1　在不同发展水平下的排放和人类发展情况

指标	单位	发达/工业化/附件一国家		发展中/非附件一国家	
		OECD	EIT	发展中	最不发达
2000 年气体排放情况		100		100	100
CO_2（来自矿物燃料）	%	81		41	4
CH_4	%	11		16	22
N_2O	%	6		10	12
LUC	%	0		33	62
高 GWP 气体	%	2		0	0
人类发展情况					
人类发展指数（2003）		0.892	0.802	0.649	0.518
出生时的寿命预期	年	77.7	68.1	65	52.2
成人素质	%	100	99.2	76.6	54.2
人均 GDP(PPP)2003	US $/人	25915	7930	4359	1328
人口增长率（2003—2015）	%/年	0.5	−0.2	1.3	2.3
GDP/资本增长率（1990—2003）	%/年	1.8	0.3	2.9	2
人均电力消费（2002）	kWh/人	8615	3328	1155	106
人均 CO_2 排放（2002）	/人	11.2	5.9	2	0.2
脆弱性评估					
脆弱性分值		10~15	14~22	18—>40	

（资料来源：Sathaye 等 2007）

改进能源效率、生产现代化和改变消费模式将对未来温室气体的排放产生巨大影响(Kotov 2002)。在减缓气候变化方面,发达国家在技术和金融能力方面拥有比较大的优势。这些国家首选的减排领域是提高能源效率,发展新能源和可再生能源,建立碳捕获与储存设备,通过对发展中国家转让技术和提供资金促进互利的低碳排放的全球发展路径。

在许多工业化国家,例如日本和欧洲,政府、能源专家和利益相关者们已经在探讨低碳排放的经济系统的含义。但是,针对与气候变化有关的发展路径和工业化国家气候变化减缓的问题,还没有形成基础而广泛的社会讨论。事实上,低排放路径不仅仅适用于能源领域,也包括基础设施建设、土地利用等方面。在北美和欧洲,联合国环境规划署就识别出土地利用的发展和基础设施的扩建是决定未来环境压力的关键变量。同样,利用信息技术的进步,提供多样的生活方式和空间布局选择,也将影响能源利用和温室气体排放。

(2)转型经济体

随着欧盟的扩大,转型经济体作为单独的一个群体不再存在。然而。中东欧和独联体国家在社会经济发展(UNDP 2005)、气候变化减缓和可持续发展方面(IPCC 2001,Adger 2004)仍然具有共同的特点。考虑社会和经济发展,这些国家处于发达国家和发展中国家之间。在发展水平和脆弱性方面,这些国家步入发达国家但是强于发展中国家;在人口增长、工业化水平、能源消费和温室气体排放方面,它们更接近于发达国家;在收入水平、分配制度和管理方面,它们与发展中国家相似。一些转型经济体的人均GDP与中下收入水平国家一样低,能源密度普遍高。

尽管在过去15年里,这些国家0.3%的经济年增长率很低,但是预期其中很多国家未来的增长率会提高,同时也带来温室气体排放的上升趋势。对于这些国家,通过调整经济结构将经济增长和排放增长两者分隔开来,显得尤其重要(Kotov 2002)。

转型经济体的减缓能力高于发展中国家,但是由于金融基础较弱而低于发达国家。他们的减缓能力很有可能在其自身的机构改革中得到加强,比如能源市场的自由化和提高能源效率的政治决策。

(3)发展中经济体

近年来,在区域水平上研究低碳发展路径的案例日益增加。这些研究主要集中在南非、塞内加尔、孟加拉、巴西、中国和印度的能源供给、食品安全和清洁水源获取领域(Sathaye等2007)。这些研究的一个普遍结论是,能够同时解决区域紧迫问题和低碳排放的发展路径是有可能实现的。比如,能源部门,即使没有明确的气候政策,出于能源安全和减少健康风险的考虑,也能有效地降低温室气体排放;加强土地管理,避免森林退化和鼓励人工造林能增加碳储存,同时也能有助于实现食品安全和生态系统保护的目标。

　　尽管发展中经济体有高度的多样性,但是它们的普遍特点是与发达国家相反的,其发展水平、人均能源消费远远低于发达国家和转型经济体,由于土地利用改变和农业排放的温室气体占总排放的大部分(Ravindranath 等 2002,Baumert 2004)。

　　考虑到发展中国家的人均能源消费和排放低,把气候减缓作为重点会造成以财政和人力资本为形式的巨大的机会成本,无法和可持续发展目标一致。考虑到发展水平,联合国开发计划署认为在 2015 年以前所有发展中地区将无法实现它们的千年发展目标(UNDP 2005)。例如,有 2.1 亿人不能获得清洁水,其中南亚占 50%,撒哈拉以南的非洲地区占 40%,东亚和太平洋地区占 7%。事实上,在这些地区,为实现可持续发展目标的非气候政策在应对气候变化上更有效率,比如控制人口、消除贫困、减少污染和加强能源安全(Winkler 2002,PRC 2004)。为了实现跨越千年目标的承诺,发展中国家需要提高机构能力,改进能源和环境政策,以促进可持续的工业发展。

　　前 25 个温室气体排放大国中包括了几个大的发展中经济体,例如中国、印度。在这些发展中国家的快速工业化过程中,它们的温室气体排放增长快于工业化国家和其他发展中国家。也因此,气候变化减缓和可持续发展政策能相互作用。资金和技术方面的帮助能使这些国家去寻求一种低碳的发展路径,但是发展中国家的人均排放将在几十年内仍然低于工业化国家。

　　对于大多数其他发展中国家,由于它们对于气候变化的应对能力更加脆弱,适应气候变化要优先于减缓,但是它们的减缓和适应能力都很低。OPEC 国家是唯一觉得减少矿物燃料需求会导致利益受损的国家,因此提高经济的多元化水平应该在它们的议程中占有更高地位。尽管在选择消除贫困的方案时,减缓气候变化是其中一个考虑,但是最终目标仍然是必须消除贫困。在发展中国家,改善能源的可获得性可能造成温室气体排放的增加(例如当煤油和丙烷比生物可再生能源更适合利用的时候),但是这样的增加在全球温室气体排放中的比例很小。

　　对于大多数小岛国家,可持续发展的关键问题在于针对以下几个优先事项采取全面适应、脆弱性评价和实施框架:海平面上升,海岸带管理,水供应,陆地森林系统管理和食物与能源安全。极端气候事件对一些岛屿来说是十分严重的威胁,比如热带风暴、厄尔尼诺现象和拉尼娜事件。

　　总之,不同区域和国家有不同的背景条件需要去应对。因此,走出一条可持续同时又能减缓气候变化的发展道路的尝试,各国间可能有很大不同。综合考虑这些背景条件以及现有区域和国家的现实后制定的政策才将是最有效的。

8.2.2　社会经济可持续发展路径

　　在具有相似特点的国家,未来可能造成非常不同的排放状况,这依赖于其所采取的发展路径。经济活动是二氧化碳排放的主要推动力,但是经济增长如何产生新排放是模糊的。一方面,当经济扩张时,对能源和能源密集型产品的需求和供给增加,从而增加排放;另一方面,经济增长可能推动技术变革,进而提高效率、促进制度发展和提高人们对于环境保护和排放减缓的偏好。同时,经济增长可能与部门的专业化相关,这样就使得国内排放和GDP之间产生更强或更弱的关系。但是,与技术变革和效率不同,专业化不会影响全球排放水平,它仅仅起到调整国家之间的排放分配的作用。

　　从20世纪90年代开始,对于增长的规模效应和减缓因素之间的平衡,已经有很多研究。大多数文献集中于环境库兹涅茨曲线假设。1991年,美国普林斯顿大学的经济学家Gene Grossman和Alan Kruger对66个国家和地区的14种空气污染物(1979—1990)和水污染物(1977—1988)的变动情况进行研究发现,大多数污染物的变动趋势与人均国民收入的变动趋势间呈倒U形关系。他们于1995年发表了名为《经济增长与环境》(Economic Growth and the Environment)的文章,提出环境库兹涅茨曲线(Environmental Kuznets Curve,EKC)假说,如图8.2所示。

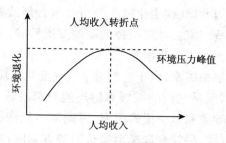

图 8.2　环境库兹涅茨曲线

　　图8.2中,横轴表示以人均收入为代表的经济发展水平,纵轴表示环境退化水平或者称为环境压力。Grossman和Kruger认为经济发展对环境污染水平有着很强的影响,在经济发展过程中,生态环境会随着经济的增长、人均收入的增加而不可避免地持续恶化,只有人均GDP达到一定水平的时候,环境污染才会随着人均GDP的进一步提高而下降。

　　环境库兹涅茨曲线的含义是:沿着一个国家的发展轨迹,尤其是在工业化的起飞阶段,不可避免地会出现一定程度的环境恶化;在人均收入达到一定水平后,经济发展才会有利于环境质量的改善。气候变化作为一种环境问题同样可以用EKC来说明这一发展路径问题,如图8.3所示。

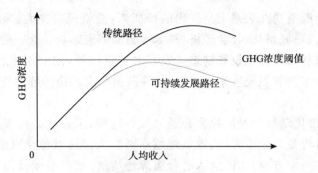

图 8.3　传统路径与可持续发展路径下的温室气体排放曲线

图 8.3 中的温室气体排放阈值可能是总量值或者是浓度值,例如 500 ppm。可持续发展路径下的温室气体排放轨迹,相比于传统路径,不仅实现减排的转折点时间提前,而且转折点所对应的温室气体排放量也更低。全球实现减缓气候变化的目标是将温室气体浓度控制在较为安全的范围内(即控制在温室气体排放阈值内),因此,可持续发展路径下的转折点所对应的温室气体排放也应控制在这一阈值之下。实现传统路径向可持续发展路径的转变,可能的途径包括:

——经济整体结构向低碳方向调整,经济资源向低碳密度的部门流动;

——广泛采用低碳技术,降低经济的碳强度,提高碳生产率;

——提高政策和技术门槛的作用,增加温室气体的减排收益;

——伴随着收入增加而逐步提高社会环境意识;

——人力资本和资金机制对于促进低碳经济的作用。

尽管 EKC 的应用很快从局地污染物扩展到了二氧化碳,但是有观点认为,高收入者对环境更加敏感,但不太关心二氧化碳这种没有局部环境影响和健康影响的污染物。从方法上,关于人均 GDP 和人均二氧化碳排放之间关系的计量文献并没有支持对 EKC 假设的乐观解释:问题将会随着经济增长自己解决。经济活动与二氧化碳排放之间单调上升的关系在计量经济学上不是十分稳健,尤其是在国家水平上和更高的人均 GDP 水平上。数据同样也不支持对文献发现的悲观解释:增长和二氧化碳排放之间有着不可避免的联系。显然,经济增长与二氧化碳排放之间存在着一定程度的灵活性。比如,1997—2001 年,由于关闭小规模、无效率的发电站以及公共部门所有权的转移、能源效率和环境制度的引入,中国二氧化碳排放保持在稳定水平上而 GDP 增长了 30%。但是,由于计量研究不能区分结构排放和因政策导致的排放,使得判断未来政策是否会影响二氧化碳排放缺乏有效的信息(Sathaye 等 2007)。

8.2.3　人口激增、工业化与城市化的气候变化含义

中国作为能源消费增长最快的国家,2006 年初级能源消费量占全球比例已达到

15.6％。中国能源消费在表观上呈现出的特征为：总量规模庞大、速度增长迅猛，其背后有强大的人口、城市化、社会经济、技术等驱动因素影响。这一阶段的特征是：能源资源密集型的基础设施建设和制造业发展大规模扩张，同时伴随居民生活方式升级。按照许多国家的发展经验来看，这一发展阶段都会经历能源消费的快速增长。

（1）城市化

工业化、城市化是每个经济社会必经的发展过程，工业化必然带来城市化，具体表现为农村人口转变为城市人口，城市地域不断扩大。而城市化对能源消费产生的影响主要表现在两个方面：居民生活消费能源量增加，城市基础设施能源需求上升。尽管城市化同样可以带来能源利用的集约化，使得能源利用效率比分散式提高，但是城市化所带来的能源需求增加和农村基础设施建设带来的能源消耗总量增加对能源需求的正向带动效应还将超过能效提高带来的需求减量效应。

城市化过程中，能源需求和能源结构的变化与收入变化密切相关。随着人均收入的增加，居民对能源消费的支付能力不断提高，对能源的需求也在逐渐增大。由于城乡收入差距的客观存在，相对来说，农村居民对能源的需求和支付能力较小。2005年，我国城镇人均生活用能量是农村人均生活用能量的2.2倍。未来，农村人口向城市转移是必然趋势。然而全国城市化水平每提高1％，就意味着至少增加1300万城市人口，由此带来的生活能源消费增加和城市基础设施用能将会显著增加。

除了总量增加外，居民生活用能的结构也在不断变化中，其趋势可以明显从图8.4中看出。

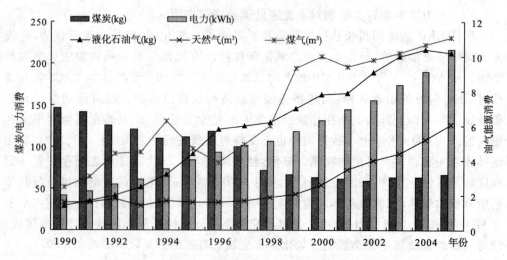

图8.4　1990—2004年居民生活用能结构变化趋势

（数据来源：中国统计年鉴 2006）

从图 8.4 中可以看出,煤炭消耗量持续下降,而其他能源类型的消费都在上升。其中,电力、天然气和液矿物油气的上升趋势稳定且明显。由此可以推断,在未来的城市化发展中,优质能源以及电力的消费是主要的增长类型,对于煤炭的直接消费比重将会大幅降低,使生活能源消费结构提升。

目前我国城市化仍然明显低于世界平均水平和同等工业化国家的水平,未来5~15 年甚至更长时间,是城市化迅速扩张时期。按照 20 世纪 80 年代以来的平均进度,2010 年城市化将达到 47%,2020 年达到 55%;按照 1995 年以来的平均进度,2010 年将超过 50%,2020 年将达到 64%。预计中国将于 21 世纪中叶实现城市化,达到城市化率 75%左右水平(中国市长协会 2003)。届时城市将容纳 11 亿到 12 亿人口,城市对整个国民经济的贡献率将达到 95%以上。城市化是国家摆脱贫困的有效途径,而城市人口的人均资源消费量也远高于农村人口,这将使中国面临城市化高能耗、高排放的风险。同时,中国存在着劳动力从业结构、生产结构、社会生活方式等变迁的巨大潜力和动力。城市化的加速发展,一方面需要大量的工业、第三产业来吸收人口就业转化,同时伴随着生活方式现代化的转变。这些发展转变过程,无疑需要大量的能源消耗。

(2)工业化

中国目前的产业结构仍然以工业为主,工业部门也是主要的能源消费部门。正处于重化工业转型期的中国,以工业为主要带动的经济增长带来了能源需求的持续增长。2005 年,工业能源消费占能源消费总量的 70%,占新增能源消费量的 76%。随着近年来产业结构重型化的趋势,工业部门在能源消费总量中的比重持续增加。从图 8.5 中可以看出,2002 年以来,在轻工业和重工业的能源强度几乎不变的情况下,重工业比例的提升带动了工业能源强度的整体上升。

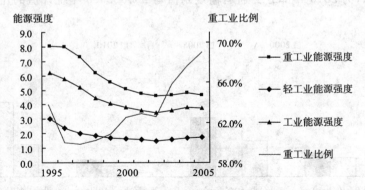

图 8.5 1995—2005 年中国工业能源强度与重工业比例

中国在 1990—2005 年之间,主要类型的工业产品产量都有了较大增长,而且增长趋势在一定时期内还将持续。以 1990—2005 年情况为例,从表 8.2 中可以看出中国的能源消费以及能源密集型产品增长迅速。

表 8.2　中国的能源以及高耗能工业产品产量

年份	原煤 $(10^8\ t)$	原油 $(10^4\ t)$	天然气 $(10^8\ m^3)$	发电量 $(10^8\ kWh)$	水电 $(10^8\ kWh)$	生铁 $(10^4\ t)$	钢 $(10^4\ t)$	成品钢材 $(10^4\ t)$	焦炭 $(10^4\ t)$	水泥 $(10^4\ t)$	平板玻璃 （万重量箱）
1990	11	13831	153	6212	1267	6238	6635	5153	7328	20971	8067
2005	22	18084	500	24747	4010	33040	35239	39691	23282	106400	36574
2005/ 1990*	203％	131％	327％	398％	316％	530％	531％	770％	318％	507％	453％

＊反映 2005 年产品产量是 1990 年产量的比值。

（数据来源：中国统计年鉴 1991—2005）

　　加速发展的城市化进程需要大规模的基础设施和住宅建设,需要大量能源密集型原材料,如钢材、水泥和化工材料等。这些能源密集型产业的持续增长对未来的能源需求和温室气体排放需求具有重要的影响。并且,中国在国际分工中正逐步承担起世界工厂的角色,出口的大量工业产品很多还是低端、低附加值、高能耗的产品,这将是中国未来高能耗的驱动因素之一。

　　(3)基础设施快速扩展

　　进入工业化的快速发展时期,重工业的发展带动了煤炭、原油、铁矿石等大宗能源、原材料等物资的消耗与调配,给国内、国际海陆运输施加了巨大压力。未来几年中,城际客运市场需求潜力巨大,能源、原材料等大宗货物运输需求保持快速增长。根据中国铁路和交通部门的规划,2010 年全国铁路营业里程将超过 9×10^4 km,公路总里程将达到 230×10^4 km,其中高速公路 6.5×10^4 km,相比 2005 年增长 58.5％。图 8.6 所示,为 2010 年部分交通运输规划值与 2000、2005 年统计值的比较。

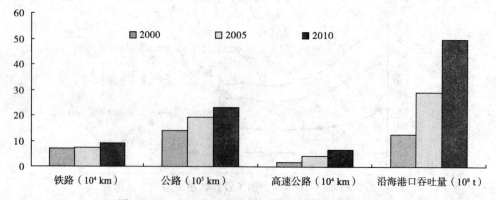

图 8.6　2000—2010 年交通运输行业部分指标比较

（数据来源：中国统计年鉴）

　　中国将在更大范围、更深层次、更广领域整合国内区域经济发展、参与全球经济活动,这不仅要求国内基础设施开展各种等级的路网、港口、码头等建设以满足区域间运输量快速增长的需要,同时要适应国际物资服务贸易的发展要求,进一步加快规模化、集约化港区和大型专业化码头、海洋运输、机场、港口、高速铁路、高速公路等建设。大规模的基础设施建设,必然导致工程建设中巨大的原材料、能源消费,加上车辆、机器、设施运行的能耗,无疑都挑战着中国未来发展的可持续性。

8.2.4　科学技术发展对应对气候变化的意义

　　2007 年 IPCC 发布的第四次评估报告强调指出,矿物燃料使用以及土地利用变化等人类社会经济活动是导致大气中二氧化碳等温室气体浓度增加、诱发全球变暖的主要驱动因素之一。20 世纪 80 年代以来,国内外许多研究人员相继开发了许多模型用以定量分析二氧化碳的排放,同时也为了帮助各个国家或地区制定相应的气候政策以及能源政策。在已存在的众多模型中,Kaya 恒等式无疑是其中应用最广的几个模型之一,它的得名主要是因为它是 1989 年由日本教授 Yoichi Kaya 在 IPCC一次研讨会上最先提出。Kaya 恒等式通过一种简单的数学公式将经济、政策和人口等因子与人类活动产生的二氧化碳建立起联系,具体可以表述为:

$$二氧化碳排放量 = \frac{二氧化碳排放量}{能源消费量} \times \frac{能源消费量}{GDP} \times \frac{GDP}{人口} \times 人口$$

　　在经济发展过程中,通常人口总量还要增加,人均 GDP 还要增长,有可能下降的只有单位 GDP 能源强度和单位能源二氧化碳排放量,即单位 GDP 二氧化碳排放强度。可以采取的措施包括转变经济结构、提高能源效率以及调整能源结构等。这些措施从根本上都要依靠技术创新。因此,在不影响经济增长和当代人福利的前提下,要实现温室气体减排目标,技术创新是至关重要的。

　　技术创新可以推动技术变化,从而实现技术进步。IPCC 第三次评估报告特别强调了技术变化对于实现温室气体浓度控制目标的重要性(IPCC 2001)。在应对气候变化进程中,技术变化可以通过产品创新和工艺创新提高能源效率,减少经济系统对矿物燃料的依赖,减少温室气体排放,从而降低减排措施的成本和减排对经济系统的不利影响。

　　(1)锁定效应

　　中国目前正处于工业化进程的中期,按照许多国家的经验来看,这一发展阶段都会经历着能源消费的快速增长,尤其是经济的高速发展伴随着大规模的基础设施建设。如果只使用发展中国家当前所拥有的非低碳技术,将会产生对环境不可逆转的伤害。由于用非低碳技术建成的固定资产不可能在短期内推掉重建,这就将形成一个发展中国家能源基础设施在其生命周期内的资金和技术的"锁定效应"。

专栏 8.3　电力行业的锁定效应示例

　　假设电力行业有两种可选发电技术 1 和 2。从图 8.7 中可以看出,技术 2 和技术 1 相比,发电效率高、固定投资高、碳排放量低。因此,尽管采用低碳技术的初始投资成本可能会高于高碳技术,但在发电机组中采用效率更高的低碳技术可以在未来几十年的使用周期里持续减少碳排放。

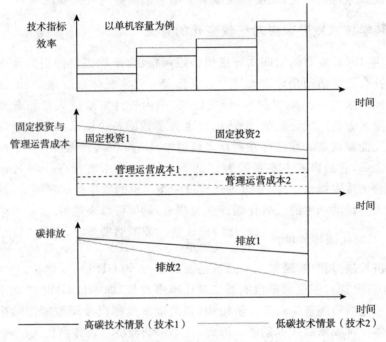

图 8.7　电力部门的锁定效应示例

　　下面定量考察发电技术与减排量之间的关系。2005 年中国火电装机容量为 3.8385×10^8 kW,假设 2020 年中国的火电装机容量增至 12×10^8 kW。

　　基础情景假设:2020 年,50 MW 以下小机组全部淘汰,300 MW 以下机组淘汰 0.5×10^8 kW 装机容量,增加的装机容量全部采用亚临界技术;

　　对照情景假设:2020 年,50 MW 以下小机组全部淘汰,300 MW 以下机组淘汰 0.5×10^8 kW 装机容量,增加的装机容量中,1.8908×10^8 kW 装机容量采用亚临界技术,4.5×10^8 kW 装机容量采用超超临界技术,0.3×10^8 kW 装机容量采用 IGCC 技术。

　　具体设置及最终获得的二氧化碳减排量见表 8.3。

表 8.3　燃煤发电技术改进对 2020 年 CO_2 减排量的估计

	装机容量增量 (GW)	小机组 (<50 MW)	一般机组 (50~300 MW)	亚临界 (300~600 MW)	超超临界 (>600 MW)	IGCC
	2005	72930	153540	157380	0	0
基础情景	2010	−40000	0	270000	0	0
	2020	−72930	−50000	939080	0	0
对照情景	2010	−40000	0	250000	20000	0
	2020	−72930	−50000	439080	470000	30000
单位二氧化碳排放 (g/kWh)		1055.7	912.6	827	786	717
2006—2020 年二氧化 碳减排量(10^6 t)			135			

注:假设 2006—2010 年、2011—2020 年两个期间内的技术替代呈线性关系。

(资料来源:中国人民大学环境学院"哈佛'双赢'能源政策项目"工作报告)

　　锁定效应,简单说就是事物的发展过程对初始道路和规则选择的依赖性,一旦选择了某种道路就很难改弦易辙,以致在演进过程中进入一种类似于"锁定"的状态。目前,像中国这样经济高速发展的发展中国家,正面临着这样一个会造成重大气候影响的"锁定效应"状况。如果当前不能解决好这个问题,就会失去控制未来几十年温室气体浓度的先机。

　　诸如电厂、交通之类高载能的部门很容易发生锁定效应,因为一旦建成,其运行方式在较长的生命周期中就难以改变。中国目前就因为置换成本太高而很难改变现有基础设施的排放特征,因此造成的高排放问题很难解决。

　　(2)能源效率

　　能源在世界经济增长的关键时期发挥了重要作用,无论是发达国家还是发展中国家,其工业化历程无一不是从能源的大量消耗起步。目前,尽管发达国家仍是世界能源消费的主要市场,但能源消费增长速度放慢;而发展中国家的能源消费则随着工业化和城市化的快速发展而迅猛增长,成为世界能源消费增长的主要拉动力。1965—2006 年,经合组织(OECD)国家的能源消费占全世界的比例由 68.7% 下降到51.1%,而发展中国家的能源消费比例大幅上升,仅中国和印度所占比例就提高了13.4%。预测表明,从 2002 年到 2030 年,世界一次能源需求增长的 2/3 都将来自于发展中国家。因此,当前正是避免锁定效应关键的时期。主要的发展中国家和发达国家在能源强度上的差距见表 8.4。

表 8.4　2006 年国际能源强度比较

国家	GDP (10^6 US$)	一次能源消费量 (10^6 t)	单位 GDP 能耗 (t/10^4 US$)	单位 GDP 能耗比 (中国/外国)
中国	2668071	1697.8	6.36	1.00
印度	906268	423.2	4.67	1.36
韩国	888024	225.8	2.54	2.50
日本	4340133	520.3	1.20	5.31
印度尼西亚	364459	114.3	3.14	2.03
俄罗斯	986940	704.9	7.14	0.89
美国	13201819	2326.4	1.76	3.61
墨西哥	839182	154.2	1.84	3.46
英国	2345015	226.6	0.97	6.59
德国	2906681	328.5	1.13	5.63
法国	2230721	262.6	1.18	5.41
意大利	1844749	182.2	0.99	6.44
世界	48244879	10878.5	2.25	2.82

（数据来源：经济数据来自世界发展指数数据库，世界银行，2007.7；能源数据来自《BP 世界能源统计 2007》）

通过从发达国家获得更有效率的能源利用技术，着眼于长远的气候影响进行各种基础设施的建设，中国可以有效地对其温室气体排放进行控制。由于中国在能源使用和温室气体排放方面占有重要的份额，提高能源利用效率几个百分点就可以带来极为显著的温室气体减排。因此，把握中国以及其他发展中国家的这一特殊历史发展时机，进行积极有效的国际技术合作，对于控制和减缓全球变暖具有十分重大的意义。

8.2.5　产业部门的变革

产业部门包括能源生产与供应部门以及非能源生产的一般产业部门，也是主要的温室气体排放部门。因此，向低碳高效的方向调整产业结构，对主要生产部门的能源利用进行控制和激励，是减缓温室气体排放的主要途径。

（1）经济结构调整

工业是我国能源消耗的主要部门，而其中的高耗能产业则是能源消费尤其是能源消费增量中的主要消耗部门。对主要高耗能行业能源消费情况分析表明，钢铁、化工原料、建材水泥、电力、采掘、石油加工、有色冶金等高耗能工业行业是能源消费的主要部门。2005 年，这七个行业增加值仅占全部工业增加值的 37% 和 GDP 的 15.6%，能源消费量却占工业能源消费的 64.4% 和总能源消费的 45.6%。向低碳高效的方向调整和优化产业结构，是我国实现经济持续增长和低碳增长的根本途径。

（2）能源结构多元化

电力部门是将煤炭、石油、天然气、核燃料、水能、海洋能、风能、太阳能、生物质能等能源经发电设施转换成电能，再通过输电、变电与配电系统供给用户作为能源的工业部门。我国的能源结构多元化主要体现在提高核能和可再生能源在电力供应中的比例（表 8.5）。

表 8.5　我国电力部门装机容量与发电量统计（2006 年）

		所占比例（%）	比 2005 年增减（%）
总装机容量（10^4 kW）	62200	—	20.3
总发电量（10^8 kWh）	28344	—	13.5
火电发电量	23573	83.17	15.3
水电发电量	4167	14.70	5.1
核电发电量	543	1.92	2.4
其他能源发电量	61	0.22	41.5

（资料来源：中国电力企业联合会统计信息部 2007）

我国的水电资源非常丰富，可开发水能资源总量居世界第一位，2005 年水电发电量达 3970×10^8 kWh。虽然水电的建设成本投资有时略高于火电投资，但水电运行不需要燃料，因此其发电成本相当低。我国的风能资源也十分丰富，近年来发展也非常迅速，2005 年风电装机容量为 1.3 GW，到 2006 年即已翻倍。表 8.6 集中展示了这几项可再生能源发电技术的成本参数。

表 8.6　水电、核电、风电和其他可再生能源发电技术相关参数

技术	水电	核电	风电	光伏发电
装机容量比例（%）	23	3.28	0.24	0.013
建设成本（元/kWe）	7000～10000	11250～13500[a]	10500[b]	65000[c]
运转成本（元/kWe-h）	0.04～0.09	0.14[d]	—	0.6[c]
发电成本（元/kWe-h）	0.3～0.39	0.32～0.4[de]	0.32～0.35[fg]	4.6[c]

（资料来源：a IEA. 2007. World Energy Outlook 2007；b 周篁，马胜红．中国风电场建设分析及发展预测；c 李俊峰，王斯成等．中国光伏发展报告（2007）；d WNA. 2007. The Economics of Nuclear Energy Power；e 核电中长期发展规划（2005—2020）；f 可再生能源中长期发展规划（2006—2020）；g 中关村国际环保产业促进中心．2006. 谁能驱动中国）

（3）能源效率改进

总体看来，我国的能源利用效率不断提高，但与发达国家比较还存在很大的差距。2005 年，我国能源效率约为 36%，比世界先进水平低 8 个百分点左右，大致相当于欧洲 20 世纪 90 年代的水平、日本 1975 年的水平（日本 1975 年能源效率为

36.5%)(王庆一 2006)。

以高耗能产品的能耗为例,我国与国际上先进国家的差距较大(表 8.7),其中水泥和乙烯的综合能耗落后较大,火电等能耗相对差距较小。2004 年我国乙烯产量 626 万吨,如果我国的乙烯技术水平达到国际先进水平,当年可以节约 234.7 万吨标准煤。

表 8.7　能源密集工业产品能耗的国际比较

能耗指标	中国			国际先进	2004 年差距	
	1990	2000	2004		能耗	%
火电发电煤耗(克煤当量/千瓦时)	392	363	349	299.4	49.6	16.6
钢可比能耗(大中型企业)(千克煤当量/吨)	997	784	705	610	95	15.6
电解铝交流电耗(千瓦时/吨)	16223	15480	15080	14100	980	7.0
铜冶炼综合能耗(千克煤当量/吨)	1705	1277	610	500	110	22.0
水泥综合能耗(千克煤当量/吨)	201.1	181.0	157.0	127.3	29.7	23.6
砖综合能耗(千克煤当量/万块)	1.36	0.94	0.91	0.78	0.12	15.4
建筑陶瓷综合能耗(千克煤当量/平方米)	11.3	8.6	7.1	3.6	3.5	97.2
平板玻璃综合能耗(千克煤当量/重量箱)	34.8	25.0	23.5	15.0	8.5	56.7
原油加工综合能耗(千克煤当量/吨)	102.5	118.4	112.0	73.0	39	53.4
乙烯综合能耗(千克煤当量/吨)	1580	1125	1004	629	375	59.6
合成氨综合能耗(千克煤当量/吨)(大型)	1343	1327	1314	970	344	35.5
烧碱综合能耗(千克煤当量/吨)(隔膜法)	1660	1563	1493	1275	218	17.1
纯碱综合能耗(千克煤当量/吨) 氨碱法	560	467	455	350	105	30.0
纯碱综合能耗(千克煤当量/吨) 联碱法	387	313	325	280	45	16.1
电石综合能耗(千克煤当量/吨)	2212	2190	2150	1800	350	19.4
黄磷综合能耗(千克煤当量/吨)	8583	7450	7340	6500	840	12.9
纸和纸板综合能耗(千克煤当量/吨)	1550	1540	1500＊＊	640	860	134.4

(资料来源:王庆一 2006)

(4)能源价格和管理职能调整

我国能源性产品,如油、气、电、煤等的价格在很长一段时间内基本都处于管制状态,市场化程度不高。随着经济的发展,这种体制弊端越来越明显,总体而言价格形成机制存在着三个"不反映":不反映能源资源的稀缺程度;不反映能源产品的国内供求关系;不反映能源生产和使用过程中的外部成本(如环境污染和生态破坏)。因此,需要建立起由市场供求决定的价格形成机制,并且使对资源、环境所造成的外部成本内部化。

我国现行的能源管理侧重于投资、价格、生产规模等经济性管理,对于环境、安全、质量、资源保护等外部性问题的监管相对较弱,客观造成了重生产轻消费、重供应轻节约的现象。因此,需要实现能源管理职能的转变,表现为管理的重点从供应侧转向需求侧,即改变以往偏重于能源资源开采、能源加工生产等能源供应侧管理的局面,逐步转向能源资源开发、能源节约、能源效率、能源技术等需求侧的管理。

8.2.6　需求引导

除对产业部门的能源利用和温室气体排放加以控制外,对于社会消费终端的合理引导,是实现减缓气候变化和可持续发展的更广泛和更根本的途径。

——倡导绿色、节约的生活方式和消费观念。中国的传统文化强调节约和综合利用,保持和发扬这一传统美德,并将之融入全面的现代化生活中,有利于提高全社会的能源节约和环境保护意识,提高整个社会的资源效率。

在消费观念上,生产拉动型消费在当今商品经济中日益明显,需要避免消费者受到生产厂商过度引导而产生的奢侈性消费和过度消费倾向。在生活习惯上,倡导居民从身边的一点一滴做起,使用节能产品,养成良好的用电习惯。出行考虑公共交通和较为清洁、节能的方式,从生活各方面注意节约能源。在环境意识上,通过媒体宣传、社会和社区活动、教育和培训等各种形式的活动,提高居民对于资源环境问题的认知水平和意识,形成全社会了解环境、保护环境的意识和风尚。

在社会参与中,需要提高和增强公众节能和开发利用可再生能源的意识。从消费角度,可以鼓励公众和企业购买节能产品、可再生能源电力,使用可再生能源产品。从投资角度,应该鼓励社会参与节能和可再生能源的开发和利用,吸引对可再生能源产业的社会投资,兴办节能和可再生能源生产企业和服务性企业,促进节能和可再生能源的发展。在公众监督角度,应该形成促进节能和可再生能源发展的健全机制,鼓励公众和社会舆论对政府和企业节能和可再生能源开发利用的监督。

——建立和完善消费税设置,激励消费节能。当中国的经济增长方式正在从出口驱动型向内需拉动型转变时,引导节能型的消费方式对我国的节能尤为重要。在强化提倡传统节俭美德的同时,国家要给消费者明确的价格信号,通过经济手段激励居民的节能行为,逐步形成文明、节约的行为模式。例如:对于直接的生活能源消费,建立和完善生活用能的梯级收费制度;对于其他消费品,根据其未来使用过程中的能效水平或生产过程中的能耗水平采取差别税率;考虑采取包装税、发电污染税、建筑材料税等多种措施完善消费税设置。

——从政府部门抓起,作好社会表率。在全社会形成崇尚节约、合理消费的理念,应从政府部门抓起。一方面,我国很多政府部门长期以来成为过度消费和资源浪费的典型,不仅存在着很大的节能空间,而且对于社会节约风气的形成具有重要的影响。另一方面,政府采购具有明确的导向性,将绿色和节能标准作为政府采购的刚性和优先规定,具有鲜明的消费引导含义。

8.2.7　局地生态建设与污染控制的共生气候效益

　　矿物燃料特别是煤炭的燃烧,是我国二氧化碳和二氧化硫产生的主要污染源,同时还伴有其他污染物的生成,例如烟尘、工业粉尘和氮氧化物等。因此,我国采取的各种提高能源效率、降低二氧化硫等污染物排放的措施对温室气体减排具有很强的正外部效应。

　　从图 8.8 中可以看出,随着《中华人民共和国大气污染防治法》、《两控区酸雨和二氧化硫污染防治"十五"计划》等一系列政策手段的出台,我国二氧化硫的排放量在 20 世纪 90 年代末有了明显下降,2003 年开始又有了较快的增长后近两年开始变缓,这与我国近年来大规模的电厂建设有关。而 2002 年以来,电力企业加大了二氧化硫治理力度,使其排放增长速度减缓。

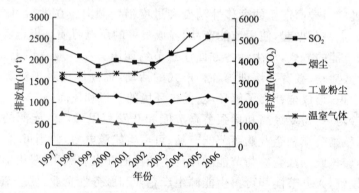

图 8.8　温室气体与局地污染物的历年排放比较(1997—2004 年)

(资料来源:历年环境公报,世界资源研究所,cait 5.0 版,2007)

　　工业粉尘和烟尘的排放量则呈现逐年下降的趋势。2002 年以来,全国发电企业不断加大烟尘治理力度,火力发电机组采用电除尘器的比例逐年增长,除尘器效率提高,全国 6000 kW 及以上燃煤电厂平均除尘器效率由 98% 提高到 98.5% 以上[1]。

　　2003 年之前的二氧化碳排放增长趋势比较平缓,但到了 2003 年之后增速显著快于二氧化硫,主要是由于电力企业加大了二氧化硫的治理力度,而对于二氧化碳排放没有采取治理措施。

　　从共生效应层面上来讲,我国提高能效、大规模植树造林等做法已经在温室气体排放减缓方面作出了一定贡献。如果中国能够获得并广泛采用气候有益技术,也可以在降低温室气体排放的同时,带来局地污染物的减排。温室气体减排与局地污染物的控制具有很强的正相关性,把握好这个机会可以带来全球气候保护与局地大气

---

[1]　电监会研究室课题组. 党的"十六大"以来电力工业发展回顾,2007 年 9 月.

环境保护双赢的成果。

8.3　应对气候变化对社会经济可持续发展的影响

可持续发展能够降低社会经济对气候变化的脆弱性,气候变化的负面影响也会削弱各国实现可持续发展路径的能力。将应对气候变化视为可持续发展政策的一个不可或缺的组成部分,是全球各国发展路径选择的必需考量——让气候变化和其他可持续发展政策发挥协同作用,促进社会可持续发展的同时有效控制气候变化。

8.3.1　减缓

减缓气候变化是可持续发展的要求。从现实公平的角度看,贫困人群是脆弱人群,受气候变化的不利影响最大;从代际公平考虑,气候变化对后代的影响最大。可见,减缓气候变化,有利于保护社会弱势群体和后代的利益。从社会发展的角度看,减缓气候变化有助于污染控制,改善人体健康。从资源可持续利用角度看,减缓气候变化可以提高能源效率、降低能源强度、促进新能源和可再生能源的开发利用。更重要的是,减缓气候变化可以促进技术创新和体制创新,使人类迈向可持续的社会。

从另一方面看,减缓气候变化需要减少温室气体的排放,对当前尤其是发展中国家的经济发展有一定的不利影响。限制发展中国家的温室气体的排放,在当前的技术和资金水平下,会影响发展的速度和规模。但是,无论是对发达国家还是发展中国家,减缓气候变化从长远看,是与可持续发展的目标相吻合的。

(1)经济部门减缓措施的影响

经济部门最初对于减缓气候变化的反应大多是认为会增加企业的成本,降低企业的收益。确实,对于一些技术水平比较低的企业来讲,实现减排需要较大的投入,会提高生产成本,降低自身的市场竞争力。然而,实施温室气体减排,有时并不需要很高的社会成本。相反,有些切实可行的政策措施有可能使温室气体减排的社会净成本为零甚至为负数,即不仅没有成本,还可能带来收益。例如,减少市场或体制失灵和其他阻碍经济运行效率的障碍,将降低企业的减排成本。同时,企业的低碳发展模式还会给企业带来良好的品牌效应,提升企业的市场形象。

由于温室气体的排放主要来自矿物能源的燃烧和森林碳库的减少,因而,实施温室气体减排,矿物能源生产、消费以及森林采伐部门受到的不利影响较为直接。但是减排措施的实施,在减少这些部门可能产生的温室气体排放的同时,由于矿物燃料使用的减少,还会带来局地污染物如二氧化硫排放量的降低,改善局地生态环境质量。而且可以促进这些产业部门的升级和转型,例如森林砍伐部门可以转向植树造林来申请清洁发展机制(CDM)项目,可以给当地带来明显的经济效益。

如果不考虑温室气体减排,风能和太阳能等可再生能源难以与常规矿物能源竞争。由于需要减缓气候变化,这些新能源很可能得到政府财力支持或成为补贴对象,从而有能力参与市场竞争。

减少温室气体的排放将同时减少地区的和区域的大气污染,还将对交通、农业、土地利用方式、废弃物管理和其他社会关注的问题产生影响,如就业和能源安全。如果在计算中包括附带效益,将降低减排成本。此外,一些可以增加政府收入(如税收或拍卖排放许可)的政策手段,可以得到"双重红利",因为将这些收入用来降低现在的扭曲性税收,可以进一步提高系统的经济效益,减少温室气体的减排成本。抵消程度取决于现在的税收结构、减税类型、劳动市场条件和税收用于财政循环的方法。在某些情况下,减排的经济效益可能超过减排成本。

专栏 8.4　温室气体减排成本曲线

随着气候变化进程的推进,越来越多的言论敦促全球尽快采取一致行动,减少温室气体向大气层的排放。即使各方对行动的时间、目标和手段意见不一致,但有一件事情是确定无疑的:任何形式的法规强化都将对企业产生深远影响,最直接而重要的影响体现在减排成本上。2007 年麦肯锡提出了温室气体减排的成本曲线,为决策者提供了各种可能的减排方法的重要意义和成本,见图 8.9。

这一研究采用了国际能源署(IEA)和美国环境保护署(EPA)排放量增长常规预测,在此基础上分析了减少,即"减缓"温室气体排放各种可用方法相对于这些常规预测的重要意义和成本。研究覆盖六个地区(北美、西欧、东欧(包括俄罗斯)、其他发达国家、中国和其他发展中国家)的发电、制造业(侧重钢铁和水泥)、交通运输、住宅和商业建筑、林业以及农业和垃圾处理行业。这项研究横跨三个时间段,即2010 年、2020 年和 2030 年,重点研究到 2030 年估计可能花费每吨 40 欧元或以下的减排措施。

这一简化了的全球二氧化碳减排成本曲线显示了对预期年减排成本的估计,以每吨避免排放的温室气体多少欧元为单位,以及采取这些方法的潜在减排效果,单位为千兆吨(十亿吨)。例如,风力发电技术的减排成本应被理解为采用这一零排放技术的额外成本,而非它所替代的用更廉价的矿物燃料发电的额外成本。风力发电减排潜力即估计的以每吨 40 欧元或更少的成本可以减少的可行排放量。从另一角度看,这些成本可以被理解为通过决策采取具成本优势的或其他可行办法减少温室气体排放的(最终对于全球经济的)代价。有关可用减排措施的未来成本和可行部署率的假设多如牛毛,它们构成了其成本和重要意义的估计。例如,风力发电技术的重要意义假设到 2008 年全球各地区已着手采取减少温室气体排放的措施。而模型(以及本文)中的数量应被视为潜在减排量,而非减排量预测。

成本曲线的低端多数是提高能源效率的措施。这些措施,诸如改善新建筑物的绝缘功能,从而可以通过减少电力需求降低排放。在成本曲线的高端是在发电和制造业采取更多减排技术(诸如风力发电和碳的收集和封存)以及向更清洁工业流程转变等措施。这条曲线还代表了通过保护、种植或再种植热带森林,以及通过采用更大程度减少温室气体排放的农业生产方式来减少温室气体排放的方法。

"常规"以外的温室气体减排措施全球成本曲线:温室气体度量单位为$GtCO_2e^1$

● 2030年"常规"以外所需大致减排量

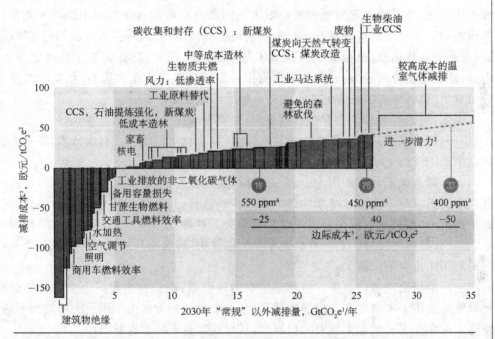

$^1GtCO_2e$=10亿二氧化碳当量吨,基于主要由全球各地区能源和交通运输日益扩大的需要以及热带森林采伐造成的温室气体排放量增长的"常规"情景
$^2tCO_2e$=二氧化碳当量吨。
^{3}成本超过每吨40欧元的减排措施不在本文重点论述范围。
^{4}所有温室气体在大气的集体中度换算为二氧化碳当量:ppm=百万分之一。
^{5}各减排需求情景下避免排放的温室气体(每二氧化碳当量吨)边际成本。

图 8.9　简化的全球二氧化碳减排成本曲线

(2)增加碳汇措施的影响

地表土地资源是有限的,城市扩张、工业发展、道路建设、粮食生产等都需要土地。毁林在很大程度上是由于人口增长对居住和工农业生产用地需求增加的结果。发达国家经济发展水平相对较高,基础设施与道路体系已较为完善,人口水平相对稳定,因而不仅没有毁林现象,而且森林覆盖率还略有增加。发展中国家则正好相反,这也是为什么毁林多发生在发展中国家的主要原因。不仅土地面积,而且水资源也形成一个重要制约因子。尤其是在干旱半干旱缺水地区,工农业生产与林业的竞争更为明显。中国新疆塔里木河流域的大规模农业灌溉和工业生产取水,使得塔里木河中下游断流,成片的胡杨林干枯死亡。

　　森林碳汇作为一种减缓气候变化的手段,必然要与其他手段在自然资源利用和经济上存在竞争。森林生物量属于碳排放中性的可再生能源,而水电、地热、风能、潮汐能、太阳能等,则属于无碳能源。所有这些可再生能源,尤其是水电、风能、太阳能和生物质能,均需要一定的地表面积来实现能源的汇集和转化。由于森林及其他生物质能的碳汇功能的实现具有土地空间利用上的排他性,只有其单位面积的减排(固碳)量高于其他选择、单位碳的减排成本低于其他选择时,森林碳汇才具有竞争力。而且,能源作物种植(如油料和甘蔗作物作为发动机燃料的生产原料)如果不与粮食种植竞争的话,势必要与森林碳汇的拓展经营形成竞争。

　　因此,增加森林碳汇也存在抵消效应,主要表现在三个方面:

　　——机会成本。由于林业用地具有排他性,森林碳汇便存在机会成本,即放弃该林业用地用于其他减排手段如风能、太阳能而实现的减排。

　　——对非碳汇林地的压力。对一片森林加以保护,以增加森林碳库存量,市场对林产品的需求并不会因该林地的保护而减少。这样,这种需求压力便会转移到未受保护的林地,毁林或碳流失便出现在其他地方。这种抵消效应不仅是压力的空间转移,而且有时间的转移。对一片林地今年加以保护,那么来年或数年后对该林地林产品的利用压力会越来越大。

　　——市场反馈抵消效应。造林至少有两种收益:碳汇和木材。大量增加的碳汇林最终还会用于木材生产。由于市场预期,未来木材的价格由于供给的增加而下降,使得工业生产用材的私人投资大量减少,从而在客观上减少森林碳库。

　　尽管具有以上抵消效应,但在中国,碳汇的社会经济与环境协同效益仍然将进一步强化森林碳汇的环境与经济效益。中国林业国有企业的从业人员高达百万,加上家属和非国有林业从业人员,数字更大。在农村劳动力过剩、城市就业岗位短缺的情况下,森林碳汇不仅有助于解决林业部门原有职工的就业,而且还可大量吸收农村和城市无业人员。森林的水源涵养、防止土壤侵蚀、防沙治沙、改善小气候的环境经济效益,可能远大于森林的碳汇和林产品市场价值。而且,森林的景观和游乐价值,可以直接通过市场来实现。

8.3.2　适应

　　适应气候变化的可持续发展含义包括对就业、脱贫、改善生活质量的影响及局地生态环境质量的影响。

(1)防灾减灾(极端气候事件)

防灾减灾体系是人类社会为了消除或减轻自然灾害对生命财产的威胁,增强抗御、承受灾害的能力,灾后尽快恢复生产生活秩序而建立的灾害管理、防御、救援等组织体系与防灾工程、技术设施体系,包括灾害研究、监测、灾害信息处理、灾害预报、预警、防灾、抗灾、救灾、灾后援建等系统,是社会、经济持续发展所必不可少的安全保障体系[①]。针对气象灾害建立的防灾减灾体系被称为气象防灾减灾体系。20 世纪 80年代以来,极端天气气候事件频繁发生,给社会、经济和人民生活造成了严重的影响和损失。根据 WMO 全球统计显示,1991—2000 年的十年里,全球每年受到气象水文灾害影响的平均人数为 2.11 亿,是因战争冲突受到影响人数的 7 倍。而我国属于极端天气气候事件的高发国,2007 年夏季就发生了八大罕见的极端气候事件,包括淮河流域性大洪水,重庆、济南、云南和乌鲁木齐的大暴雨,江南、华南和东北北部的大范围高温干旱等。与此同时,尽管近年来我国在气象防灾减灾工作中做了很多工作,但与我国经济社会发展的需求和气象灾害的严重性相比,我国气象防灾减灾体系还十分薄弱,基础差,投入也远远不足。

在未来百年内气候变暖、极端气候事件继续增加已成定局的趋势下,更好地适应气候变化,完善防灾减灾体系,最大程度减轻极端气候事件带来的损失变得至关重要。安南秘书长向联大提交的一份关于加强联合国人道主义援助和救灾工作的报告提出,良好的防灾计划、科学的减灾战略以及快速反应可以减少自然灾害带来的损失。联合国"国际减灾十年"(1990—1999)每年一次的"国际减灾日"所确定的主题,几乎都与防灾减灾和可持续发展相联系。如 1991 年的主题是"减灾、发展、环境——为了一个目标",1992 年的主题是"减轻自然灾害与可持续发展",1996 年的主题是"城市化与灾害",1999 年即"国际减灾十年"的最后一年,其主题是"防灾的收益"。全面深入的防灾减灾体系能够提高资源、环境对人类的支持能力,促进社会稳定,加强国家综合实力,是实现可持续发展的基本保障。

(2)水资源

可持续发展的基础是资源,社会、经济和环境协调发展的一个核心问题就是资源能否满足人类世世代代的生存和发展。水是生命之源,同时也是一种战略资源,随着社会的高速发展和人口的激增,水资源越来越密切地制约和影响着人类的生存和发展,适应气候变化,尽可能减少气候变化对水资源的影响,是可持续发展的关键。

气候变化对水资源的影响主要包括水资源短缺和由降水变化引起的洪涝干旱灾害。IPCC 第三、第四次评估报告指出,受气候变暖的影响,在高纬度地区和一些湿

---

① 《中国 21 世纪议程》第十七章——防灾减灾 . 1994.

润的热带地区,可供使用的水资源有可能在本世纪增加;但水资源原本已出现短缺的中纬度和干旱热带地区,水资源的短缺将进一步加剧,受干旱困扰的地区有可能会增加。报告还指出,极端降水的强度和出现的频率也有可能增加,将会加大洪水灾害的危险。另外,全球气候变化使极端气候变化出现的频率发生改变,气候系统变得异常敏感,导致高温热浪、强台风、强降水、持续干旱等极端事件发生的频率增加。

过去几十年中气候变化已经引起了中国水资源的变化。对中国六大江河(长江、黄河、珠江、松花江、海河、淮河)主要控制站的实测地表径流量的变化趋势及显著性检验的计算和分析结果表明,近40年来六大江河的实测径流量都呈下降趋势。从地表和地下总径流量来看,除珠江流域和松花江流域呈总体上升趋势外,其他流域皆下降。特别是近20多年来,北方干旱和南方洪涝灾害同时出现,形成了北旱南涝的局面。北方缺水地区持续出现枯水期,黄河、淮河、海河和汉水同时遭遇枯水期,北方水资源供需失衡的矛盾不断加剧(《气候变化国家评估报告》编写委员会2007)。与此同时,中国降水的时空分布极不均匀,洪涝灾害频繁发生。特别是进入20世纪90年代以来,长江、珠江、松花江、淮河、太湖和黄河流域均连续发生多次大洪水。如1991年淮河大水,1994年、1996年洞庭湖水系大水,1995年鄱阳湖水系大水,1998年长江、珠江、松花江发生超过历史纪录洪水,1999年太湖流域发生超过历史纪录洪水,2003年淮河、黄河、渭河发生较大洪水,2005年珠江发生特大洪水。同时随着经济社会的快速发展,洪灾损失正日趋严重,仅1998年大洪水的直接经济损失就高达2466亿元之巨。洪涝灾害已成为制约中国经济社会可持续发展的主要因素之一。

由此可以看出,气候变化导致的水资源短缺和极端气候事件严重地影响了人类的可持续发展。面对21世纪中国发展战略目标,中国水资源要在未来支持16亿人口的生产与生活,支持社会经济的可持续发展,就必须采取适应对策:一是促进中国水资源的可持续开发和利用;二是增强水资源系统的适应能力和减少水资源系统对气候变化的脆弱性。具体措施包括:①加强水利基础设施建设,实现水资源的优化配置,提高防洪、抗旱、供水等基础设施的能力,提高水资源供给的应变能力,将气候变化下各地区的水资源承载能力以及气候变化对水资源承载能力的影响作为约束条件考虑,并使这一要求具体落实到建设项目中;②完善水资源综合管理政策法规建设,建立节水型社会;③加强生态环境保护和建设,提高水资源系统的适应能力。

(3)农业与食物安全

农业不仅是国民经济发展的基础产业,更是安天下稳民心的战略性产业。农业为全球60亿人提供粮食,其中25亿人以农业作为生计,据联合国粮食与农业组织统计,在全球最贫困的地区,有七成的人从事与农业相关的工作。同时,农业在我国具有特殊的重要性:13亿人口中有9亿多生活在农村,并且直接靠农业及相关产业就业;工业原料的40%来自农业,全社会商品的43.2%销往农村。近年来,谷物的减产导致粮食作物价格上涨,给需要部分进口谷物的低收入国家带来了政治的不稳定进而影响全球经济的发展。由此看出,农业和粮食安全对于全世界尤其是像中国这样的农业大国的可持续发展有着极其重要的地位。

气候变化将使未来农业生产面临三个突出问题:一是农业生产的不稳定性增加,产量波动大;二是农业生产布局和结构将出现变动;三是农业生产条件改变,农业成本和投资大幅度增加。全球变暖将使全球粮食总产量有所下降,作物分布类型也将改变,病虫害更加严重。而气候极端事件(尤其是旱灾)对全球粮食供给的影响可能增大。气候变化将加大发达国家和发展中国家之间谷物生产的差异,继而带来严重的世界性的粮食作物问题。

我国已经观测到气候变化对农业生产的不利影响,如农业生产的不稳定性增加,局部干旱高温危害加重,春季霜冻的危害因气候变暖导致发育期提前而加大,气候灾害造成的农牧业损失加大。在 1997—1998 年间,由于受到强厄尔尼诺事件的影响,中国主要的农业产区气候异常,极端天气气候事件频发,长江以北地区出现历史上少见的大范围持久性干旱及高温,长江以南登陆台风异常集中。据统计,全国累计农作物受旱面积 2221 万 hm²,其中绝收 257 万 hm²;洪涝灾害造成的农田受灾面积达 1238 hm²,绝收 225 万 hm²。在内蒙古草原区,近 20 年来有变暖的趋势,冬季增温明显,春旱加剧,沙尘暴现象日趋明显和严重,发生频繁,埋没农田、草场等,加速了土壤退化、侵蚀的发展,削弱了农业生态系统抵御自然灾害的能力,草原的生产力和载畜量下降。但适应增温使东北地区冬小麦种植北界明显北移西延,玉米晚熟品种种植面积不断扩大(《气候变化国家评估报告》编写委员会 2007)。

为适应气候变化,要调整农业结构和种植制度,强化优势农产品的规模化、区域化布局,强化高产、稳产的集约化农业技术;选育抗逆农作物品种,发展生物技术等新技术;加强农业基础设施建设和农田基本建设,改善农业生态和环境,不断提高对气候变化的适应能力。适应气候变化,不仅可以极大程度减少气候变化给农业带来的负面影响,同时在一些地区的特定时段内也能带来有益影响。20 世纪 90 年代东北粮食总产量比 80 年代初以前增加了 1 倍,其中部分原因受益于适应气候变暖的措施。

(4)生态系统

生态系统是维持地球生命的根本,与人类健康和福祉休戚相关,对于实现可持续发展至关重要。然而全球变暖将使生态系统受到严重影响,自然植被的地理分布与物种组成可能发生明显变化,自然生态系统对环境的适应性越来越低,物种抵御病虫害的能力也越来越弱。

气候变化对中国森林、草原、山区与高原生态系统的影响显著,已观测到的有:中国东部亚热带、温带北界普遍北移,物候期提前;祁连山森林面积减少 16.5%,林带下限上升 400 m,覆盖率减少 10%;四川草原产量和质量都有所下降;西南湿地面积减少,功能下降。分析表明,未来温度带的北界还将继续北移;森林生产力呈现不同程度的增加;主要造林树种将北移和上移;林火灾害的发生频率增高,地理分布区扩大,森林主要病虫害传播范围将扩大、程度将加重,降水及温度的变化很可能从根本上改变病虫害的空间分布格局;青藏高原森林面积可能增加 6.4%,高山草甸的面积将显著减少,高原山地温性荒漠增加,多年冻土退化,山地雪线上升、冰川退缩,沿海湿地的功能主要受海平面上升的不利影响(《气候变化国家评估报告》编写委员会2007)。

　　虽然自然生态系统对气候变化具有一定的适应能力,但仍需要政府和研究机构采取一定的保护措施。首先,要减缓人类对自然生态系统的压力,包括制止毁林毁草、防止水土流失以及发展人工管理的林业和牧业。其次,进行保护式的管理,包括建立自然生态系统保护体系、加强生态恢复工程建设、防治和控制自然灾害(如森林、草原火灾和病虫害)等。湿地生态系统对气候变化的适应包括:充分考虑水资源管理,对西北湖泊湿地应该加强湖泊生态用水调配;对沿海湿地必须考虑海平面上升的不利影响,加强海平面上升监测和预警,修订、规划有关环境建设标准;对青藏高原湿地必须考虑冻土及冰雪层变化,建立防灾体系。

　　自然生态系统不但为人类提供食物、木材、燃料、纤维、药物、休闲场所等社会经济发展的重要组成成分,而且还维持着人类赖以生存发展的生命支持系统,包括水体的净化、缓解洪涝、干旱以及生物多样性的产生和维持、气候的调节等。正确的措施,既能减少气候导致的脆弱性,又能促进生态系统的可持续发展。

　　(5)海平面

　　全球有超过 70% 的人口生活于沿岸平原。全球前 15 大城市中,有 11 个是沿海或位于河口。气候变化引起的海平面上升,严重地制约了社会、经济、环境的协调发展。

　　过去的百年海平面平均上升了 14.4 cm,我国上升了 11.5 cm。海平面升高的原因,主要是海水热膨胀,当海洋变暖时,海平面则升高。全球升温会引起地球南北两极的冰山融化,这也是造成海平面上升的主要原因之一。海平面上升的直接影响有以下几个方面:

　　①对岛屿国家和沿海低洼地区带来的灾害

　　沿海区域是各国经济社会发展最迅速的地区,也是世界人口最集中的地区,约占全世界 60% 以上的人口生活在这里。各洲的海岸线约有 35 万千米,其中近万千米为城镇海岸线,海平面上升这些地区将是首当其冲的重灾区。据有关研究结果表明,当海平面上升 1 m 以上,一些世界级大城市,如纽约、伦敦、威尼斯、曼谷、悉尼、上海等将面临浸没的灾难;而一些人口集中的河口三角洲地区更是最大的受害者,特别是印度和孟加拉间的恒河三角洲、越南和柬埔寨间的湄公河三角洲以及我国的长江三角洲、珠江三角洲和黄河三角洲等。据估算,当海平面上升 1 m 时,我国沿海将有

12 万 km² 土地被淹,7 千万人口需要内迁;在孟加拉国将失去现有土地的 12%,占人口总量的 1/10 将迁出;占世界海岸线 15% 的印度尼西亚,将有 40% 的国土受灾;而工业比较集中的北美和欧洲一些沿海城市也难幸免。

②海岸被冲蚀

据统计,我国沿海已有 70% 的砂质海岸被侵蚀后退。海岸侵蚀给沿海沙滩休闲场所带来的危害日益突出,在一寸沙滩一寸金的黄金海岸,如海平面上升 1 m,失去的沙滩如用移沙造滩的方法恢复,则每米长的海滩需用沙 5000 m³。

③地表水和地下水盐分增加,影响城市供水

海平面上升直接影响沿海平原的陆地径流和地下水的水质,海水将循河流侵入内陆,使河口段水质变咸,影响城市供水和工农业用水,同时造成现有的排水系统和灌溉系统的不畅和报废。据日本建设省的一份报告透露,日本全国有一级河流 109 条,随着海平面上升,靠近河口段的水面也将上升,需要重新估价水位的地段长达近千千米;荷兰国家公共工程部门估算,为适应盐水入侵,全国需重新改建的供水排水系统的造价需几十亿美元。海水入侵也严重影响到地下水的水质,依靠地下水供水的沿海城市面临新的困难。此外,沿海大城市的一些大建筑物的地基也要受到地下水水位抬升的危害,地震频发地区的城市建筑物更为突出。

④对海洋生物种群的威胁

海平面上升对某些海洋生物种群也造成威胁,有些生物种群有定期溯河洄游的习性,尽管鱼类可以适应海平面上升而向更远的上游洄游,但是城市的大量排污受海水顶托,常会阻碍鱼类的正常洄游,影响种群正常生长。海平面上升将导致沿岸红树林、珊瑚礁的破坏。

⑤对旅游业的影响

旅游业受到危害。据推算,海平面上升 50 cm,大连、秦皇岛、青岛、北海、三亚滨海旅游区向后 31~366 m,沙滩损失 24%,北戴河沙滩损失 60%(彭珂珊 1998)。2002 年中国国土资源公报报道,沿海旅游业已成为第一大海洋产业,其产值为 2503 亿元,占海洋产业总产值的 34.6%。

⑥引起自然灾害的影响

最近研究表明,气温上升将会导致台风强度的增加,一些沿海地区的风暴潮灾也将频发,海平面升高无疑会抬升风暴潮位,原有的海堤和挡潮闸等防潮工程面临功能减弱,从而易使受灾面积扩大、灾情加重;由于潮位的抬升,本来不易受袭击的地区有可能受到波及。1994 年绿色和平组织统计,在过去的 5 年中因气候异常、海平面上升造成的飓风、洪水、漫滩等灾害造成全球损失达 10 亿美元。

鉴于海平面上升给人类带来的巨大负面影响,采取适应气候变化的措施刻不容缓。应对海平面上升有三种办法:后退、适应和防护。首先要加强海岸防护,包括堤高设施的设计标准和加高加固现有的防护设施两方面。其次应强化海岸带综合管理,兼顾经济发展和环境改善,包括建立健全相关法律法规、加大技术开发和推广应用力度、加强海洋环境的监测和预警能力。只有最大程度减少海平面上升带来的威胁,保证社会、经济与环境之间的和谐关系,才能真正地向可持续发展的战略目标迈进。

(6)公共卫生

人是可持续发展的中心体,经济发展、社会进步和环境保护的最终目的都是为了满足当代人以及后代子孙的需求和发展。如果人类健康受到严重威胁,不仅会影响到其他维度的发展,导致政治动荡、经济停滞等负面结果,也使人类社会的其他进步变得毫无意义可言,更难以实现可持续发展的目标。

气候变化对公共卫生的影响包括两方面:

——直接影响,即气候变化对心血管疾病和极端天气气候事件(如洪涝、旱灾、高温以及沙尘暴)对健康的影响,如某些疾病死亡率、伤残率、传染病发病率上升,并增加社会心理压力。

——间接影响,如气候变化导致传染病传播进而对健康的影响,气候专家预测,全球平均气温上升 2℃,受疟疾影响的人口比例可能从现在的 45% 增至 60%,则每年将新增病例 500 万至 800 万。再例如有研究预测在未来二氧化碳加倍的条件下,由于草原面积的增加,中国鼠疫疫源地的面积将增大 40% 左右,受威胁人口也会有相应增加。

要实现千年发展目标,必须采取适应气候变化的相关措施;建立和完善健康保障体系(即能力建设),尤其对气候变暖最脆弱的群体,如儿童、老年人和露天高温作业者,政府应给予更多的关注;加强一级预防,重视二级预防和监督,做好三级预防。传染病的预防与控制,总的原则是严格执行《中华人民共和国传染病防治法》,管理传染源,切断传播途径,保护易感人群;加强对全民的宣传教育,增强人们应对气候变暖的自我保护意识;加强 5~7 天的中期天气预报,特别是热浪、大风降温的预报;重视大气污染的防治与控制。只有采取一系列系统、科学的适应措施,控制好相关疾病的传染,维持社会的稳定与和谐,才能推动整个社会走上生产发展、生活富裕、生态良好的文明发展道路。

(7)基础设施

基础设施不仅是社会生产、生活的物质基础,也是衡量一个社会现代化和综合实力的重要标志,是实现可持续发展的先决条件。

然而气候变化已经威胁到人类社会至关重要的基础设施,如公路和铁路网络、水资源和能源系统以及医疗保健体系等,而其造成的破坏还将进一步恶化。城市基础设施是城市承载力的决定性因素,气候变化对城市基础设施的影响包括直接破坏损失和由此引起的社会经济活动中断损失,后者远大于前者。图 8.10 和图 8.11 是1993 年美国密西西比河发生大洪水后,美国德拉华(Delaware)大学灾害研究中心专门就命脉系统影响问题对受水灾最严重的依阿华州 Des Moines 城的 1079 个企业进行的受灾调查。

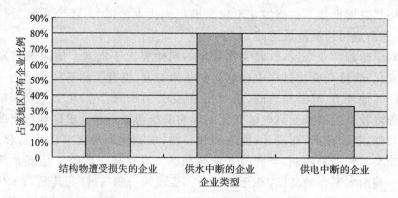

图 8.10 美国依阿华州企业受灾情况

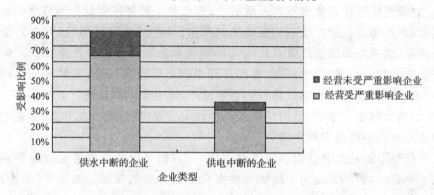

图 8.11 美国依阿华州水电中断企业受影响情况

对于中国,在高经济增长率的光环下,基础设施规划与建设却十分薄弱。2008年春运之际的大雪,曾经一度使得全国二十多个机场、多条高速公路关闭,贵州、湖南、安徽等省大面积停电,大量客货运列车晚点甚至停开,仅广州地区就有 50 余万旅客滞留;江苏省沿江一带多条高速公路从 1 月 26 日起一直处于封闭状态,广大民众的基本生活供应受到较大影响,对我国造成的直接损失就达上千亿元。与此同时,由于气候变化,极端气候事件频发,农业基础设施建设也面临着严峻的考验。

要保证社会经济各项活动的正常运营和进行,就必须采取措施完善基础设施建设,适应气候变化;提高基础设施规划与建设标准;完善城市基础设施安全运行应急管理预案;完善气象灾害农业保险机制。

基础设施建设的完善,一方面可以更好地适应气候变化,最大程度减少气候变化带来的损害;另一方面,合理的基础设施建设,在一定程度上也能减缓气候变化。适应气候变化条件下的基础设施建设和完善,是保证可持续发展的前提。

（8）旅游业及自然和文化遗产

在可持续发展框架下的旅游业不仅要满足当代人的需要，还要满足后代子孙的需要，即走旅游业可持续发展道路。

然而对全球旅游业来说，气候变化带来的风险要大于机遇。旅游潮将发生地区和季节性变化，在这一变化过程中自然有受益的一方，也有受到不利影响的一方。旅游产业链的其他环节（旅游经营商、旅行社、航空公司和酒店等）也会受到影响。对旅游业依赖程度较高的国家受到气候变化的影响就越明显。表现出这种特点的欧洲国家包括马耳他、塞浦路斯、西班牙、奥地利和希腊，加勒比海地区有巴哈马和牙买加，亚洲国家如泰国和马来西亚，非洲的突尼斯和摩洛哥也属于此类。经济尤其依赖旅游业的是一些南太平洋的岛国、甚至还包括印度洋的一些岛国（尤其是马尔代夫和塞舌尔）。虽然气候变化影响在2030年之前还不至于产生严重破坏，但这是一个明确的信号：如果气候变化意味着游客人数减少，那么整个经济将受到相当程度的破坏。

其中，自然和文化遗产受到的影响尤其严重。英国"未来趋势"研究中心最新提供的报告称，越来越多的遗产景点将因气候变化和游客增多而被严重损毁。该报告在调查了全世界的科学家、政府、游客和环保组织之后得出结论：气候变化会影响冰川、珊瑚礁、红树林、寒带和热带森林等自然遗产，也会影响文化遗产。世界不少著名的遗产，如澳大利亚大堡礁、尼泊尔萨加玛塔国家公园，都可能会在2020年左右不适合旅游而从游客的游览名单中消失。

走可持续发展的旅游业以适应气候变化，一方面可以减少旅游业自身受到气候变化的不利影响，另一方面对于减缓气候变化也有一定的帮助。如图8.12所示，旅游业二氧化碳的排放占了全球排放量的3.5%。

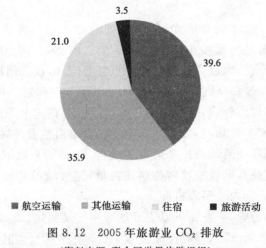

■ 航空运输　■ 其他运输　□ 住宿　■ 旅游活动

图 8.12　2005 年旅游业 CO_2 排放

（资料来源：联合国世界旅游组织）

　　具体的可持续发展的旅游政策包括:通过征收航空燃油税和旅游附加税达到减排目的,获取发展可替代绿色能源的资金;提倡对环境友善的,以亲近自然、减少污染和能源消耗为特征的生态旅游等。目前中国已经成为世界第 5 大旅游国,二氧化碳排放量居世界第 2 位,因此旅游业的健康发展和环保方面的国际义务都要求我们实行可持续发展的旅游政策。

8.4　一体化的可持续发展与应对气候变化战略和政策体系

8.4.1　国家战略与国家方案

　　根据《气候公约》和《京都议定书》的规定,中国作为发展中国家,没有量化的减少或限制温室气体排放的义务。但是,本着对全球环境负责的精神和推进可持续发展战略的要求,在过去的 20 多年里,中国通过调整经济结构、提高能源效率、开发利用水电和其他可再生能源、大力开展植树造林等方面的政策和措施,为减缓温室气体排放量的增长、保护全球气候作出了积极的贡献。

　　早在 1990 年,中国政府就成立了跨部门的国家气候变化协调小组。1998 年,在中央国家机关机构改革过程中,又重组了这个协调小组。由于机构调整和人员变动,2003 年,经国务院批准,新一届国家气候变化对策协调小组成立,国家发展和改革委员会任组长单位,外交部、科技部、国家环保总局、中国气象局为副组长单位,财政部、商务部、农业部、交通部、国家林业局等 12 个相关部委局为成员单位。国家气候变化对策协调小组的主要职责是讨论涉及气候变化领域的重大问题,协调各部门关于气候变化的政策和活动,组织对外谈判,对涉及气候变化的一般性跨部门问题进行决策。对重大问题或各部门有较大分歧的问题,将报国务院决策,以指导对外谈判和国内履约工作。

　　《京都议定书》生效后,中国又建立了清洁发展机制(CDM)领导和管理体制。成立了国家清洁发展机制项目审核理事会,国家发展和改革委员会与科技部为联合组长单位,外交部为副组长单位,国家环保总局、中国气象局、财政部和农业部为成员单位。国家发展和改革委员会被指定为中国的 CDM 国家主管机构,代表中国政府出具 CDM 项目批准文件。为加强对 CDM 项目的管理,于 2007 年成立了 CDM 管理中心。

　　近年来中国政府还不断加强了与应对气候变化紧密相关的能源综合管理,2003年成立了国家发展和改革委员会能源局,2005 年成立了"国家能源领导小组"及其办公室,进一步强化了对能源工作的领导和管理。目前,中国正下大力气推动与控制温室气体排放关系更为密切的节能减排工作,国务院已决定成立由温家宝总理任组长、曾培炎副总理任副组长的节能减排工作领导小组，统领全国的节能减排工作。

　　同样，中国应对气候变化相关的法律、法规和政策措施也得到了加强。1994年以来，中国政府制定和实施了一系列与应对气候变化相关的法律、法规和政策措施。1998年《中华人民共和国节约能源法》开始实施；2004年国务院通过了《能源中长期发展规划纲要（2004—2020年）》（草案）；2004年国家发展和改革委员会发布了中国第一个《节能中长期专项规划》；2005年2月，中国全国人大审议通过了《可再生能源法》并于2006年1月1日开始实施，明确了政府、企业和用户在可再生能源开发利用中的责任和义务；2005年12月，国务院发布了《关于发布实施〈促进产业结构调整暂行规定〉的决定》和《关于落实科学发展观加强环境保护的决定》；2006年8月，国务院发布了《关于加强节能工作的决定》等；中国第一部《能源法》目前也在加紧编制；《中华人民共和国国民经济和社会发展第十一个五年规划纲要》中明确提出"控制温室气体排放取得成效，单位GDP的能源消耗降低20％"的目标。此外，为规范和推动清洁发展机制项目在中国的有序开展，2005年10月，中国政府有关部门颁布了经修订后的《清洁发展机制项目管理办法》，充分显示了中国积极参与清洁发展机制、促进全球可持续发展的意愿和决心。这些政策性文件为进一步增强中国应对气候变化的能力提供了政策和法律保障。

　　我国政府在气候变化领域开展了一系列重要工作，包括：

　　（1）积极参与气候变化国际谈判，在国际谈判中发挥着越来越重要的作用。

　　（2）参与政府间气候变化专业委员会（IPCC）的工作。积极参加IPCC相关谈判进程，并先后参加了IPCC四次评估报告的编写与评估工作。

　　（3）履行在《气候公约》下承担的具体义务。完成了《中华人民共和国气候变化初始国家信息通报》；按照《气候公约》的要求，已经制定完成了《中国应对气候变化国家方案》，于2007年正式向国际社会发布。

　　（4）开展科学研究和系统观测。从"八五"开始，就将全球气候变化作为重要研究内容列入了国家科技发展计划之中，初步形成了由大学、科研机构等组成的气候变化研究队伍；初步建立了气候变化的观测网。

　　（5）结合国际合作项目，开展了形式多样的气候变化宣传教育活动，提高了公众气候变化意识，加强了公众的广泛参与。

　　（6）开展了气候变化双边和多边国际合作，对推动我国气候变化能力建设发挥了重要作用。

8.4.2　政策体系

　　温室气体排放的限制和削减不仅是一个技术问题，而且是一个经济问题，需要运用多种管理手段和政策工具，主要包括：规制手段（例如法规和标准），经济手段（例如能源税、碳税、排放许可交易），自愿协议和研发支持（表 8.8）。由于 80％的温室气体来源于矿物燃料的燃烧，因此温室气体控排政策与能源利用政策密不可分。

表 8.8　国家环境政策手段和评估准则

手段	衡量标准			
	环境成数	成本效益	满足分配方面的考虑	体制上的可行性
法规和标准	直接设定排放水平，但是可能存在例外情况；取决于是否延期和履约达标情况	取决于设计，统一适用的法规和标准可能导致总体履约达标成本上升	取决于是否享受平等待遇，小的/新的行动参与者可处于不利地位	取决于技术能力；在市场功能弱的国家，规管者普遍采用
税费	取决于是否能够将税额设定在引发行为改变的合理水平上	广泛应用能产生较好的成本效益；在体制弱的情况下，行政管理成本较高	累退性：可以通过收入回流得到改善	通常在政治上不受欢迎；如果体制不完备，也许难以实施
可交易许可证	取决于排放上限、参与情况和达标情况	随着参与程度和参与部门的减少而下降	取决于最初的许可证分配，也许会给小排放者带来困难	需要功能完善的市场和互补的体制
自愿协议	取决于项目的设计，包括需要有清晰的目标、基线情景、第三方参与设计和评估、监督条款	取决于灵活性和政府激励措施、将罚的力度	受益的仅是参与者	通常在政治上受欢迎，需要大量的行政管理人员
补贴和其他激励措施	取决于项目的设计，不如法规、标准那么确定	取决于补贴的水平以及计划的设计，可能使市场扭曲	使获得补贴的参与者受益，而有些不需要这种补贴和激励	受到获得补贴者的欢迎，既得利益者可能会抵制。补贴一旦实行可能很难取消
研究和发展	取决于是否能获得持续的资金支持、技术何时能发展成熟以及是否有推广政策。从长期而言也许有高效益	取决于计划的设计和风险程度	最初使被选定的参与者受益，资金的分配有可能不当	需要许多独立的决定，取决于研究能力和长期资金支持

注：上述评价是根据以下假设预测的，即各项政策手段确实代表了最佳的做法，而并非在理论上是完美的，这种评估主要依据了发达国家的经验和文献，因为其他国家经过细审的关于手段效果的文章有限。在不同国家、行业、环境下的可适用性——尤其是在发展中国家和经济转型国家——可能会有很大差异。如果对政策手段进行策略整合或根据具体情况对其作调整，其环境成效和成本效益可能得到提升。

　　规制手段主要包括法律法规和标准制定，是传统的行政管理手段，主要是采用标准界定环境目标并通过运用行政管制贯彻实施。例如日本 1979 年实施《节约能源法》（分别于 1998 年和 2003 年进行了修正），同时实施各种细则和标准，如 1993 年的《企业节能准则》、《建筑节能准则》、《汽车燃料消费标准》来具体贯彻各个领域的节能法案实施。

经济手段主要有三大类：

——税费政策，目的是增加温室气体排放的成本，例如碳税、能源税；

——财政政策，目的是降低提高能效的成本，例如补贴、贷款（包括公共贷款和创新基金）、特殊技术的税费减免；

——排放许可交易，目的是在设定碳排放允许量的前提下实现控排成本最小化，目前在欧洲、北美都有碳交易市场且发展快速。

世界大多数国家注重节能始于 20 世纪 70 年代石油危机期间，各国政府制定了各种政策措施来提高能源效率、降低能源消耗，这些政策措施绝大部分可纳入强制性范畴。80 年代，欧美等市场经济国家认识到不同利益主体对于市场经济信号的响应远比对政府政策与法规的响应要快得多、有效得多。因此，在允许的情况下，他们都尽量地采用非强制措施。同时，全球气候变暖引起了世界各国对能源与环保关系的进一步重视。1998 年通过了《京都议定书》，欧共体、美国、日本等发达国家纷纷承诺减排一定量的温室气体，而节能则被看作减排的重要措施之一。所以，自 20 世纪以来，发达国家主要从减排的角度来考虑节能。在此期间，以工业行业（企业）自愿承诺与政府签订节能减排协议这一新的政策模式逐步形成、发展起来，并取得了良好的效果。

虽然任何特定政策手段都存在优势和不足，但当决策者选择和评估各项政策时，普遍采用以下四条标准：环境成效、成本效益、分配方面的考虑和体制上的可行性（Gupta 等 2007）。政府可以在事先应用这些标准来对各种政策手段作出选择，也能在事后应用这些标准对政策手段的成效进行评估。

（1）法规措施和标准

法规措施和标准是通过直接设定排放限定量或技术约束直接管制排放源，通过规则或标准直接管制排放者的政策手段，也称为规制手段。规制手段较为传统，而且在大多数国家的环境政策中处于主导，这是因为在最初没有经验并且又处于紧急的社会困境时，这类方法能够迅速奏效。尽管其具有上述优点，但由于它主要是使用缺乏灵活性的规制和排放限额，而且通常对所有排污者施加统一的限制，因此并非总是有效，而且缺乏效率。法规标准一般不会激励排污者开发新的技术以减少污染，但是却有若干案例表明法规标准可刺激技术创新。在建筑业，标准是一种通用的做法，并出现强有力的创新。尽管很少专门制订减少温室气体排放的法规标准，但是作为共生效益，标准的实施减少了温室气体。

（2）税费

碳排放引起气候变化本质上是一个外部性问题。外部性是一种经济力量对另外一种经济力量的非市场的"附带影响",破坏了资源的有效配置。为了减少这种非市场的"附带影响",美国经济学家庇古提出应通过税收(或者补贴)的办法将外部性内部化,这就是著名的庇古税。碳税就是一种庇古税,原理如图 8.13 所示。图中横坐标表示碳排放量,纵坐标表示成本,曲线 MC 表示碳减排的边际成本,曲线 MD 表示碳排放边际损害。两条曲线的交点所对应的 T 即为最佳碳税标准,相应的 E 为最佳碳排放量。但是对于碳排放来说,确定其损害并加以定量化和货币化很困难,因而一般采用次优的排放控制费用最小的方法。首先确定将大气中二氧化碳浓度控制在某个危险水平以下所允许的全球最大碳排放量,按照某种规则在国家或地区之间进行碳排放量分配,然后根据所获得的碳排放限额来确定碳税的标准。在碳税的价格信号作用下,每个碳排放者将根据自己的碳减排成本函数自行选择适当的排放量。国家通过调整碳税 T 来控制总的排放量。

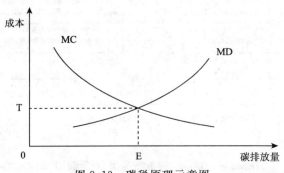

图 8.13　碳税原理示意图

　　国际上有不少研究表明,征收碳税是实现碳减排的有效手段(OECD/IEA 2003,Hanson 等 2006,李伟等 2008)。目前世界上已经有一些国家将征收碳税或能源税付诸实践,并取得良好的环境效益。但是征收碳税将会影响能源的价格、能源供应与需求,从而对经济增长造成影响,因此更多国家对于碳税设置采取谨慎的态度。目前世界上共有 6 个国家(瑞典、挪威、荷兰、丹麦、芬兰和意大利)实行了碳税;奥地利和德国最近引入了能源税,但是并不是根据能源的含碳量征收;瑞士和英国目前正在讨论征收碳税或者能源税的提案;同时,在另外一些国家,碳税或能源税的提案遭到了反对(高鹏飞等 2002,Baranzini 等 2000)。

　　(3)可交易许可(碳排放贸易)

　　排放贸易是指《京都议定书》下第 17 条所确立的合作机制,是基于排放权的贸易,适用于附件一缔约国家。承担减排义务的国家或企业,可以在温室气体市场上向其他承担减排义务的国家或企业出售或购买排放权以完成其减排承诺。

　　排放贸易的理论基础是排污权交易。按照科斯定理,污染权的交易其所以能够达到资源的最优配置,是由于无论权利的初始配置如何,只要能够自由地进行交易,就能够纠正错误的配置,条件是交易成本为零;而当交易成本为正时,只要能够进行市场交易,资源配置也会得到改善。

　　在《京都议定书》生效前,人们已进行了加拿大 GERT 计划、美国 CVEAA 计划、丹麦电力行业试点、壳牌集团 STEPS 计划、澳大利亚新南威尔士州温室气体减排体系(NSW/ACT)等诸多努力,尝试着用将碳排放权纳入市场机制的方式减少和降低温室气体的排放。而 2005 年 2 月 16 日《京都议定书》的生效,更是把国际碳排放权贸易推进到高速发展的阶段。按照《京都议定书》的规定,目前的国际碳排放贸易可以划分为两种类型,见图 8.14。

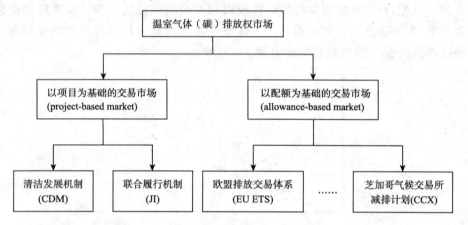

图 8.14　国际碳排放贸易类型(涂毅等 2008)

　　以项目为基础的减排量交易(project-based trade):JI 和 CDM 是其中最主要的交易形式,其运作基础都是由附件一国家企业购买具有额外减排效益项目所产生的减排量,再将此减排量作为温室气体排放权的等价物抵消其温室气体的排放量,以避免高额处罚。这两种机制的不同之处在于 JI 是附件一国家(发达国家和经济转型国家)之间的合作机制,而 CDM 是附件一国家和非附件一国家的合作机制。

　　以配额为基础的交易(allowance-based trade):与基于项目机制的温室气体排放权交易不同,在配额基础交易中购买者所购买的排放配额,是在限额与贸易机制(Cap & Trade System)下由管理者确定和分配(或拍卖)的。《京都议定书》下的国际排放贸易(ETS)机制就是以配额交易为基础的。在该机制下,人们采用总量管制和排放交易的管理和交易模式,即:环境管理者会设置一个排放量的上限,受该体系管辖的每个企业将从环境管理者那里分配到相应数量的“分配数量单位”(AAU),每个分配数量单位等于 1 吨二氧化碳当量。如果在承诺期中这些企业的温室气体排放量低于该分配数量,则剩余的 AAU(代表排放温室气体的许可权)可以通过国际市场有偿转让给那些实际排放水平高于其承诺而面临违约风险的附件一国家企业,以获取利润;反之,则必须到市场上购买超额的 AAU,否则将会被处以重罚。

以配额为基础的碳交易市场主要由四大部分组成:欧盟排放交易体系(EU ETS)、澳大利亚新南威尔士体系、芝加哥气候交易所(CCX)和英国排放体系。在这些市场中的排放许可(配额),是由相关机构规则约定的,如欧盟排放贸易体系下的准许排放量(EUA)。这其中,欧盟排放贸易体系占准许市场的绝大部分,美国和澳大利亚虽然没有签署《京都议定书》,但是由于全球市场的大势所趋以及来自各方面的压力,也都形成了各自的交易市场,并且交易规模日益扩大。

(4)财政激励措施

补贴和减免税常常被政府用来激励新的、温室气体排放较少的技术的推广。虽然此类计划的经济成本通常比上述手段高一些,但它们通常对克服新技术推广方面的障碍是至关重要的。如同其他政策,各项激励计划必须认真设计,以避免产生不良的市场影响。在许多国家,对矿物燃料的使用和农业提供直接和间接的补贴仍然十分普遍,但是在过去的十年中,许多经合组织国家和一些发展中国家已经减少了对煤的补贴。

政府对研发的支持是一种特殊的激励措施,它可以成为一种重要的手段来确保能长期获得低温室气体排放的技术。但是,在 20 世纪 70 年代的石油危机之后,政府对许多能源研究项目的资助减少了,即便在 UNFCCC 获得批准后依然如此。研发活动需要大量增加投入和政策支持,确保技术能够商业化,以使大气温室气体达到稳定水平,同时还需要经济和法规手段来促进新技术的部署和推广。

(5)产业和政府之间的自愿协议和信息措施

自愿协议和信息措施在政治上具有吸引力,能提高利益攸关方的意识,在许多国家政策的逐步形成过程中发挥了作用。多数自愿协议未能使排放降到大大低于"照常排放"的水平。但是少数几个国家最近的一些协议却促进了最佳现有技术的应用,从而使排放比照基线有了显著减少。成功的因素包括清晰的目标、基线情景、第三方参与设计和评估、对监督有正式的条款。

8.4.3　社会治理结构

(1)政府的作用

目前还有争辩认为可持续发展可能降低所有国家、尤其是发展中国家对气候变化影响的脆弱性。把此辩论意见界定为一个发展问题而不是环境问题也许可以更好地着手实现所有国家、尤其是发展中国家的近期目标以及应对它们对气候变化的特殊脆弱性,同时着手解决与根本发展途径相关的减排驱动力问题。

对于发达国家政府来讲,《联合国气候变化框架公约》中已经明确指出不但要率先减少温室气体排放,而且也有义务提供新的、额外的资金和技术去支持发展中国家提高应对气候变化的能力,这是非常必要的,也是非常公正的。因为发达国家在早期的工业化过程中已经排放了很多温室气体,历史累计排放量远超过发展中国家,为了保证公平,发达国家必须带头进行减排;同时,气候变化事关全人类的福祉问题,发达国家也需要在自己努力减排的同时为发展中国家提供减排的技术和资金,帮助发展中国家实现减排,造福全人类。

对于发展中国家来说,虽然由于发展和公平的原因,现在并没有承担减排的义务,但是作为生活在地球上的人类,对于全球气候的保护具有不可推卸的责任,应该在努力发展经济、提高人民生活水平的同时,努力实现节能减排,将气候保护与国内的可持续发展相结合,减少向大气中排放温室气体。

另外,有关可持续发展和减缓气候变化的决策不再仅仅是政府的职权范围。治理结构的理念正在朝着更具包容性的概念转变,其中包括各级政府、私营行业、非政府行动方和公民社会的贡献。在适当的实施水平上气候变化作为规划的一部分愈多地融入主流,所有相关各方才能以有意义的方式愈多地参与决策过程,这样才能推动社会向保护气候与可持续发展的道路稳步迈进。

（2）企业履行社会责任

企业责任竞争力将决定企业未来的核心竞争力。责任正在重塑市场竞争规则,对企业利益相关者负责的全面责任竞争时代正在取代过去的那种以价廉物美为法则的时代。责任正在重塑未来市场,这个市场将回报那些以正确的方式管理责任的企业和经济体。如以应对、适应气候变化为例,企业开发和利用自身的专业优势,在解决关系和影响到一个国家或地区甚至全球可持续发展的气候变化问题的同时,还能增强企业经济效益或竞争力,企业就增强了责任竞争力,企业就能赢得未来可持续发展的市场。

在过去十几年间随着国际气候谈判的推进,企业对于减排问题的态度发生了明显的转变,从最初比较抵制和反对、担心减排会造成成本的上升到后来越来越多的企业以一种积极的态度来应对减排问题,一些反对减排的企业联盟逐渐瓦解,而一些支持减排的联盟在不断壮大。现在很多企业都是把建设资源节约型和环境友好型企业、保护和恢复生态环境、实现人与自然和谐发展作为企业重要的社会责任。而对于那些拥有先进的减排技术的发达国家企业,向发展中国家提供技术和资金援助也正是他们展现社会责任的很好的体现。

中国国务院国有资产管理委员会以2008年1号文件发布了《关于中央企业履行社会责任的指导意见》。该文件引起了国内外的强烈反响,有关国际组织和国际媒体给予了高度评价,认为这是来自我国官方机构推动企业社会责任发展的一个积极信号,反映了我国对社会责任的积极态度和立场,反映了中央企业的价值理念和高尚追求,将会对推动国有企业履行社会责任、促进中国企业社会责任运动的发展起到积极作用。

（3）公众参与监督管理

公民在激发可持续发展方面发挥着显著作用，而且他们是实施可持续发展政策的关键行动者。除了自己实施可持续发展项目以外，他们能够通过提高意识、拥护和鼓动来推动政策的改革。他们还能够通过弥补差距和提供政策服务来拉动政策行为，包括政策创新、监督和研究。互动可以采取合作伙伴的形式或通过与利益攸关方的对话，这能为公民团体提供向政府和行业不断施压的杠杆。

中国政府一直重视环境与气候变化领域的教育、宣传与提高公众意识。2002年，中国政府制定的《中国 21 世纪初可持续发展行动纲要》提出：积极发展各级各类教育，提高全民可持续发展意识；强化人力资源开发，提高公众参与可持续发展的科学文化素质。近年来，中国加大了气候变化问题的宣传和教育力度，在提高公众气候变化意识以及促进可持续发展方面作出了很大努力，取得了一定成效。

中国政府开展了一系列的活动增强公众的意识，提高公众参与的热情，有效地对公众进行了气候变化方面的能力建设，包括：

①教育与公众意识提高

中国正在考虑逐步将有关气候变化的内容纳入到正规教育体系中，使气候变化教育成为素质教育和道德教育的一部分。如旨在普及可再生能源知识，帮助中小学生树立可持续发展理念的知识普及性教材《可再生能源》已开始启用，这套教材将在陕西、江苏、天津、北京和上海的中小学试用。

中国也利用非正规教育的形式开展了有关可持续发展、环境保护和气候变化方面的成人教育。1996 年 3 月，八届人大第四次会议把"可持续发展"和"科教兴国"作为指导国民经济和社会发展的中长期计划的两项重大战略后，各项教育与培训活动蓬勃开展，极大提高了公众的可持续发展意识。

中国在气候变化方面举办了各种层次的培训班，编写了有关教材，对各类相关人员进行了培训，对提高公众和政策制定者的气候变化意识起到了积极作用。例如，中国 21 世纪议程管理中心承办了"气候变化知识培训班"，来自全国 23 个省（区、市）、计划单列市计划部门的数十人参加了培训；国家环境保护总局宣教中心通过中加气候变化合作项目组织专家编写了气候变化培训教材，对地方党政领导、地方环保局长、绿色学校校长和教师、企业代表、记者进行了培训；中国人民大学通过中英气候变化合作项目编写了"省级决策者能力建设培训教材"，先后举办了多期省级决策者培训班等。

②宣传

公众意识调查：只有在确切了解公众气候变化意识现状的基础上，气候变化宣传才能做到有的放矢。基于此，中国有关部门组织了全国性的公众气候变化意识问卷调查,范围涉及高校学生、中学生、机关公务人员、工人、农民和社区居民等。调查结果显示,目前中国公众对气候变化问题了解较少,对人类活动与气候变化的内在联系的认识还不够深刻,在日常生活中保护气候变化的意识还不够强。这些调查为中国政府在气候变化方面的宣传及公众意识提高工作提供了依据。

媒体宣传:中国充分运用电视、广播、报纸等媒体进行环境保护和气候变化方面的宣传。例如:中央人民广播电台在两年内连续播出 100 多期"地球——我们的家"节目,受到社会广泛关注;《中国环境报》在宣传保护环境和减缓气候变化方面作了大量的报道;《中国青年报》开辟了专门的绿刊,定期刊载有关气候变化方面的文章;中央电视台等有影响的媒体制作并播出了多期气候变化方面的电视节目,包括专家访谈、电视片和电视公益广告等,以让公众了解气候变化并认识到气候变化与日常生活的密切联系;在《联合国气候变化框架公约》缔约方大会期间,中国各大媒体都对会议情况和气候变化的相关内容进行了跟踪报道。

网站建设和宣传:中国非常重视网络工具在气候变化宣传中的重要性。2002 年 10 月 11 日,中国第一个气候变化官方网站——中国气候变化信息网(www. ccchina. gov. cn)正式开通,网站内容包括国内外动态信息、基础知识、政策法规、公约进程、研究成果、减排技术、国家信息通报、统计数据及国际合作等栏目。中国气候变化网(www. ipcc. cma. gov. cn)重点向公众介绍国内外有关气候变化的最新科研成果和发现、政府间气候变化专门委员会组织的有关活动、中国参与政府间气候变化专门委员会活动的情况,以及在国内组织开展的活动情况、气候变化及其影响与对策方面的知识、回答公众关心的热点问题等。国内其他相关网站,如中国能源网(http://www. china5e. com)、中国环境在线(www. chinaeol. net/zjqh)、全球气候变化对策网(http://www. ami. ac. cn/climat-echange2)、中国全球环境基金(http://www. gefchina. org. cn)等,也在介绍气候变化方面的信息、普及气候变化基础知识、宣传中国政府在气候变化方面的相关政策及研究成果、促进国际合作与信息交流等方面发挥了积极作用。中国还利用互联网进行了专家讲座,并组织专家通过网络与公众就气候变化问题进行了网上交流。

研讨会和论坛:近十年来,中国已举办了数次气候变化科学大会;举办了数百个与气候变化相关的国内、国际研讨会,并组织了多期气候变化与环境论坛。这些活动有的规模大、层次高、范围广,对于提高广大公众气候变化方面的意识起到了推动作用。

报告会与讲座:有关单位不定期举办各类气候变化报告会,邀请参加气候变化谈判的政府代表、气候变化研究领域的专家作报告,听众包括机关干部、街道社区人员和在校学生等。

出版物及其他宣传材料:近年来,中国编写和出版了多种气候变化方面的出版物和宣传材料。例如:中国气候变化领域的知名专家编写的《全球变化热门话题》丛书

（共 18 册），其中包括《减缓气候变化的经济分析》、《气候变化对农业生态的影响》、《气候变化与荒漠化》等；印发了《气候变化通讯》、《研究快讯》等刊物；编写了《中国与气候变化》宣传册，并在《联合国气候变化框架公约》缔约方大会上散发；编写并出版了《全球气候变化公众宣传手册》。

思考题

1. 胡锦涛主席在 2005 年的"G8＋5"会议上提出："气候变化既是环境问题，也是发展问题，但归根到底是发展问题。"这一观点在《中国应对气候变化国家方案》中也被开宗明义地提出。你如何理解这一观点？
2. 试分析我国当前节能减排政策对减缓气候变化和可持续发展的影响。
3. 以近年来发生的一件极端气候事件为例，分析发展中国家在气候适应方面的能力和存在的问题，并给出国际社会在此方面的行动建议。

参考文献

《气候变化国家评估报告》编写委员会. 2007. 气候变化国家评估报告. 北京：科学出版社.

高鹏飞，陈文颖. 2002. 税与碳排放. 清华大学学报（自然科学版），(10)：1335-1338.

李伟，张希良，周剑，何建坤. 2008. 关于碳税问题的研究. 税务研究，(3)：20-22.

彭珂珊. 1998. 中国城市化与地质灾害之分析. 科学对社会的影响，01：32-42.

涂毅，谢飞. 2008. 国际温室气体排放权市场的发展和我国应对气候变化的市场化设想. 武汉金融，(2)：18-23.

王庆一. 2006. 按国际准则计算的中国终端用能和能源效率. 中国能源，28(12)：5-9.

王庆一. 2006. 我国能源密集产品单位能耗的国际比较及启示. 国际石油经济，14(2)：24-30.

中国电力企业联合会统计信息部. 2007. 2006—2007 年全国电力供需形式分析预测与若干问题建议. 中国石油和化工经济分析，(6)：6-11.

中国市长协会. 中国城市发展报告(2001—2002). 北京：西苑出版社.

Adger W N, Brooks N, Kelly M, et al. 2004. New indicators of vulnerability and adaptive capacity. Centre for Climate Research.

An F and Sauer A. 2004. Comparison of passenger vehicles fuel economy and greenhouse gas emission standards around the world. Pew Center on Global Climate Change, Washington D. C., US, pp. 36.

Baranzini A, Goldemberg J, Speck S. 2000. A future for carbon taxes. Ecological Economics, 32：395-412.

Baumert K, Pershing J, Herzog T, et al. 2004. Climate data：Insights and observations. Pew Centre on Climate Change, Washington, D. C.

Gupta S, et al. 2007. Policies, Instruments and Co-operative Arrangements. In Climate Change 2007: Mitigation. Contribution of Working Group III to the Fourth Assessment Report of the Intergovernmental Panel on Climate Change, Cambridge University Press, Cambridge, United Kingdom and New York, NY, USA.

Hanson C and Hendricks Jr J R. 2006. Taxing Carbon to Finance Tax Reform.

IEA. 2005. World Energy Outlook. International Energy Agency, Paris.

IPCC. 2001. Climate Change 2001: Mitigation of Climate Change. Contribution of Working Group III to the Third Assessment Report of the Intergovernmental Panel on Climate Change. Cambridge University Press, Cambridge.

Kotov V. 2002. Policy in transition: New framework for Russia's climate policy. Fondazione Eni Enrico Mattei (FEEM), Milano, Italy, Report 58. 2002.

OECD/IEA. 2003. Policies to Reduce Greenhouse Gas Emissionsin Industry, Successful Approaches and Lessons Learned. Workshop Report.

Pan J. 2003. Emissions rights and their transferability: Equity concerns over climate change mitigation, International Environmental Agreements. Politics, Law and Economics, 3(1):1-16.

PRC. 2004. Initial National Communication on Climate Change. China Planning Press, Beijing, 80 pp.

Ravindranath N H and Sathaye J A. 2002. Climate Change and Developing Countries. Kluwer, 300 pp.

Sathaye J, Najam A, et al. 2007. Sustainable Development and Mitigation. In Climate Change 2007: Mitigation. Contribution of Working Group III to the Fourth Assessment Report of the Intergovernmental Panel on Climate Change, Cambridge University Press, Cambridge, United Kingdom and New York, NY, USA.

UNDP. 2005. Human Development Report 2005. United Nations Development Programme, Oxford University Press, Oxford.

Winkler H, Baumert KA, Blanchard O, et al. 2007. What factors influence mitigative capacity? Energy Policy, 35(1):692-703.

Winkler H, Spalding-Fecher R, Tyani L. 2002. Comparing developing countries under potential carbon allocation schemes. Climate Policy, 2(4):303-318.

推荐书目

1. Houghton J〔英〕. 2001. 全球变暖. 戴晓苏等译. 北京：气象出版社.（本书作者 John Houghton 爵士系原英国气象局局长,现任 IPCC 第一工作组联合主席. 书中以精炼的笔法概括了全球气候变化研究的最新成果,通俗地阐明了全球气候变化的核心问题,内容深入浅出,表述准确,物理概念清楚.）

2. 威廉·伯勒斯〔英〕主编. 2007. 21 世纪的气候. 秦大河,丁一汇等译校. 北京：气象出版社.（本书对整个 20 世纪的全球气候系统进行了总结,确定了一些主要的气候事件及其对社会的影响,还追溯了人类观测和监测气候系统能力的发展过程,最后深入阐述了 21 世纪的气候问题并介绍了 IPCC 的有关工作. 本书通俗易懂,可读性强,有选择性地介绍了一些重要的气候过程和一些产生巨大影响的气候事件案例,以及气候在 21 世纪伊始所面临的挑战.）

3. 国家气候变化对策协调小组办公室,中国 21 世纪议程管理中心. 2004. 全球气候变化 ——人类面临的挑战. 北京：商务印书馆.（本书从气候变化知识、温室气体影响、气候变化的生态和社会经济影响、气候变化问题的实质等六个层面进行了全方位的分析,有助于深化人们对全球气候变化问题的理解,推动公众参与保护全球气候的行动.）

4. 《气候变化国家评估报告》编写委员会. 2007. 气候变化国家评估报告. 北京：科学出版社.（该报告系统总结了我国在气候变化方面的科学研究成果,全面评估了在全球气候变化背景下中国近百年来的气候变化观测事实及其影响,预测了 21 世纪的气候变化趋势,综合分析、评价了气候变化及相关国际公约对我国生态环境和经济社会发展可能带来的影响,提出了我国应对全球气候变化的立场和原则主张以及相关政策.）

5. IPCC. 2007. *Climate Change* 2007：*The Physical Science Basis*. Contribution of Working Group I to the Fourth Assessment Report of the Intergovernmental Panel on Climate Change. Cambridge University Press.（这是 IPCC 在 2001 年第三次评估报告发表后时隔六年发布的最新全球气候变化科学评估报告,该报告证明,目前我们对气候系统及其对温室气体排放敏感性的科学认知比以往更加丰富和深入,将使读者对未来的气候变化有更加深入和透彻的了解.）

6. IPCC. 2007. 气候变化－2007:减缓,政府间气候变化专门委员会第四次评估报告第三工作组的报告. 剑桥大学出版社.

7. 吴宗鑫,陈文颖. 2001. 以煤为主多元化能源发展战略. 清华大学出版社.

8. 胡秀莲,姜克隽,等. 2001. 中国温室气体减排技术选择及其对策评价. 北京：中国环境科学出版社.

9. 周大地,等. 2003. 2020 中国可持续能源情景. 北京：中国环境科学出版社

10. IPCC. 2006. IPCC Special Report on Carbon Dioxide Capture and Storage. Geneva：WMO/UNDP,

11. 梅达 A J,库什曼 R M. 1996. 李成,马继瑞,张苓译. 海平面上升与沿岸过程. 北京：海洋出

版社.

12. 陈宗镛. 2007. 潮汐与海平面变化研究. 青岛：中国海洋大学出版社.

13. 丁一汇，任国玉. 2008. 中国气候变化科学概论. 北京：气象出版社.

14. Lovejoy T E, Hannah L. eds. 2005. Climate Change and Biodiversity. Yale University Press, New Haven & London. (本书详细介绍了气候变化对生物多样性的影响以及生物多样性适应气候变化的认识.)

15. Walther G R, Burga C A, Edwards P J. eds. 2001. "Fingerprints" of Climate Change-Adapted Behaviour and Shifting Species Ranges. Kluwer Academic/Plenum Publishers, New York, 1-11. (本书系统总结了气候变化对生物多样性已经产生的影响以及如何检测这些影响的方法.)

16. John M. Wallace & Peter V. Hobbs. 2006, Atmospheric Science—An Introductory Survey (Second Edition). (中译本于 2008 年 8 月由科学出版社出版。)

17. 国际地球观测组织. 2005. 全球综合地球观测系统——十年执行计划参考文件. (本书是全球综合地球观测系统(GEOSS)的执行计划文件,该计划对未来 2 年、6 年和 10 年期间人类将要对地球上的气候、水资源、生态系统、公共卫生系统、能源系统等做出的观测进行详细的安排和制定步骤,以及期望达到的目标和绩效指标作出规划. 本书能让读者深入了解 GEOSS 的运作机理,实施步骤和发展计划.)

18. 张人禾,徐祥德. 2008. 中国气候观测系统. 北京:气象出版社. (本书由全球气候观测系统(GCOS)中国委员会(GCOS-CHINA)组织编写,针对中国气候观测的现状提出建议、规划布局,使读者深入了解中国气候系统关键观测区域的分布、观测项目和实施规划.)

名词解释

气候(Climate)

狭义地讲,气候通常被定义为"平均的天气状况",或者更精确地说,是以均值和变率等术语对相关变量在一段时期内(从数月到数千年或数百万年不等)状态的统计描述。通常采用的是世界气象组织(WMO)定义的 30 年。这些变量大多指地表变量,如温度、降水和风。广义上的气候是指气候系统的状态,包括统计上的描述。

气候变化(Climate change)

气候变化是指气候平均状态统计学意义上的显著改变或者持续较长一段时间(典型的为 10 年或更长)的变动。气候变化的原因可能是自然的内部进程,或是外部强迫,或者是人为地持续对大气组成成分和土地利用的改变。《联合国气候变化框架公约》(UNFCCC)第一款中,将"气候变化"定义为:"经过相当一段时间的观察,在自然气候变化之外由人类活动直接或间接地改变全球大气组成所导致的气候改变。"UNFCCC 因此将因人类活动而改变大气组成的"气候变化"与归因于自然原因的"气候变率"区分开来。本书采用气候学界通用的定义,因而不同于 UNFCCC 的定义。参见:气候变率。

第四纪(Quaternary)

第四纪指地球历史上约 300 万年以来的一个地质时期。按生物地层学原则,是一个新物种大量涌现的时期。发生在第四纪的代表性事件是人类的诞生和大冰期的降临。第四纪又分为更新世(Pleistocene)和全新世(Holocene)。全新世只指最近 1 万年以来,是气候转暖、冰川消退、人类文化进入到新石器的一个新时期。

第四纪冰期(Ice Ages of Quaternary)

第四纪期间,冰期仍然是间歇性地发生的。两个冰期之间被称为间冰期。冰期时,两极和高山的冰川大规模扩张,海平面大幅度降低,生物带整个向赤道方向压缩;间冰期时,冰川退缩,海面上升,生物带向高纬度扩展。业已证明,这种冰期间冰期气候交替具有 10 万年和其他万年尺度的周期。第四纪冰期间冰期现象的解释目前最理想的理论是冰期天文理论(Astronomical theory of Ice Ages)。

温室气体(Greenhouse gas,GHG)

温室气体是指大气中由自然或人为产生的能够吸收和释放地球表面、大气和云所射出的红外辐射谱段特定波长辐射的气体成分。该特性导致温室效应。水汽(H_2O)、二氧化碳(CO_2)、氧化亚氮(N_2O)、甲烷(CH_4)和臭氧(O_3)是地球大气中主要的温室气体。此外,大气中还有许多完全由人为因素产生的温室气体，如《蒙特利尔协议》所涉及的卤烃和其他含氯和含溴物。除 CO_2、N_2O 和 CH_4 外，《京都议定书》将六氟化硫（SF_6）、氢氟碳化物（HFCs）和全氟化碳（PFCs）定为温室气体。

二氧化碳（Carbon dioxide, CO_2）

一种可以自然生成的气体，也是从矿物碳沉积物提炼的矿物燃料，如：石油、天然气和煤燃烧后和生物质燃烧后以及土地利用变化和其他工业流程产生的次生产物。它是通过对长波辐射的吸收影响地球辐射平衡的主要温室气体之一。

臭氧（Ozone, O_3）

含三个氧原子的氧（O_3），臭氧是一种气态的大气成分。在对流层中，它既能自然产生，也能在人类活动（烟雾）中通过光化学反应产生。对流层臭氧是一种温室气体。在平流层中，通过太阳的紫外辐射与氧分子（O_2）相互作用产生。平流层臭氧对于平流层辐射平衡具有决定性作用，其浓度在臭氧层最高。

气候预估（Climate projection）

气候预估是预测全球气候系统对人类排放的温室气体和硫化物气溶胶等的浓度情景（设想）或辐射强迫情景的响应，通常是建立在气候模式模拟的基础上。

全球变暖（Global warming）

全球变暖指全球地表平均温度升高的现象。自具有较好观测记录的 19 世纪中期以来，全球地表平均温度呈现明显的升高趋势，20 世纪 70 年代中期以来尤其显著。观测到的全球地表温度变暖现象是当代气候变化科学发轫和气候变化问题引起广泛关注的根本原因。

工业革命（Industrial Revolution）

一个工业快速增长的时期，对社会和经济产生了深远的影响。它始于 18 世纪后半叶的英国，随后蔓延至欧洲和包括美国在内的其他国家。蒸汽机的发明标志着工业革命的开始。工业革命也标志着大量使用矿物燃料和排放，尤其是人为二氧化碳排放的起点。在 IPCC 报告中，术语工业化前时代和工业化时代分别指 1750 年之前和 1750 年之后。

代用资料（Proxy data）

一个气候指标的代用资料是利用物理学和生物学原理作出解释的记录，以表示过去与气候有关的某些综合变化。用这种方法反演的与气候有关的资料统称为代用资料。如：花粉分析、树木年轮、珊瑚特征，以及各种从冰芯中获取的资料。

气象卫星（Meteorological satellite）

对大气层和地表进行气象观测的一种人造卫星，可分为同步卫星和极轨卫星两大类。具有观测范围大、及时迅速、连续完整等特点，并能携带多种仪器对地球大气进行遥感监测，及时将云图等多种气象信息发送给地面用户。

气候模式 (Climate model)

气候系统的数值表述是建立在其各组成部分的物理、化学和生物学性质及其相互作用和反馈过程基础上的,用以解释全部或部分已知的性质。气候系统可以用不同复杂程度的模式来描述,也就是说,通过某个分量或者分量组合就可以对一个模式体系进行识别。各模式的不同可以表现以下几个方面,如空间维数,物理、化学和生物过程所明确表征的程度,或者经验参数的应用水平。耦合的大气/海洋/海冰一般环流模式(AOGCMs)给出了气候系统的一个综合描述,可包括化学和生物的复杂模式在内。气候模式不仅是一种模拟气候的研究手段,而且还被用于业务预测,包括月、季节、年际的气候预测。

气溶胶 (Aerosols)

空气中悬浮的固态或液态颗粒的总称,典型大小为 $0.01 \sim 10\ \mu m$,能在空气中滞留至少几个小时。气溶胶有自然或人为两种来源。气溶胶可以从两方面影响气候:通过散射辐射和吸收辐射产生直接效应,以及作为云凝结核或改变云的光学性质和留存时间而产生间接效应。

辐射强迫 (Radiative forcing)

辐射强迫是指由于气候系统的内部变化或外部强迫(如二氧化碳浓度或太阳辐射的变化等)引起的对流层顶垂直方向上的净辐射变化(用 $W \cdot m^{-2}$ 表示)。辐射强迫一般在平流层温度重新调整到辐射平衡之后计算,而期间对流层性质保持着它未受扰动之前的值。如果平流层温度没有变化,则辐射强迫也叫"瞬变"。

气候系统 (Climate system)

气候系统是由 5 个主要分量,包括大气圈、水圈、冰雪圈、陆地岩石圈和生物圈组成的、高度复杂的系统。系统内部的相互作用和影响及外强迫如太阳活动、火山活动及人类作用等的影响都是造成气候变化的原因。

厄尔尼诺—南方涛动 (El Nino-Southern Oscillation , ENSO)

厄尔尼诺最初的意义是指一股周期性地沿厄瓜多尔和秘鲁海岸流动的暖水流,它对当地的渔业有极大的破坏。这种海洋事件与热带印度洋和太平洋上表面气压型和环流的振荡(被称为南方涛动)有密切关系。这一海气耦合现象被统称为厄尔尼诺—南方涛动,或简称 ENSO。在厄尔尼诺事件发生期间,盛行的信风减弱,赤道逆流增强,导致印度尼西亚地区表面的暖水向东流,覆盖在秘鲁的冷水之上。这一事件对赤道太平洋上的风场、海平面温度和降水分布有巨大影响,并且通过太平洋对世界上其他许多地区遥相关作用产生气候影响。与厄尔尼诺相反的事件称为拉尼娜(La Nina)。

不确定性 (Uncertainty)

不确定性是对于某一变量(如未来气候系统的状态)的未知程度的表示。不确定性可以来自于对已知或可知事物信息的缺乏或认识不统一。主要来源有许多,如从数据的定量化误差到概念或术语定义的含糊,或者对人类行为的不确定预计。因此,不确定性可以用定量估计来表示(如不同模式计算所得到的一个变化范围)或者用定性描述来表示(如反映专家小组的判断)。

反馈(Feedback)

当某种初始物理过程的结果引发了另一种物理过程的变化,而这种变化反过来又对初始过程产生影响时,气候系统中这种各物理过程间的相互作用机制称为气候反馈。正反馈增强初始物理过程,负反馈则使之减弱。

气候反馈(Climate feedback)

气候系统中各种物理过程间的一种相互作用机制。当一个初始物理过程触发了另一个过程的变化,而这种变化反过来又对初始过程产生影响,这样的相互作用被称为气候反馈。正反馈增强最初的物理过程,负反馈则使之减弱。

气候变率(Climate variability)

气候变率是指气候的平均态和其他统计量(如标准偏差、极端事件出现的频数等)在各种时间和空间尺度上的自然变化。不同于气候变化,一般气候变率只能由于系统内部的自然过程(内部变率)造成,或者由于自然的外部强迫因子变化(外部变率)造成。气候变率等同于自然的气候变化。参见:**气候变化**。

热岛效应(Heat island effect)

由于城市发展造成的城市地区近地表气温升高现象。城市热岛效应主要是由于城市内的建筑物、水泥和柏油路面、人为放热等多种因素影响造成的。城市热岛效应会影响城市地区的大气条件以及天气和气候,也会影响气象站温度计读数的代表性。随着城市的发展,城市热岛效应强度会不断增大。

气候生长期(Climatological growth period)

气候生长期是指植物或作物在有利的温热条件或水分条件下正常生长或活跃生长的时期。本书的气候生长期是采用地表气温来定义的,即将日平均气温稳定大于或等于10℃期间的日数作为气候生长期。

气候极值/极端事件 Climate extremum/Climate extremes events)

气候的定义从其本质上看与某种天气事件的概率分布有关。当某地天气的状态严重偏离其平均态时,就可以认为是不易发生的小概率事件。在统计意义上,不容易发生的事件就可以称为极端事件。干旱、洪涝、高温热浪和低温冷害等事件都可以看成极端气候事件。某一地区的极端气候事件(如热浪)在另一地区可能是正常的。平均气候的微小变化可能会对极端事件的时间和空间分布以及强度的概率分布产生重大影响。

气候变化检测和归因(Detection and attribution)

气候在所有时间尺度上不断地变化。气候变化的检测就是在某种明确的统计意义下揭示气候发生变化的过程,但不提供这种变化的原因。气候变化的归因就是对在一定置信水平下检测到的变化找出其最可能原因的过程。

平流层(Stratosphere)

平流层是指大气圈中对流层之上的高层天气区,其范围从 10 km(平均来说从高纬度地区的 9 km 到热带地区的 16 km 变化)到 50 km 左右。在这个气层中,最明显的特征是温度随高度增加。

土地利用(Land use)

一个地区人类出于社会或经济目的对土地规划、在土地上活动和对土地输入(如开垦)的总和。例如人类可以在土地上耕作、放牧、经营林业等。由于土地利用及其变化,土地覆盖也发生了改变。土地利用和土地覆盖变化可以对地表反射率、蒸发、温室气体的源和汇产生影响,进而影响一个地区甚至全球的气候。

土地利用变化(Land-use change)

人们对土地利用和管理的改变,可以导致土地覆被的变化。土地覆被和土地利用变化会对反照率、蒸发、温室气体的源和汇或气候系统的其他性质产生影响,并从而影响局地或全球气候。

碳循环(Carbon cycle)

用于描述大气、海洋、陆地生物圈和岩石圈之间碳流动(以各种形式,如二氧化碳)的术语。

黑碳(Black carbon)

业务上根据光线吸收性、化学活性和/或热力稳定性等条件定义的一类气溶胶,包括煤烟、木炭和/或可能的吸收光线的难熔有机体。

荒漠化(Desertification)

在干旱、半干旱及半湿润偏干地区,因气候变化和人类活动等多种因素导致的土地退化。此外,联合国防治荒漠化会议(UNCCD)进一步将土地退化定义为干旱、半干旱、半湿润偏干地区在生物生产力或经济生产力方面的降低,以及由于人类活动和居住模式等方面的土地利用或这些过程的单个或多个因素,如:(1)风蚀和/或水蚀造成的土壤侵蚀;(2)土壤在物理、化学、生物学或经济特性等方面的恶化;(3)天然植被的长期损失所导致的雨养作物、灌溉作物或牧场、草地、森林及林地的复杂化。

季风(Monsoon)

盛行风向一年内呈季节性近乎反向逆转的现象。17 世纪后期哈莱(E. Halley)首先提出海陆间热力环流的季风成因理论,主张季风可分为:(1)海陆季风(或称低空季风),(2)高空季风(或称大型季风),(3)高原季风,(4)行星季风四种类型。任一地区的季风现象应是这四种类型的综合结果,并且有其主次,而不是单一的某种类型。

气候敏感度(Climatic Sensitivity)

气候敏感度指全球平均表面温度在大气中(当量)CO_2浓度加倍后的平衡变化。具体地讲是指当辐射强迫($℃/(W·m^{-2})$)发生一个单位的变化时,表面气温的平衡变化。实际工作中,对气候敏感性的评估,需要用海气耦合气候模式进行长时期的模拟。

海气耦合模式(Ocean-atmosphere Coupled Model)

海气耦合模式是指同时描述大气环流和海洋环流及其相互作用的数学模型。在大气环流模式中,一般把海面温度 T_s 取固定气候值,即设海水热容为无限大,实际并非如此。在研究大气的长期行为时,海洋本身的运动变化非常重要,需建立海洋模式,它包括含盐分方程及极区浮冰的增长及运动方程等。海—气之间通过海气界面交换着热量、动量和水分。大气对海面有风应力并驱动洋流;洋流向极地输送热量,减少了大气的斜压性。海洋有着巨大的热容,控制大气温度变化。上述大气模式和海洋模式是通过海—气交界面上三维热量和水分平衡方程耦合起来。目前海洋环流的模拟尚不够理想,在海气耦合模式的长期积分中会出现气候漂移现象(一种系统性误差),目前是通过通量调整方案加以订正。

季风系统(Monsoon system)

季风系统是构成和维持季风气流的大气环流系统。一般认为印度夏季风系统主要成员包括:低层西南季风气流印度季风槽、马斯克林高压、索马里急流、南亚高压、热带高空东风急流及其越赤道气流等。东亚夏季风系统的主要成员为:低层西南和东南季风气流、南海—西太平洋的季风槽、热带辐合带、西太平洋副热带高压、澳大利亚冷高压、低空越赤道气流以及高空南支东风急流及其在 100°E 附近的高空越赤道气流等。

排放情景(Emission scenario)

对潜在的辐射活跃排放物(如温室气体、气溶胶)未来发展的一种可能性估算,是建立在跟驱动力(如人口增长、社会经济发展、技术变化)及其主要相关关系有关的一致性和内部协调性假设基础上的。从排放情景得到的大气浓度情景被输入气候模式中用于计算未来气候变化趋势。

降尺度(Downscaling)

采用全球气候模式与区域气候模式嵌套(动力降尺度)或用气候统计方法得到更小尺度的区域或局地气候信息的方法。

温盐环流(Thermohaline circulation)

海洋中温度和盐度的差异导致的、由密度驱动的大尺度海洋环流。在北大西洋,温盐环流最明显,它包括表层的向北暖流和深层的向南冷流,从而导致热能向极地的净输送。表层水在高纬地区的下沉区下沉。

情景（Scenario）

情景就是基于对一系列重要内在关系和驱动因子所作的协调、一致和合理的假设，对世界或地区提供未来发展可能状态的描述。

模型（Model）

这里指数学模型，是对现实系统、思想或客体的抽象与描述，以得到最优的决策方案或系统设计。

一次能源（Primary energy）

一次能源也称为天然能源，是自然界中以现成形式存在的能源，如原煤、原油、天然气、水能、太阳能等。

国内生产总值（Gross Domestic Product，GDP）

指按市场价格计算的一个国家（或地区）所有常住单位在一定时期内生产活动的最终成果。国内生产总值有三种计算方法，即生产法、收入法和支出法。

种植制度（Cropping system）

农作物种植制度是指在一个生产单位内作物种植的种类与比例（作物布局）、一年种植的次数（复种）及种植方式与方法（轮作或连作、单作或间套作、直播或移栽等）。

敏感性（Sensitivity）

敏感性是指系统受到与气候有关的刺激因素影响的程度，包括不利和有利影响。与气候有关的刺激因素是指所有气候变化特征，即气候均值、气候变异和极端事件的频率和强度。这些影响可以是直接的（如气候均值及气候变异变化引起的作物产量变化），或间接的（海平面上升引起的沿海地带洪水频率增加而造成的危害）。

脆弱性（Vulnerability）

脆弱性是指气候变化（包括气候变率和极端气候事件）对系统造成的不利影响的程度。脆弱性是系统内的气候变化率特征、幅度和变化速率及其敏感性和适应能力的函数。脆弱性与敏感性密切相关，通常，脆弱系统总是对外界气候变化影响或干扰敏感性较强且相对不稳定的系统。

适应性（Adaptability）

适应性是指系统适应气候变化（包括气候变异和极端事件）、缓和潜在危害、抓住有利机遇、应对结果的能力。

粮食安全（Food safety）

所有人在任何时候都能够在物质上和经济上获得足够、安全和富有营养的粮食，来满足其积极和健康生活的膳食需要及食物喜好时，才实现了粮食安全。这其中有三个含义，一是粮食供应量要有保证,二是保证大家要有能力购买,三是购买的粮食是符合食品卫生要求的。

适应能力 (Adaptative capacity)

指一个系统、地区或社会适应气候变化(包括气候变率和极端气候事件)影响、减轻潜在损失或利用机会的潜力或能力。

可持续发展 (Sustainable development)

可持续发展是指满足当代人的需求而不危及后代并满足他们自己需求能力的发展。

海岸侵蚀 (Coastal erosion)

波浪和潮流的相对增强,冲击海岸而使之后退。海平面上升、极端气候事件等均可造成波浪的相对增强。高纬度地区的热力作用加上海洋的动力作用可造成海岸的热力侵蚀。

海岸低地的淹没 (Coastal flooding)

海平面上升、风暴潮等引起的水面上升而淹没海岸平原较低的地区。

河口咸潮入侵 (Saltwater intrusion in estuary)

海平面上升、流域盆地内极端干旱、潮汐涨落而使盐水侵入至河口内。

地下海水入侵 (Seawater intrusion in aquifer)

长时期干旱或过量开采地下水而使地下水位下降,致使海水沿粗粒沉积层侵入到海岸平原地区。

海堤 (Coastal dike)

为防止海浪侵袭人为建造的沿海岸的围墙或大堤。

气候变化与健康 (Climate change and human health)

直接影响如气候变化对心血管疾病的影响和极端天气事件对健康的影响;间接影响如对传染病的影响及其与空气污染联合作用对健康的影响。

生物多样性 (Biological diversity 或 biodiversity)

《生物多样性公约》第二条用语中对生物多样性做了如下解释:生物多样性是指所有来源的活的生物体中的变异性,这些来源包括陆地、海洋和其他水生生态系统及其所构成的生态综合体,还包括物种内、物种之间和生态系统的多样性。生物多样性是各种生物及其与各种环境形成的生态复合体以及与此相关的各种生态过程的综合。它包括数以百万或千万计的动物、植物、微生物和它们所拥有的基因,以及他们与生存环境形成的复杂的生态系统。目前公认的生物多样性包括基因、物种和生态系统三个基本层次。物种多样性常用物种丰富度表示。所谓物种丰富度指一定面积内物种的总数。遗传多样性指有机体种群之内和种群之间遗传结构的变异。生态系统多样性指生态系统之间或生态系统内的多样化。

生物入侵（Biological invasion）

生物入侵是指某种生物从原有的分布区域扩张到一个新的（通常也是遥远的）地区，在新的区域里，其后代可以繁殖、扩散并维持下去。与之有关的两个概念是外来种和入侵种。外来种：相对于本地种，是指对某一区域或特定的生态系统而言，不是该区域或生态系统本地的任何物种。入侵种：是指由于其引入已经或拟将使经济或环境受到损害或危及人类健康的外来物种。

湿地（Wetland）

湿地指不论其为天然的或人工的、长久或暂时性的沼泽地、泥炭地或水域地带，静止的或流动的淡水、半咸水、咸水水体，包括低潮时水深不超过 6 米的水域，同时包括临近湿地河湖沿岸、沿海区域以及位于湿地内的岛屿或低潮时水深不超过 6 m 的海水水体。湿地包括湖泊、河流、沼泽、滩地、盐湖、盐沼以及海岸带区域的珊瑚礁、海草区、红树林和河口。我国的湿地是指天然或人工、长久或暂时的沼泽地、湿原、泥炭地或者水域地带，带有静止或流动的淡水、半咸水、咸水水体者，包括低潮时不超过 6 米的海域。湿地是重要的自然生态系统和自然资源。国际生物学计划认为，湿地是介于陆地和水域的生态交错带和生态系统类型。

土地退化（Land degradation ）

山地退化主要指土壤理化结构的变化导致土壤生态系统功能的退化。土地退化的核心是土壤退化，其主要指标是土地所承载的生产力下降。土地退化包括侵蚀退化、沙化退化、石质化退化、土壤贫瘠化、污染退化、工矿等采掘退化。

山地灾害（Mountain disasters）

山地灾害是发生于山区的突发性自然灾变现象或山地环境所特有的突发性灾害现象。大体分为三类：以重力作用为主导营力的山坡块体灾变过程及其所产生的崩塌、滑坡等；以水力作用为主导营力的山地坡面灾变过程及其所产生的恶性水土流失和地面"砂石化"等；重力作用和水力作用兼而有之的山地沟谷灾变过程及其所产生的泥石流和溃决性洪水等。

水土流失（Soil erosion）

水土流失也叫土壤侵蚀，是地表土壤被水冲刷而散失的现象。当土壤流失量小于母质层育化成土壤的量时，视为正常现象。当流失量大于母质层育化成土壤的量时，称为异常流失或加速流失。其类型，按流失的动力可分为雨失、径流冲失和重力流失；按流失的形态可分为面状流失、沟状流失、塌失和泥石流等。影响因素：①地形和地面坡度、坡长、坡形、坡向等，影响水土流失的程度；②降水、温度、湿度、风等影响水、土存在和变化状况；③土壤性状决定着抵抗水土流失的能力；④植被覆盖良好，会阻留降水、减缓和分散径流。水土流失危害：造成土壤肥力降低，任其发展，由表土流失、心土流失直至母质流失、岩石裸露；水、旱灾害频繁，河道淤塞，地下水位下降；农田、道路和建筑物被破坏等。终使环境质量变劣,生态平衡被破坏。

风暴潮灾害(Storm surge disaster)

因台风或强温带气旋等风暴过境引起的海面异常升降,且往往与天文潮叠加,引发沿岸涨水,形成风暴潮灾害。它分为台风风暴潮灾害和温带风暴潮灾害两种,前者常发生在台风影响的海区,后者则发生在我国北方海区。

海平面上升(Sea level rise)

海平面上升,分为全球性海平面上升和区域性海平面上升。全球性海平面上升,是由于全球气候变暖、海水热膨胀、冰川或小冰帽融化、格陵兰冰盖及南北极冰盖部分消融所致,又称绝对海平面上升(eustatic sea level rise);区域性海平面上升,是因全球海平面上升、沿海地区地壳的垂直升降、地面沉降等引起的海平面上升,又称相对海平面上升(relative sea level rise)。

珊瑚白化(Coral bleaching)

由于全球气候变暖,海水温度升高,使为珊瑚虫提供营养的共生虫黄藻大量离去或死亡而导致珊瑚白化和死亡的现象。在我国的海南、广西、香港和台湾海域已有不同程度的珊瑚白化现象发生。

温室效应(Greenhouse effect)

温室气体有效地吸收地球表面、大气本身和云所发射出的红外辐射。大气辐射向所有方向发射,包括向下方的地球表面的放射。温室气体则将热量捕获于地面—对流层系统之内,这被称为"自然温室效应"。温室气体浓度的增加导致大气对红外辐射不透明性能力的增强,从而引起由温度较低、高度较高处向空间发射有效辐射。这就造成了一种辐射强迫,这种不平衡只能通过地面—对流层系统温度的升高来补偿。这就是"增强的温室效应"。

人为排放(Anthropogenic emissions)

人为排放指与人类活动相关的温室气体、温室气体前体和气溶胶的排放。这些包括为获得能源而燃烧化石燃料、毁林和导致排放净增长的土地利用变化。

政府间气候变化专门委员会(Intergovernmental Panel on Climate Change,IPCC)

联合国环境规划署(UNEP)和世界气象组织(WMO)于1988车共同成立的政府间机构,就气候变化的科学、影响以及对策进行评估。分别于1990、1995、2001和2007年发布了四次评估报告。

巴厘路线图(Bali Roadmap)

《联合国气候变化框架公约》缔约方第13次会议暨《京都议定书》缔约方会议第3次会议于2007年12月3—15日在印度尼西亚巴厘岛举行,会议的主要成果是巴厘路线图,其中最主要的内容是3项决定或结论:一是旨在加强落实《联合国气候变化框架公约》的决定,即《巴厘行动计划》;

二是《京都议定书》下发达国家第二承诺期谈判特设工作组关于未来谈判时间表的结论；三是关于《京都议定书》第 9 条下的审评结论，确定了审查的目的、范围和内容。路线图进一步确认了公约和议定书下的双轨谈判进程，并决定于 2009 年在丹麦哥本哈根举行的公约第 15 次缔约方会议和议定书第 5 次缔约方会议上最终完成谈判，加强应对气候变化国际合作，促进《联合国气候变化框架公约》及《京都议定书》的履行。

联合国气候变化框架公约 (United National Framework Convention on Climate Change, UNFCCC)

该公约于 1992 年 5 月 9 日在美国纽约通过，并在 1992 年巴西里约热内卢召开的地球峰会议上由 150 多个国家以及欧共体共同签订。其宗旨是"将大气中温室气体浓度稳定在一个水平上，使气候系统免受危险的人为干涉"。它包括所有缔约方的承诺。

附件 I 缔约方/非附件 I 缔约方 (Annex 1 Parties/Non-Annex 1 Parties)

《联合国气候变化框架公约》（以下简称《公约》）将所有国家分为附件 I 缔约方和非附件 I 缔约方，分别承担不同的责任。非附件 I 国家包括的是发展中国家，而附件 I 国家则是发达国家。在发达国家中，又对其中一些发达国家规定了更严格的义务，这些国家载于公约的附件 II，所以称为附件 II 国家。与附件 I 国家相比，主要是不包括前苏联、东欧等经济转轨国家和若干欧洲小国。

京都议定书 (Kyoto Protocol)

1997 年 12 月在日本京都举行的《公约》第三次缔约方会议通过的议定书。它是世界上第一个规定了《公约》附件 I 国家定量的温室气体减排义务的国际法律文件。它规定了在 2008—2012 年期间，附件 I 国家的二氧化碳等 6 种温室气体的人为排放量应该在其 1990 年的排放量水平基础上至少减少 5%。同时，为了以成本有效的方式实现所规定的减排义务，该议定书建立了三种灵活机制，允许附件 I 国家通过境外合作，获得和/或转让温室气体减排量指标，作为其履行所规定减排义务的一部分。

清洁发展机制 (Clean Development Mechanism, CDM)

《京都议定书》规定的三种灵活机制之一，目的是协助未列入附件 I 的缔约方实现可持续发展和有益于《公约》的最终目标，并协助附件 I 所列缔约方实现遵守《京都议定书》第三条规定的其量化限制和减少排放的承诺。它是基于项目的机制，由附件 I 国家和非附件 I 国家之间合作。减排成本高的发达国家提供资金和先进技术，在低减排成本的发展中国家实施减排项目。发展中国家不承担减排义务。

联合履约 (Joint Implementation, JI)

《京都议定书》规定的三种灵活机制的另一种，也是基于项目，在附件 I 国家间进行。为利用该机制，附件 I 所列任一缔约方可以向任何其他此类缔约方转让或从它们获得由任何经济部门旨在减少温室气体的各种源的人为排放或增强各种汇的人为清除项目所产生的减少排放单位，以达到履行《京都议定书》第三条的承诺的目的。

排放贸易(Emissions Trading，ET)

也是《京都议定书》规定的三种灵活机制之一。附件 I 国家为履行其依《京都议定书》第三条规定的承诺的目的,附件 B 所列缔约方可以参与排放贸易,任何此种贸易应是对为实现该条规定的量化的限制和减少排放的承诺之目的而采取的本国行动的补充。也就是用市场方法达到环境目的,即允许那些减少温室气体排放低于规定限度的国家,在国内或国外使用或交易剩余部分弥补其他源的排放。

全球环境基金(Global Environment Facility，GEF)

一个独立的为发展中国家开展有益于全球环境和促进本地可持续发展项目提供资助的基金组织。它创立于 1991 年,由 UNEP、UNDP 和世界银行共同管理,用于生物多样性、臭氧层、气候变化和全球水资源等 4 个领域的环保,是目前全球可持续发展的重要资金机制。

国内生产总值(GDP)的碳排放强度(GDP carbon intensity)

指当年全国碳排放量与国内生产总值的比率。

能源系统(Energy system)

由各种一次能源从资源开发、运输、加工、转换、分配直到终端使用的所有环节所组成的系统。

能源效率(Energy efficiency)

能源系统或其中某个过程中能源产出与其投入的比率。

可再生能源(Renewable energy)

可连续再生、永续利用的一次能源。这类能源大部分直接或间接来自太阳,包括太阳能、水能、生物质能、风能、波浪能等等。

化石能源(Fossil fuels)

已经或可以从天然矿物源开采的含有能量的含碳原材料,如煤炭、石油、天然气等等,它们是由古代生物埋入地层中经过长期变化后生成的。

碳税(Carbon tax)

对每单位二氧化碳当量排放征收的税目。

碳吸收汇(Carbon sink)

是指植物吸收大气中的二氧化碳并将其固定在植被或土壤中,从而减少该气体在大气中的浓度。

造林(Afforestation)

是指通过栽种、播种和/或人为的增进自然种子源将至少有 50 年处于无林状态的地带转变为森林地带的直接由人类引起的活动。

再造林(Reforestation)

是指在曾经有林但被改为无林的地带通过栽种、播种和/或人为的增进自然种子源将这种无林地带改变为森林地带的直接由人类引起的活动。就第一个承诺期而言,再造林活动将限为在1989 年 12 月 31 日以后处于无林状态的地带上的造林。

毁林(Deforestation)

是指将森林地带转变为无林地带的直接由人类引起的活动。

森林管理(Forest management)

是一套管理和使用森林土地的做法,目的在于以可持续的方式发挥森林应有的生态(包括生物多样性)、经济和社会作用。

第一承诺期(First commitment period)

指 2008—2012 年。

排放权(Emission right)

对国家/地区分配的温室气体的排放许可,是一种可以交易的权利。

排放限额(Emission cap)

最多能排入大气中的温室气体的数量。

危险水平(Dangerous level)

指《公约》确定的将大气中温室气体的浓度稳定在防止气候系统受到危险的人为干扰的水平,这一水平应当在足以使生态系统能够自然地适应气候变化、确保粮食生产免受威胁并使经济发展能够可持续地进行的时间范围内实现。

外部性(Externality)

定义为任何活动主体未全面考虑自己的行为对他人影响的这种现象。如果这种影响是负面的,称为外部成本,反之称为外部收益。

资料来源:

《气候变化国家评估报告》编写委员会. 2007. 气候变化国家评估报告. 北京:科学出版社.

丁一汇,任国玉. 2008. 中国气候变化科学概论. 北京:气象出版社.

IPCC. 2007. Climate Change 2007. 见 Contribution of WG I , II and III to the AR4.

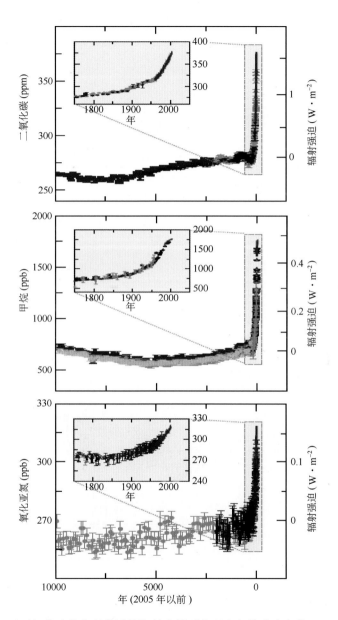

图 1.1　近万年从冰芯和现代测量资料中得到的温室气体浓度变化(IPCC 2007)

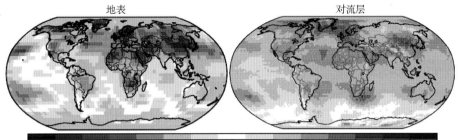

图 1.5 1979—2005 年全球地表温度(左)和卫星观测的对流层温度(右)的线性趋势分布。灰色表示资料不完整的区域(IPCC 2007)

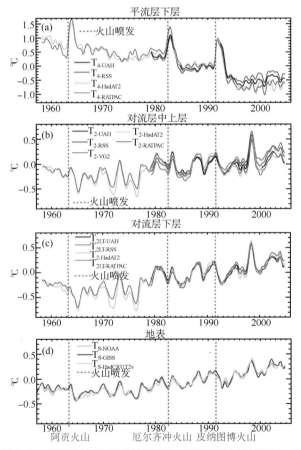

图 1.6 观测的地球表面气温(d)、对流层下层气温(c)、对流层中上层气温(b)和平流层下层气温(a)的月平均距平(相对于 1979 至 1997 年的 7 月滑动平均值),虚线表示火山爆发时期(IPCC 2007)

图 1.11　风云一号极轨气象卫星监测的南极冰盖图像

［引自中华人民共和国政府网站：http://www.gov.cn/ztzl/fyeh/］

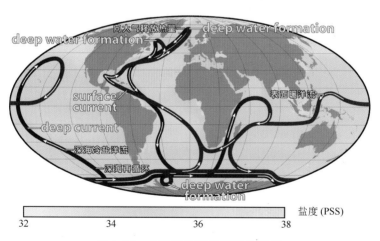

图 1.16　全球温盐流（THC）传送带

［NASA 图片 . Minor modifications by Robert A. Rohde. http://www.nasa.gov/］

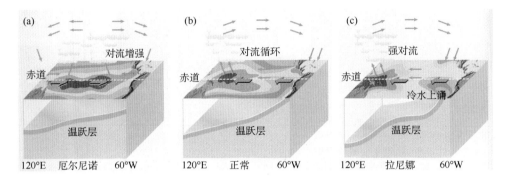

图 1.17　厄尔尼诺(a)—正常状态(b)—拉尼娜(c)出现时的赤道太平洋海洋大气状况

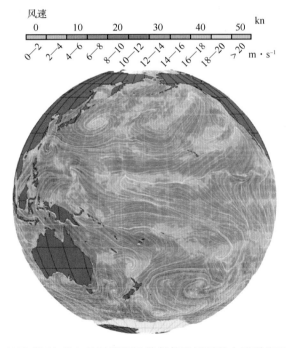

图 1.23　1999 年 10 月 1 日星载海风散射仪监测到的太平洋海面风暴图像

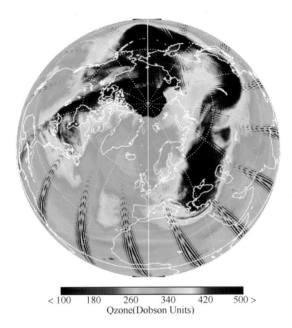

< 100 180 260 340 420 500 >
Qzone(Dobson Units)

图 1.24 由 Aura 卫星携带的臭氧观测仪测得的北半球 2005 年 3 月 11 日大气臭氧总量
［引自 NASA 图片 http://www.nasa.gov/］

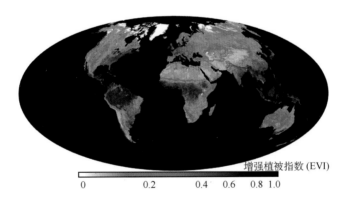

增强植被指数 (EVI)

0 0.2 0.4 0.6 0.8 1.0

图 1.25 卫星观测的全球地表绿叶植物分布
［引自 NASA 图片 http://www.nasa.gov/］

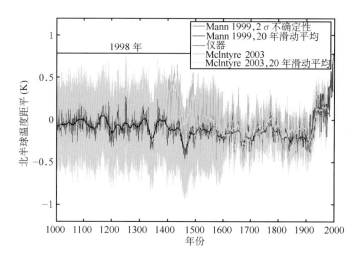

图 2.3　Mann 等建立的近千年北半球平均温度距平(对 1971—2000 年平均)

(Folland 等 2001)

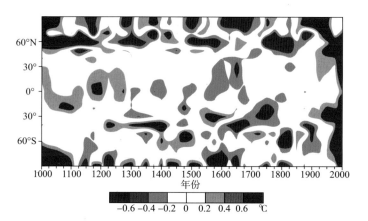

图 2.4　近千年气温随纬度和时间和变化(王绍武等 2005)

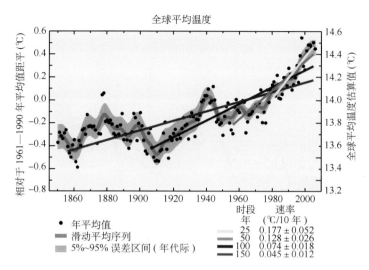

图 2.6　1850—2005 年全球年平均温度（黑点）变化及线性趋势（引自 IPCC 2007）

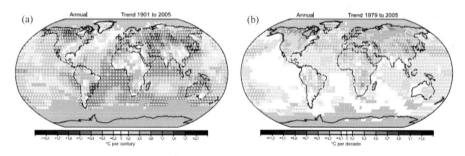

图 2.7　全球地表年平均气温变化趋势的空间分布（引自 IPCC 2007）

(a)1901—2005 年，(b)1979—2005 年

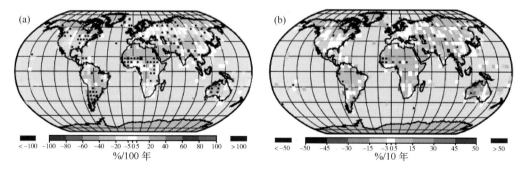

图 2.9　（a）1901—2005 年（单位：%/100 年）和（b）1979—2005 年（单位：%/10 年）陆地年降水量的线性趋势分布（应用 GHCN 台站数据插值到 5°×5°网格后绘制，引自 IPCC 2007）

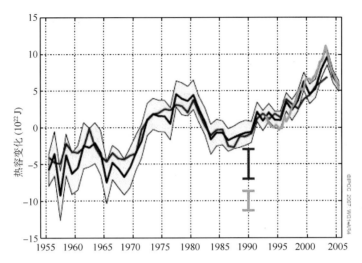

图 2.10　全球海洋热容量时间序列,处于 0—700 m 层面。三条彩色线是对海洋资料的独立分析。黑色曲线和红色曲线表示其 1961—1990 年平均值的偏差,较短的绿色曲线表示 1993—2003 年这段时期黑色曲线平均值的偏差。黑色曲线 90% 的不确定性范围由灰色遮蔽部分表示,对于其他两条曲线由误差柱表现(IPCC 2007)

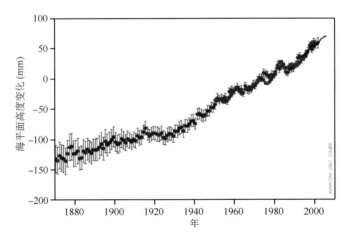

图 2.11　全球平均海平面相对于 1961—1990 年时段的平均值的变化值,根据自 1870 年以来重建的海平面场(红色)、自 1950 年以来的验潮站测量结果(蓝色)和自 1992 年以来卫星观测结果(黑色)。误差柱在 90% 的信度区间内(IPCC 2007)

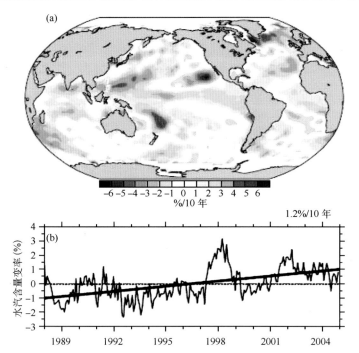

图 2.12　（a）1988—2004 年海洋上空水汽含量变化（％/10 年）以及（b）1988—
2004 年逐月海洋上空水汽含量的变率（1988 年至 2004 年平均值）

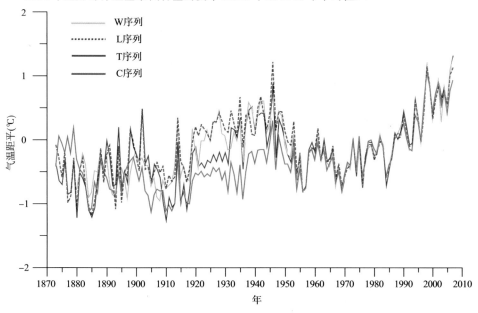

图 2.15　1873—2007 年中国年平均温度距平（相对于 1971—2000 年平均）

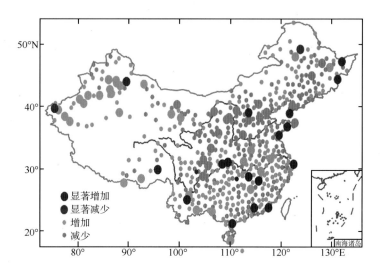

图 2.27　近 50 年来中国大陆极端强降水日数变化

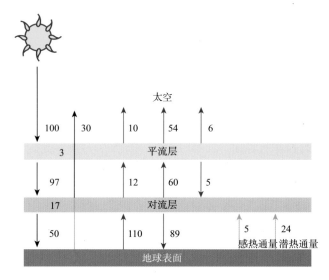

图 3.1　全球能量平衡

黑色箭头代表短波辐射;红色箭头代表长波辐射;蓝色箭头代表(非辐射性)感热和潜热通量。地表、对流层、平流层的入射与辐射的能量之和均为零[引自 Dennis L. Hartmann,Global Physical Climatology,P. 28(1994 年版)]

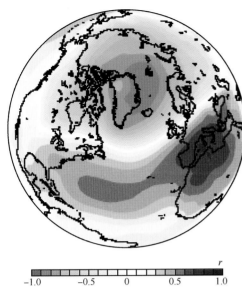

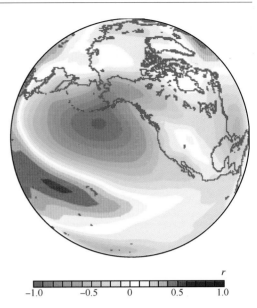

图 3.3　北半球纬向带状模态（又名北
大西洋涛动）的海平面气压异常分布（高
NAM 时期）。彩色阴影表示北半球纬向带
状模态指数的时间序列与月平均海平面气
压场中各点的时间序列的相关系数　［基于
11 月—4 月的 NCEP-NCAR 再分析资料，由
Todd P. Mitchell 提供］

图 3.4　同图 3.3，但为太平洋—北美
型［资料由 Todd P. Mitchell 提供］

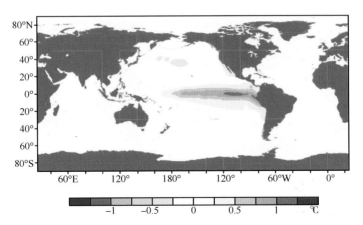

图 3.6　El Nino 年海面温度异常的全球分布（单位为℃）
［资料来源于英国气象局 HadlSST，由 Todd P. Mitchell 提供］

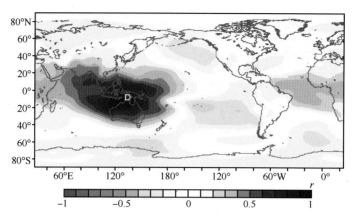

图 3.7　El Nino 年海平面气压异常的全球分布。由全球各格点的月平均海平面气压与澳大利亚达尔文地区(图中 D 所示)的海平面气压的相关系数表示。达尔文地区海平面气压的时间序列为南方涛动指数[图形数据源于 NCEP-NCAR 再分析资料，达尔文海平面气压时间序列源于 NCAR 资料图书馆。由 Todd P. Mitchell 提供]

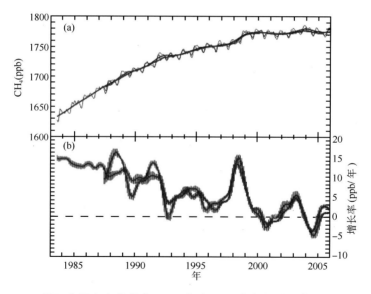

图 3.17　CH_4 含量和变化趋势。(a)全球 CH_4 丰度的时间序列，来源于 NOAA(蓝线)和 AGAGE(红线)。细线是全球平均的 CH_4，粗线为去除季节趋势的全球平均 CH_4；(b)全球大气中 CH_4 丰度的年增长率(IPCC 2007)

图 3.19 1997 年 10 月 22 日由卫星拍摄的大气棕色云。1997 年下半年,印度尼西亚烧荒和森林大火产生的烟尘在印度洋—南海—西太平洋形成一污染云羽,其中心停滞在东南亚对流层中,以后迅速向印度、东南亚和我国华南北扩。绿、黄、红色区代表对流层臭氧量(烟)不断增加,在东风吹动下向西移动(取自 Ding and Rangeet 2008,来源:NASA 1997)

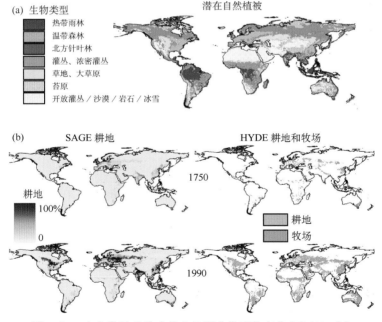

图 3.20 由人类活动造成的土地覆盖类型的变化(至 1990 年)

(a)潜在自然植被的重建(Haxeltine and Prentice 1996)。(b)1750 年和 1990 年耕地和牧场的重建,其中左图是来源于 SAGE 的耕地重建(Ramankutty 等 1999),右图是来源于 HYDE 的耕地和牧场的重建(Klein Goldewijk 2001)

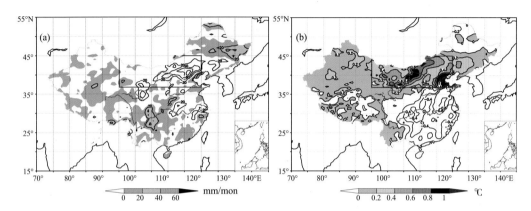

图 3.21　北方地区植被退化对我国降水(a)和温度(b)的影响(敏感性试验与控制试验之差)

(图中方框为植被退化的试验区)(李巧萍等 2004)

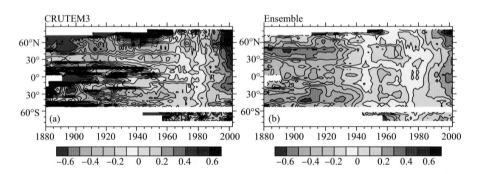

图 4.9　观测(a)和模拟(b)的纬向平均的地表气温距平(单位:℃)(Zhou 等 2008)

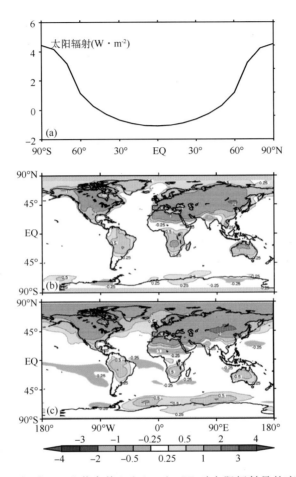

图 4.10　(a)相对于工业革命前(0 ka),6 ka BP 时太阳辐射量的变化(数据来源于 PMIP Ⅱ网站);(b)PMIP Ⅰ中,在固定海表面温度场下,多个大气环流模式模拟的 6 ka BP 地表气温变化(℃ 6 ka—0 ka)的集合平均;(c)PMIP Ⅱ中,多个海气耦合模式模拟的 6 ka BP 地表气温变化(℃ 6 ka—0 ka)的集合平均(Braconnot 等 2007)

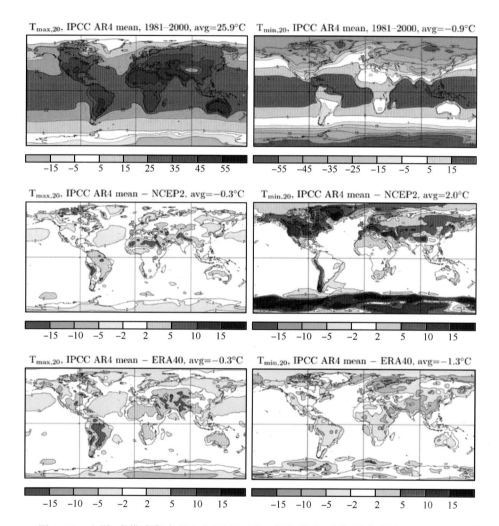

图 4.11 上图:多模式集合(14 个 IPCC AR4 耦合模式)的年最高温度($T_{max,20}$)和最低温度($T_{min,20}$)在 1981—2000 年 20 年的返回值;中图:模式集合与 NCEP2 的差异;下图:模式集合与 ERA-40 的差异(单位:℃)。图题右端数值为全球平均值(Kharin 等 2007)

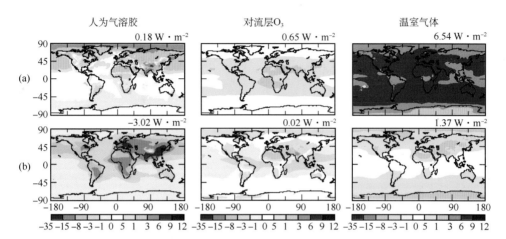

图 4.13　IPCC SERE A2 排放情景下，2000—2100 年人为气溶胶（左）、对流层臭氧（中）和温室气体（右）在对流层顶(a)和地表(b)造成的年均瞬时辐射强迫（W · m^{-2}）(Chen 等 2007)

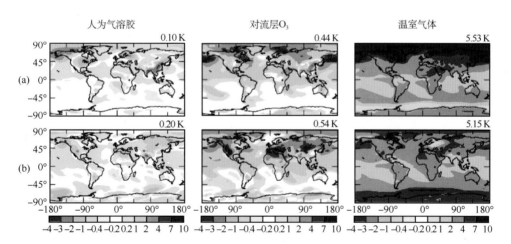

图 4.14　IPCC SERE A2 排放情景下，2000—2100 年人为气溶胶（左）、对流层臭氧（中）和温室气体（右）导致的地表气温变化。(a)12—1 月平均；(b)6—8 月平均（单位：K）(Chen 等 2007)

第一间接气候效应　　　　　　　　第二间接气候效应

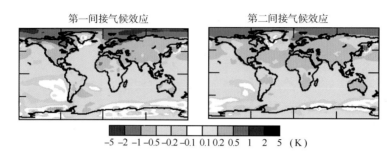

−5 −2 −1 −0.5 −0.2 −0.1 0.1 0.2 0.5 1 2 5 (K)

图 4.15　1850 年至今混合的硫酸盐、硝酸盐、有机碳和黑碳的第一和第二间接
气候效应所导致的地表温度变化年平均值(摘自 Hansen 等 2005)

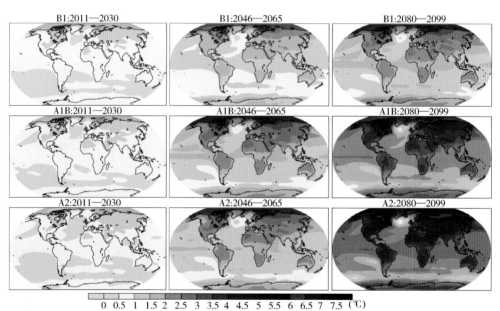

0 0.5 1 1.5 2 2.5 3 3.5 4 4.5 5 5.5 6 6.5 7 7.5 (℃)

图 4.17　SRES B1、A1B 和 A2 排放情景下,多模式集合预估的本世纪不同时段年平均
地表气温相对于 1980—1999 年的变化情况(Meehl 等 2007)

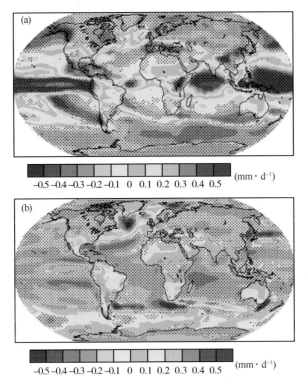

图 4.18　SRES A1B 排放情景下，多模式集合预估的 2090—2099 年年平均降水量(a)和蒸发量(b)相对于 1980—1999 年的变化情况(Meehl 等 2007)

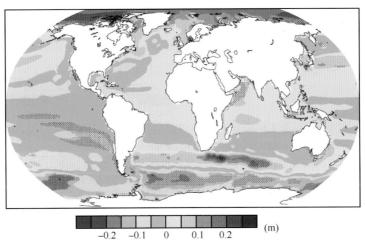

图 4.19　SRES A1B 排放情景下，16 个全球海气耦合模式集合预估的 2080—2099 年海平面相对于 1980—1999 年的变化(Meehl 等 2007)

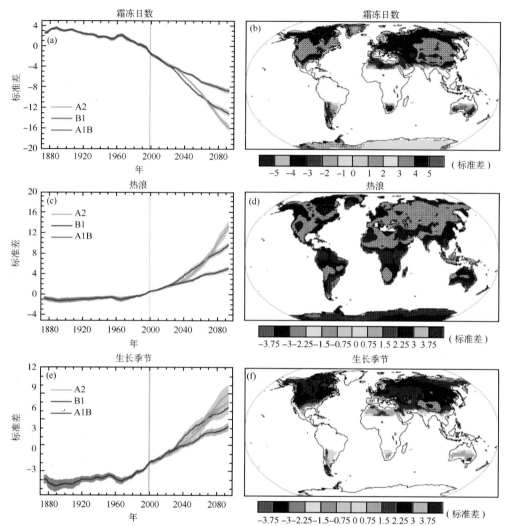

图 4.20　模式对于极端温度的模拟。(a)SRES A2、B1、A1B 三个情景下全球平均的霜冻指数变化情况;(b)SRES A1B 情景下霜冻日数变化(2080—2099 年减去 1980—1999 年)空间分布;(c)SRES A2、B1、A1B 三个情景下全球平均的热浪指数变化情况;(d)SRES A1B 情景下热浪变化(2080—2099 年减去 1980—1999 年)空间分布;(e)SRES A2、B1、A1B 三个情景下全球平均的生长季节长度变化情况;(f)SRES A1B 情景下生长季节长度变化(2080—2099 年减去 1980—1999 年)空间分布。(a)、(c)、(e)中实线是多模式集合的 10 年滑动平均,阴影指示的是集合平均的标准差;(b)、(d)、(f)中带点的阴影区表明所用到的九个模式中至少有五个模式在这些区域的变化通过显著性检验。所有极端气候指数都只是在陆地上计算。所有模式的结果多对 1980—1999 年平均进行了中心化,并且都相对于其标准差进行了标准化(Tebaldi 等 2006)

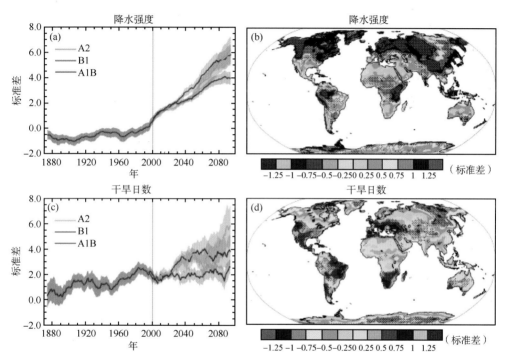

图 4.21　模式对于极端降水的模拟情况。(a)SRES A2、B1、A1B 三个情景下全球平均的降水强度指数变化情况；(b)SRES A1B 情景下降水强度变化(2080—2099 年减去 1980—1999 年)空间分布；(c)SRES A2、B1、A1B 三个情景下全球平均的干燥日数变化情况；(d)SRES A1B 情景下干燥日数变化(2080—2099 年减去 1980—1999 年)空间分布(Tebaldi 等 2006)

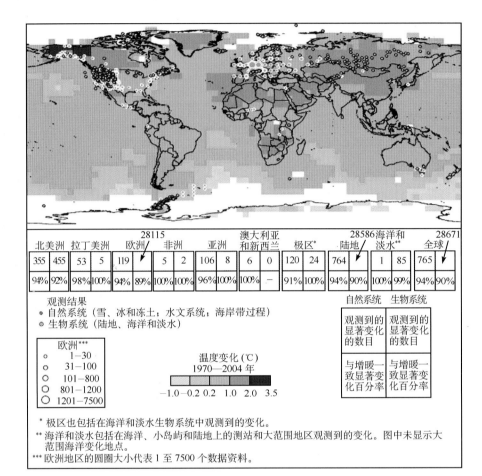

图 5.1　气候变暖与生态系统变化的关系

　　在自然系统(冰雪和冻土、水文、海岸带过程)和生物系统(陆地、海洋、淡水生物系统)的资料序列中存在显著变化的地点,同时给出了 1970—2004 年期间地表气温的变化。从 577 项研究所涉及的约 80000 个资料序列中挑选出约 29000 个资料序列组成一个子资料集。这些资料序列满足下列条件:(1)截止年份为 1990 年或之后;(2)时间跨度期至少 20 年;(3)经各单项研究评估后显示出显著的方向变化趋势。这些资料序列源于约 75 项研究成果(其中约 70 项是 IPCC 第三次评估报告之后的新成果),包含了大约 29000 个资料序列,其中约 28000 个为欧洲的研究结果。白色区域的气候观测资料不足以估算其温度变化趋势。2×2 的方框显示存在显著变化的资料序列的总数量(上行),以及与变暖相一致的资料序列数量中所占的百分比(下行),其中(1)大陆区域:北美洲(NAM)、拉丁美洲(LA)、欧洲(EUR)、非洲(AFR)、亚洲(AS)、澳大利亚和新西兰(ANZ)和极地地区(PR);(2)全球尺度:陆地(TER)、海洋和淡水(MFW)以及全球(GLO)。七个区域的方框(NAM、EUR、AFR、AS、ANZ、PR)给出的研究结果的数量加在一起不等于全球(GLO)的总数量,这是因为除极地外区域的数量并不包括与海洋系统和淡水系统(MFW)相关的数量。图中未显示发生大面积海洋变化的地点(IPCC 2007)

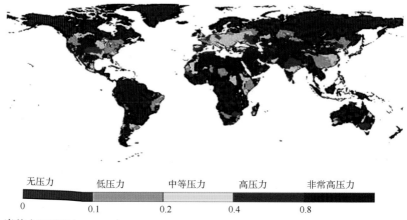

图 5.5　当前全球范围缺水分布（采用水压力指标，即用水量占水资源可利用量的份额）（IPCC 2007）

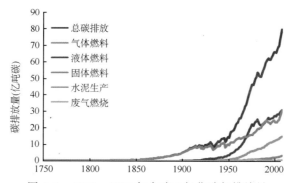

图 6.1　1750—2005 年全球二氧化碳年排放量

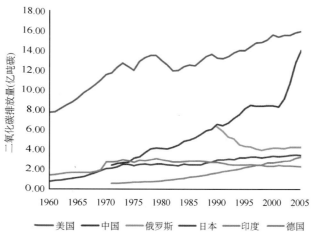

图 6.5　1960—2005 年主要的 CO_2 排放大国的年排放量（亿吨碳）

（数据来源：IEA 2007）

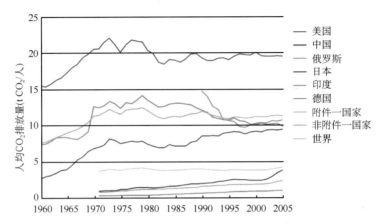

图 6.6　1960—2005 年全球主要国家及附件一和非附件一国家年人均 CO_2 排放量

（数据来源：IEA 2007）

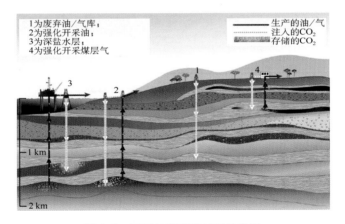

图 6.8　不同封存库碳封存示意图

（资料来源：IPCC 2005）